UG NX 12.0 工程应用精解丛书

UG NX 12.0 模具设计实例精解

北京兆迪科技有限公司 ◎ 编著

扫描二维码
获取随书学习资源

机械工业出版社
CHINA MACHINE PRESS

本书是学习应用 UG NX 12.0 进行模具设计的高级实例类图书，书中所选用的 17 个模具设计实例都是生产一线实际应用中的各类产品，经典而实用。

本书章节的安排采用由浅入深、循序渐进的原则。在内容上，针对每一个模具实例先进行概述，再说明该实例模具设计的特点、设计构思、操作技巧和应重点掌握的内容，使读者对模具设计有一个整体概念，学习也更有针对性。本书内容翔实、图文并茂、操作步骤讲解透彻，引领读者一步一步完成模具设计。这种讲解方法既能使读者更快、更深入地理解 UG 模具设计中的一些抽象概念和复杂的命令及功能，又能使读者迅速掌握各类模具的设计技巧，还能使读者较快地进入模具设计实战状态。书中讲解选用的范例、实例或应用案例覆盖了不同行业，具有很强的实用性和广泛的适用性。本书附赠学习资源，学习资源中包含大量 UG 模具设计技巧和具有针对性的实例教学视频，并进行了详细的语音讲解。另外，学习资源中还包含本书所有的练习素材文件和已完成的范例文件。

本书可作为广大工程技术人员学习 UG 模具设计的自学教程和参考书，也可作为大中专院校学生和各类培训学校学员的 CAD/CAM/CAE 课程上课或上机练习教材。

图书在版编目（CIP）数据

UG NX 12.0 模具设计实例精解/北京兆迪科技有限公司编著. —9 版. —北京：机械工业出版社，2019.6（2024.8 重印）
（UG NX 12.0 工程应用精解丛书）
ISBN 978-7-111-62424-0

Ⅰ. ①U… Ⅱ. ①北… Ⅲ. ①模具—计算机辅助设计—应用软件—教材 Ⅳ. ①TG76-39

中国版本图书馆 CIP 数据核字（2019）第 061557 号

机械工业出版社（北京市百万庄大街 22 号 邮政编码：100037）
策划编辑：丁 锋　　责任编辑：丁 锋
责任校对：肖 琳　　封面设计：张 静
责任印制：李 昂
北京捷迅佳彩印刷有限公司印刷
2024 年 8 月第 9 版第 7 次印刷
184mm×260 mm·21.25 印张·392 千字
标准书号：ISBN 978-7-111-62424-0
定价：69.90 元

电话服务　　网络服务
客服电话：010-88361066　　机 工 官 网：www.cmpbook.com
010-88379833　　机 工 官 博：weibo.com/cmp1952
010-68326294　　金 书 网：www.golden-book.com
封底无防伪标均为盗版　　机工教育服务网：www.cmpedu.com

丛书介绍与选读

“UG NX 工程应用精解丛书”自出版以来，已经拥有众多读者并赢得了他们的认可和信赖，很多读者每年在软件升级后仍继续选购。UG 是一款功能十分强大的 CAD/CAM/CAE 高端软件，目前在我国工程机械、汽车零配件等行业占有很高的市场份额。近年来，随着 UG 软件功能进一步完善，其市场占有率越来越高。本套 UG 丛书的内容在不断完善，丛书涵盖的模块也不断增加。为了方便广大读者选购这套丛书，下面特对其进行介绍。首先介绍本套 UG 丛书的主要特点。

- ☑ 本套 UG 丛书是目前涵盖 UG 模块功能较多、体系完整、丛书数量（共 20 本）比较多的一套丛书。
- ☑ 本套 UG 丛书在编写时充分考虑了读者的阅读习惯，语言简洁、讲解详细、条理清晰、图文并茂。
- ☑ 本套 UG 丛书的每一本书都附赠学习资源，学习资源中包括大量 UG 应用技巧和具有针对性的范例教学视频和详细的语音讲解，读者可将学习资源中语音讲解视频文件复制到个人手机、iPad 等电子产品中随时观看、学习。另外，学习资源内还包含了书中所有的素材模型、练习模型、范例模型的原始文件以及配置文件，方便读者学习。
- ☑ 本套 UG 丛书的每一本书在写作方式上紧贴 UG 软件的实际操作界面，采用软件中真实的对话框、操控板和按钮等进行讲解，使初学者能够直观、准确地操作软件进行学习，从而尽快上手，提高学习效率。

本套 UG 丛书的所有 20 本图书全部是由北京兆迪科技有限公司统一组织策划、研发和编写的。当然，在策划和编写这套丛书的过程中，兆迪公司也吸纳了来自其他行业著名公司的顶尖工程师共同参与，将不同行业独特的工程案例及设计技巧、经验融入本套丛书；同时，本套丛书也获得了 UG 厂商的支持，丛书的质量得到了他们的认可。

本套 UG 丛书的优点是，丛书中的每一本书在内容上都是相互独立的，但是在工程案例的应用上又是相互关联、互为一体的；在编写风格上完全一致，因此读者可根据自己目前的需要单独购买丛书中的一本或多本。不过，读者如果以后为了进一步提高 UG 技能还需要购书学习时，建议仍购买本丛书中的其他相关书籍，这样可以保证学习的连续性和良好的学习效果。

《UG NX 12.0 快速入门教程》是学习 UG NX 12.0 中文版的快速入门与提高教程，也是学习 UG 高级或专业模块的基础教程，这些高级或专业模块包括曲面、钣金、工程图、注塑模具、冲压模具、数控加工、运动仿真与分析、管道、电气布线、结构分析和热分析等。如果读者以后根据自己工作和专业的需要，或者是为了增强职场竞争力，需要学习这些专业模块，建议先熟练掌握本套丛书《UG NX 12.0 快速入门教程》中的基础内容，然后再学习高级或专业模块，以提高这些模块的学习效率。

《UG NX 12.0 快速入门教程》内容丰富、讲解详细、价格实惠，相比其他同类型的书籍，价格要便宜 20%~30%，因此《UG NX 4.0 快速入门教程》《UG NX 5.0 快速入门教程》《UG NX 6.0 快速入门教程》《UG NX 6.0 快速入门教程（修订版）》《UG NX 7.0 快速入门教程》《UG NX 8.0 快速入门教程》《UG NX 8.0 快速入门教程（修订版）》《UG NX 8.5 快速入门教程》《UG NX 10.0 快速入门教程》已经累计被我国 100 多所大学本科院校和高等职业院校选为在校学生 CAD/CAM/CAE 等课程的授课教材。《UG NX 12.0 快速入门教程》与以前的版本相比，图书的质量和性价比有了大幅的提高，我们相信会有更多的院校选择此书作为教材。下面对本套 UG 丛书中每一本图书进行简要介绍。

（1）**《UG NX 12.0 快速入门教程》**

- 内容概要：本书是学习 UG 的快速入门教程，内容包括 UG 功能概述、UG 软件安装方法和过程、软件的环境设置与工作界面的用户定制和各常用模块应用基础。
- 适用读者：零基础读者，或者作为中高级读者查阅 UG NX 12.0 新功能、新操作之用，抑或作为工具书放在手边以备个别功能不熟或遗忘而查询之用。

（2）**《UG NX 12.0 产品设计实例精解》**

- 内容概要：本书是学习 UG 产品设计实例类的中高级图书。
- 适用读者：适合中高级读者提高产品设计能力、掌握更多产品设计技巧。UG 基础不扎实的读者在阅读本书前，建议先选购和阅读本丛书中的《UG NX 12.0 快速入门教程》。

（3）**《UG NX 12.0 工程图教程》**

- 内容概要：本书是全面、系统学习 UG 工程图设计的中高级图书。
- 适用读者：适合中高级读者全面精通 UG 工程图设计方法和技巧之用。

（4）**《UG NX 12.0 曲面设计教程》**

- 内容概要：本书是学习 UG 曲面设计的中高级图书。
- 适用读者：适合中高级读者全面精通 UG 曲面设计之用。UG 基础不扎实的读者在阅读本书前，建议先选购和阅读本丛书中的《UG NX 12.0 快速入门教程》。

（5）**《UG NX 12.0 曲面设计实例精解》**

- 内容概要：本书是学习 UG 曲面设计实例类的中高级图书。
- 适用读者：适合中高级读者提高曲面设计能力、掌握更多曲面设计技巧之用。UG 基础不扎实的读者在阅读本书前，建议先选购和阅读本丛书中的《UG NX 12.0 快速入门教程》《UG NX 12.0 曲面设计教程》。

（6）《UG NX 12.0 高级应用教程》

- 内容概要：本书是进一步学习 UG 高级功能的图书。
- 适用读者：适合读者进一步提高 UG 应用技能之用。UG 基础不扎实的读者在阅读本书前，建议先选购和阅读本丛书中的《UG NX 12.0 快速入门教程》。

（7）《UG NX 12.0 钣金设计教程》

- 内容概要：本书是学习 UG 钣金设计的中高级图书。
- 适用读者：适合读者全面精通 UG 钣金设计之用。UG 基础不扎实的读者在阅读本书前，建议先选购和阅读本丛书中的《UG NX 12.0 快速入门教程》。

（8）《UG NX 12.0 钣金设计实例精解》

- 内容概要：本书是学习 UG 钣金设计实例类的中高级图书。
- 适用读者：适合读者提高钣金设计能力、掌握更多钣金设计技巧之用。UG 基础不扎实的读者在阅读本书前，建议先选购和阅读本丛书中的《UG NX 12.0 快速入门教程》《UG NX 12.0 钣金设计教程》。

（9）《钣金展开实用技术手册（UG NX 12.0 版）》

- 内容概要：本书是学习 UG 钣金展开的中高级图书。
- 适用读者：适合读者全面精通 UG 钣金展开技术之用。UG 基础不扎实的读者在阅读本书前，建议先选购和阅读本丛书中的《UG NX 12.0 快速入门教程》《UG NX 12.0 钣金设计教程》。

（10）《UG NX 12.0 模具设计教程》

- 内容概要：本书是学习 UG 模具设计的中高级图书。
- 适用读者：适合读者全面精通 UG 模具设计。UG 基础不扎实的读者在阅读本书前，建议选购和阅读本丛书中的《UG NX 12.0 快速入门教程》。

（11）《UG NX 12.0 模具设计实例精解》

- 内容概要：本书是学习 UG 模具设计实例类的中高级图书。
- 适用读者：适合读者提高模具设计能力、掌握更多模具设计技巧之用。UG 基础不扎实的读者在阅读本书前，建议先选购和阅读本丛书中的《UG NX 12.0 快速入门教程》《UG NX 12.0 模具设计教程》。

（12）《UG NX 12.0 冲压模具设计教程》

- 内容概要：本书是学习 UG 冲压模具设计的中高级图书。
- 适用读者：适合读者全面精通 UG 冲压模具设计之用。UG 基础不扎实的读者在阅读本书前，建议先选购和阅读本丛书中的《UG NX 12.0 快速入门教程》。

（13）《UG NX 12.0 冲压模具设计实例精解》

- 内容概要：本书是学习 UG 冲压模具设计实例类的中高级图书。
- 适用读者：适合读者提高冲压模具设计能力、掌握更多冲压模具设计技巧之用。

UG 基础不扎实的读者在阅读本书前，建议先选购和阅读本丛书中的《UG NX 12.0 快速入门教程》《UG NX 12.0 冲压模具设计教程》。

（14）**《UG NX 12.0 数控加工教程》**

- 内容概要：本书是学习 UG 数控加工与编程的中高级图书。
- 适用读者：适合读者全面精通 UG 数控加工与编程之用。UG 基础不扎实的读者在阅读本书前，建议先选购和阅读本丛书中的《UG NX 12.0 快速入门教程》。

（15）**《UG NX 12.0 数控加工实例精解》**

- 内容概要：本书是学习 UG 数控加工与编程实例类的中高级图书。
- 适用读者：适合读者提高数控加工与编程能力、掌握更多数控加工与编程技巧之用。UG 基础不扎实的读者在阅读本书前，建议先选购和阅读本丛书中的《UG NX 12.0 快速入门教程》《UG NX 12.0 数控加工教程》。

（16）**《UG NX 12.0 运动仿真与分析教程》**

- 内容概要：本书是学习 UG 运动仿真与分析的中高级图书。
- 适用读者：适合中高级读者全面精通 UG 运动仿真与分析之用。UG 基础不扎实的读者在阅读本书前，建议先选购和阅读本丛书中的《UG NX 12.0 快速入门教程》。

（17）**《UG NX 12.0 管道设计教程》**

- 内容概要：本书是学习 UG 管道设计的中高级图书。
- 适用读者：适合高级产品设计师阅读。UG 基础不扎实的读者在阅读本书前，建议先选购和阅读本丛书中的《UG NX 12.0 快速入门教程》。

（18）**《UG NX 12.0 电气布线设计教程》**

- 内容概要：本书是学习 UG 电气布线设计的中高级图书。
- 适用读者：适合高级产品设计师阅读。UG 基础不扎实的读者在阅读本书前，建议先选购和阅读本丛书中的《UG NX 12.0 快速入门教程》。

（19）**《UG NX 12.0 结构分析教程》**

- 内容概要：本书是学习 UG 结构分析的中高级图书。
- 适用读者：适合高级产品设计师和分析工程师阅读。UG 基础不扎实的读者在阅读本书前，建议先选购和阅读本丛书中的《UG NX 12.0 快速入门教程》。

（20）**《UG NX 12.0 热分析教程》**

- 内容概要：本书是学习 UG 热分析的中高级图书。
- 适用读者：适合高级产品设计师和分析工程师阅读。UG 基础不扎实的读者在阅读本书前，建议先选购和阅读本丛书中的《UG NX 12.0 快速入门教程》。

前　言

UG 是由美国 UGS 公司推出的功能强大的三维 CAD/CAM/CAE 软件系统，其内容涵盖了产品从概念设计、工业造型设计、三维模型设计、分析计算、动态模拟与仿真、工程图输出，到生产加工成产品的全过程，应用范围涉及航空航天、汽车、机械、造船、通用机械、数控（NC）加工、医疗器械和电子等诸多领域。UG NX 12.0 是目前最新的版本，对上一个版本进行了数百项以客户为中心的改进。

本书是学习 UG NX 12.0 模具设计方法的高级实例类图书，其特色如下：

- 实例丰富，与其他的同类书籍相比，包括更多的模具实例和设计方法。
- 讲解详细，由浅入深，条理清晰，图文并茂，对于意欲进入模具设计行业的读者，本书是一本不可多得的快速见效的学习指南。
- 写法独特，采用 UG NX 12.0 中文版软件中真实的对话框、按钮和图标等进行讲解，使初学者能够直观、准确地操作软件，从而大大提高学习效率。
- 附加值高，本书附赠学习资源，学习资源中包含大量 UG 模具设计技巧和具有针对性的实例教学视频，并进行了详细的语音讲解，可以帮助读者轻松、高效地学习。

本书由北京兆迪科技有限公司编著，参加编写的人员有詹友刚、王焕田、刘静、雷保珍、刘海起、魏俊岭、任慧华、詹路、冯元超、刘江波、周涛、段进敏、赵枫、邵为龙、侯俊飞、龙宇、施志杰、詹棋、高政、孙润、李倩倩、黄红霞、尹泉、李行、詹超、尹佩文、赵磊、王晓萍、陈淑童、周攀、吴伟、王海波、高策、冯华超、周思思、黄光辉、党辉、冯峰、詹聪、平迪、管璇、王平、李友荣。本书难免存在疏漏之处，恳请广大读者予以指正。

本书随书学习资源中含有“读者意见反馈卡”的电子文档，请读者认真填写本反馈卡，并 E-mail 给我们。E-mail: 兆迪科技 zhanygjames@163.com，丁锋 fengfener@qq.com。

咨询电话：010-82176248，010-82176249。

编　者

本书导读

为了能更高效地学习本书，请您务必仔细阅读下面的内容。

写作环境

本书使用的操作系统为 64 位的 Windows 7，采用 Windows 经典主题。本书的写作蓝本是 UG NX 12.0 版。

学习资源使用

为方便读者练习，特将书中所有素材文件、已完成的实例文件、配置文件和视频语音讲解文件等放入随赠学习资源中，读者在学习过程中可以打开相应素材文件进行操作和练习。

建议读者在学习本书前，先将本书附赠学习资源中的所有文件复制到计算机硬盘的 D 盘中。D 盘上 ug12.6 目录下共有 3 个子目录。

（1）ugnx12_system_file 子目录：包含一些系统文件。

（2）work 子目录：包含书中全部已完成的实例文件。

（3）video 子目录：包含书中讲解的视频录像文件。读者学习时，可在该子目录中按顺序查找所需的视频文件。

学习资源中带有“ok”的文件或文件夹表示已完成的实例。

相比于老版本的软件，UG NX 12.0 中文版在功能、界面和操作上变化极小，经过简单的设置后，几乎与老版本完全一样（书中已介绍设置方法）。因此，对于软件新老版本操作完全相同的内容部分，学习资源中仍然使用老版本的视频讲解，对于绝大部分读者而言，并不影响软件的学习。

本书约定

- 本书中有关鼠标操作的说明如下。
  - ☑ 单击：将鼠标指针移至某位置处，然后按一下鼠标的左键。
  - ☑ 双击：将鼠标指针移至某位置处，然后连续快速地按两次鼠标的左键。
  - ☑ 右击：将鼠标指针移至某位置处，然后按一下鼠标的右键。
  - ☑ 单击中键：将鼠标指针移至某位置处，然后按一下鼠标的中键。
  - ☑ 滚动中键：只是滚动鼠标的中键，而不能按中键。
  - ☑ 选择（选取）某对象：将鼠标指针移至某对象上，单击以选取该对象。

☑ 拖移某对象：将鼠标指针移至某对象上，然后按下鼠标的左键不放，同时移动鼠标，将该对象移动到指定的位置后再松开鼠标的左键。

- 本书中的操作步骤分为 Task、Stage 和 Step 三个级别，说明如下：
  ☑ 对于一般的软件操作，每个操作步骤以 Step 字符开始。
  ☑ 每个 Step 操作视其复杂程度，其下面可含有多级子操作，例如 Step1 下可能包含（1）、（2）、（3）等子操作，（1）子操作下可能包含①、②、③等子操作，①子操作下可能包含 a)、b)、c）等子操作。
  ☑ 如果操作较复杂，需要几个大的操作步骤才能完成，则每个大的操作冠以 Stage1、Stage2、Stage3 等，Stage 级别的操作下再分 Step1、Step2、Step3 等操作。
  ☑ 对于多个任务的操作，则每个任务冠以 Task1、Task2、Task3 等，每个 Task 操作下则可包含 Stage 和 Step 级别的操作。
- 因为已建议读者将随书学习资源中的所有文件复制到计算机 D 盘中，所以书中在要求设置工作目录或打开学习资源文件时，所述的路径均以“D:”开始。

技术支持

本书主要参编人员来自北京兆迪科技有限公司。该公司专门从事 CAD/CAM/CAE 技术的研究、开发、咨询及产品设计与制造服务，并提供 UG、ANSYS 和 ADAMS 等软件的专业培训及技术咨询。读者在学习本书的过程中如果遇到问题，可通过访问该公司的网站 http://www.zalldy.com 来获得技术支持。

为了感谢广大读者对兆迪科技图书的信任与厚爱，兆迪科技面向读者推出免费送课、最新图书信息咨询、与主编在线直播互动交流等服务。

- 免费送课。读者凭有效购书证明，可领取价值 100 元的在线课程代金券 1 张，此券可在兆迪科技网校（http://www.zalldy.com/）免费换购在线课程 1 门，活动详情可以登录兆迪网校查看。

  咨询电话：010-82176248，010-82176249。

目　录

实例 1 用两种方法进行模具设计（一）

本实例介绍一款肥皂盒的模具设计过程（图 1.1）。该产品模型的边链（最大轮廓处）有一个完全倒圆角的特征。此时，必须将完全倒圆角画出拆分面，才能正确地完成模具的开模。通过本实例的学习，读者能够进一步掌握模具设计的一般方法。

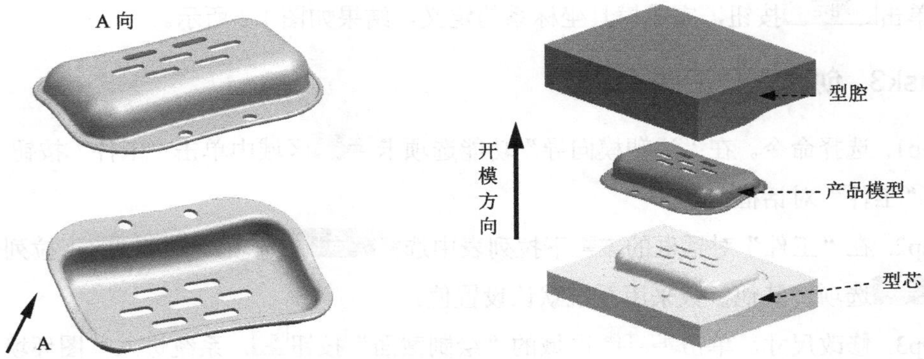

图 1.1 肥皂盒的模具设计

1.1 方法一（Mold Wizard 环境）

方法简介

在利用 Mold Wizard 进行该模具设计时，巧妙地运用了“拆分面”中的“等斜度线拆分”命令，使确定拆分面的过程更简单明了，其分型面的创建采用的是“条带曲面”方法。

下面介绍在 Mold Wizard 环境下设计该模具的具体过程。

Task1. 初始化项目

Step1. 加载模型。在功能选项卡右侧空白的位置右击，在弹出的快捷菜单中选择 注塑模向导 命令，系统弹出“注塑模向导”功能选项卡。单击“初始化项目”按钮，系统弹出“部件名”对话框；选择 D:\ug12.6\work\ch01\fancy_soap_box.prt，单击 OK 按钮，载入模型后，系统弹出“初始化项目”对话框。

Step2. 定义项目单位。在 项目单位 下拉列表中选择 毫米 选项。

Step3. 设置项目路径和名称。将路径设置为 D:\ug12.6\work\ch01；在 Name 文本框中输入 fancy_soap_box。

Step4. 设置部件材料。在 材料 下拉列表中选择 ABS 选项，其他参数采用系统默认设置值。

Step5. 单击 确定 按钮，完成初始化项目的设置。

Task2. 模具坐标系

Step1. 旋转模具坐标系。选择下拉菜单格式(R) → WCS▸ → 旋转(R)...命令，系统弹出“旋转 WCS 绕...”对话框；选中⊙ + XC 轴单选项，在角度文本框中输入数值-90；单击确定按钮，完成坐标系的旋转。

Step2. 锁定模具坐标系。在“注塑模向导”功能选项卡主要区域中单击“模具坐标系”按钮，系统弹出“模具坐标系”对话框；选中⊙ 产品实体中心单选项，然后选中☑ 锁定 Z 位置复选框；单击确定按钮，完成模具坐标系的定义，结果如图 1.2 所示。

Task3. 创建模具工件

Step1. 选择命令。在“注塑模向导”功能选项卡主要区域中单击“工件”按钮，系统弹出“工件”对话框。

Step2. 在“工件”对话框的类型下拉列表中选择产品工件选项，在工件方法下拉列表中选择用户定义的块选项，其他参数采用系统默认设置值。

Step3. 修改尺寸。单击定义工件区域的“绘制截面”按钮，系统进入草图环境，然后修改截面草图的尺寸，如图 1.3 所示；在“工件”对话框限制区域的开始下拉列表中选择值选项，并在其下的距离文本框中输入数值 35；在限制区域的结束下拉列表中选择值选项，并在其下的距离文本框中输入数值-35。

Step4. 单击< 确定 >按钮，完成创建后的模具工件如图 1.4 所示。

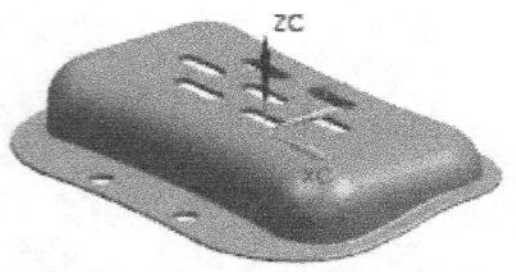

图 1.2　定义后的模具坐标系

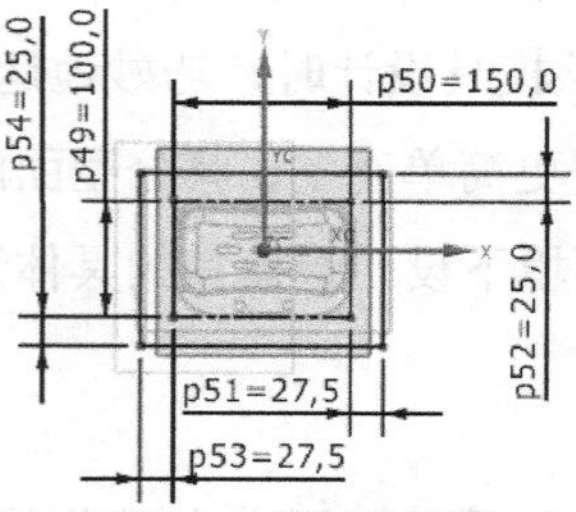

图 1.3　截面草图

图 1.4　创建后的模具工件

Task4. 创建拆分面

Step1. 选择命令。在“注塑模向导”功能选项卡注塑模工具区域中单击“拆分面”按钮，系统弹出图 1.5 所示的“拆分面”对话框。

Step2. 旋转坐标系。选择下拉菜单格式(R) → WCS▸ → 旋转(R)...命令；在系统弹出的“旋转 WCS 绕...”对话框中选中⊙ + XC 轴单选项，在角度文本框中输入数值-90；然后单击确定按钮；系统返回至“拆分面”对话框。

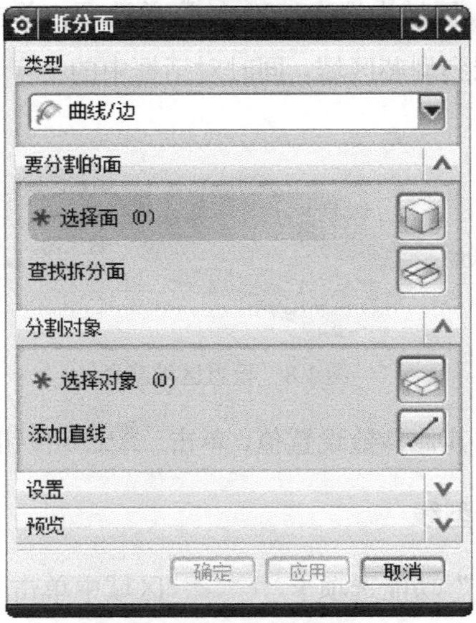

图 1.5 “拆分面”对话框

Step3. 定义拆分面属性。在类型下拉列表中选择等斜度选项。

Step4. 定义要分割的面。选取如图 1.6 所示的完全倒圆角面为拆分面。

Step5. 单击确定按钮，完成创建拆分面。

Task5. 模具分型

Stage1. 设计区域

Step1. 在“注塑模向导”功能选项卡分型刀具区域中单击“检查区域”按钮，系统弹出“检查区域”对话框，并显示如图 1.7 所示的开模方向，选中保持现有的单选项。

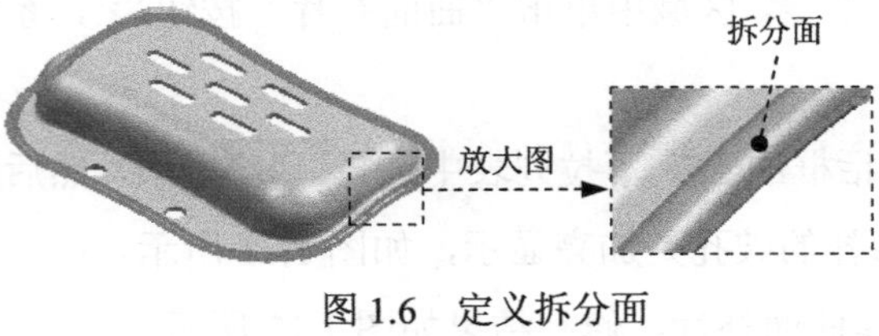

图 1.6 定义拆分面

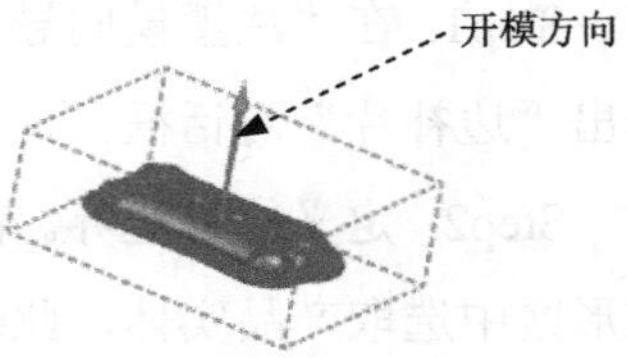

图 1.7 开模方向

说明： 图 1.7 所示的开模方向可以通过“检查区域”对话框中的指定脱模方向按钮和“矢量对话框”按钮来更改，本实例在前面定义模具坐标系时已将开模方向设置好，所以系统会自动识别出产品模型的开模方向。

Step2. 拆分面。在“检查区域”对话框中单击“计算”按钮，系统开始对产品模型进行分析计算。单击面选项卡，可以查看分析结果。单击区域选项卡，取消选中内环、分型边和不完整的环三个复选框，然后单击“设置区域颜色”按钮，设置各区域的颜色，结果如图 1.8 所示；在未定义的区域区域中选中交叉竖直面复选框，此时系统将所有的交叉竖直面加亮显示；在 指派到区域 区域中选中 ⊙ 型芯区域 单选项，单击 应用 按钮，此时系统将加亮显示的交叉竖直面指派到型芯区域，同时对话框中的 未定义的区域 显示为 0。完成区域定义结果如图 1.9 所示。

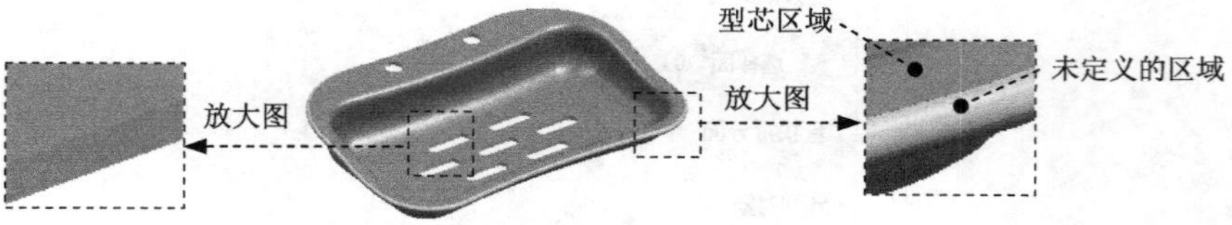

图 1.8 设置区域颜色

Step3. 接受系统默认的其他参数设置值，单击 取消 按钮，关闭“检查区域”对话框。

Stage2. 创建区域和分型线

Step1. 在“注塑模向导”功能选项卡 分型刀具 区域中单击“定义区域”按钮，系统弹出“定义区域”对话框。

Step2. 在 定义区域 区域中选择 所有面 选项；在 设置 区域选中 ☑ 创建区域 和 ☑ 创建分型线 复选框，单击 确定 按钮，完成分型线的创建，创建分型线结果如图 1.10 所示。

图 1.9 完成区域定义

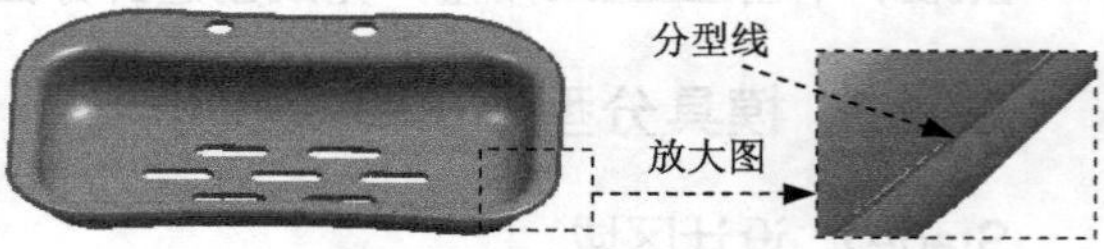

图 1.10 创建分型线

Stage3. 模型修补

Step1. 在“注塑模向导”功能选项卡 分型刀具 区域中单击“曲面补片”按钮，系统弹出“边补片”对话框。

Step2. 定义修补边界。在“边补片”对话框的 类型 下拉列表中选择 体 选项，然后在图形区中选取产品实体，此时系统将需要修补的破孔处加亮显示，如图 1.11 所示。

Step3. 单击 确定 按钮，系统自动创建曲面补片，修补结果如图 1.12 所示。

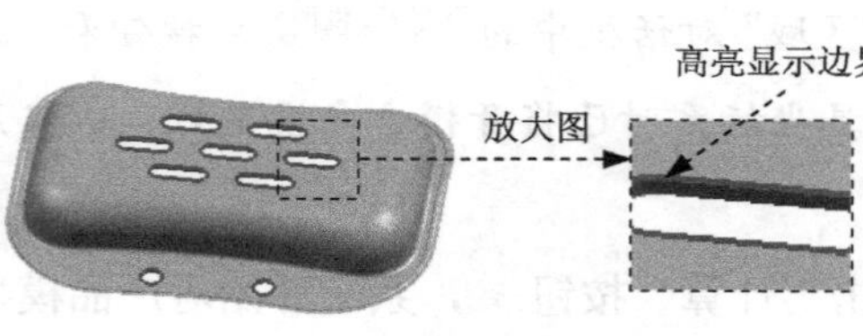

图 1.11 高亮显示孔边界

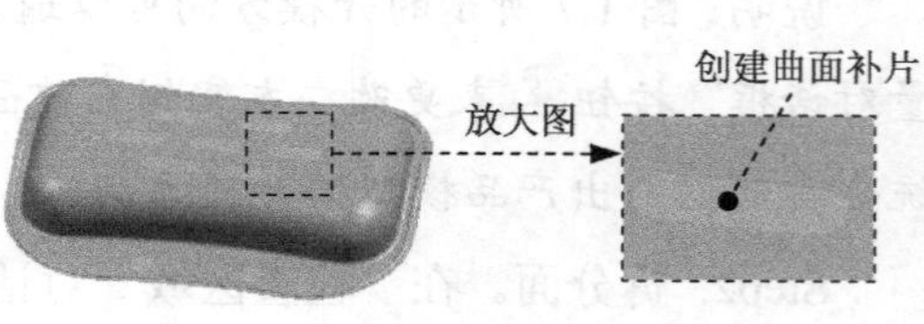

图 1.12 修补结果

Stage4. 创建分型面

Step1. 在“注塑模向导”功能选项卡 分型刀具 区域中单击“设计分型面”按钮，系统弹出“设计分型面”对话框。

Step2. 定义分型面创建方法。在 创建分型面 区域中单击“条带曲面”按钮，单击 应用 按钮。

Step3. 定义分型面长度。采用系统默认的公差值，在 设置 区域的 分型面长度 文本框中输入数值 100.0，然后按 Enter 键。

Step4. 单击 确定 按钮，完成分型面的创建，创建的分型面如图 1.13 所示。

说明： 系统会弹出警报信息对话框，一律单击“取消”按钮。

Stage5. 创建型腔和型芯

Step1. 在“注塑模向导”功能选项卡 分型刀具 区域中单击“定义型腔和型芯”按钮，系统弹出“定义型腔和型芯”对话框。

Step2. 创建型腔零件。选择 选择片体 区域下的 型腔区域 选项，其他参数采用系统默认设置值，单击 应用 按钮，系统弹出“查看分型结果”对话框，采用系统默认的方向；单击 确定 按钮，完成型腔零件的创建，如图 1.14 所示，此时系统返回至“定义型腔和型芯”对话框。

Step3. 创建型芯零件。在“定义型腔和型芯”对话框中选择 选择片体 区域下的 型芯区域 选项，其他参数采用系统默认设置值，单击 确定 按钮，系统弹出“查看分型结果”对话框，采用系统默认的方向；单击 确定 按钮，完成型芯零件的创建，如图 1.15 所示。

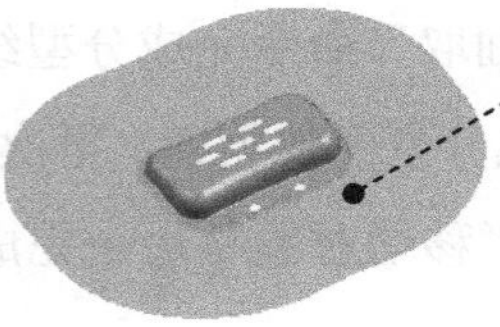

图 1.13 创建分型面

图 1.14 型腔零件

图 1.15 型芯零件

Stage6. 创建模具分解视图

Step1. 切换窗口。选择下拉菜单 窗口(O) → fancy_soap_box_top_000.prt 命令，切换到总装配文件窗口；然后单击“装配导航器”按钮，在系统弹出的“装配导航器”面板中选择 fancy_soap_box_top_000.prt 命令并右击，在系统弹出的快捷菜单中选择 设为工作部件 命令。

Step2. 移动型腔。

（1）创建爆炸图。选择下拉菜单 装配(A) → 爆炸图(X) → 新建爆炸(N)... 命令，系统弹出“新建爆炸”对话框，采用系统默认的名称，单击 确定 按钮。

（2）编辑爆炸图。选择下拉菜单 装配(A) → 爆炸图(X) → 编辑爆炸(E)... 命令，系统弹出“编辑爆炸”对话框；选取如图 1.16 所示的型腔为移动对象；选中 移动对象 单选项，选取 Z 轴为移动方向，在 距离 文本框中输入数值 100，按 Enter 键确认，移动结果如图 1.17

所示。

Step3. 移动型芯。

（1）选择对象。在对话框中选择 选择对象 单选项，选取图 1.18 所示的型芯，单击 Shift 键，以取消选中上一步选中的型腔。

（2）选择 移动对象 单选项，沿 Z 轴负方向移动 100，单击 确定 按钮，移动结果如图 1.19 所示。

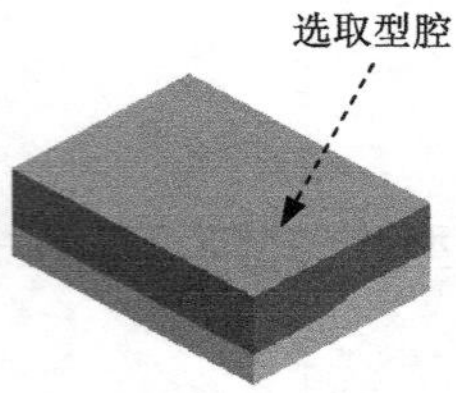

图 1.16 选取移动对象

图 1.17 移动型腔

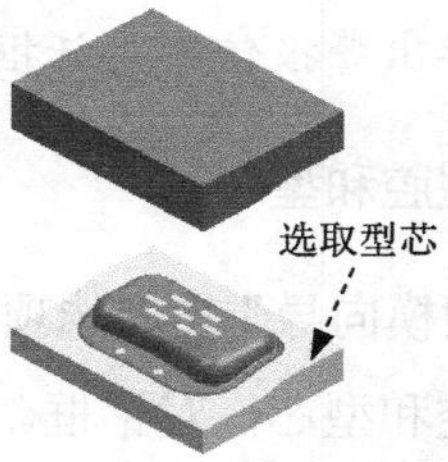

图 1.18 选取移动对象

图 1.19 移动型芯

Step4. 保存文件。选择下拉菜单 文件(F) → 保存(S) → 全部保存(V) 命令，保存所有文件。

1.2 方法二（建模环境）

方法简介

在建模环境下进行该模具设计的主要思路如下：首先，通过“抽取”命令完成分型线的创建；其次，通过“抽取”“拉伸”“有界平面”“缝合”等命令完成分型面的创建；再次，通过“求差”“拆分体”等命令完成型腔/型芯的创建；最后，通过“移动对象”命令完成模具的开模。

下面介绍在建模环境下设计该模具的具体过程。

Task1. 模具坐标

Step1. 打开文件。打开 D:\ug12.6\work\ch01\fancy_soap_box.prt 文件，单击 OK 按钮，进入建模环境。

Step2. 创建坐标系。选择下拉菜单 格式(R) → WCS▸ → 原点(O)... 命令，系统弹出“点”对话框；在 YC 文本框中输入数值-11.5；单击 确定 按钮，完成坐标系的放置，并关闭该对话框。

Step3. 旋转坐标系。选择下拉菜单 格式(R) → WCS▸ → 旋转(R)... 命令，系统弹出“旋转 WCS 绕...”对话框；选中 - XC 轴 单选项，在 角度 文本框中输入数值 90；单击 确定 按钮，完成坐标系的旋转，如图 1.20 所示。

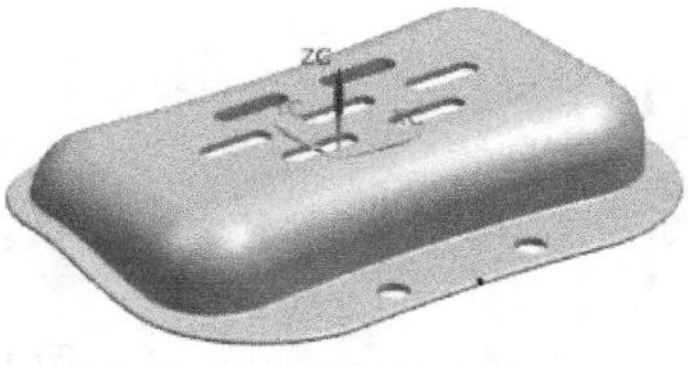

图 1.20 旋转坐标系

Task2. 设置收缩率

Step1. 选择命令。选择下拉菜单 编辑(E) → 变换(M)... 命令，系统弹出“变换”对话框（一）。

Step2. 定义变换对象。选择零件为变换对象，单击 确定 按钮，系统弹出“变换”对话框（二）。

Step3. 单击 比例 按钮，系统弹出“点”对话框。

Step4. 定义变换点。选取坐标原点为变换点，单击 确定 按钮，系统弹出“变换”对话框（三）。

Step5. 定义变换比例。在 比例 文本框中输入数值 1.006，单击 确定 按钮，系统弹出“变换”对话框（四）。

Step6. 单击 确定 按钮，系统弹出“变换”对话框（五）。

Step7. 单击 移除参数 按钮，完成收缩率的设置，单击 取消 按钮，关闭该对话框。

说明：移除参数后，系统可能会提示模型中的“草图 4”错误，在部件导航器中将其删除即可，并不影响后续操作。

Task3. 创建模具工件

Step1. 选择命令。选择下拉菜单 插入(S) → 设计特征(E) → 拉伸(E)... 命令，系统弹出“拉伸”对话框。

Step2. 定义草图平面。单击 按钮，系统弹出“创建草图”对话框；选择 ZX 基准平面为草图平面，单击 确定 按钮，进入草图环境。

Step3. 绘制草图（显示坐标系）。绘制如图 1.21 所示的截面草图；单击 完成草图 按钮，退出草图环境。

Step4. 定义拉伸方向。在 指定矢量(1) 下拉列表中，选择 ZC↑ 选项。

Step5. 确定拉伸开始值和结束值。在“拉伸”对话框中 限制 区域的 开始 下拉列表中选择 对称值 选项，并在其下的 距离 文本框中输入数值 30，在 布尔 区域的 布尔 下拉列表中选择 无 选项，其他参数采用系统默认设置值。

Step6. 单击〈确定〉按钮，完成如图 1.22 所示拉伸特征的创建。

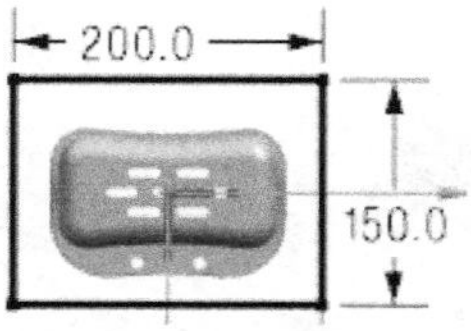

图 1.21 截面草图

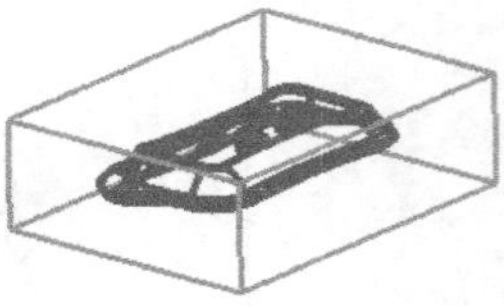

图 1.22 创建拉伸特征

Task4. 创建分型面

Stage1. 创建轮廓线

Step1. 将视图定位到前视图。在“视图”功能选项卡 操作 区域中单击 按钮，完成后将工件隐藏。

Step2. 选择命令。选择下拉菜单 插入(S) → 派生曲线(U) → 抽取(E)... 命令，系统弹出“抽取曲线”对话框。

Step3. 在该对话框中单击 轮廓曲线 按钮。

Step4. 选取抽取对象。选取如图 1.23 所示的产品模型，完成轮廓线的创建，并关闭该对话框。

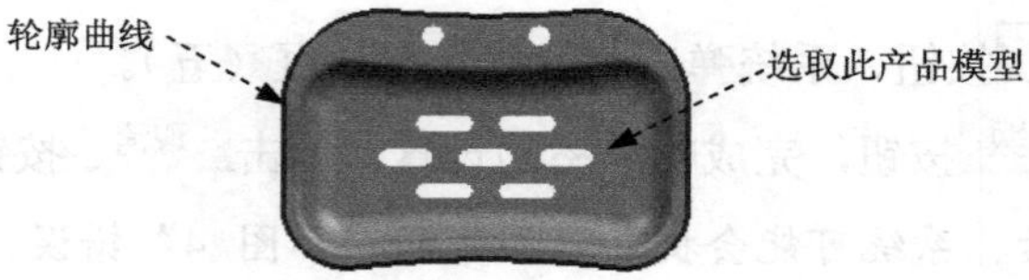

图 1.23 创建轮廓线

Stage2. 创建抽取特征 1

Step1. 选择命令。选择下拉菜单 插入(S) → 关联复制(A) → 抽取几何特征(E)... 命令，系统弹出“抽取几何特征”对话框。

Step2. 在 类型 下拉列表中选择 面区域 选项；在 设置 区域中选中 ☑ 固定于当前时间戳记 复选框和 ☑ 隐藏原先的 复选框，其他参数采用系统默认设置值。

Step3. 定义种子面。选取如图 1.24 所示的面为种子面。

Step4. 定义边界面。选取如图 1.25 所示的面为边界面。

Step5. 单击 确定 按钮，完成抽取特征 1 的创建，如图 1.26 所示（隐藏产品模型）。

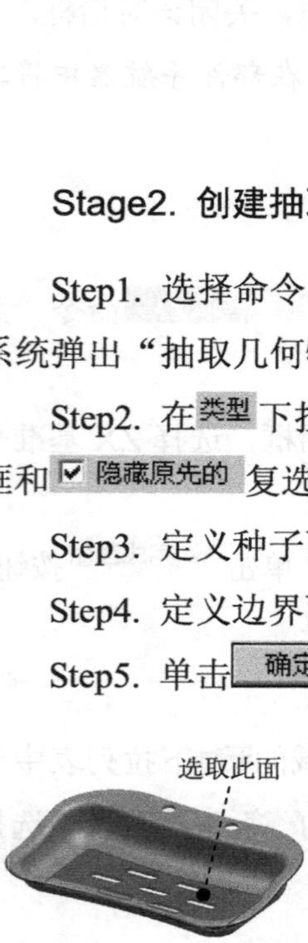

图 1.24 定义种子面

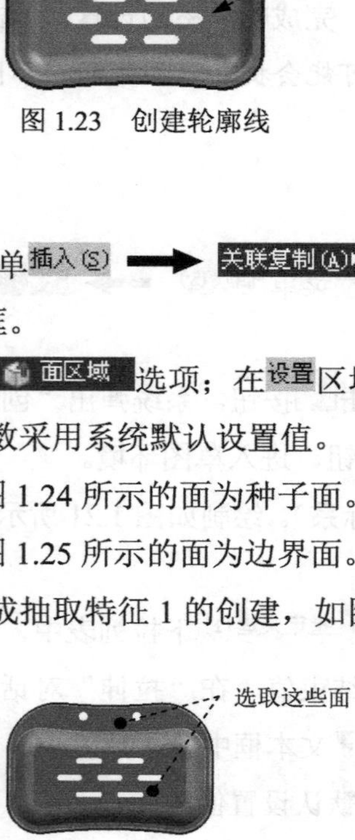

图 1.25 定义边界面

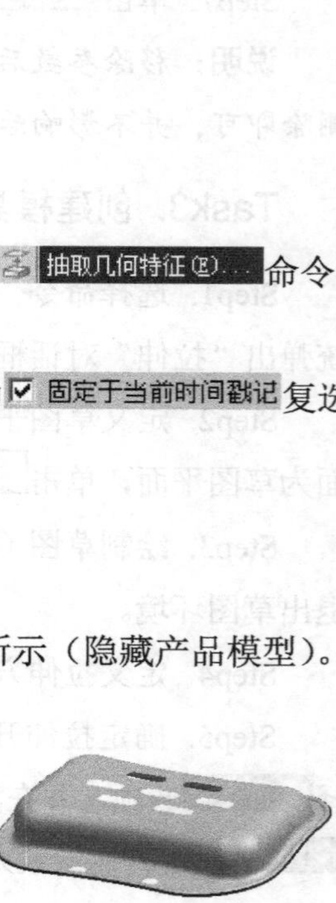

图 1.26 创建抽取特征 1

Stage3．修剪片体

Step1．选择命令。选择下拉菜单 插入(S) → 修剪(T) → 修剪片体(R)... 命令，系统弹出"修剪片体"对话框。

Step2．定义目标体和边界对象。选取如图 1.27a 所示的片体为目标体，单击中键确认；选取轮廓曲线为边界对象。

Step3．设置对话框参数。在 区域 区域中选中 ⊙ 保留 单选项，其他参数采用系统默认设置值。

Step4．在该对话框中单击 < 确定 > 按钮，完成片体的修剪，如图 1.27b 所示（隐藏轮廓曲线）。

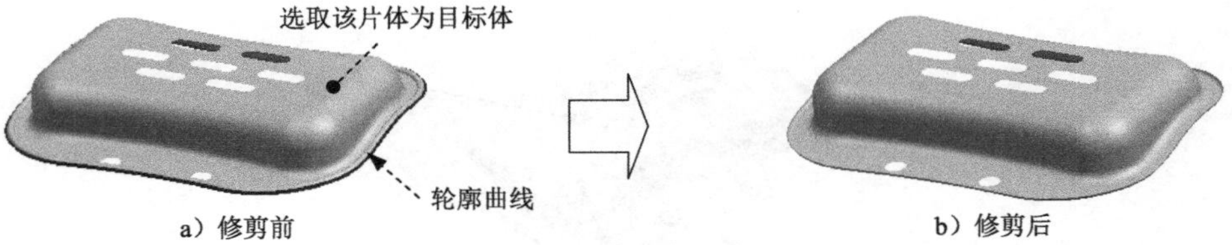

a）修剪前　　b）修剪后

图 1.27　创建修剪特征

Stage4．创建抽取特征 2

Step1．显示实体。在 部件导航器 中选中 ☑ 体(1) 选项并右击，在系统弹出的快捷菜单中选择 显示(S) 命令。

Step2．创建抽取特征。选择下拉菜单 插入(S) → 关联复制(A) → 抽取几何特征(E)... 命令，系统弹出"抽取几何特征"对话框；在 类型 下拉列表中选择 面 选项，在 面选项 后的下拉列表中选择 单个面 选项；在 设置 区域中选中 ☑ 固定于当前时间戳记 和 ☑ 隐藏原先的 复选框，其他参数采用系统默认设置值；选取如图 1.28 所示的所有破孔侧面（共 30 个面）为抽取对象；单击 确定 按钮，完成抽取特征 2 的创建，如图 1.29 所示。

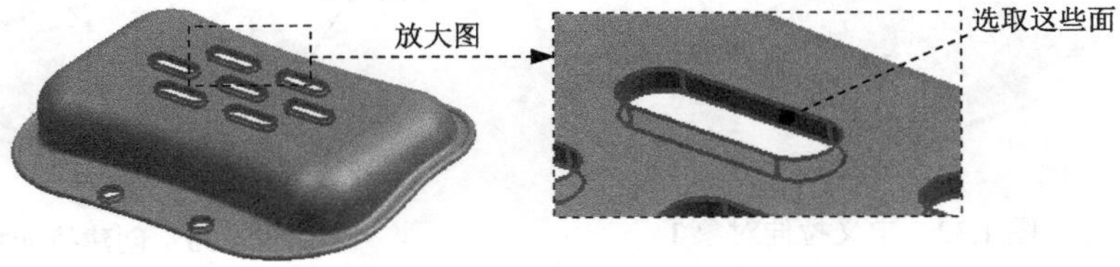

图 1.28　定义抽取对象

Stage5．创建有界平面 1

Step1．选择命令。选择下拉菜单 插入(S) → 曲面(R) → 有界平面(B)... 命令，系统弹出"有界平面"对话框。

Step2．定义边界。选取如图 1.30 所示的边界环为有界平面 1 的边界。

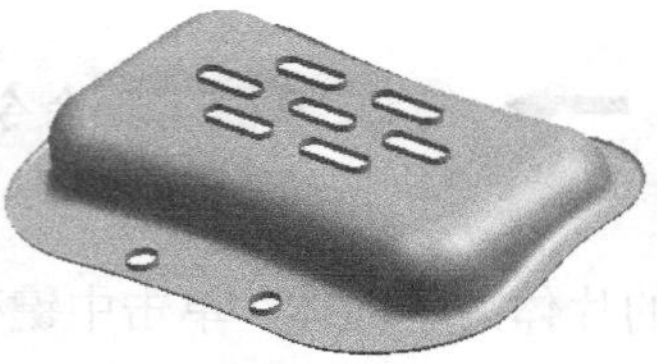

图 1.29　创建抽取特征 2

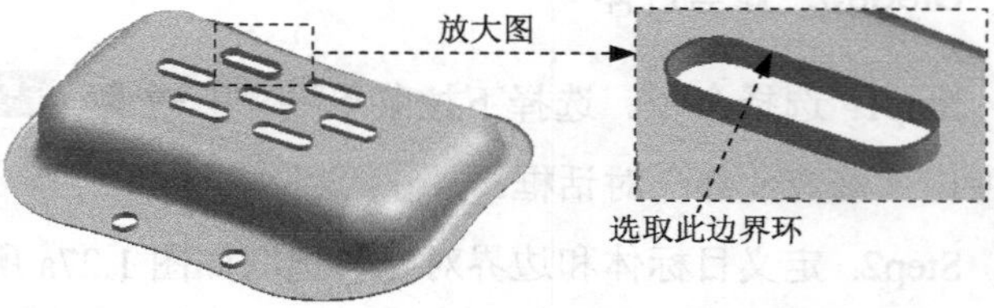

图 1.30　定义有界平面 1 的边界

Step3. 单击〈确定〉按钮，完成有界平面 1 的创建。

Stage6. 创建其余有界平面

参见 Stage5 的方法创建如图 1.31 所示的其余有界平面。

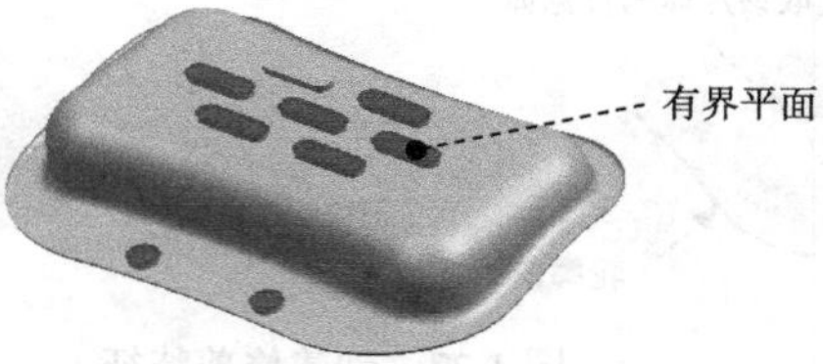

图 1.31　创建其余有界平面

Stage7. 创建拉伸面

Step1. 创建拉伸特征 1。选择下拉菜单 插入(S) → 设计特征(E) → 拉伸(E)... 命令，系统弹出“拉伸”对话框；选取如图 1.32 所示的片体边链为拉伸对象 1；在 指定矢量(1) 下拉列表中选择 YC 选项；在 限制 区域的 开始 下拉列表中选择 值 选项，并在其下的 距离 文本框中输入数值 0，在 结束 下拉列表中选择 值 选项，并在其下的 距离 文本框中输入数值 100；其他参数采用系统默认设置值；单击 确定 按钮，完成如图 1.33 所示拉伸特征 1 的创建。

注意：在“曲线规则”下拉列表中选择 单条曲线 选项，再选取拉伸对象。

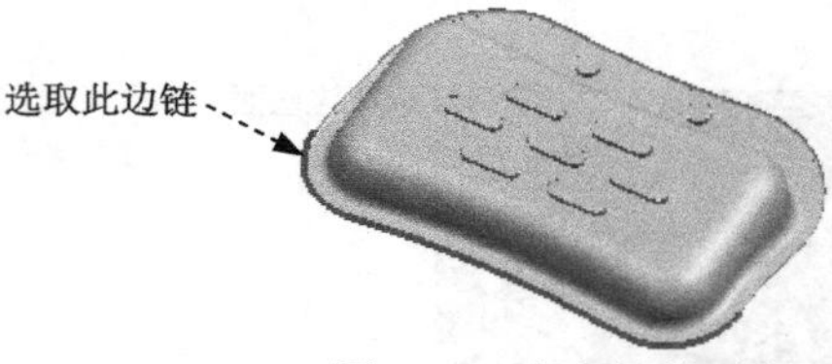

图 1.32　定义拉伸对象 1

图 1.33　创建拉伸特征 1

Step2. 创建拉伸特征 2。选择下拉菜单 插入(S) → 设计特征(E) → 拉伸(E)... 命令，系统弹出“拉伸”对话框；选取如图 1.34 所示的片体边链为拉伸对象 2；在 指定矢量(1) 下拉列表中选择 -YC 选项；在 限制 区域的 开始 下拉列表中选择 值 选项，并在其下的 距离 文本框中输入数值 0，在 结束 下拉列表中选择 值 选项，并在其下的 距离 文本框中输入数值 100；其他参数采用系统默认设置值；单击〈确定〉按钮，完成如图 1.35 所示拉伸特征 2 的创建。

图 1.34 定义拉伸对象 2

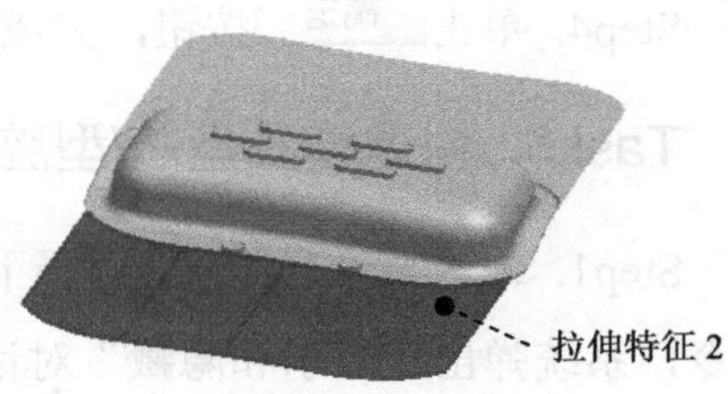

图 1.35 创建拉伸特征 2

Step3. 创建拉伸特征 3。选择下拉菜单 插入(S) → 设计特征(E) → 拉伸(E)... 命令，系统弹出“拉伸”对话框；选取如图 1.36 所示的片体边链为拉伸对象 3；在 指定矢量(1) 下拉列表中选择 XC 选项；在 限制 区域的 开始 下拉列表中选择 值 选项，并在其下的 距离 文本框中输入数值 0，在 结束 下拉列表中选择 值 选项，并在其下的 距离 文本框中输入数值 100；其他参数采用系统默认设置值；单击 < 确定 > 按钮，完成如图 1.37 所示拉伸特征 3 的创建。

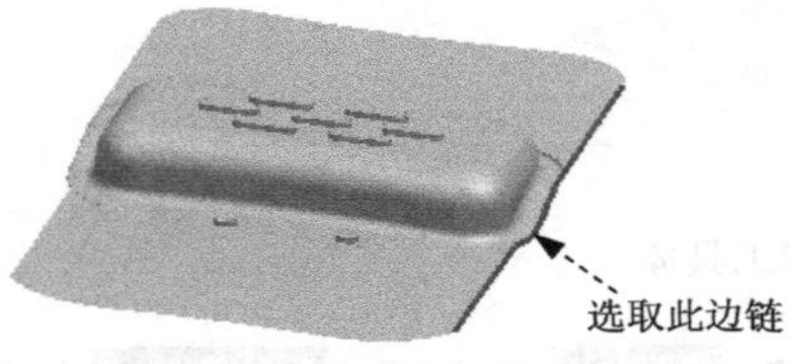

图 1.36 定义拉伸对象 3

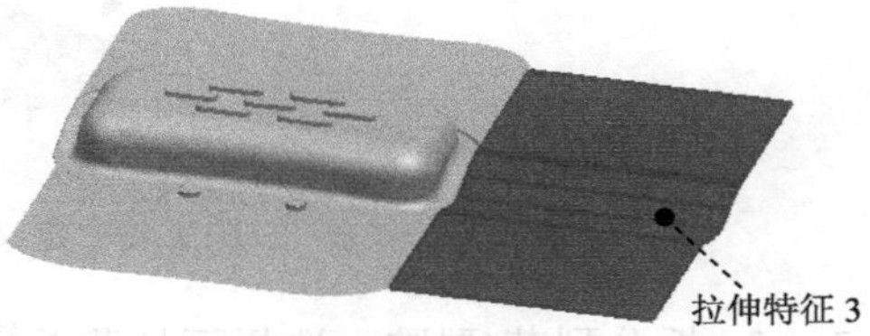

图 1.37 创建拉伸特征 3

Step4. 创建拉伸特征 4。选择下拉菜单 插入(S) → 设计特征(E) → 拉伸(E)... 命令，系统弹出“拉伸”对话框；选取图 1.38 所示的片体边链为拉伸对象；在 指定矢量(1) 下拉列表中选择 -XC 选项；在 限制 区域的 开始 下拉列表中选择 值 选项，并在其下的 距离 文本框中输入数值 0，在 结束 下拉列表中选择 值 选项，并在其下的 距离 文本框中输入数值 100；其他参数采用系统默认设置值；单击 < 确定 > 按钮，完成如图 1.39 所示拉伸特征 4 的创建。

图 1.38 定义拉伸对象 4

图 1.39 创建拉伸特征 4

Stage8. 创建缝合特征

Step1. 选择命令。选择下拉菜单 插入(S) → 组合(B) ▸ → 缝合(W)... 命令，系统弹出“缝合”对话框。

Step2. 设置对话框参数。在 类型 下拉列表中选择 片体 选项，其他参数采用系统默认设置值。

Step3. 定义目标体和工具体。选取拉伸特征 1 为目标体，选取其余所有片体为工具体。

Step4. 单击 确定 按钮，完成曲面缝合特征的创建。

Task5. 创建模具型芯/型腔

Step1. 编辑显示和隐藏。选择下拉菜单 编辑(E) → 显示和隐藏(H) → 显示和隐藏(O)... 命令，系统弹出“显示和隐藏”对话框；单击 实体 后的 + 按钮；单击 关闭 按钮，完成编辑显示和隐藏的操作。

Step2. 创建求差特征。选择下拉菜单 插入(S) → 组合(B) → 减去(S)... 命令，系统弹出“求差”对话框；选取如图 1.40 所示的工件为目标体，选取产品模型为工具体；在 设置 区域中选中 ☑ 保存工具 复选框，其他参数采用系统默认设置值；单击 < 确定 > 按钮，完成求差特征的创建。

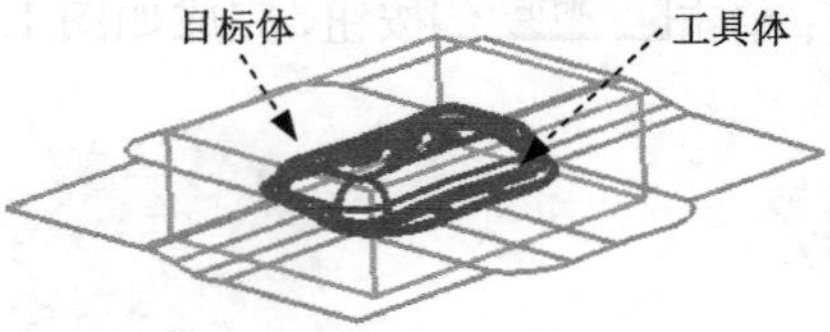

图 1.40　定义目标体和工具体

Step3. 拆分型芯/型腔。选择下拉菜单 插入(S) → 修剪(T) → 拆分体(P)... 命令，系统弹出“拆分体”对话框（一）；选取如图 1.41 所示的工件为拆分体，单击鼠标中键，然后选取如图 1.42 所示的片体为拆分面；单击 确定 按钮，完成型芯/型腔的拆分操作；在拆分面上右击，在系统弹出的快捷菜单中选择 隐藏(H) 命令。

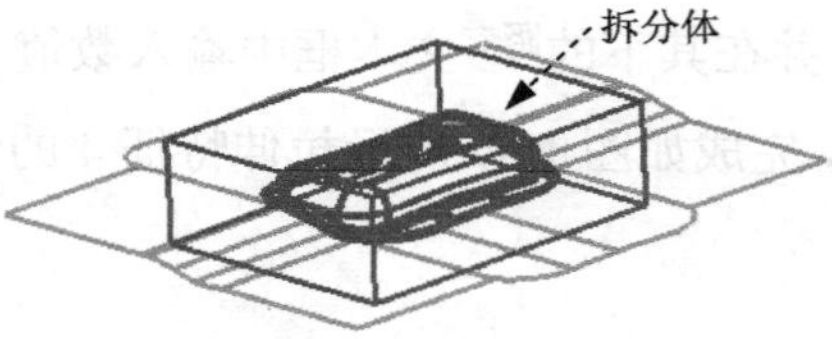

图 1.41　定义拆分体

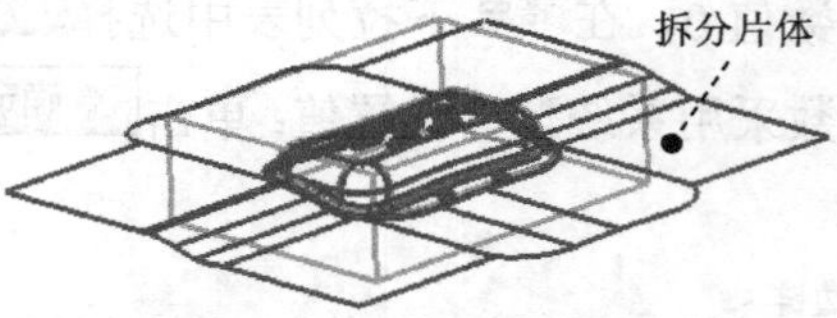

图 1.42　定义拆分面

Task6. 创建模具分解视图

在 UG NX 12.0 中，常使用“移动对象”命令中的“距离”类型来创建模具分解视图，移动时需先将工件参数移除，这里不再赘述。

实例2 用两种方法进行模具设计（二）

本实例将介绍图 2.1 所示的儿童玩具——螺旋桨的模具设计过程，该模具设计的重点和难点在于分型面的设计，此设计是否合理是模具能否开模的关键。通过对本实例的学习，希望读者能够体会出以下两种设计方法的精髓之处，并能根据实际情况灵活地进行运用。

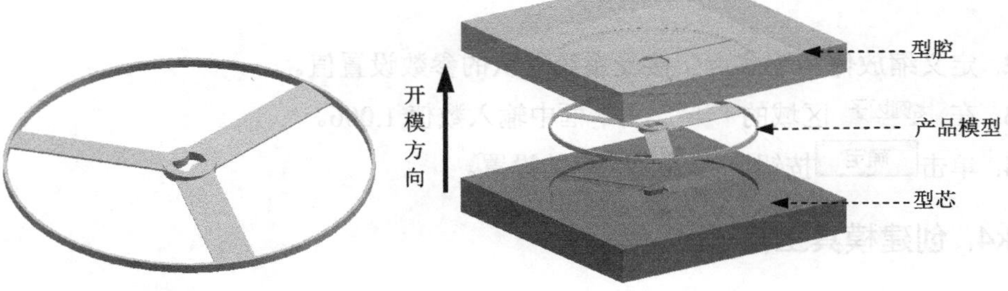

图 2.1　玩具螺旋桨的模具设计

2.1　方法一（Mold Wizard 环境）

方法简介

采用此方法设计该模具的思路与前面的实例 1 相类似。不同的是，在定义型腔/型芯区域面时，需要创建辅助线段来完成，相对来说比较复杂。希望读者通过对本实例的学习，能完全掌握这种定义型腔/型芯区域面的方法，并可以灵活运用。

下面介绍在 Mold Wizard 环境下设计该模具的具体过程。

Task1. 初始化项目

Step1. 加载模型。在“注塑模向导”功能选项卡中单击“初始化项目”按钮，系统弹出“部件名”对话框，选择 D:\ug12.6\work\ch02\airscrew.prt，单击 OK 按钮，加载模型，系统弹出“初始化项目”对话框。

Step2. 定义项目单位。在项目单位下拉列表中选择毫米选项。

Step3. 设置项目路径和名称。接受系统默认的项目路径；在 Name 文本框中输入 airscrew_mold。

Step4. 单击 确定 按钮，完成项目路径和名称的设置。

Task2. 模具坐标系

Step1. 在“注塑模向导”功能选项卡 主要 区域中单击“模具坐标系”按钮，系统弹出“模具坐标系”对话框。

Step2. 选中 ⊙当前 WCS 单选项，单击 确定 按钮，完成模具坐标系的定义，如图 2.2 所示。

Task3. 设置收缩率

Step1. 定义收缩率类型。在“注塑模向导”功能选项卡 主要 区域中单击“收缩”按钮，产品模型高亮显示，同时系统弹出“缩放体”对话框；在 类型 下拉列表中选择 均匀 选项。

Step2. 定义缩放体和缩放点。接受系统默认的参数设置值。

Step3. 在 比例因子 区域的 均匀 文本框中输入数值 1.006。

Step4. 单击 确定 按钮，完成收缩率的设置。

Task4. 创建模具工件

Step1. 在“注塑模向导”功能选项卡 主要 区域中单击“工件”按钮，系统弹出“工件”对话框。

Step2. 在 类型 下拉列表中选择 产品工件 选项，在 工件方法 下拉列表中选择 用户定义的块 选项，其他参数采用系统默认设置值。

Step3. 单击 < 确定 > 按钮，完成创建后的模具工件如图 2.3 所示。

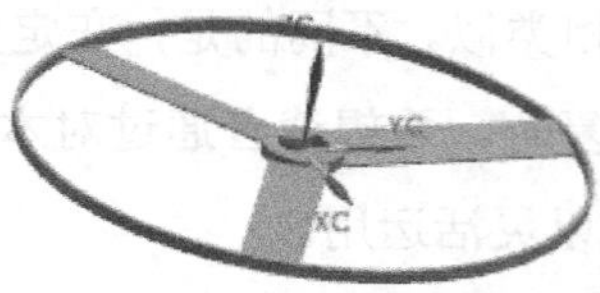

图 2.2　定义模具坐标系

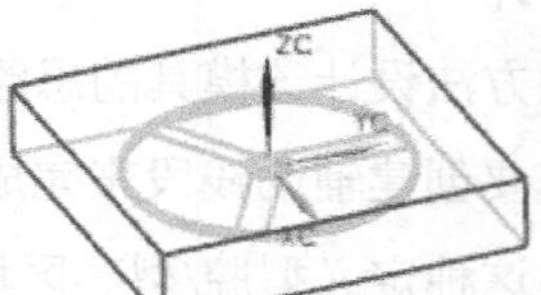

图 2.3　模具工件

Task5. 创建曲面补片

Stage1. 创建曲线

Step1. 选择窗口。选择下拉菜单 窗口(O) → airscrew_mold_parting_022.prt 命令，进入建模环境（自动隐藏工件）。

Step2. 创建直线 1。选择下拉菜单 插入(S) → 曲线(C) → 直线(L)... 命令，系统弹出“直线”对话框；选取如图 2.4 所示的点；单击 取消 按钮，完成直线 1 的创建，如图 2.5 所示。

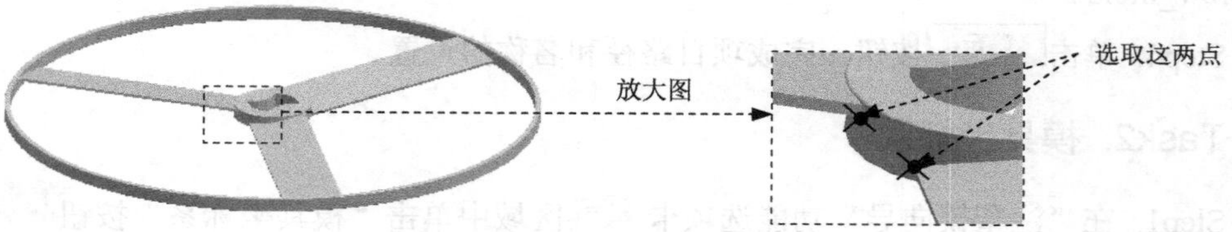

图 2.4　定义点

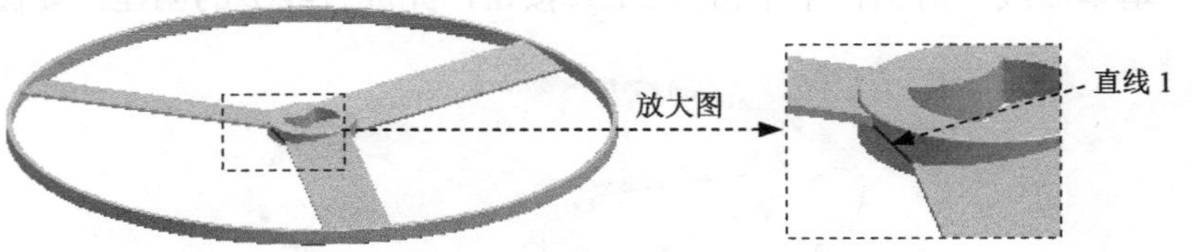

图 2.5 创建直线 1

Step3. 创建投影曲线 1。

（1）选择下拉菜单 插入(S) → 派生曲线(U) → 投影(P)... 命令，系统弹出“投影曲线”对话框，选取直线 1 为要投影的曲线。

说明：选取范围为“整个装配”。

（2）定义投影曲面。选取如图 2.6 所示的曲面作为投影曲面。

说明：选取类型为“单个面”。

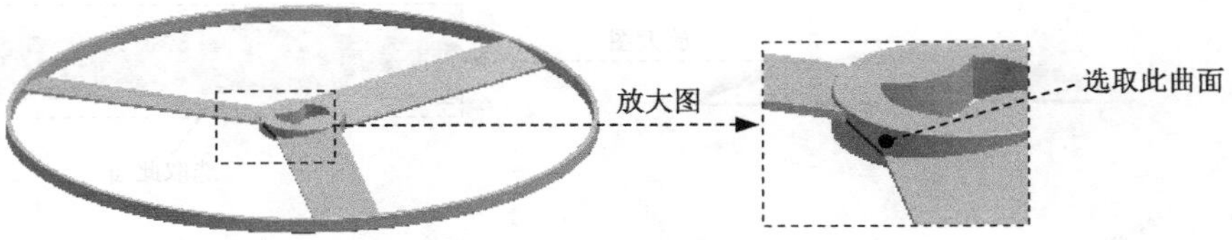

图 2.6 定义投影曲面

（3）定义投影方向。在“投影曲线”对话框的 方向 下拉列表中选择 沿面的法向 选项。

（4）单击 < 确定 > 按钮，完成曲线的投影，如图 2.7 所示。

说明：为了使投影曲线显示得更清楚，可将直线 1 隐藏。

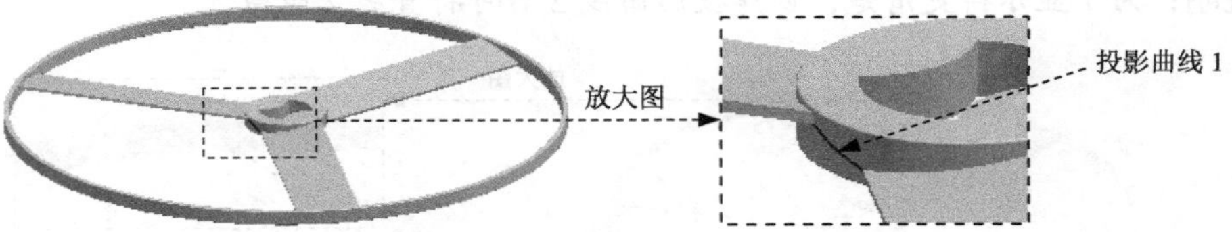

图 2.7 创建投影曲线 1

Step4. 创建直线 2。

（1）选择下拉菜单 插入(S) → 曲线(C) → 直线(L)... 命令，系统弹出“直线”对话框。

（2）选取如图 2.8 所示的点。

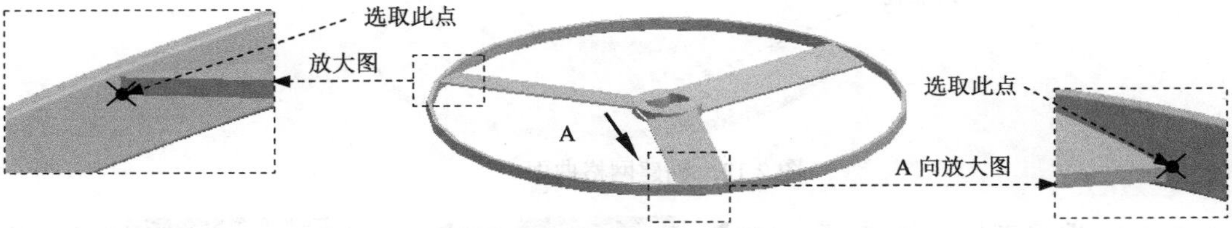

图 2.8 定义点

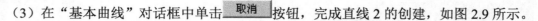

（3）在“基本曲线”对话框中单击 取消 按钮，完成直线 2 的创建，如图 2.9 所示。

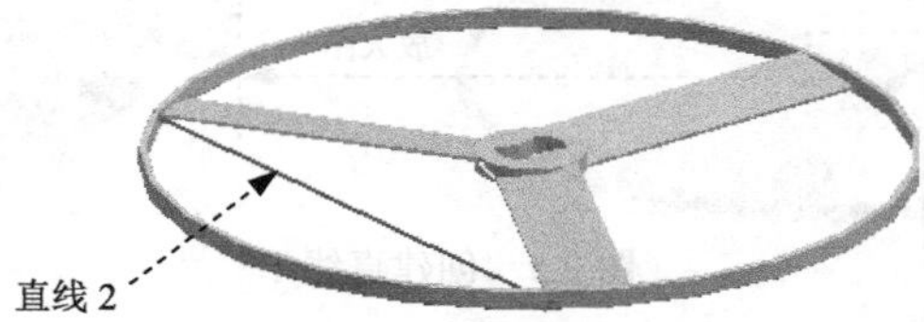

图 2.9　创建直线 2

Step5. 创建投影曲线 2。

（1）选择下拉菜单 插入(S) → 派生曲线(U) → 投影(P)... 命令，系统弹出“投影曲线”对话框。

（2）定义要投影的曲线。选取直线 2 为要投影的曲线。

（3）定义投影曲面。选取如图 2.10 所示的曲面为投影曲面。

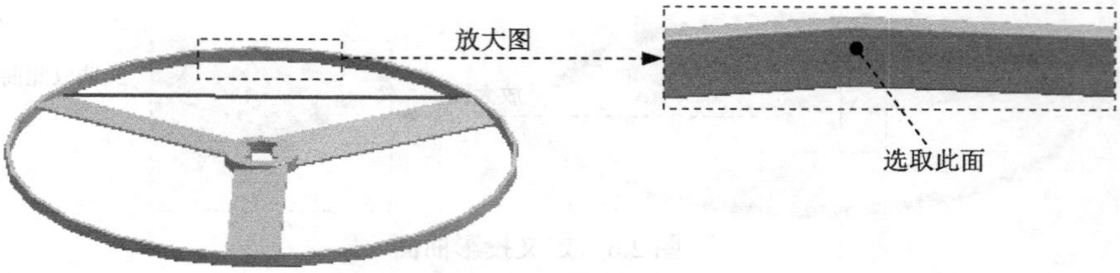

图 2.10　定义投影曲面

（4）定义投影方向。在“投影曲线”对话框的 方向 下拉列表中选择 沿面的法向 选项。

（5）单击 < 确定 > 按钮，完成曲线的投影，如图 2.11 所示。

说明：为了显示得更清楚，创建投影曲线 2 后可将直线 2 隐藏。

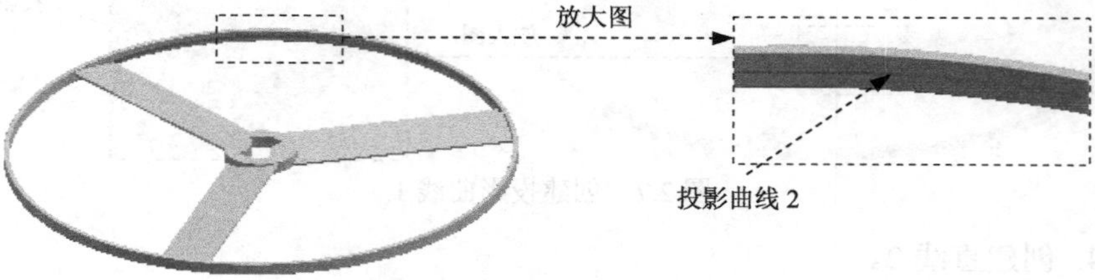

图 2.11　创建投影曲线 2

Stage2. 创建如图 2.12 所示的网格曲面

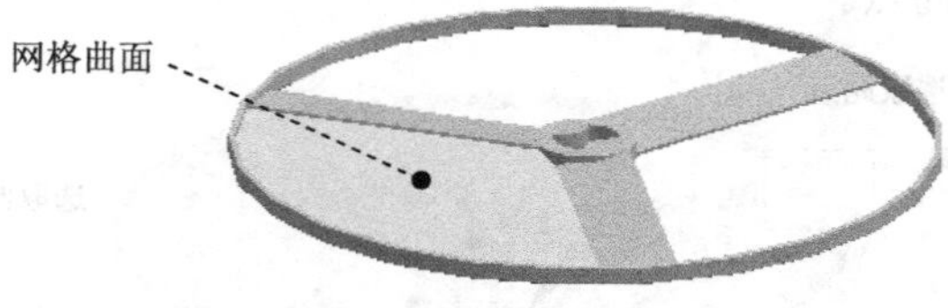

图 2.12　创建网格曲面

Step1. 选择下拉菜单 插入(S) → 网格曲面(M) ▸ → 通过曲线网格(M)... 命令，系统弹出“通过曲线网格”对话框。

Step2. 选取主曲线。选取如图 2.13 所示的投影曲线 1 和投影曲线 2 为主曲线。

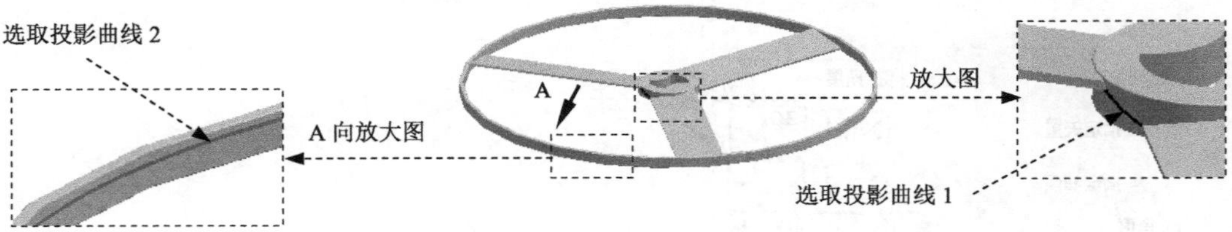

图 2.13　定义主曲线

Step3. 选取交叉曲线。选取如图 2.14 所示的曲线为交叉曲线。

说明：为了显示得更清楚，可将直线 1 和直线 2 全部隐藏。

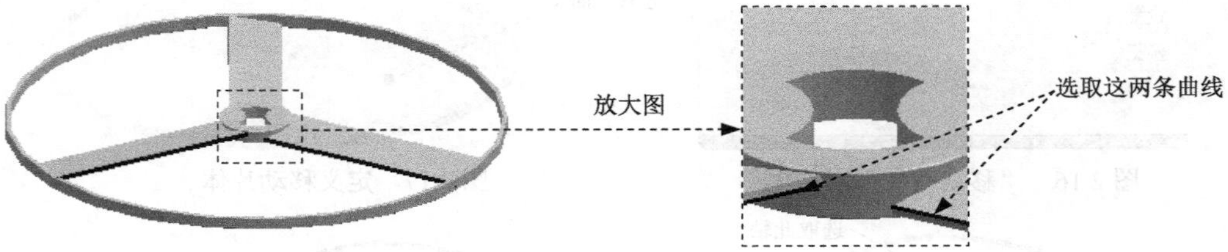

图 2.14　定义交叉曲线

Step4. 单击 < 确定 > 按钮，完成曲面的创建。

Stage3. 创建如图 2.15 所示的移动对象特征

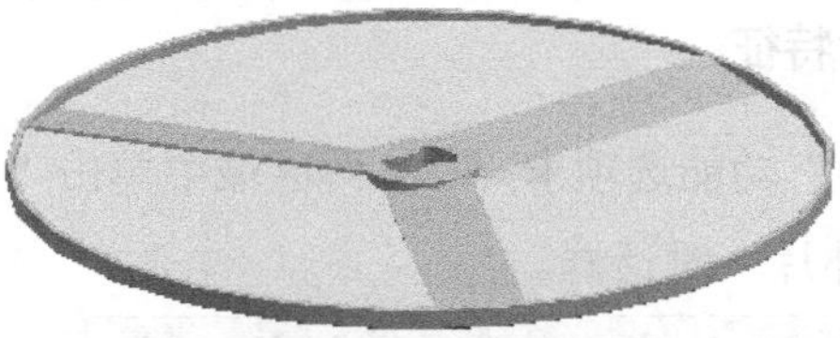

图 2.15　移动对象特征

Step1. 选择命令。选择下拉菜单 编辑(E) ➡ 移动对象(O)... 命令，此时系统弹出如图 2.16 所示的“移动对象”对话框。

Step2. 定义移动片体。选取如图 2.17 所示的面为移动对象。

Step3. 定义移动参数。在 变换 区域的 运动 下拉列表中选择 角度 选项；选取图 2.18 所示的轴为矢量方向；在“指定轴点”的 下拉列表中选择 选项，选择图 2.19 所示的圆（此时系统自动捕捉到圆心）；在 角度 文本框中输入数值 120。

Step4. 定义结果。在 结果 区域中选中 ⊙ 复制原先的 单选项，在 距离/角度分割 文本框中输入数值 1；在 非关联副本数 文本框中输入数值 2。

Step5. 单击 < 确定 > 按钮，完成对象的移动。

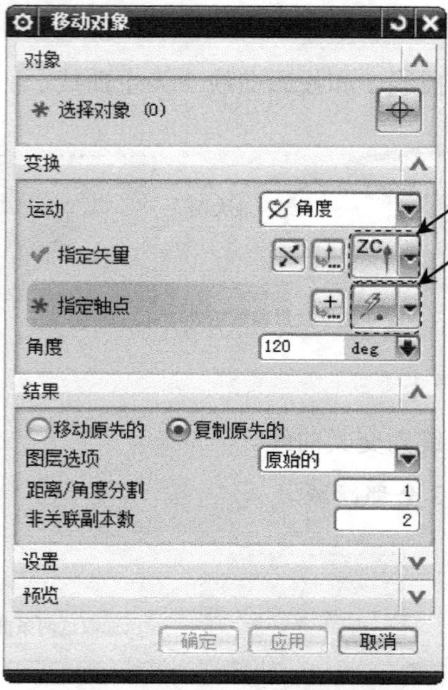

图 2.16 “移动对象”对话框

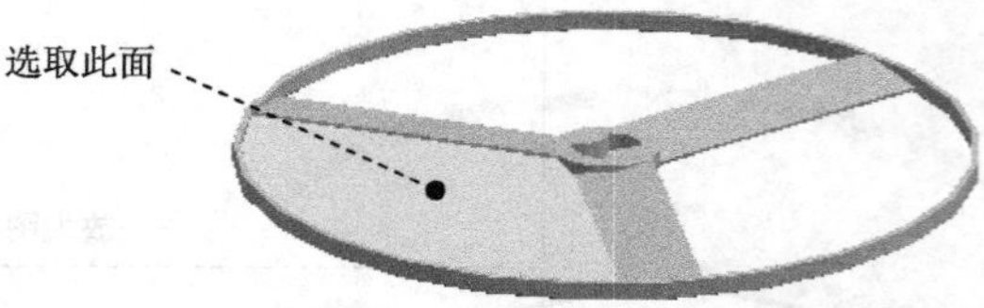

图 2.17 定义移动片体

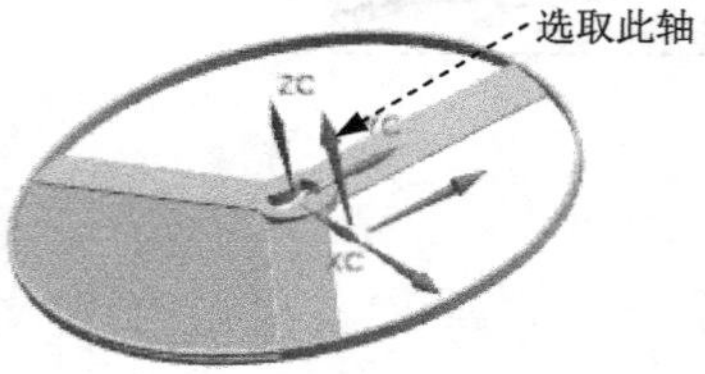

图 2.18 定义指定矢量

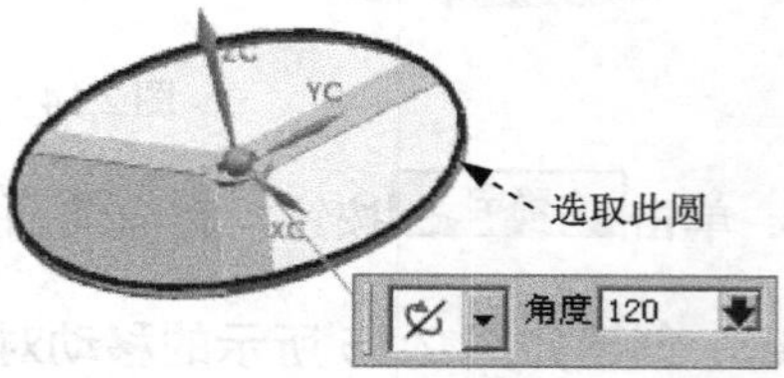

图 2.19 定义指定轴点

Stage4. 创建曲面补片特征

Step1. 在“注塑模向导”功能选项卡 分型刀具 区域中单击“曲面补片”按钮，系统弹出如图 2.20 所示的“边补片”对话框。

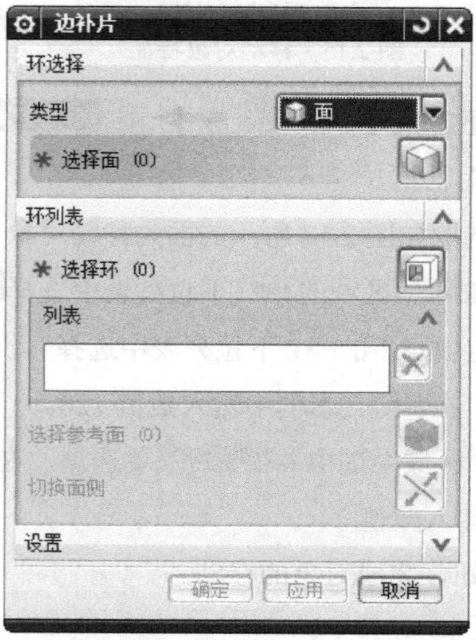

图 2.20 “边补片”对话框

Step2. 选择修补对象。在类型下拉列表中选择面选项，选取如图 2.21 所示的面，然后单击确定按钮。完成如图 2.22 所示的曲面补片的创建。

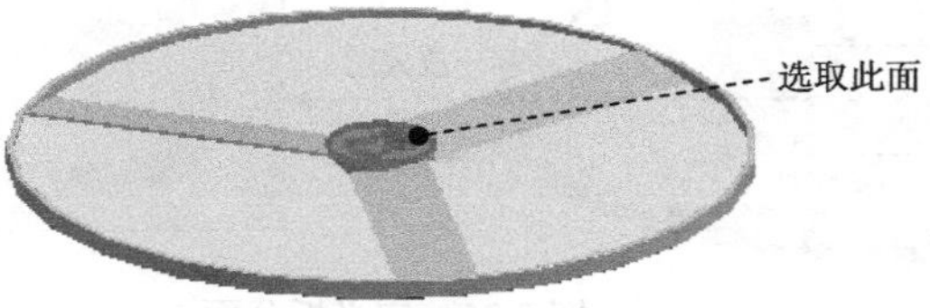

图 2.21 选取面

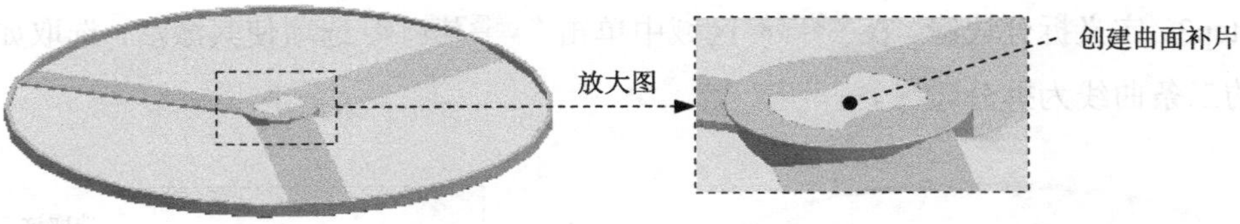

图 2.22 创建曲面补片

Stage5. 添加现有曲面

Step1. 在“注塑模向导”功能选项卡 分型刀具 区域中单击“编辑分型面和曲面补片”按钮，系统弹出如图 2.23 所示的“编辑分型面和曲面补片”对话框。

Step2. 选取片体。在屏幕中框选所有曲面。

Step3. 单击确定按钮，完成添加现有曲面的操作。

Stage6. 创建拆分面 1

Step1. 在“注塑模向导”功能选项卡 注塑模工具 区域中单击“拆分面”按钮，系统弹出如图 2.24 所示的“拆分面”对话框，在类型下拉列表中选择曲线/边选项。

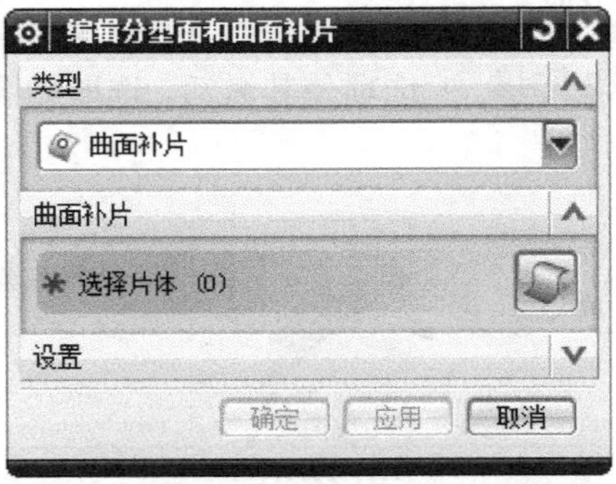

图 2.23 “编辑分型面和曲面补片”对话框

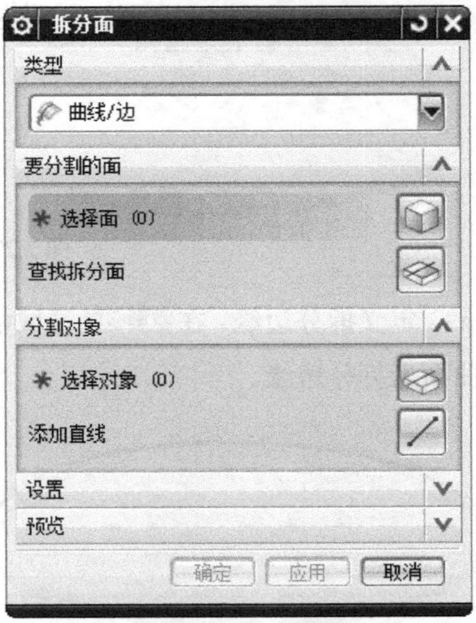

图 2.24 “拆分面”对话框

Step2. 定义拆分对象。选取如图 2.25 所示的面为拆分面的对象。

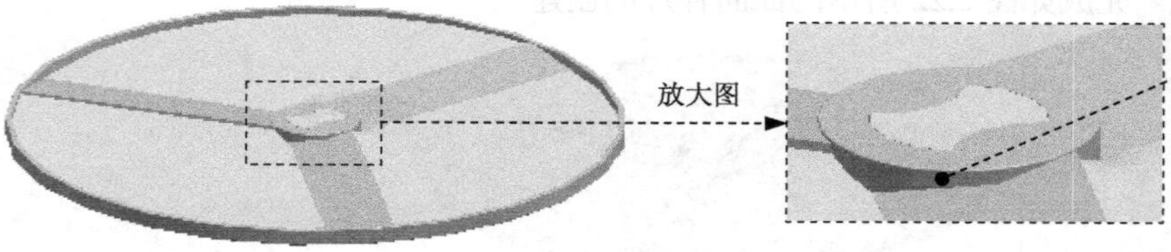

图 2.25　定义拆分面 1

Step3. 定义拆分边缘。在分割对象区域中单击* 选择对象 (0)选项使其激活，选取如图 2.26 所示的三条曲线为拆分边缘。

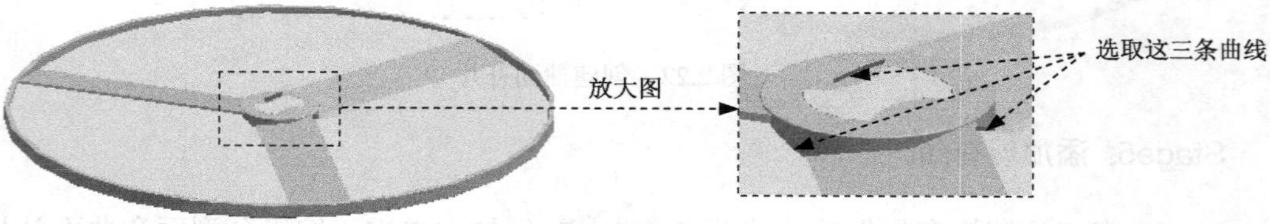

图 2.26　定义拆分边缘 1

Step4. 单击< 确定 >按钮，完成面拆分。

Stage7. 创建拆分面 2

Step1. 在"注塑模向导"功能选项卡注塑模工具区域中单击"拆分面"按钮，系统弹出"拆分面"对话框，在类型下拉列表中选择曲线/边选项。

Step2. 选取图 2.27 所示的面为拆分面的对象。

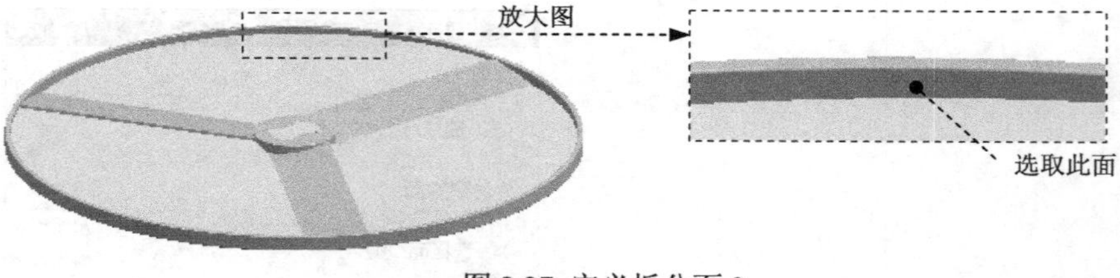

图 2.27　定义拆分面 2

Step3. 定义拆分边缘。在分割对象区域中单击* 选择对象 (0)选项使其激活，选取如图 2.28 所示的曲面为拆分边缘。

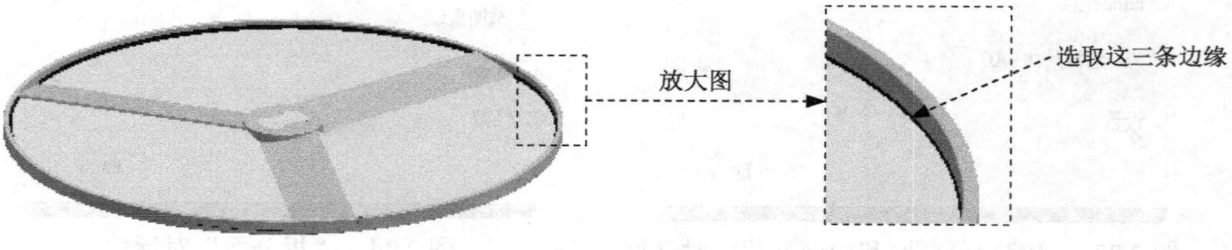

图 2.28　定义拆分边缘 2

Step4. 单击〈确定〉按钮，完成拆分面。

Task6. 模具分型

Stage1. 设计区域

Step1. 在“注塑模向导”功能选项卡分型刀具区域中单击“检查区域”按钮，系统弹出“检查区域”对话框，同时模型被加亮，并显示开模方向，如图 2.29 所示。单击“计算”按钮，系统开始对产品模型进行分析计算。

说明： 图 2.29 所示的开模方向，可以通过“检查区域”对话框中的“指定脱模方向”按钮来更改。由于在前面锁定模具坐标系时已将开模方向设置好，因此，系统将自动识别出产品模型的开模方向。

Step2. 定义区域。单击区域选项卡，在设置区域中取消选中□内环、□分型边和□不完整的环三个复选框，单击“设置区域颜色”按钮，设置区域颜色；在未定义的区域区域中选中☑交叉竖直面复选框，此时系统将所有的未定义区域面加亮显示；在指派到区域区域中选中⦿型腔区域单选项，单击应用按钮，此时系统将前面加亮显示的未定义区域面指派到型腔区域（图 2.30）；在指派到区域区域中选中⦿型芯区域单选项，选取如图 2.31 所示的面。单击应用按钮；其他参数接受系统默认设置值；单击取消按钮，关闭“检查区域”对话框。

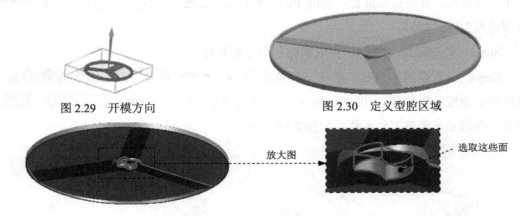

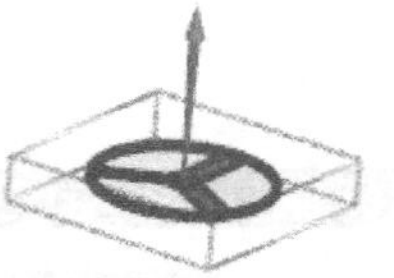

图 2.29 开模方向

图 2.30 定义型腔区域

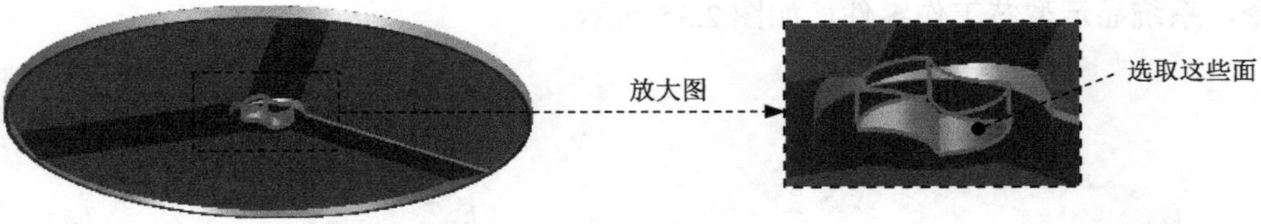

图 2.31 定义型芯区域

Stage2. 创建型腔/型芯区域和分型线

Step1. 在“注塑模向导”功能选项卡分型刀具区域中单击“定义区域”按钮，系统弹出“定义区域”对话框。

Step2. 选中设置区域的☑创建区域和☑创建分型线复选框，单击确定按钮，完成型腔/型芯区域分型线的创建；创建的分型线如图 2.32 所示。

Stage3. 创建分型面

Step1. 在“注塑模向导”功能选项卡 分型刀具 区域中单击“设计分型面”按钮，系统弹出“设计分型面”对话框。

Step2. 定义分型面创建方法。在 创建分型面 区域中单击“有界平面”按钮，然后单击 应用 按钮，系统返回至“设计分型面”对话框。

Step3. 接受系统默认的公差值；单击 取消 按钮，结果如图 2.33 所示。

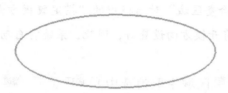

图 2.32　分型线

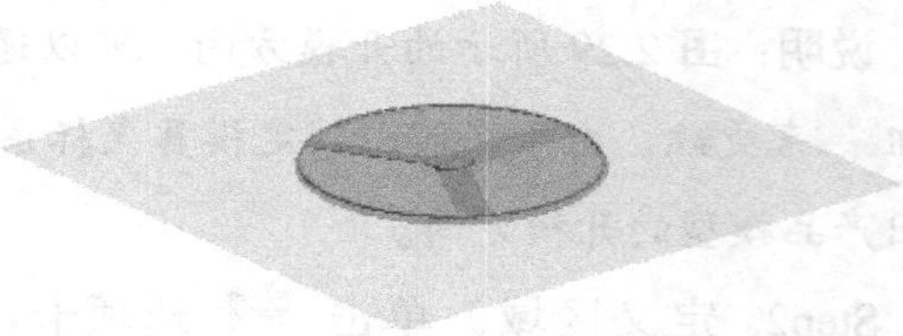

图 2.33　分型面

Stage4. 创建型腔和型芯

Step1. 在“注塑模向导”功能选项卡 分型刀具 区域中单击“定义型腔和型芯”按钮，系统弹出“定义型腔和型芯”对话框。

Step2. 选取 选择片体 区域下的 所有区域 选项，单击 确定 按钮，系统弹出“查看分型结果”对话框，并在图形区显示出创建的型腔，单击 确定 按钮，系统再一次弹出“查看分型结果”对话框。

Step3. 单击 确定 按钮，完成型腔和型芯的创建。

Step4. 查看型腔和型芯。选择下拉菜单 窗口(O) → airscrew_mold_cavity_002.prt 命令，系统显示型腔工作零件，如图 2.34 所示；选择下拉菜单 窗口(O) → airscrew_mold_core_006.prt 命令，系统显示型芯工作零件，如图 2.35 所示。

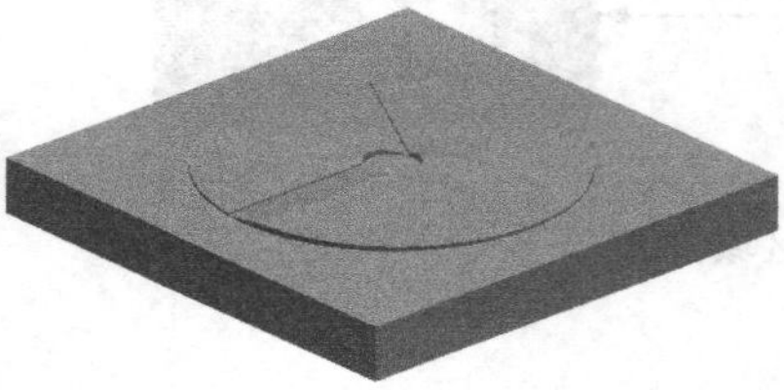

图 2.34　型腔工作零件

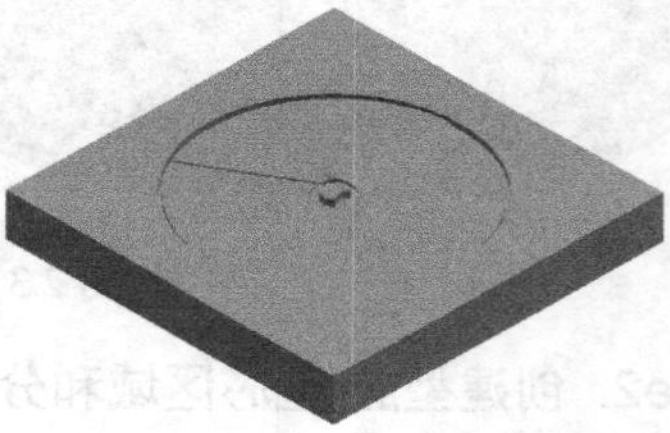

图 2.35　型芯工作零件

Task7. 创建模具爆炸视图

Step1. 移动型腔。

（1）创建爆炸图。选择下拉菜单 窗口(O) → 5. airscrew_mold_top_000.prt 命令，在装

配导航器中将部件转换成工作部件；选择下拉菜单 装配(A) → 爆炸图(X) → 新建爆炸(N)... 命令，系统弹出“新建爆炸”对话框，接受默认的名称，单击 确定 按钮。

（2）编辑爆炸图。选择下拉菜单 装配(A) → 爆炸图(X) → 编辑爆炸(E)... 命令，系统弹出“编辑爆炸”对话框；选取如图 2.36 所示的型腔元件；选中 ⊙ 移动对象 单选项，沿 Z 轴正方向移动 100mm，按 Enter 键确认，结果如图 2.37 所示。

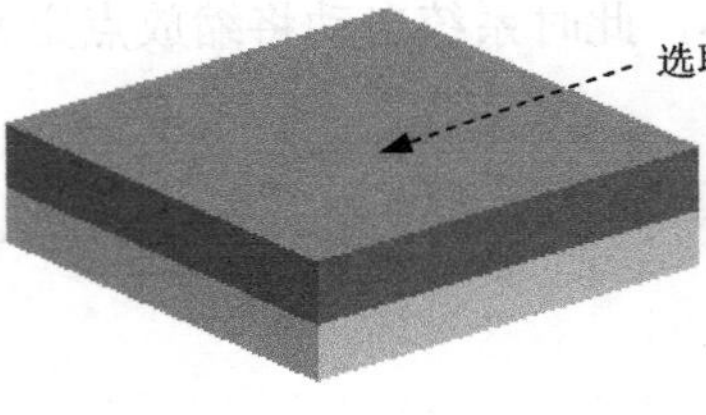

图 2.36 定义移动对象

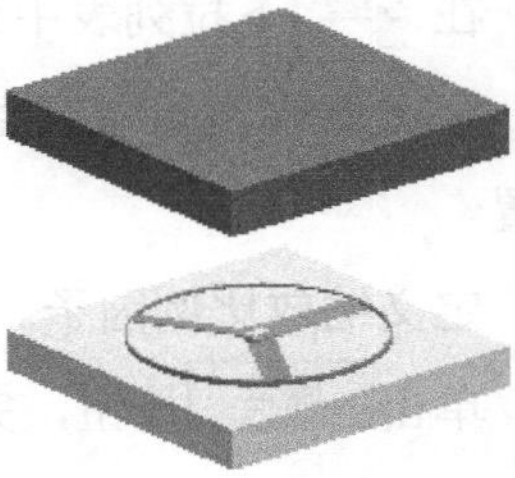

图 2.37 移动型腔

Step2. 移动产品模型。

（1）选择对象。选择 ⊙ 选择对象 单选项，选取如图 2.38 所示的产品，取消选中上一步选中的型腔。

（2）选择 ⊙ 移动对象 单选项，沿 Z 轴正方向移动 50mm，按 Enter 键确认，结果如图 2.39 所示。

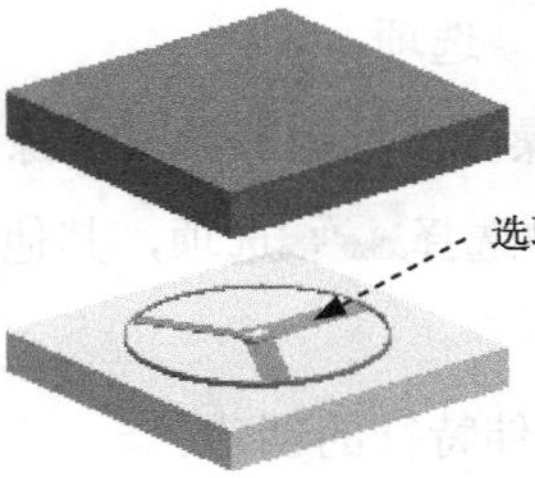

图 2.38 定义移动对象

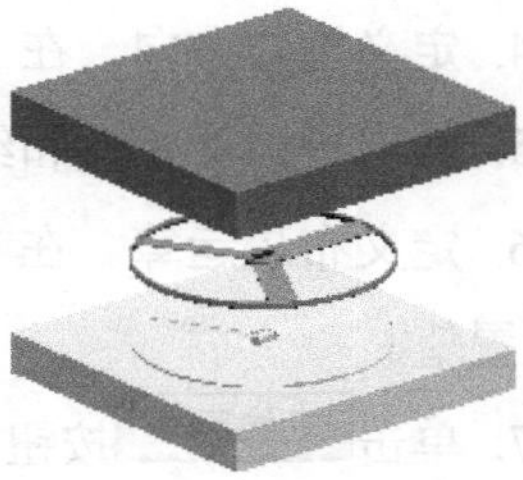

图 2.39 移动产品

2.2 方法二（建模环境）

方法简介

在建模环境下进行模具设计时，本实例巧妙地运用了建模环境下的“缩放体”“拉伸”“修剪片体”“缝合”“拆分”等命令。当然，读者也可以尝试用建模环境下的其他命令来完成模具的设计。通过对本实例的学习，读者将进一步熟悉模具设计的方法，并能根据实际情况不同，灵活地运用各种方法进行模具设计。

下面介绍在建模环境下设计该模具的具体操作过程。

Task1. 设置收缩率

Step1. 打开文件。打开 D:\ug12.6\work\ch02\airscrew.prt 文件，单击 OK 按钮，进入建模环境。

Step2. 选择命令。选择下拉菜单 插入(S) → 偏置/缩放(O) → 缩放体(S)... 命令，系统弹出“缩放体”对话框。

Step3. 在 类型 下拉列表中选择 均匀 选项。

Step4. 定义缩放体和缩放点。选择零件为缩放体，此时系统自动将缩放点定义在零件的中心位置。

Step5. 定义缩放比例因子。在 比例因子 区域的 均匀 文本框中输入数值 1.006。

Step6. 单击 确定 按钮，完成收缩率的设置。

Task2. 创建模具工件

Step1. 选择命令。选择下拉菜单 插入(S) → 设计特征(E) → 拉伸(E)... 命令，系统弹出“拉伸”对话框。

Step2. 定义草图平面。单击 按钮，系统弹出“创建草图”对话框；显示基准坐标系，选取 XY 基准平面为草图平面，单击 确定 按钮，进入草图环境。

Step3. 绘制草图。绘制如图 2.40 所示的截面草图；单击 完成草图 按钮，退出草图环境。

Step4. 定义拉伸方向。在 指定矢量 下拉列表中选择 ZC↑ 选项。

Step5. 确定拉伸开始值和结束值（注：具体参数和操作参见随书学习资源）。

Step6. 定义布尔运算。在 布尔 区域的 布尔 下拉列表中选择 无 选项，其他参数采用系统默认设置值。

Step7. 单击 < 确定 > 按钮，完成如图 2.41 所示的拉伸特征的创建。

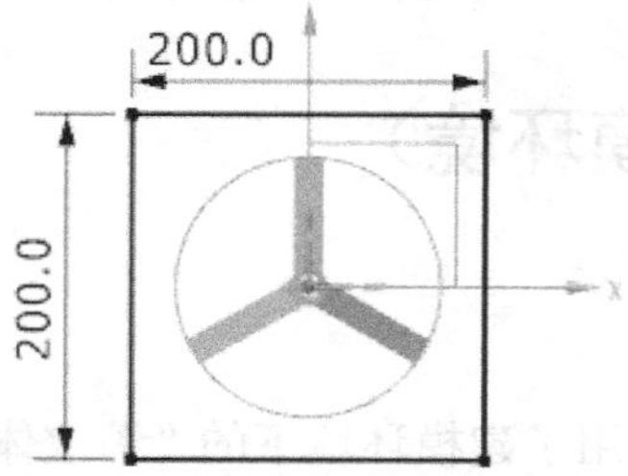

图 2.40　截面草图

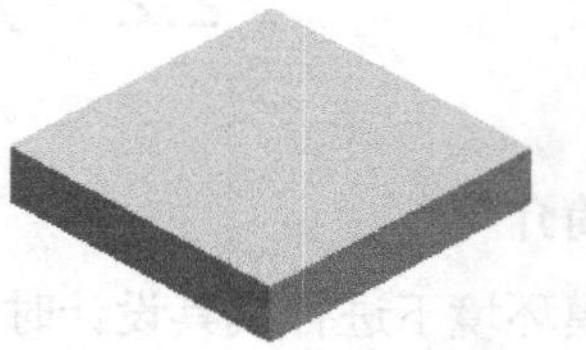

图 2.41　拉伸特征

Task3. 模型修补

Step1. 创建如图 2.42 所示的直线 1（隐藏工件）。选择下拉菜单 插入(S) → 曲线(C) → 直线(L)... 命令，系统弹出“直线”对话框；依次选取如图 2.43 所示的点 1 和点 2

为直线的端点；单击 < 确定 > 按钮，完成直线 1 的创建。

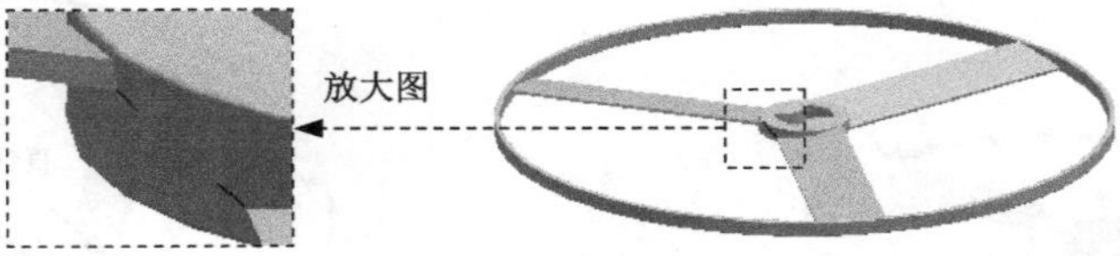

图 2.42 直线 1

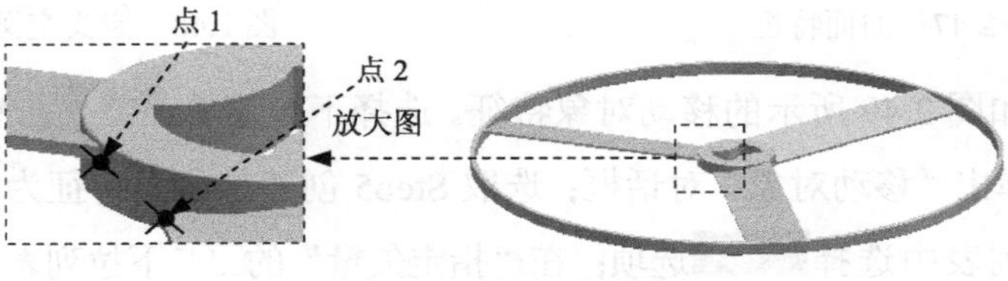

图 2.43 定义直线端点

Step2. 参照 Step1 创建如图 2.44 所示的直线 2（直线 2 的端点与点 2 在模型的同一条边线上）。

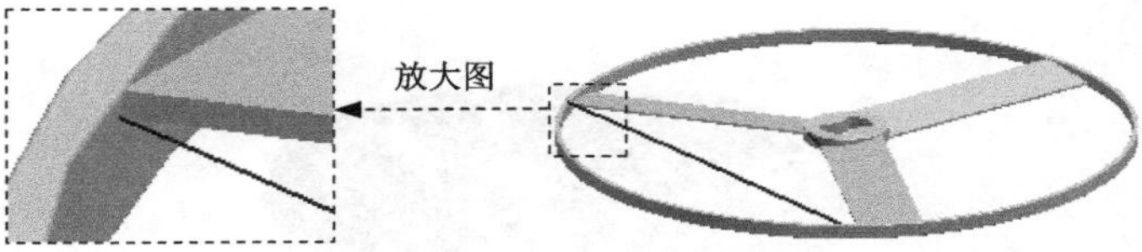

图 2.44 直线 2

Step3. 创建投影曲线 1。选择下拉菜单 插入(S) → 派生曲线(U) → 投影(P)... 命令，系统弹出“投影曲线”对话框；选取直线 1 为投影曲线，单击中键确认；选取如图 2.45 所示的面为投影面 1；在 方向 下拉列表中选择 沿面的法向 选项，其他参数采用系统默认设置值；单击 < 确定 > 按钮，完成投影曲线 1 的创建（隐藏直线 1）。

Step4. 创建投影曲线 2。选择下拉菜单 插入(S) → 派生曲线(U) → 投影(P)... 命令，系统弹出“投影曲线”对话框；选取直线 2 为投影曲线，单击中键确认；选取如图 2.46 所示的面为投影面 2；在 方向 下拉列表中选择 沿面的法向 选项，其他参数采用系统默认设置值；单击 < 确定 > 按钮，完成投影曲线 2 的创建（隐藏直线 2）。

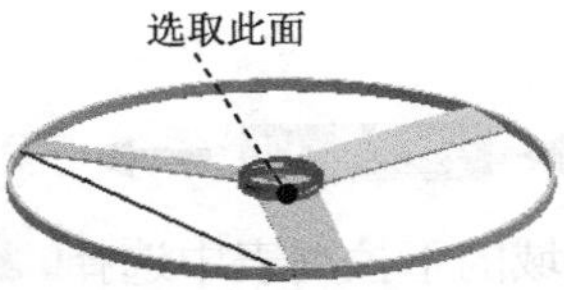

图 2.45 定义投影面 1

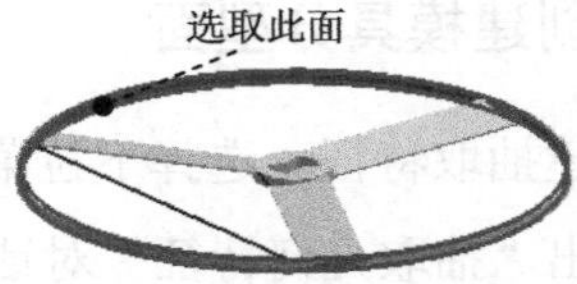

图 2.46 定义投影面 2

Step5. 创建如图 2.47 所示的曲面特征。选择下拉菜单 插入(S) → 网格曲面(M) → 通过曲线网格(M)... 命令，系统弹出“通过曲线网格”对话框；选取投影曲线 1 和投影曲线 2 为主曲线，并分别单击中键确认；选取如图 2.48 所示的直线 1 和直线 2 为交叉曲线；单击 < 确定 > 按钮，完成曲面特征的创建（隐藏曲线）。

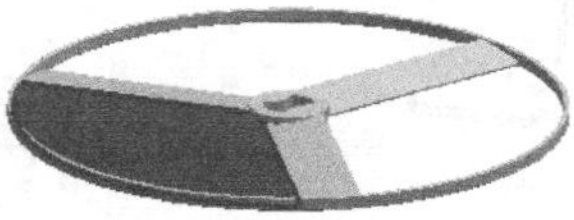

图 2.47 曲面特征

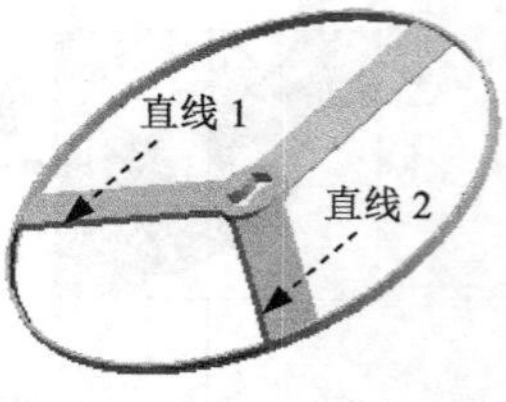

图 2.48 定义交叉曲线

Step6. 创建如图 2.49 所示的移动对象特征。选择下拉菜单 编辑(E) → 移动对象(O)... 命令，此时系统弹出“移动对象”对话框；选取 Step5 创建的曲面特征为移动对象；在 变换 区域的 运动 下拉列表中选择 角度 选项；在“指定矢量”的下拉列表中选择 ZC 选项；在“指定轴点”的下拉列表中选择 ⊙ 选项，选择模型上任意最大外圆轮廓（此时系统自动捕捉到圆心）；在 角度 文本框中输入数值 120；在 结果 区域中选中 ⊙ 复制原先的 单选项，在 距离/角度分割 文本框中输入数值 1；在 非关联副本数 文本框中输入数值 2；单击 < 确定 > 按钮，完成对象的移动。

图 2.49 移动对象特征

Step7. 创建如图 2.50 所示的有界平面特征。选择下拉菜单 插入(S) → 曲面(R) → 有界平面(B)... 命令，系统弹出“有界平面”对话框；选取如图 2.51 所示的边界环为有界平面边界；单击 确定 按钮，完成有界平面的创建并关闭“有界平面”对话框。

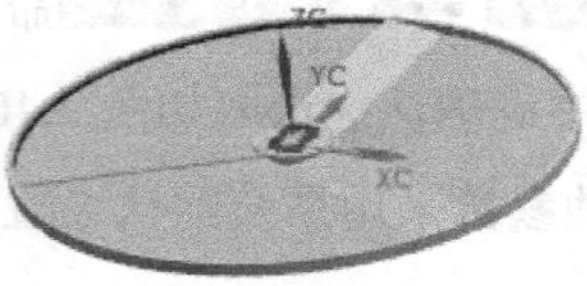

图 2.50 有界平面

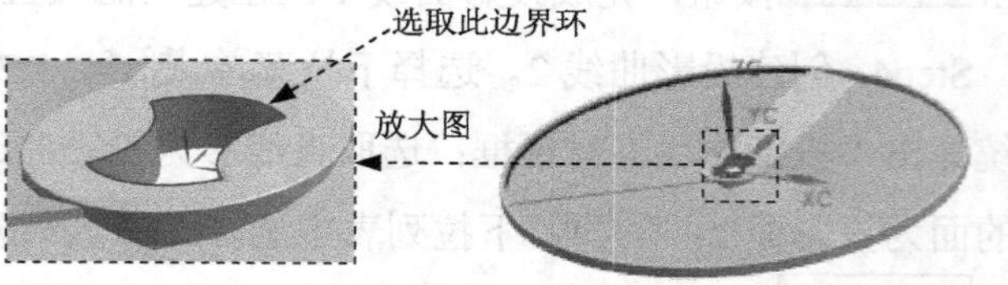

图 2.51 定义有界平面边界

Task4. 创建模具分型面

Step1. 创建抽取特征。选择下拉菜单 插入(S) → 关联复制(A) → 抽取几何特征(E)... 命令，系统弹出“抽取几何特征”对话框；在 类型 区域的下拉列表中选择 面 选项；在 设置 区域中选中 ☑ 固定于当前时间戳记 复选框，其他参数采用系统默认设置值；选取如图 2.52 所示的 14 个面为抽取对象；单击 确定 按钮，完成抽取特征的创建（隐藏实体零件）。

Step2. 创建如图 2.53 所示的修剪片体特征 1。选择下拉菜单 插入(S) → 修剪(T) → 修剪片体(R)... 命令，系统弹出“修剪片体”对话框；选取图 2.54 所示的片体为目标体，单击中键确认；选取如图 2.55 所示的片体为边界对象；在区域区域中选中 ◉放弃 单选项，其他参数采用系统默认设置值；单击 确定 按钮，完成修剪片体特征 1 的创建。

注意：选取目标体时要单击如图 2.54 所示的位置，否则修剪结果会不同。

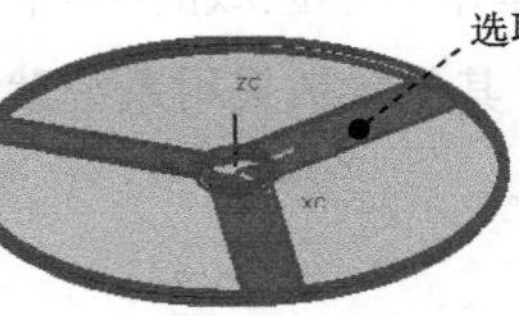

图 2.52　定义抽取面

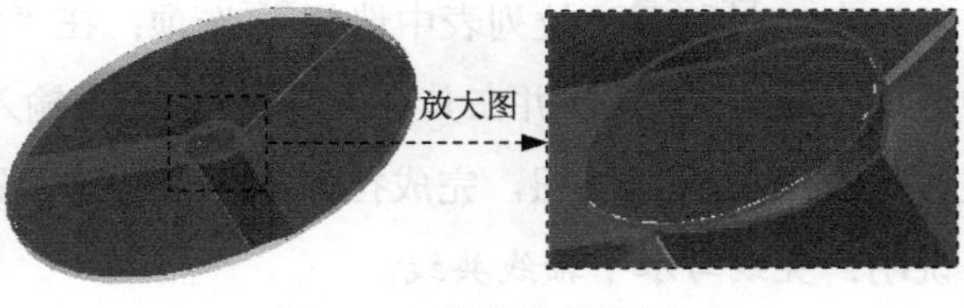

图 2.53　修剪片体特征 1

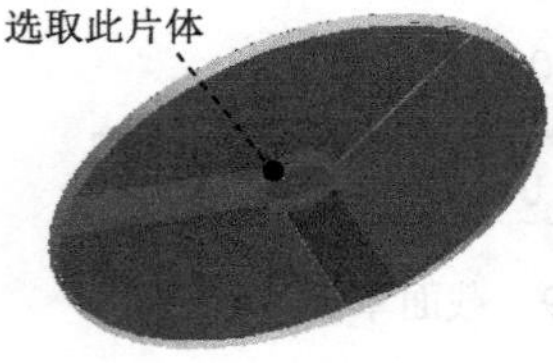

图 2.54　定义目标体

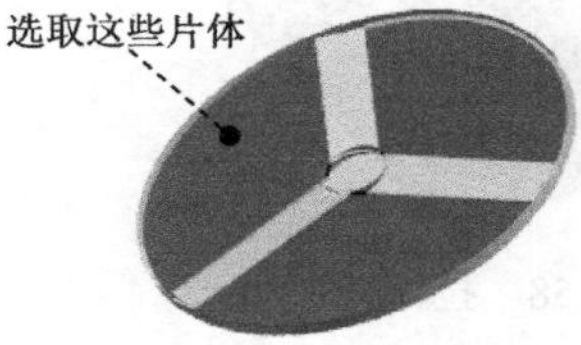

图 2.55　定义边界对象

Step3. 创建如图 2.56 所示的修剪片体特征 2。选择下拉菜单 插入(S) ➡ 修剪(T)▸ ➡ 修剪片体(R)... 命令，系统弹出“修剪片体”对话框；选取如图 2.56a 所示的片体为目标体，单击中键确认；选取如图 2.57 所示的边链为边界对象；在区域区域中选中 ◉放弃 单选项，其他参数采用系统默认设置值；单击 < 确定 > 按钮，完成修剪片体特征 2 的创建。

注意：选取目标体时要单击如图 2.56a 所示的位置，否则修剪结果会不同。

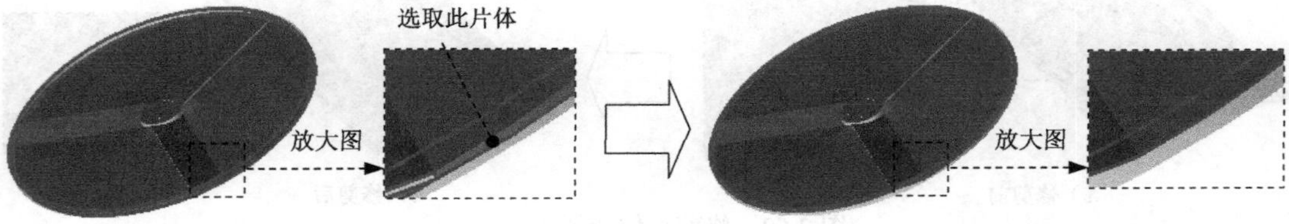

a）修剪前　　b）修剪后

图 2.56　修剪片体特征 2

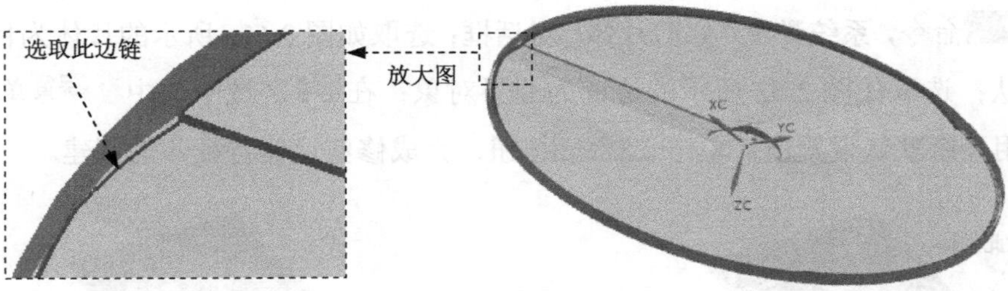

图 2.57　定义边界对象

Step4. 创建如图 2.58 所示的拉伸特征（显示坐标系）。

（1）选择下拉菜单 插入(S) ➡ 设计特征(E) ➡ 拉伸(E)... 命令，系统弹出“拉伸”对话框。

（2）单击按钮，系统弹出“创建草图”对话框；选取 YZ 基准平面为草图平面，单击 确定 按钮，进入草图环境；绘制如图 2.59 所示的截面草图；单击 完成草图 按钮，退出草图环境。

（3）在 指定矢量 下拉列表中选择 XC 选项；在“拉伸”对话框中 限制 区域的 开始 下拉列表中选择 对称值 选项，并在其下的 距离 文本框中输入数值 150，其他参数采用系统默认设置值；单击 < 确定 > 按钮，完成拉伸特征的创建（隐藏坐标系）。

说明： 直线与水平轴线共线。

图 2.58　拉伸特征

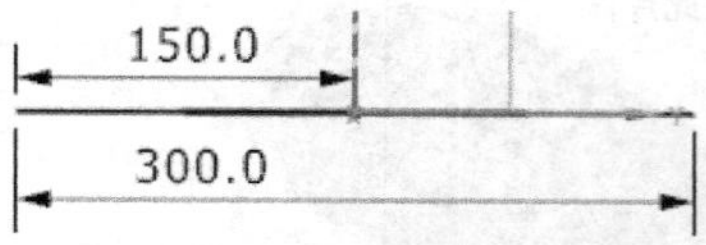

图 2.59　截面草图

Step5. 创建如图 2.60 所示的修剪片体特征 3。选择下拉菜单 插入(S) ➡ 修剪(T) ➡ 修剪片体(R)... 命令，系统弹出“修剪片体”对话框；选取如图 2.60a 所示的片体为目标体，单击中键确认；选取拉伸特征为边界对象；在 区域 区域中选中 ◉放弃 单选项，其他参数采用系统默认设置值；单击 确定 按钮，完成修剪片体特征 3 的创建。

注意： 选取目标体时要单击如图 2.60a 所示的位置，否则修剪结果会不同。

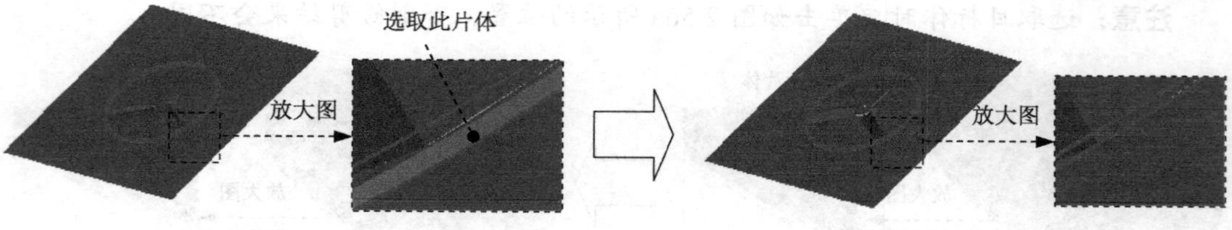

a）修剪前　　b）修剪后

图 2.60　修剪片体特征 3

Step6. 创建如图 2.61 所示的修剪片体特征 4。选择下拉菜单 插入(S) ➡ 修剪(T) ➡ 修剪片体(R)... 命令，系统弹出“修剪片体”对话框；选取如图 2.61a 所示的片体为目标体，单击中键确认；选取如图 2.62 所示的边链为边界对象；在 区域 区域中选中 ◉保留 单选项，其他参数采用系统默认设置值；单击 确定 按钮，完成修剪片体特征 4 的创建。

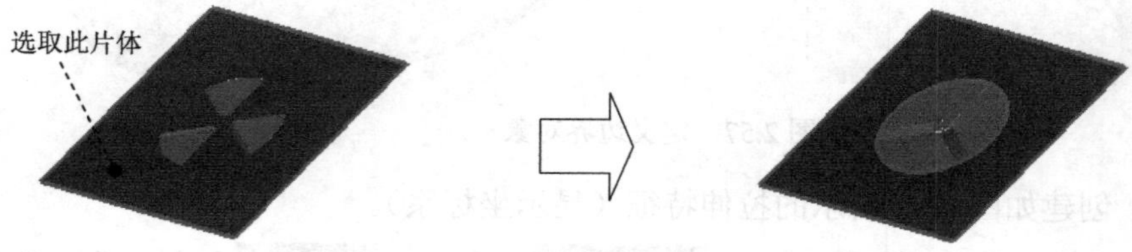

a）修剪前　　b）修剪后

图 2.61　修剪片体特征 4

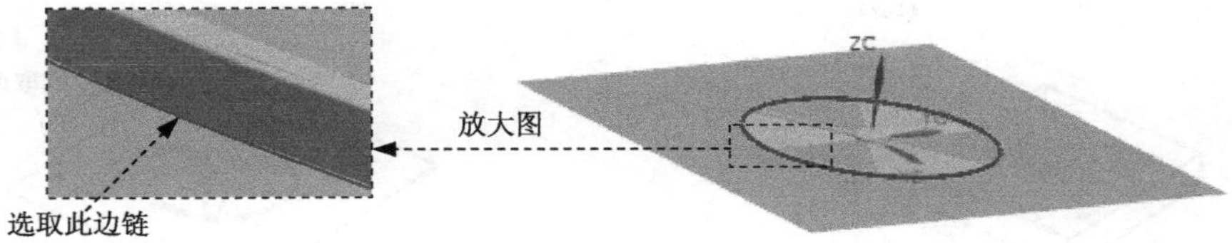

图 2.62 定义边界对象

注意：选取目标体时要单击如图 2.61a 所示的位置，否则修剪结果会不同。

Step7. 创建缝合特征。选择下拉菜单 插入(S) → 组合(B) ▸ → 缝合(W)... 命令，系统弹出“缝合”对话框；在 类型 下拉列表中选择 片体 选项，其他参数采用系统默认设置值；选取有界平面为目标体，选取其余所有片体为工具体；单击 确定 按钮，完成曲面缝合特征的创建。

Task5. 创建模具型芯/型腔

Step1. 编辑显示和隐藏。选择下拉菜单 编辑(E) → 显示和隐藏(H) ▸ → 显示和隐藏(O)... 命令，系统弹出如图 2.63 所示的“显示和隐藏”对话框；单击 实体 后的 + 按钮，单击 曲线 后的 − 按钮；单击 关闭 按钮，完成编辑显示和隐藏的操作。

Step2. 创建求差特征。选择下拉菜单 插入(S) → 组合(B) ▸ → 减去(S)... 命令，系统弹出“求差”对话框；选取图 2.64 所示的工件为目标体，选取图 2.64 所示的零件为工具体；在 设置 区域中选中 ☑ 保存工具 复选框，其他参数采用系统默认设置值；单击 < 确定 > 按钮，完成求差特征的创建。

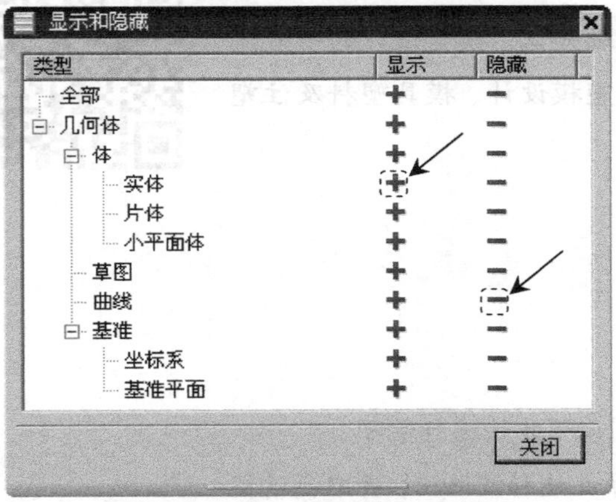

图 2.63 “显示和隐藏”对话框

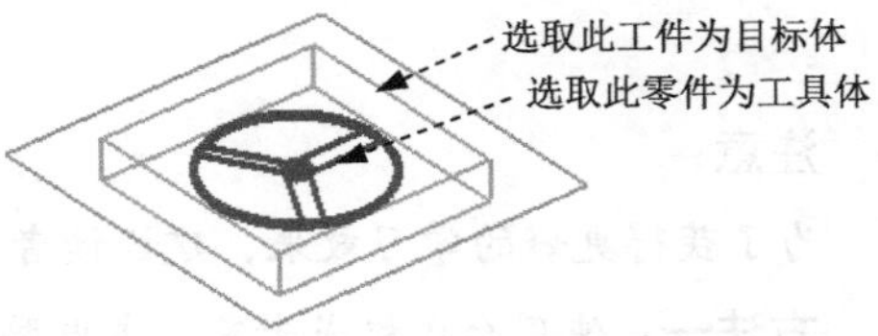

图 2.64 定义目标体和工具体

Step3. 拆分型芯/型腔。选择下拉菜单 插入(S) → 修剪(T) ▸ → 拆分体(P)... 命令，系统弹出“拆分体”对话框；选取如图 2.65 所示的工件为拆分体；选取如图 2.66 所示的片体为拆分面；单击 确定 按钮，完成型芯/型腔的拆分操作（隐藏拆分面）。

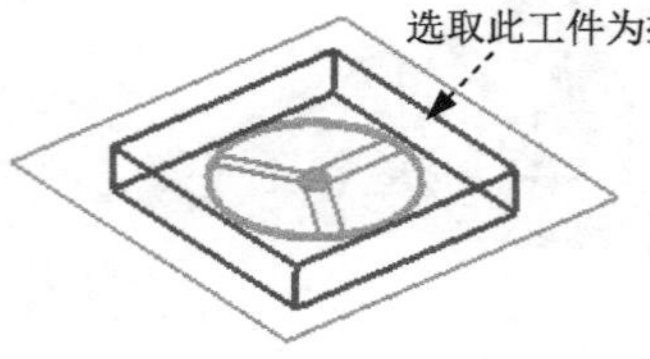

图 2.65 定义拆分体

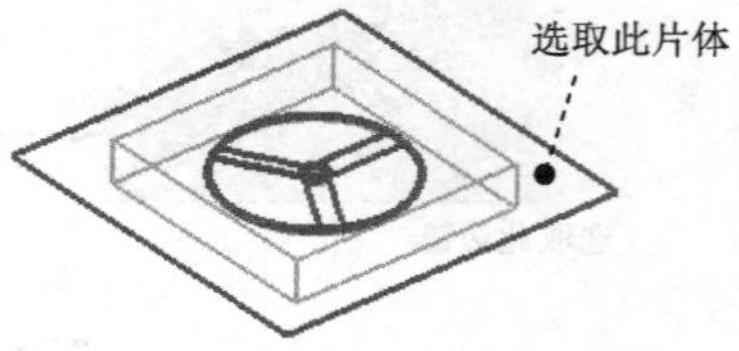

图 2.66 定义拆分面

Task6. 创建模具分解视图

在 UG NX 12.0 中，常使用“移动对象”命令中的“距离”命令来创建模具分解视图，移动时需先将工件参数移除，这里不再赘述。

说明：

为了回馈广大读者对本书的支持，除随书学习资源中的视频讲解之外，我们将免费为您提供更多的 UG 学习视频，读者可以扫描二维码直达视频讲解页面，登录兆迪科技网站免费学习。

学习拓展：扫码学习更多视频讲解。

讲解内容：主要包含模具设计概述，基础知识。模具设计的一般流程，典型零件加工案例等，特别是对有关注塑模设计、模具塑料及注塑成型工艺这些背景知识进行了系统讲解。

注意：

为了获得更好的学习效果，建议读者采用以下方法进行学习。

方法一：使用台式机或者笔记本电脑登录兆迪科技网校，开启高清视频模式学习。

方法二：下载兆迪网校 APP 并缓存课程视频至手机，可以免流量观看。

具体操作请打开兆迪网校帮助页面 http://www.zalldy.com/page/bangzhu 查看（手机可以扫描右侧二维码打开），或者在兆迪网校咨询窗口联系在线老师，也可以直接拨打技术支持电话 010-82176248，010-82176249。

实例 3 用两种方法进行模具设计（三）

本实例将通过一个垃圾桶盖的模具设计，说明在 UG NX 12.0 中设计模具的一般过程。通过本实例的学习，读者可清楚地掌握模具设计的基本思路、面的拆分方法以及分型段的选择方法。图 3.1 所示为该模具的设计图。

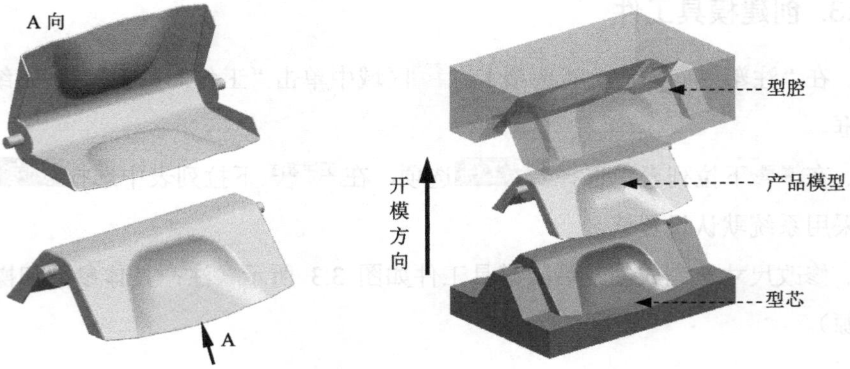

图 3.1 垃圾桶盖的模具设计

3.1 方法一（Mold Wizard 环境）

方法简介

采用 Mold Wizard 进行该模具设计的亮点有两个，一是把竖直的面在特殊位置拆分成两部分，便于型腔和型芯区域的划分；二是把分型线分成段，便于采用“拉伸”的方法创建分型面。

下面介绍在 Mold Wizard 环境下设计该模具的过程。

Task1. 初始化项目

Step1. 加载模型。在“注塑模向导”功能选项卡中单击“初始化项目”按钮，系统弹出“部件名”对话框，选择 D:\ug12.6\work\ch03\dustbin_cover.prt 文件，单击 OK 按钮，加载模型，系统弹出“初始化项目”对话框。

Step2. 定义项目单位。在项目单位下拉列表中选择毫米选项。

Step3. 设置项目路径和名称。接受系统默认的项目路径；在 Name 文本框中输入 dustbin_cover_mold。

Step4. 设置材料和收缩率。在材料下拉列表中选择 ABS，同时系统会自动在收缩文本框中写入数值 1.006。

Step5. 单击 确定 按钮，完成项目路径和名称的设置。

Task2. 模具坐标系

Step1. 在“注塑模向导”功能选项卡 主要 区域中单击“模具坐标系”按钮，系统弹出“模具坐标系”对话框。

Step2. 选中 ◉ 当前 WCS 单选项，单击 确定 按钮，完成模具坐标系的定义，如图 3.2 所示。

Task3. 创建模具工件

Step1. 在“注塑模向导”功能选项卡 主要 区域中单击“工件”按钮，系统弹出“工件”对话框。

Step2. 在 类型 下拉列表中选择 产品工件 选项，在 工件方法 下拉列表中选择 用户定义的块 选项，其他参数采用系统默认设置值。

Step3. 修改尺寸。完成创建后的模具工件如图 3.3 所示（注：具体参数和操作参见随书学习资源）。

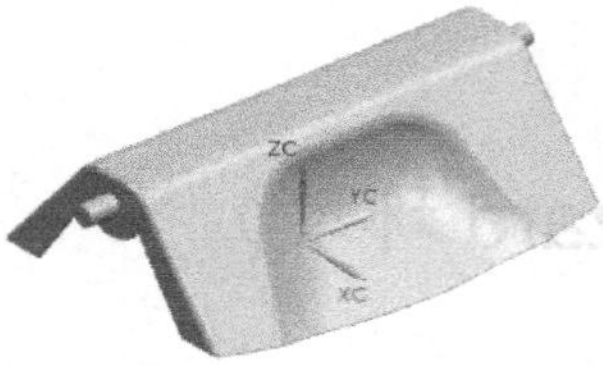

图 3.2 定义模具坐标系

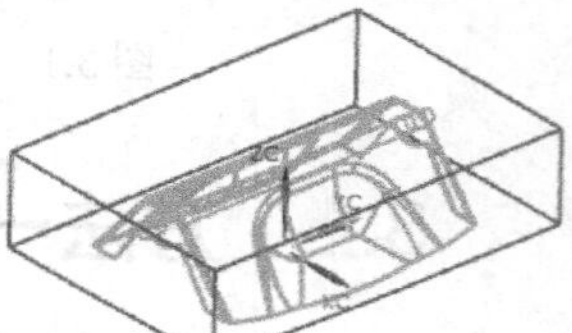

图 3.3 模具工件

Task4. 创建拆分面

Stage1. 创建草图

Step1. 选择下拉菜单 窗口(O) → 3. dustbin_cover_mold_parting_022.prt 命令，系统将在工作区中显示出原模型。

Step2. 确认当前模型处于建模环境中。

Step3. 选择命令。选择下拉菜单 插入(S) → 在任务环境中绘制草图(V)... 命令。

Step4. 绘制截面草图。选取如图 3.4 所示的平面为草图平面，绘制如图 3.5 所示的截面草图，单击 完成草图 按钮。

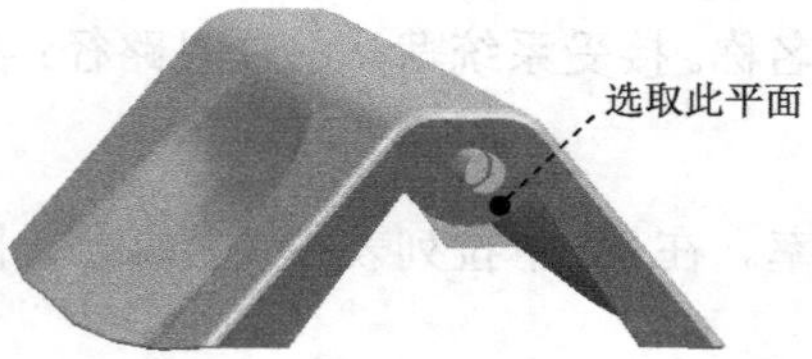

图 3.4 定义草图平面

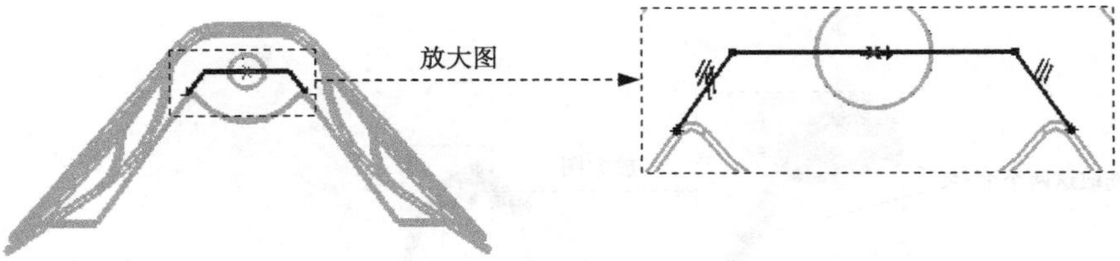

图 3.5 截面草图

Stage2. 创建直线

Step1. 选择下拉菜单 插入(S) → 曲线(C) → 直线(L)... 命令，系统弹出“直线”对话框。

Step2. 创建如图 3.6 所示的直线。单击 取消 按钮，退出“基本曲线”对话框。

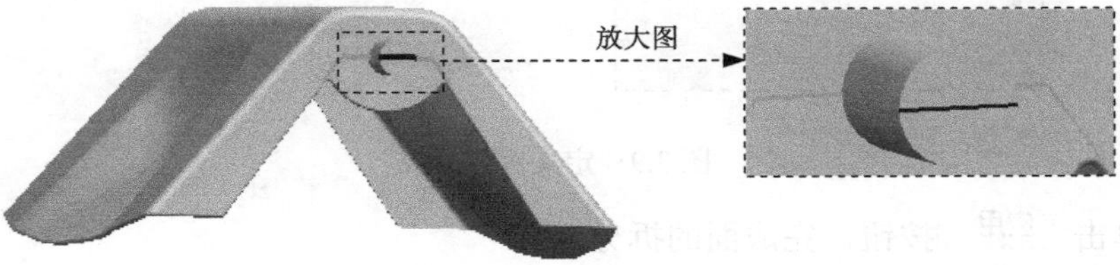

图 3.6 创建直线

Stage3. 创建镜像曲线

Step1. 选择命令。选择下拉菜单 插入(S) → 派生曲线(U) → 镜像(M)... 命令，系统弹出“镜像曲线”对话框。

Step2. 定义镜像对象。选取已创建好的草图和直线为镜像对象。

Step3. 定义镜像平面。在 镜像平面 区域的 平面 下拉列表中选择 新平面 选项，在 指定平面 下拉列表中选择 YC 选项。

Step4. 单击 < 确定 > 按钮，完成如图 3.7 所示镜像曲线的创建。

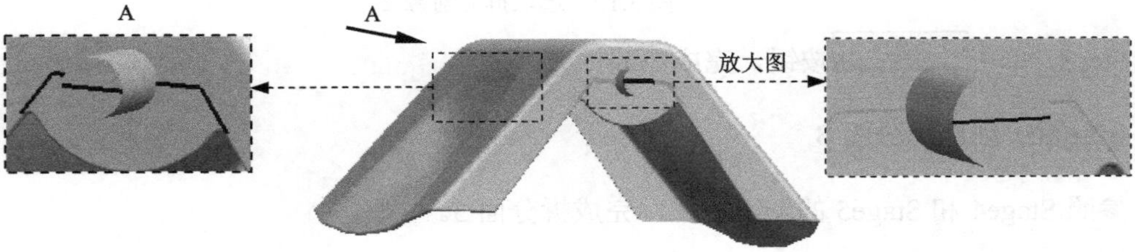

图 3.7 创建镜像曲线

Stage4. 创建拆分面 1

Step1. 在“注塑模向导”功能选项卡 注塑模工具 区域中单击“拆分面”按钮，系统弹出“拆分面”对话框，在 类型 下拉列表中选择 曲线/边 选项。

Step2. 定义拆分对象 1。选取如图 3.8 所示的面为拆分对象。

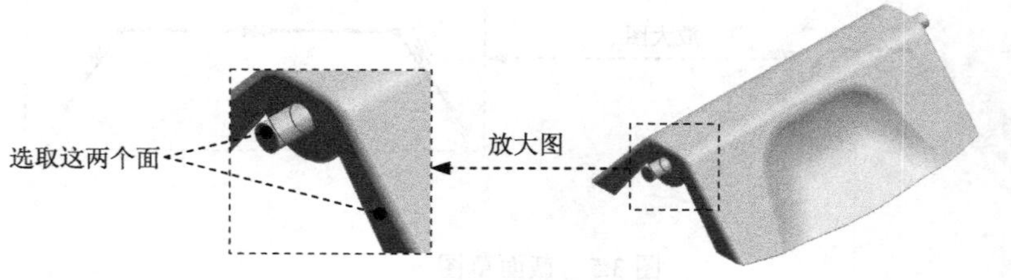

图 3.8　定义拆分对象 1

Step3. 定义拆分曲线。在分割对象区域中单击* 选择对象 (0)使其激活，选取如图 3.9 所示的曲线为拆分曲线。

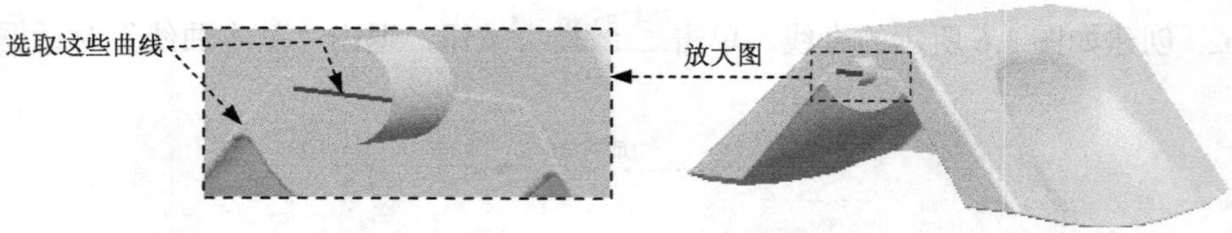

图 3.9　定义拆分曲线

Step4. 单击 应用 按钮，完成面的拆分。

Stage5. 创建拆分面 2

Step1. 在“拆分面”对话框的类型下拉列表中选择 等斜度 选项。

Step2. 定义拆分对象 2。选取如图 3.10 所示的面。

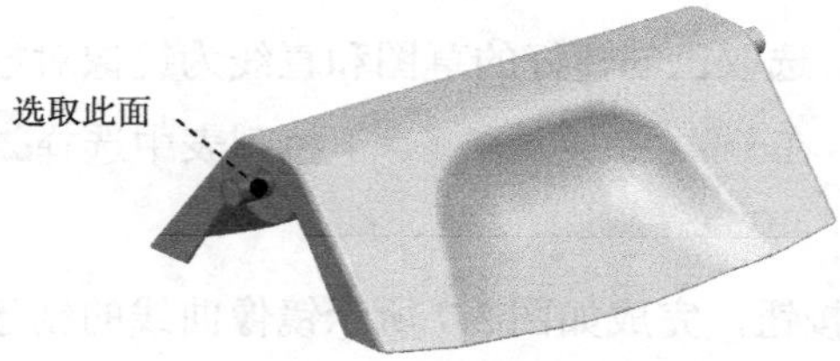

图 3.10　选取拆分对象 2

Step3. 单击 < 确定 > 按钮，完成面的拆分。

Stage6. 创建拆分面 3

参照 Stage4 和 Stage5 的创建方法，完成拆分面 3。

Task5. 模具分型

Stage1. 设计区域

Step1. 选择下拉菜单 窗口(O) → 4. dustbin_cover_mold_top_000.prt 命令，系统在图形区中显示出模具组件。激活所有组件。

Step2. 在“注塑模向导”功能选项卡 分型刀具 区域中单击“检查区域”按钮，系统弹出"检查区域"对话框，并显示如图 3.11 所示的开模方向，选中 ⦿ 保持现有的 单选项。

Step3. 拆分面。单击"计算"按钮 ▦，系统开始对产品模型进行分析计算。单击 面 选项卡，可以查看分析结果；单击 区域 选项卡，取消选中 □ 内环 、□ 分型边 和 □ 不完整的环 三个复选框，然后单击"设置区域颜色"按钮 🖌，设置各区域的颜色；在 未定义的区域 区域中选中 ☑ 交叉区域面 复选框，此时系统将所有未定义的面加亮；在 指派到区域 区域中选中 ⦿ 型芯区域 单选按钮，单击 应用 按钮，此时系统将加亮显示的未定义的面指派到型芯区域，同时对话框中的 未定义的区域 显示为 0。创建结果如图 3.12 所示。

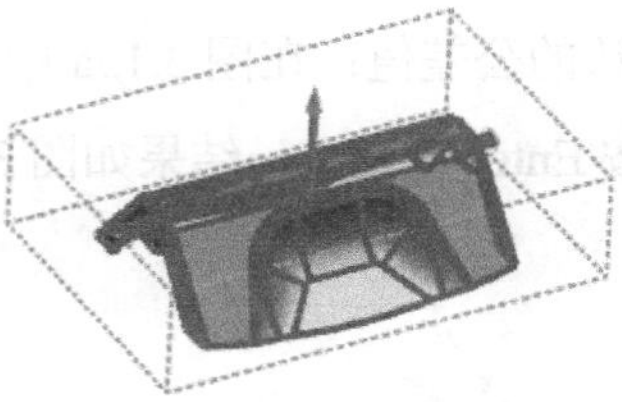

图 3.11 开模方向

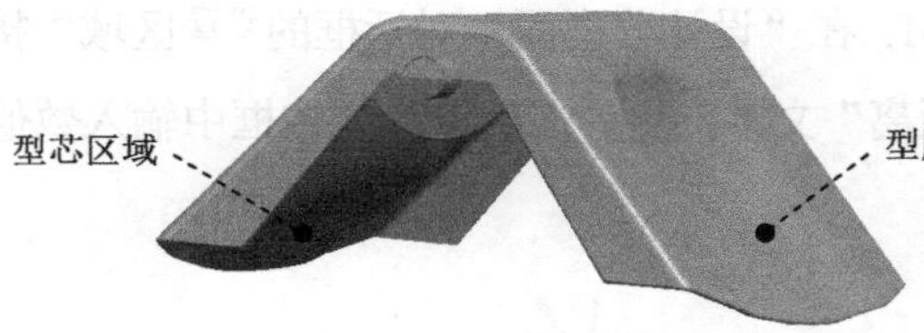

图 3.12 创建后的型芯/型腔区域

Step4. 接受系统默认的其他参数设置值，单击 取消 按钮，关闭"检查区域"对话框。

Stage2. 创建型腔/型芯区域和分型线

Step1. 在"注塑模向导"功能选项卡 分型刀具 区域中单击"定义区域"按钮 ⚒，系统弹出"定义区域"对话框。

Step2. 在 设置 区域选中 ☑ 创建区域 和 ☑ 创建分型线 复选框，单击 确定 按钮，完成分型线的创建，创建分型线的结果如图 3.13 所示。

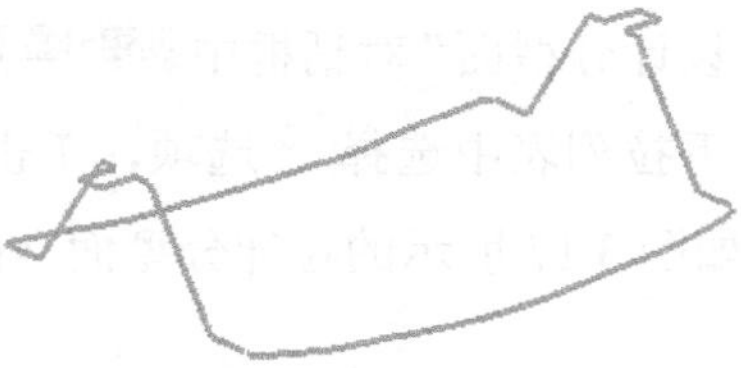

图 3.13 分型线

Stage3. 定义分型段

Step1. 在"注塑模向导"功能选项卡 分型刀具 区域中单击"设计分型面"按钮 🗻，系统弹出"设计分型面"对话框。

Step2. 选取过渡对象。在 编辑分型段 区域中单击"选择过渡曲线"按钮 🗻，选取如图 3.14 所示的圆弧以及与其对称的圆弧作为过渡对象。

Step3. 单击 应用 按钮，完成分型段的定义。

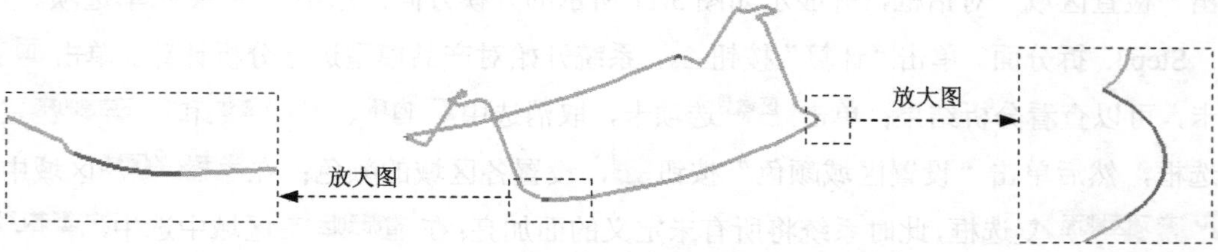

图 3.14 定义过渡对象

Stage4. 创建分型面

Step1. 在“设计分型面”对话框的设置区域中接受系统默认的公差值；在图 3.15a 中单击“延伸距离”文本，然后在活动的文本框中输入数值 100，并按 Enter 键确认，结果如图 3.15b 所示。

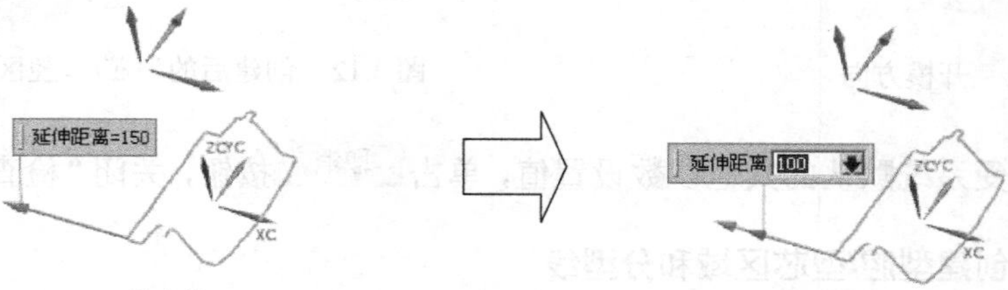

a）修改前 b）修改后

图 3.15 延伸距离

Step2. 拉伸分型面 1。在“设计分型面”对话框中创建分型面区域的方法下拉列表中选择选项，在拉伸方向区域的下拉列表中选择-XC选项，单击应用按钮，系统返回至“设计分型面”对话框。拉伸分型面 1 结果如图 3.16 所示。

Step3. 拉伸分型面 2。在“设计分型面”对话框中创建分型面区域的方法下拉列表选择选项，在拉伸方向区域的下拉列表中选择YC选项，单击应用按钮，系统返回至“设计分型面”对话框，完成如图 3.17 所示的拉伸分型面 2 的创建。

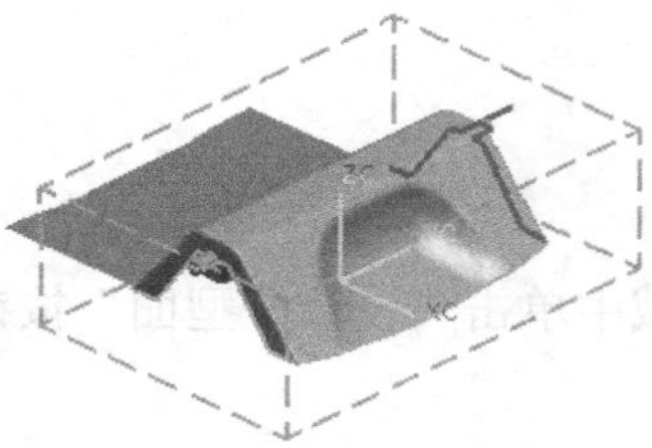

图 3.16 拉伸分型面 1

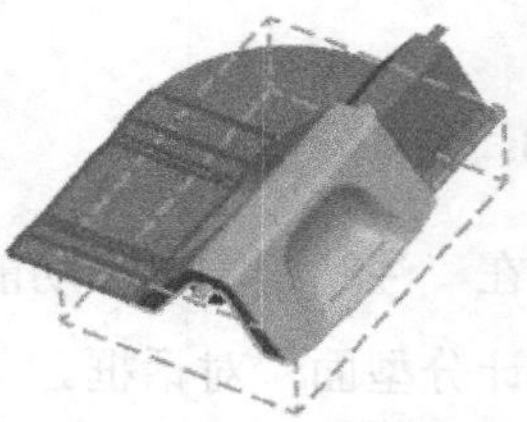

图 3.17 拉伸分型面 2

Step4. 拉伸分型面 3。在“设计分型面”对话框中创建分型面区域的方法下拉列表中选择选项，在拉伸方向区域的下拉列表中选择XC选项，单击应用按钮，系统返回至“设计分型面”对话框；完成如图 3.18 所示的拉伸分型面 3 的创建。

Step5. 拉伸分型面 4。在“设计分型面”对话框中创建分型面区域的方法下拉列表中选择选项，在拉伸方向区域的下拉列表中选择-YC选项，单击应用按钮，系统返回至“设计分型面”对话框，完成如图 3.19 所示的拉伸分型面 4 的创建。

图 3.18　拉伸分型面 3

图 3.19　拉伸分型面 4

Step6. 单击取消按钮，此时系统返回“模具分型工具”工具条。

Stage5. 创建型腔和型芯

Step1. 在“注塑模向导”功能选项卡分型刀具区域中单击“定义型腔和型芯”按钮，系统弹出“定义型腔和型芯”对话框。

Step2. 选择选择片体区域下的所有区域选项，单击确定按钮，系统弹出“查看分型结果”对话框，并在图形区显示出创建的型腔，单击确定按钮，系统再一次弹出“查看分型结果”对话框，单击确定按钮，完成型腔和型芯的创建。

Step3. 选择下拉菜单窗口(O) → dustbin_cover_mold_cavity_002.prt 命令，系统显示型腔零件，如图 3.20 所示。

Step4. 选择下拉菜单窗口(O) → dustbin_cover_mold_core_006.prt 命令，系统显示型芯零件，如图 3.21 所示。

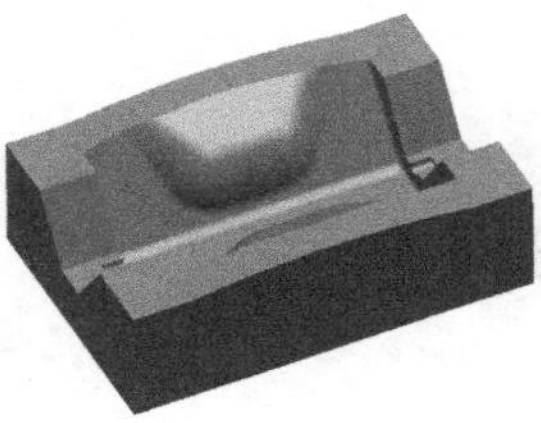

图 3.20　型腔零件

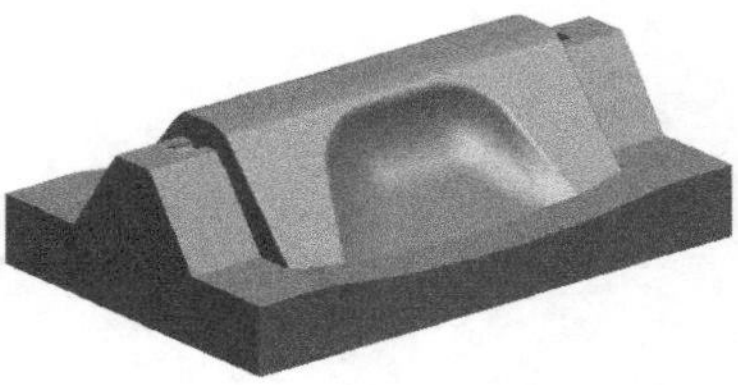

图 3.21　型芯零件

Task6. 创建模具爆炸视图

Step1. 移动型腔。

（1）选择下拉菜单窗口(O) → dustbin_cover_mold_top_000.prt 命令，在装配导航器中将部件转换成工作部件。

（2）创建爆炸图。选择下拉菜单装配(A) → 爆炸图(X) → 新建爆炸(N)... 命令，系统弹出“新建爆炸”对话框，接受系统默认的名称，单击确定按钮。

（3）编辑爆炸图。选择下拉菜单 装配(A) → 爆炸图(X) → 编辑爆炸(E)... 命令，系统弹出“编辑爆炸”对话框；选取如图 3.22 所示的型腔元件；选中 ◉ 移动对象 单选项，选取 Z 轴为移动方向，在 距离 文本框中输入数值 150，按 Enter 键确认，结果如图 3.23 所示。

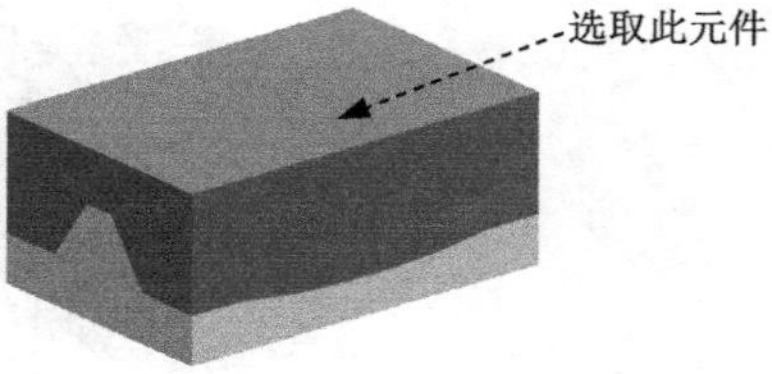

图 3.22　定义移动对象

图 3.23　移动型腔

Step2. 移动产品模型。

（1）选择对象。在对话框中选择 ◉ 选择对象 单选项，选取如图 3.24 所示的产品，取消选中上一步选中的型腔。

（2）选择 ◉ 移动对象 单选项，沿 Z 轴正方向移动 75，单击 确定 按钮，结果如图 3.25 所示。

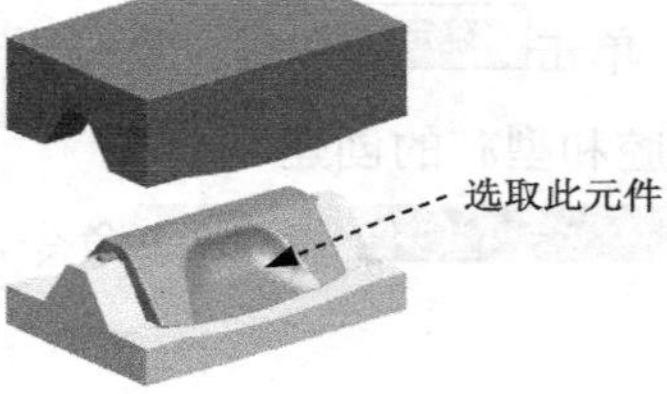

图 3.24　选取移动对象

图 3.25　移动产品

Step3. 保存文件。选择下拉菜单 文件(F) → 保存(S) → 全部保存(V) 命令，保存所有文件。

3.2　方法二（建模环境）

方法简介

在建模环境下进行该模具的设计，与在 Mold Wizard 环境下进行模具设计的思想是一样的，同样也需要对产品模型上的某些面进行拆分。不同的是在建模环境下创建分型面，要采用“拉伸”“桥接”“网格曲面”等方法来完成。通过本实例的学习，读者可以掌握分型面的桥接和修补方法。

下面介绍在建模环境下设计该模具的具体过程。

Task1. 设置收缩率

Step1. 打开文件。打开 D:\ug12.6\work\ch03\dustbin_cover.prt 文件，单击 OK 按钮，进入建模环境。

说明：在本例中，坐标系的位置正好位于产品的中心，不需要对坐标系进行移动。

Step2. 选择命令。选择下拉菜单 插入(S) → 偏置/缩放(O) → 缩放体(S)... 命令，系统弹出“缩放体”对话框。

Step3. 在 类型 下拉列表中选择 均匀 选项。

Step4. 定义缩放体和缩放点。选择零件为缩放体，此时系统自动将缩放点定义在零件的中心位置。

Step5. 定义缩放比例因子。在 比例因子 区域的 均匀 文本框中输入数值 1.006。

Step6. 单击 确定 按钮，完成收缩率的设置。

Task2. 创建模具工件

Step1. 选择命令。选择下拉菜单 插入(S) → 设计特征(E) → 拉伸(E)... 命令，系统弹出“拉伸”对话框。

Step2. 定义草图平面。单击按钮，系统弹出“创建草图”对话框；显示基准坐标系，选取 XY 基准平面为草图平面，单击 确定 按钮，进入草图环境。

Step3. 绘制草图。绘制如图 3.26 所示的截面草图；单击 完成草图 按钮，退出草图环境。

Step4. 定义拉伸方向。在 指定矢量 下拉列表中选择 ZC↑ 选项。

Step5. 确定拉伸开始值和结束值。在“拉伸”对话框 限制 区域的 开始 下拉列表中选择 值 选项，并在其下的 距离 文本框中输入数值-30；在 结束 下拉列表中选择 值 选项，并在其下的 距离 文本框中输入数值 100；其他参数采用系统默认设置值。

Step6. 定义布尔运算。在 布尔 区域的 布尔 下拉列表中选择 无 选项，其他参数采用系统默认设置值。

Step7. 单击 < 确定 > 按钮，完成模具工件的创建，如图 3.27 所示。

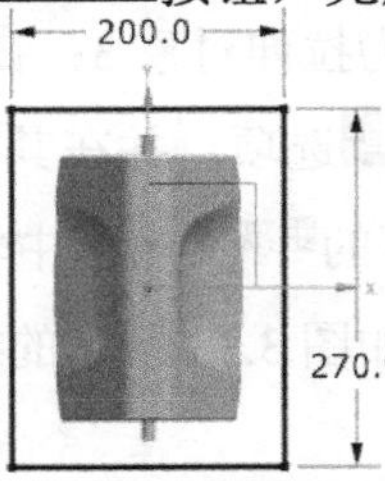

图 3.26 截面草图

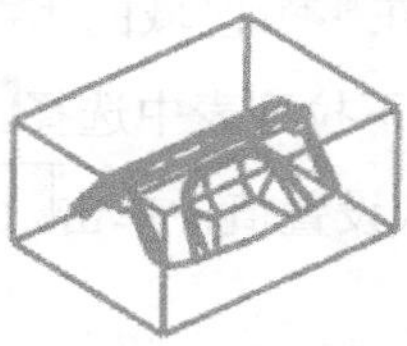

图 3.27 模具工件

Task3. 创建分型面

Stage1. 创建拉伸面

Step1. 隐藏模具工件。选择下拉菜单编辑(E) → 显示和隐藏(H) → 隐藏(H)...命令，系统弹出“类选择”对话框；选取模具工件为隐藏对象；单击确定按钮，完成模具工件隐藏的操作。

Step2. 创建拉伸面 1。选择下拉菜单插入(S) → 设计特征(E) → 拉伸(E)...命令，系统弹出“拉伸”对话框；选择如图 3.28 所示的边线为拉伸对象 1；在指定矢量下拉列表中选择 XC 选项；在限制区域的开始下拉列表中选择值选项，并在其下的距离文本框中输入数值 0；在结束下拉列表中选择值选项，并在其下的距离文本框中输入数值 100；其他参数采用系统默认设置值；单击< 确定 >按钮，完成如图 3.29 所示的拉伸面 1 的创建。

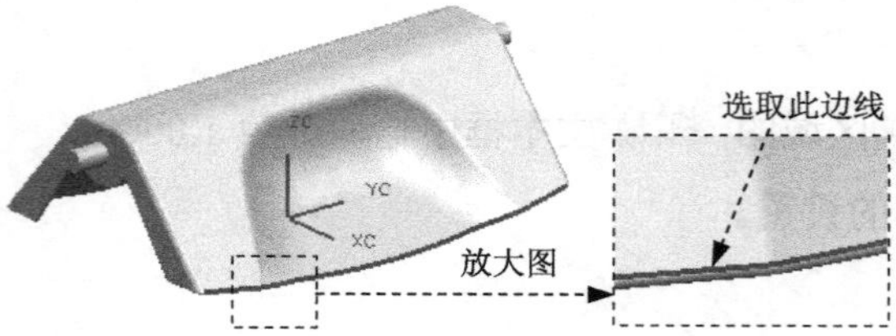

图 3.28 定义拉伸对象 1

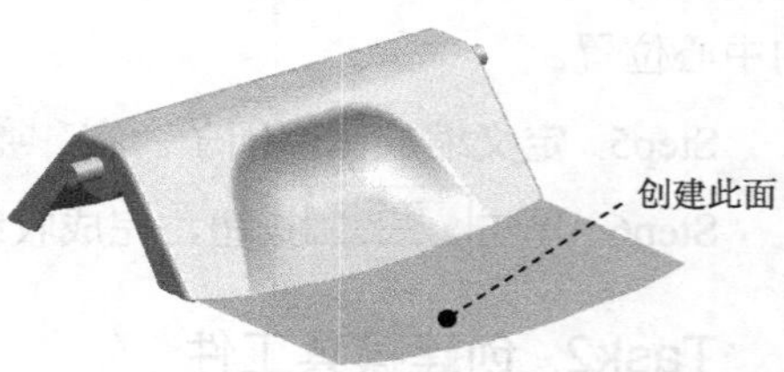

图 3.29 拉伸面 1

Step3. 创建拉伸面 2。选择下拉菜单插入(S) → 设计特征(E) → 拉伸(E)...命令，系统弹出“拉伸”对话框；选择如图 3.30 所示的边线为拉伸对象 2；在指定矢量下拉列表中选择 -YC 选项；在限制区域的开始下拉列表中选择值选项，并在其下的距离文本框中输入数值 0；在结束下拉列表中选择值选项，并在其下的距离文本框中输入数值 100；其他参数采用系统默认设置值；单击< 确定 >按钮，完成如图 3.31 所示的拉伸面 2 的创建。

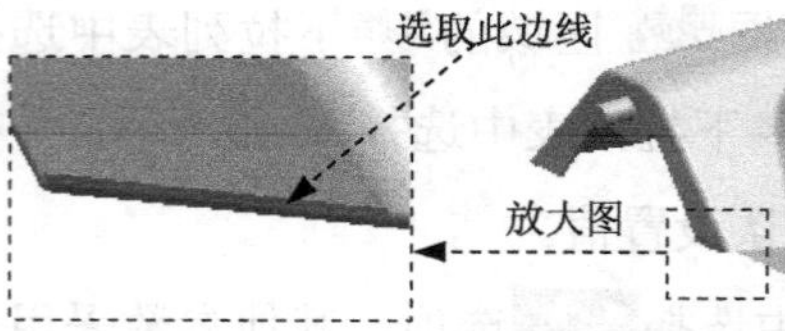

图 3.30 定义拉伸对象 2

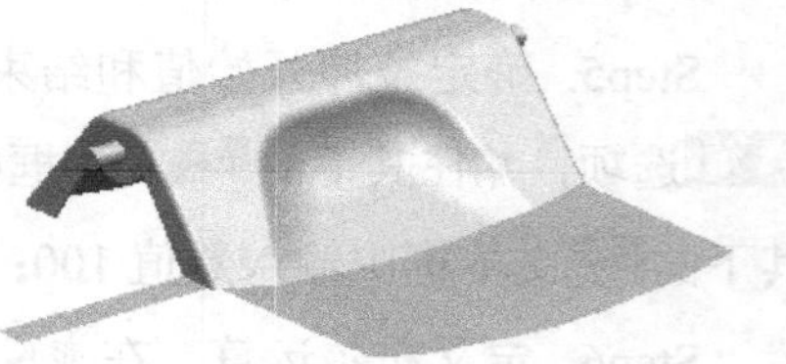

图 3.31 拉伸面 2

Step4. 创建拉伸面 3。选择下拉菜单插入(S) → 设计特征(E) → 拉伸(E)...命令，系统弹出“拉伸”对话框；选择如图 3.32 所示的边线为拉伸对象 3；在指定矢量下拉列表中选择 -YC 选项；在限制区域的开始下拉列表中选择值选项，并在其下的距离文本框中输入数值 0；在结束下拉列表中选择值选项，并在其下的距离文本框中输入数值 100；其他参数采用系统默认设置值；单击< 确定 >按钮，完成如图 3.33 所示的拉伸面 3 的创建。

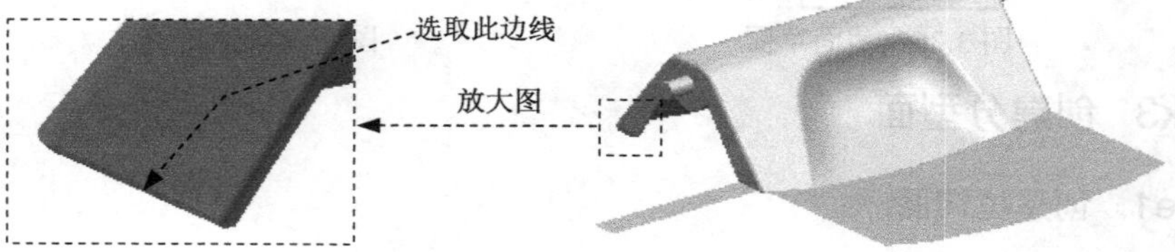

图 3.32 定义拉伸对象 3

图 3.33 拉伸面 3

Step5. 创建拉伸面 4。选择下拉菜单 插入(S) → 设计特征(E) → 拉伸(E)... 命令，系统弹出“拉伸”对话框；选择如图 3.34 所示的边为拉伸对象 4；在 指定矢量 下拉列表中选择 -XC 选项；在 限制 区域的 开始 下拉列表中选择 值 选项，并在其下的 距离 文本框中输入数值 0；在 结束 下拉列表中选择 值 选项，并在其下的 距离 文本框中输入数值 100；其他参数采用系统默认设置值；单击 < 确定 > 按钮，完成如图 3.35 所示的拉伸面 4 的创建。

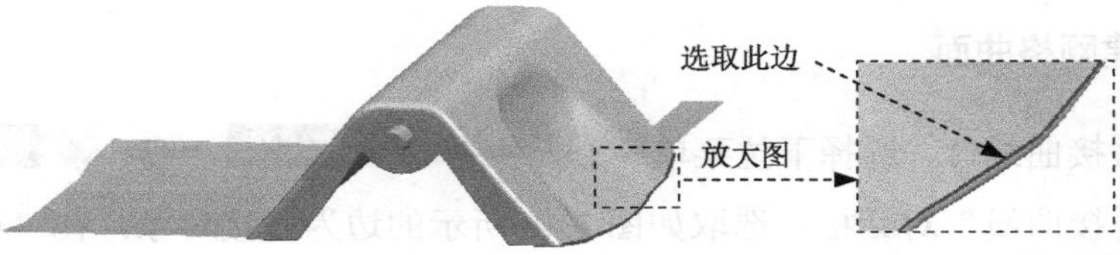

图 3.34 定义拉伸对象 4

Step6. 创建拉伸面 5。选择下拉菜单 插入(S) → 设计特征(E) → 拉伸(E)... 命令，系统弹出“拉伸”对话框；选取如图 3.36 所示的平面为草图平面；绘制如图 3.37 所示的截面草图；单击 完成草图 按钮，退出草图环境；在 指定矢量 下拉列表中选择 -YC 选项；在 限制 区域的 开始 下拉列表中选择 值 选项，并在其下的 距离 文本框中输入数值 0；在 结束 下拉列表中选择 值 选项，并在其下的 距离 文本框中输入数值 100；其他参数采用系统默认设置值；单击 < 确定 > 按钮，完成如图 3.38 所示的拉伸面 5 的创建。

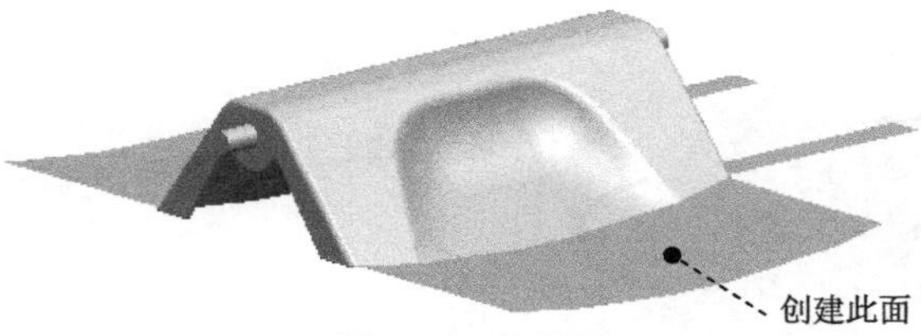

图 3.35 拉伸面 4

图 3.36 定义草图平面

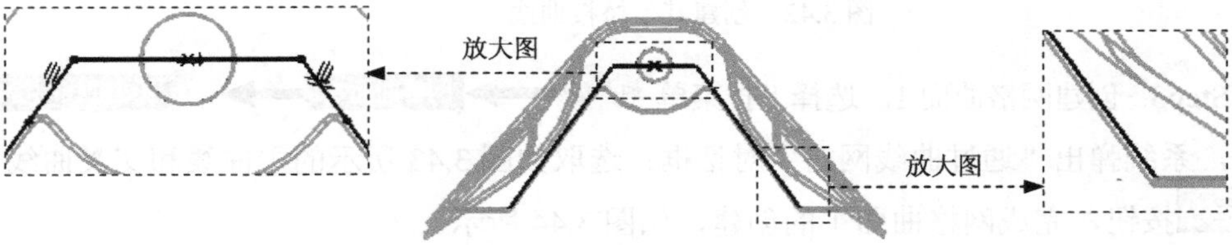

图 3.37 截面草图

说明：在绘制草图时，可使用投影命令，为了显示得更加清楚，可将拉伸面 4 和拉伸面 1 隐藏。

Step7. 创建镜像特征。选择下拉菜单 插入(S) → 关联复制(A) ▸ → 镜像特征(R)... 命令，弹出“镜像特征”对话框；选取拉伸面 2、3 和 5 为镜像对象；在 镜像平面 下拉列表中选取 YC 选项；单击 < 确定 > 按钮，完成如图 3.39 所示的镜像特征的创建。

图 3.38　拉伸面 5

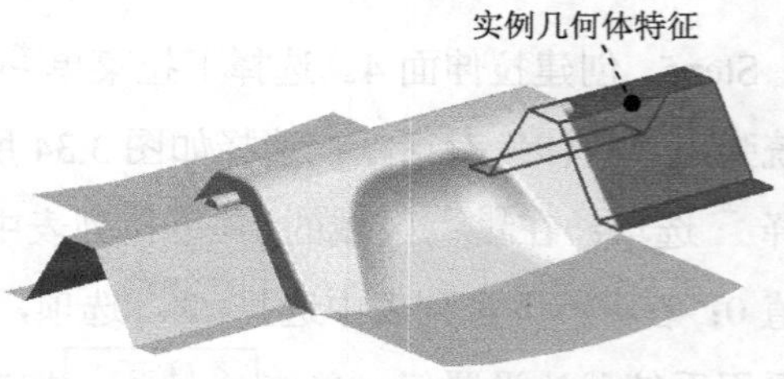

图 3.39　创建镜像特征

Stage2. 创建网格曲面

Step1. 创建桥接曲线 1。选择下拉菜单 插入(S) → 派生曲线(U) → 桥接(B)... 命令，系统弹出“桥接曲线”对话框；选取如图 3.40 所示的边为桥接对象；在“桥接曲线”对话框中单击 < 确定 > 按钮，完成桥接曲线的创建，如图 3.41 所示。

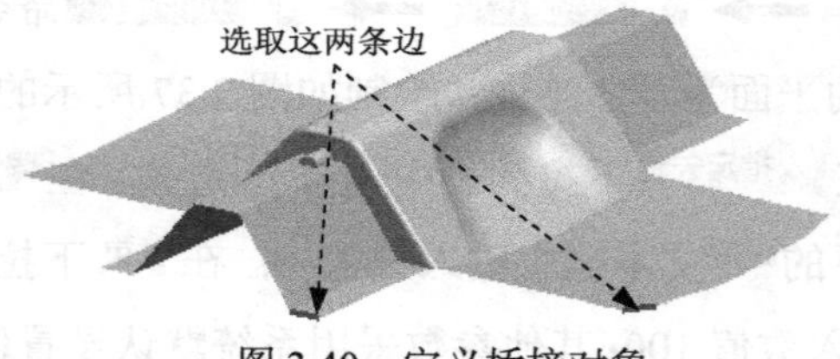

图 3.40　定义桥接对象

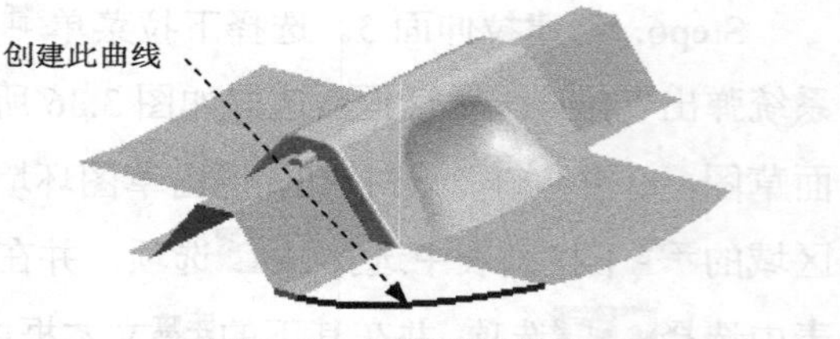

图 3.41　创建桥接曲线 1

Step2. 参见 Step1 的方法，创建如图 3.42 所示的其他桥接曲线。

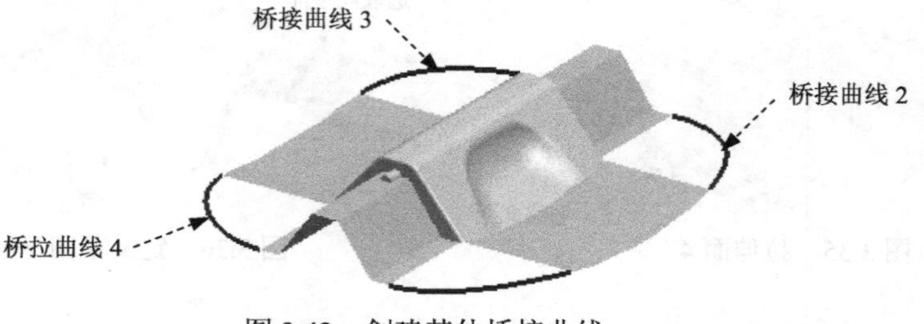

图 3.42　创建其他桥接曲线

Step3. 创建网格曲面 1。选择下拉菜单 插入(S) → 网格曲面(M) → 通过曲线网格(M)... 命令，系统弹出“通过曲线网格”对话框；选取如图 3.43 所示的主曲线和交叉曲线；单击 确定 按钮，完成网格曲面 1 的创建，如图 3.44 所示。

Step4. 创建其他网格曲面。参见 Step3 的创建方法，创建如图 3.45 所示的其他网格曲面。

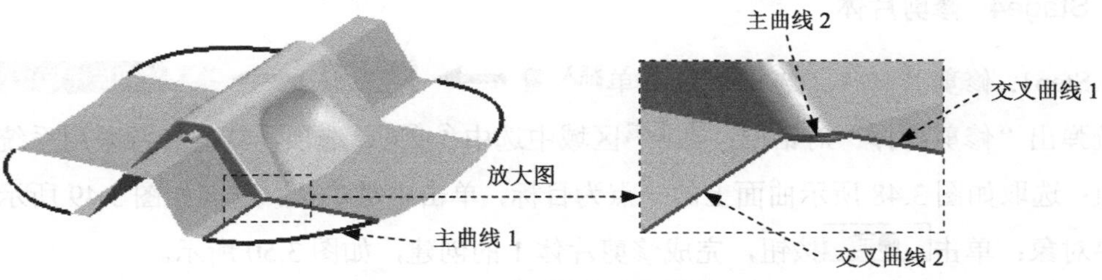

图 3.43 定义主曲线和交叉曲线

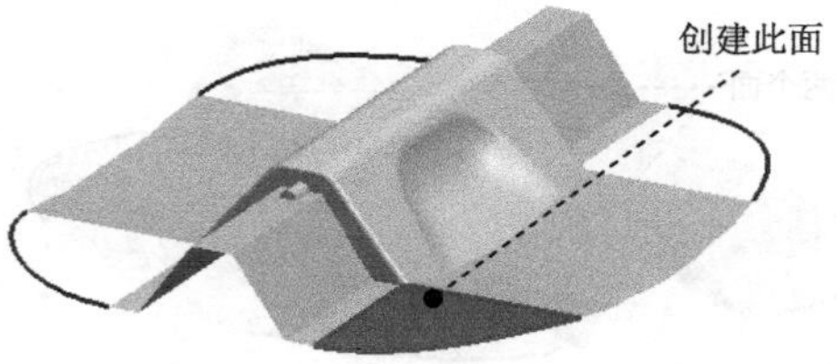

图 3.44 创建网格曲面 1

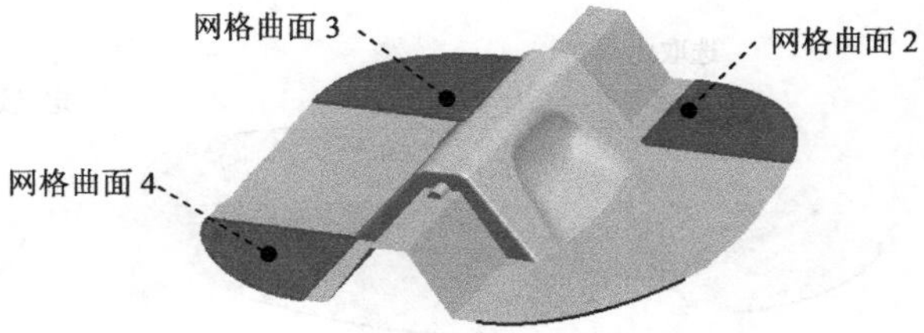

图 3.45 创建其他网格曲面

Stage3. 创建抽取特征

Step1. 选择下拉菜单 插入(S) → 关联复制(A) → 抽取几何特征(E)... 命令，系统弹出“抽取几何特征”对话框。

Step2. 在 类型 下拉列表中选择 面区域 选项；在 区域选项 区域中选中 ☑ 遍历内部边 复选框；在 设置 区域中选中 ☑ 固定于当前时间戳记 复选框和 ☑ 隐藏原先的 复选框；其他参数采用系统默认设置值。

Step3. 定义种子面。选取如图 3.46 所示的面为种子面。

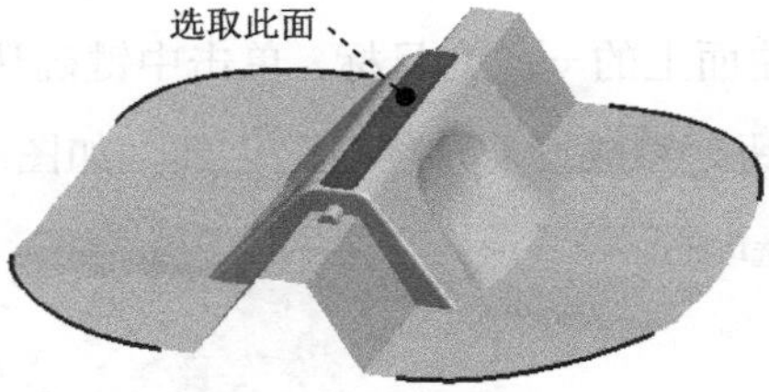

图 3.46 定义种子面

Step4. 定义边界面。选取如图 3.47 所示的面为边界面。

Step5. 单击 确定 按钮，完成抽取特征的创建。

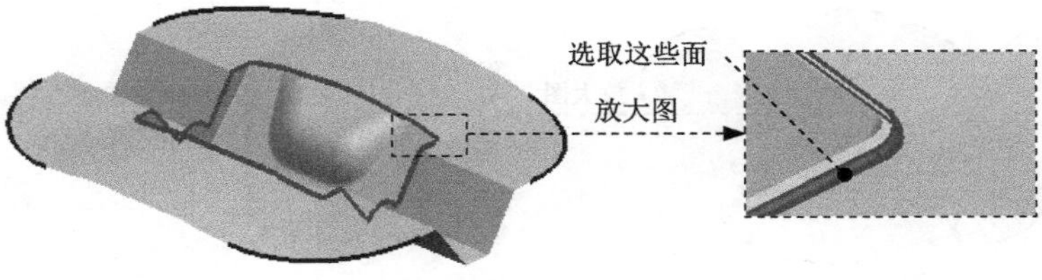

图 3.47 定义边界面

Stage4. 修剪片体

Step1. 修剪片体 1。选择下拉菜单 插入(S) → 修剪(T) → 修剪片体(R)... 命令，系统弹出“修剪片体”对话框；在 区域 区域中选中 ⊙ 保留 单选项，其他参数采用系统默认设置值；选取如图 3.48 所示曲面上的一点为目标，单击中键确认；选取如图 3.49 所示的面为边界对象；单击 确定 按钮，完成修剪片体 1 的创建，如图 3.50 所示。

注意：选取保持点位置不同，会有不同的结果。

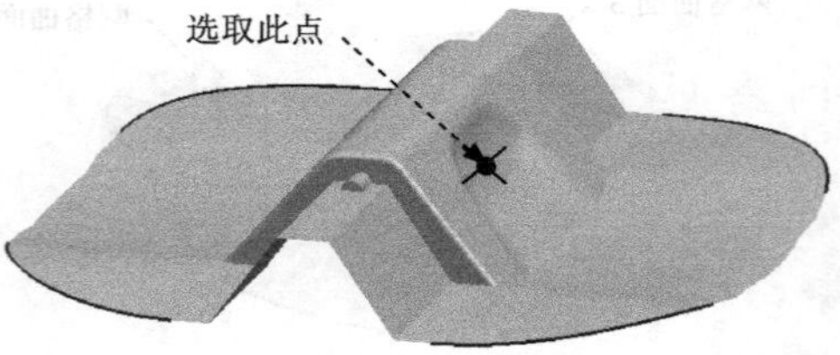

图 3.48 选取目标点

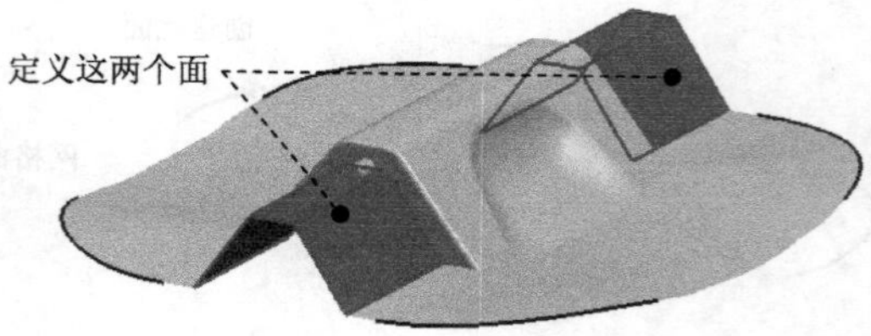

图 3.49 定义边界对象

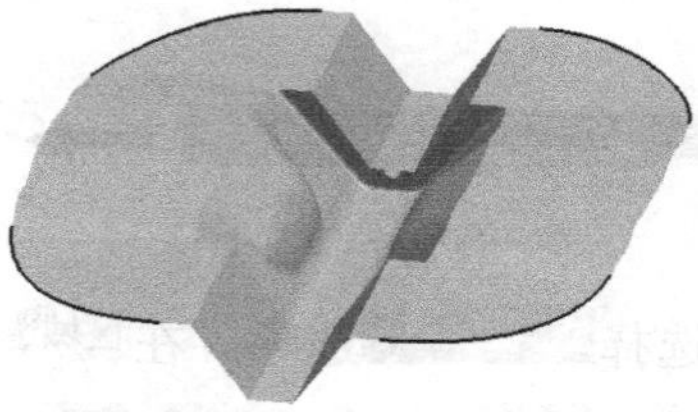

图 3.50 创建修剪片体 1

Step2. 修剪片体 2。选择下拉菜单 插入(S) → 修剪(T) → 修剪片体(R)... 命令，系统弹出“修剪片体”对话框；在 区域 区域中选中 ⊙ 保留 单选项，其他参数采用系统默认设置值；选取如图 3.51 所示的曲面上的一点为目标，单击中键确认；选取如图 3.52 所示的面为边界对象；单击 确定 按钮，完成修剪片体 2 的创建，如图 3.53 所示。

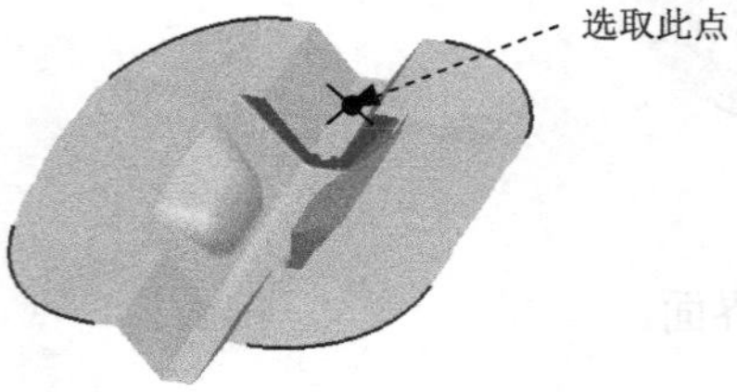

图 3.51 选取目标点

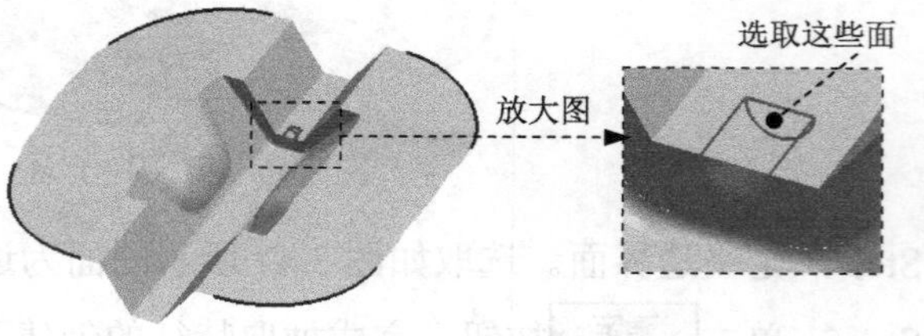

图 3.52 定义边界对象

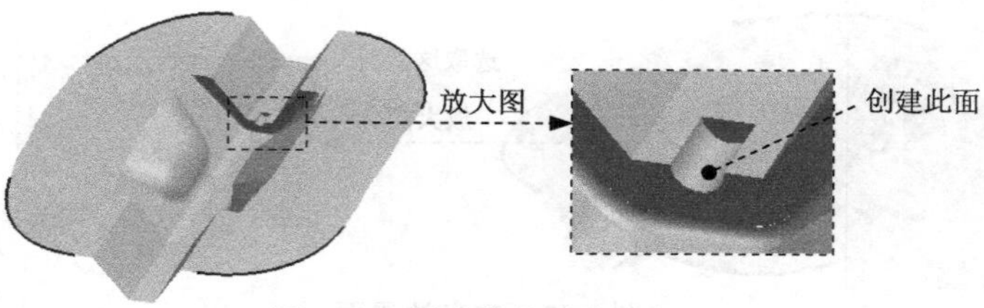

图 3.53 创建修剪片体 2

Step3. 修剪片体 3。参照 Step2 的方式，创建如图 3.54 所示的修剪片体 3。

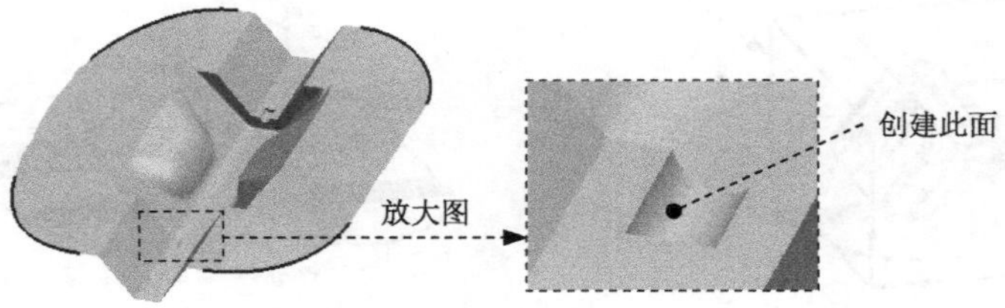

图 3.54 创建修剪片体 3

Step4. 创建曲面缝合特征。选择下拉菜单 插入(S) → 组合(B) ▸ → 缝合(W)... 命令，系统弹出“缝合”对话框；在类型区域的下拉列表中选择 片体 选项，其他参数采用系统默认设置值；选取如图 3.55 所示的片体为目标体，选取其他的片体为工具体；单击 确定 按钮，完成曲面缝合特征的创建。

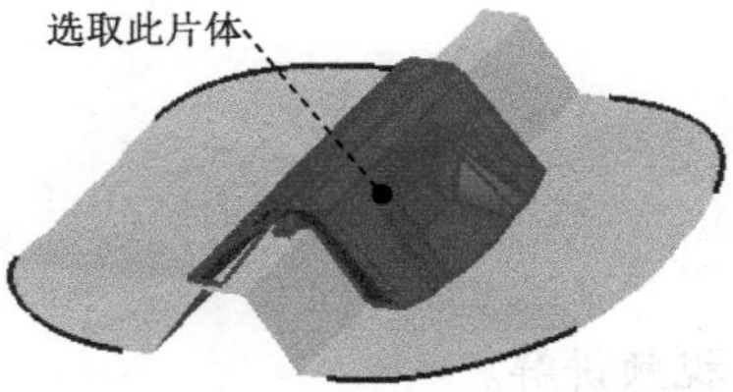

图 3.55 定义目标体

Task4. 创建模具型芯/型腔

Step1. 编辑显示和隐藏。选择下拉菜单 编辑(E) → 显示和隐藏(H) ▸ → 显示和隐藏(O)... 命令，系统弹出“显示和隐藏”对话框；单击实体后的 + 按钮；单击 关闭 按钮，完成编辑显示和隐藏的操作。

Step2. 创建求差特征。选择下拉菜单 插入(S) → 组合(B) ▸ → 减去(S)... 命令，系统弹出“求差”对话框；选取如图 3.56 所示的目标体和工具体；在设置区域中选中 ☑ 保存工具 复选框，其他参数采用系统默认设置值；单击 < 确定 > 按钮，完成求差特征的创建。

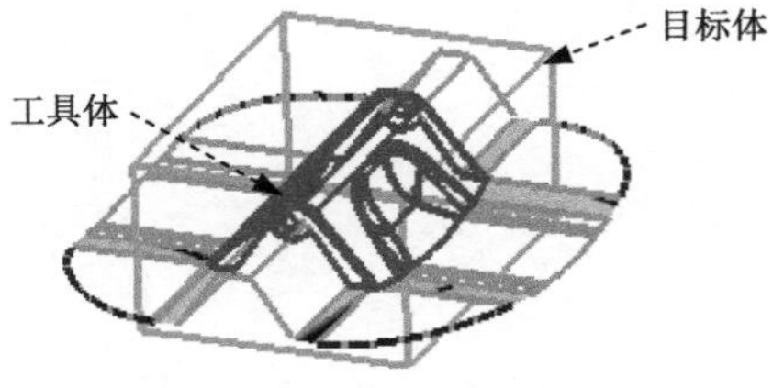

图 3.56 定义目标体和工具体

Step3. 拆分型芯/型腔。选择下拉菜单 插入(S) → 修剪(T) ▸ → 拆分体(P)... 命令，系统弹出“拆分体”对话框；选取如图 3.57 所示的工件为拆分体；选取如图 3.58 所示的片体为拆分面；单击 确定 按钮，完成型芯/型腔的拆分操作（隐藏拆分面）。

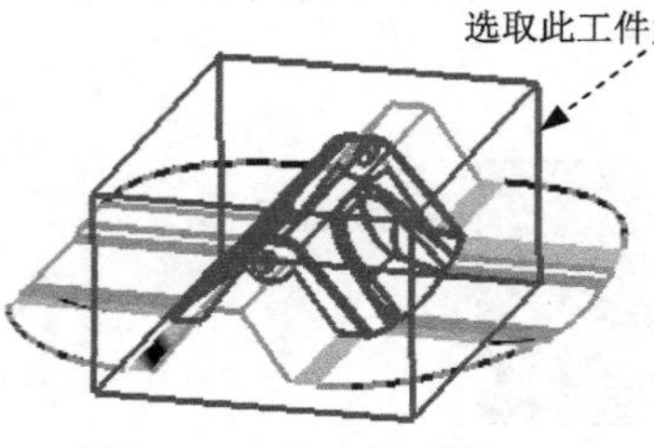

图 3.57　选取拆分体

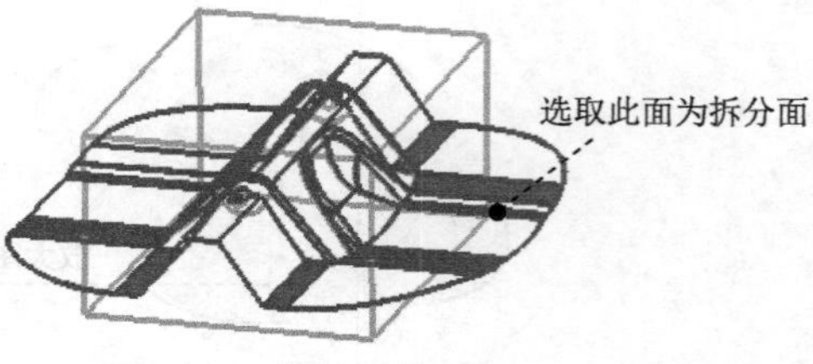

图 3.58　定义拆分面

Task5. 创建模具分解视图

在 UG NX 12.0 中，常使用“移动对象”命令中的“距离”命令来创建模具分解视图。移动时，需先将工件参数移除，这里不再赘述。

学习拓展：扫码学习更多视频讲解。

讲解内容：主要包含二维草图的绘制思路、流程与技巧总结，另外还有二十多个来自实际产品设计中草图案例的讲解。草图是创建三维实体特征的基础，掌握高效的草图绘制技巧，有助于提高工件设计的效率。

实例 4 用两种方法进行模具设计（四）

图 4.1 所示为一个笔帽的模型，在设计该笔帽的模具时，如果将模具的开模方向定义为竖直方向，那么笔帽中不通孔的轴线方向就应与开模方向垂直。此产品不能直接上下开模，在开模之前必须先让滑块移出，才能顺利地开模。

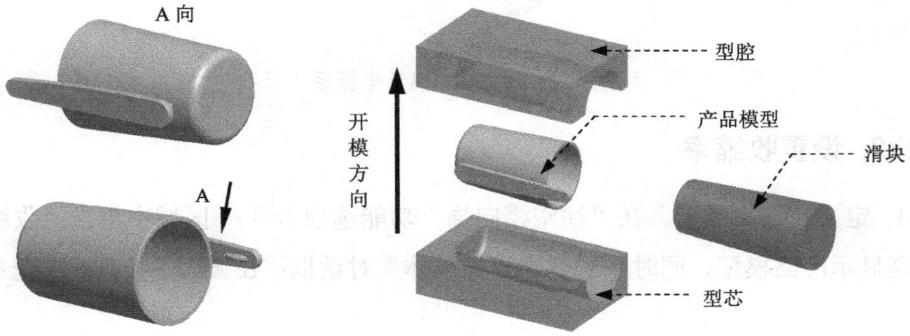

图 4.1 笔帽的模具设计

4.1 方法一（Mold Wizard 环境）

下面介绍在 Mold Wizard 环境下设计该模具的具体过程。

Task1. 初始化项目

Step1. 加载模型。在“注塑模向导”功能选项卡中单击“初始化项目”按钮，系统弹出“部件名”对话框，选择 D:\ug12.6\work\ch04\pen_cap.prt，单击 OK 按钮，载入模型后，系统弹出“初始化项目”对话框。

Step2. 定义项目单位。在 项目单位 下拉列表中选择 毫米 选项。

Step3. 设置项目路径和名称。接受系统默认的项目路径；在 Name 文本框中输入 pen_cap_mold。

Step4. 单击 确定 按钮，完成初始化项目的设置。

Task2. 模具坐标系

Step1. 旋转模具坐标系。选择下拉菜单 格式(R) → WCS → 旋转(R)... 命令，系统弹出“旋转 WCS 绕...”对话框；选中 ⊙ + YC 轴 单选项，在 角度 文本框中输入数值-90；单击 确定 按钮，完成坐标系的旋转。

Step2. 锁定模具坐标系。在“注塑模向导”功能选项卡主要区域中单击“模具坐标系”按钮，系统弹出“模具坐标系”对话框；选中⊙ 当前 WCS单选项，单击应用按钮；选中⊙ 产品实体中心单选项，同时选中☑ 锁定 Z 位置复选框，单击确定按钮，完成模具坐标系的定义，结果如图 4.2 所示。

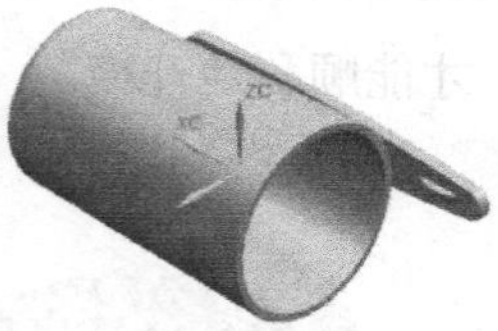

图 4.2　定义后的模具坐标系

Task3. 设置收缩率

Step1. 定义收缩率类型。在“注塑模向导”功能选项卡主要区域中单击“收缩”按钮，高亮显示产品模型，同时系统弹出“缩放体”对话框；在类型下拉列表中选择均匀选项。

Step2. 定义缩放体和缩放点。接受系统默认的参数设置值。

Step3. 定义比例因子。在比例因子区域的均匀文本框中，输入收缩率 1.006。

Step4. 单击确定按钮，完成收缩率的设置。

Task4. 创建模具工件

Step1. 选择命令。在“注塑模向导”功能选项卡主要区域中单击“工件”按钮，系统弹出“工件”对话框。

Step2. 在类型下拉列表中选择产品工件选项，在工件方法下拉列表中选择用户定义的块选项，其他参数采用系统默认设置值，单击< 确定 >按钮，结果如图 4.3 所示。

图 4.3　创建后的工件

Task5. 创建拆分面

Step1. 选择窗口。选择下拉菜单窗口(O) ➡ pen_cap_mold_parting_022.prt命令，系统将在图形区中显示出产品。

Step2. 确认模型当前处于建模环境。

Step3. 创建基准平面。选择下拉菜单插入(S) ➡ 基准/点(D) ▸ ➡ 基准平面(D)...命令，系统弹出“基准平面”对话框；单击< 确定 >按钮，完成基准平面的创建，如图 4.4

所示（注：具体参数和操作参见随书学习资源）。

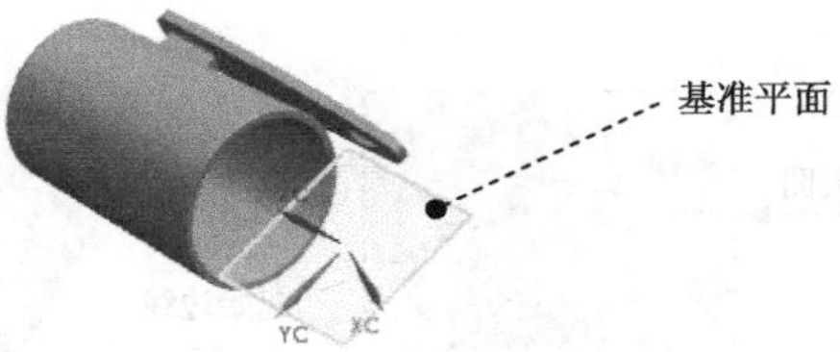

图 4.4 创建基准平面

Step4. 创建拆分面。在“注塑模向导”功能选项卡 注塑模工具 区域中单击“拆分面”按钮，系统弹出“拆分面”对话框，在 类型 下拉列表中选择 平面/面 选项；选取如图 4.5 所示的与 Step3 中创建的基准平面相交的模型外表面为拆分面；在 分割对象 区域中单击 * 选择对象 (0) 使其激活，选取上一步创建的基准平面为拆分面参照面；单击 确定 按钮，完成拆分面的创建。

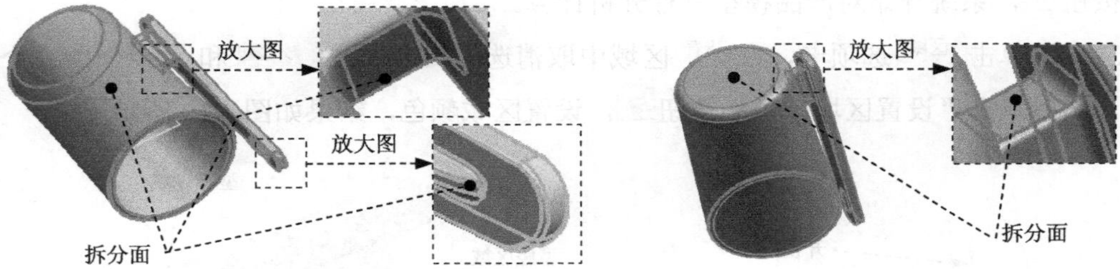

图 4.5 定义拆分面

Task6. 填充曲面

Step1. 创建曲线。选择下拉菜单 插入(S) → 曲线(C) → 直线(L)... 命令，系统弹出“直线”对话框；分别选取如图 4.6 所示的两点为起始点和终止点，单击 < 确定 > 按钮，完成曲线的创建。

说明：起始点和终止点都在两弧线的交点上。

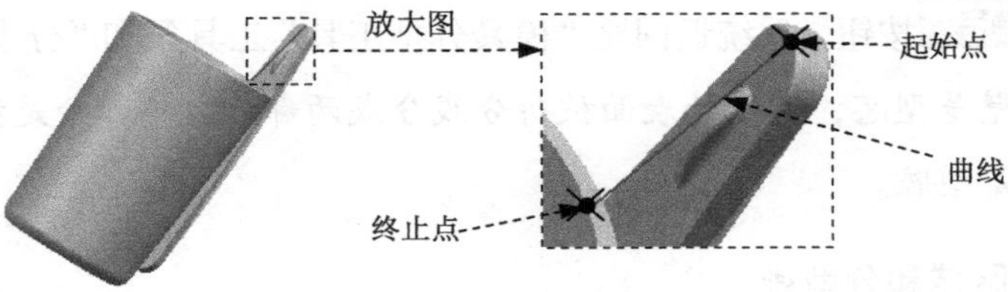

图 4.6 创建曲线

Step2. 创建轮廓曲线。在“注塑模向导”功能选项卡 注塑模工具 区域中单击“曲面补片”按钮，系统弹出“边补片”对话框；在 类型 下拉列表中选择 遍历 选项，然后在 遍历环 区域中取消选中 □ 按面的颜色遍历 复选框，选择如图 4.7 所示的边线为起始边线；单击对话框中的“接受”按钮和“循环候选项”按钮，完成边界环的选取；接受系统默认的参数设置值，单击 确定 按钮，完成补片后的结果如图 4.8 所示。

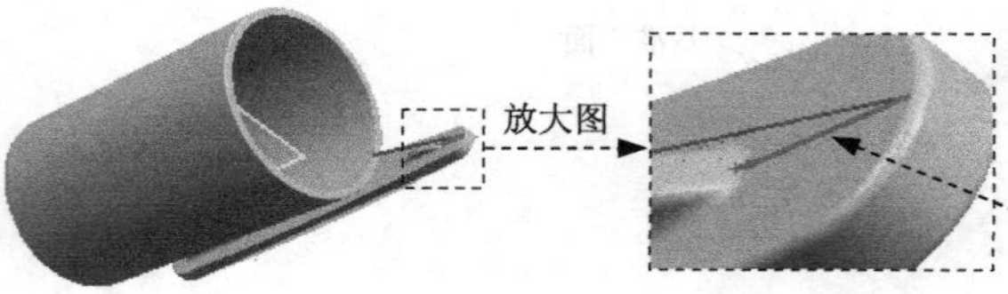

图 4.7 起始边线

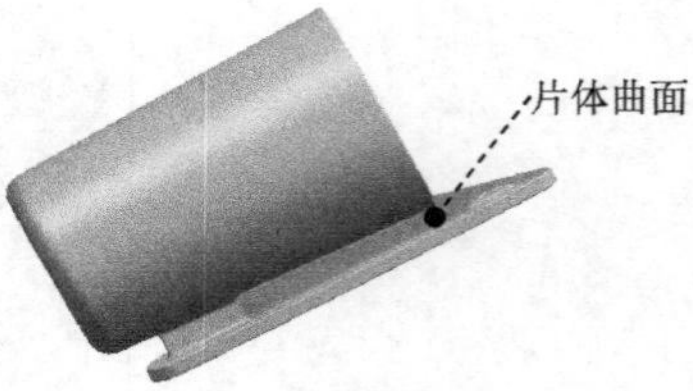

图 4.8 完成补片

Task7. 模具分型

Stage1. 设计区域

Step1. 在“注塑模向导”功能选项卡 分型刀具 区域中单击“检查区域”按钮，系统弹出“检查区域”对话框，同时模型被加亮，并显示开模方向，如图 4.9 所示。单击“计算”按钮，系统开始对产品模型进行分析计算。

Step2. 单击 区域 选项卡，在 设置 区域中取消选中 □ 内环、□ 分型边 和 □ 不完整的环 三个复选框。然后单击“设置区域颜色”按钮，设置区域颜色，结果如图 4.10 所示。

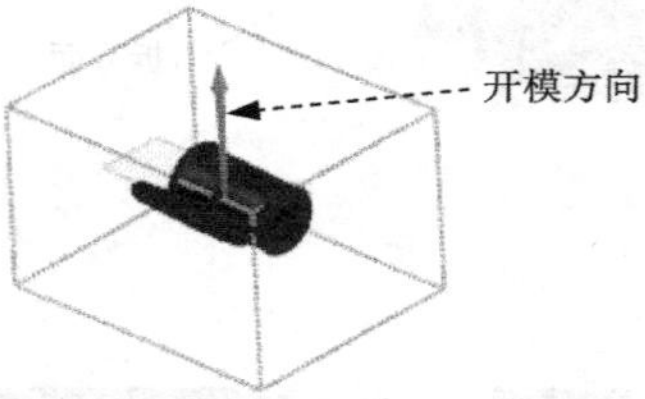

图 4.9 开模方向

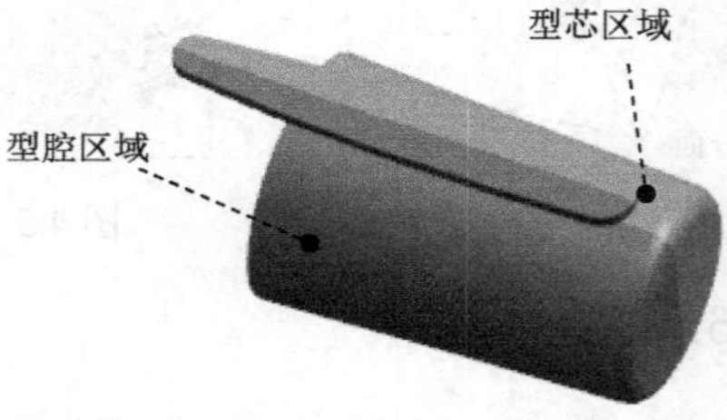

图 4.10 设置区域颜色

Step3. 定义型芯区域和型腔区域。在 未定义的区域 区域中选中 ☑ 未知的面 复选框，此时未知面区域曲面加亮显示，在 指派到区域 区域中选中 ⊙ 型芯区域 单选项，单击 应用 按钮，此时系统自动将未定义的区域指派到型芯区域中，同时 未定义的区域 显示为“0”。

Step4. 单击 确定 按钮，系统返回至“模具分型工具”工具条和“分型导航器”窗口。

说明： 笔帽内壁是型芯，笔帽外表面被拆分线分成两部分，一部分是型芯，和笔帽内壁相连；另一部分是型腔。

Stage2. 创建区域和分型线

Step1. 在“注塑模向导”功能选项卡 分型刀具 区域中单击“设计分型面”按钮，系统弹出“设计分型面”对话框。

Step2. 定义分型面创建方法。在“设计分型面”对话框中的 编辑分型线 区域中单击“遍历分型线”按钮，系统弹出“遍历分型线”对话框。选取如图 4.11 所示的边为起始边，单击对话框中的“接受”按钮和“循环候选项”按钮，完成边界环选取。单击 确定 按钮，创建分型线的结果如图 4.12 所示。

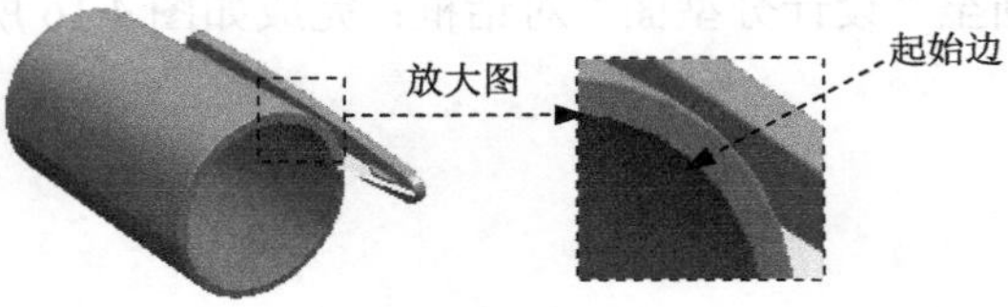

图 4.11 起始边

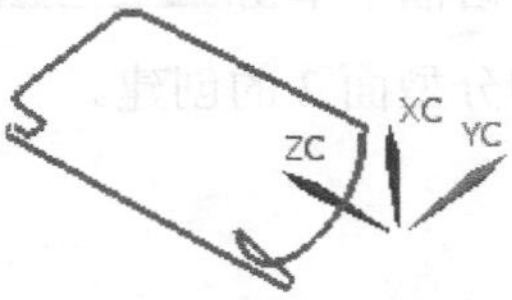

图 4.12 分型线

Stage3. 定义分型段

Step1. 在“注塑模向导”功能选项卡 分型刀具 区域中单击“设计分型面”按钮，系统弹出“设计分型面”对话框。

Step2. 选取过渡对象。在 编辑分型段 区域中单击“选择过渡曲线”按钮，选取如图 4.13 所示的 4 个圆弧作为过渡弧线。

Step3. 单击 应用 按钮，完成分型段的定义。

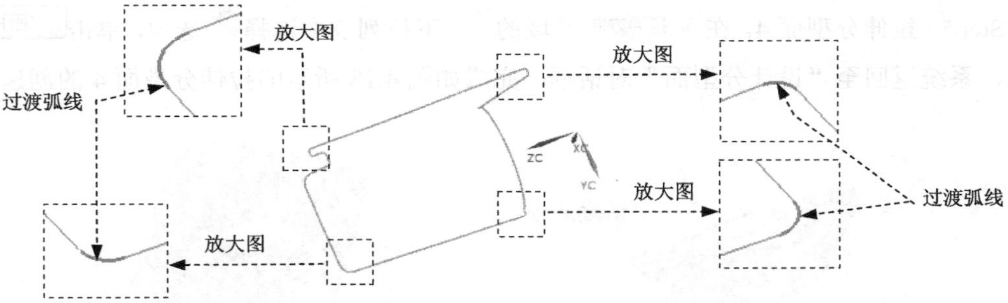

图 4.13 选取过渡弧线

Stage4. 创建分型面

Step1. 在“设计分型面”对话框中的 设置 区域中接受系统默认的公差值；在图 4.14a 中单击“延伸距离”文本，然后在活动的文本框中输入数值 80，并按 Enter 键确认，结果如图 4.14b 所示。

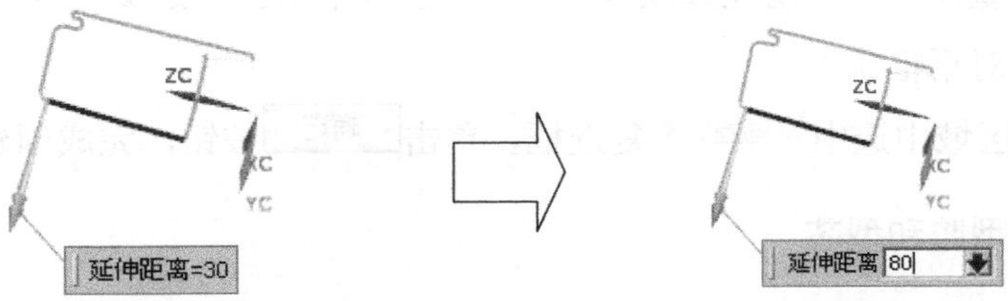

a）修改前　　b）修改后

图 4.14 延伸距离

Step2. 拉伸分型面 1。在 创建分型面 区域的 方法 下拉列表中选择选项，在 拉伸方向 区域的下拉列表中选择 YC 选项，单击 应用 按钮，系统返回至“设计分型面”对话框，结果如图 4.15 所示。

Step3. 拉伸分型面 2。在 拉伸方向 区域的 下拉列表中选择 ZC 选项，在“设计分型面”对话框中单击 应用 按钮，系统返回至“设计分型面”对话框；完成如图 4.16 所示的拉伸分型面 2 的创建。

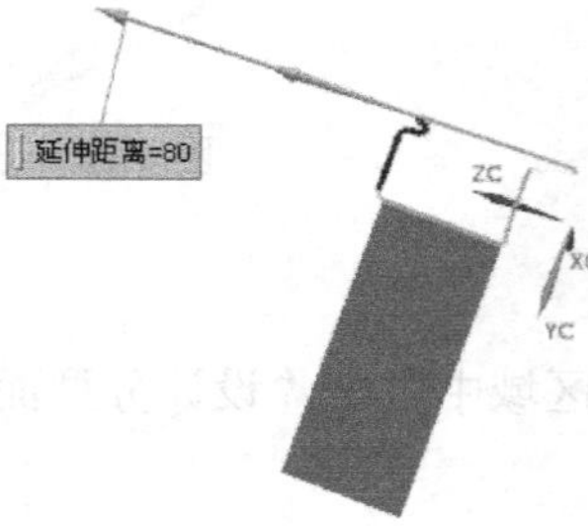

图 4.15 拉伸分型面 1

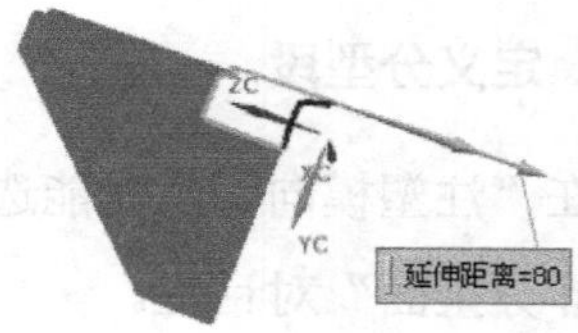

图 4.16 拉伸分型面 2

Step4. 拉伸分型面 3。在 拉伸方向 区域的 下拉列表中选择 -ZC 选项，单击 应用 按钮，系统返回至“设计分型面”对话框，完成如图 4.17 所示的拉伸分型面 3 的创建。

Step5. 拉伸分型面 4。在 拉伸方向 区域的 下拉列表中选择 -YC 选项，单击 应用 按钮，系统返回至“设计分型面”对话框，完成如图 4.18 所示的拉伸分型面 4 的创建。

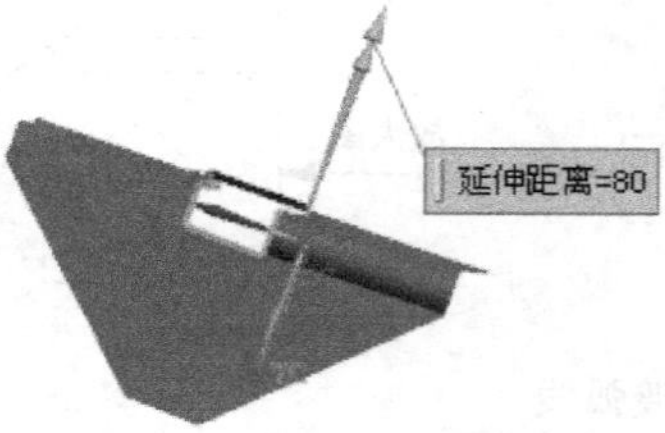

图 4.17 拉伸分型面 3

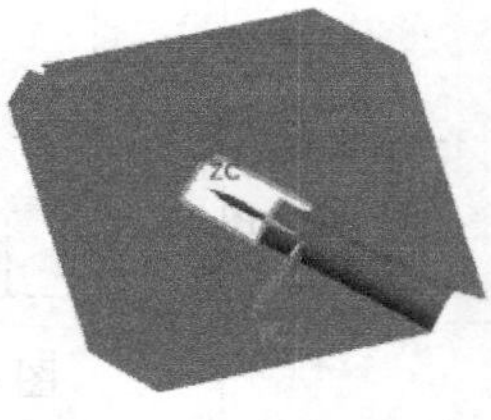

图 4.18 拉伸分型面 4

Step6. 单击 取消 按钮，此时系统返回“模具分型工具”工具条。

Stage5. 创建区域

Step1. 在“注塑模向导”功能选项卡 分型刀具 区域中单击“定义区域”按钮，系统弹出“定义区域”对话框。

Step2. 在 设置 区域中选中 ☑ 创建区域 复选框，单击 确定 按钮，完成创建区域。

Stage6. 创建型腔和型芯

Step1. 在“注塑模向导”功能选项卡 分型刀具 区域中单击“定义型腔和型芯”按钮，系统弹出“定义型腔和型芯”对话框。

Step2. 选取 选择片体 区域下的 所有区域 选项，单击 确定 按钮，系统弹出“查看分型结果”对话框，并在图形区显示出创建的型腔。单击 确定 按钮，系统再一次弹出“查看分型结果”对话框，单击 确定 按钮，完成型腔和型芯的创建。创建的型腔零件和型芯零件如图 4.19 和图 4.20 所示。

图 4.19 型腔零件

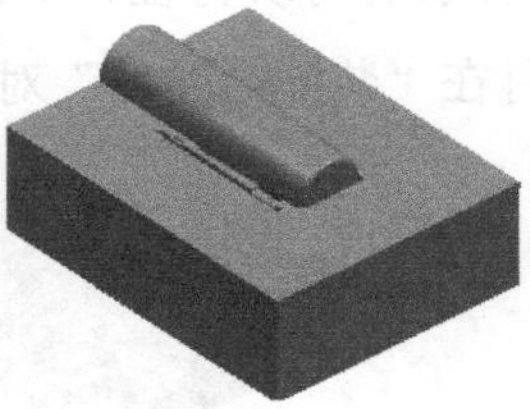
图 4.20 型芯零件

Task8. 创建滑块

Step1. 选择窗口。选择下拉菜单 窗口(O) → 1. pen_cap_mold_core_006.prt 命令，系统将在图形区中显示出型芯工作零件。

Step2. 创建旋转特征。选择下拉菜单 插入(S) → 设计特征(E) → 旋转(R)... 命令，系统弹出“旋转”对话框；选取图 4.21 所示的平面为草图平面；绘制图 4.22 所示的截面草图；单击 完成草图 按钮，退出草图环境；选取图 4.22 所示的边线为旋转中心参照；在 限制 区域的 开始 下拉列表中选择 值 选项，在其下方的 角度 文本框中输入数值 0；在 限制 区域的 结束 下拉列表中选择 值 选项，在其下方的 角度 文本框中输入数值 360；单击 < 确定 > 按钮，完成旋转特征的创建。

说明：定义草图截面时，草图线与模型突出部分重合。

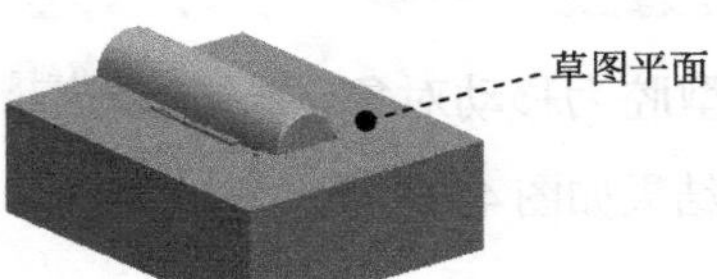

图 4.21 草图参照

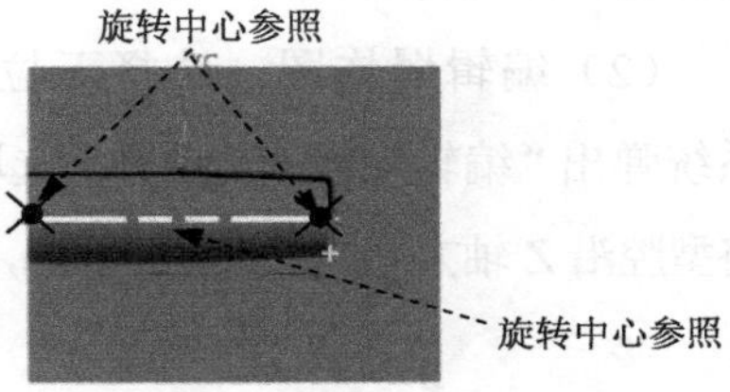

图 4.22 截面草图

Step3. 求差特征。选择下拉菜单 插入(S) → 组合(B) ▸ → 减去(S)... 命令，此时系统弹出“求差”对话框；选取图 4.23 所示的目标体；选取图 4.23 所示的工具体，并选中 ☑ 保存工具 复选框；单击 < 确定 > 按钮，完成求差特征的创建。

Step4. 将滑块转为型芯子零件。

（1）单击装配导航器中的 选项卡，系统弹出“装配导航器”对话框，在对话框空白处右击，在系统弹出的快捷菜单中选择 WAVE 模式 命令。

（2）右击 pen_cap_mold_core_006，在系统弹出的快捷菜单中选择 WAVE ▸ → 新建层 命令，系统弹出“新建层”对话框。

（3）单击指定部件名按钮，在弹出的“选择部件名”对话框的文件名(N):文本框中输入pen_cap_slide.prt，单击OK按钮；在“新建层”对话框中单击类选择按钮，选取如图 4.24 所示的滑块特征，单击确定按钮，系统返回“新建层”对话框；单击确定按钮，此时在“装配导航器”对话框中显示出创建的滑块的名称。

图 4.23　定义工具体和目标体

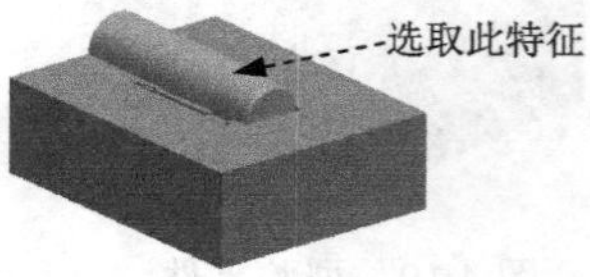

图 4.24　选取滑块特征

Step5. 单击装配导航器中的选项卡，在该选项卡中隐藏☐pen_cap_slide部件。在图形区选取滑块，选择下拉菜单格式(R) → 移动至图层(M)...命令，系统弹出“图层移动”对话框，在目标图层或类别文本框中输入值 10，单击确定按钮。单击装配导航器中的选项卡，在该选项卡中选中☑pen_cap_slide部件。

Task9. 创建模具分解视图

Step1. 切换窗口。选择下拉菜单窗口(O) → pen_cap_mold_top_000.prt命令，切换到总装配文件窗口，将☑pen_cap_mold_top_000设为工作部件。

Step2. 移动型腔。

（1）创建爆炸图。选择下拉菜单装配(A) → 爆炸图(X) → 新建爆炸(N)...命令，系统弹出“新建爆炸”对话框，接受系统默认的名称，单击确定按钮。

（2）编辑爆炸图。选择下拉菜单装配(A) → 爆炸图(X) → 编辑爆炸(E)...命令，系统弹出“编辑爆炸”对话框；选取如图 4.25 所示的型腔为移动对象；选择◉移动对象单选项，将型腔沿 Z 轴方向向上移动 50mm，按 Enter 键确认，结果如图 4.26 所示。

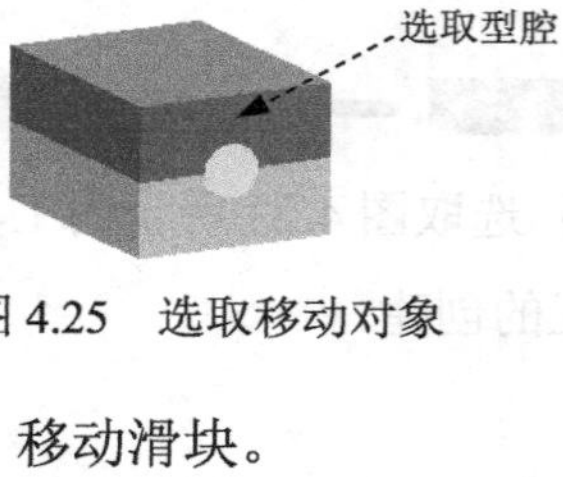

图 4.25　选取移动对象

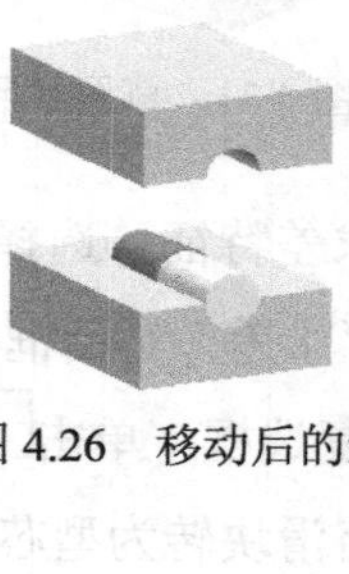

图 4.26　移动后的结果

Step3. 移动滑块。

（1）选择对象。在对话框中选择◉选择对象单选项，选取如图 4.27 所示的滑块，取消选中上一步选中的型腔。

（2）选择◉移动对象单选项，沿 X 轴负方向移动 50mm，按 Enter 键确认，结果如图 4.28 所示。

Step4. 移动产品模型。

（1）选择对象。在对话框中选择 选择对象 单选项，选取如图 4.29 所示的产品，取消选中上一步选中的滑块。

（2）选择 移动对象 单选项，沿 Z 轴正方向移动 20，按 Enter 键确认，结果如图 4.30 所示。

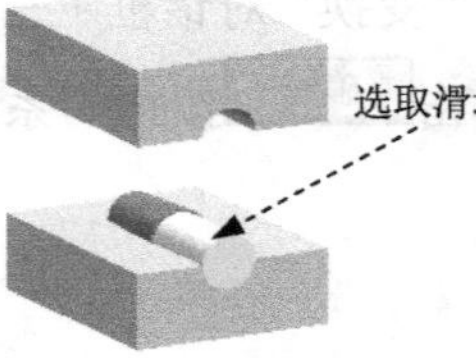

图 4.27 选取移动对象

图 4.28 移动后的结果

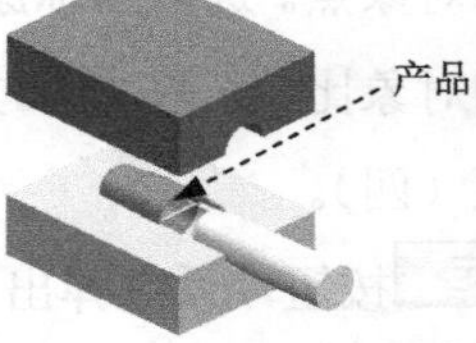

图 4.29 选取移动对象

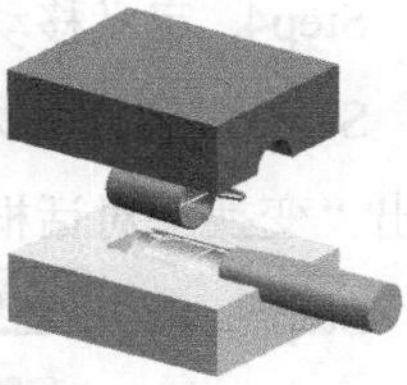

图 4.30 移动后的结果

Step5. 保存文件。选择下拉菜单 文件(F) → 保存(S) → 全部保存(V) 命令，保存所有文件。

4.2 方法二（建模环境）

下面介绍在建模环境下设计图 4.1 所示模具的具体过程。

Task1. 模具坐标

Step1. 打开文件。打开 D:\ug12.6\work\ch04\pen_cap.prt 文件，单击 OK 按钮，进入建模环境。

Step2. 创建坐标系。选择下拉菜单 格式(R) → WCS → 原点(O)... 命令，系统弹出“点”对话框；选取如图 4.31 所示边线对应圆心；单击 确定 按钮，完成坐标系的放置。

Step3. 旋转坐标系。选择下拉菜单 格式(R) → WCS → 旋转(R)... 命令，系统弹出“旋转 WCS 绕...”对话框；选中 +YC 轴 单选项，在 角度 文本框中输入数值 90；单击 确定 按钮，完成坐标系的旋转，如图 4.32 所示。

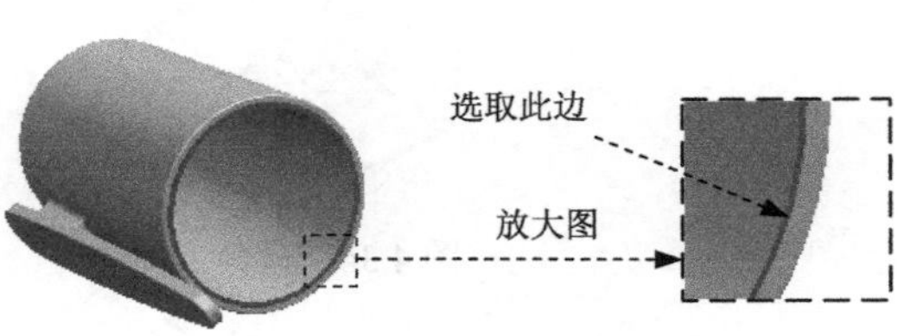

图 4.31 完成坐标系的放置

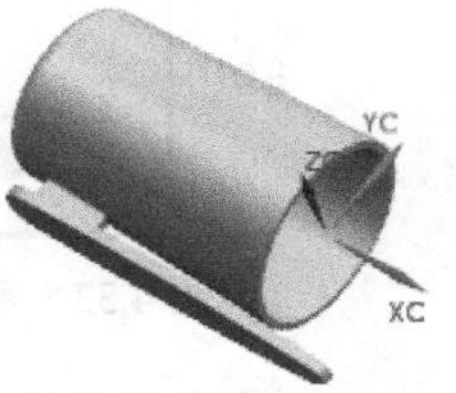

图 4.32 完成坐标系的旋转

Task2. 设置收缩率

Step1. 选择命令。选择下拉菜单 编辑(E) → 变换(M)... 命令，系统弹出“变换”对话框（一）。

Step2. 定义移动对象。选择零件为移动对象，单击确定按钮，系统弹出“变换”对话框（二）。

Step3. 单击比例按钮，系统弹出“点”对话框。

Step4. 定义移动对象点。选取坐标原点为移动对象点，系统弹出“变换”对话框（三）。

Step5. 定义移动对象比例。在比例文本框中输入数值 1.006，单击确定按钮，系统弹出“变换”对话框（四）。

Step6. 单击确定按钮，系统弹出“变换”对话框（五）。

Step7. 单击移除参数按钮，完成设置收缩率的操作，然后单击取消按钮，关闭该对话框。

Task3. 创建模具工件

Step1. 选择命令。选择下拉菜单插入(S) → 设计特征(E) → 拉伸(E)...命令，系统弹出“拉伸”对话框。

Step2. 定义草图平面。单击按钮，系统弹出“创建草图”对话框。接受系统默认的草图平面，单击确定按钮，进入草图环境。

Step3. 绘制草图。绘制如图 4.33 所示的截面草图；单击完成草图按钮，退出草图环境。

Step4. 定义拉伸方向。在指定矢量下拉列表中选择ZC↑选项。

Step5. 确定拉伸开始值和终点值。在“拉伸”对话框限制区域的开始下拉列表中选择对称值选项，并在其下方的距离文本框中输入数值 20，在布尔区域的下拉列表中选择无选项，其他参数采用系统默认设置值。

Step6. 单击< 确定 >按钮，完成如图 4.34 所示的模具工件的创建，完成后隐藏工件和基准坐标系。

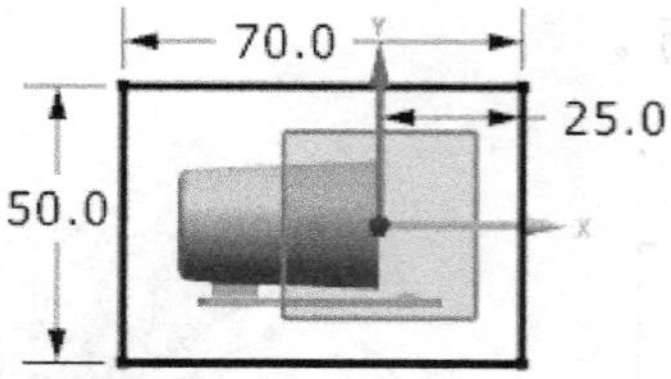

图 4.33　截面草图

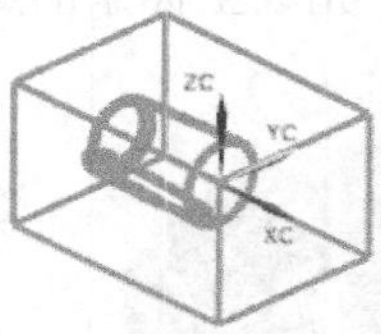

图 4.34　模具工件

Task4. 创建分型面

Stage1. 抽取几何体

Step1. 选择命令。选择下拉菜单插入(S) → 关联复制(A) → 抽取几何特征(E)...命令，系统弹出“抽取几何特征”对话框。

Step2. 在类型下拉列表中选择面区域选项；在设置区域中选中☑ 固定于当前时间戳记复选框和☑ 隐藏原先的复选框；其他参数采用系统默认设置值。

Step3. 定义种子面。选取图 4.35 所示的面为种子面。

Step4. 定义边界面。选取图 4.36 所示的面为边界面。

Step5. 单击确定按钮，完成抽取几何体特征的创建，如图 4.37 所示。

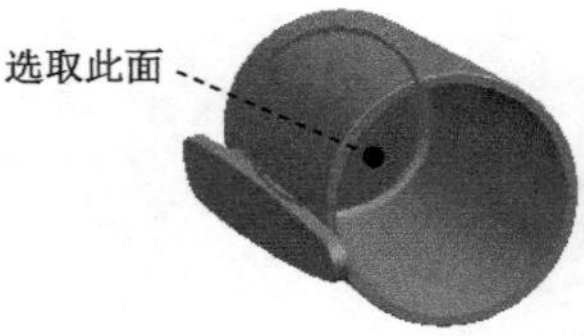

图 4.35　定义种子面

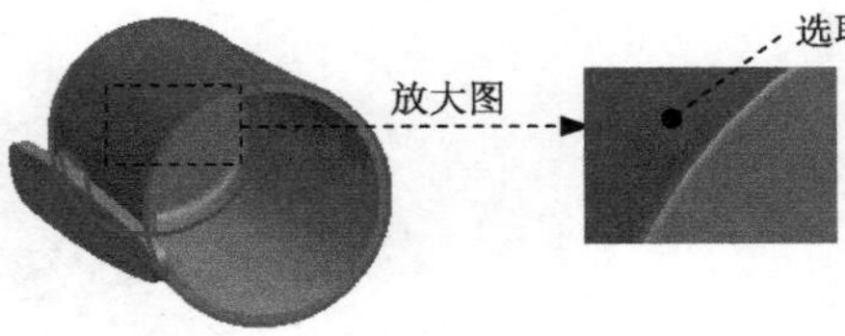

图 4.36　定义边界面

图 4.37　抽取几何体特征

Stage2. 创建拉伸特征

Step1. 创建拉伸特征 1。选择下拉菜单插入(S) → 设计特征(E) → 拉伸(E)...命令，系统弹出“拉伸”对话框；选取如图 4.38 所示的片体边缘为拉伸对象；在指定矢量下拉列表中，选择XC选项；在限制区域的开始下拉列表中选择值选项，并在其下方的距离文本框中输入数值 0；在结束下拉列表中选择值选项，并在其下方的距离文本框中输入数值 30；在设置区域的体类型下拉列表中选择片体选项；其他参数采用系统默认设置值；单击< 确定 >按钮，完成如图 4.39 所示的拉伸特征 1 的创建。

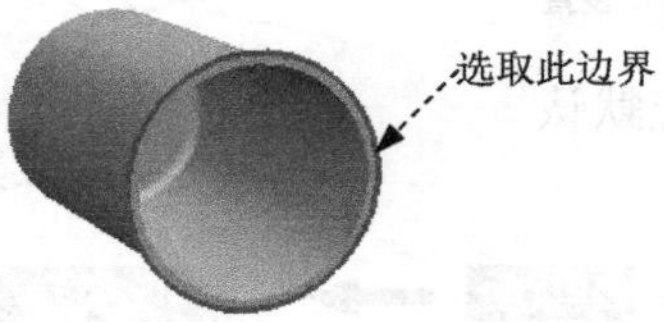

图 4.38　定义拉伸对象

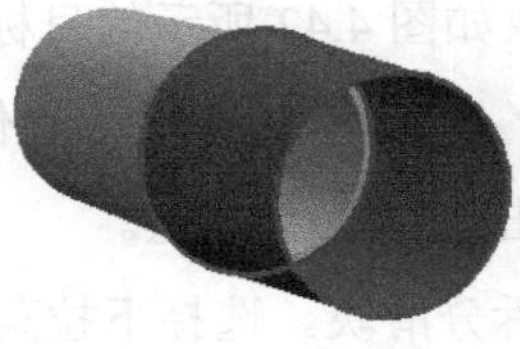

图 4.39　创建拉伸特征 1

说明： 在选取边线时，可在“选择”工具条中的“曲线规则”下拉列表中选择单条曲线选项，这样便于选取。

Step2. 创建缝合特征。选择下拉菜单插入(S) → 组合(B) ▸ → 缝合(W)...命令，系统弹出“缝合”对话框；在类型下拉列表中选择片体选项，其他参数采用系统默认设置值；选取拉伸特征 1 为目标体，选取抽取特征为工具体；单击确定按钮，完成曲面缝合特征的创建。

Step3. 编辑显示和隐藏。选择下拉菜单编辑(E) → 显示和隐藏(H)▸ → 显示和隐藏(O)...命令，系统弹出“显示和隐藏”对话框；单击实体后的 + 按钮和片体后的 - 按钮；单击关闭按钮，完成编辑显示和隐藏的操作（隐藏工件）。

Step4. 创建拉伸特征 2（显示坐标系）。选择下拉菜单插入(S) → 设计特征(E) →

拉伸(E)... 命令，系统弹出“拉伸”对话框；单击按钮，系统弹出“创建草图”对话框；选取 ZX 基准平面为草图平面，单击 确定 按钮，进入草图环境；绘制如图 4.40 所示的截面草图；单击 完成草图 按钮，退出草图环境；在 指定矢量 下拉列表中选择 YC 选项；在 限制 区域的 开始 下拉列表中选择 对称值 选项，并在其下方的 距离 文本框中输入数值 35；单击 < 确定 > 按钮，完成如图 4.41 所示的拉伸特征 2 的创建。

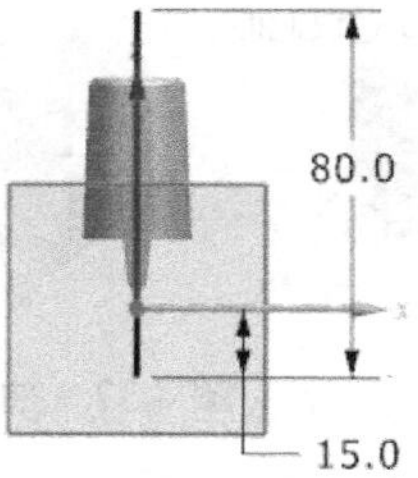

图 4.40　截面草图

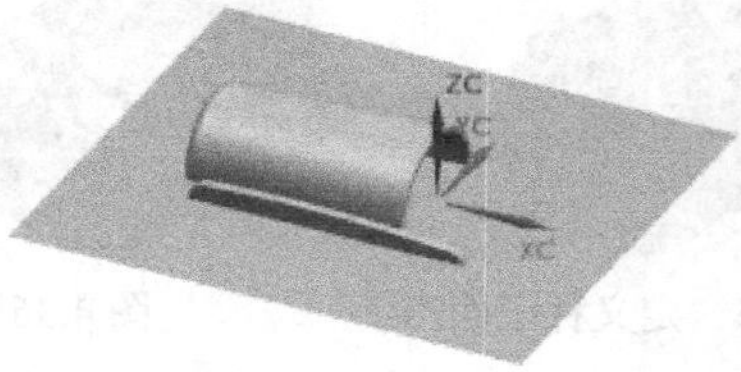

图 4.41　创建拉伸特征 2

Task5. 创建模具型芯/型腔

Step1. 编辑显示和隐藏。选择下拉菜单 编辑(E) → 显示和隐藏(H) → 显示和隐藏(O)... 命令，系统弹出“显示和隐藏”对话框；单击 实体 和 片体 后的 + 按钮；单击 关闭 按钮，完成编辑显示和隐藏的操作。

Step2. 创建求差特征。选择下拉菜单 插入(S) → 组合(B) → 减去(S)... 命令，系统弹出“求差”对话框；选取如图 4.42 所示的目标体和工具体；在 设置 区域中选中 ☑ 保存工具 复选框，其他参数采用系统默认设置值，单击 < 确定 > 按钮。

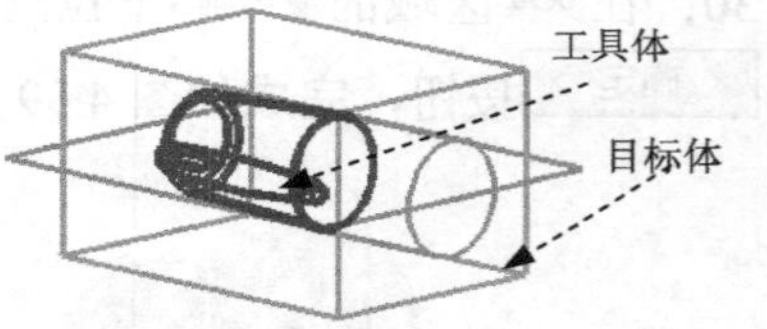

图 4.42　定义工具体和目标体

Step3. 拆分滑块。选择下拉菜单 插入(S) → 修剪(T) → 拆分体(P)... 命令，系统弹出“拆分体”对话框；选取如图 4.43 所示的工件为目标体 1；选取如图 4.44 所示的缝合特征为拆分工具 1。单击 确定 按钮，完成型芯/型腔的拆分操作。

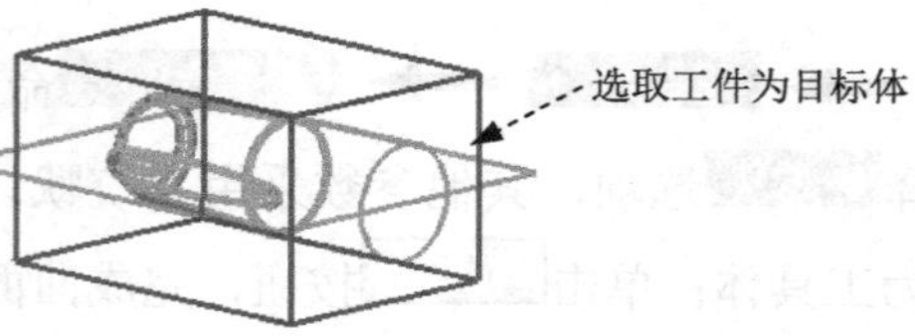

图 4.43　定义拆分体 1

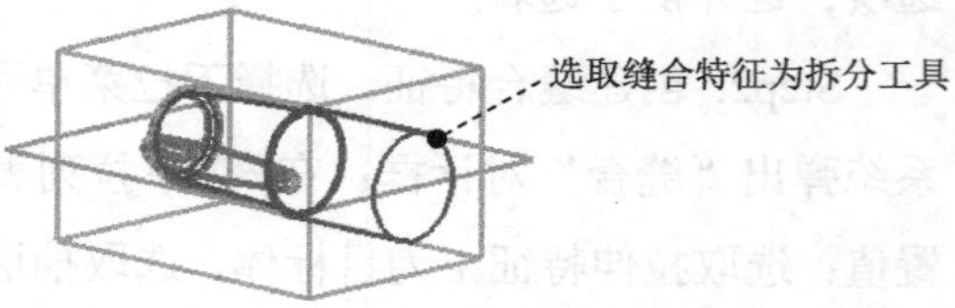

图 4.44　定义拆分工具 1

Step4. 拆分上模和下模。选择下拉菜单 插入(S) → 修剪(T) → 拆分体(P)... 命令，系统弹出“拆分体”对话框；选取如图 4.45 所示的工件为目标体 2；选取如图 4.46 所示的片体为拆分工具 2。单击 确定 按钮，完成型芯/型腔的拆分操作（隐藏拆分工具）。

Step5. 保存文件。选择下拉菜单 文件(F) → 保存(S) → 全部保存(V) 命令，保存所有文件。

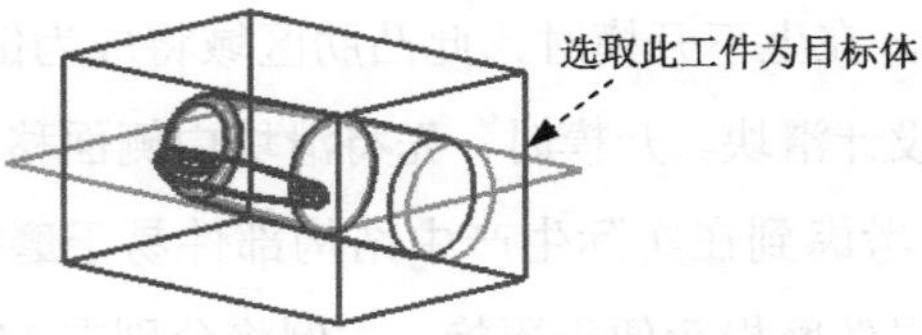

图 4.45　定义拆分体 2

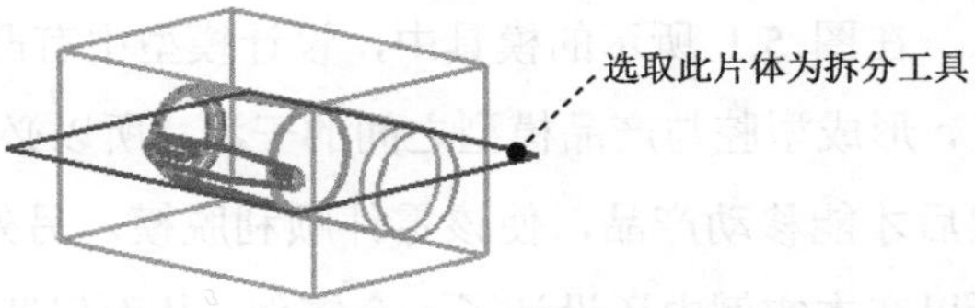

图 4.46　定义拆分工具 2

Task6. 创建模具分解视图

在 UG NX 12.0 中，常使用“移动对象”命令中的“距离”命令来创建模具分解视图。移动时，需先将工件参数移除，这里不再赘述。

学习拓展：扫码学习更多视频讲解。

讲解内容：零件设计实例精选，包含六十多个各行各业零件设计的全过程讲解。讲解中，首先分析了设计的思路以及建模要点，然后对设计操作步骤做了详细的演示，最后对设计方法和技巧做了总结。

实例 5　用两种方法进行模具设计（五）

在图 5.1 所示的模具中，设计模型中有凸肋，在上下开模时，此凸肋区域将成为倒扣区，形成型腔与产品模型之间的干涉，所以必须设计滑块。开模时，先将滑块由侧面移出，然后才能移动产品，使该零件顺利脱模。另外，考虑到在实际生产中结构部件易于磨损，所以在本实例中还设计了一个镶件，从而保证易损件磨损后便于更换。本例将分别在 Mold Wizard 环境和建模环境中设计该模具。

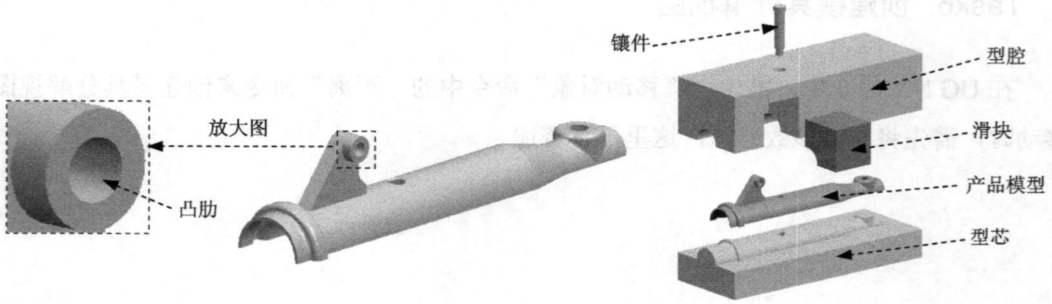

图 5.1　带滑块的复杂模具设计

5.1　方法一（Mold Wizard 环境）

下面介绍在 Mold Wizard 环境下设计该模具的具体过程。

Task1. 初始化项目

Step1. 加载模型。在“注塑模向导”功能选项卡中单击“初始化项目”按钮，系统弹出“部件名”对话框，选择 D:\ug12.6\work\ch05\front_cover.prt，单击 OK 按钮，载入模型，系统弹出“初始化项目”对话框。

Step2. 定义项目单位。在项目单位下拉列表中选择毫米选项。

Step3. 设置项目路径和名称。

（1）设置项目路径。接受系统默认的项目路径。

（2）设置项目名称。在 Name 文本框中输入 front_cover_mold。

Step4. 单击确定按钮，完成项目路径和名称的设置。

Task2. 模具坐标系

Step1. 旋转模具坐标系。选择下拉菜单格式(R) → WCS → 旋转(R)...命令，系统弹出“旋转 WCS 绕…”对话框；选中 + XC 轴单选项，在角度文本框中输入数值 180，

单击 确定 按钮，旋转后的坐标系如图5.2所示。

Step2. 锁定模具坐标系。在“注塑模向导”功能选项卡 主要 区域中单击“模具坐标系”按钮，系统弹出“模具坐标系”对话框；选中 产品实体中心 单选项，然后选中 锁定Z位置 复选框；单击 确定 按钮，完成模具坐标系的定义，结果如图5.3所示。

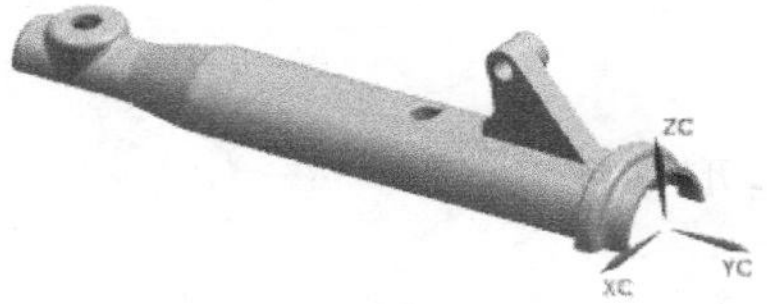

图5.2　旋转后的模具坐标系

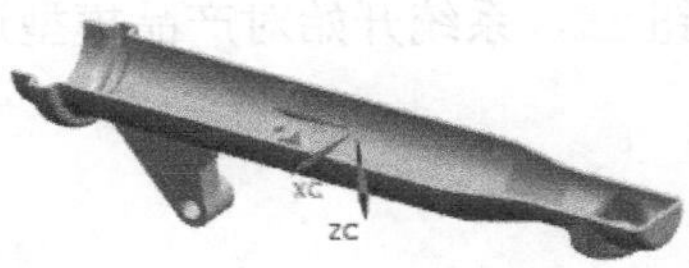

图5.3　模具坐标系定义

Task3. 设置收缩率

Step1. 定义收缩率类型。在“注塑模向导”功能选项卡 主要 区域中单击“收缩”按钮，高亮显示产品模型，同时系统弹出“缩放体”对话框；在 类型 下拉列表中选择 均匀 选项。

Step2. 定义缩放体和缩放点。接受系统默认的参数设置值。

Step3. 定义比例因子。在 比例因子 区域的 均匀 文本框中输入数值1.006。

Step4. 单击 确定 按钮，完成收缩率的设置。

Task4. 创建模具工件

Step1. 在“注塑模向导”功能选项卡 主要 区域中单击“工件”按钮，系统弹出“工件”对话框。

Step2. 在 类型 下拉列表中选择 产品工件 选项，在 工件方法 下拉列表中选择 用户定义的块 选项，其他参数采用系统默认设置值。

Step3. 修改尺寸。单击 定义工件 区域的“绘制截面”按钮，系统进入草图环境，然后修改截面草图的尺寸，如图5.4所示；在 限制 区域的 开始 下拉列表中选择 值 选项，并在其下方的 距离 文本框中输入数值-40；在 限制 区域的 结束 下拉列表中选择 值 选项；并在其下方的 距离 文本框中输入数值80。

Step4. 单击 < 确定 > 按钮，完成创建后的模具工件如图5.5所示。

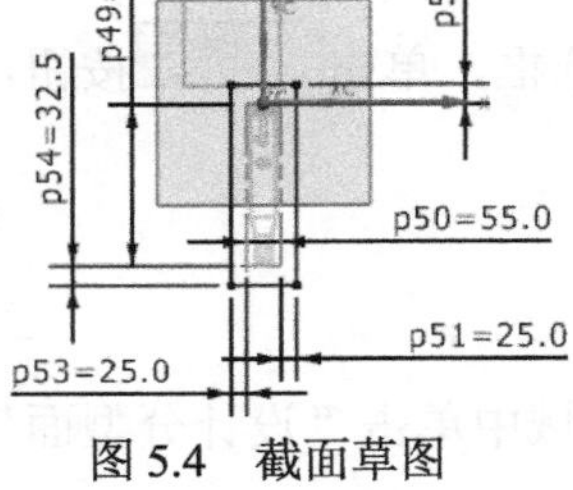

图5.4　截面草图

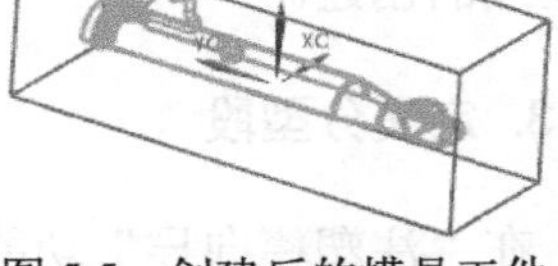

图5.5　创建后的模具工件

Task5. 模具分型

Stage1. 设计区域

Step1. 在“注塑模向导”功能选项卡 分型刀具 区域中单击“检查区域”按钮，系统弹出“检查区域”对话框，同时模型被加亮，并显示开模方向，如图 5.6 所示。单击“计算”按钮，系统开始对产品模型进行分析计算。

图 5.6　开模方向

Step2. 定义区域。在“检查区域”对话框中单击 区域 选项卡，在 设置 区域中取消选中 □ 内环、□ 分型边 和 □ 不完整的环 三个复选框；单击“设置区域颜色”按钮，设置区域颜色；在 未定义的区域 区域中选中 ☑ 交叉竖直面 复选框，此时系统将所有的未定义区域面加亮显示；在 指派到区域 区域中选中 ⊙ 型腔区域 单选项，单击 应用 按钮，此时系统将前面加亮显示的未定义区域面指派到型腔区域；其他参数接受系统默认设置值；单击 取消 按钮，关闭“检查区域”对话框。

Step3. 创建曲面补片。在“注塑模向导”功能选项卡 分型刀具 区域中单击“曲面补片”按钮，系统弹出“边补片”对话框；在 类型 下拉列表中选择 体 选项，选取图形区中的实体模型，然后单击 确定 按钮。结果如图 5.7 所示。

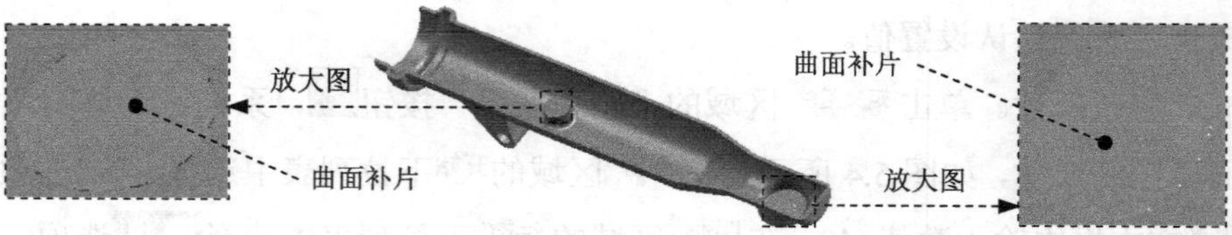

图 5.7　创建曲面补片

Stage2. 创建型腔/型芯区域和分型线

Step1. 在“注塑模向导”功能选项卡 分型刀具 区域中单击“定义区域”按钮，系统弹出“定义区域”对话框。

Step2. 选中 设置 区域的 ☑ 创建区域 和 ☑ 创建分型线 复选框，单击 确定 按钮，完成型腔/型芯区域分型线的创建。

Stage3. 定义分型段

Step1. 在“注塑模向导”功能选项卡 分型刀具 区域中单击“设计分型面”按钮，系统弹出“设计分型面”对话框。

Step2. 选取过渡对象。在编辑分型段区域中单击“选择过渡曲线”按钮，选取如图 5.8 所示的四段边线作为过渡对象。

Step3. 单击应用按钮，完成分型段的定义。

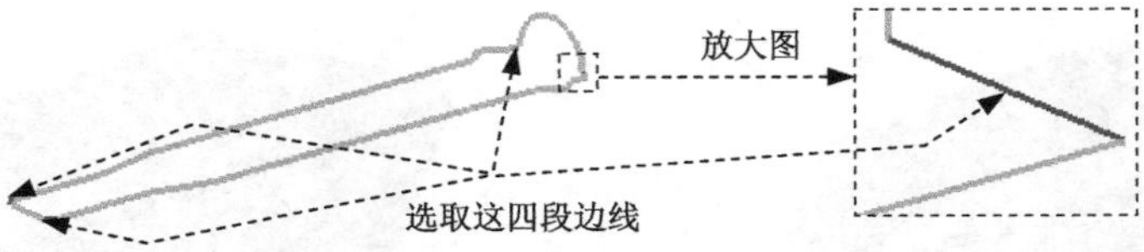

图 5.8　选取过渡对象

Stage4. 创建分型面

Step1. 在“设计分型面”对话框的设置区域中接受系统默认的公差值；在图 5.9a 中单击“延伸距离”文本，然后在活动的文本框中输入数值 100，并按 Enter 键确认，结果如图 5.9b 所示。

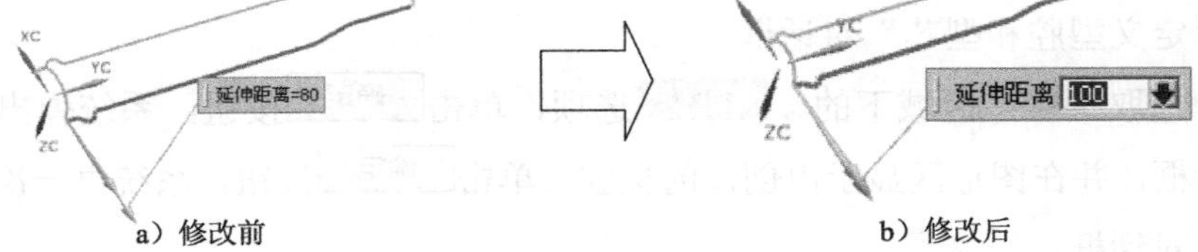

图 5.9　延伸距离

Step2. 拉伸分型面 1。在创建分型面区域的方法下拉列表中选择选项，在拉伸方向区域的下拉列表中选择-XC选项，单击应用按钮，系统返回至“设计分型面”对话框；结果如图 5.10 所示。

Step3. 拉伸分型面 2。在创建分型面区域的方法下拉列表中选择选项，在拉伸方向区域的下拉列表中选择YC选项，单击应用按钮，系统返回至“设计分型面”对话框；完成如图 5.11 所示拉伸分型面 2 的创建。

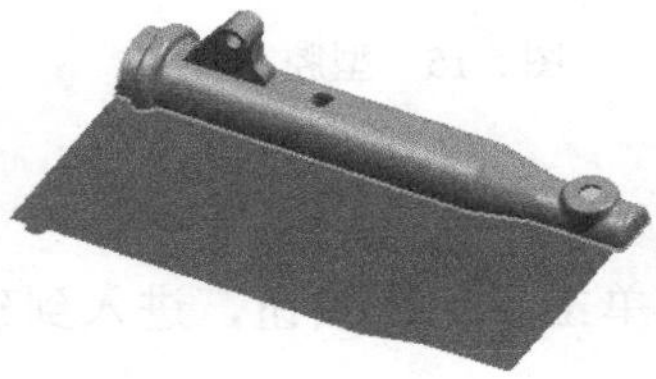

图 5.10　创建拉伸分型面 1

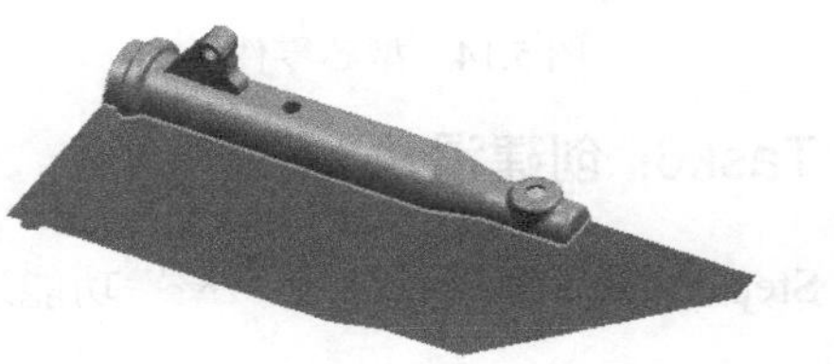

图 5.11　创建拉伸分型面 2

Step4. 拉伸分型面 3。在创建分型面区域的方法下拉列表中选择选项，在拉伸方向区域的下拉列表中选择XC选项，单击应用按钮，系统返回至“设计分型面”对话框；

完成如图 5.12 所示的拉伸分型面 3 的创建。

Step5. 拉伸分型面 4。在创建分型面区域的方法下拉列表中选择选项，在拉伸方向区域的下拉列表中选择-YC选项，单击应用按钮，系统返回至“设计分型面”对话框；完成如图 5.13 所示的拉伸分型面 4 的创建。

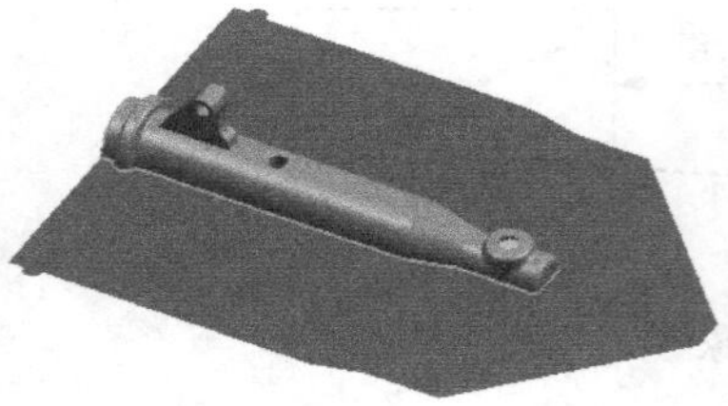

图 5.12 创建拉伸分型面 3

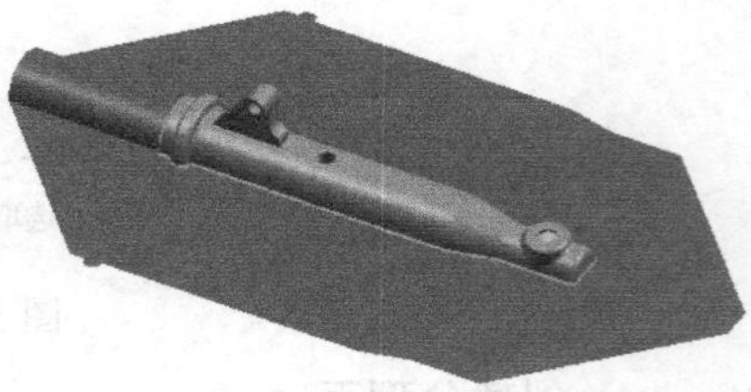

图 5.13 创建拉伸分型面 4

Step6. 单击取消按钮，完成分型面的创建。

Stage5. 创建型腔和型芯

Step1. 在“注塑模向导”功能选项卡分型刀具区域中单击“定义型腔和型芯”按钮，系统弹出“定义型腔和型芯”对话框。

Step2. 选取选择片体区域下的所有区域选项，单击确定按钮，系统弹出“查看分型结果”对话框，并在图形区显示出创建的型腔，单击确定按钮，系统再一次弹出“查看分型结果”对话框。

Step3. 单击确定按钮，完成型腔和型芯的创建。

Step4. 显示零件。选择下拉菜单窗口(O) → front_cover_mold_core_006.prt命令，显示型芯零件，如图 5.14 所示；选择下拉菜单窗口(O) → front_cover_mold_cavity_002.prt命令，显示型腔零件，如图 5.15 所示。

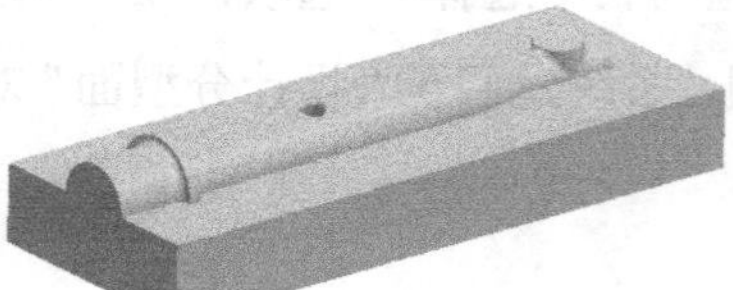

图 5.14 型芯零件

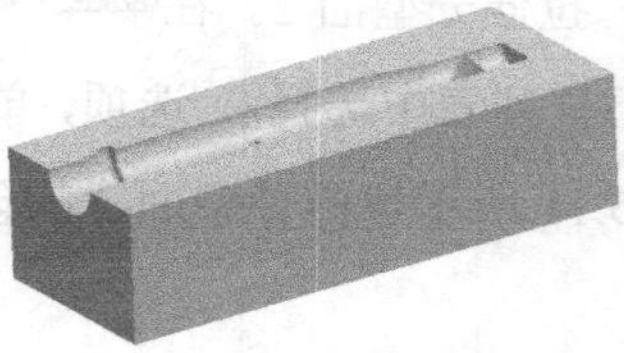

图 5.15 型腔零件

Task6. 创建滑块

Step1. 选择命令。在应用模块功能选项卡设计区域单击建模按钮，进入到建模环境中。

说明：如果此时系统已经处在建模环境下，用户就不需要进行此步的操作。

Step2. 创建拉伸特征 1。选择下拉菜单插入(S) → 设计特征(E) → 拉伸(E)...命令，系统弹出“拉伸”对话框；选取如图 5.16 所示的平面为草图平面；绘制如图 5.17 所示的截面草图，在单击“完成草图”按钮完成草图；单击“反向”按钮；在限制区域的开始下拉列表中选择值选项，并在其下方的距离文本框中输入数值 0；在限制区域的结束下拉列表中选择直至延伸部分选项；选取如图 5.18 所示的面为拉伸终止面；在布尔下拉列表中选择无选项，其他参数采用系统默认设置值；单击<确定>按钮，完成图 5.19 所示的拉伸特征 1 的创建。

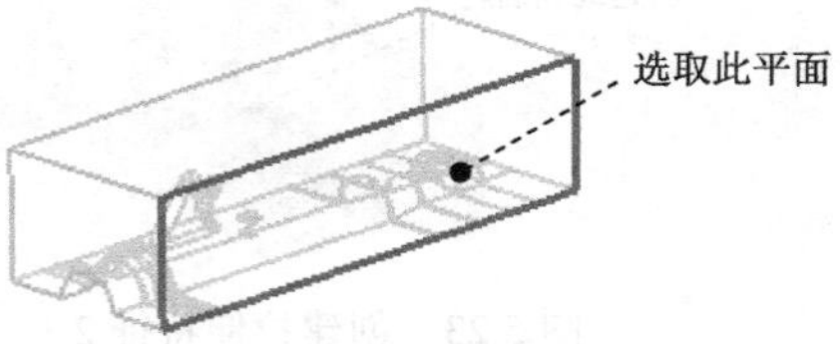

图 5.16　选取草图平面

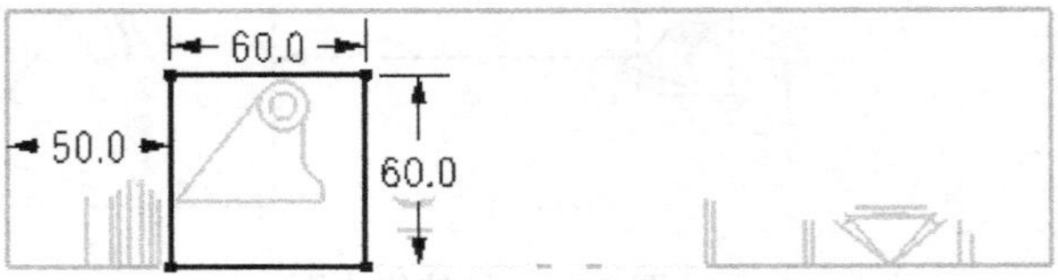

图 5.17　截面草图

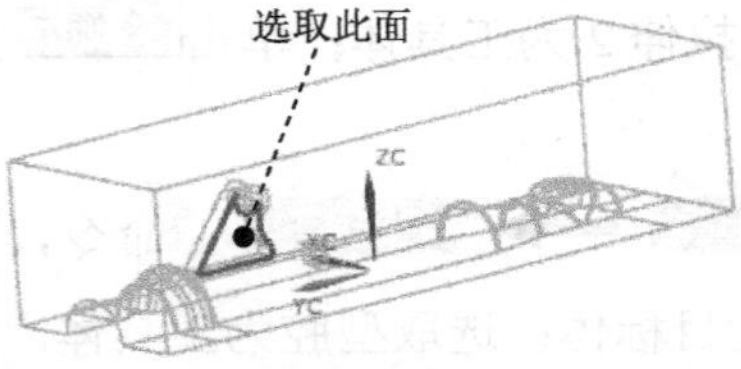

图 5.18　选取拉伸终止面

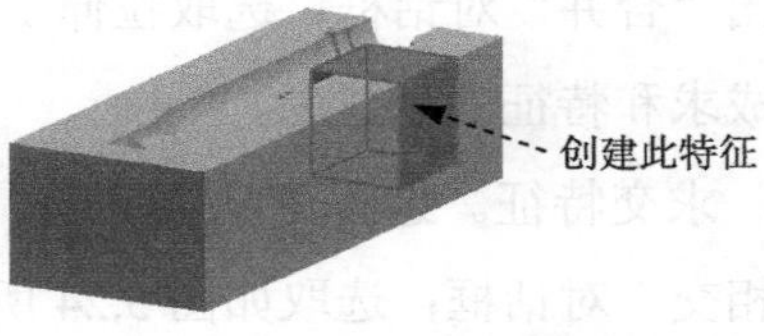

图 5.19　创建拉伸特征 1

Step3. 创建拉伸特征 2。

（1）选择命令。选择下拉菜单插入(S) → 设计特征(E) → 拉伸(E)...命令，系统弹出“拉伸”对话框。

（2）选取如图 5.20 所示的型腔侧面为草图平面，单击确定按钮，进入草图环境，选择下拉菜单插入(S) → 配方曲线(U) → 投影曲线(J)...命令，系统弹出“投影曲线”对话框；选取如图 5.21 所示的曲线为投影对象；单击确定按钮，单击完成草图按钮，退出草图环境。

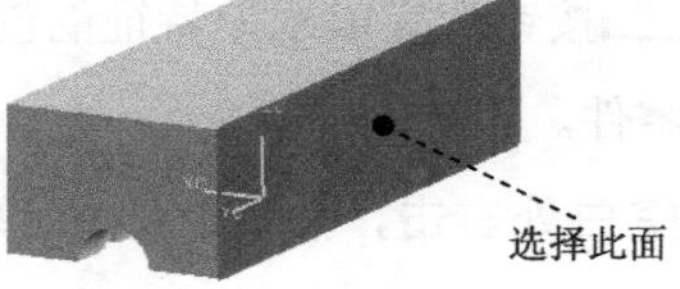

图 5.20　定义草图平面

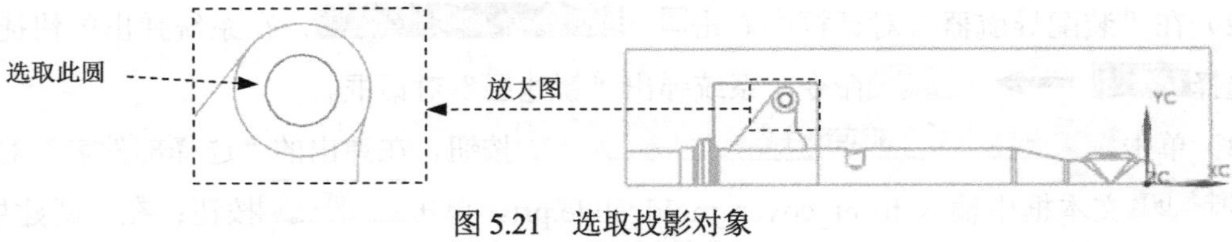

图 5.21　选取投影对象

（3）在指定矢量(1)下拉列表中选择XC选项；在“拉伸”对话框限制区域的开始下

拉列表中选择 值 选项，并在其下方的距离文本框中输入数值 0；在限制区域的结束下拉列表中选择 直至延伸部分 选项；选取如图 5.22 所示的面为拉伸终止面；在布尔下拉列表中选择 无 选项，其他参数采用系统默认设置值；单击 确定 按钮，完成如图 5.23 所示的拉伸特征 2 的创建。

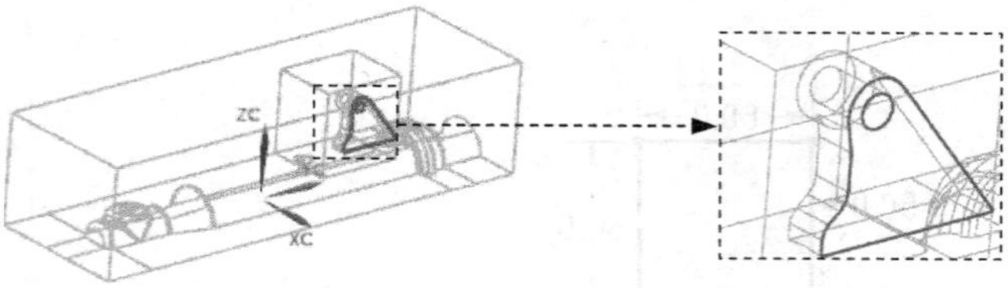

图 5.22　拉伸终止面

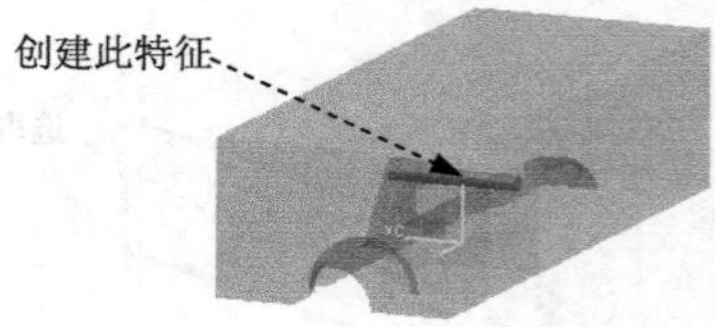

图 5.23　创建拉伸特征 2

Step4. 求和特征。选择下拉菜单 插入(S) → 组合(B) ▸ → 合并(U)... 命令，此时系统弹出“合并”对话框；选取拉伸 1 为目标体；选取拉伸 2 为工具体；单击 < 确定 > 按钮，完成求和特征的创建。

Step5. 求交特征。选择下拉菜单 插入(S) → 组合(B) ▸ → 相交(I)... 命令，系统弹出“相交”对话框；选取如图 5.24 所示的求和特征为目标体；选取型腔为工具体，并选中 ☑ 保存工具 复选框；单击 < 确定 > 按钮，完成求交特征的创建，结果如图 5.25 所示。

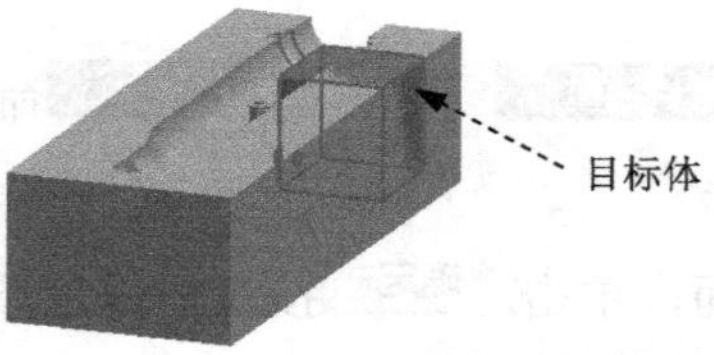

图 5.24　定义目标体和工具体

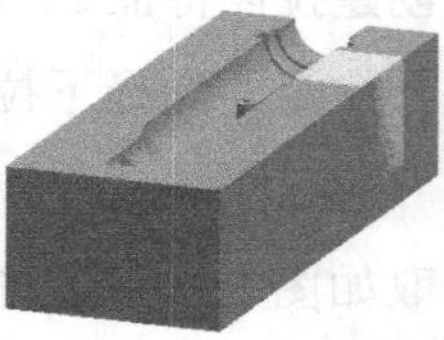

图 5.25　创建求交特征

Step6. 求差特征。选择下拉菜单 插入(S) → 组合(B) ▸ → 减去(S)... 命令，此时系统弹出“求差”对话框；选取型腔为目标体；选取求交得到的实体为工具体，并选中 ☑ 保存工具 复选框；单击 < 确定 > 按钮，完成求差特征的创建。

Step7. 将滑块转为型腔子零件。

（1）在“装配导航器”的空白处右击，然后在系统弹出的快捷菜单中选择 WAVE 模式 选项。

（2）在“装配导航器”对话框中右击 ☑ front_cover_mold_cavity_002，在系统弹出的快捷菜单中选择 WAVE ▸ → 新建层 命令，系统弹出“新建层”对话框。

（3）单击 指定部件名 按钮，在弹出的“选择部件名”对话框的 文件名(N): 文本框中输入 front_cover_mold_slide.prt，单击 OK 按钮；在“新建层”对话框中单击 类选择 按钮，选择创建的求交特征，单击 确定 按钮，系统返回“新建层”对话框；单击 确定 按钮，此时在“装配导航器”对话框中显示出刚创建的滑块的名称。

Step8. 隐藏拉伸特征。在“装配导航器”中取消选中☐ front_cover_mold_slide；然后单击“部件导航器”中的选项卡，系统弹出“部件导航器”界面，选择☑ 拉伸 (3)选项；选择下拉菜单格式(R) → 移动至图层(M)...命令，系统弹出“图层移动”对话框，在该对话框的目标图层或类别文本框中输入数值 10，单击确定按钮；单击装配导航器中的选项卡，在该选项卡中选中☑ front_cover_mold_slide。

Task7. 创建型腔镶件

Stage1. 创建拉伸特征

Step1. 选择命令。选择下拉菜单插入(S) → 设计特征(E) → 拉伸(E)...命令，系统弹出“拉伸”对话框。

Step2. 选取草图平面。选取如图 5.26 所示的平面为草图平面。

Step3. 进入草图环境，使用“投影曲线”工具绘制如图 5.27 所示的截面草图，单击完成草图按钮，系统返回至“拉伸”对话框。

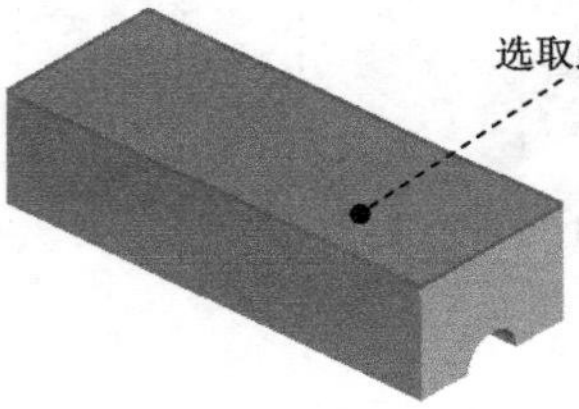

图 5.26 选取草图平面

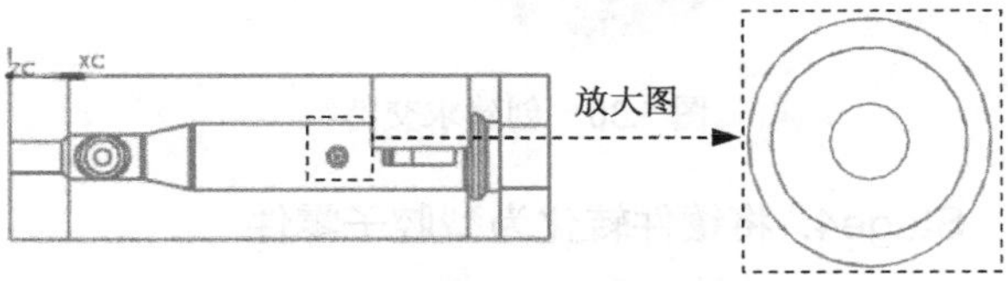

图 5.27 截面草图

Step4. 定义拉伸属性。定义拉伸方向为-ZC；在限制区域的开始下拉列表中选择值选项，在距离文体框中输入数值 0；在限制区域的结束下拉列表中选择直至延伸部分选项，然后选取如图 5.28 所示的平面为拉伸限制面。在布尔区域的下拉列表中选择无选项。

Step5. 单击< 确定 >按钮，完成如图 5.29 所示的拉伸特征的创建。

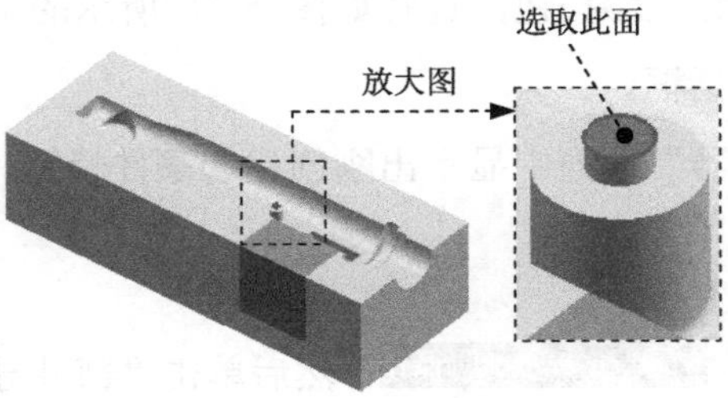

图 5.28 定义拉伸限制面

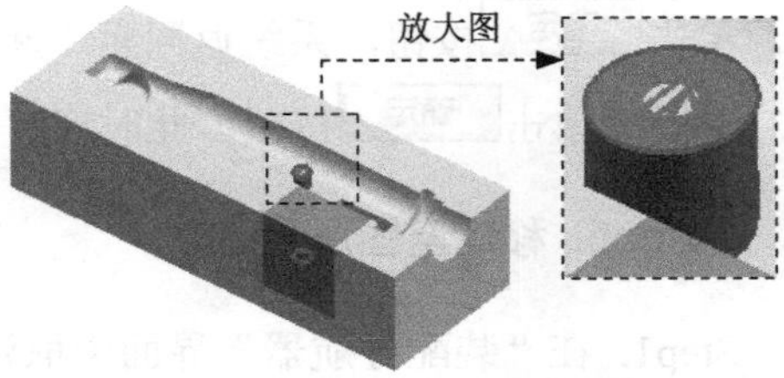

图 5.29 创建拉伸特征

Stage2. 创建求交特征

Step1. 选择命令。选择下拉菜单插入(S) → 组合(B) ▸ → 相交(I)...命令，系统弹出“相交”对话框。

Step2. 选取目标体。选取图 5.30 所示的目标体特征。

Step3. 选取工具体。选取图 5.30 所示的工具体特征，并选中☑ 保存目标复选框。

Step4. 单击 确定 按钮，完成求交特征的创建。

Stage3. 创建求差特征

Step1. 选择命令。选择下拉菜单 插入(S) → 组合(B) ▸ → 减去(S)... 命令，此时系统弹出“求差”对话框。

Step2. 选取目标体。选取图 5.31 所示的特征为目标体。

Step3. 选取工具体。选取图 5.31 所示的特征为工具体，并选中☑ 保存工具复选框。

Step4. 单击 < 确定 > 按钮，完成求差特征的创建。

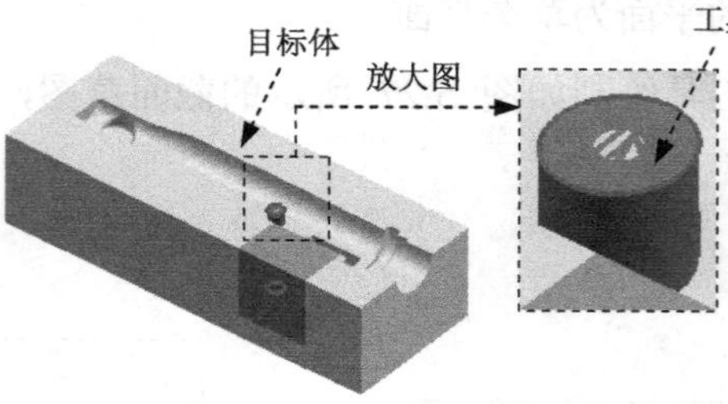

图 5.30 创建求交特征

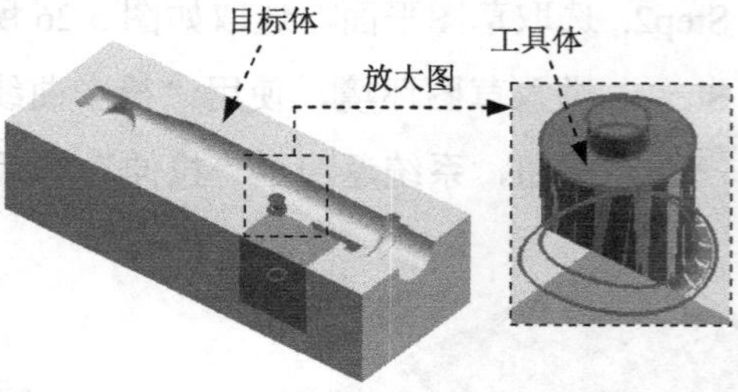

图 5.31 创建求差特征

Stage4. 将镶件转化为型腔子零件

Step1. 在“装配导航器”界面中右击☑ front_cover_mold_cavity_002，在系统弹出的快捷菜单中选择 WAVE ▸ → 新建层 命令，系统弹出“新建层”对话框。

Step2. 单击 指定部件名 按钮，在系统弹出的“选择部件名”对话框的 文件名(N): 文本框中输入 front_cover_mold_insert.prt。单击 OK 按钮，系统返回至“新建层”对话框。

Step3. 单击 类选择 按钮，选择如图 5.31 所示的工具体。单击 确定 按钮，系统返回至“新建层”对话框。

Step4. 单击 确定 按钮，此时在“装配导航器”界面中显示出刚创建的镶件特征。

Stage5. 移动至图层

Step1. 在“装配导航器”界面中取消选中□ front_cover_mold_insert，然后单击“部件导航器”中的选项卡，系统弹出“部件导航器”界面，在该界面中选择☑ 拉伸 (8) 选项。

Step2. 选择下拉菜单 格式(R) → 移动至图层(M)... 命令，系统弹出“图层移动”对话框，在 目标图层或类别 文本框中输入数值 10，单击 确定 按钮。

Step3. 单击装配导航器中的选项卡，在该选项卡中选中 front_cover_mold_insert。

Stage6. 创建固定凸台

Step1. 创建拉伸特征。

（1）在装配导航器中右击 front_cover_mold_insert 图标，在系统弹出的快捷菜单中选择 在窗口中打开 命令。

（2）选择下拉菜单 插入(S) → 设计特征(E) → 拉伸(E)... 命令，系统弹出“拉伸”对话框。

（3）单击“绘制截面”按钮，系统弹出“创建草图”对话框。选取如图 5.32 所示的镶件底面为草图平面，单击 确定 按钮，进入草图环境，选择下拉菜单 插入(S) → 来自曲线集的曲线(F) → 偏置曲线(V)... 命令，系统弹出“偏置曲线”对话框；选取如图 5.33 所示的曲线为偏置对象（选择范围调整到“仅在工作部件内部”）；在 偏置 区域的 距离 文本框中输入数值 2，单击 < 确定 > 按钮，单击 完成草图 按钮，退出草图环境。

（4）在“拉伸”对话框 限制 区域的 开始 下拉列表中选择 值 选项，并在其下方的 距离 文本框中输入数值 0；在 限制 区域的 结束 下拉列表中选择 值 选项，并在其下方的 距离 文本框中输入数值 6，定义拉伸方向为 -ZC；其他参数采用系统默认设置值；单击 确定 按钮，完成拉伸特征的创建。

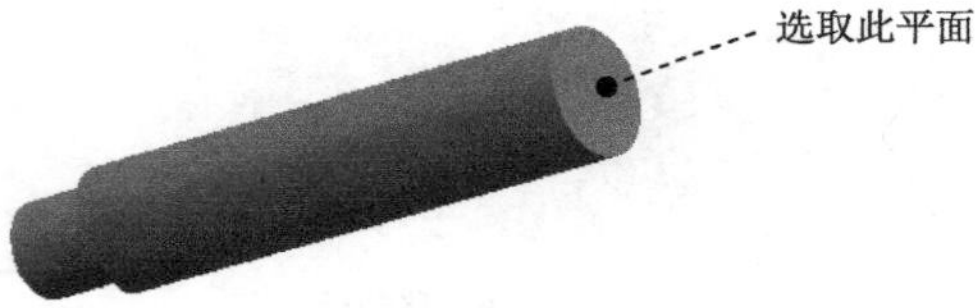

图 5.32 草图平面

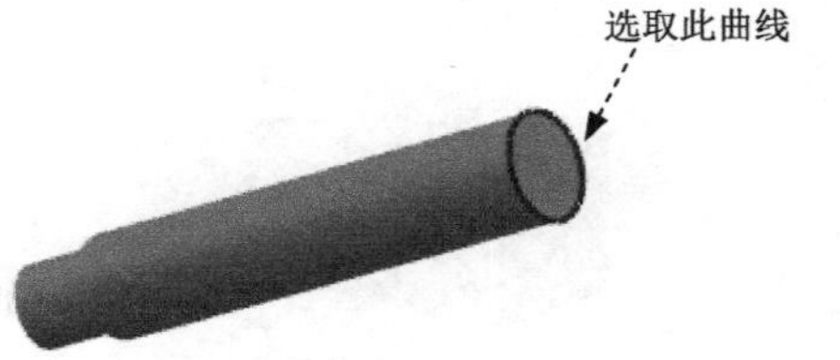

图 5.33 选取偏置对象

说明：在选取偏置曲线时，若方向相反，可单击“反向”按钮，然后单击 应用 按钮。

Step2. 创建求和特征。选择下拉菜单 插入(S) → 组合(B) → 合并(U)... 命令，系统弹出“合并”对话框；选取图 5.34 所示的目标体；选取图 5.34 所示的工具体；单击 < 确定 > 按钮，完成图 5.34 所示的求和特征的创建。

Step3. 创建固定凸台装配避开位。在装配导航器中右击 front_cover_mold_insert，在系统弹出的快捷菜单中选择 在窗口中打开父项 → front_cover_mold_cavity_002 命令，图形区显示型腔组件并将其设置为工作部件；在“注塑模向导”功能选项卡 主要 区域中单击“腔”按钮，系统弹出“开腔”对话框；选取型腔为目标体，然后单击中键；在 工具类型 下拉列表中选择 实体 选项，然后选取求和的实体为工具体，单击 确定 按钮。

说明：观察结果时，在“装配导航器”中取消选中☐ front_cover_mold_insert，将镶件隐藏，结果如图 5.35 所示。

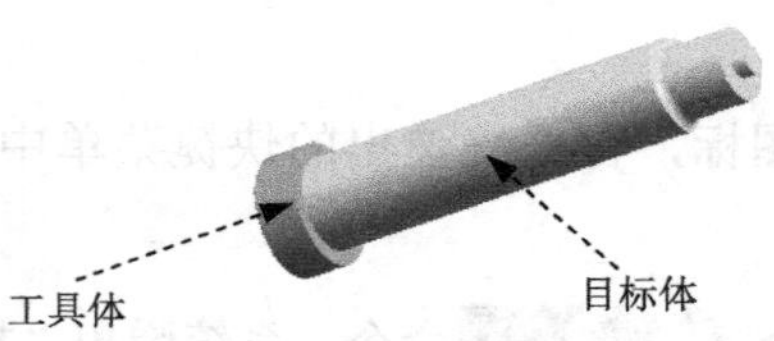

图 5.34　创建拉伸特征和求和特征

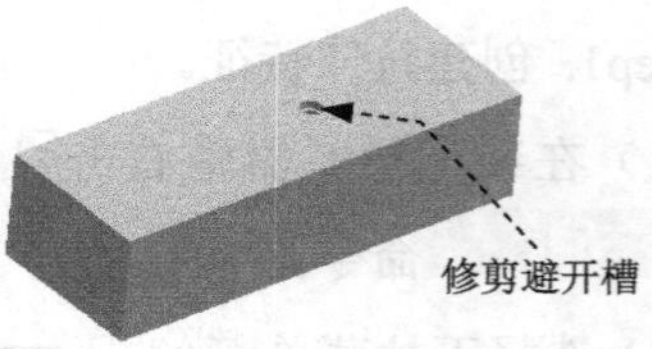

图 5.35　隐藏镶件

Task8. 创建模具爆炸视图

Step1. 移动滑块。

（1）创建爆炸图。选择下拉菜单 窗口(O) → front_cover_mold_top_000.prt 命令，在装配导航器中将部件转换成工作部件；选择下拉菜单 装配(A) → 爆炸图(X) → 新建爆炸(N)... 命令，系统弹出“新建爆炸”对话框，接受系统默认的名称，单击 确定 按钮。

（2）编辑爆炸图。选择下拉菜单 装配(A) → 爆炸图(X) → 编辑爆炸(E)... 命令，系统弹出“编辑爆炸”对话框；选取如图 5.36a 所示的滑块元件为移动对象；选中 ⊙ 移动对象 单选项，沿 X 轴负方向移动 150mm，按 Enter 键确认，结果如图 5.36b 所示。

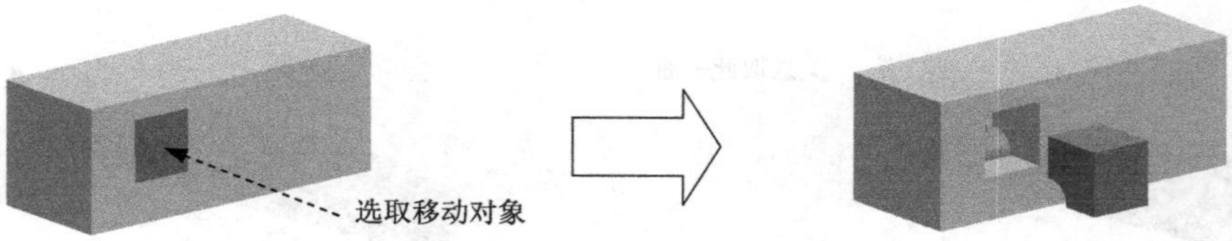

a）移动前　　b）移动后

图 5.36　移动滑块

Step2. 移动型腔。

（1）选择对象。在对话框中选择 ⊙ 选择对象 单选项，选取型腔，取消选中上一步选中的滑块。

（2）选择 ⊙ 移动对象 单选项，沿 Z 轴正方向移动 120mm，按 Enter 键确认，结果如图 5.37 所示。

Step3. 移动镶件。参照 Step2，将镶件沿 Z 轴正方向向上移动 150mm，结果如图 5.38 所示。

Step4. 移动型芯。参照 Step2，将型芯沿 Z 轴负方向向下移动 50mm，结果如图 5.39 所示。

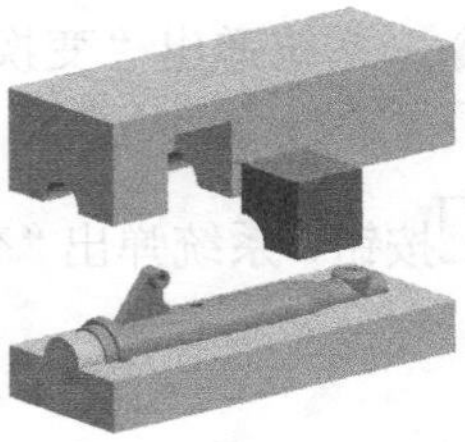
图 5.37 移动型腔后的结果

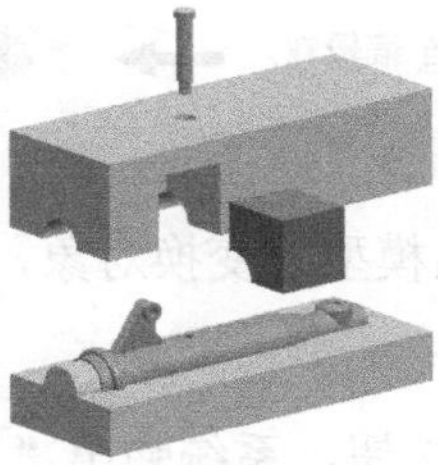
图 5.38 移动镶件后的结果

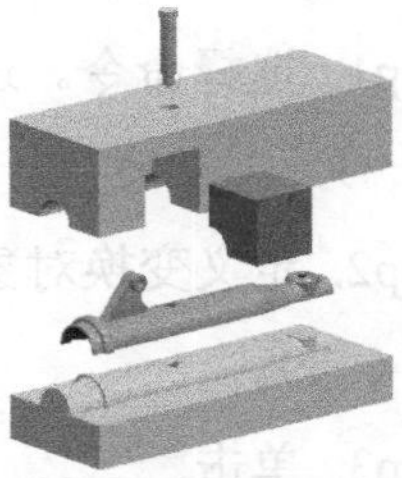
图 5.39 移动型芯后的结果

Step5. 保存文件。选择下拉菜单 文件(F) ➡ 保存(S) ➡ 全部保存(V) 命令，保存所有文件。

5.2 方法二（建模环境）

下面介绍在建模环境下设计图 5.1 所示模具的具体过程。

Task1. 模具坐标系

Step1. 打开文件。打开 D:\ug12.6\work\ch05\front_cover.prt 文件，单击 OK 按钮，进入建模环境。

Step2. 创建坐标系。选择下拉菜单 格式(R) ➡ WCS ➡ 定向(N)... 命令，系统弹出“坐标系”对话框；在 类型 下拉列表中选择 对象的坐标系 选项；选取如图 5.40 所示的平面；单击 确定 按钮，完成坐标系的放置。

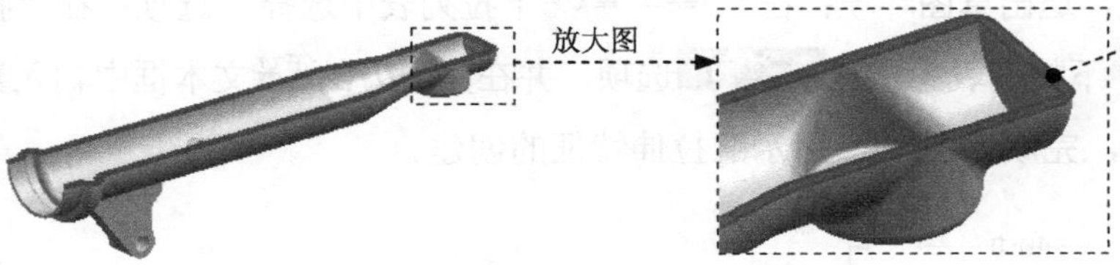

图 5.40 完成坐标系的放置

Step3. 旋转坐标系。选择下拉菜单 格式(R) ➡ WCS ➡ 旋转(R)... 命令，系统弹出“旋转 WCS 绕…”对话框；选中 ⊙ + XC 轴 单选项，在 角度 文本框中输入数值 180；单击 确定 按钮，完成坐标系的旋转，如图 5.41 所示。

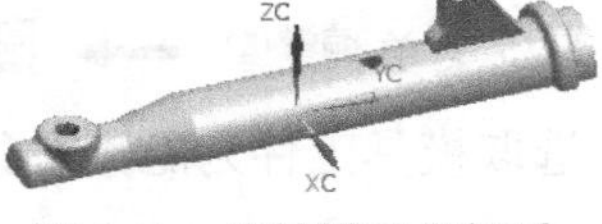

图 5.41 旋转模具坐标系

Task2. 设置收缩率

Step1. 选择命令。选择下拉菜单编辑(E) → 变换(M)...命令，系统弹出“变换”对话框（一）。

Step2. 定义变换对象。选择产品模型为变换对象，单击确定按钮，系统弹出“变换”对话框（二）。

Step3. 单击比例按钮，系统弹出“点”对话框。

Step4. 定义变换点。选取坐标原点为变换点，系统弹出“变换”对话框（三），单击确定按钮。

Step5. 定义变换比例。在比例文本框中输入数值 1.006，单击确定按钮，系统弹出“变换”对话框（四）。

Step6. 单击确定按钮，系统弹出“变换”对话框（五）。

Step7. 单击移除参数按钮，完成收缩率的设置，然后单击取消按钮，关闭该对话框。

Task3. 创建模具工件

Step1. 创建基准坐标系。选择下拉菜单插入(S) → 基准/点(D) → 基准坐标系(C)...命令，系统弹出“基准坐标系”对话框；采用系统默认参数设置值，单击< 确定 >按钮，完成基准坐标系的创建。

Step2. 创建拉伸特征。选择下拉菜单插入(S) → 设计特征(E) → 拉伸(E)...命令，系统弹出“拉伸”对话框；单击按钮，系统弹出“创建草图”对话框；选取 YZ 基准平面为草图平面，单击确定按钮，进入草图环境；显示坐标系；绘制图 5.42 所示的截面草图；单击完成草图按钮，退出草图环境；在指定矢量(1)下拉列表中选择XC选项；在“拉伸”对话框限制区域的开始下拉列表中选择对称值选项，并在其下方的距离文本框中输入数值 60；单击< 确定 >按钮，完成如图 5.43 所示的拉伸特征的创建。

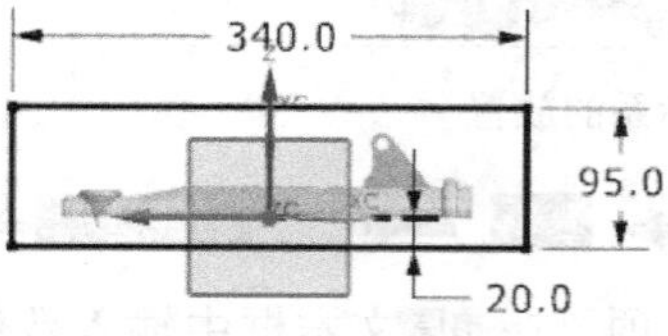

图 5.42 截面草图

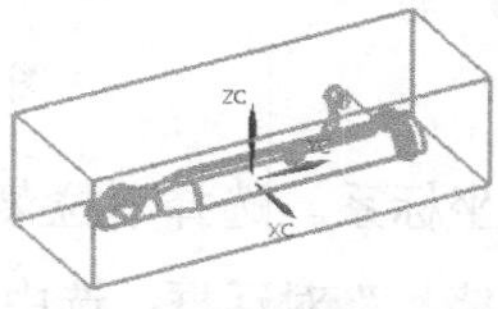

图 5.43 创建拉伸特征

Task4. 实体修补

Step1. 隐藏模具工件。选择下拉菜单编辑(E) → 显示和隐藏(H) → 隐藏(H)...命令，系统弹出“类选择”对话框；选取模具工件为隐藏对象；单击确定按钮，完成模具工件的隐藏操作。

Step2. 创建拉伸特征 1。选择下拉菜单 插入(S) → 设计特征(E) → 拉伸(E)... 命令，系统弹出“拉伸”对话框；在“选择”工具条的“曲线规则”下拉列表中选择 单条曲线 选项，然后选取如图 5.44 所示的曲线为拉伸对象 1；在 指定矢量(1) 下拉列表中，选择 ZC↑ 选项；在“拉伸”对话框 限制 区域的 开始 下拉列表中选择 值 选项，并在其下方的 距离 文本框中输入数值 0；在 结束 下拉列表中选择 值 选项，并在其下方的 距离 文本框中输入数值 70；其他参数采用系统默认设置值；单击 < 确定 > 按钮，完成如图 5.45 所示的拉伸特征 1 的创建。

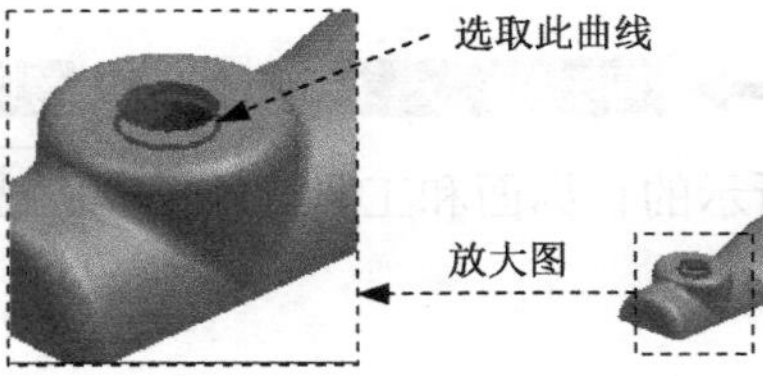

图 5.44 定义拉伸对象 1

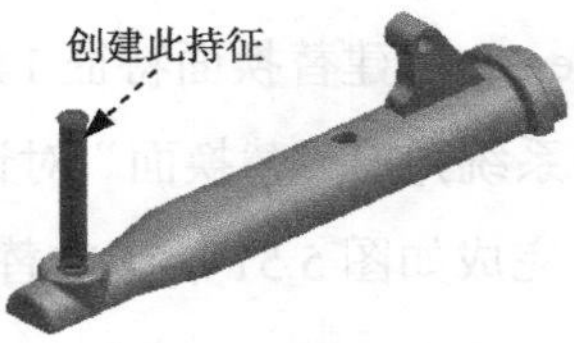

图 5.45 创建拉伸特征 1

Step3. 创建拉伸特征 2。选择下拉菜单 插入(S) → 设计特征(E) → 拉伸(E)... 命令，系统弹出“拉伸”对话框；选取如图 5.46 所示的曲线为拉伸对象 2；在 指定矢量(1) 下拉列表中选择 ZC↑ 选项；在“拉伸”对话框 限制 区域的 开始 下拉列表中选择 值 选项，并在其下方的 距离 文本框中输入数值-2；在 结束 下拉列表中选择 值 选项，并在其下方的 距离 文本框中输入数值 70；其他参数采用系统默认设置值；单击 < 确定 > 按钮，完成如图 5.47 所示的拉伸特征 2 的创建。

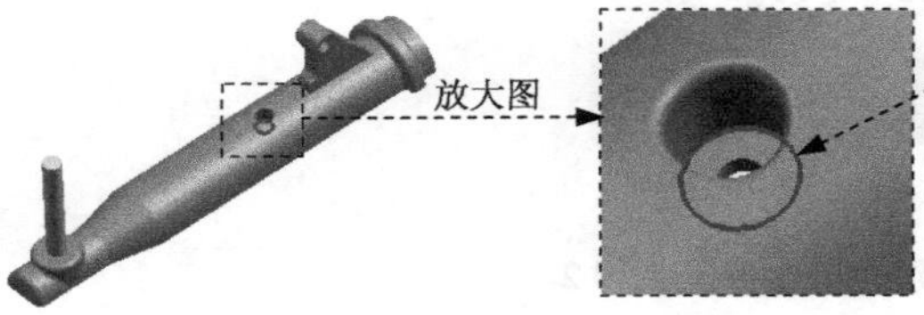

图 5.46 定义拉伸对象 2

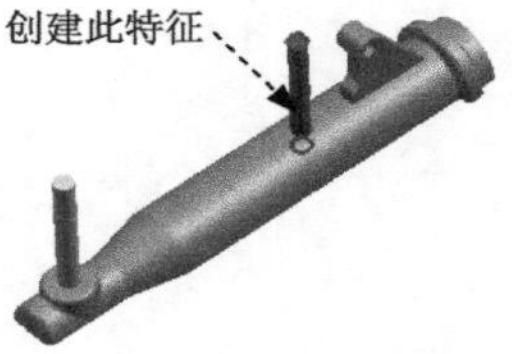

图 5.47 创建拉伸特征 2

Step4. 创建偏置面特征。选择下拉菜单 插入(S) → 偏置/缩放(O) → 偏置面(F)... 命令，系统弹出“偏置面”对话框；选取如图 5.48 所示的面为要偏置的面，然后在 偏置 文本框中输入数值 1.5；单击 < 确定 > 按钮，完成偏置面特征的创建。

Step5. 创建求差特征。选择下拉菜单 插入(S) → 组合(B) → 减去(S)... 命令，系统弹出“求差”对话框；选取如图 5.49 所示的目标体和工具体；在 设置 区域中选中 ☑ 保存工具 复选框，其他参数采用系统默认设置值；单击 < 确定 > 按钮，完成求差特征的创建。

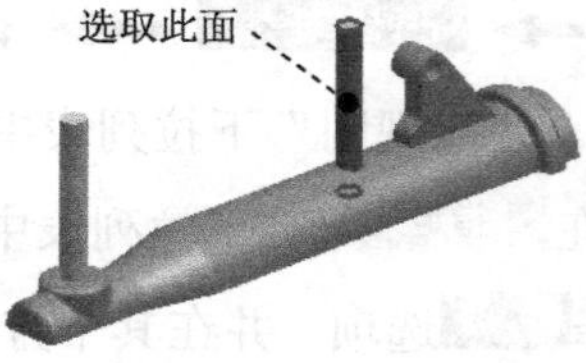

图 5.48　定义偏置面

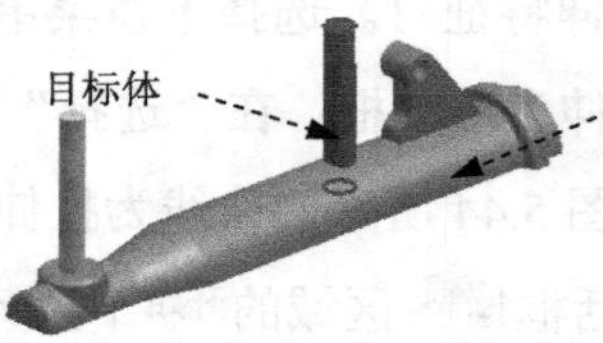

图 5.49　定义目标体和工具体

Step6. 显示模具工件。选择下拉菜单 编辑(E) → 显示和隐藏(H) → 显示和隐藏(O)... 命令，系统弹出"显示和隐藏"对话框；单击 实体 后的 + 按钮；单击 关闭 按钮，完成编辑显示和隐藏的操作。

Step7. 创建替换面特征 1。选择下拉菜单 插入(S) → 同步建模(Y) → 替换面(R)... 命令，系统弹出"替换面"对话框；选取如图 5.50 所示的目标面和工具面；单击 < 确定 > 按钮，完成如图 5.51 所示的替换面特征 1 的创建。

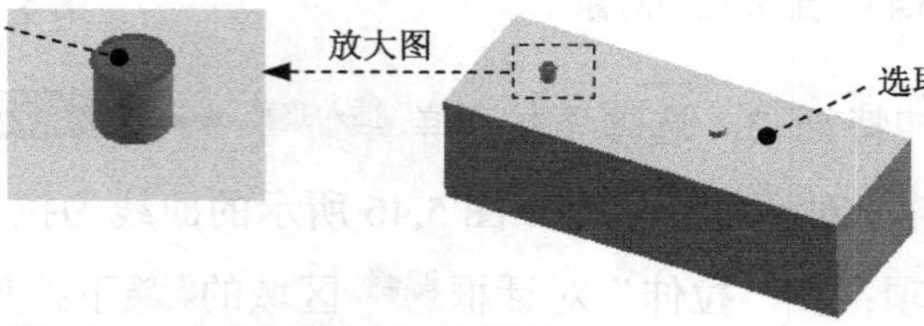

图 5.50　定义目标面和工具面

Step8. 参照 Step7 的方法创建如图 5.51 所示的替换面特征 2。

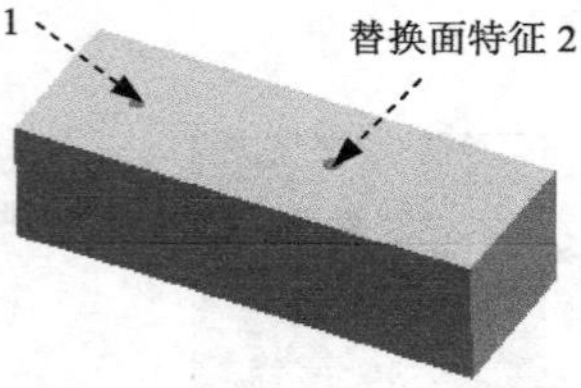

图 5.51　创建替换面特征 1 和 2

Step9. 创建拉伸特征 3。选择下拉菜单 插入(S) → 设计特征(E) → 拉伸(E)... 命令，系统弹出"拉伸"对话框；选取如图 5.52 所示的边为拉伸对象 3；在 指定矢量(1) 下拉列表中选择 ZC↑ 选项；在"拉伸"对话框 限制 区域的 开始 下拉列表中选择 值 选项，并在其下的 距离 文本框中输入数值 0；在 结束 下拉列表中选择 值 选项，并在其下方的 距离 文本框中输入数值-6；在 偏置 区域的 偏置 下拉列表中选择 单侧 选项，并在 结束 文本框中输入数值 3；在 布尔 区域的 布尔 下拉列表中选择 合并 选项，选取拉伸特征 1 为目标体；其他参数采用系统默认设置值；单击 < 确定 > 按钮，完成拉伸特征 3 的创建。

Step10. 参见 Step9 的方法创建拉伸特征 4，如图 5.53 所示。

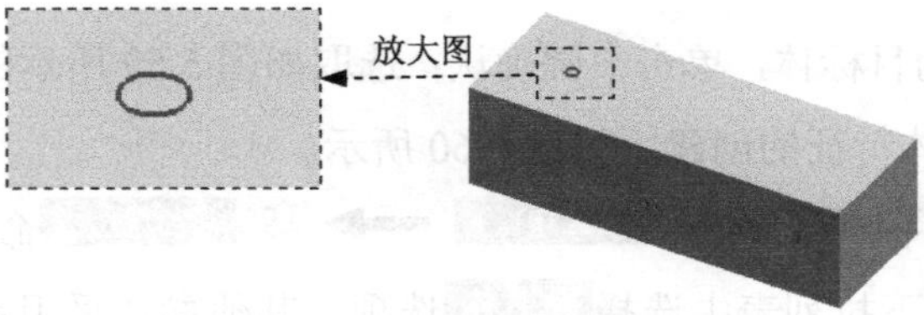

图 5.52 定义拉伸对象 3

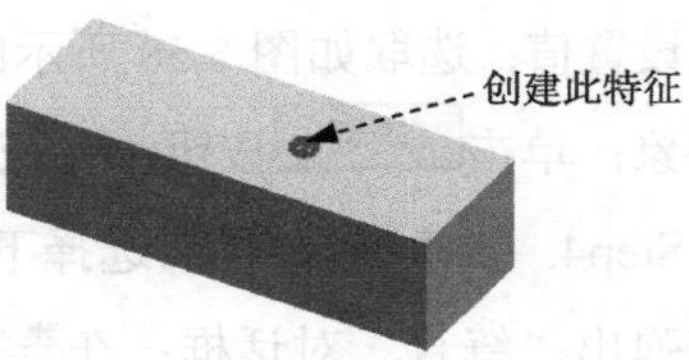

图 5.53 创建拉伸特征 4

Task5. 创建分型面

Step1. 创建拉伸特征 5（隐藏工件）。选择下拉菜单 插入(S) → 设计特征(E) → 拉伸(E)... 命令，系统弹出“拉伸”对话框；单击按钮，系统弹出“创建草图”对话框；选取 YZ 基准平面为草图平面，单击 确定 按钮，进入草图环境；绘制如图 5.54 所示的截面草图；单击 完成草图 按钮，退出草图环境；在 指定矢量(1) 下拉列表中选择 XC 选项；在“拉伸”对话框 限制 区域的 开始 下拉列表中选择 对称值 选项，并在其下方的 距离 文本框中输入数值 70，在 布尔 区域的下拉列表中选择 无 选项；单击 <确定> 按钮，完成如图 5.55 所示的拉伸特征 5 的创建。

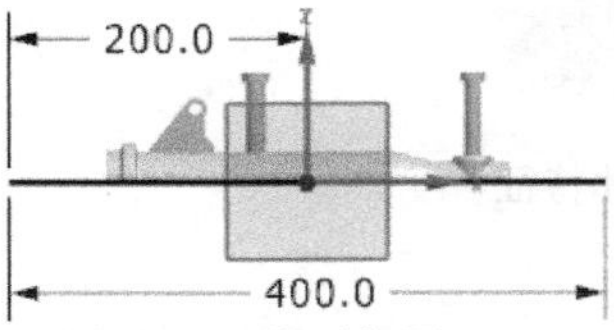

图 5.54 截面草图

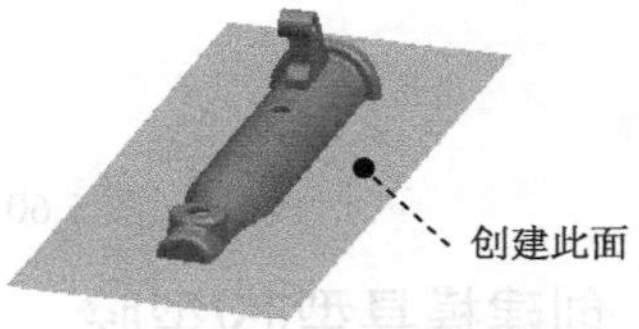

图 5.55 创建拉伸特征 5

Step2. 创建拉伸特征 6。选择下拉菜单 插入(S) → 设计特征(E) → 拉伸(E)... 命令，系统弹出“拉伸”对话框；选取如图 5.56 所示的边为拉伸对象 6；在 指定矢量(1) 下拉列表中选择 -YC 选项；在“拉伸”对话框 限制 区域的 开始 下拉列表中选择 值 选项，并在其下方的 距离 文本框中输入数值 0；在 结束 下拉列表中选择 值 选项，并在其下方的 距离 文本框中输入数值 70；其他参数采用系统默认设置值；单击 <确定> 按钮，完成如图 5.57 所示的拉伸特征 6 的创建。

说明：如果拉伸方向相反，单击“反向”按钮即可。

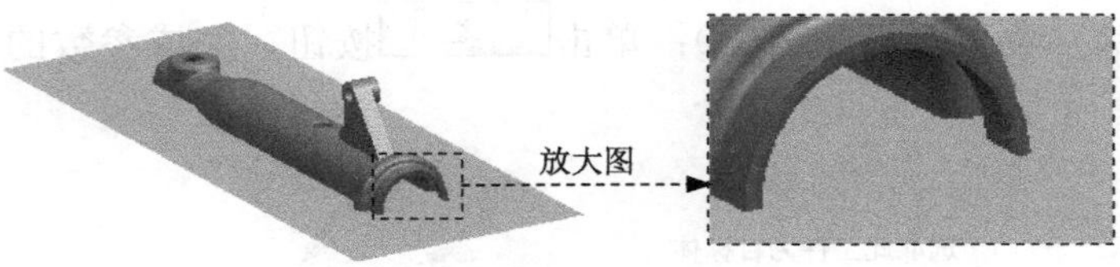

图 5.56 定义拉伸对象 6

图 5.57 创建拉伸特征 6

Step3. 创建修剪片体特征。选择下拉菜单 插入(S) → 修剪(T) → 修剪片体(R)... 命令，系统弹出“修剪片体”对话框；在 区域 区域中选中 ⊙保留 单选项，其他参数采用系统默认设置值；选取如图 5.58 所示的曲面为目标体，单击中键确认；选取如图 5.59 所示的边界对象；单击 确定 按钮，完成修剪片体特征的创建，如图 5.60 所示。

Step4. 创建缝合特征。选择下拉菜单 插入(S) → 组合(B) → 缝合(W)... 命令，系统弹出“缝合”对话框；在 类型 区域的下拉列表中选择 片体 选项，其他参数采用系统默认设置值；选取拉伸特征 5 为目标体，选取拉伸特征 6 为工具体；单击 确定 按钮，完成曲面缝合特征的创建。

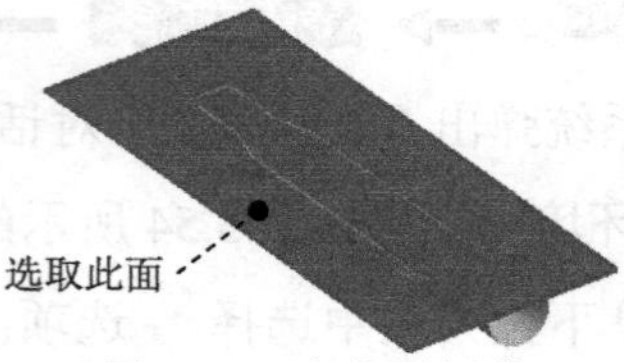

图 5.58 定义目标体

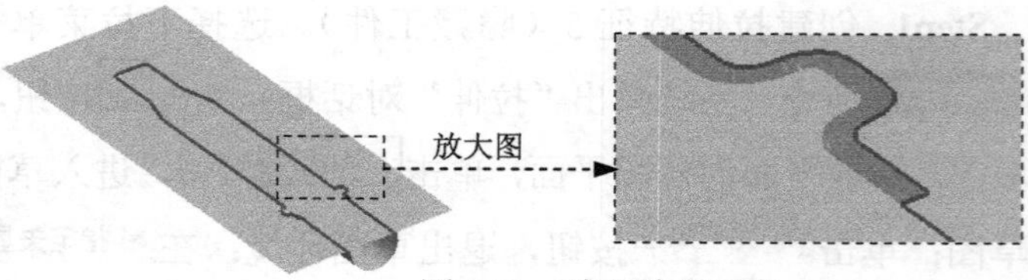

图 5.59 选取边界对象

图 5.60 创建修剪片体特征

Task6. 创建模具型芯/型腔

Step1. 显示模具工件。选择下拉菜单 编辑(E) → 显示和隐藏(H) → 显示和隐藏(O)... 命令，系统弹出“显示和隐藏”对话框；单击 实体 后的 + 按钮；单击 关闭 按钮，完成编辑显示和隐藏的操作。

Step2. 创建求差特征。选择下拉菜单 插入(S) → 组合(B) → 减去(S)... 命令，系统弹出“求差”对话框；选取如图 5.61 所示的目标体和工具体；在 设置 区域中选中 ☑ 保存工具 复选框，其他参数采用系统默认设置值；单击 < 确定 > 按钮，完成求差特征的创建。

Step3. 移除参数。选择下拉菜单 编辑(E) → 特征(F) → 移除参数(V)... 命令，系统弹出“移除参数”对话框（一）；选取如图 5.62 所示的特征为移除参数的对象；单击 确定 按钮，系统弹出“移除参数”对话框（二）；单击 是 按钮，完成参数的移除。

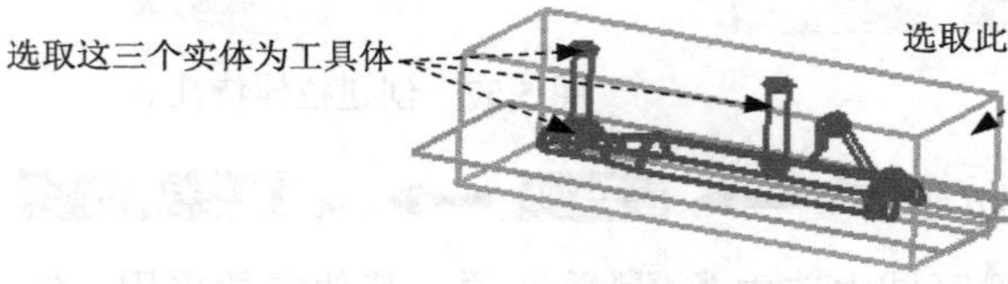

图 5.61 定义目标体和工具体

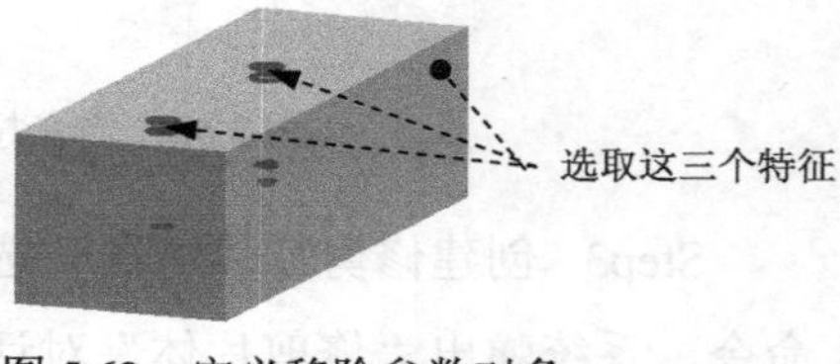

图 5.62 定义移除参数对象

Step4. 拆分型芯/型腔。选择下拉菜单 插入(S) → 修剪(T) → 拆分体(P)... 命令，系统弹出“拆分体”对话框；选取如图 5.63 所示的工件为拆分目标体，单击鼠标中键，然后选取如图 5.64 所示的片体为拆分片体；单击 确定 按钮，完成型芯/型腔的拆分操作。

图 5.63 定义拆分目标体

图 5.64 定义拆分片体

Task7. 创建滑块

Step1. 隐藏特征。选择下拉菜单 编辑(E) → 显示和隐藏(H) → 隐藏(H)... 命令，系统弹出“类选择”对话框；选取型芯、分型面和产品为隐藏对象；在该对话框中单击 确定 按钮，完成隐藏特征的创建。

Step2. 创建拉伸特征 7。选择下拉菜单 插入(S) → 设计特征(E) → 拉伸(E)... 命令，系统弹出“拉伸”对话框；单击 按钮，系统弹出“创建草图”对话框；选取图 5.65 所示的面为草图平面，单击 确定 按钮，进入草图环境；绘制图 5.66 所示的截面草图；单击 完成草图 按钮，退出草图环境；在 指定矢量(1) 下拉列表中，选择 XC 选项；在“拉伸”对话框 限制 区域的 开始 下拉列表中选择 值 选项，并在其下方的 距离 文本框中输入数值 0；在 结束 下拉列表中选择 直至延伸部分 选项；其他参数采用默认设置值；选取图 5.67 所示的面为拉伸对象 7；单击 < 确定 > 按钮，完成如图 5.68 所示的拉伸特征 7 的创建（隐藏此特征）。

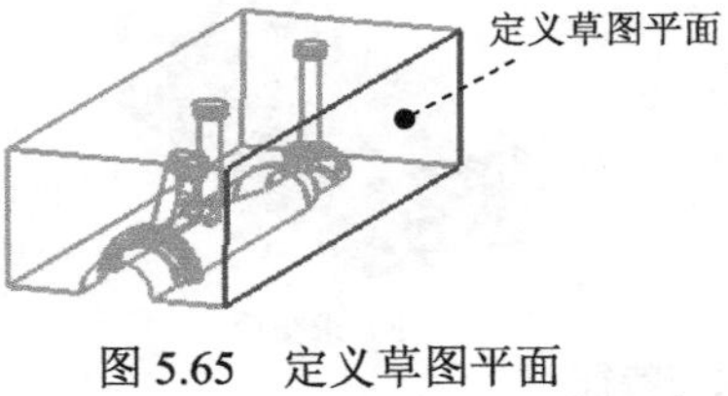

图 5.65 定义草图平面

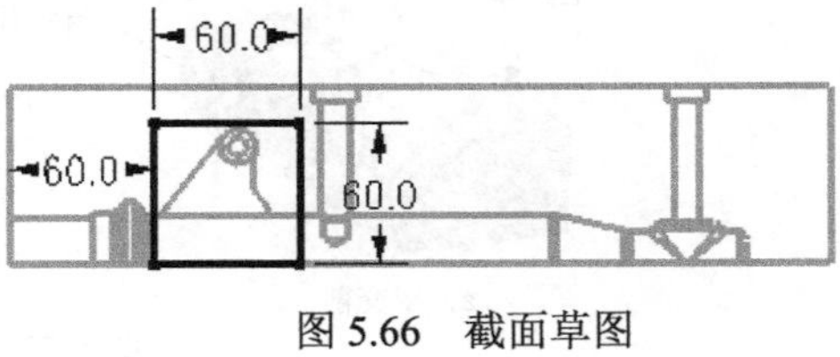

图 5.66 截面草图

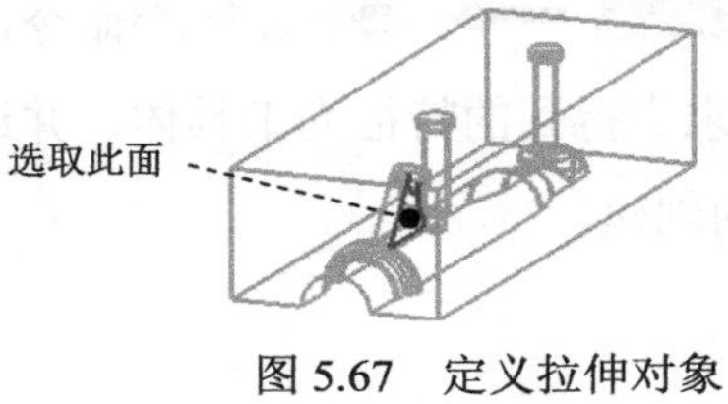

图 5.67 定义拉伸对象 7

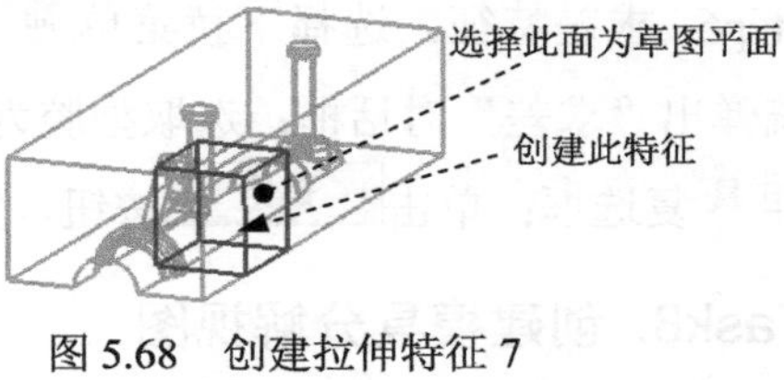

图 5.68 创建拉伸特征 7

Step3. 创建拉伸特征 8。选择下拉菜单 插入(S) → 设计特征(E) → 拉伸(E)... 命令令，系统弹出“拉伸”对话框；单击按钮，系统弹出“创建草图”对话框；选取图 5.68 所示的面为草图平面，单击 确定 按钮，进入草图环境；绘制图 5.69 所示的截面草图；单击 完成草图 按钮，退出草图环境；在“拉伸”对话框 限制 区域的 开始 下拉列表中选择 值 选项，并在其下方的 距离 文本框中输入数值 0；在 结束 下拉列表中选择 直至延伸部分 选项；其他参数采用默认设置值；选取如图 5.70 所示的面为拉伸对象 8；单击 < 确定 > 按钮，完成如图 5.71 所示的拉伸特征 8 的创建。

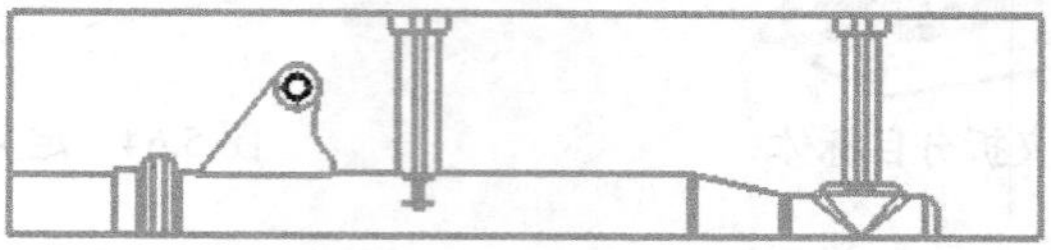

图 5.69　截面草图

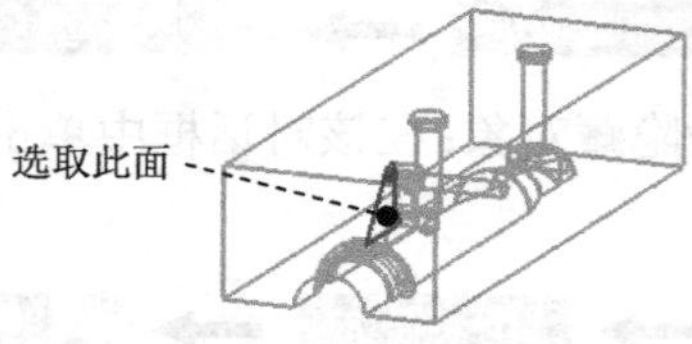

图 5.70　定义拉伸对象 8

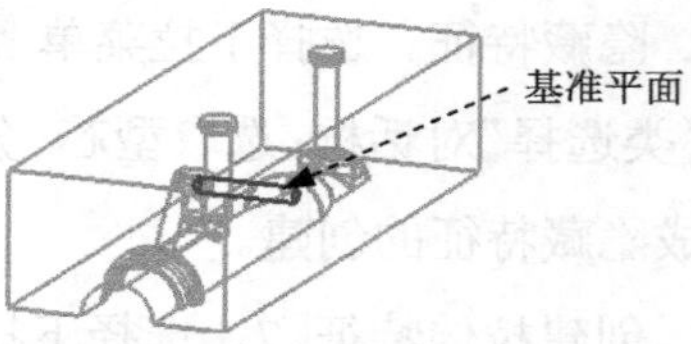

图 5.71　创建拉伸特征 8

Step4. 创建求和特征。选择下拉菜单 插入(S) → 组合(B) → 合并(U)... 命令（注：具体参数和操作参见随书学习资源），单击 确定 按钮，完成求和特征的创建。

Step5. 创建求交特征。选择下拉菜单 插入(S) → 组合(B) → 相交(I)... 命令，系统弹出“相交”对话框；选取图 5.72a 所示的目标体和工具体；在 设置 区域中选中 ☑ 保存工具 复选框，其他参数采用系统默认设置值；单击 < 确定 > 按钮，完成求交特征的创建，如图 5.72b 所示。

a）求交前　　b）求交后

图 5.72　创建求交特征

Step6. 求差特征。选择下拉菜单 插入(S) → 组合(B) → 减去(S)... 命令，此时系统弹出“求差”对话框；选取型腔为目标体；选取求交得到的特征为工具体，并选中 ☑ 保存工具 复选框；单击 < 确定 > 按钮，完成求差特征的创建。

Task8. 创建模具分解视图

在 UG NX 12.0 中，常使用“变换”命令中的“平移”命令来创建模具分解视图。移动时，需将工件、滑块和镶件的参数移除，这里不再赘述。

实例 6　用两种方法进行模具设计（六）

图 6.1 所示为塑件叶轮的模具设计，该模具重点介绍产品在模具中开模方向的设置、产品在模具中的布局、模架和标准件的选用、流道在模具中的位置设置，以及顶杆的顶出位置设置等。本例将分别在 Mold Wizard 环境和建模环境中设计该模具。

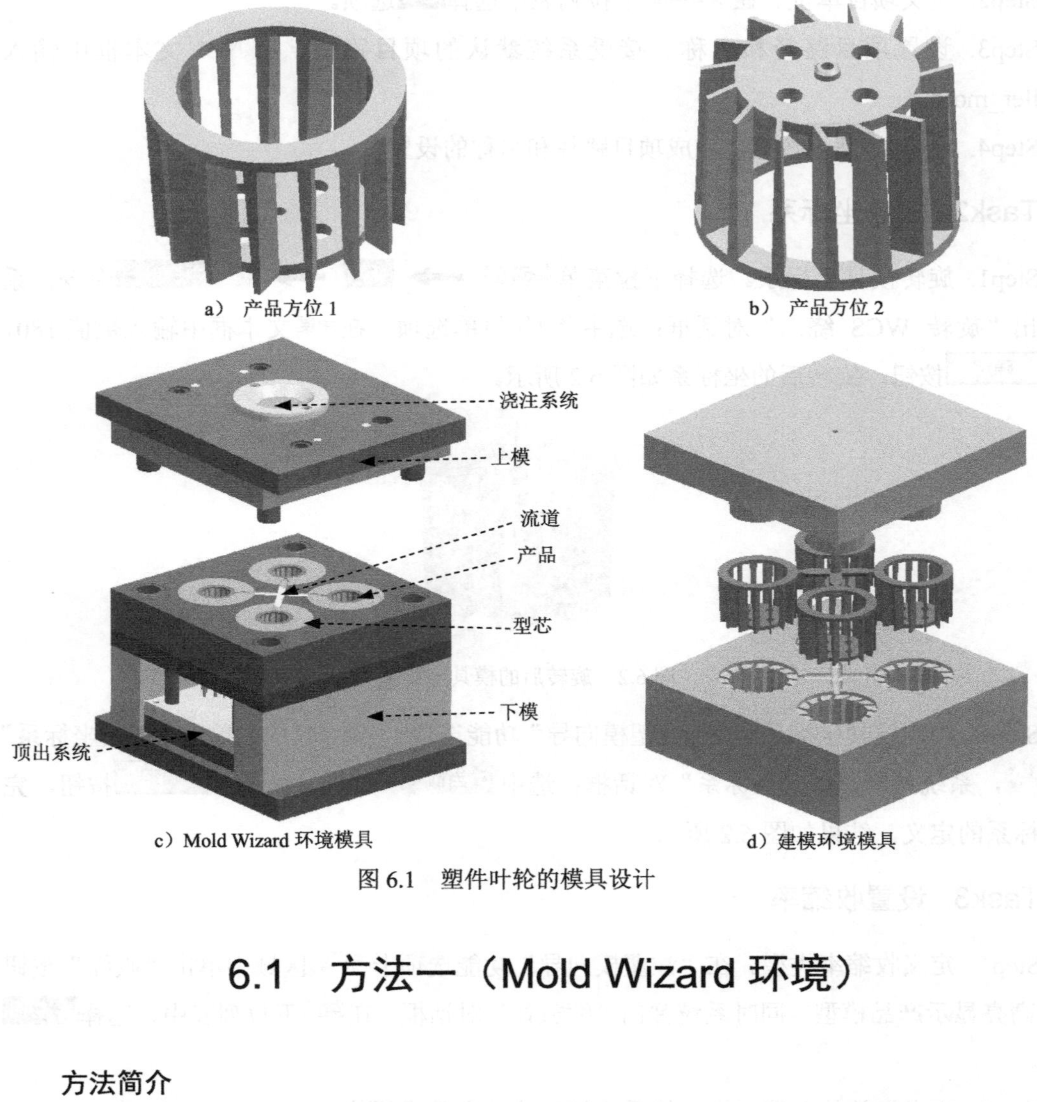

a） 产品方位 1　　b） 产品方位 2

c）Mold Wizard 环境模具　　d）建模环境模具

图 6.1　塑件叶轮的模具设计

6.1　方法一（Mold Wizard 环境）

方法简介

采用 Mold Wizard 设计此模具的主要思路如下：首先，进行产品的布局，定义型腔/型芯区域面，并将孔进行修补；其次，进行区域面和分型线的创建；再次，通过“拉伸”方法创建分型面，并完成型腔/型芯的创建；最后，加载模架及标准件，完成浇注系统和顶出系统的设计。

下面介绍在 Mold Wizard 环境下设计该模具的具体过程。

Task1. 初始化项目

Step1. 加载模型。在“注塑模向导”功能选项卡中单击“初始化项目”按钮，系统弹出“部件名”对话框，选择 D:\ug12.6\work\ch06\impeller.prt，单击 OK 按钮，载入模型，系统弹出“初始化项目”对话框。

Step2. 定义项目单位。在项目单位下拉列表中选择毫米选项。

Step3. 设置项目路径和名称。接受系统默认的项目路径；在 Name 文本框中输入 impeller_mold。

Step4. 单击确定按钮，完成项目路径和名称的设置。

Task2. 模具坐标系

Step1. 旋转模具坐标系。选择下拉菜单格式(R) ➡ WCS ➡ 旋转(R)...命令，系统弹出“旋转 WCS 绕...”对话框；选中 ⊙ +YC 轴单选项，在角度文本框中输入数值 180，单击确定按钮，旋转后的坐标系如图 6.2 所示。

图 6.2 旋转后的模具坐标系

Step2. 锁定模具坐标系。在“注塑模向导”功能选项卡主要区域中单击“模具坐标系”按钮，系统弹出“模具坐标系”对话框；选中 ⊙ 当前 WCS 单选项；单击确定按钮，完成坐标系的定义，结果如图 6.2 所示。

Task3. 设置收缩率

Step1. 定义收缩率类型。在“注塑模向导”功能选项卡主要区域中单击“收缩”按钮，高亮显示产品模型，同时系统弹出“缩放体”对话框；在类型下拉列表中，选择均匀选项。

Step2. 定义缩放体和缩放点。接受系统默认的参数设置值。

Step3. 定义比例因子。在比例因子区域的均匀文本框中输入数值 1.006。

Step4. 单击确定按钮，完成收缩率的设置。

Task4. 创建模具工件

Step1. 在“注塑模向导”功能选项卡 主要 区域中单击“工件”按钮，系统弹出“工件”对话框。

Step2. 在 类型 下拉列表中选择 产品工件 选项，在 工件方法 下拉列表中选择 用户定义的块 选项，其他参数采用系统默认设置值。

Step3. 修改尺寸。单击 定义工件 区域的“绘制截面”按钮，系统进入草图环境，然后修改截面草图，如图 6.3 所示；在 限制 区域的 开始 下拉列表中选择 值 选项，并在其下方的 距离 文本框中输入数值-45；在 限制 区域的 结束 下拉列表中选择 值 选项，并在其下方的 距离 文本框中输入数值 25。

Step4. 单击 < 确定 > 按钮，完成创建后的模具工件如图 6.4 所示。

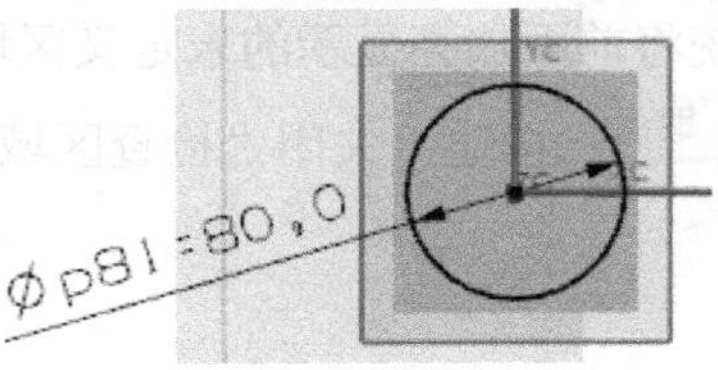

图 6.3 截面草图

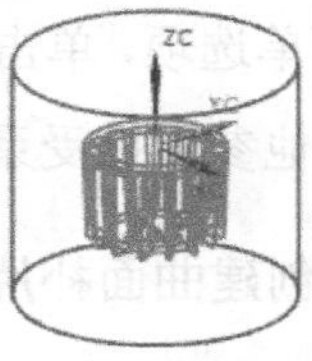

图 6.4 创建后的模具工件

Task5. 创建型腔布局

Step1. 在“注塑模向导”功能选项卡 主要 区域中单击“型腔布局”按钮，系统弹出“型腔布局”对话框。

Step2. 定义型腔数和间距。在 布局类型 区域选择 矩形 选项和 平衡 单选项；在 型腔数 下拉列表中选择 4 选项，并在 第一距离 和 第二距离 文本框中输入数值 15。

Step3. 指定矢量。单击 指定矢量 区域，在后面的下拉列表中选择 XC 按钮，结果如图 6.5 所示，在 生成布局 区域单击“开始布局”按钮，系统自动进行布局。

Step4. 在 编辑布局 区域单击“自动对准中心”按钮，使模具坐标系自动对准中心，布局结果如图 6.6 所示，单击 关闭 按钮。

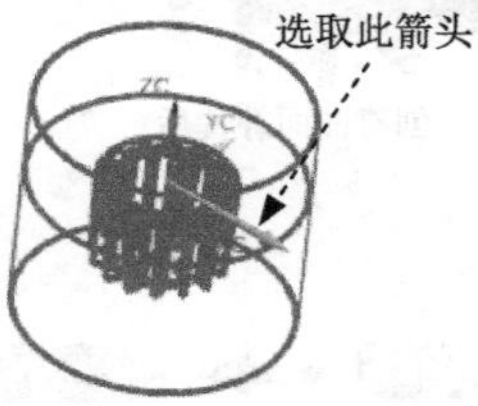

图 6.5 定义型腔布局方向

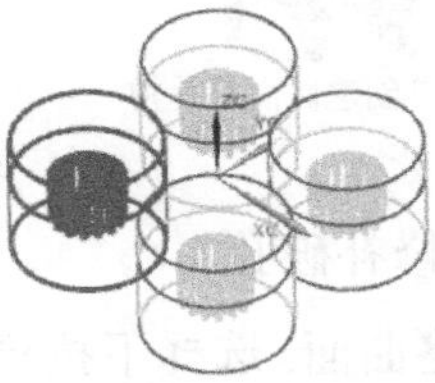

图 6.6 型腔布局

Task6. 模具分型

Stage1. 设计区域

Step1. 在“注塑模向导”功能选项卡 主要 区域中单击“检查区域”按钮，系统弹出

“检查区域”对话框，同时模型被加亮，并显示开模方向，结果如图 6.7 所示。单击“计算”按钮，系统开始对产品模型进行分析计算。

图 6.7 开模方向

Step2. 定义区域。单击 区域 选项卡，在 设置 区域中取消选中 内环、 分型边 和 不完整的环 三个复选框；单击“设置区域颜色”按钮，设置区域颜色；在 未定义的区域 区域中选中 交叉竖直面 复选框，此时系统将所有的未定义区域面加亮显示；在 指派到区域 区域中选中 型芯区域 单选项，单击 应用 按钮，此时系统将前面加亮显示的未定义区域面指派到型芯区域；其他参数接受系统默认设置值；单击 取消 按钮，关闭“检查区域”对话框。

Stage2. 创建曲面补片

Step1. 创建曲面补片。在“注塑模向导”功能选项卡 分型刀具 区域中单击“曲面补片”按钮，系统弹出“边补片”对话框；在 类型 下拉列表中选择 体 选项，选择图形区中的实体模型，然后单击 确定 按钮；系统弹出“边补片”提示对话框，单击 确定 按钮，结果如图 6.8b 所示。

说明：通过图 6.8 可以看出，利用自动修补的方式修补破孔，零件侧面上的破孔未被修补上，此时则需要通过手动的方式来修补这些破孔。

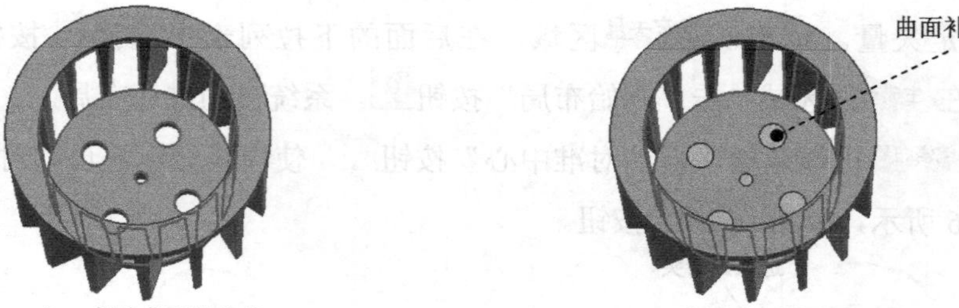

a） 创建曲面补片前　　b） 创建曲面补片后

图 6.8 创建曲面补片

Step2. 手动修补破孔。

(1)创建网格曲面。选择下拉菜单 插入(S) → 网格曲面(M) → 通过曲线网格(M)... 命令，系统弹出“通过曲线网格”对话框，选取如图 6.9 所示的边线 1 和边线 2 为主曲线，并分别单击中键确认；然后再单击中键，选取边线 3 和边线 4 为交叉曲线，并分别单击中键确认，单击 确定 按钮，完成曲面的创建。

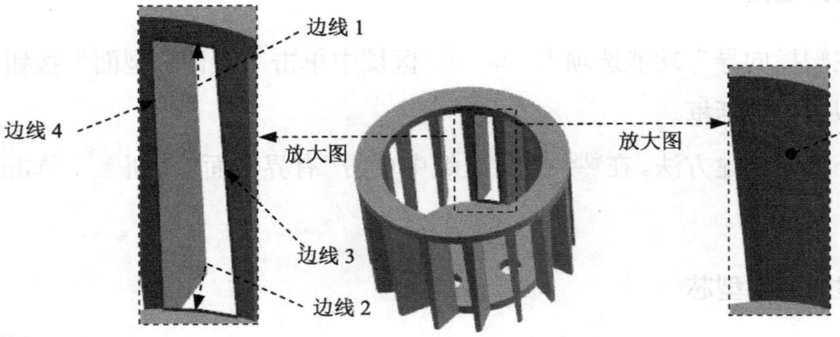

图 6.9　创建网格曲面

（2）创建阵列几何特征。选择下拉菜单插入(S) → 关联复制(A) ▸ → 阵列几何特征(T)...命令，系统弹出“阵列几何特征”对话框，在布局下拉列表中选择圆形选项，激活要形成阵列的几何特征区域的* 选择对象 (0)，选取上一步创建的网格曲面为旋转对象；激活旋转轴区域的指定矢量，在其下拉列表中选择ZC↑选项，激活指定点，选取如图 6.10 所示的点；在角度方向区域的数量文本框中输入数值 15，在节距角文本框中输入数值 24，其他参数接受系统默认设置值，单击< 确定 >按钮，结果如图 6.11 所示。

（3）将曲面转化成系统识别的修补面。在“注塑模向导”功能选项卡分型刀具区域中单击“编辑分型面和曲面补片”按钮，系统弹出“编辑分型面和曲面补片”对话框，选择如图 6.12 所示的 15 个曲面，单击确定按钮。

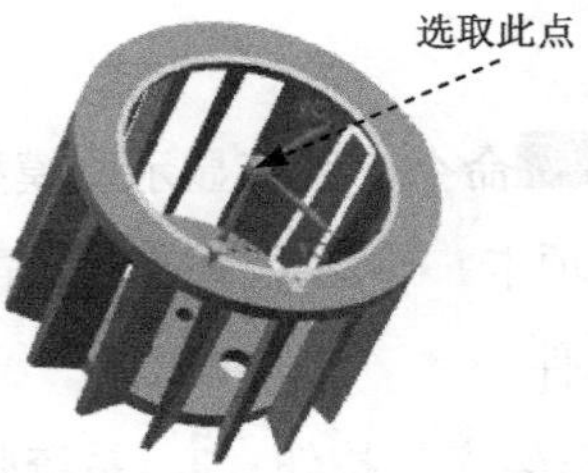

图 6.10　指定点

图 6.11　创建阵列几何特征

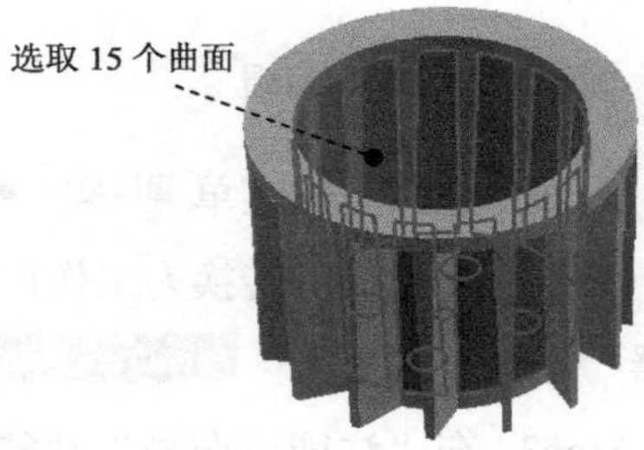

图 6.12　添加现有曲面

Stage3. 创建型腔/型芯区域及分型线

Step1. 在“注塑模向导”功能选项卡分型刀具区域中单击“定义区域”按钮，系统弹出“定义区域”对话框。

Step2. 选中设置区域的☑ 创建区域和☑ 创建分型线复选框，单击确定按钮，完成分型线的创建，创建分型线结果如图 6.13 所示。

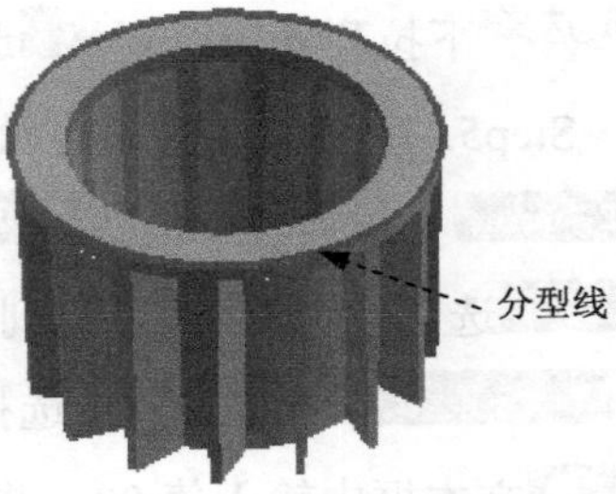

图 6.13　创建分型线

Stage4. 创建分型面

Step1. 在“注塑模向导”功能选项卡 分型刀具 区域中单击“设计分型面”按钮，系统弹出“设计分型面”对话框。

Step2. 定义分型面创建方法。在创建分型面区域中单击“有界平面”按钮，单击确定按钮，结果如图 6.14 所示。

Stage5. 创建型腔和型芯

在“注塑模向导”功能选项卡 分型刀具 区域中单击“定义型腔和型芯”按钮，系统弹出“定义型腔和型芯”对话框。选取选择片体区域下拉列表中的所有区域选项，单击确定按钮，完成型腔和型芯的创建。型腔零件如图 6.15 所示，型芯零件如图 6.16 所示。

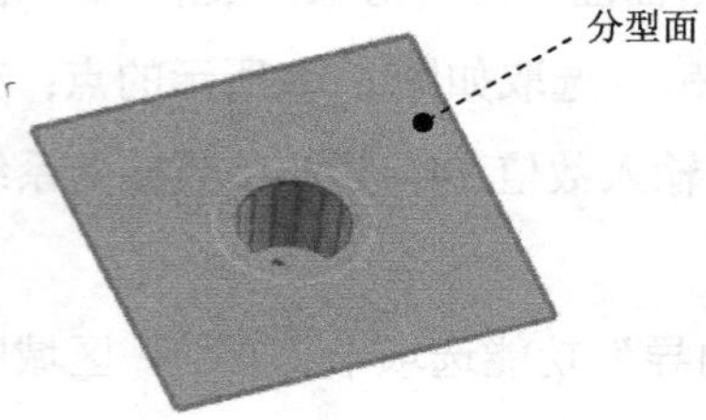

图 6.14 创建分型面

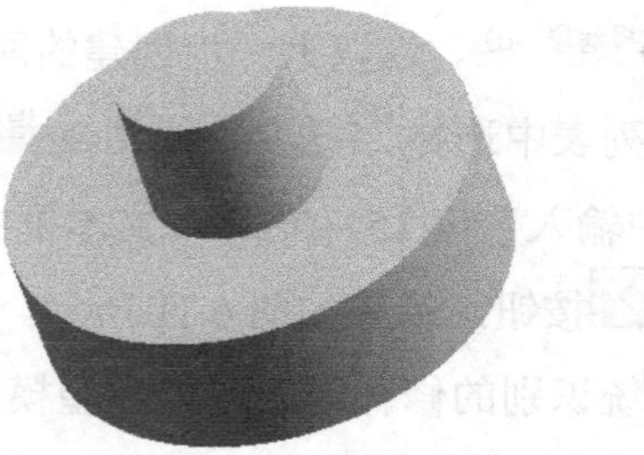

图 6.15 型腔零件

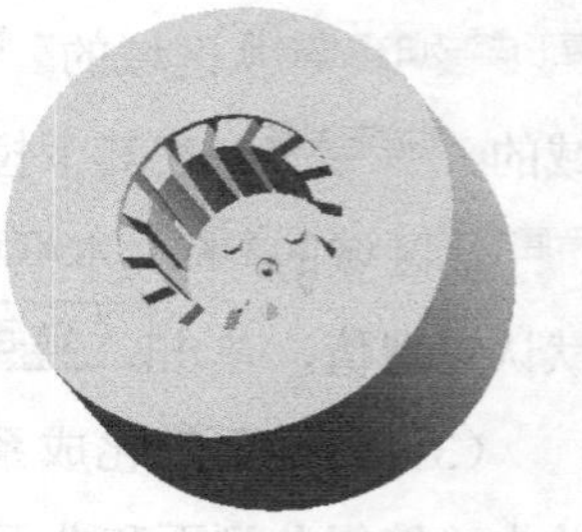

图 6.16 型芯零件

Task7. 创建模架

模架的加载和编辑

Step1. 选择下拉菜单 窗口(O) → 6. impeller_mold_top_000.prt 命令，系统显示总模型。

Step2. 将总模型转换为工作部件。单击“装配导航器”选项卡，系统弹出“装配导航器”界面。双击 ☑ impeller_mold_top_010，将其设置为工作部件。

Step3. 在“注塑模向导”功能选项卡 主要 区域中单击“模架库”按钮，系统弹出“模架库”对话框和“重用库”导航器。

Step4. 选择目录和类型。在“重用库”导航器 名称 区域中选择 LKM_SG 选项，然后在 成员选择 下拉列表中选择 A 选项。

Step5. 定义模架的编号及标准参数。在 详细信息 区域的 index 下拉列表中选择 2525 选项，在 EG_Guide 下拉列表中选择 1:ON 选项，在 BP_h 文本框中输入值 45，在 Mold_type 下拉列表中选择 300:I 选项，在 GTYPE 下拉列表中选择 1:On A 选项，在 shorten_ej 下拉列表中选择 10 选项，在 shift_ej_screw 下拉列表中选择 4 选项，在 EJB_open 文本框中输入值-5，并按 Enter 键确认，在 CP_h 文本框中输入值 90，并按 Enter 键确认，在 U_h 文本框中输入值 20，并按 Enter 键确认，在 supp_pocket 文本框中输入值 1，并按 Enter 键确认。

Step6. 单击 确定 按钮，加载后的模架如图 6.17 所示。

Step7. 移除模架中无用的结构零部件，如图 6.18 所示。

说明：因为此模架较小，塑件精度要求一般，所以模架中的顶出导向机构在此可以移除，导向机构完全可由复位杆来代替。

图 6.17　加载后的模架

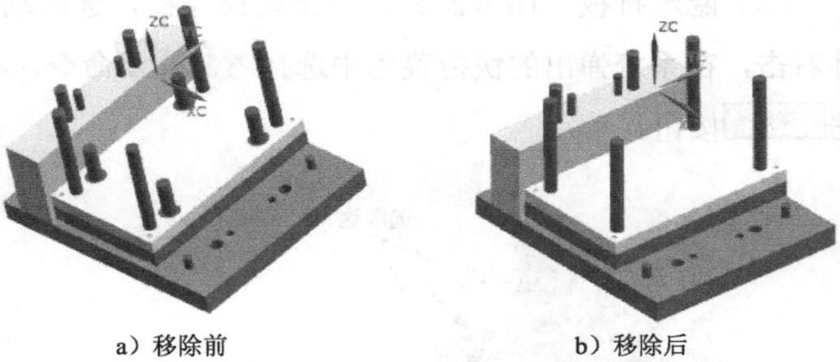

a）移除前　　b）移除后

图 6.18　移除部分零部件

（1）隐藏模架中的部分零部件，结果如图 6.19 所示。

（2）选取如图 6.19 所示的 8 个零件并右击，在系统弹出的快捷菜单中选择 ✕ 删除(D) 命令，在系统弹出的“Delete”对话框中单击 确定(O) 按钮，在系统弹出的“移除组件”对话框中单击 是(Y) 按钮，系统弹出“警报”对话框，提示中断的链接体有哪些。关闭该对话框，结果如图 6.20 所示。

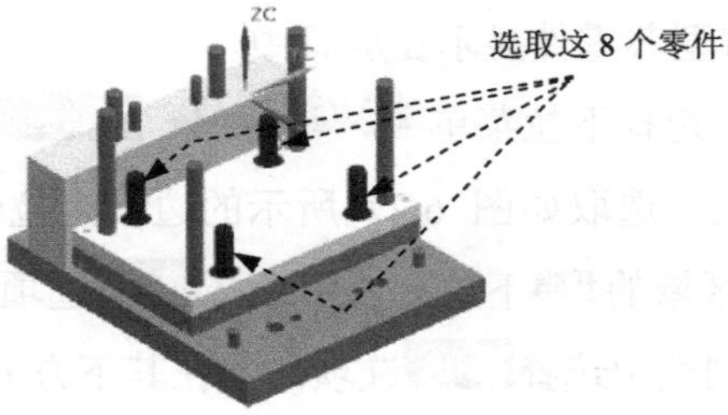

图 6.19　隐藏零件

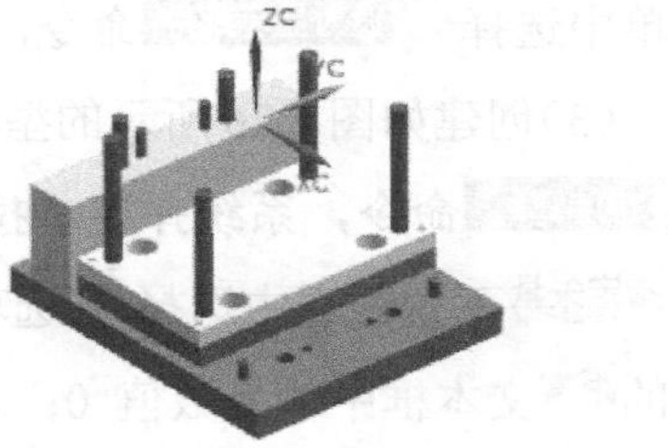

图 6.20　删除零件后的结果

（3）双击推杆固定板（图 6.21），选取推杆固定板中的 4 个孔特征（图 6.21）并右击，在系统弹出的快捷菜单中选择 ✕ 删除(D) 命令，在系统弹出的“提示”对话框中单击 确定 按钮，结果如图 6.22 所示。

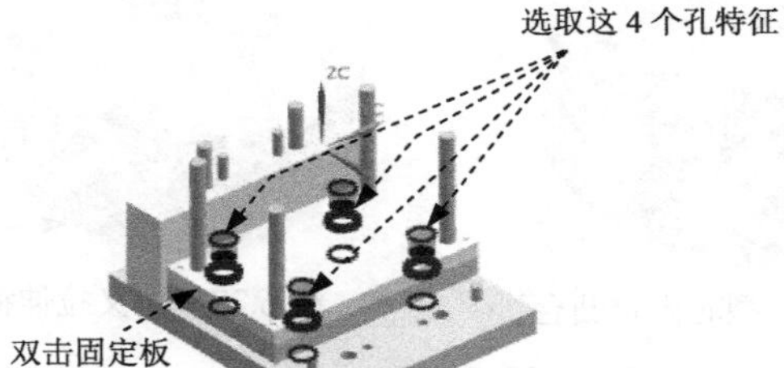

图 6.21　定义删除对象

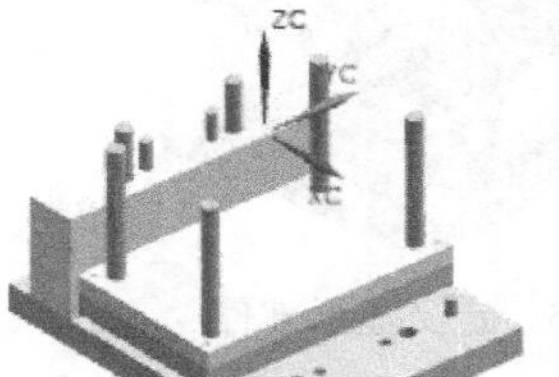

图 6.22　删除孔特征后的结果

（4）隐藏推杆固定板（图 6.23），双击推板，选取推板中的 4 个孔特征（图 6.23）并右击，在系统弹出的快捷菜单中选择 删除(D) 命令，在系统弹出的“提示”对话框中单击 确定 按钮。

注意：在某个板中删除特征，要将此板设定为工作部件。

（5）隐藏推板（图 6.24），双击动模座板，选取动模座板中的 4 个孔特征（图 6.24）并右击，在系统弹出的快捷菜单中选择 删除(D) 命令，在系统弹出的“提示”对话框中单击 确定 按钮。

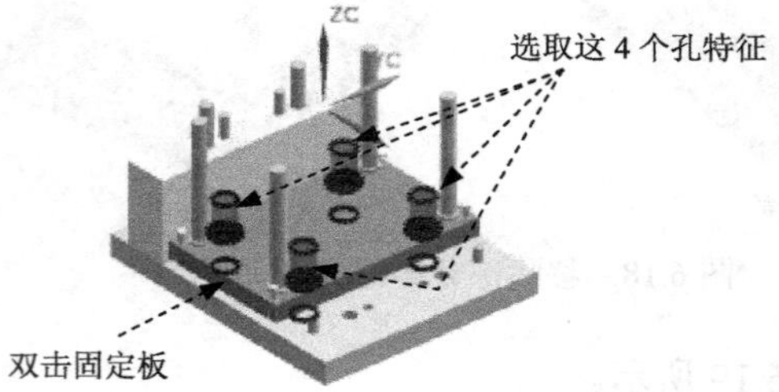

图 6.23 定义删除对象

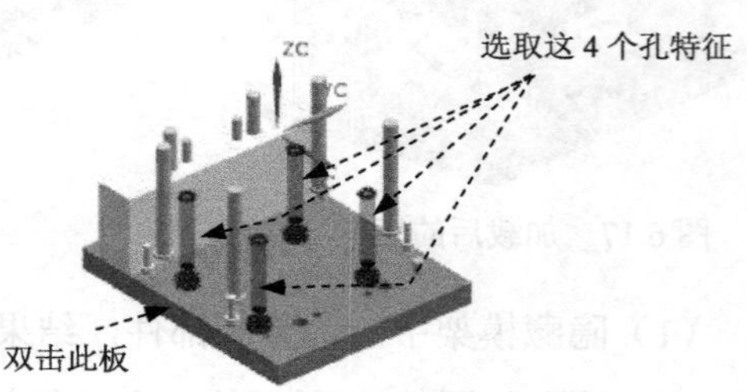

图 6.24 定义删除对象

Step8. 创建型芯固定凸台。

（1）隐藏模架中的部分零部件，结果如图 6.25 所示。

（2）将型芯设为显示部件。选取如图 6.25 所示的型芯零件并右击，在系统弹出的快捷菜单中选择 设为显示部件 命令，此时系统将型芯零件显示在屏幕中。

（3）创建如图 6.26 所示的型芯固定凸台。选择下拉菜单 插入(S) → 设计特征(E) → 拉伸(E)... 命令，系统弹出“拉伸”对话框，选取如图 6.27 所示的边线为拉伸截面，在 指定矢量 下拉列表中选择 ZC 选项，在 限制 区域的 开始 下拉列表中选择 值 选项，并在其下方的 距离 文本框中输入数值 0；在 结束 下拉列表中选择 值 选项，并在其下方的 距离 文本框中输入数值 10；在 布尔 区域的 布尔 下拉列表中选择 合并，在 偏置 区域的 偏置 下拉列表中选择 单侧，在 结束 文本框中输入数值 5，单击 < 确定 > 按钮，完成固定凸台的创建。

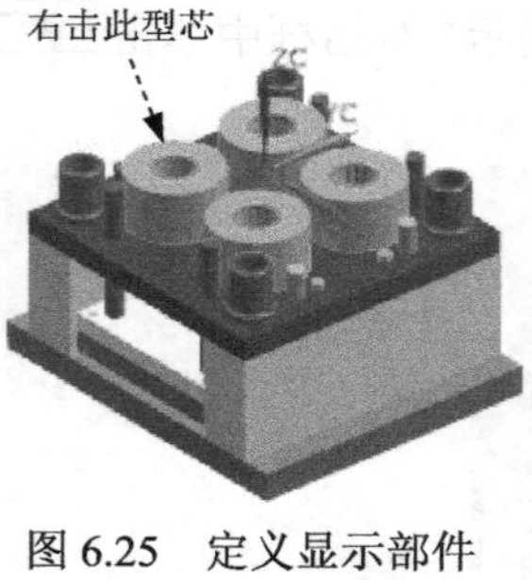

图 6.25 定义显示部件

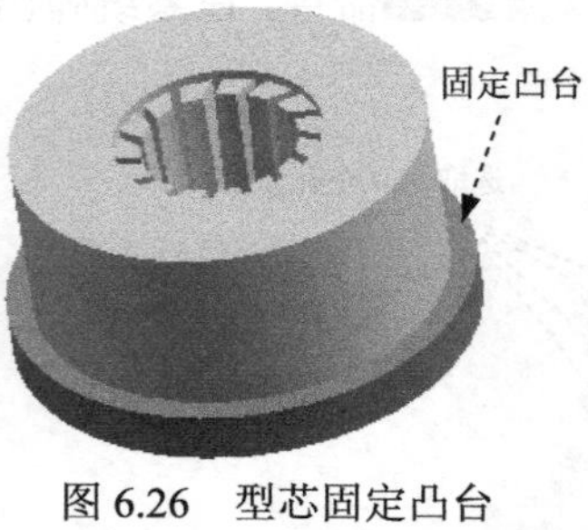

图 6.26 型芯固定凸台

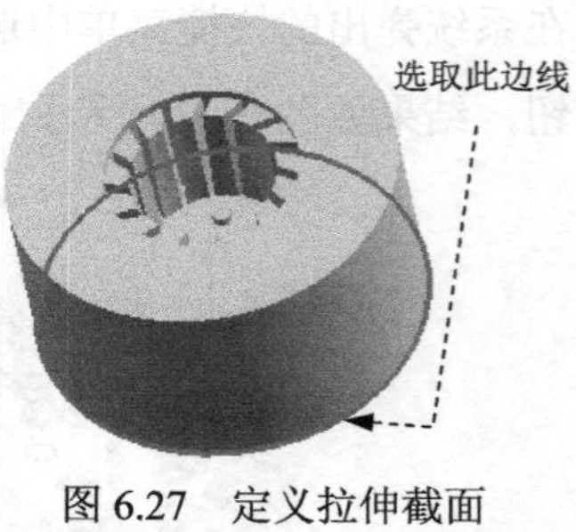

图 6.27 定义拉伸截面

（4）选择下拉菜单 窗口(O) → 2. impeller_mold_top_000.prt 命令，系统显示总模型；单击“装配导航器”选项卡，系统弹出“装配导航器”界面。在 ☑ impeller_mold_top_000 选项上右击，在系统弹出的快捷菜单中选择 设为工作部件 命令。

Step9. 创建型芯避开槽。

（1）显示模架中的动模板，并将其设为“工作部件”，再将其隐藏，结果如图 6.28 所示。

（2）选择下拉菜单 插入(S) → 关联复制(A) → WAVE 几何链接器(W)... 命令，系统弹出“WAVE 几何链接器”对话框，在 类型 下拉列表中选择 面，在 面 区域的 面选项 下拉列表中选择 单个面，选取如图 6.28 所示的 12 个面，单击 < 确定 > 按钮，完成面的链接。

（3）隐藏型芯零件和产品零件，选择下拉菜单 插入(S) → 组合(B) → 缝合(W)... 命令，选取如图 6.29 所示的目标片体和工具片体，单击 确定 按钮，完成曲面缝合特征 1 的创建。然后，参照创建曲面缝合特征 1 的步骤，创建曲面缝合特征 2、3 和 4。

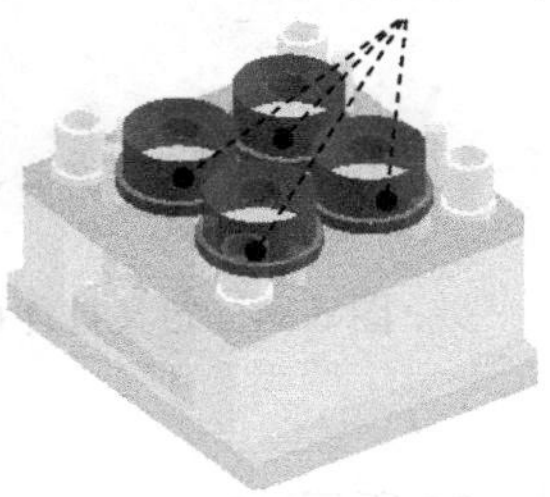

图 6.28 定义链接面（一）

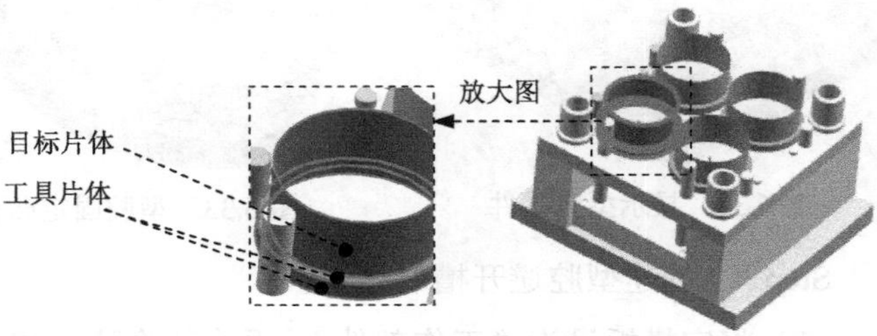

图 6.29 曲面缝合特征 1 的创建

（4）显示动模板，创建如图 6.30 所示的修剪体特征。选择下拉菜单 插入(S) → 修剪(T) → 修剪体(T)... 命令，系统弹出“修剪体”对话框，选取动模板为目标体，选取曲面缝合特征 1 为工具面，修剪方向如图 6.31 所示，单击 < 确定 > 按钮，完成修剪体特征的创建，使用同样的方法创建其他 3 个修剪体特征，隐藏缝合的片体。

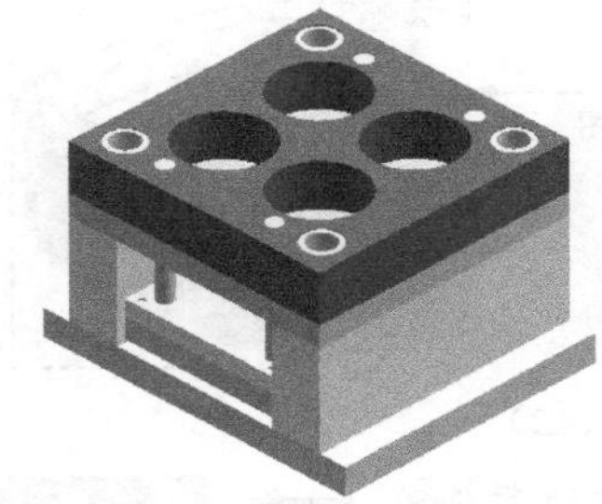

图 6.30 创建修剪体特征

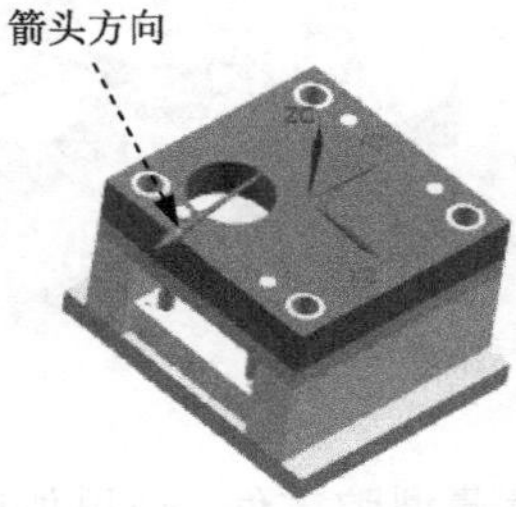

图 6.31 定义修剪方向

Step10. 创建型腔固定凸台。

（1）在 impeller_mold_top_000 选项上右击，在系统弹出的快捷菜单中选择 设为工作部件 命令；隐藏模架中的部分零部件，结果如图 6.32 所示。

（2）将型腔设为显示部件。选择如图 6.32 所示的型腔零件并右击，在系统弹出的快捷菜单中选择 在窗口中打开 命令。

（3）创建如图 6.33 所示的型腔固定凸台。选择下拉菜单 插入(S) → 设计特征(E) →

拉伸(E)...命令，系统弹出“拉伸”对话框，选取如图 6.34 所示的边线为拉伸截面，在指定矢量下拉列表中选择 ZC 选项，在限制区域的开始下拉列表中选择值选项，并在其下方的距离文本框中输入数值 0；在结束下拉列表中选择值选项，并在其下方的距离文本框中输入数值 10，在布尔区域的布尔下拉列表中选择合并，在偏置区域的偏置下拉列表中选择单侧，在结束文本框中输入数值 5，单击 < 确定 > 按钮，完成固定凸台的创建。

（4）选择下拉菜单 窗口(O) → impeller_mold_top_000.prt 命令，系统显示总模型；在 impeller_mold_top_000 选项上右击，在系统弹出的快捷菜单中选择 设为工作部件 命令。

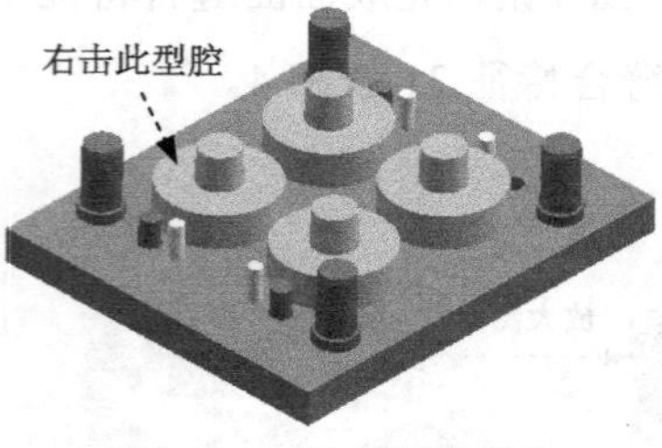

图 6.32　显示型腔零件

图 6.33　型腔固定凸台

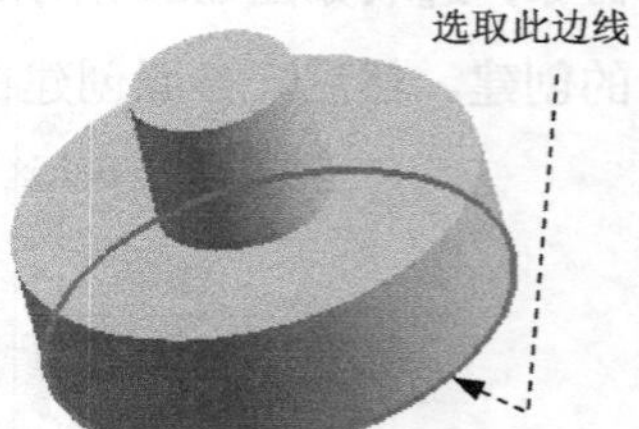

图 6.34　定义拉伸截面

Step11. 创建型腔避开槽。

（1）将定模板设为“工作部件”，再将其隐藏，结果如图 6.35 所示。

（2）选择下拉菜单 插入(S) → 关联复制(A) → WAVE 几何链接器(W)... 命令，系统弹出“WAVE 几何链接器”对话框，在类型下拉列表中选择面，在面区域的面选项下拉列表中选择单个面，选择如图 6.35 所示的 12 个面，单击 < 确定 > 按钮，完成面的链接。

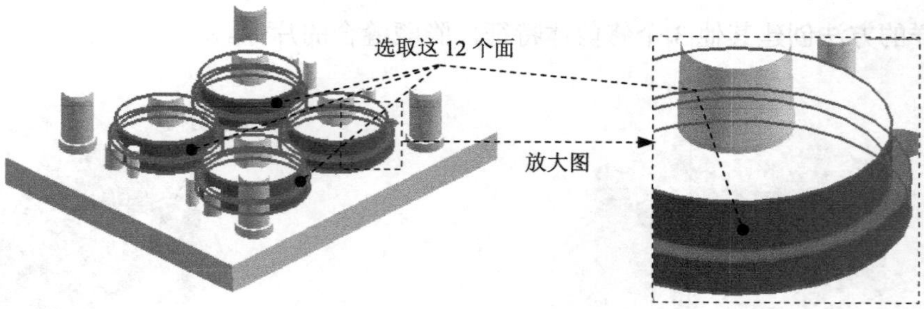

图 6.35　定义链接面（二）

（3）隐藏型腔零件，结果如图 6.36 所示，选择下拉菜单 插入(S) → 组合(B) → 缝合(W)... 命令，选取如图 6.36 所示的目标片体，选取如图 6.36 所示的面为工具片体，单击 确定 按钮，完成曲面缝合特征 1 的创建。然后，参照创建曲面缝合特征 1 的步骤创建曲面缝合特征 2、3 和 4。

（4）显示定模板，创建如图 6.37 所示的修剪体特征，选择下拉菜单 插入(S) → 修剪(T) → 修剪体(T)... 命令，系统弹出“修剪体”对话框，选取定模板为目标体，选取曲面缝合特征 1 为工具面，修剪方向如图 6.38 所示，单击 < 确定 > 按钮，完成修剪体特征的创建，使用同样的方法，创建其他 3 个修剪体特征，隐藏缝合的片体。

说明：若完成面的链接后，发现链接的结果没有显示出来，可在部件导航器中将其显示出来。

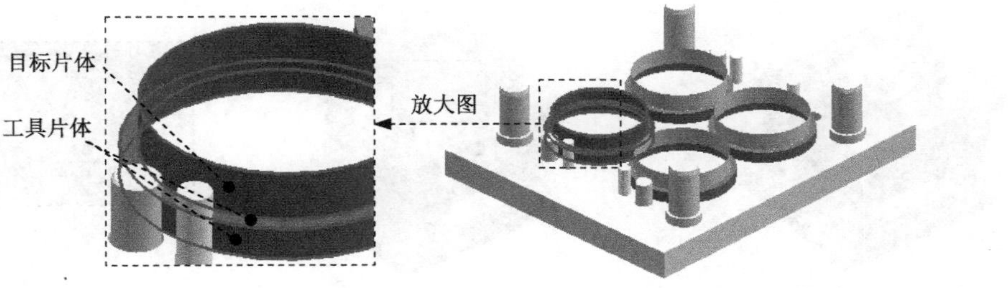

图 6.36 曲面缝合特征 2、3、4 的创建

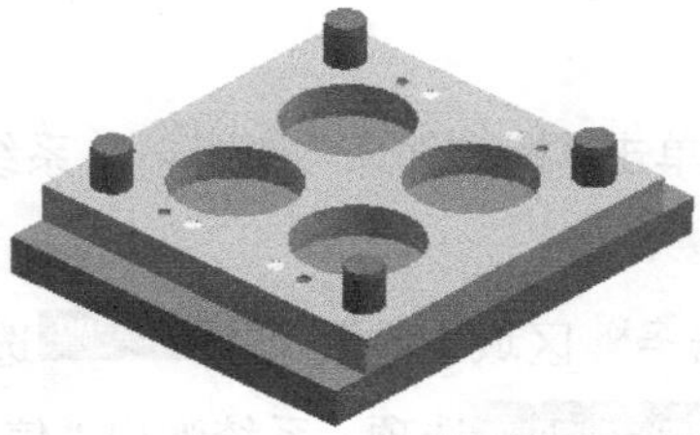

图 6.37 创建修剪体特征

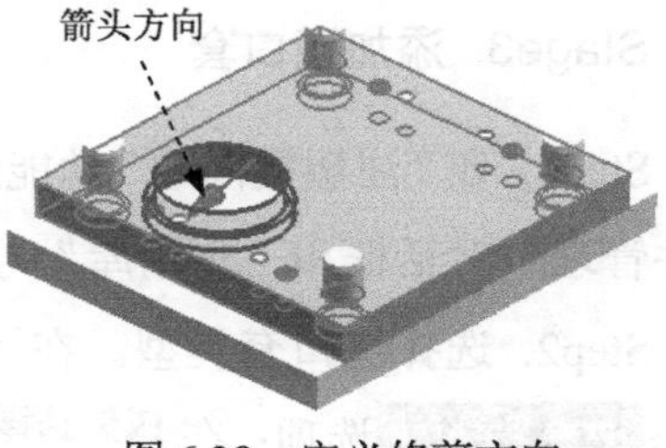

图 6.38 定义修剪方向

Task8. 添加标准件

Stage1. 加载定位圈

Step1. 将动模侧模架和模仁组件显示出来。

说明：将模仁显示的方法是在部件导航器中将其链接体显示即可。

Step2. 在“注塑模向导”功能选项卡 主要 区域中单击“标准件库”按钮，系统弹出“标准件管理”对话框和“重用库”导航器。

Step3. 选择目录和类别。在“重用库”导航器 名称 区域的模型树中选择 FUTABA_MM 节点下的 Locating Ring Interchangeable 选项；在 成员选择 列表中选择 Locating Ring 选项；系统弹出信息窗口显示定位圈的参数信息。

Step4. 定义定位圈类型和参数。在 详细信息 区域中的 TYPE 下拉列表中选择 M_LRB 选项；在 BOLT_CIRCLE 文本框中输入值 80。

Step5. 单击 确定 按钮，完成定位圈的添加，如图 6.39 所示。

Stage2. 创建定位圈槽

Step1. 在“注塑模向导”功能选项卡 主要 区域中单击“腔”按钮，系统弹出“开腔”对话框；在 模式 下拉列表中选择 减去材料，在 工具 区域的 工具类型 下拉列表中选择 组件。

Step2. 选取目标体。选取定模座板为目标体，然后单击中键。

Step3. 选取工具体。选取定位圈为工具体。

Step4. 单击 确定 按钮，完成定位圈槽的创建。

说明：观察结果时可将定位圈隐藏，结果如图 6.40 所示。

图 6.39 定位圈

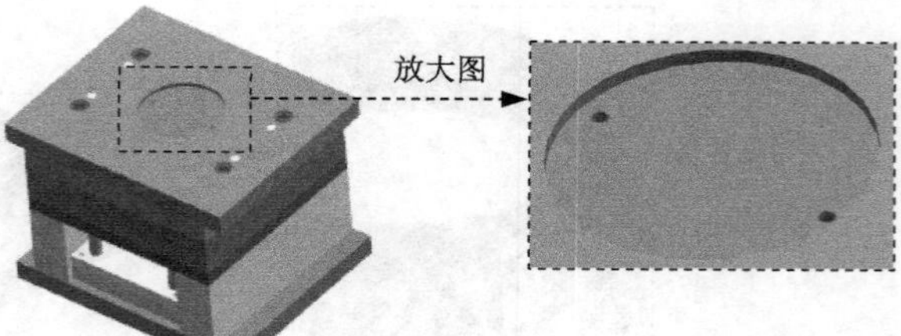

图 6.40 创建定位槽后的定模座板

Stage3. 添加浇口套

Step1. 在“注塑模向导”功能选项卡 主要 区域单击“标准件库”按钮，系统弹出“标准件管理”对话框和“重用库”导航器。

Step2. 选择浇口套类型。在“重用库”导航器 名称 区域中选择 FUTABA_MM 选项节点下的 Sprue Bushing 选项；在 **成员选择** 列表中选择 Sprue Bushing 选项，系统弹出“信息”窗口。在 详细信息 区域的 CATALOG 下拉列表中选择 M-SBA 选项；选择 CATALOG_LENGTH 选项，在文本框中输入数值 40；其他参数采用系统默认设置值。

Step3. 单击 确定 按钮，完成浇口套的添加，如图 6.41 所示。

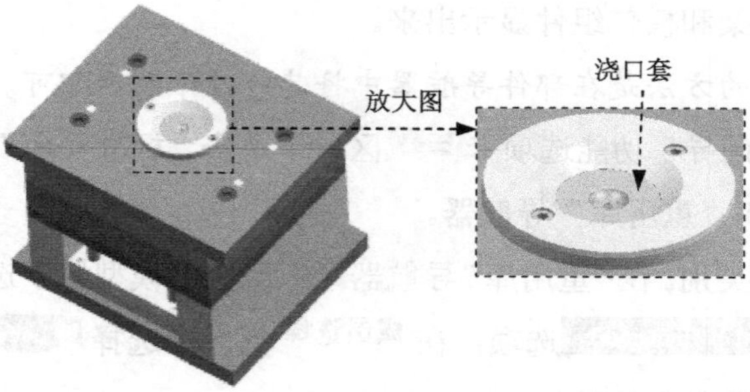

图 6.41 添加浇口套

Stage4. 创建浇口套槽

Step1. 隐藏动模、型芯和产品，隐藏后的结果如图 6.42 所示。

Step2. 在“注塑模向导”功能选项卡 主要 区域中单击“腔”按钮，系统弹出“开腔”对话框；在 模式 下拉列表中选择 减去材料，在 工具 区域的 工具类型 下拉列表中选择 组件。

Step3. 选取目标体。选取如图 6.43 所示的定模板和定模固定板为目标体，然后单击中键。

Step4. 选取工具体。选取浇口套为工具体。

Step5. 单击 确定 按钮，完成浇口套槽的创建。

说明：观察结果时可将浇口套隐藏，结果如图 6.43 所示。

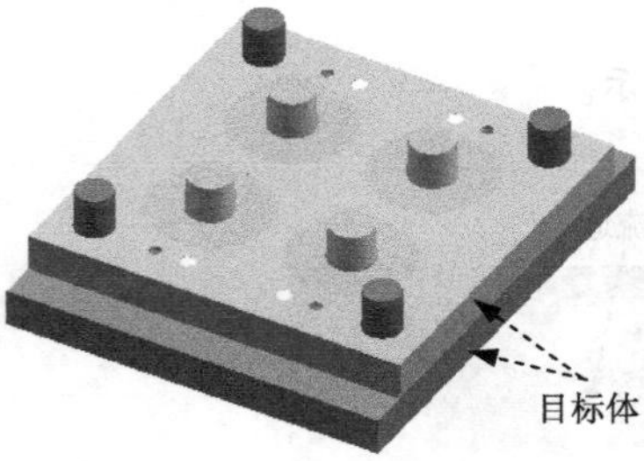

图 6.42 隐藏后的结果

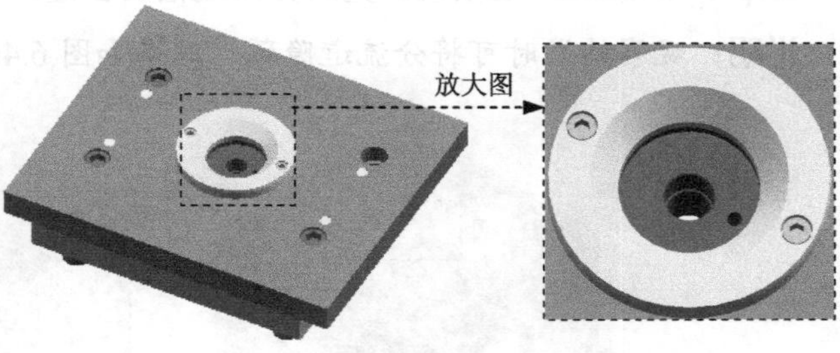

图 6.43 定模固定板和定模板避开孔

Task9. 创建浇注系统

Stage1. 创建分流道

Step1. 定义模架的显示，结果如图 6.44 所示。

Step2. 在“注塑模向导”功能选项卡 主要 区域中单击“流道”按钮，系统弹出“流道”对话框。

Step3. 定义引导线串。单击“绘制截面”按钮，系统弹出“创建草图”对话框。选取如图 6.44 所示的平面为草图平面（将选择范围调整为整个装配）。绘制如图 6.45 所示的截面草图，单击 完成草图 按钮，退出草图环境。

Step4. 定义流道通道。在 截面类型 下拉列表中选择 Semi_Circular 选项；在 详细信息 区域双击 D 文本框并输入数值 8，按 Enter 键确认；在 Offset 文本框中输入数值 0，并按 Enter 键确认。

Step5. 单击 < 确定 > 按钮，完成分流道的创建。

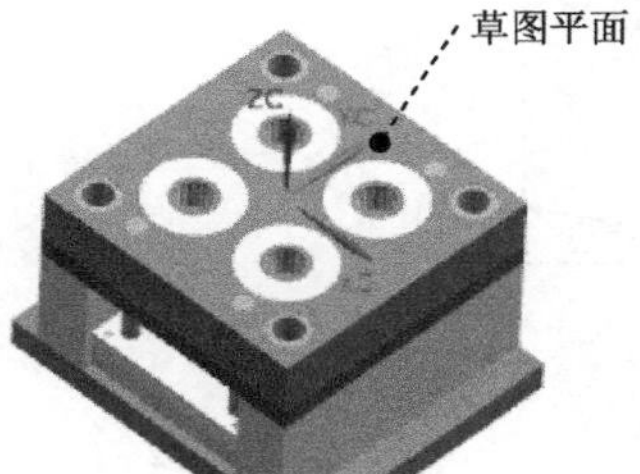

图 6.44 定义后的引导线串

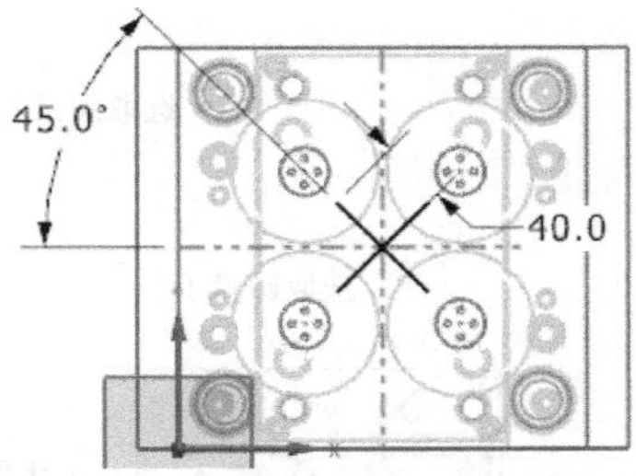

图 6.45 创建分流道截面草图

Stage2. 创建分流道槽

Step1. 在“注塑模向导”功能选项卡 主要 区域中单击“腔”按钮，系统弹出“开腔”对话框；在 模式 下拉列表中选择 减去材料 选项，在 工具 区域的 工具类型 下拉列表中选择 实体 选项。

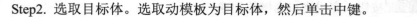

Step2. 选取目标体。选取动模板为目标体，然后单击中键。

Step3. 选取工具体。选取分流道为工具体。

Step4. 单击 确定 按钮，完成分流道槽的创建。

说明：观察结果时可将分流道隐藏，结果如图 6.46 所示。

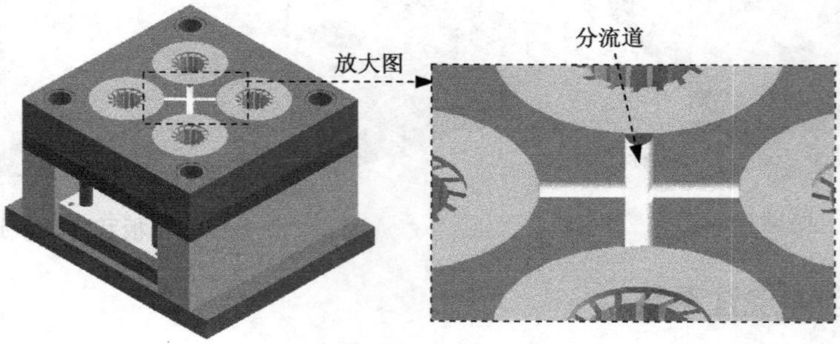

图 6.46 创建分流道

Stage3. 创建浇口

Step1. 选择命令。在“注塑模向导”功能选项卡 主要 区域中单击 按钮，系统弹出“设计填充”对话框和“信息”窗口。

Step2. 定义类型属性。

（1）选择类型。在“设计填充”对话框 详细信息 区域 Section_Type 的下拉列表中选择 Semi_Circular 选项。

（2）定义尺寸。分别将“D”“L”“OFFSET”的参数改写为 3、15 和 0。

Step3. 定义浇口起始点。单击“设计填充”对话框的 * 指定点 区域，选取图 6.47 所示的圆弧边线 1。

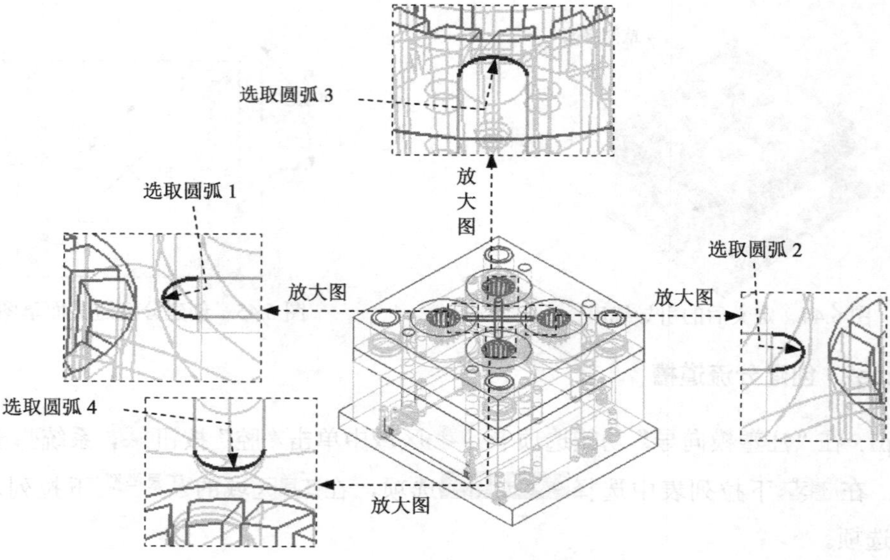

图 6.47 定义浇口位置

Step4. 拖动 XC-YC 面上的旋转小球，让其绕着 ZC 轴旋转 45 度。

Step5. 单击 确定 按钮，在流道末端创建的浇口特征如图 6.48 所示。

说明：图 6.47 中的模型方位是“正等测视图”方位。

Step6. 参照上面的操作，分别选取如图 6.47 所示的圆弧 2、圆弧 3 和圆弧 4 创建其他浇口特征，结果如图 6.48 所示。

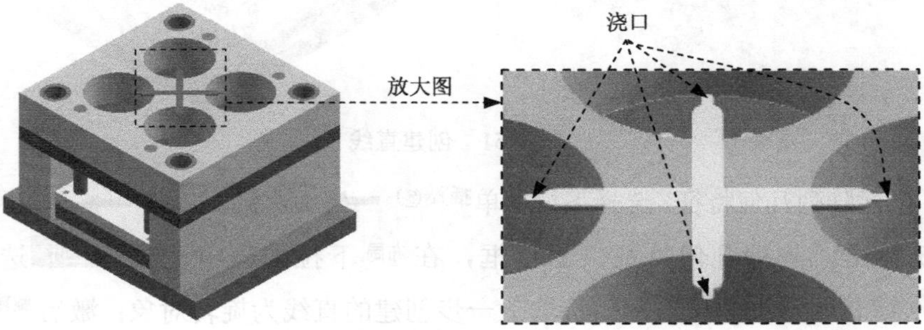

图 6.48 创建浇口

Stage4. 创建浇口槽

Step1. 选择命令。选择下拉菜单 插入(S) → 组合(B) ▸ → 装配切割(A)... 命令，系统弹出“装配切割”对话框。

Step2. 选取目标体。选取如图 6.49 所示的 4 个型芯为目标体，然后单击中键。

Step3. 选取工具体。选取 4 个浇口和两条分流道为工具体。

Step4. 单击 确定 按钮，完成浇口槽的创建。

说明：观察结果时，可将浇口和分流道隐藏，结果如图 6.50 所示。

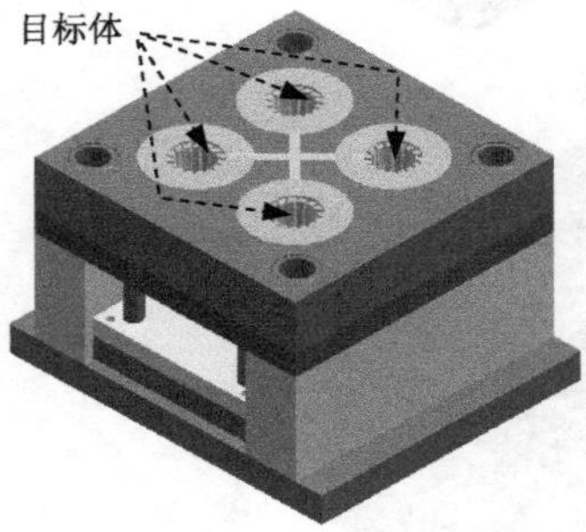

图 6.49 定义目标体

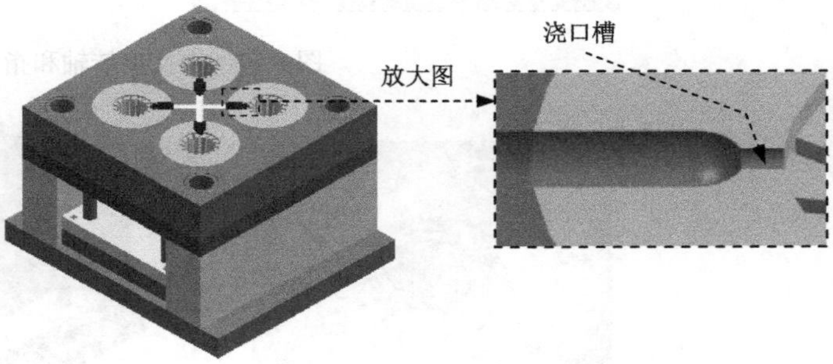

图 6.50 创建浇口槽

Task10. 添加顶出系统

Stage1. 创建顶杆定位直线

Step1. 创建直线。选择下拉菜单 插入(S) → 曲线(C) → 直线(L)... 命令，系统弹出“直线”对话框；创建如图 6.51 所示的直线（直线的端点在相应的临边中点上）；单击确定按钮，完成直线的创建。

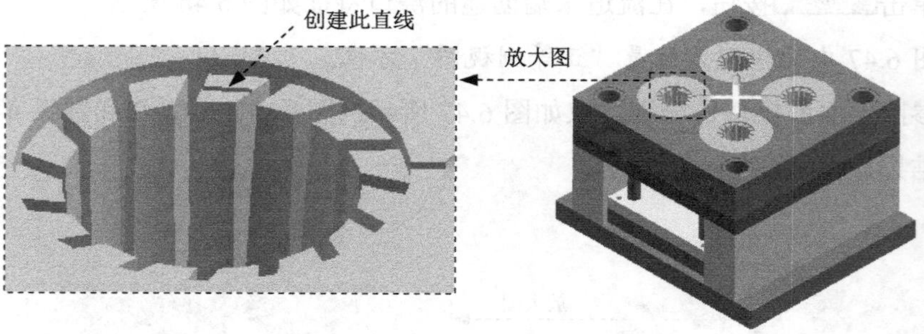

图 6.51 创建直线

Step2. 创建阵列几何特征。选择下拉菜单插入(S) → 关联复制(A) → 阵列几何特征(T)... 命令，系统弹出“阵列几何特征”对话框，在布局下拉列表中选择圆形选项。激活要形成阵列的几何特征区域的选择对象 (0)，选取上一步创建的直线为旋转对象；激活旋转轴区域的指定矢量，在其下拉列表中选择ZC选项，激活指定点，选取如图 6.52 所示的圆弧；在角度方向区域的数量文本框中输入数值 5，在节距角文本框中输入数值 72，其他参数接受系统默认设置值，单击< 确定 >按钮，结果如图 6.53 所示。

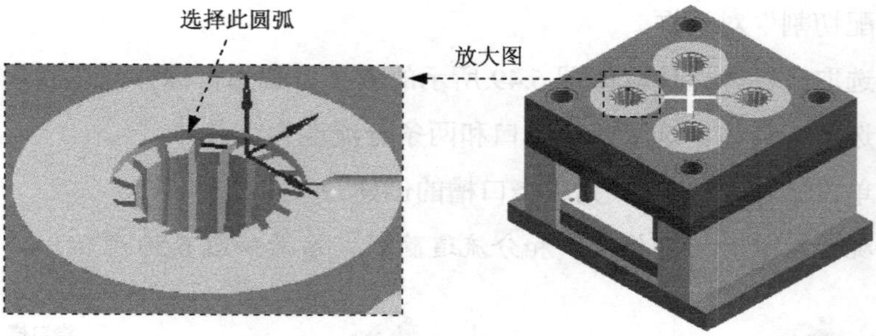

图 6.52 定义旋转轴和指定点

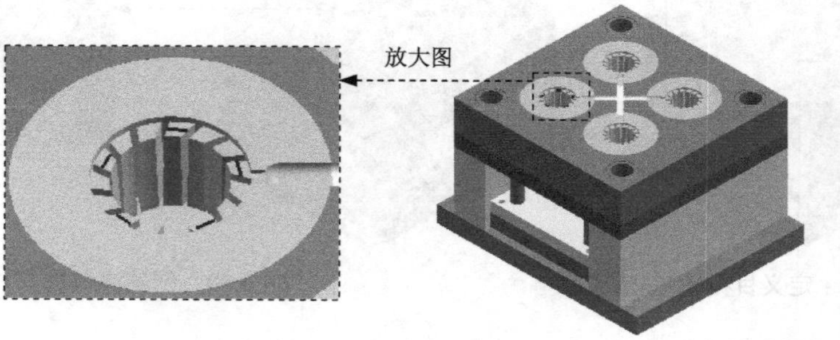

图 6.53 阵列几何体特征

Stage2. 加载顶杆 01

Step1. 在“注塑模向导”功能选项卡主要区域中单击“标准件库”按钮，系统弹出“标准件管理”对话框和“重用库”导航器。

Step2. 定义顶杆类型。在“重用库”导航器 名称 区域中选择 FUTABA_MM 节点下的 Ejector Pin 选项；在 成员选择 列表中选择 Ejector Pin Straight [EJ, EH, EQ, EA] 选项。

Step3. 修改顶杆尺寸（注：具体参数和操作参见随书学习资源）。

Step4. 定义顶杆放置位置。在“点”对话框的 类型 下拉列表中选择 控制点 选项，分别选择前面创建的 5 条直线的中点为顶杆放置的位置，然后单击 取消 按钮。此时系统返回至“标准件管理”对话框，单击 取消 按钮。

说明：在选取直线中点时，只需单击接近直线中间的位置即可，系统会自动捕捉其中点。

Step5. 完成顶杆的放置，结果如图 6.54 所示。

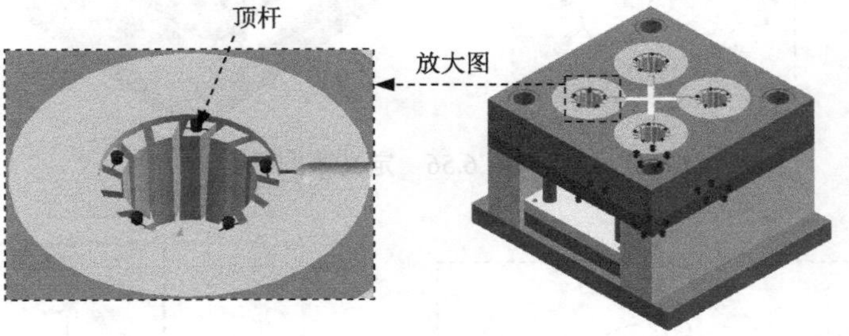

图 6.54　加载后的顶杆 01

说明：如果加载完成后有部分顶杆不显示，可以交换隐藏与显示空间，将隐藏的对象显示出来即可。

Stage3. 修剪顶杆 01

Step1. 选择命令。在“注塑模向导”功能选项卡 注塑模工具 区域中单击“修边模具组件”按钮，系统弹出“修边模具组件”对话框。

Step2. 选择修剪对象。在 类型 区域选择 修剪 选项；然后选取添加的所有顶杆为修剪目标体，在 修边曲面 下拉列表中选择 CORE_TRIM_SHEET 选项。

Step3. 单击 确定 按钮，完成顶杆 01 的修剪，结果如图 6.55 所示。

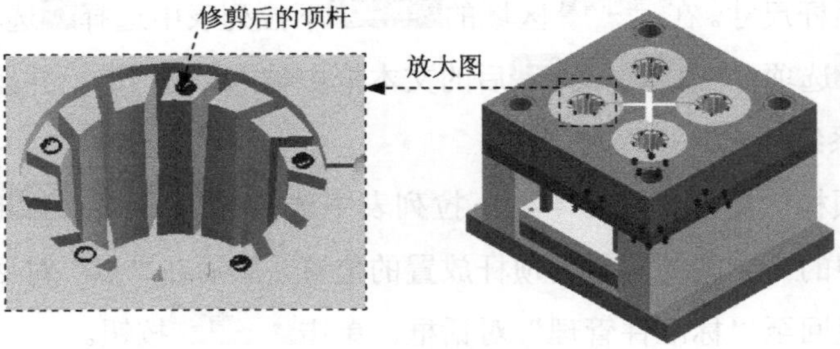

图 6.55　修剪后的顶杆 01

Stage4. 创建顶杆定位草图

Step1. 选择命令。选择下拉菜单 插入(S) → 在任务环境中绘制草图(V)... 命令，系统弹出“创建草图”对话框。

Step2. 定义草图平面。选取如图 6.56 所示的平面为草图平面，单击 确定 按钮。

Step3. 进入草图环境，绘制如图 6.57 所示的截面草图。

Step4. 单击 完成草图 按钮，退出草图环境。

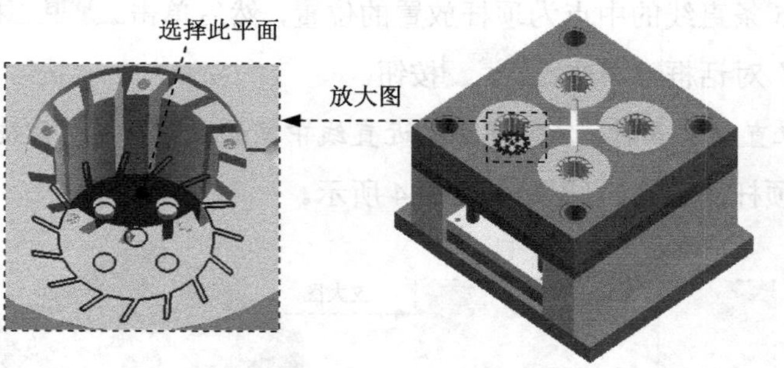

图 6.56　定义草图平面

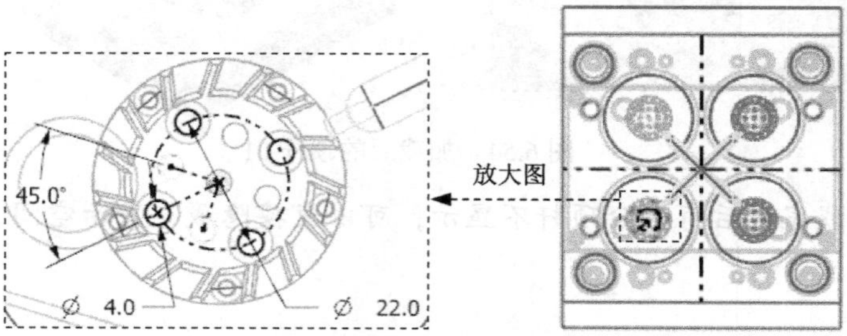

图 6.57　截面草图

Stage5. 加载顶杆 02

Step1. 在“注塑模向导”功能选项卡 主要 区域中单击“标准件库”按钮，系统弹出“标准件管理”对话框和“重用库”导航器。

Step2. 定义顶杆类型。在“重用库”导航器 名称 区域选中 FUTABA_MM 节点下的 Ejector Pin 选项；在 成员选择 列表中选择 Ejector Pin Straight [EJ, EH, EQ, EA] 选项。

Step3. 修改顶杆尺寸。在 详细信息 区域的 CATALOG 下拉列表中选择 EJ 选项；在 CATALOG_DIA 下拉列表中选择 4.0 选项；在 CATALOG_LENGTH 后的文本框中输入数值 105，并按 Enter 键确认；单击 应用 按钮，系统弹出“点”对话框。

Step4. 定义顶杆放置位置。在 类型 下拉列表中选择 圆弧中心/椭圆中心/球心 选项，分别选择前面创建草图中的 4 个圆的圆心为顶杆放置的位置，然后在“点”对话框中单击 取消 按钮。此时系统返回至“标准件管理”对话框，单击 取消 按钮。

说明：在选取圆心时只需单击圆弧任意位置即可，系统会自动捕捉其圆心。

Step5. 完成顶杆的放置，结果如图 6.58 所示（隐藏草图）。

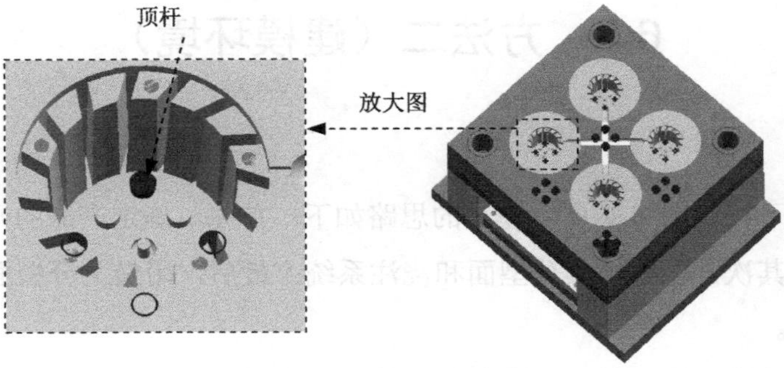

图 6.58 加载后的顶杆 02

Stage6. 修剪顶杆 02

Step1. 选择命令。在“注塑模向导”功能选项卡 注塑模工具 区域中单击“修边模具组件”按钮，系统弹出“修边模具组件”对话框。

Step2. 选择修剪对象。在类型区域选择 修剪 选项；然后选择如图 6.58 所示的 16 个顶杆为修剪目标体。在 修边曲面 下拉列表中选择 CORE_TRIM_SHEET 选项。

Step3. 单击 确定 按钮，完成顶杆的修剪。

Stage7. 创建顶杆腔

Step1. 选择命令。选择下拉菜单 插入(S) → 组合(B) ▸ → 装配切割(A)... 命令，系统弹出“装配切割”对话框。

Step2. 选取目标体。激活 impeller_mold_top_000，选取如图 6.59 所示的 4 个型芯、支承板和推杆固定板为目标体，然后单击中键。

Step3. 选取工具体。选取所有的顶杆（36 个）为工具体。

Step4. 单击 确定 按钮，完成顶杆腔的创建。

Step5. 显示所有的零部件，结果如图 6.60 所示。

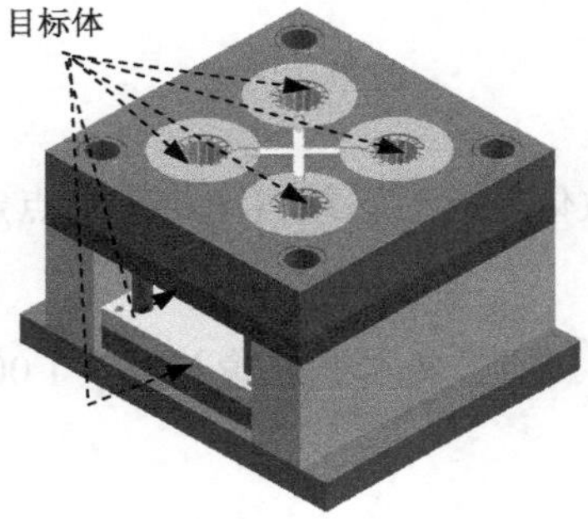

图 6.59 选取目标体

图 6.60 显示所有零部件

6.2 方法二（建模环境）

方法简介

在建模环境下设计图 6.1 所示模具的思路如下：首先，确定产品的开模方向，对产品进行型腔布局；其次，创建模具分型面和浇注系统；最后，用最大分型面将工件分割为型腔和型芯两部分。

下面介绍在建模环境下设计该模具的具体过程。

Task1. 模具坐标

Step1. 打开文件。打开 D:\ug12.6\work\ch06\impeller.prt 文件，单击 OK 按钮，进入建模环境。

Step2. 旋转坐标系。选择下拉菜单 格式(R) → WCS → 旋转(R)... 命令，系统弹出“旋转 WCS 绕...”对话框；选中 ⊙ + XC 轴 单选项，在 角度 文本框中输入数值 180；单击 确定 按钮，完成坐标系的旋转，如图 6.61 所示。

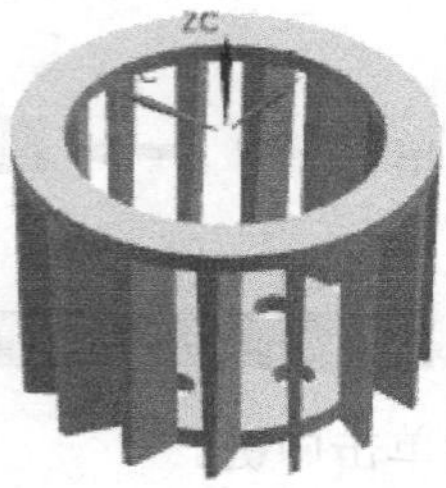

图 6.61 定义模具坐标系

Task2. 设置收缩率

Step1. 选择命令。选择下拉菜单 插入(S) → 偏置/缩放(O) → 缩放体(S)... 命令，系统弹出“缩放体”对话框。

Step2. 在 类型 下拉列表中选择 均匀 选项。

Step3. 定义缩放体和缩放点。选择零件为缩放体，此时系统自动将缩放点定义在零件的中心位置。

Step4. 定义缩放比例因子。在 比例因子 区域的 均匀 文本框中输入数值 1.006。

Step5. 单击 确定 按钮，完成收缩率的设置。

Task3. 型腔布局

Step1. 创建移动对象特征。选择下拉菜单 编辑(E) → 移动对象(O)... 命令，此时系统弹出“移动对象”对话框；选择零件模型为平移对象；在变换区域的运动下拉列表中选择距离选项；在下拉列表中选择XC；在距离文本框中输入数值 55；在结果区域中选中◉复制原先的单选项，在距离/角度分割文本框中输入数值 1；在非关联副本数文本框中输入数值 1；单击< 确定 >按钮，完成零件的平移，结果如图 6.62 所示。

Step2. 创建移动对象特征 2。选择下拉菜单编辑(E) → 移动对象(O)...命令，此时系统弹出“移动对象”对话框；选取所有零件模型（2 个）为平移对象；在变换区域的运动下拉列表中选择距离选项；在下拉列表中选择YC；在距离文本框中输入数值 55；在结果区域中选中◉复制原先的单选项，在距离/角度分割文本框中输入数值 1；在非关联副本数文本框中输入数值 1；单击< 确定 >按钮，完成零件的平移。

Step3. 定义坐标原点。选择下拉菜单格式(R) → WCS → 原点(O)...命令，系统弹出“点”对话框；在坐标区域的XC、YC和ZC文本框中分别输入数值 26.5、26.5 和 0；单击确定按钮，完成定义坐标原点的操作，结果如图 6.63 所示。

图 6.62 移动对象特征

图 6.63 定义坐标原点

Task4. 创建模具工件

Step1. 选择命令。选择下拉菜单插入(S) → 设计特征(E) → 拉伸(E)...命令，系统弹出“拉伸”对话框。

Step2. 定义草图平面。单击按钮，系统弹出“创建草图”对话框。显示基准坐标系，选取 XY 基准平面为草图平面，单击确定按钮，进入草图环境。

Step3. 绘制草图。绘制如图 6.64 所示的截面草图；单击完成草图按钮，退出草图环境。

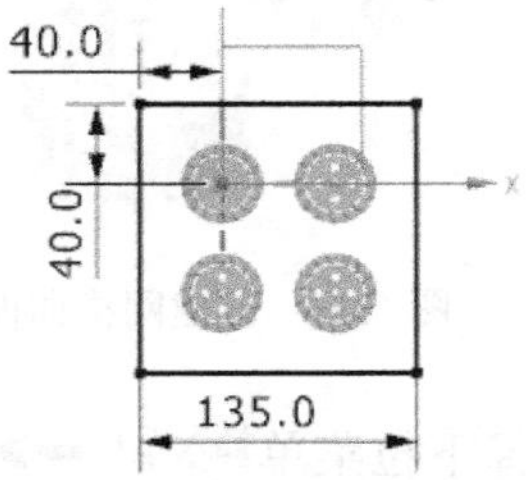

图 6.64 截面草图

Step4. 定义拉伸方向。在指定矢量下拉列表中选择ZC选项。

Step5. 确定拉伸开始值和结束值。在限制区域的开始下拉列表中选择值选项，并在其下方的距离文本框中输入数值 20；在结束下拉列表中选择值选项，并在其下方的距离文本框中输入数值-40；其他参数采用系统默认设置值。

Step6. 定义布尔运算。在布尔区域的布尔下拉列表中选择无，其他参数采用系统默认设置值。

Step7. 单击< 确定 >按钮，完成如图 6.65 所示的拉伸特征的创建（隐藏基准坐标系）。

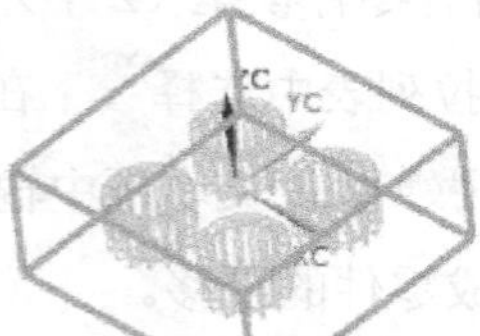

图 6.65 创建拉伸特征

Task5. 修补破孔

Step1. 隐藏模具工件。选择下拉菜单编辑(E) ➡ 显示和隐藏(H) ➡ 隐藏(H)...命令，系统弹出“类选择”对话框；选取模具工件为隐藏对象；单击确定按钮，完成模具工件隐藏的操作。

Step2. 修补侧壁破孔。

（1）创建网格曲面。选择下拉菜单插入(S) ➡ 网格曲面(M) ➡ 通过曲线网格(M)...命令，系统弹出“通过曲线网格”对话框，选取如图 6.66 所示的边线 1 和边线 2 为主曲线，并分别单击中键确认；选取边线 3 和边线 4 为交叉曲线，并分别单击中键确认，单击确定按钮，完成网格曲面的创建，如图 6.66 所示。

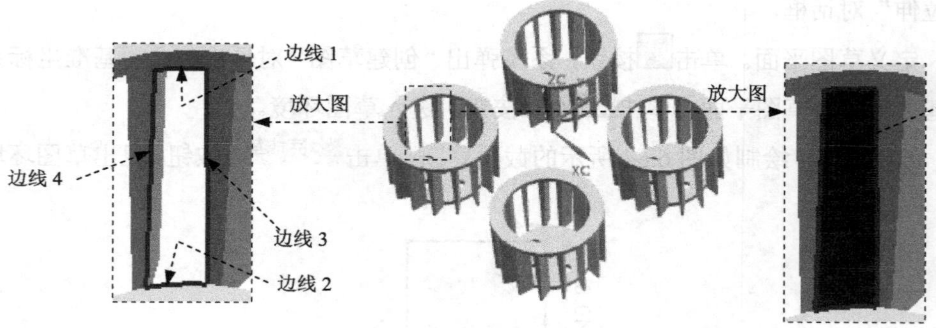

图 6.66 创建网格曲面

（2）创建阵列几何特征。选择下拉菜单插入(S) ➡ 关联复制(A) ➡ 阵列几何特征(T)...命令，系统弹出“阵列几何特征”对话框，在布局下拉列表中选择圆形选项。激活要形成阵列的几何特征区域的选择对象 (0)，选取上一步创建的网格曲面为旋转对象；激活旋转轴区域的指定矢量，在其下拉列表中选择ZC↑选项，激活指定点，选取如图 6.67 所示的点；在角度方向区域的数量文本框中输入数值 15，在节距角文本框中输入数值 24，其他参数接受系统默认设置值，单击< 确定 >按钮，结果如图 6.68 所示。

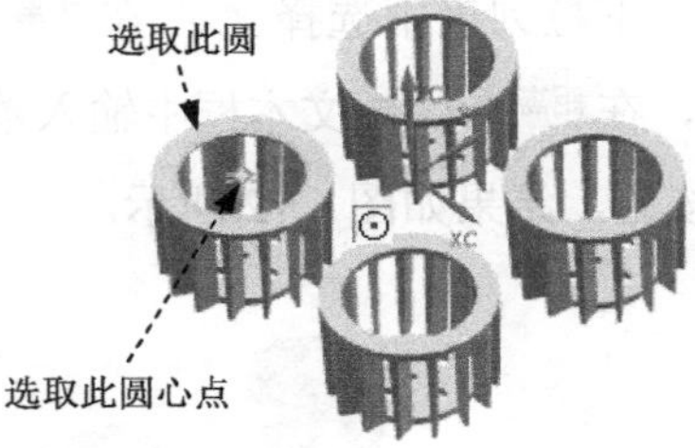

图 6.67　指定点

图 6.68　创建阵列几何特征

Task6. 创建分型面

Step1. 创建抽取特征。选择下拉菜单插入(S) ➡ 关联复制(A) ➡ 抽取几何特征(E)...命令，系统弹出“抽取体”对话框；在类型区域的下拉列表中选择面选项；在设置区域中选中☑ 固定于当前时间戳记复选框和☑ 不带孔抽取复选框，其他参数采用系统默认设置值；选取如图 6.69 所示的 17 个面为抽取对象；单击确定按钮，完成抽取特征的创建（隐藏实体零件）。

Step2. 创建曲面缝合特征 1。选择下拉菜单插入(S) ➡ 组合(B) ➡ 缝合(W)...命令，系统弹出“缝合”对话框；在类型区域的下拉列表中选择片体选项，其他参数采用系统默认设置值；选取如图 6.70 所示的目标片体和工具片体；单击确定按钮，完成曲面缝合特征 1 的创建。

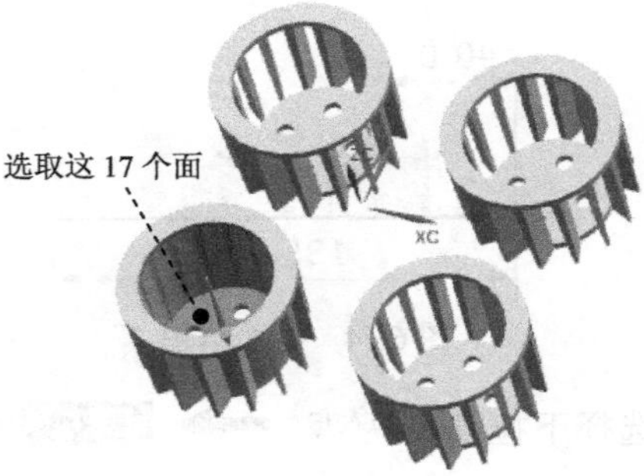

图 6.69　定义抽取对象

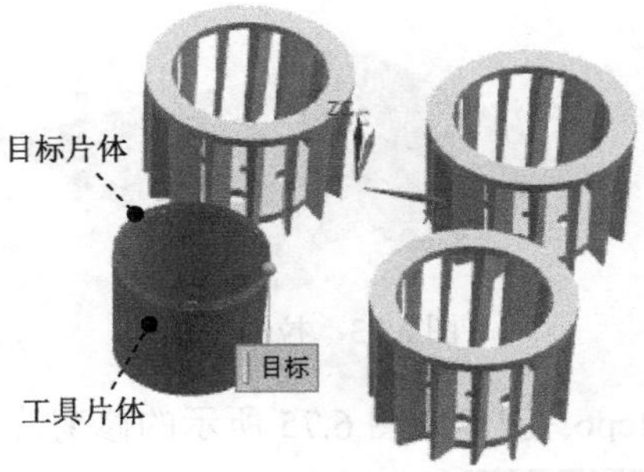

图 6.70　曲面缝合特征 1

Step3. 创建移动对象特征 1（隐藏所有实体）。选择下拉菜单编辑(E) ➡ 移动对象(O)...命令，此时系统弹出“移动对象”对话框；选取缝合特征 1 为平移对象；在变换区域的运动下拉列表中选择距离；在“指定矢量”的下拉列表中选择XC；在距离文本框中输入数值 55；结果区域中选中◉ 复制原先的单选项，在距离/角度分割文本框中输入数值 1；在非关联副本数文本框中输入数值 1；单击< 确定 >按钮，完成缝合特征 1 的平移，结果如图 6.71 所示。

Step4. 创建移动对象特征 2。选取下拉菜单 编辑(E) → 移动对象(O)... 命令，此时系统弹出“移动对象”对话框；选取图 6.71 所示的两个片体为平移对象；在 变换 区域的 运动 下拉列表中选择 距离 选项；在“指定矢量”的下拉列表中选择 YC；在 距离 文本框中输入数值 55；在 结果 区域中选中 ⊙ 复制原先的 单选项，在 距离/角度分割 文本框中输入数值 1；在 非关联副本数 文本框中输入数值 1；在单击 < 确定 > 按钮，结果如图 6.72 所示。

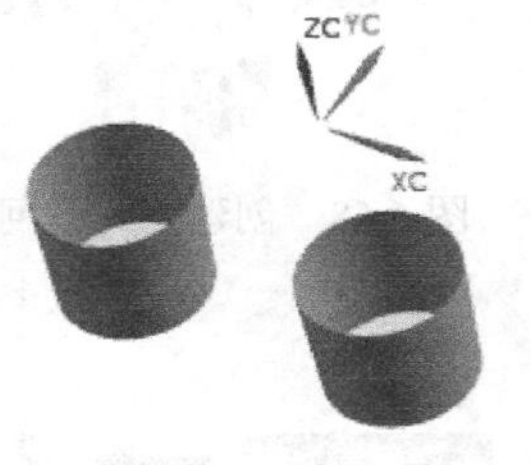

图 6.71　移动对象特征 1

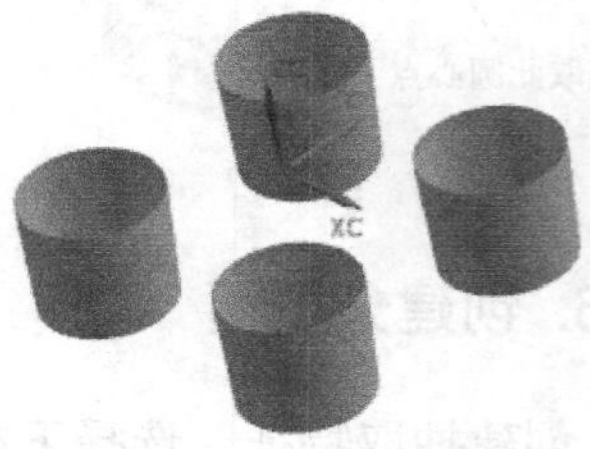

图 6.72　移动对象特征 2

Step5. 创建如图 6.73 所示的拉伸特征（显示坐标系）。选择下拉菜单 插入(S) → 设计特征(E) → 拉伸(E)... 命令，系统弹出“拉伸”对话框；单击按钮，系统弹出“创建草图”对话框；选取 ZX 基准平面为草图平面，单击 确定 按钮，进入草图环境；绘制图 6.74 所示的截面草图；单击 完成草图 按钮，退出草图环境；在 指定矢量 下拉列表中选择 YC 选项；在 限制 区域的 开始 下拉列表中选择 值 选项，并在其下方的 距离 文本框中输入数值 95；在 结束 下拉列表中选择 值 选项，并在其下方的 距离 文本框中输入数值-40；单击 < 确定 > 按钮，完成拉伸特征的创建（隐藏坐标系）。

说明：直线与水平轴线共线。

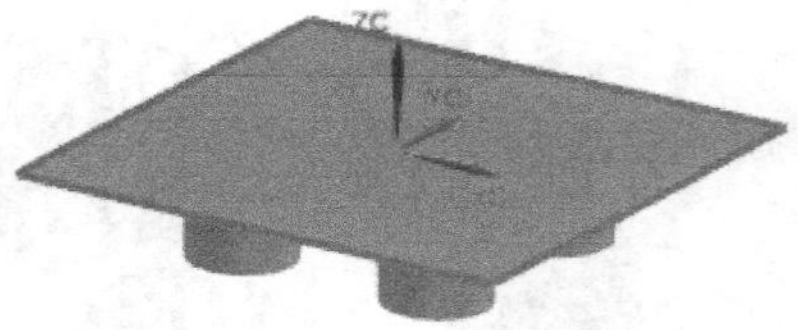

图 6.73　拉伸特征

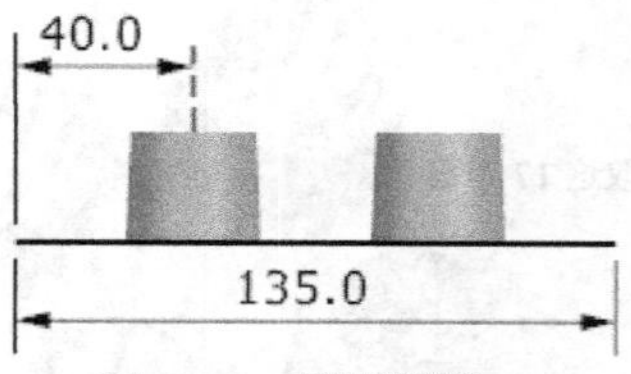

图 6.74　截面草图

Step6. 创建如图 6.75 所示的修剪片体特征。选择下拉菜单 插入(S) → 修剪(T) → 修剪片体(R)... 命令，系统弹出“修剪片体”对话框；选取如图 6.76 所示的面为目标体，单击中键确认；选取如图 6.76 所示的 4 条边线为边界对象；在 区域 区域中选中 ⊙ 保留 单选项，其他参数采用系统默认设置值；单击 确定 按钮，完成修剪片体特征的创建。

注意：选取目标体时，应单击如图 6.76 所示的位置，否则修剪结果会不同。

Step7. 创建曲面缝合特征 2。选择下拉菜单 插入(S) → 组合(B) → 缝合(W)... 命令，系统弹出“缝合”对话框；在 类型 下拉列表中选择 片体 选项，其他参数采用系统默认设置值；选取如图 6.77 所示的目标片体，选取如图 6.77 所示的工具片体；单击 确定按钮，完成曲面缝合特征 2 的创建。

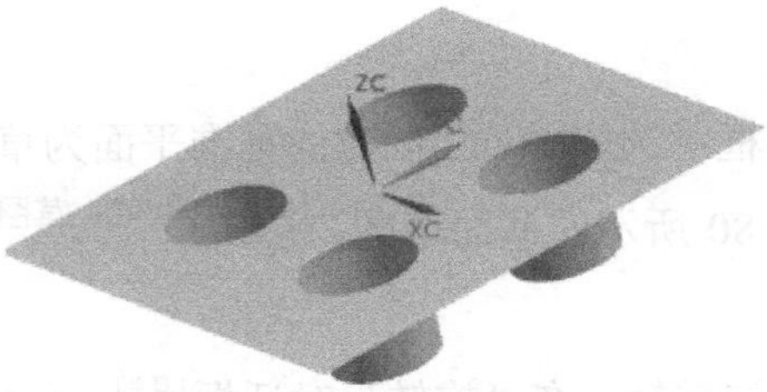

图 6.75 修剪片体特征

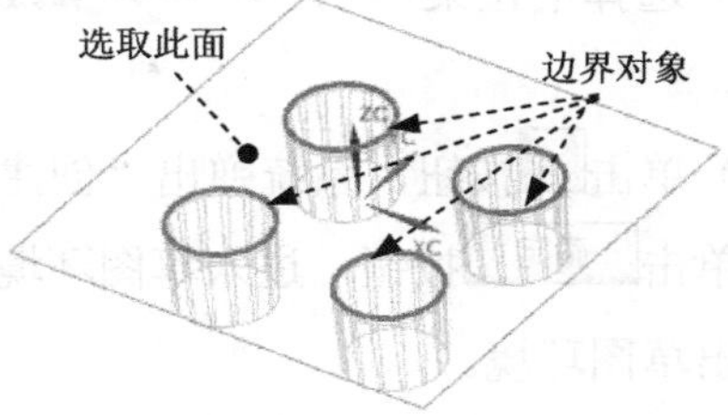

图 6.76 选取目标体

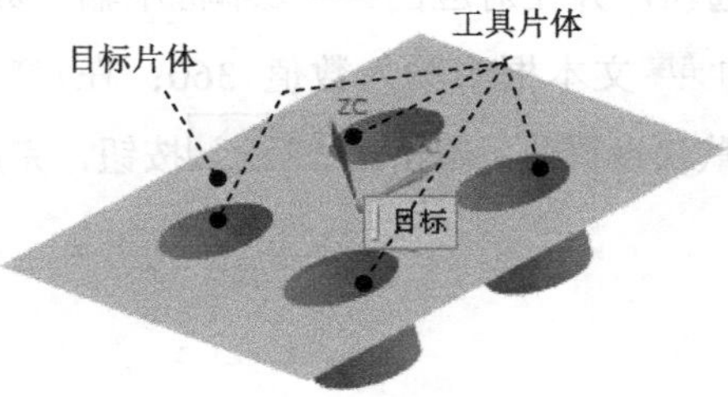

图 6.77 曲面缝合特征 2

Task7. 创建浇注系统

Stage1. 创建主流道

Step1. 编辑显示和隐藏。选择下拉菜单 编辑(E) → 显示和隐藏(H) → 显示和隐藏(O)... 命令，系统弹出如图 6.78 所示的“显示和隐藏”对话框；单击 实体 后的 ✚ 按钮和 坐标系 后的 ✚ 按钮；单击 关闭 按钮，完成编辑显示和隐藏的操作。

Step2. 创建基准平面。选择下拉菜单 插入(S) → 基准/点(D) → 基准平面(D)... 命令，系统弹出“基准平面”对话框；在 类型 下拉列表中选择 二等分 选项，在 第一平面 区域中激活 选择平面对象，选取如图 6.79 所示的平面 01；在 第二平面 区域中激活 选择平面对象，选取如图 6.79 所示的平面 02；单击 < 确定 > 按钮，完成基准平面的创建。

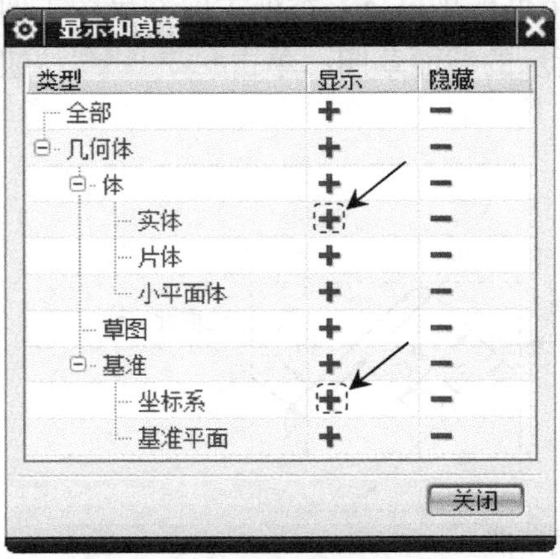

图 6.78 “显示和隐藏”对话框

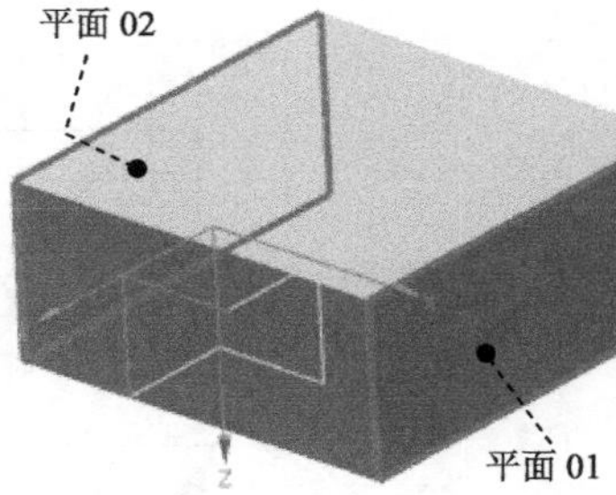

图 6.79 创建基准平面

Step3. 创建旋转特征（主流道）。

（1）选择下拉菜单 插入(S) → 设计特征(E) → 旋转(R)... 命令，系统弹出“旋转”对话框。

（2）单击按钮，系统弹出“创建草图”对话框；选取 Step2 创建的基准平面为草图平面，单击 确定 按钮，进入草图环境；绘制图 6.80 所示的截面草图；单击 完成草图 按钮，退出草图环境。

（3）在图形区域中选取如图 6.80 所示的直线为旋转轴；在“旋转”对话框 限制 区域的 开始 下拉列表中选择 值 选项，并在对应的 角度 文本框中输入数值 0，在 结束 下拉列表中选择 值 选项，并在对应的 角度 文本框中输入数值 360；在 布尔 区域的 布尔 下拉列表中选择 无，其他参数采用系统默认设置值；单击 < 确定 > 按钮，完成如图 6.81 所示的旋转特征（主流道）的创建。

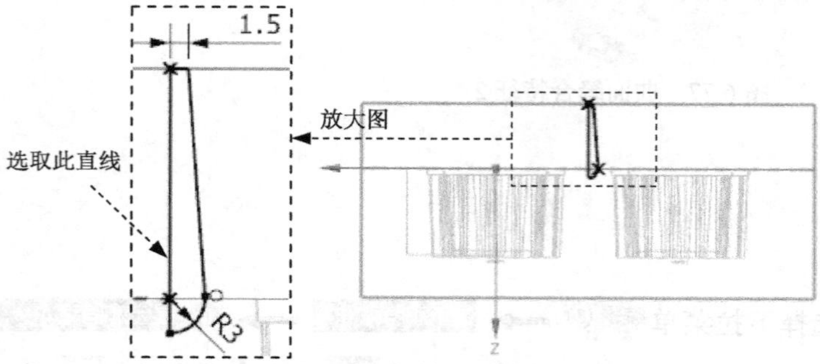

图 6.80　截面草图

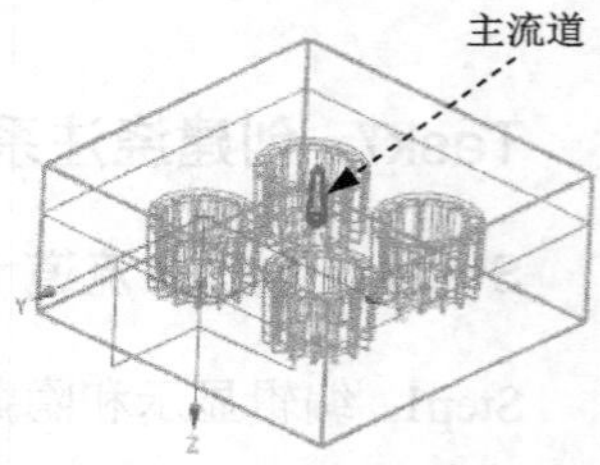

图 6.81　创建主流道

Stage2. 创建分流道

Step1. 创建旋转特征（分流道 01）。

（1）选择下拉菜单 插入(S) → 设计特征(E) → 旋转(R)... 命令，系统弹出“旋转”对话框。

（2）单击按钮，系统弹出“创建草图”对话框；选取 XY 基准平面为草图平面，单击 确定 按钮，进入草图环境；绘制如图 6.82 所示的截面草图；单击 完成草图 按钮，退出草图环境。

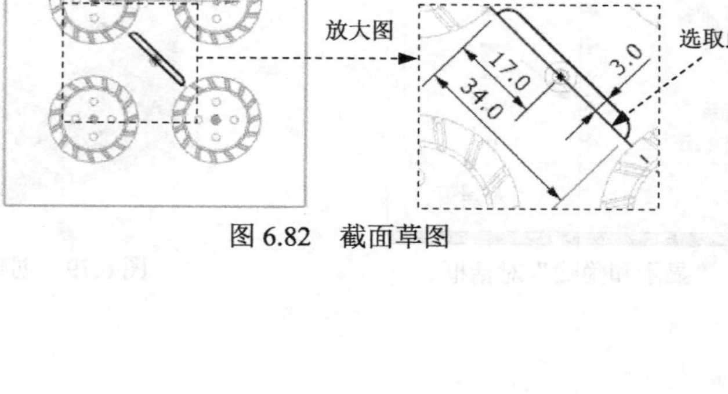

图 6.82　截面草图

（3）在图形区中选取图 6.82 所示的直线为旋转轴；在“旋转”对话框限制区域的开始下拉列表中选择值选项，并在对应的角度文本框中输入数值 0，在结束下拉列表中选择值选项，并在对应的角度文本框中输入数值 180，然后单击“反向”按钮；在布尔区域的布尔下拉列表中选择合并选项，选取主流道为求和对象；单击< 确定 >按钮，完成如图 6.83 所示的旋转特征（分流道 01）的创建。

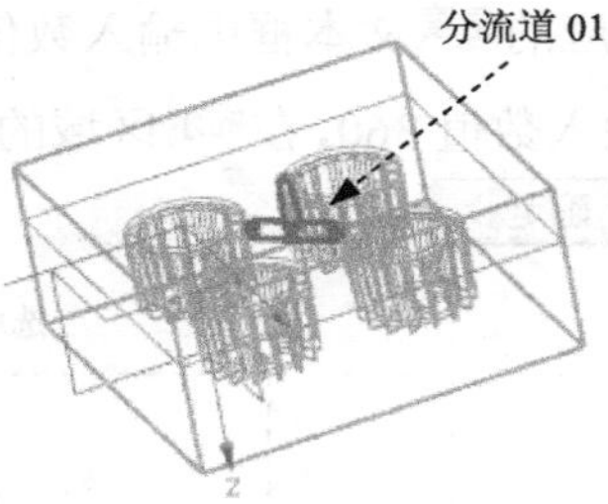

图 6.83 创建分流道 01

Step2. 创建旋转特征（分流道 02）。

（1）选择下拉菜单插入(S) → 设计特征(E) → 旋转(R)...命令，系统弹出“旋转”对话框。

（2）单击按钮，系统弹出“创建草图”对话框；选取 XY 基准平面为草图平面，单击确定按钮，进入草图环境；绘制如图 6.84 所示的截面草图；单击完成草图按钮，退出草图环境。

（3）在图形区中选取如图 6.84 所示的直线为旋转轴；在“旋转”对话框限制区域的开始下拉列表中选择值选项，在对应的角度文本框中输入数值 0，在结束下拉列表中选择值选项，并对应的在角度文本框中输入数值 180，然后单击“反向”按钮；在布尔区域的布尔下拉列表中选择合并选项，选取主流道为求和对象；单击< 确定 >按钮，完成如图 6.85 所示的旋转特征（分流道 02）的创建。

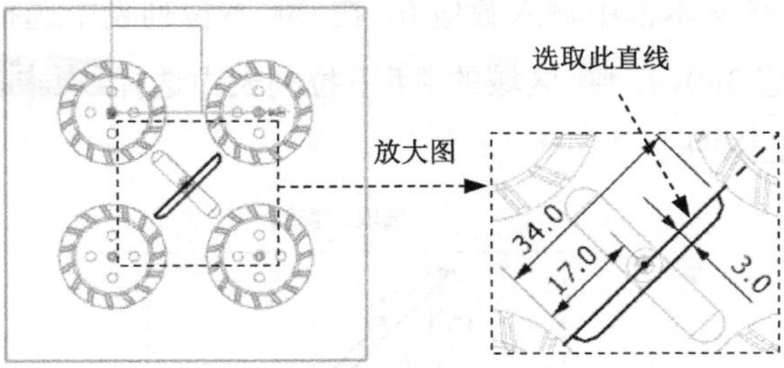

图 6.84 截面草图

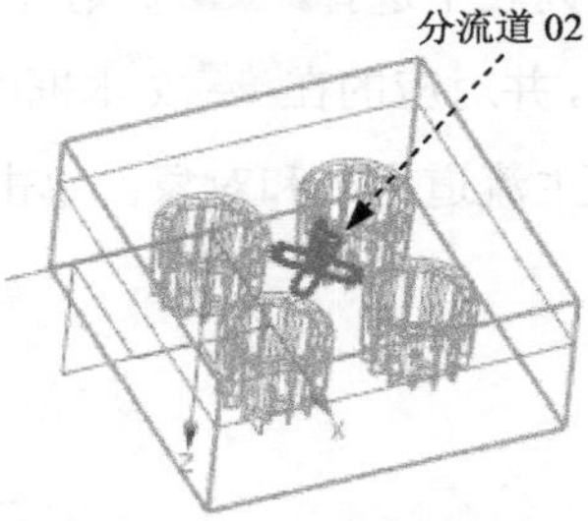

图 6.85 创建分流道 02

Stage3. 创建浇口

Step1. 创建旋转特征（浇口 01）。

（1）选择下拉菜单插入(S) → 设计特征(E) → 旋转(R)...命令，系统弹出“旋转”

对话框。

（2）单击按钮，系统弹出“创建草图”对话框；选取 XY 基准平面为草图平面，单击确定按钮，进入草图环境；绘制如图 6.86 所示的截面草图；单击完成草图按钮，退出草图环境。

（3）在图形区中选取如图 6.86 所示的直线为旋转轴；在“旋转”对话框限制区域的开始下拉列表中选择值选项，在对应的角度文本框中输入数值 0，在结束下拉列表中选择值选项，并对应的在角度文本框中输入数值 360，在布尔区域的布尔下拉列表中选择合并选项，选取主流道为求和对象；单击< 确定 >按钮。

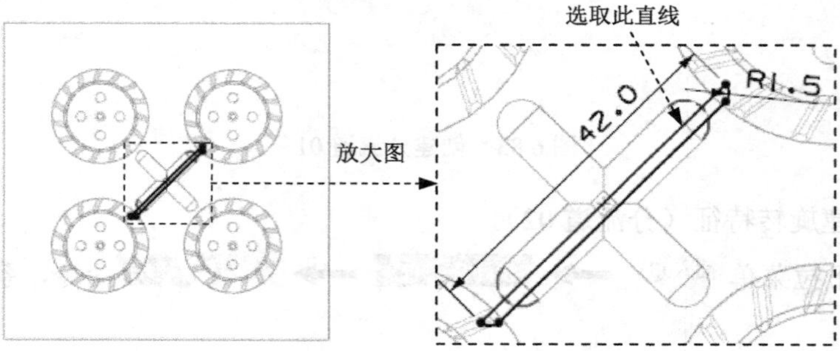

图 6.86　截面草图

Step2. 创建旋转特征（浇口 02）。

（1）选择下拉菜单插入(S) → 设计特征(E) → 旋转(R)... 命令，系统弹出“旋转”对话框。

（2）单击按钮，系统弹出“创建草图”对话框；选取 XY 基准平面为草图平面，单击确定按钮，进入草图环境；绘制如图 6.87 所示的截面草图；单击完成草图按钮，退出草图环境。

（3）在图形区中选取如图 6.87 所示的直线为旋转轴；在“旋转”对话框限制区域的开始下拉列表中选择值选项，在对应的角度文本框中输入数值 0，在结束下拉列表中选择值选项，并对应的在角度文本框中输入数值 360，在布尔区域的布尔下拉列表中选择合并选项，选取主流道为求和对象；单击< 确定 >按钮。

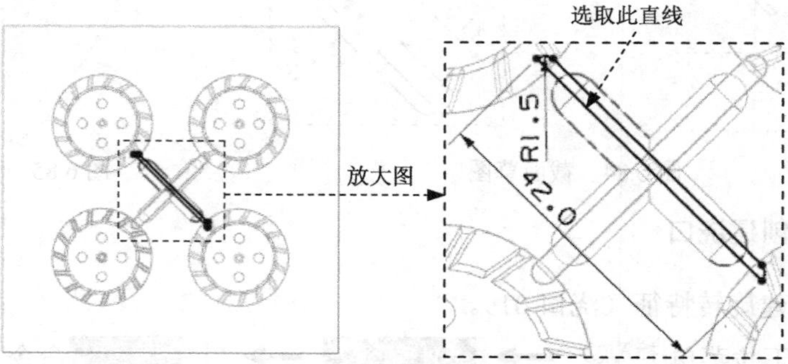

图 6.87　截面草图

Task8. 创建模具型芯/型腔

Step1. 创建求差特征。选择下拉菜单 插入(S) → 组合(B) ▸ → 减去(S)... 命令，系统弹出“求差”对话框；选取如图 6.88 的工件为目标体，选取如图 6.88 所示的 5 个零件为工具体；在 设置 区域中选中 ☑ 保存工具 复选框，其他参数采用系统默认设置值；单击 < 确定 > 按钮，完成求差特征的创建。

Step2. 拆分型芯/型腔。选择下拉菜单 插入(S) → 修剪(T) ▸ → 拆分体(P)... 命令，系统弹出“拆分体”对话框；选取如图 6.89 的工件为拆分体；选取如图 6.89 的片体为拆分面；单击 确定 按钮，完成型芯/型腔的拆分操作（隐藏拆分面）。

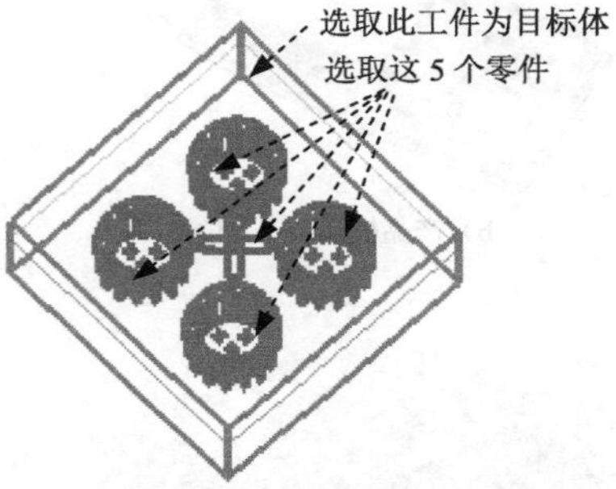

图 6.88 定义目标体和工具体

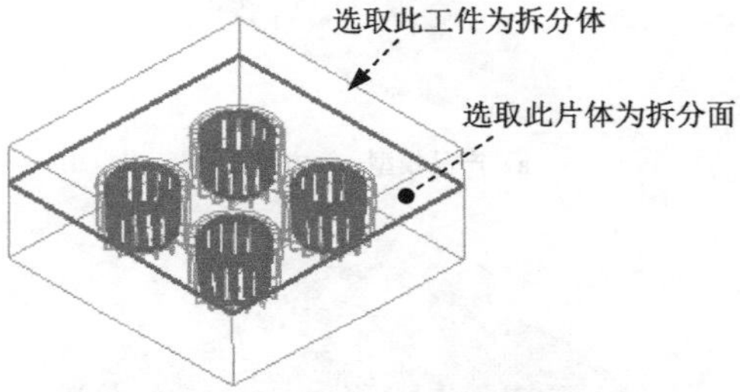

图 6.89 定义拆分体和拆分面

Task9. 创建模具分解视图

在 UG NX 12.0 中，常使用“移动对象”命令中的“距离”命令来创建模具分解视图。移动时，需先将工件参数移除，这里不再赘述。

学习拓展：扫码学习更多视频讲解。

讲解内容：曲面设计实例精选。本部分首先对常用的曲面设计思路和方法进行了系统的总结，然后讲解了数十个典型曲面产品设计的全过程，并对每个产品的设计要点都进行了深入剖析。

实例 7　用两种方法进行模具设计（七）

本实例将介绍图 7.1 所示的船体模具的设计过程。从产品模型的外形上可以看出，该模具的设计是比较复杂的，其中包括产品模型有多个不规则的破孔，在设计过程中要考虑将部分结构做成镶件等问题，但该模具的大致设计思路还是与前面介绍的实例相同。下面将通过两种方法进行该模具的设计。

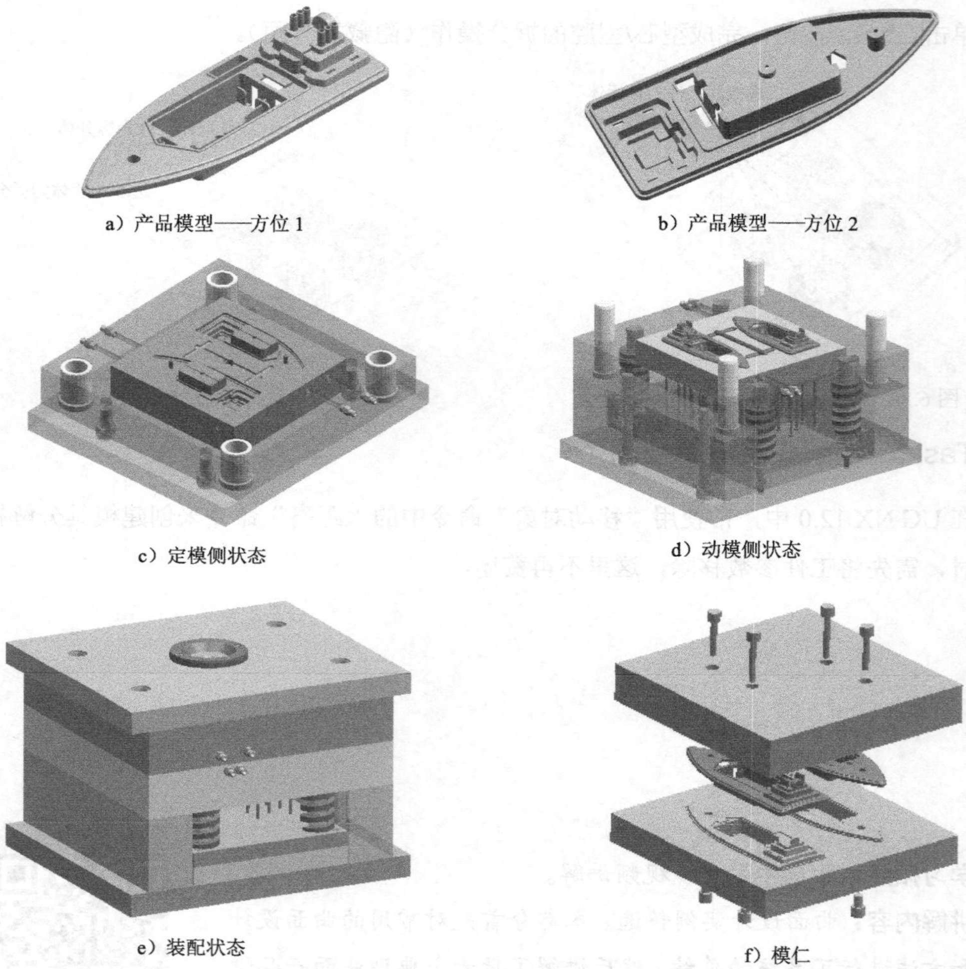

a）产品模型——方位 1　　b）产品模型——方位 2

c）定模侧状态　　d）动模侧状态

e）装配状态　　f）模仁

图 7.1　船体的模具设计

7.1　方法一（Mold Wizard 环境）

方法简介

采用 Mold Wizard 进行模具设计的主要思路是，首先对产品模型上存在的破孔进行修补；其次设定型腔和型芯的区域并完成分型面的创建；然后完成模具的分型，并添加标准模架；最后添加标准零部件（浇注系统、冷却系统、顶杆、拉料杆及复位弹簧等），完成一整套的模具设计。

Task1. 初始化项目

Step1. 加载模型。在“注塑模向导”功能选项卡中单击“初始化项目”按钮，系统弹出“部件名”对话框，选择 D:\ug12.6\work\ch07\boat_top.prt，单击 OK 按钮，加载模型，系统弹出“初始化项目”对话框。

Step2. 定义项目单位。在 项目单位 下拉列表中选择 毫米 选项。

Step3. 设置项目路径和名称。接受系统默认的项目路径；在 Name 文本框中输入 boat_top_mold。

Step4. 单击 确定 按钮，完成项目路径和名称的设置。

Task2. 模具坐标系

Step1. 重定位 WCS 到新的坐标系。选择下拉菜单 格式(R) → WCS ▸ → 定向(N)... 命令，系统弹出“坐标系”对话框；在 类型 下拉列表中选择 自动判断 选项，然后选取如图 7.2 所示的模型表面；单击 确定 按钮，完成重定位 WCS 到新坐标系的操作。

注意：在选择模型表面时，要确定在“选择条”下拉列表中选择的是 整个装配 选项。

Step2. 旋转模具坐标系。选择下拉菜单 格式(R) → WCS ▸ → 旋转(R)... 命令，系统弹出“旋转 WCS 绕...”对话框；选中 ⊙ -XC 轴 单选项，在 角度 文本框中输入数值 180；单击 确定 按钮，定义后的坐标系如图 7.3 所示。

Step3. 锁定模具坐标系。在“注塑模向导”功能选项卡 主要 区域中单击“模具坐标系”按钮，系统弹出“模具坐标系”对话框；选中 ⊙ 当前 WCS 单选项；单击 确定 按钮，完成坐标系的定义。

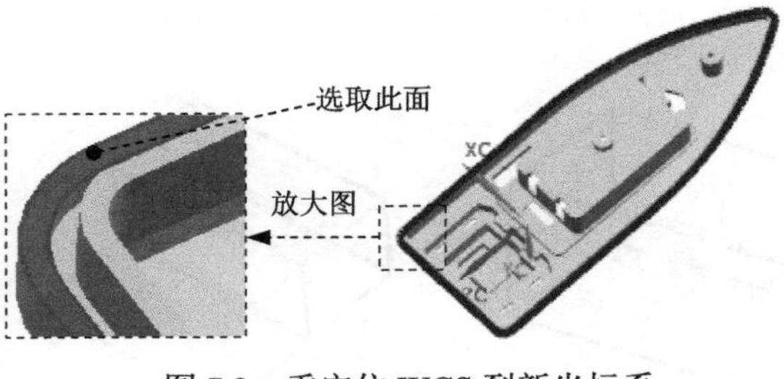

图 7.2 重定位 WCS 到新坐标系

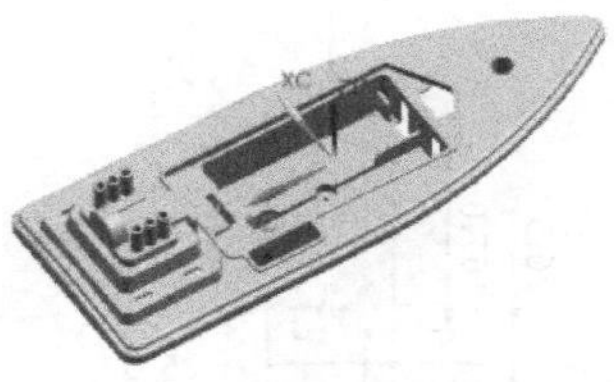

图 7.3 定义后的模具新坐标系

Task3. 设置收缩率

Step1. 定义收缩率类型。在“注塑模向导”功能选项卡 主要 区域中单击“收缩”按钮，产品模型会高亮显示，同时系统弹出“缩放体”对话框；在 类型 下拉列表中选择 均匀选项。

Step2. 定义缩放体和缩放点。接受系统默认的参数设置值。

Step3. 在 比例因子 区域的 均匀 文本框中输入数值 1.0055。

Step4. 单击 确定 按钮，完成收缩率的设置。

Task4. 创建模具工件

Step1. 在“注塑模向导”功能选项卡 主要 区域中单击“工件”按钮，系统弹出“工件”对话框。

Step2. 在 类型 下拉列表中选择 产品工件 选项，在 工件方法 下拉列表中选择 用户定义的块 选项。

Step3. 修改尺寸。单击 定义工件 区域的“绘制截面”按钮，系统进入草图环境，然后修改截面草图的尺寸，如图 7.4 所示。单击 完成草图 按钮，退出草图环境；在 限制 区域的 开始 下拉列表中选择 值 选项，并在其下方的 距离 文本框中输入数值-40；在 限制 区域的 结束 下拉列表中选择 值 选项，并在其下方的 距离 文本框中输入数值 50。

Step4. 单击 < 确定 > 按钮，完成模具工件的创建，结果如图 7.5 所示。

Task5. 创建型腔布局

Step1. 在“注塑模向导”功能选项卡 主要 区域中单击“型腔布局”按钮，系统弹出“型腔布局”对话框。

Step2. 定义布局类型。在 布局类型 区域选择 矩形 选项和 平衡 单选项；在“指定矢量”的下拉列表中选择 XC。

Step3. 平衡布局设置。在 平衡布局设置 区域的 型腔数 下拉列表中选择 2，在 缝隙距离 文本框中输入数值 0。

Step4. 单击 生成布局 区域中的“开始布局”按钮，系统自动进行布局。

Step5. 在 编辑布局 区域单击“自动对准中心”按钮，使模具坐标系自动对准中心，布局结果如图 7.6 所示，单击 关闭 按钮。

图 7.4 修改截面草图尺寸

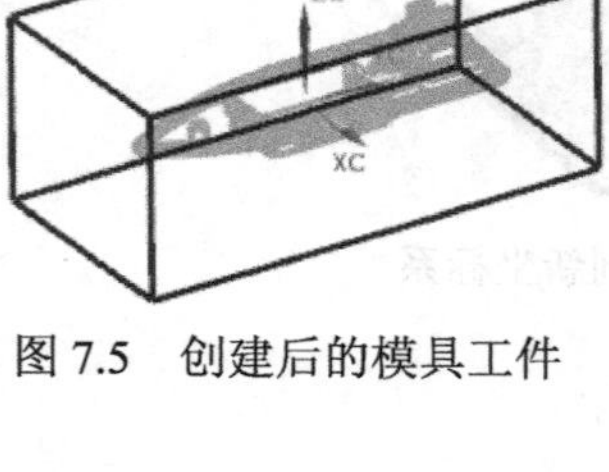

图 7.5 创建后的模具工件

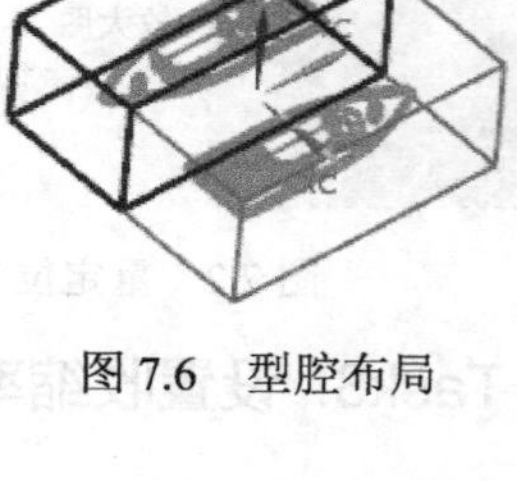
图 7.6 型腔布局

Task6. 创建曲面补片

Step1. 创建曲面补片。在“注塑模向导”功能选项卡 分型刀具 区域中单击“曲面补片”

按钮，系统弹出“边补片”对话框；在类型下拉列表中选择遍历选项，然后在遍历环区域中取消选中按面的颜色遍历复选框，选取如图7.7所示的边；单击对话框中的“接受”按钮和“循环候选项”按钮，完成如图7.8所示的边界环的选取；单击确定按钮，结果如图7.9所示。

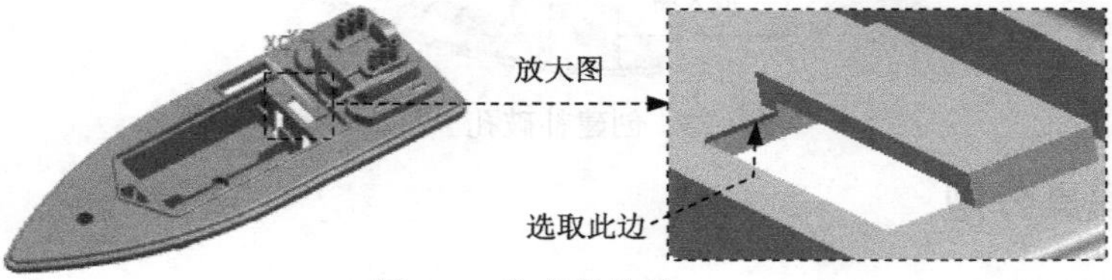

图7.7 定义补片边

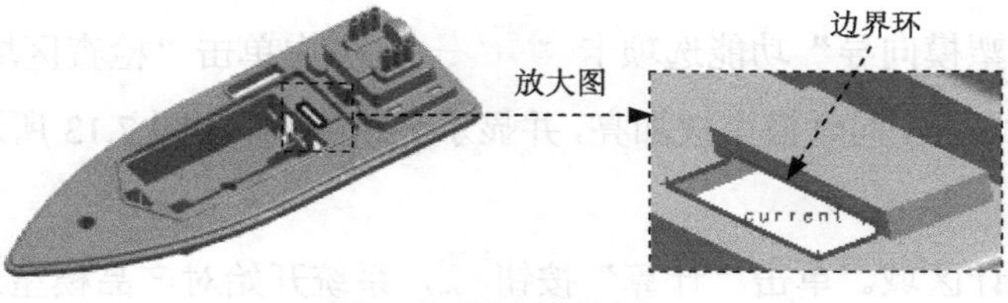

图7.8 补片边界环

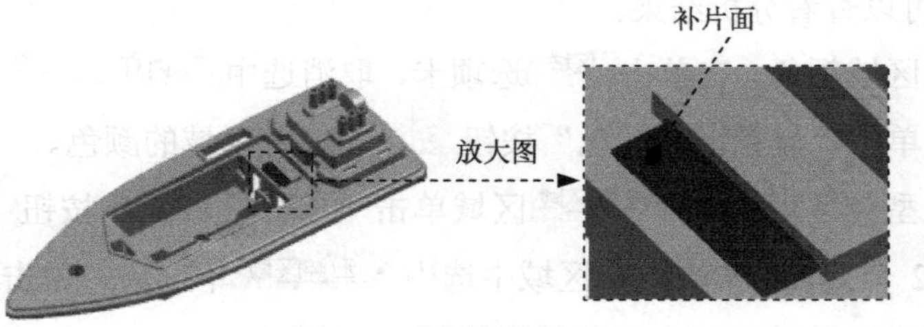

图7.9 曲面补片结果

Step2. 参照Step1创建如图7.10所示的6个曲面补片，并关闭“边补片”对话框。

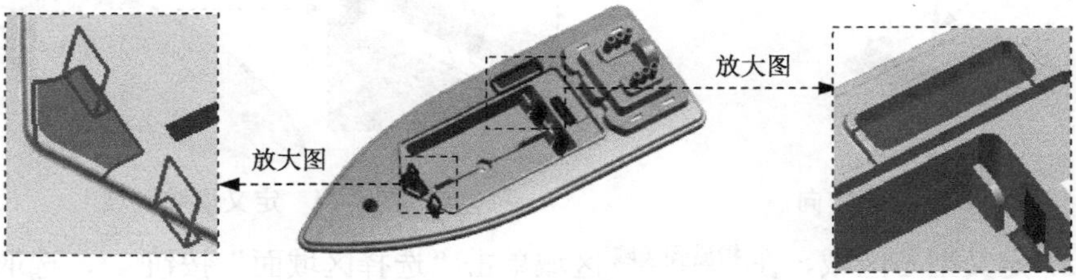

图7.10 创建曲面补片

Step3. 创建补破孔。在“注塑模向导”功能选项卡分型刀具区域中单击“曲面补片”按钮，系统弹出“边补片”对话框；在类型下拉列表中选择面选项，选取如图7.11所示的模型表面为补破孔面；单击确定按钮，完成补破孔的创建。

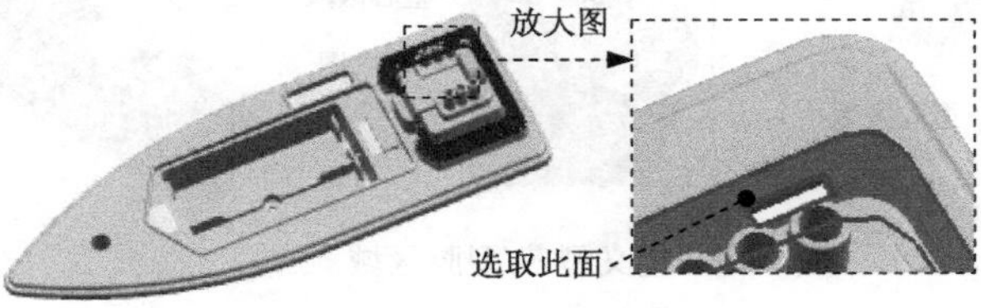

图7.11 定义补破孔面

Step4. 参照 Step3 创建如图 7.12 所示的两个补破孔，并关闭“边补片”对话框。

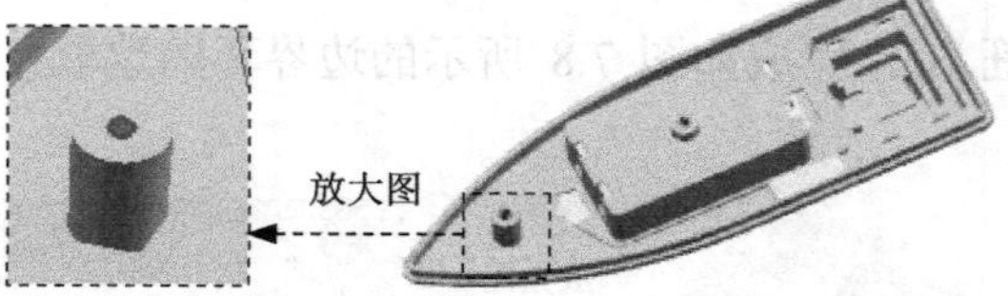

图 7.12　创建补破孔

Task7. 模具分型

Stage1. 设计区域

Step1. 在“注塑模向导”功能选项卡 分型刀具 区域中单击“检查区域”按钮，系统弹出“检查区域”对话框，同时模型被加亮，并显示开模方向，如图 7.13 所示，选中 ⊙ 保持现有的 单选项。

Step2. 计算设计区域。单击“计算”按钮，系统开始对产品模型进行分析计算。单击 面 选项卡，可以查看分析结果。

Step3. 设置区域颜色。在单击 区域 选项卡，取消选中 □ 内环、□ 分型边 和 □ 不完整的环 三个复选框，然后单击“设置区域颜色”按钮，设置各区域的颜色。

Step4. 定义型腔区域。在 指派到区域 区域单击“选择区域面”按钮，选取如图 7.14 所示的面（共 22 个），在 指派到区域 区域中选中 ⊙ 型腔区域 单选项，单击 应用 按钮，系统自动将未定义的区域指派到型腔区域。

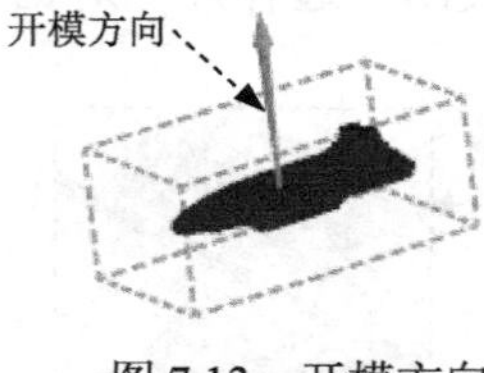

图 7.13　开模方向

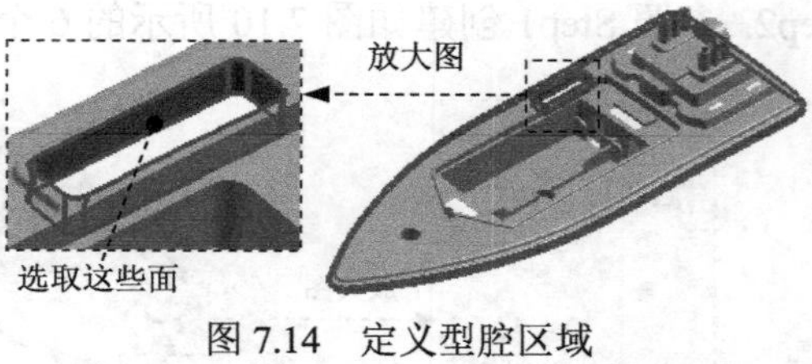

图 7.14　定义型腔区域

Step5. 定义型芯区域。在 指派到区域 区域单击“选择区域面”按钮，选取其他 24 个未定义区域为型芯区域（所有曲面补片沿 Z 轴负方向以下的未知区域），在 指派到区域 区域中选中 ⊙ 型芯区域 单选项，单击 应用 按钮，设置型腔/型芯的颜色，如图 7.15 所示。

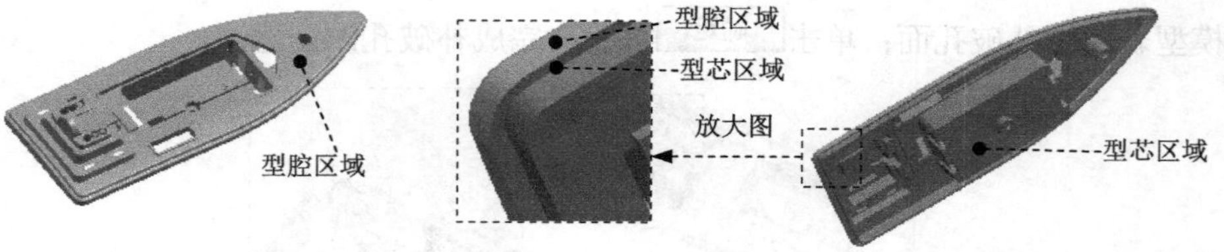

图 7.15　定义型芯/型腔区域

注意：在定义型腔和型芯区域时，选择曲面时不可漏选，也不可错选，否则在后面无法创建分型面，详见随书学习资源。

Step6. 单击 取消 按钮，关闭“检查区域”对话框。

Stage2. 创建区域和分型线

Step1. 在“注塑模向导”功能选项卡 分型刀具 区域中单击“定义区域”按钮，系统弹出“定义区域”对话框。

Step2. 选中 设置 区域的 ☑ 创建区域 和 ☑ 创建分型线 复选框，单击 确定 按钮，完成型腔/型芯区域分型线的创建，系统返回至“分型管理器”对话框，结果如图 7.16 所示。

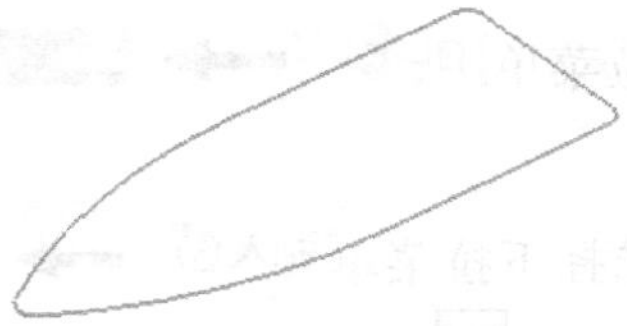

图 7.16 分型线

Stage3. 创建分型面

Step1. 在“注塑模向导”功能选项卡 分型刀具 区域中单击“设计分型面”按钮，系统弹出“设计分型面”对话框。

Step2. 定义分型面创建方法。在 创建分型面 区域中单击“有界平面”按钮。

Step3. 接受系统默认的公差值；拖动分型面的宽度方向的按钮，使分型面大小超过工件大小，单击 确定 按钮，结果如图 7.17 所示。

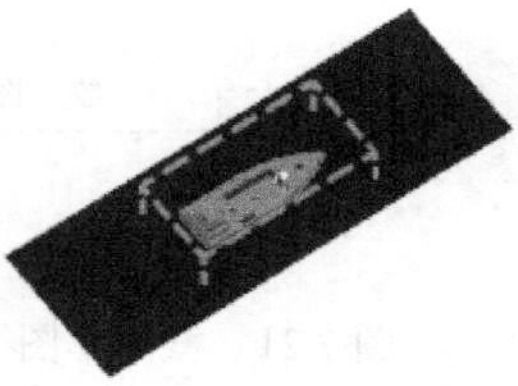

图 7.17 分型面

Stage4. 创建型腔和型芯

Step1. 在“注塑模向导”功能选项卡 分型刀具 区域中单击“定义型腔和型芯”按钮，系统弹出“定义型腔和型芯”对话框。

Step2. 自动创建型腔和型芯。选取 选择片体 区域下的 所有区域 选项，单击 确定 按钮，系统弹出“查看分型结果”对话框，并在图形区显示出创建的型腔，单击 确定 按钮，系统再一次弹出“查看分型结果”对话框。

Step3. 查看型腔和型芯。选择下拉菜单 窗口(O) → boat_top_mold_cavity_002.prt 命令，系

统显示型腔工作零件，如图 7.18 所示；选择下拉菜单 窗口(O) → boat_top_mold_core_006.prt 命令，系统显示型芯工作零件，如图 7.19 所示。

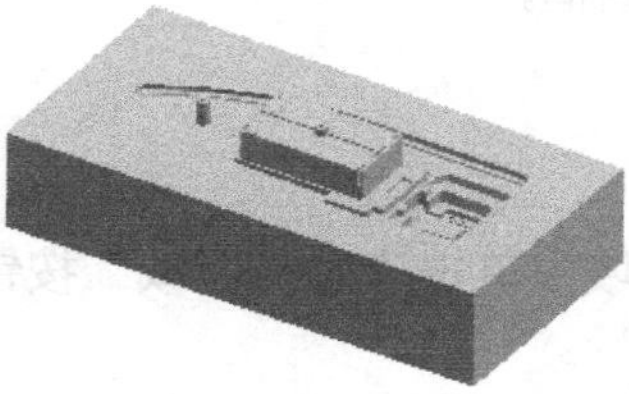
图 7.18　型腔工作零件

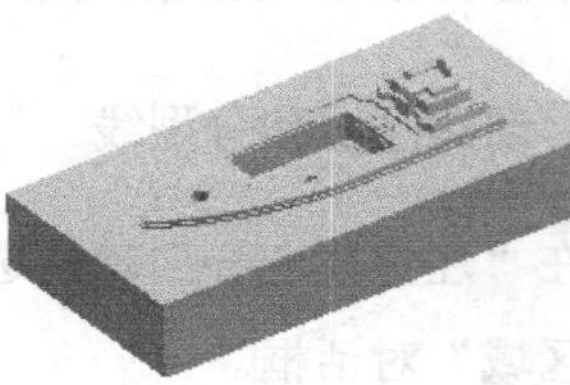
图 7.19　型芯工作零件

Task8. 创建型腔镶件

Step1. 选择窗口。选择下拉菜单 窗口(O) → boat_top_mold_cavity_002.prt 命令，系统显示型腔工作零件。

Step2. 创建拉伸特征 1。选择下拉菜单 插入(S) → 设计特征(E) → 拉伸(E)... 命令，系统弹出“拉伸”对话框；单击按钮，系统弹出“创建草图”对话框；选取图 7.20 所示的平面为草图平面，单击 确定 按钮，进入草图环境；绘制图 7.21 所示的截面草图；单击 完成草图 按钮，退出草图环境；在 指定矢量 下拉列表中，选择 ZC↑ 选项；在 限制 区域的 开始 下拉列表中选择 值 选项，并在其下方的 距离 文本框中输入数值 0；在 结束 下拉列表中选择 值 选项，并在其下方的 距离 文本框中输入数值-80；在 布尔 区域的下拉列表中选择 无 选项，其他参数采用系统默认设置值；单击 < 确定 > 按钮，完成图 7.22 所示的拉伸特征 1 的创建。

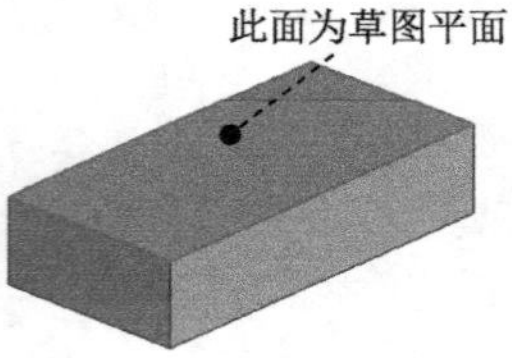

图 7.20　定义草图平面

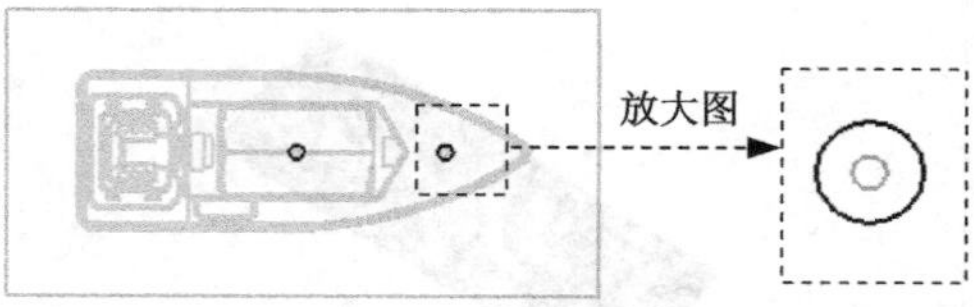

图 7.21　截面草图

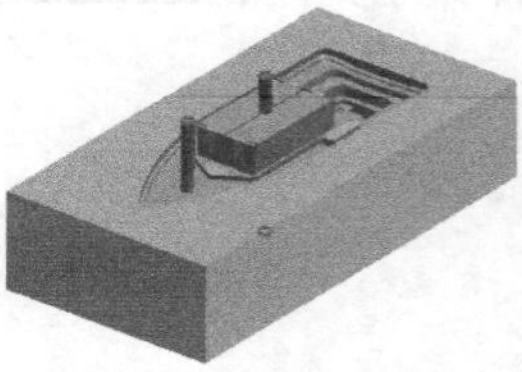
图 7.22　拉伸特征 1

Step3. 创建求交特征。选择下拉菜单 插入(S) → 组合(B) ▸ → 相交(I)... 命令，系统弹出“相交”对话框；选取型腔为目标体，选取拉伸特征 1 的两个圆柱为工具体；在 设置 区域中选中 ☑ 保存目标 复选框，取消选中 ☐ 保存工具 复选框；单击 < 确定 > 按钮，完成求交特征的创建。

Step4. 创建求差特征。选择下拉菜单 插入(S) → 组合(B) ▸ → 减去(S)... 命令，系统弹出“求差”对话框；选取型腔为目标体，选取如图 7.23 所示的两个实体为工具体；在 设置 区域中选中 ☑ 保存工具 复选框，其他参数采用系统默认设置值；单击 < 确定 > 按钮，完成求差特征的创建。

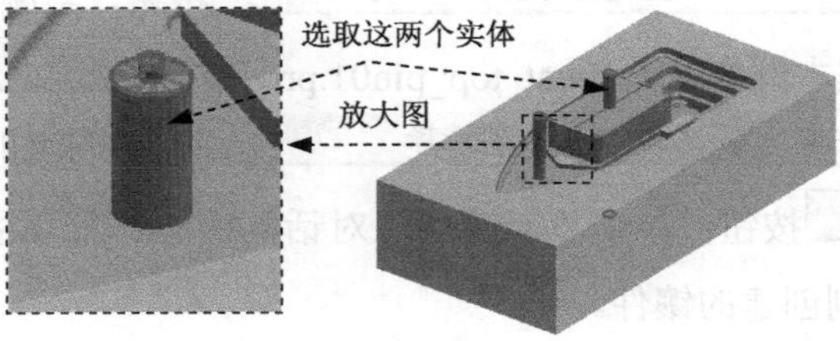

图 7.23 定义工具体

Step5. 创建拉伸特征 2。选择下拉菜单 插入(S) → 设计特征(E) → 拉伸(E)... 命令，系统弹出“拉伸”对话框；单击按钮，选取图 7.20 所示的平面为草图平面，绘制图 7.24 所示的截面草图；单击 完成草图 按钮，退出草图环境；在 指定矢量 下拉列表中选择 ZC 选项；在 限制 区域的 开始 下拉列表中选择 值 选项，并在其下方的 距离 文本框中输入数值 0；在 结束 下拉列表中选择 直至延伸部分 选项，选取如图 7.25 所示的平面为直到延伸对象；在 布尔 区域的 布尔 下拉列表中选择 无 选项，其他参数采用系统默认设置值；单击 < 确定 > 按钮，完成如图 7.25 所示的拉伸特征 2 的创建。

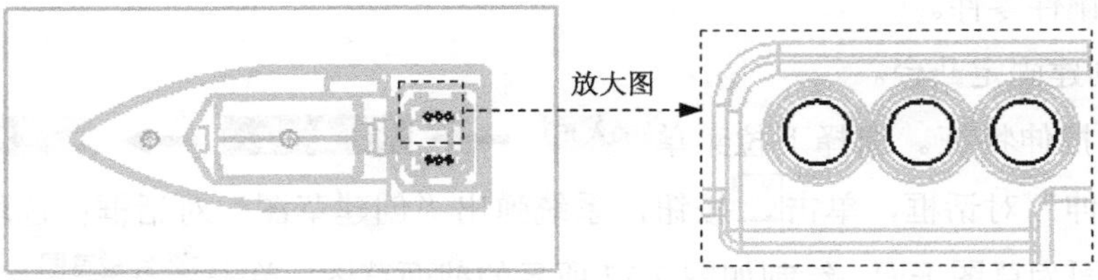

图 7.24 截面草图

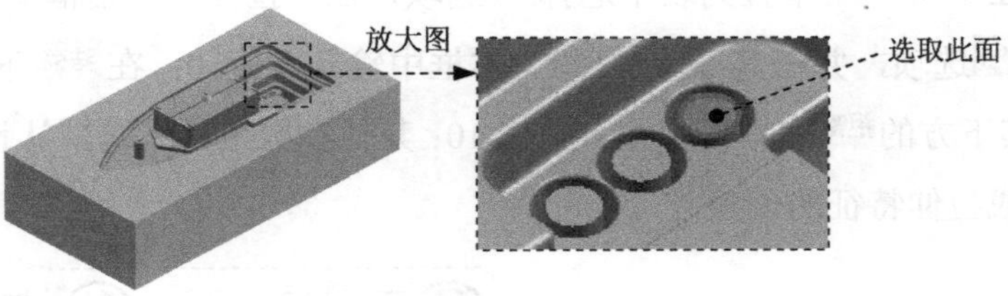

图 7.25 定义延伸对象

Step6. 创建求差特征。选择下拉菜单 插入(S) → 组合(B) ▸ → 减去(S)... 命令，系统弹出“求差”对话框；选取型腔为目标体，选取拉伸特征 2 为工具体；在 设置 区域中选中 ☑ 保存工具 复选框，其他参数采用系统默认设置值；单击 < 确定 > 按钮，完成求差特征的创建。

Step7. 将镶件转化为型腔的子零件。

（1）单击“装配导航器”中的选项卡，系统弹出“装配导航器”界面，在该界面中的空白处右击，然后在系统弹出的快捷菜单中选择 WAVE 模式 选项。

（2）在“装配导航器”界面中右击 ☑ boat_top_mold_cavity_002，在系统弹出的快捷菜单中选择 WAVE ▸ → 新建层 命令，系统弹出“新建层”对话框。

（3）单击 指定部件名 按钮，系统弹出的“选择部件名”对话框，在 文件名(N): 文本框中输入 boat_top_pin01.prt，单击 OK 按钮，系统返回至“新建层”对话框；单击 类选择 按钮，选取前面求差得到的 8 个镶件，单击 确定 按钮；单击“新建层”对话框中的 确定 按钮，此时在“装配导航器”界面中显示出刚创建的镶件。

Step8. 移动至图层。单击装配导航器中的选项卡，在该选项卡中取消选中 boat_top_pin01 部件；选取前面求差得到的 8 个镶件；选择下拉菜单 格式(R) → 移动至图层(M)... 命令，系统弹出“图层移动”对话框；在 目标图层或类别 文本框中输入数值 10，单击 确定 按钮，退出“图层设置”对话框；单击“装配导航器”中的选项卡，在该选项卡中选中 boat_top_pin01 部件。

注意：此时可将图层 10 隐藏。

Step9. 将镶件转换为显示部件。单击“装配导航器”选项卡，系统弹出“装配导航器”界面；在 boat_top_pin01 选项上右击，在弹出的快捷菜单中选择 在窗口中打开 命令，系统显示镶件零件。

Step10. 创建固定凸台。

（1）创建拉伸特征。选择下拉菜单 插入(S) → 设计特征(E) → 拉伸(E)... 命令，系统弹出“拉伸”对话框，单击按钮，系统弹出“创建草图”对话框；选取如图 7.26 所示的模型表面为草图平面，绘制如图 7.27 所示的截面草图，单击 完成草图 按钮，退出草图环境，在 指定矢量 下拉列表中选择 -ZC 选项，在“拉伸”对话框 限制 区域的 开始 下拉列表中选择 值 选项，并在其下方的 距离 文本框中输入数值 0；在 结束 下拉列表中选择 值 选项，并在其下方的 距离 文本框中输入数值 10；其他参数采用系统默认设置值，单击 < 确定 > 按钮，完成拉伸特征的创建。

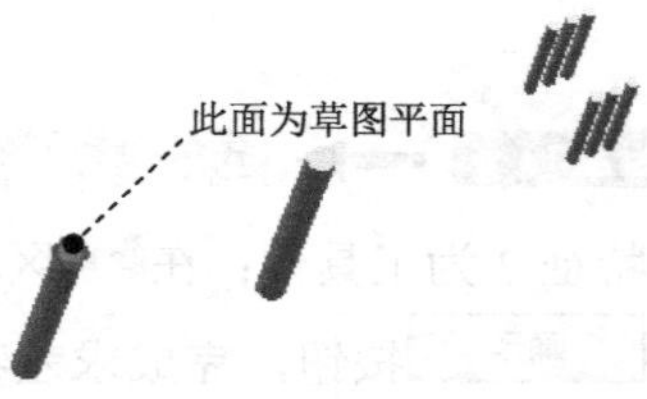

图 7.26 定义草图平面

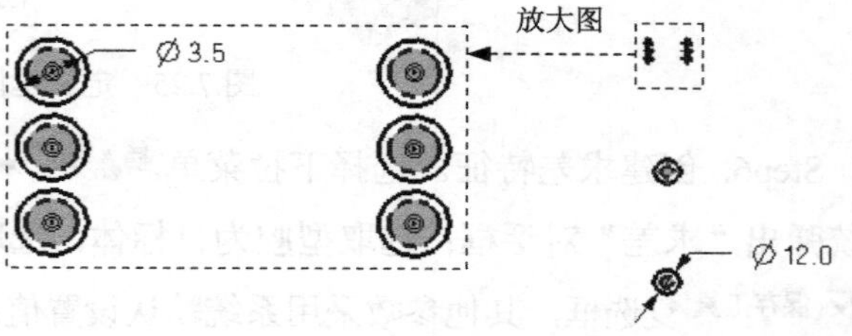

图 7.27 截面草图

（2）创建求和特征。选择下拉菜单 插入(S) → 组合(B) → 合并(U)... 命令，系统弹出“合并”对话框；选取如图 7.28 所示的目标体和工具体；单击 应用 按钮，完成求和特征的创建。

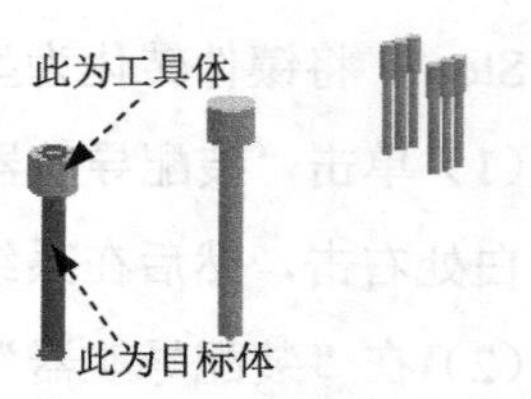

图 7.28 定义目标体和工具体

（3）参照以上步骤，创建其他 7 个求和特征。

Step11. 保存零件。选择下拉菜单 文件(F) → 保存(S) → 全部保存(V) 命令，保存零件。

Step12. 选择窗口。选择下拉菜单 窗口(O) → boat_top_mold_cavity_002.prt 命令，系统显示型腔零件。

Step13. 创建镶件避开槽。在“注塑模向导”功能选项卡 主要 区域中单击“腔”按钮，系统弹出“开腔”对话框；在 模式 区域的下拉列表中选择 减去材料，选取型腔零件为目标体，单击中键确认；在 工具 区域的 工具类型 下拉列表中选择 实体 选项，选取 8 个镶件为工具体；单击 确定 按钮，完成镶件避开槽的创建，如图 7.29 所示。

图 7.29 创建镶件避开槽

Step14. 保存型腔模型。选择下拉菜单 文件(F) → 保存(S) → 全部保存(V) 命令，保存所有文件。

Task9. 创建型芯镶件

Step1. 选择窗口。选择下拉菜单 窗口(O) → boat_top_mold_core_006.prt 命令，系统显示型芯工作零件。

Step2. 创建拉伸特征 1。选择下拉菜单 插入(S) → 设计特征(E) → 拉伸(E)... 命令，系统弹出“拉伸”对话框；选取图 7.30 所示的两条边链为拉伸截面；在 指定矢量 下拉列表中选择 ZC 选项；在 限制 区域的 开始 下拉列表中选择 值 选项，并在其下方的 距离 文本框中输入数值 0；在 结束 下拉列表中选择 直至延伸部分 选项，选取如图 7.31 所示的平面为直至延伸对象；在 布尔 区域的 布尔 下拉列表中选择 无 选项，其他参数采用系统默认设置值；单击 < 确定 > 按钮，完成拉伸特征 1 的创建。

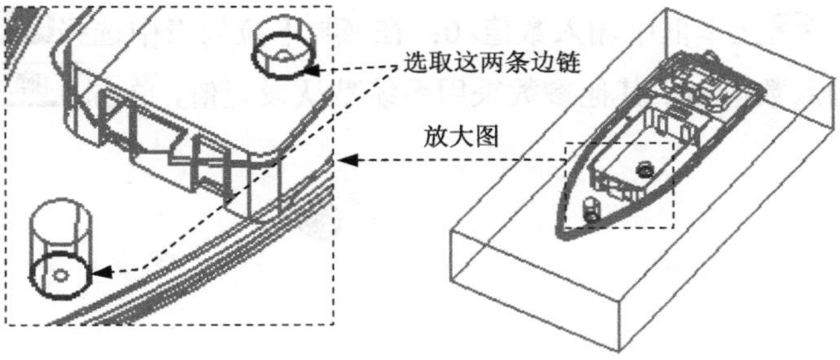

图 7.30 定义拉伸截面

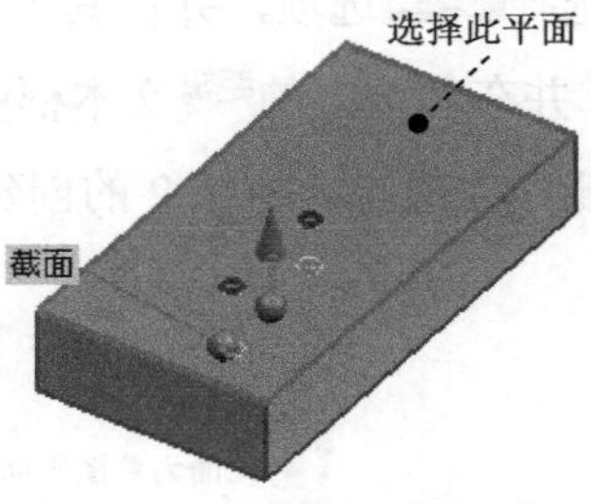

图 7.31 定义延伸对象

Step3. 创建求差特征。选择下拉菜单 插入(S) → 组合(B) → 减去(S)... 命令，系统弹出“求差”对话框；选取型芯为目标体，选取拉伸特征 1 为工具体；在 设置 区域中选中 ☑ 保存工具 复选框，其他参数采用系统默认设置值；单击 < 确定 > 按钮，完成求差特征的创建。

Step4. 将镶件转化为型芯子零件。

（1）在“装配导航器”界面中右击 ☑ boat_top_mold_core_006，在系统弹出的快捷菜单中选择 WAVE → 新建层 命令，系统弹出“新建层”对话框。

（2）单击 指定部件名 按钮，系统弹出“选择部件名”对话框，在 文件名(N): 文本框中输入 boat_top_pin02.prt，单击 OK 按钮，系统返回至“新建层”对话框；单击 类选择 按钮，选取前面求差得到的 2 个镶件，单击 确定 按钮；单击“新建层”对话框中的 确定 按钮，此时在“装配导航器”界面中显示出刚创建的镶件。

Step5. 移动至图层。单击装配导航器中的 选项卡，在该选项卡中取消选中 ☑ boat_top_pin02 部件；选取前面求差得到的两个镶件；选择下拉菜单 格式(R) → 移动至图层(M)... 命令，系统弹出“图层移动”对话框；在 目标图层或类别 文本框中输入数值 10，单击 确定 按钮，退出“图层设置”对话框；单击“装配导航器”中的 选项卡，在该选项卡中选中 ☑ boat_top_pin02 部件。

注意：此时可将图层 10 隐藏。

Step6. 将镶件转换为显示部件。单击“装配导航器”选项卡 ，系统弹出“装配导航器”界面；在 ☑ boat_top_pin02 选项上右击，在系统弹出的快捷菜单中选择 设为显示部件 命令，系统显示镶件零件。

Step7. 创建固定凸台。

（1）创建拉伸特征 2。选择下拉菜单 插入(S) → 设计特征(E) → 拉伸(E)... 命令，系统弹出“拉伸”对话框，单击 按钮，系统弹出“创建草图”对话框；选取如图 7.32 所示的模型表面为草图平面，绘制如图 7.33 所示的截面草图，单击 完成草图 按钮，退出草图环境，在 指定矢量 下拉列表中选择 ZC↑ 选项，在“拉伸”对话框 限制 区域的 开始 下拉列表中选择 值 选项，并在其下方的 距离 文本框中输入数值 0；在 结束 下拉列表中选择 值 选项，并在其下方的 距离 文本框中输入数值 10；其他参数采用系统默认设置值，单击 < 确定 > 按钮，完成拉伸特征 2 的创建。

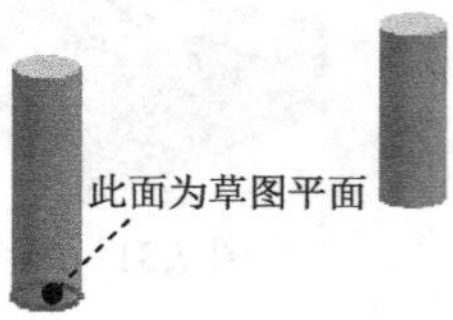

图 7.32　定义草图平面

图 7.33　截面草图

（2）创建求和特征。选择下拉菜单 插入(S) → 组合(B) ▸ → 合并(U)... 命令，系统弹出“合并”对话框，选取如图 7.34 所示的目标体和工具体，单击 应用 按钮，完成求和特征的创建，参照以上步骤，创建另一个求和特征，并关闭“合并”对话框。

Step8. 保存零件。选择下拉菜单 文件(F) → 保存(S) → 全部保存(V) 命令，保存零件。

Step9. 选择窗口。选择下拉菜单 窗口(O) → boat_top_mold_core_006.prt 命令，系统显示型芯零件。

Step10. 创建镶件避开槽。在“注塑模向导”功能选项卡 主要 区域中单击“腔”按钮，系统弹出“开腔”对话框；在 模式 区域的下拉列表中选择 减去材料 选项，选取型芯零件为目标体，单击中键确认；在 工具 区域的 工具类型 下拉列表中选择 实体 选项，选取两个镶件为工具体；单击 确定 按钮，完成镶件避开槽的创建，如图 7.35 所示。

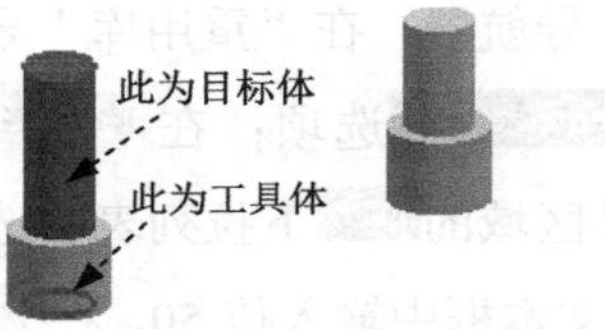

图 7.34 定义目标体和工具体

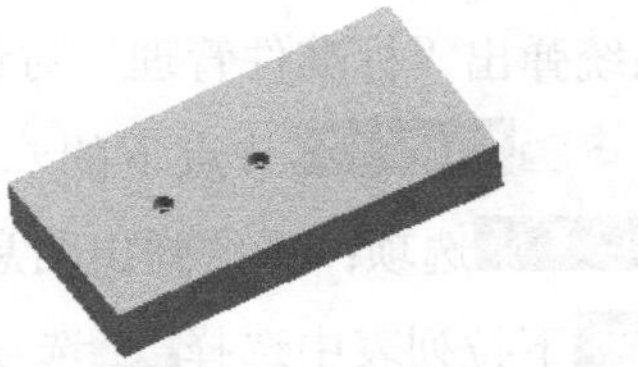
图 7.35 创建镶件避开槽

Step11. 保存型芯模型。选择下拉菜单 文件(F) → 保存(S) → 全部保存(V) 命令，保存所有文件。

Task10. 创建模架

Step1. 选择窗口。选择下拉菜单 窗口(O) → boat_top_mold_top_000.prt 命令，系统显示总模型。

Step2. 将总模型转换为工作部件。单击“装配导航器”选项卡，系统弹出“装配导航器”界面，双击 ☑ boat_top_mold_top_000。

Step3. 添加模架。在“注塑模向导”功能选项卡 主要 区域中单击“模架库”按钮，系统弹出“模架库”对话框和“重用库”导航器。在“重用库”导航器 名称 区域中选择 FUTABA_S 选项，然后在 成员选择 下拉列表中选择 SC 选项。

Step4. 定义模架的编号及标准参数。在 详细信息 区域的 index 下拉列表中选择 3535 选项，在 AP_h 下拉列表中选择 60 选项，在 BP_h 下拉列表中选择 60 选项，在 CP_h 下拉列表中选择 100 选项，其他参数采用系统默认设置值；在“模架库”对话框中单击 确定 按钮，然后在“部件名管理”对话框中单击 确定 按钮，加载后的模架如图 7.36 所示。

图 7.36 模架

Step5. 创建型腔刀槽。在“注塑模向导”功能选项卡主要区域中单击“型腔布局”按钮，系统弹出“型腔布局”对话框；单击“编辑插入腔”按钮，系统弹出“插入腔体”对话框；在R下拉列表中选择5选项，在type下拉列表中选择2选项；单击确定按钮，完成型腔刀槽的创建，同时系统弹出“型腔布局”对话框；单击关闭按钮，关闭“型腔布局”对话框。

Step6. 创建刀槽避开槽。在“注塑模向导”功能选项卡主要区域中单击“腔”按钮，系统弹出“开腔”对话框；在模式区域的下拉列表中选择减去材料选项，选取动模板和定模板为目标体，单击中键确认；在工具区域的工具类型下拉列表中选择组件选项，选取刀槽为工具体；单击确定按钮，完成刀槽避开槽的创建。

Task11. 添加浇注系统

Step1. 添加定位圈。在“注塑模向导”功能选项卡主要区域中单击“标准件库”按钮，系统弹出“标准件管理”对话框和“重用库”导航器；在“重用库”导航器名称区域中选择FUTABA_MM节点下的Locating Ring Interchangeable选项；在成员选择列表中选择Locating Ring选项；系统弹出信息窗口；在详细信息区域的TYPE下拉列表中选择M_LRB选项，在DIAMETER下拉列表中选择120选项，在HOLE_THRU_DIA文本框中输入值50，在SHCS_LENGTH文本框中输入值18，在BOLT_CIRCLE文本框中输入值90，在C_SINK_CENTER_DIA文本框中输入值70，单击确定按钮，完成定位圈的添加，如图7.37所示。

Step2. 创建定位圈避开槽。在“注塑模向导”功能选项卡主要区域中单击“腔”按钮，系统弹出“开腔”对话框；选取定模座板为目标体，单击中键确认；在工具区域的工具类型下拉列表中选择组件选项，选取定位圈为工具体；单击确定按钮，完成定位圈避开槽的创建，如图7.38所示。

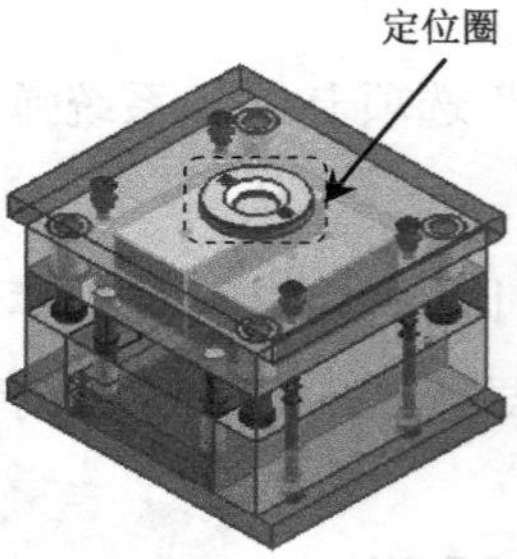

图7.37 定位圈

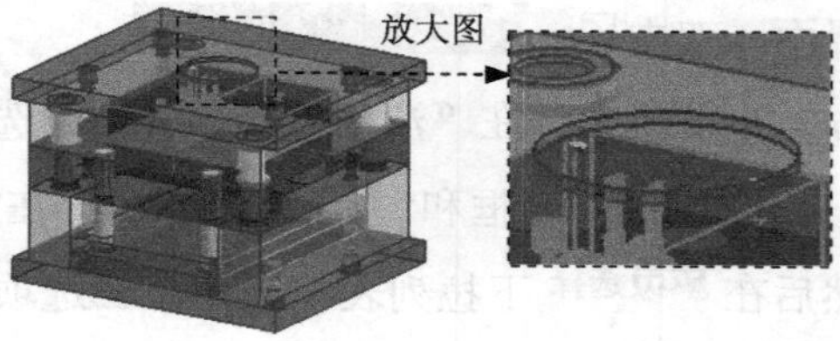

图7.38 定位圈避开槽

Step3. 添加浇口衬套。在“注塑模向导”功能选项卡主要区域中单击“标准件库”按钮，系统弹出“标准件管理”对话框和“重用库”导航器；在“重用库”导航器名称区域中选择FUTABA_MM节点下的Sprue Bushing选项；在成员选择列表中选择Sprue Bushing选项，系统弹出“信息”窗口；在详细信息区域中将CATALOG_LENGTH1的值修改为90，按Enter键确认；单击 确定 按钮，完成浇口衬套的添加，如图 7.39 所示。

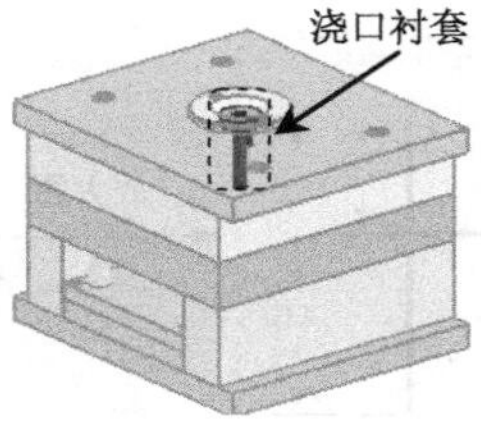

图 7.39 浇口衬套

Step4. 创建浇口衬套避开槽。在“注塑模向导”功能选项卡 主要 区域中单击“腔”按钮，系统弹出“开腔”对话框；选取定模板固定板、定模板和型腔为目标体，单击中键确认；在 工具 区域的 工具类型 下拉列表中选择 组件 选项，选取浇口衬套为工具体；单击 确定 按钮，系统弹出“开腔”对话框，单击 确定 按钮关闭该对话框，完成浇口衬套避开槽的创建。

Step5. 添加流道（隐藏定模板固定板、定模板、型腔、定位圈和浇口衬套）。在“注塑模向导”功能选项卡 主要 区域中单击“流道”按钮，系统弹出如图 7.40 所示的“流道”对话框；单击对话框中的“绘制截面”按钮，系统弹出“创建草图”对话框，选取如图 7.41 所示如平面为草图平面。绘制如图 7.42 所示的截面草图，单击 完成草图 按钮，退出草图环境；在 截面类型 下拉列表中选择 Circular 选项，在 详细信息 区域双击 D 文本框中输入数值 8，并按 Enter 键确认；单击 < 确定 > 按钮，完成分流道的创建，结果如图 7.43 所示。

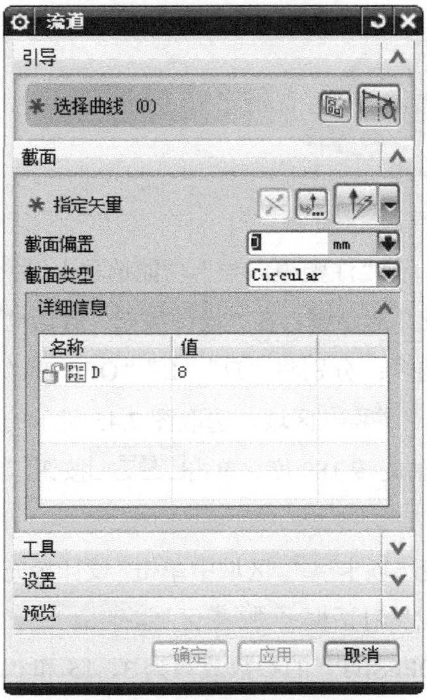

图 7.40 “流道”对话框

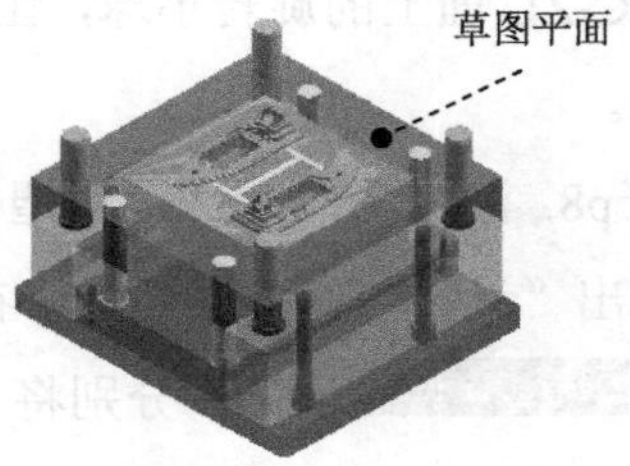

图 7.41 草图平面

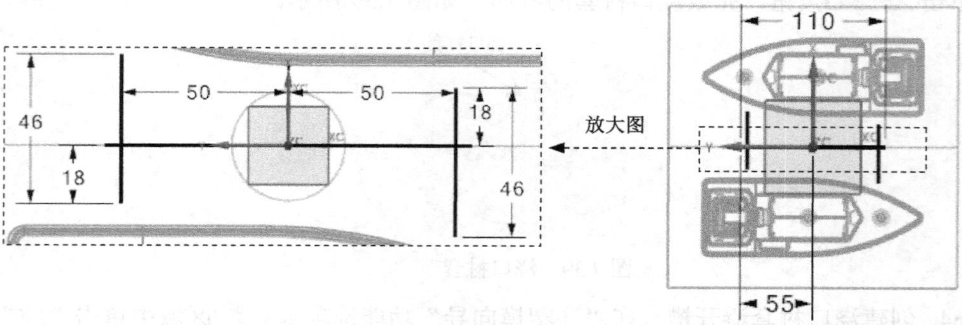

图 7.42 流道截面草图

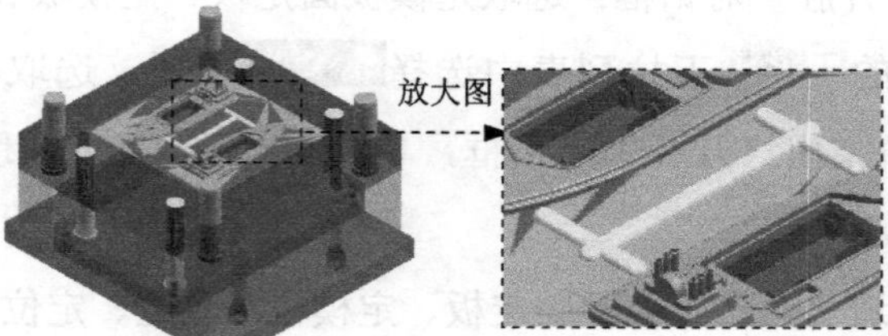

图 7.43 创建流道

Step6. 创建流道避开槽（显示型腔和浇口衬套，隐藏模架）。在“注塑模向导”功能选项卡主要区域中单击“腔”按钮，系统弹出“开腔”对话框；选取型腔、型芯和浇口衬套为目标体，单击中键确认；在工具区域的工具类型下拉列表中选择实体选项，选取流道为工具体；单击确定按钮，完成流道避开槽的创建，结果如图 7.44 所示。

图 7.44 创建流道避开槽

Step7. 添加浇口 1（只显示型芯和流道）。在“注塑模向导”功能选项卡主要区域中单击“设计填充”按钮，系统弹出“设计填充”对话框；在“设计填充”对话框详细信息区域Section_Type的下拉列表中选择Semi_Circular选项；分别将“D”“L”“OFFSET”的参数改写为 3、15 和 0。单击“设计填充”对话框的指定点区域，选取图 7.45 所示的圆弧边线；拖动 YC-ZC 面上的旋转小球，让其绕着 XC 轴旋转 180 度。单击确定按钮，完成浇口 1 的添加。

Step8. 添加浇口 2。在“注塑模向导”功能选项卡主要区域中单击“设计填充”按钮，系统弹出“设计填充”对话框；在“设计填充”对话框详细信息区域Section_Type的下拉列表中选择Semi_Circular选项；分别将“D”“L”“OFFSET”的参数改写为 3、15 和 0。单击“设计填充”对话框的指定点区域，选取图 7.46 所示的圆弧边线；拖动 YC-ZC 面上的旋转小球，让其绕着 XC 轴旋转 180 度。单击 确定 按钮，完成浇口 2 的添加。

Step9. 参照 Step7 和 Step8 的操作步骤，添加另外一侧的浇口。

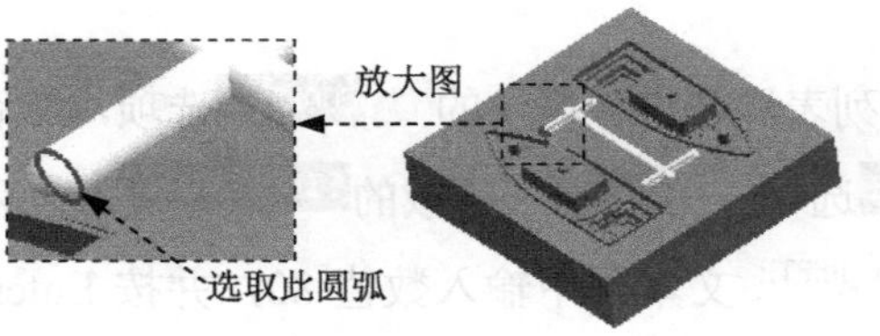

图 7.45 定义浇口 1 的终点

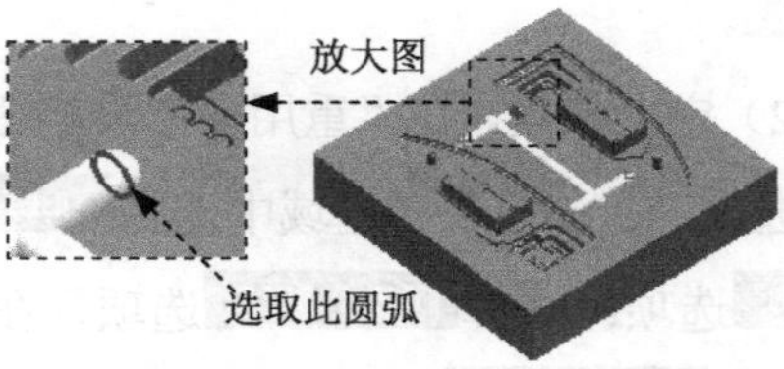

图 7.46 定义浇口 2 的终点

Step10. 创建浇口避开槽（只显示型腔）。在“注塑模向导”功能选项卡 主要 区域中，单击“腔”按钮，系统弹出“开腔”对话框；选取型腔为目标体，单击中键确认；选取浇口为工具体；单击 确定 按钮，完成浇口避开槽的创建。

Task12. 添加冷却系统

Step1. 添加如图 7.47 所示的冷却管 1（只显示产品，型芯和型腔）。

（1）选择命令。在“注塑模向导”功能选项卡 冷却工具 区域中单击“冷却标准件库”按钮，系统弹出“冷却组件设计”对话框。

（2）定义参数。在“重用库”导航器 名称 列表展开设计树中的 COOLING 选项，然后选择 Water 选项，在 成员选择 区域中选择 COOLING HOLE 选项，系统弹出信息窗口并显示参数；在 详细信息 区域的 PIPE_THREAD 下拉列表中选择 M8 选项；选择 HOLE 1 DEPTH 选项，在 HOLE_1_DEPTH 文本框中输入数值 200，并按 Enter 键确认；选择 HOLE 2 DEPTH 选项，在 HOLE_2_DEPTH 文本框中输入数值 200，并按 Enter 键确认。

（3）定义位置。单击 * 选择面或平面 (0) 按钮，选取如图 7.48 所示的表面，单击 确定 按钮，在弹出的“标准件位置”对话框中单击 参考点 区域中的“点对话框”按钮，此时系统弹出“点”对话框；在 输出坐标 区域的 XC 、 YC 和 ZC 文本框中分别输入数值-20、-10 和 0，单击 确定 按钮，系统返回至“标准件位置”对话框，在 偏置 区域的 X 偏置 文本框中输入值 0，在 Y 偏置 文本框中输入值 0，单击 确定 按钮。

（4）参照（1）~（3）的操作步骤，在 输出坐标 区域的 XC 、 YC 和 ZC 文本框中分别输入数值 20、-10 和 0；在 偏置 区域的 X 偏置 文本框中输入值 0，在 Y 偏置 文本框中输入值 0，完成冷却管 1 的添加。

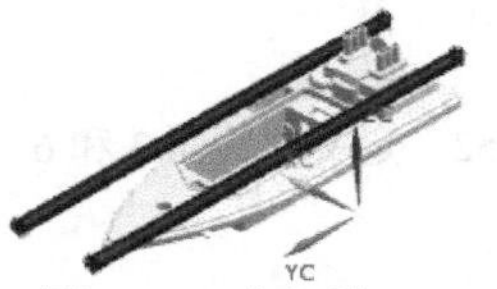

图 7.47 冷却管 1

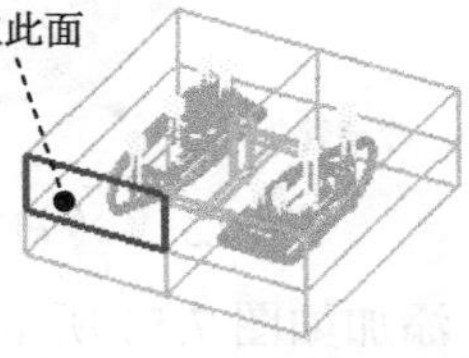

图 7.48 定义放置面 1

Step2. 添加如图 7.49 所示的冷却管 2。

（1）选择命令。在“注塑模向导”功能选项卡 冷却工具 区域中单击“冷却标准件库”按钮。

（2）定义参数。在“重用库”导航器 名称 列表展开设计树中的 COOLING 选项，然后选择 Water 选项，在 **成员选择** 区域中选择 COOLING HOLE 选项，在 详细信息 区域的 PIPE_THREAD 下拉列表中选择 M8 选项；选择 HOLE 1 DEPTH 选项，在 HOLE_1_DEPTH 文本框中输入数值 80，并按 Enter 键确认；选择 HOLE 2 DEPTH 选项，在 HOLE_2_DEPTH 文本框中输入数值 80，并按 Enter 键确认。

（3）定义位置。单击 * 选择面或平面 (0) 按钮，选取如图 7.50 所示的表面，单击 确定 按钮，在弹出的“标准件位置”对话框中单击 参考点 区域中的“点对话框”按钮，此时系统弹出“点”对话框；在 输出坐标 区域的 XC 、 YC 和 ZC 文本框中分别输入数值-80、-10 和 0，单击 确定 按钮，在 偏置 区域的 X 偏置 文本框中输入值 0，在 Y 偏置 文本框中输入值 0，单击 确定 按钮，完成冷却管 2 的添加。

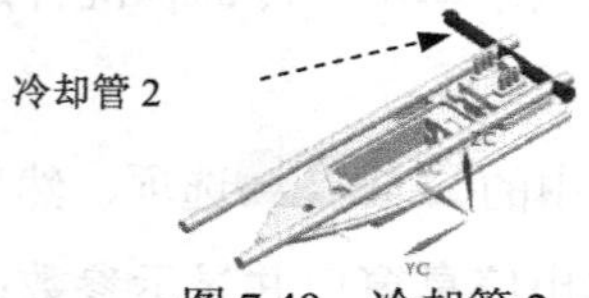

图 7.49　冷却管 2

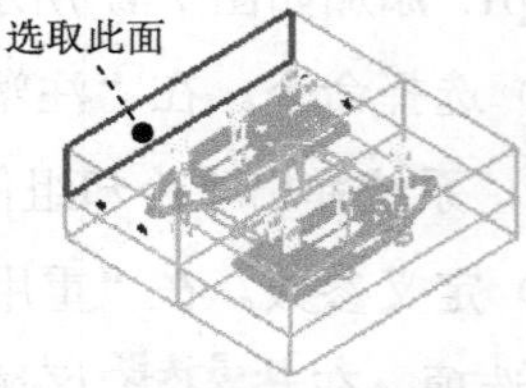

图 7.50　定义放置面 2

Step3. 添加如图 7.51 所示的冷却管 3。

（1）选择命令。在“注塑模向导”功能选项卡 冷却工具 区域中单击“冷却标准件库”按钮。

（2）定义参数。在“重用库”导航器 名称 列表展开设计树中的 COOLING 选项，然后选择 Water 选项，在 **成员选择** 区域中选择 COOLING HOLE 选项，在 详细信息 区域的 PIPE_THREAD 下拉列表中选择 M8 选项；选择 HOLE 1 DEPTH 选项，在 HOLE_1_DEPTH 文本框中输入数值 200，并按 Enter 键确认；选择 HOLE 2 DEPTH 选项，在 HOLE_2_DEPTH 文本框中输入数值 200，并按 Enter 键确认。

（3）定义位置。单击 * 选择面或平面 (0) 按钮，选取如图 7.52 所示的表面为参照，添加冷却管 3（注：具体参数和操作参见随书学习资源）。

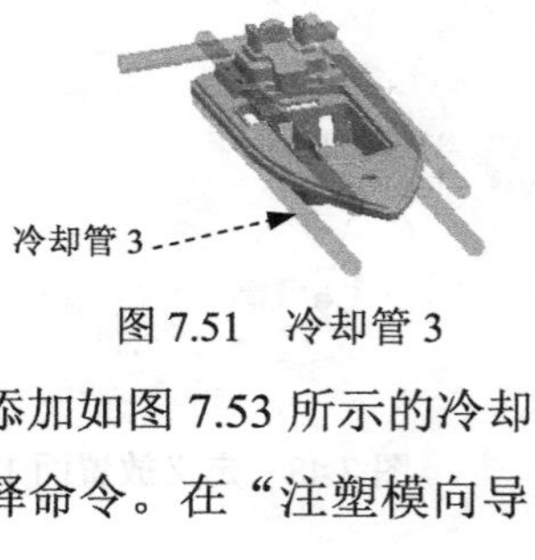

图 7.51　冷却管 3

图 7.52　定义放置面 3 和 6

Step4. 添加如图 7.53 所示的冷却管 4。

（1）选择命令。在“注塑模向导”功能选项卡 冷却工具 区域中单击“冷却标准件库”

按钮，系统弹出“冷却组件设计”对话框。

（2）定义参数。在“重用库”导航器名称列表展开设计树中的COOLING选项，然后选择Water选项，在成员选择区域中选择COOLING HOLE选项，在详细信息区域的PIPE_THREAD下拉列表中选择M8选项；选择HOLE 1 DEPTH选项，在HOLE_1_DEPTH文本框中输入数值85，并按Enter键确认；选择HOLE 2 DEPTH选项，在HOLE_2_DEPTH文本框中输入数值85，并按Enter键确认。

（3）定义位置。单击* 选择面或平面 (0)按钮，选取如图7.54所示的表面，单击确定按钮，在弹出的“标准件位置”对话框中单击参考点区域中的“点对话框”按钮，此时系统弹出“点”对话框；在输出坐标区域的XC、YC和ZC文本框中分别输入数值-70、12和0，单击确定按钮，在偏置区域的X 偏置文本框中输入值0，在Y 偏置文本框中输入值0。单击确定按钮，完成冷却管4的添加，同时系统返回至“点”对话框；单击取消按钮。

Step5. 添加如图7.55所示的冷却管5。

（1）选择命令。在“注塑模向导”功能选项卡冷却工具区域中单击“冷却标准件库”按钮，系统弹出“冷却组件设计”对话框。

（2）定义参数。在“重用库”导航器名称列表展开设计树中的COOLING选项，然后选择Water选项，在成员选择区域中选择COOLING HOLE选项，在详细信息区域的PIPE_THREAD下拉列表中选择M8选项；选择HOLE 1 DEPTH选项，在HOLE_1_DEPTH文本框中输入数值85，并按Enter键确认；选择HOLE 2 DEPTH选项，在HOLE_2_DEPTH文本框中输入数值85，并按Enter键确认。

（3）定义位置。单击* 选择面或平面 (0)按钮，选取如图7.54所示的表面，单击确定按钮，在弹出的“标准件位置”对话框中单击参考点区域中的“点对话框”按钮，此时系统弹出“点”对话框；在输出坐标区域的XC、YC和ZC文本框中分别输入数值90、12和0，单击确定按钮，在偏置区域的X 偏置文本框中输入值0，在Y 偏置文本框中输入值0。单击确定按钮，完成冷却管5的添加，同时系统返回至“点”对话框；单击取消按钮。

图7.53 冷却管4

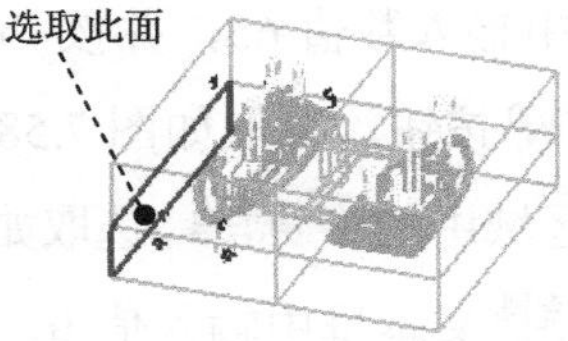

图7.54 定义放置面4和5

图7.55 冷却管5

Step6. 添加如图7.56所示的冷却管6。

（1）选择命令。在“注塑模向导”功能选项卡冷却工具区域中单击“冷却标准件库”按钮，系统弹出“冷却组件设计”对话框。

（2）定义参数。在“重用库”导航器名称列表展开设计树中的COOLING选项，然后选择

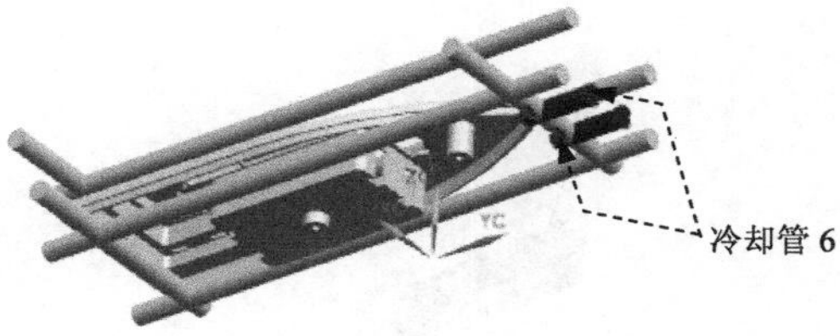

图7.56 冷却管6

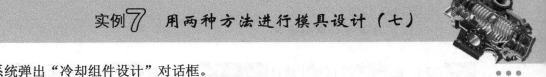

Water选项，在成员选择区域中选择COOLING HOLE选项，在详细信息区域的PIPE_THREAD下拉列表中选择M8选项；选择HOLE 1 DEPTH选项，在HOLE_1_DEPTH文本框中输入数值25，并按Enter键确认；选择HOLE 2 DEPTH选项，在HOLE_2_DEPTH文本框中输入数值25，并按Enter键确认。

（3）定义位置。单击* 选择面或平面 (0)按钮，选取如图7.52所示的表面，单击确定按钮，在弹出的“标准件位置”对话框中单击参考点区域中的“点对话框”按钮，此时系统弹出“点”对话框；在输出坐标区域的XC、YC和ZC文本框中分别输入数值-8、12和0，单击确定按钮，系统返回至“标准件位置”对话框，在偏置区域的X 偏置文本框中输入值0，在Y 偏置文本框中输入值0，单击确定按钮。

（4）参照（1）~（3）的操作步骤，在输出坐标区域的XC、YC和ZC文本框中分别输入数值8、12和0；在偏置区域的X 偏置文本框中输入值0，在Y 偏置文本框中输入值0，完成冷却管6的添加。

Step7. 创建冷却管避开槽。在“注塑模向导”功能选项卡主要区域中单击“腔”按钮，系统弹出“开腔”对话框；选取型腔和型芯为目标体，单击中键确认；选取所有冷却管为工具体；单击确定按钮，完成冷却管避开槽的创建。

Step8. 添加如图7.57所示的冷却管7（显示定模板和动模板）。

（1）选择命令。在“注塑模向导”功能选项卡冷却工具区域中单击“冷却标准件库”按钮，系统弹出“冷却组件设计”对话框。

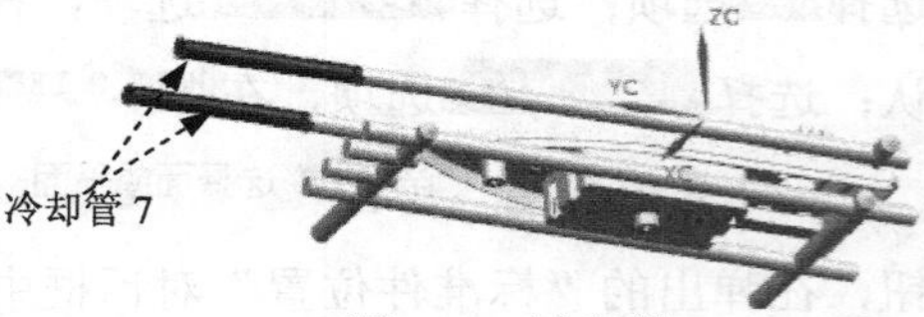

图7.57　冷却管7

（2）定义参数。在“重用库”导航器名称列表展开设计树中的COOLING选项，然后选择Water选项，在成员选择区域中选择COOLING HOLE选项，在详细信息区域的PIPE_THREAD下拉列表中选择M8选项；选择HOLE 1 DEPTH选项，在HOLE_1_DEPTH文本框中输入数值65，并按Enter键确认；选择HOLE 2 DEPTH选项，在HOLE_2_DEPTH文本框中输入数值65，并按Enter键确认。

（3）定义位置。单击* 选择面或平面 (0)按钮，选取如图7.58所示的定模板固定板表面为放置面，单击确定按钮；激活参考点区域中的指定点，选取如图7.59所示的圆弧1，在偏置区域的X 偏置文本框中输入值0，在Y 偏置文本框中输入值0，单击确定按钮；采用同样的操作，选取如图7.59所示的圆弧2，在偏置区域的X 偏置文本框中输入值0，在Y 偏置文本框中输入值0，完成冷却管7的添加。

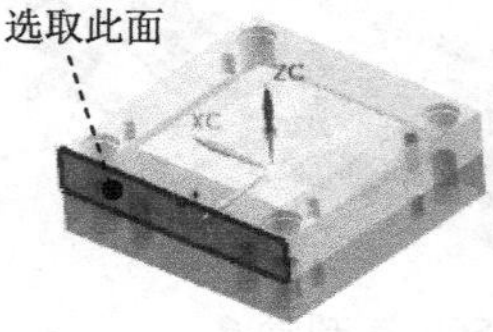

图7.58　定义放置面7

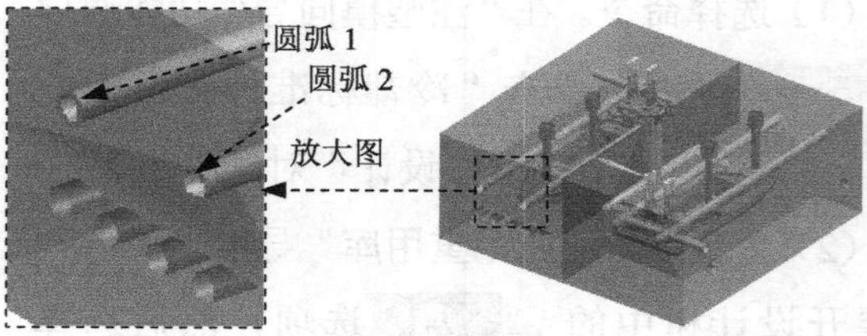

图7.59　定义冷却管中心

Step9. 添加如图 7.60 所示的冷却管 8。

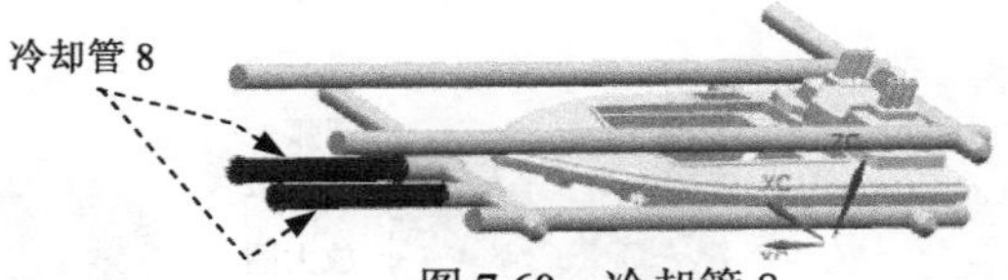

图 7.60 冷却管 8

（1）选择命令。在“注塑模向导”功能选项卡 冷却工具 区域中单击“冷却标准件库”按钮，系统弹出“冷却组件设计”对话框。

（2）定义参数。在“重用库”导航器 名称 列表展开设计树中的 COOLING 选项，然后选择 Water 选项，在 成员选择 区域中选择 COOLING HOLE 选项，在 详细信息 区域的 PIPE_THREAD 下拉列表中选择 M8 选项；选择 HOLE 1 DEPTH 选项，在 HOLE_1_DEPTH 文本框中输入数值 65，并按 Enter 键确认；选择 HOLE 2 DEPTH 选项，在 HOLE_2_DEPTH 文本框中输入数值 65，并按 Enter 键确认。

（3）定义位置。单击 * 选择面或平面 (0) 按钮，选取如图 7.61 所示的定模板固定板表面为放置面，单击 确定 按钮；激活 参考点 区域中的 指定点，选取如图 7.62 所示的圆弧 1（为了方便选取，可将定模板和动模板暂时隐藏），在 偏置 区域的 X 偏置 文本框中输入值 0，在 Y 偏置 文本框中输入值 0，单击 确定 按钮；采用同样的操作，选取如图 7.62 所示的圆弧 2，在 偏置 区域的 X 偏置 文本框中输入值 0，在 Y 偏置 文本框中输入值 0，完成冷却管 8 的添加。

图 7.61 定义放置面 8

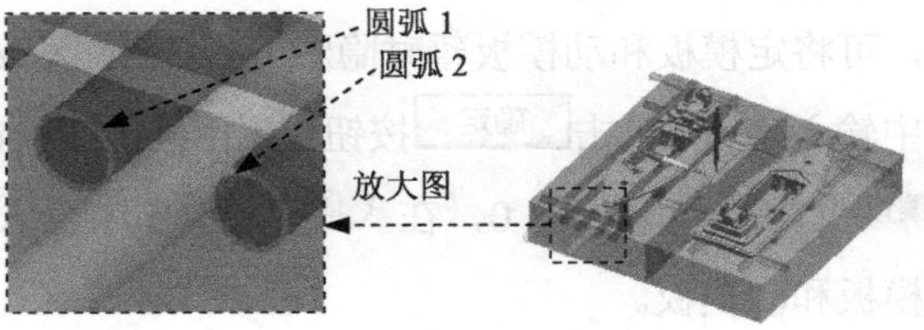

图 7.62 定义冷却管中心

Step10. 添加冷却管 9。

（1）选择命令。在“注塑模向导”功能选项卡 冷却工具 区域中单击“冷却标准件库”按钮，系统弹出“冷却组件设计”对话框。

（2）定义参数。在“重用库”导航器 名称 列表展开设计树中的 COOLING 选项，然后选择 Water 选项，在 成员选择 区域中选择 COOLING HOLE 选项，在 详细信息 区域的 PIPE_THREAD 下拉列表中选择 M8 选项；选择 HOLE 1 DEPTH 选项，在 HOLE_1_DEPTH 文本框中输入数值 65，并按 Enter 键确认；选择 HOLE 2 DEPTH 选项，在 HOLE_2_DEPTH 文本框中输入数值 65，并按 Enter 键确认。

（3）定义位置。单击 * 选择面或平面 (0) 按钮，选取如图 7.63 的定模板固定板表面为放置面，单击 确定 按钮；激活 参考点 区域中的 指定点，选取如图 7.64 所示的圆弧 1（为了方便选取，可将定模板和动模板暂时隐藏），在 偏置 区域的 X 偏置 文本框中输入值 0，在 Y 偏置 文本框中输入值 0，单击 确定 按钮；采用同样的操作，选取如图 7.64 示的圆弧 2，在 偏置区域的 X 偏置 文本框中输入值 0，在 Y 偏置 文本框中输入值 0，完成冷却管 9 的添加，然后将定模板和动模板显示。

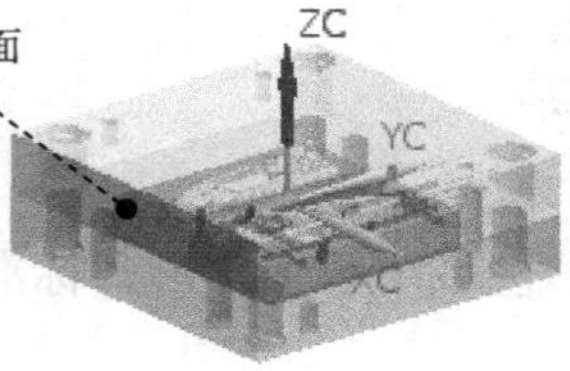

图 7.63　定义放置面 9

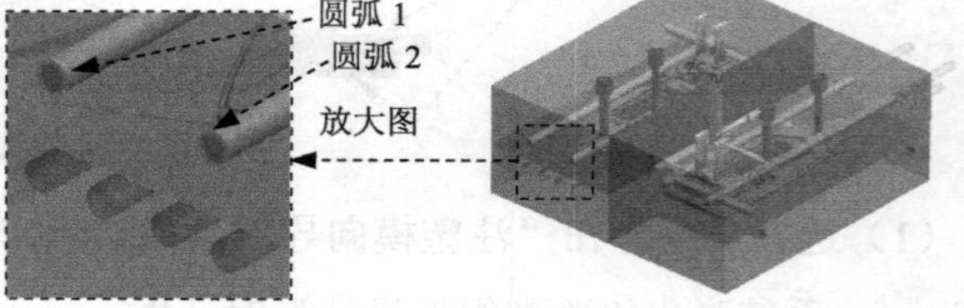

图 7.64　定义冷却管中心

Step11. 添加冷却管 10。

（1）选择命令。在“注塑模向导”功能选项卡 冷却工具 区域中单击“冷却标准件库”按钮，系统弹出“冷却组件设计”对话框。

（2）定义参数。在“重用库”导航器 名称 列表展开设计树中的 COOLING 选项，然后选择 Water 选项，在 **成员选择** 区域中选择 COOLING HOLE 选项，在 详细信息 区域的 PIPE_THREAD 下拉列表中选择 M8 选项；选择 HOLE 1 DEPTH 选项，在 HOLE_1_DEPTH 文本框中输入数值 65，并按 Enter 键确认；选择 HOLE 2 DEPTH 选项，在 HOLE_2_DEPTH 文本框中输入数值 65，并按 Enter 键确认。

（3）定义位置。单击 * 选择面或平面 (0) 按钮，选取如图 7.65 的定模板固定板表面为放置面，单击 确定 按钮；激活 参考点 区域中的 指定点，选取如图 7.66 的圆弧 1（为了方便选取，可将定模板和动模板暂时隐藏），在 偏置 区域的 X 偏置 文本框中输入值 0，在 Y 偏置 文本框中输入值 0，单击 确定 按钮；采用同样的操作，选取图 7.66 中的圆弧 2，在 偏置 区域的 X 偏置 文本框中输入值 0，在 Y 偏置 文本框中输入值 0，完成冷却管 10 的添加，然后将显示定模板和动模板。

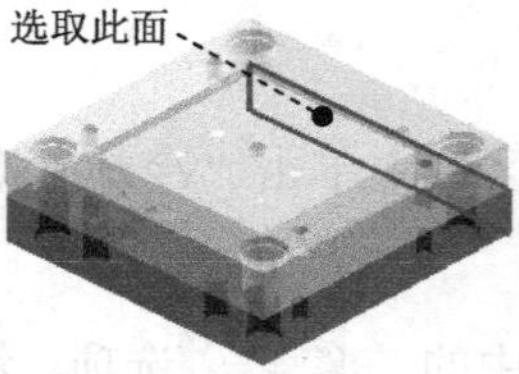

图 7.65　定义放置面 10

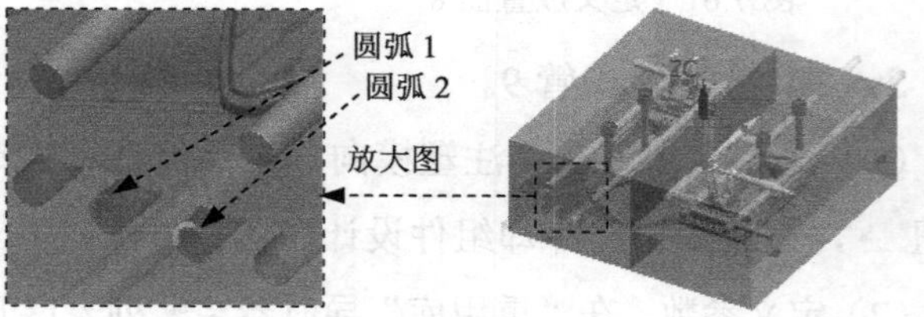

图 7.66　定义冷却管中心

Step12. 创建冷却管避开槽。在“注塑模向导”功能选项卡 主要 区域中单击“腔”按钮，系统弹出“开腔”对话框；选取定模板和动模板为目标体，单击中键确认；选取冷却管 7～10 为工具体；单击 确定 按钮，完成冷却管避开槽的创建。

Step13. 添加如图 7.67 所示的堵铜。选择下拉菜单 插入(S) → 设计特征(E) → 拉伸(E)... 命令，系统弹出“拉伸”对话框；单击按钮，系统弹出“创建草图”对话框；选取如图 7.68 所示的模型表面为草图平面，单击 确定 按钮，进入草图环境；绘制如

图 7.69 所示的截面草图；单击完成草图按钮，退出草图环境；在指定矢量下拉列表中选择-ZC选项；在限制区域的开始下拉列表中选择值选项，并在其下方的距离文本框中输入数值 0；在限制区域的结束下拉列表中选择值选项，并在其下方的距离文本框中输入数值 14；在布尔区域的布尔下拉列表中选择无，其他参数采用系统默认设置值；单击< 确定 >按钮，完成堵铜的创建（隐藏坐标系）。

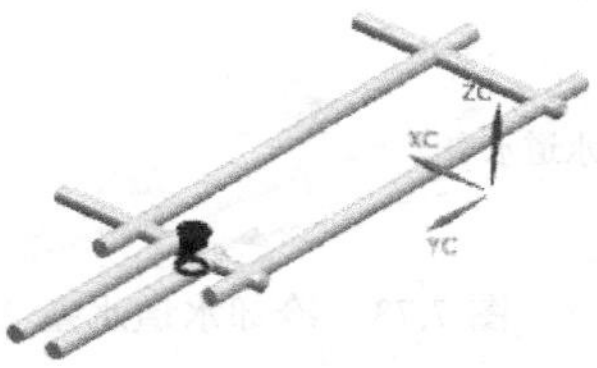

图 7.67 堵铜

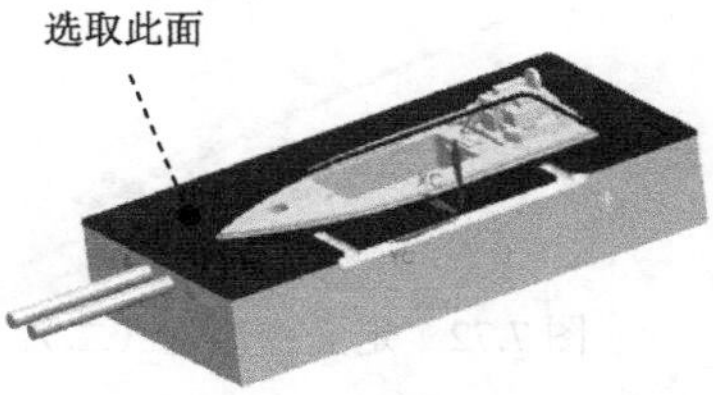

图 7.68 草图平面

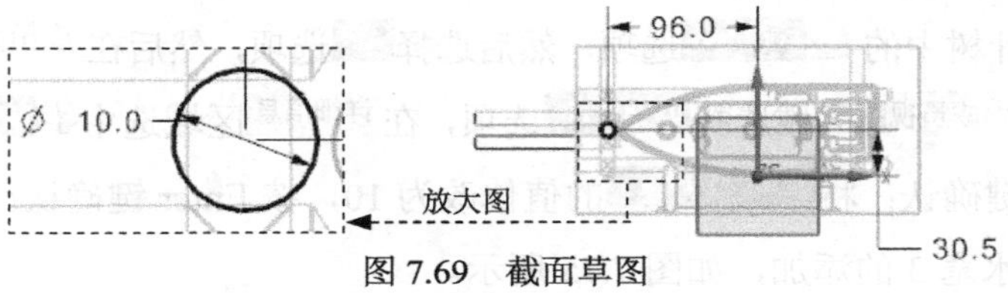

图 7.69 截面草图

说明：为了防止运水回流所以添加堵铜。注意堵铜的直径要大于水路直径，深度要大于运水深度，目的是将水路阻断。

Step14. 创建堵铜避开槽。在“注塑模向导”功能选项卡主要区域中单击“腔”按钮，系统弹出“开腔”对话框；在工具区域的工具类型下拉列表中选择实体选项；选取型芯为目标体，单击中键确认；选取堵铜为工具体；单击确定按钮，完成堵铜避开槽的创建。

Step15. 添加冷却水道水塞 1（只留下水道，其余的全部隐藏）。在“注塑模向导”功能选项卡冷却工具区域中单击“冷却标准件库”按钮，系统弹出“冷却组件设计”对话框；激活选择标准件 (0)区域，选取如图 7.70 所示的冷却管（一），激活选择项 (COOLING HOLE)区域，然后在“重用库”导航器名称列表展开设计树中的COOLING选项，然后选择Air选项，然后在成员选择区域中选择Air DIVERTER选项。在详细信息区域选中ENGAGE并将其值修改为 12，按 Enter 键确认；将PLUG_LENGTH的值修改为 10，按 Enter 键确认；单击确定按钮，完成冷却水道水塞 1 的添加，如图 7.71 所示。

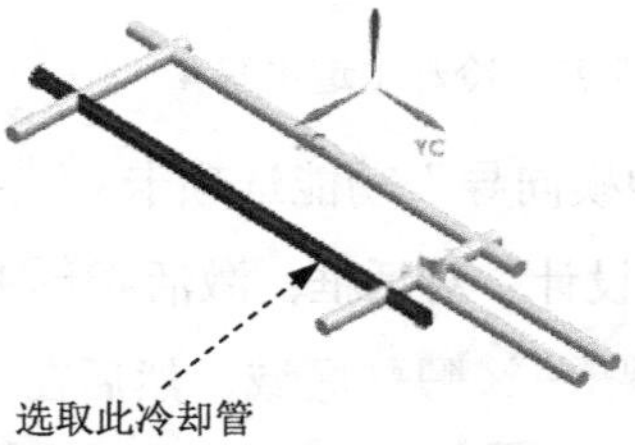

图 7.70 定义冷却管（一）

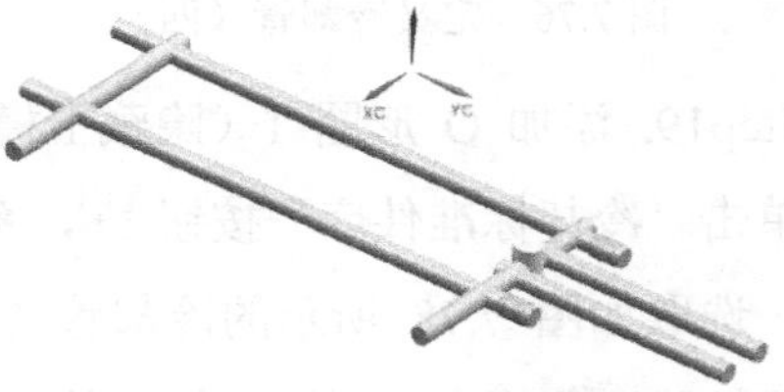

图 7.71 冷却水道水塞 1

Step16. 添加冷却水道水塞 2。选取如图 7.72 所示的冷却管（二），在“重用库”导航器名称列表展开设计树中的 COOLING 选项，然后选择 Air 选项，然后在**成员选择**区域中选择 Air DIVERTER 选项。在详细信息区域中选中 ENGAGE 并将其值修改为 12，按 Enter 键确认；将 PLUG_LENGTH 的值修改为 10，按 Enter 键确认；单击 确定 按钮，完成冷却水道水塞 2 的添加，如图 7.73 所示。

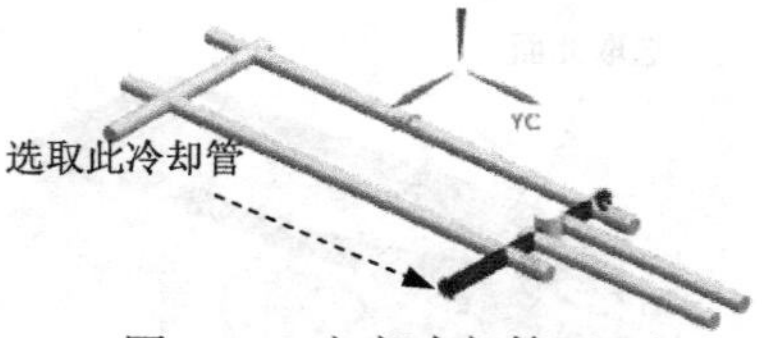

图 7.72　定义冷却管（二）

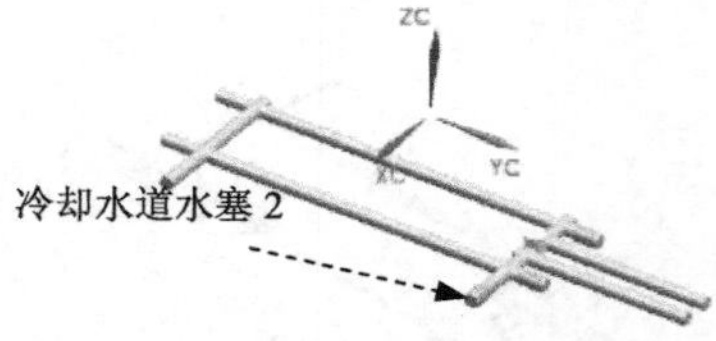

图 7.73　冷却水道水塞 2

Step17. 添加冷却水道水塞 3。选取如图 7.74 所示的冷却管（三），在“重用库”导航器名称列表展开设计树中的 COOLING 选项，然后选择 Air 选项，然后在**成员选择**区域中选择 Air DIVERTER 选项。在成员视图区域选择 DIVERTER 选项，在详细信息区域选中 ENGAGE 并将其值修改为 12，按 Enter 键确认；将 PLUG_LENGTH 的值修改为 10，按 Enter 键确认；单击 确定 按钮，完成冷却水道水塞 3 的添加，如图 7.75 所示。

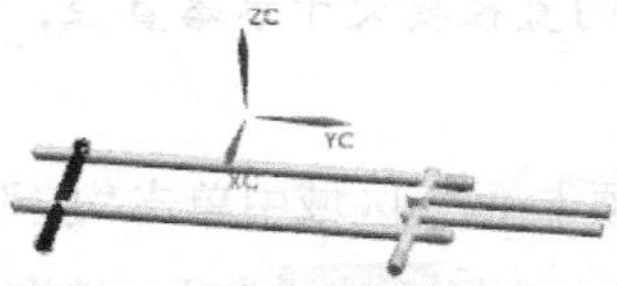

图 7.74　定义冷却管（三）

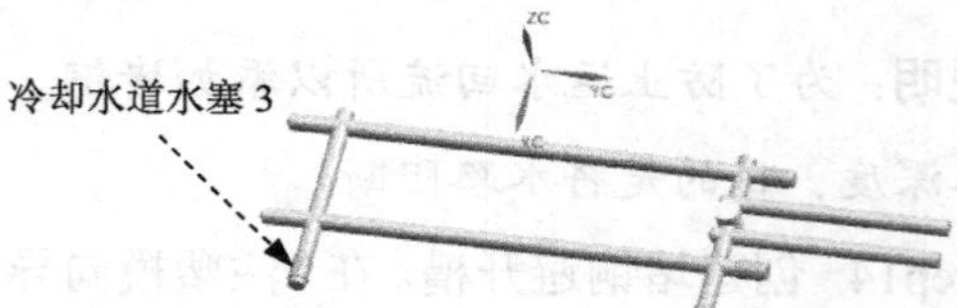

图 7.75　冷却水道水塞 3

Step18. 添加冷却水道水塞 4。选取如图 7.76 所示的冷却管（四），在“重用库”导航器名称列表展开设计树中的 COOLING 选项，然后选择 Air 选项，然后在**成员选择**区域中选择 Air DIVERTER 选项。在详细信息区域中选中 ENGAGE 并将其值修改为 12，按 Enter 键确认；将 PLUG_LENGTH 的值修改为 10，按 Enter 键确认；单击 确定 按钮，完成冷却水道水塞 4 的添加，如图 7.77 所示。

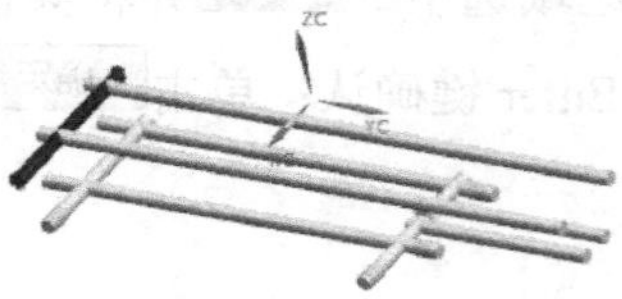

图 7.76　定义冷却管（四）

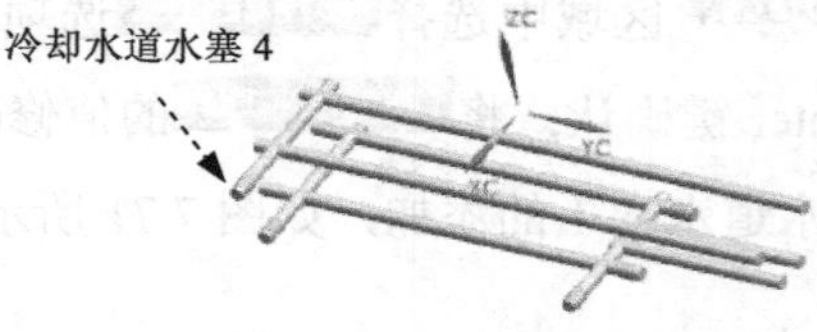

图 7.77　冷却水道水塞 4

Step19. 添加 O 形圈 1（隐藏上模的水路）。在“注塑模向导”功能选项卡冷却工具区域中单击“冷却标准件库”按钮，系统弹出“冷却组件设计”对话框；激活选择标准件 (0) 区域，选取如图 7.78 所示的冷却管（五）；激活 选择项 (COOLING HOLE) 区域，然后在“重用库”导航器名称列表展开设计树中的 COOLING 选项，然后选择 Oil 选项，然后在**成员选择**区域中选择Oil O-RING选项，在详细信息区域的FITTING_DIA下拉列表中选择10选项，单击确定按钮，完成O形圈1的添加，结果如图7.79所示。

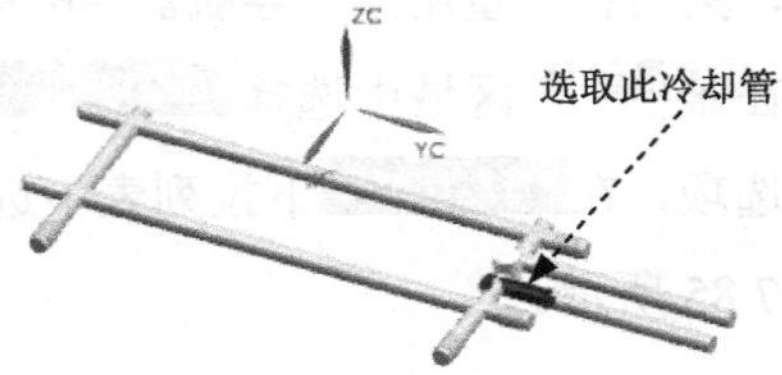

图7.78 定义冷却管（五）

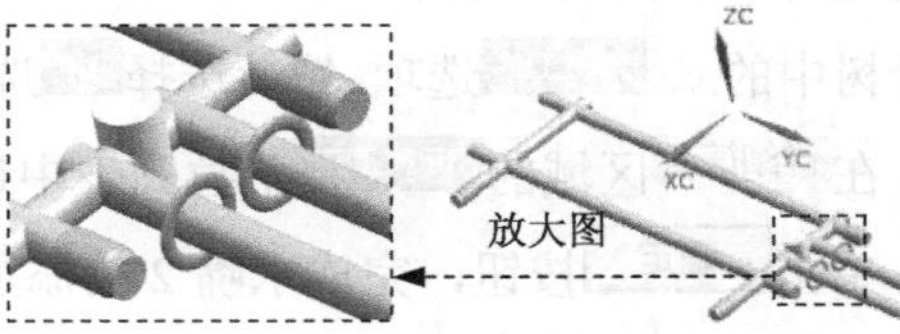

图7.79 添加O形圈1

Step20. 添加O形圈2（显示上模水路）。在“注塑模向导”功能选项卡冷却工具区域中单击“冷却标准件库”按钮，系统弹出“冷却组件设计”对话框；激活选择标准件 (0)区域，选取如图7.80所示的冷却管（六）；激活选择项 (COOLING HOLE)区域，然后在“重用库”导航器名称列表展开设计树中的COOLING选项，然后选择Oil选项，然后在成员选择区域中选择Oil O-RING选项，在详细信息区域的FITTING_DIA下拉列表中选择10选项，单击确定按钮，结果如图7.81所示。

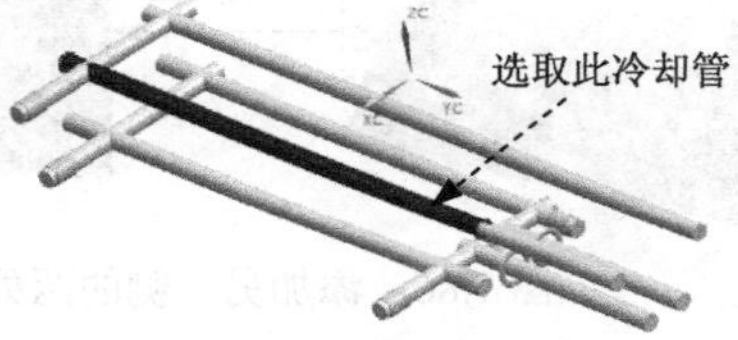

图7.80 定义冷却管（六）

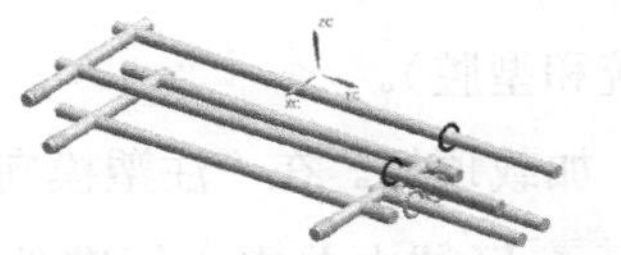

图7.81 添加O形圈2

Step21. 创建O形圈避开槽（显示型腔和型芯）。在“注塑模向导”功能选项卡主要区域中单击“腔”按钮，系统弹出“开腔”对话框；选取型腔和型芯为目标体，单击中键确认；在工具类型下拉列表中选择组件选项，然后选取O形圈1和O形圈2为工具体；单击确定按钮，完成O形圈避开槽的创建。

Step22. 添加水嘴1（显示定模板和动模板）。在“注塑模向导”功能选项卡冷却工具区域中单击“冷却标准件库”按钮，系统弹出“冷却组件设计”对话框；激活选择标准件 (0)区域，选取如图7.82所示的冷却管（七）；激活选择项 (COOLING HOLE)区域，然后在“重用库”导航器名称列表展开设计树中的COOLING选项，然后选择Air选项，然后在成员选择区域中选择Air CONNECTOR PLUG选项；在详细信息区域的SUPPLIER下拉列表中选择HASCO选项，在PIPE_THREAD下拉列表中选择M10选项；单击确定按钮，完成水嘴1的添加，如图7.83所示。

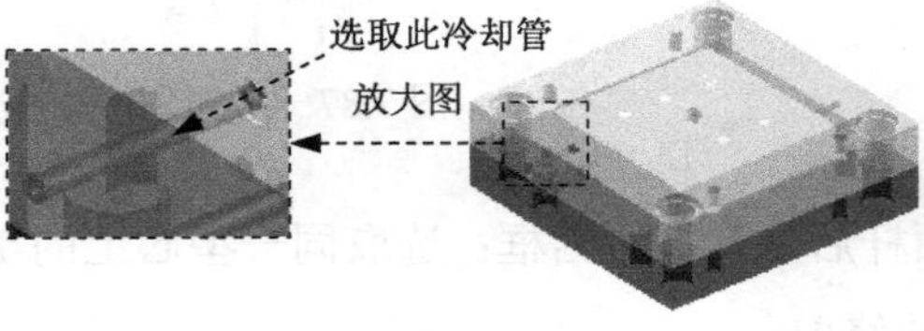

图7.82 定义冷却管（七）

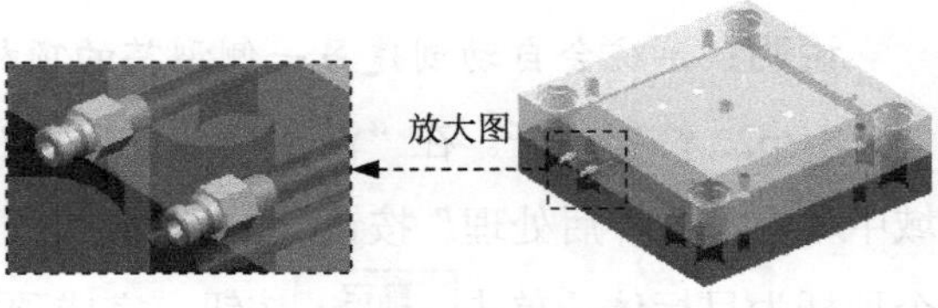

图7.83 添加水嘴1

Step23. 添加水嘴 2。在“注塑模向导”功能选项卡 冷却工具 区域中单击“冷却标准件库”按钮，系统弹出“冷却组件设计”对话框；激活 选择标准件 (0) 区域，选取如图 7.84 所示的冷却管（八）；激活 选择项 (COOLING HOLE) 区域，然后在“重用库”导航器 名称 列表展开设计树中的 COOLING 选项，然后选择 Air 选项，然后在 成员选择 区域中选择 Air CONNECTOR PLUG 选项；在 详细信息 区域的 SUPPLIER 下拉列表中选择 HASCO 选项，在 PIPE_THREAD 下拉列表中选择 M10 选项；单击 确定 按钮，完成水嘴 2 的添加，如图 7.85 所示。

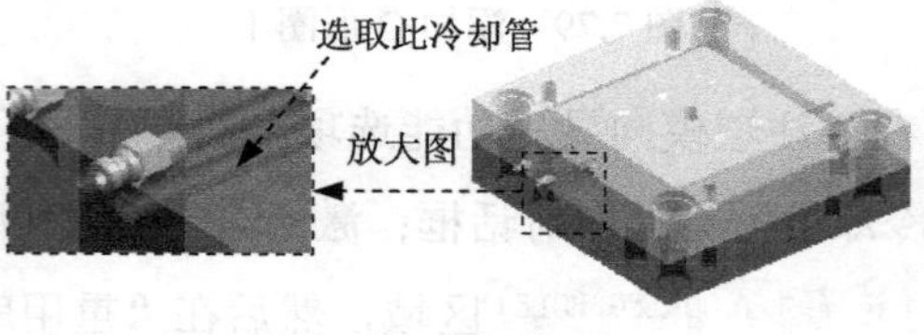

图 7.84　定义冷却管（八）

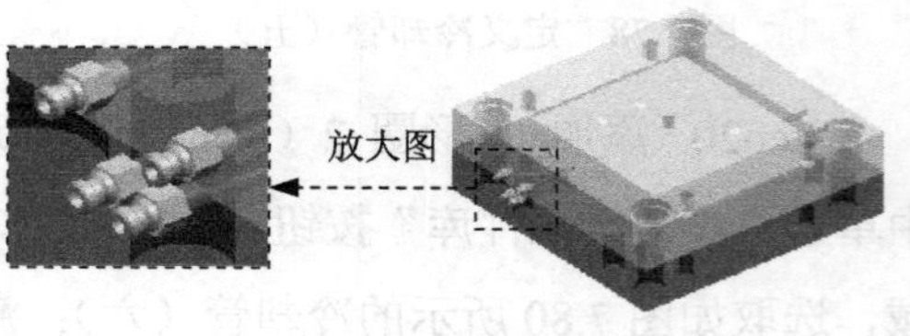

图 7.85　添加水嘴 2

Step24. 参照 Step22 和 Step23，添加另一侧的两处水嘴，如图 7.86 所示。

Task13. 添加顶杆

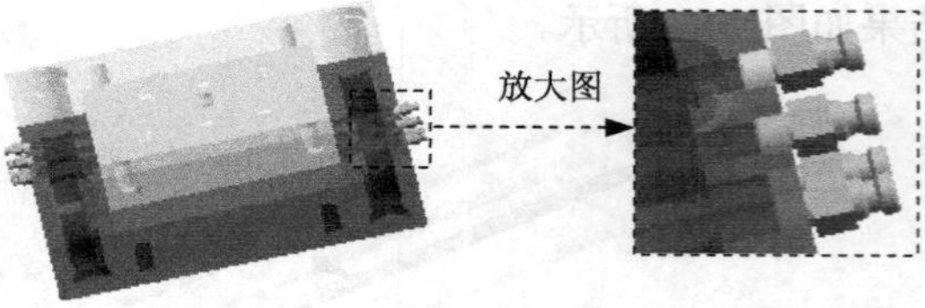

图 7.86　添加另一侧的两处水嘴

Step1. 添加顶杆（隐藏定模板、动模板、冷却系统和型腔）。

（1）加载顶杆。在“注塑模向导”功能选项卡 主要 区域中单击“标准件库”按钮，系统弹出“标准件管理”对话框“重用库”导航器；在“重用库”导航器 名称 区域中选择 DME_MM 节点下的 Ejection 选项，在 成员选择 列表中选择 Ejector Pin [Straight] 选项，系统弹出“信息”窗口，在 详细信息 区域中选择 CATALOG_DIA 选项，在后面的下拉列表中选择 4 选项，在 CATALOG_LENGTH 下拉列表中选择 160 选项。

（2）定位顶杆。单击 确定 按钮，系统弹出“点”对话框。在 类型 下拉列表中选择 自动判断的点 选项；在 输出坐标 区域的 XC 、YC 和 ZC 文本框中分别输入数值-68、-38 和 0，单击 确定 按钮，系统返回至“点”对话框，单击 取消 按钮；

（3）参照上述步骤添加另外 9 个顶杆。坐标值分别为(-42, -38, 0)、(-55, -70, 0)、(-55, 62, 0)、(-68, 30, 0)、(-42, 30, 0)、(-68, 3, 0)、(-42, 3, 0)、(-68, -22, 0) 和 (-42, -22, 0)。结果如图 7.87 所示。

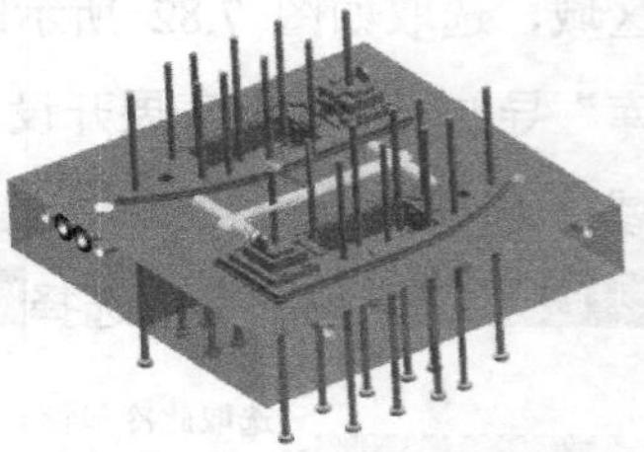
图 7.87　添加顶杆

说明： 系统会自动创建另一侧型芯的顶杆。

Step2. 修剪顶杆。在“注塑模向导”功能选项卡 主要 区域中单击“顶杆后处理”按钮，系统弹出“顶杆后处理”对话框；选取同一型芯上的 10 个顶杆为目标体；单击 确定 按钮，完成顶杆的修剪。

Step3. 创建顶杆避开槽（显示所有零件）。在“注塑模向导”功能选项卡 主要 区域中单击“腔”按钮，系统弹出“开腔”对话框；选取型芯、动模板和顶杆固定板为目标体，单击中键确认；选取所有顶杆（共 20 个）为工具体；单击 确定 按钮，完成顶杆避开槽的创建。

Task14. 模具后处理

Step1. 添加弹簧。

（1）加载弹簧。在“注塑模向导”功能选项卡 主要 区域中单击“标准件库”按钮，系统弹出“标准件管理”对话框和“重用库”导航器；在“重用库”导航器 名称 区域中选择 FUTABA_MM 节点下的 Springs 选项，在 成员选择 列表中选择 Spring [M-FSB] 选项，系统弹出“信息”窗口，在 详细信息 区域中选择 DIAMETER 选项，在后面的下拉列表中选择 45.5 选项，在 CATALOG_LENGTH 下拉列表中选择 80 选项，在 DISPLAY 下拉列表中选择 DETAILED 选项。

（2）定位弹簧。在 设置 区域激活 * 选择面或平面 (0)，选取如图 7.88 所示的面为放置面，系统弹出“点”对话框。单击 确定 按钮；在 类型 区域的下拉列表中选择 圆弧中心/椭圆中心/球心 选项，选取如图 7.89 所示的圆弧 1，系统返回至“点”对话框；选取如图 7.89 所示的圆弧 2，系统返回至“点”对话框；选取如图 7.89 所示的圆弧 3，系统返回至“点”对话框；选取如图 7.89 所示的圆弧 4，系统返回至“点”对话框；单击 取消 按钮，完成弹簧的添加。

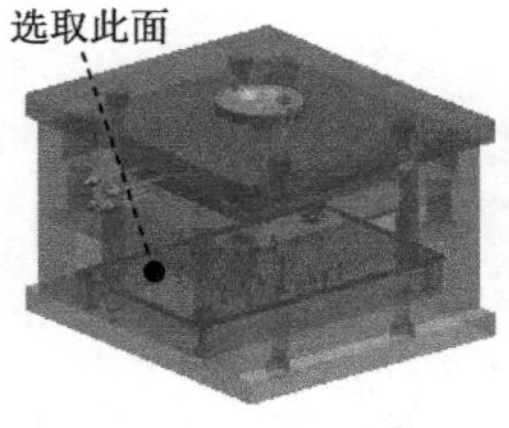

图 7.88 定义放置面

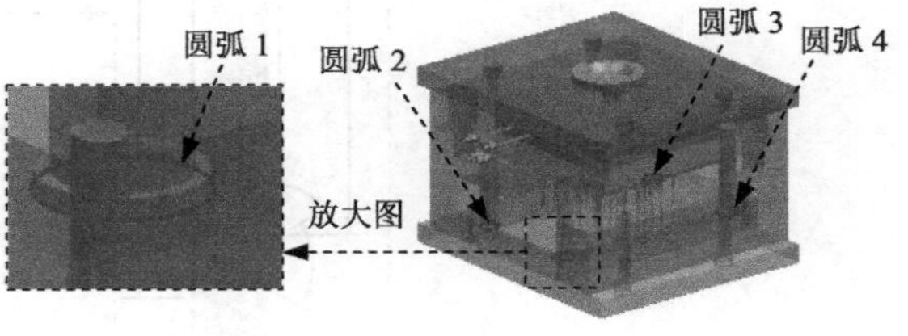

图 7.89 定义弹簧中心

Step2. 创建弹簧避开槽（显示所有零件）。在“注塑模向导”功能选项卡 主要 区域中，单击“腔”按钮，系统弹出“开腔”对话框；选取动模板为目标体，单击中键确认；选取所有弹簧（共 4 个）为工具体；单击 确定 按钮，完成弹簧避开槽的创建。

Step3. 添加拉料杆。

（1）加载拉料杆。在“注塑模向导”功能选项卡 主要 区域中单击“标准件库”按钮，系统弹出“标准件管理”对话框和“重用库”导航器；在“重用库”导航器 名称 区域中选择 DME_MM 节点下的 Ejection 选项，在 成员选择 列表中选择 Ejector Pin [Straight] 选项，系统弹出“信息”窗口，在 详细信息 区域的 CATALOG_DIA 下拉列表中选择 6 选项，在 CATALOG_LENGTH 下拉列表中选择 160 选项，选择 HEAD_DIA 选项，在 HOLE_DIA 文本框中输入数值 18，按 Enter 键确认。

（2）定位拉料杆。单击 确定 按钮，系统弹出“点”对话框；在 输出坐标 区域的 XC、YC

和 ZC 文本框中分别输入数值 0、0 和 0，单击 确定 按钮，系统返回至“点”对话框；单击 取消 按钮，完成拉料杆的初步添加。

Step4. 将拉料杆转换为显示部件。右击拉料杆，在系统弹出的快捷菜单中选择 设为显示部件 命令。

Step5. 编辑拉料杆。

（1）在 应用模块 功能选项卡 设计 区域单击 建模 按钮，进入到建模环境中。

（2）创建基准坐标系。选择下拉菜单 插入(S) → 基准/点(D) → 基准坐标系(C)... 命令，系统弹出“基准坐标系”对话框，单击 < 确定 > 按钮，完成基准坐标系的创建。

（3）创建拉伸特征。选择下拉菜单 插入(S) → 设计特征(E) → 拉伸(E)... 命令，系统弹出“拉伸”对话框；单击 按钮，系统弹出“创建草图”对话框；选取 YZ 基准平面为草图平面；绘制如图 7.90 所示的截面草图；单击 完成草图 按钮，退出草图环境；在 * 指定矢量 下拉列表中选择 XC 选项；在 限制 区域的 开始 下拉列表中选择 对称值 选项，并在其下方的 距离 文本框中输入数值 10；在 布尔 区域的 布尔 下拉列表中选择 减去 选项，选取拉料杆为求差对象；其他参数采用系统默认设置值；单击 < 确定 > 按钮，完成拉伸特征的创建。

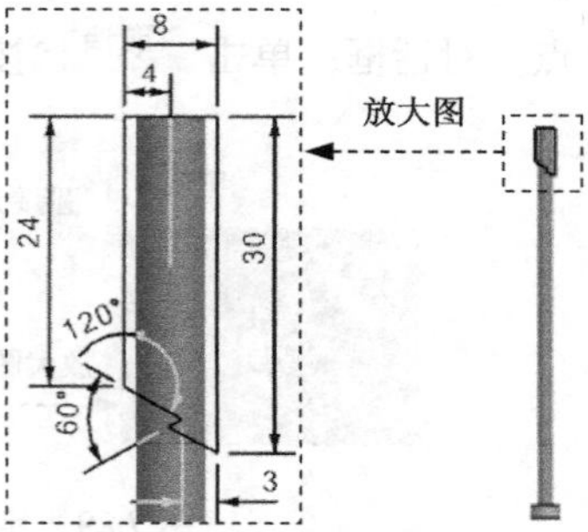

图 7.90　截面草图

Step6. 选择窗口。选择下拉菜单 窗口(O) → boat_top_mold_top_000.prt 命令，系统显示总模型。

Step7. 将总模型转换为工作部件。单击“装配导航器”选项卡 ，系统弹出“装配导航器”界面，双击 boat_top_mold_top_000。

Step8. 创建拉料杆避开槽（隐藏定模侧和型芯）。在“注塑模向导”功能选项卡 主要 区域中单击“腔”按钮 ，系统弹出“开腔”对话框；选取型芯、动模板和顶杆固定板为目标体，单击中键确认；选取拉料杆为工具体；单击 确定 按钮，完成拉料杆避开槽的创建。

Step9. 显示所有的零件。

Step10. 保存文件。选择下拉菜单 文件(F) → 全部保存(V)，保存所有文件。

7.2 方法二（建模环境）

方法简介

采用此方法进行模具设计的亮点在于分型面的设计。本方法采用的是种子面和边界面的方式，并且还通过“变换”“延伸”“修剪”等命令的结合使用，完成全部的分型面设计。当然，读者也可以尝试用建模环境下的其他命令来完成模具设计。

下面介绍在建模环境中的模具设计过程。

Task1. 模具坐标系

Step1. 打开文件。打开 D:\ug12.6\work\ch07\boat_top.prt 文件，单击 OK 按钮，按住快捷键 Ctrl+M，进入建模环境。

Step2. 重定位 WCS 到新的坐标系。选择下拉菜单 格式(R) → WCS → 定向(N)... 命令，系统弹出“坐标系”对话框；在 类型 下拉列表中选择 自动判断 选项，然后选取如图 7.91 所示的模型表面；单击 确定 按钮，完成重定位 WCS 到新坐标系的操作。

Step3. 旋转模具坐标系。选择下拉菜单 格式(R) → WCS → 旋转(R)... 命令，系统弹出“旋转 WCS 绕...”对话框；选中 ⊙ -XC 轴 单选项，在 角度 文本框中输入数值 180；单击 确定 按钮，定义后的模具坐标系如图 7.92 所示。

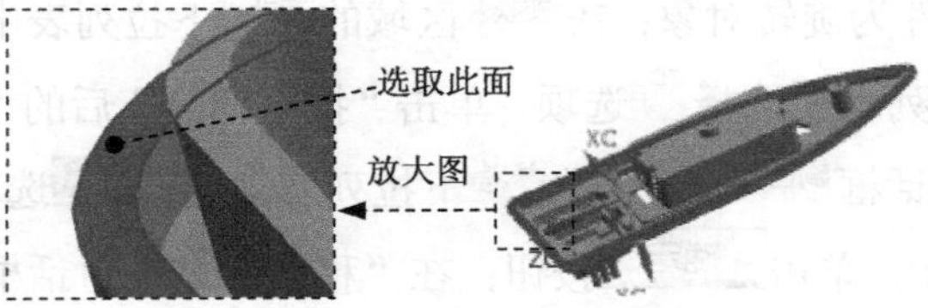

图 7.91 重定位 WCS 到新坐标系

图 7.92 定义后的模具坐标系

Task2. 设置收缩率

Step1. 测量设置收缩率前模型的尺寸。选择下拉菜单 分析(L) → 测量距离(D)... 命令，系统弹出“测量距离”对话框。在 类型 下拉列表中选择 距离 选项；测量图 7.93 所示的零件的两个表面间的距离值为 34；单击 取消 按钮，关闭“测量距离”对话框。

说明：后面的操作要进入建模环境中。

Step2. 设置收缩率。选择下拉菜单 插入(S) → 偏置/缩放(O) → 缩放体(S)... 命令，系统弹出“缩放体”对话框；在 类型 下拉列表中选择 均匀 选项；选择零件为缩放体，此时系统自动将缩放点定义在零件的中心位置；在 比例因子 区域的 均匀 文本框中输入数值 1.006；单击 确定 按钮，完成收缩率的设置。

Step3. 测量设置收缩率后模型的尺寸。选择下拉菜单 分析(L) → 测量距离(D)... 命令，系统弹出“测量距离”对话框；测量图 7.94 所示的零件的两个表面间的距离，为 34.2040；单击 取消 按钮，关闭“测量距离”对话框和信息窗口。

说明：与前面选择测量的面相同。

Step4. 检测收缩率。由测量结果可知，设置收缩率前的尺寸值为 34，收缩率为 1.006，所以设置收缩率后的尺寸值为：34×1.006=34.204；说明设置收缩没有错误。

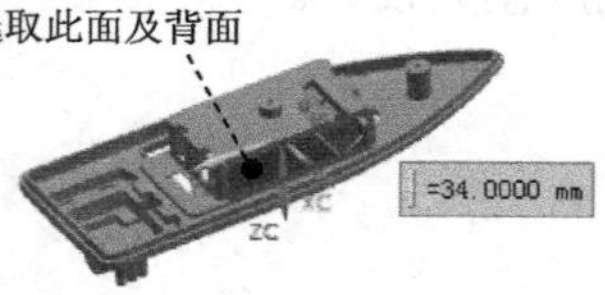

图 7.93　测量设置收缩率前的模型尺寸

图 7.94　测量设置收缩率后的模型尺寸

Task3. 创建工件

Step1. 平移零件。选择下拉菜单 编辑(E) → 移动对象(O)... 命令，此时系统弹出“移动对象”对话框；选择零件模型为平移对象；在 变换 区域的 运动 下拉列表中选择 距离 选项；在“指定矢量”的 下拉列表中选择 XC 选项；在 距离 文本框中输入数值 90；在“移动对象”对话框的 结果 区域中选中 ⊙ 复制原先的 单选项，在 距离/角度分割 文本框中输入数值 1；在 非关联副本数 文本框中输入数值 1；单击 < 确定 > 按钮，完成零件的平移，如图 7.95 所示。

Step2. 旋转零件。选择下拉菜单 编辑(E) → 移动对象(O)... 命令，此时系统弹出“移动对象”对话框；选取如图 7.96 所示的零件为旋转对象；在 变换 区域的 运动 下拉列表中选择 角度 选项；在“指定矢量”的 下拉列表中选择 ZC 选项；单击“指定轴点”后的“点构造器”按钮，在系统弹出的“点”对话框 输出坐标 区域的 参考 下拉列表中选择 WCS 选项，分别在 XC、YC 和 ZC 文本框中输入数值 0，单击 确定 按钮；在“移动对象”对话框的 角度 文本框中输入数值 180，在 结果 区域选中 ⊙ 移动原先的 单选项，在 距离/角度分割 文本框中输入数值 1；单击 < 确定 > 按钮，完成零件的旋转，如图 7.97 所示。

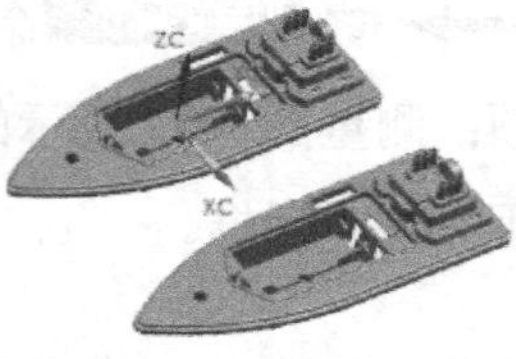

图 7.95　平移后的零件

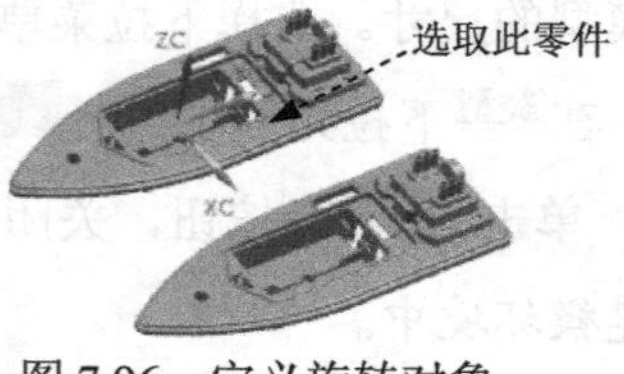

图 7.96　定义旋转对象

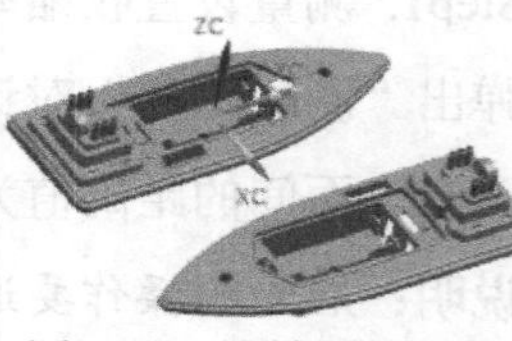

图 7.97　旋转后的零件

Step3. 定义坐标原点。选择下拉菜单 格式(R) → WCS → 原点(O)... 命令，系统弹出“点”对话框；在 输出坐标 区域的 参考 下拉列表中选择 WCS 选项，分别在 XC、YC 和 ZC 文本框中输入数值 45、0 和 0；单击 确定 按钮，完成定义坐标原点的操作，如图 7.98 所示。

Step4. 创建工件。

（1）创建基准坐标系。选择下拉菜单 插入(S) → 基准/点(D) → 基准坐标系(C)... 命令，单击 < 确定 > 按钮，完成基准坐标系的创建。

（2）创建拉伸特征。选择下拉菜单 插入(S) → 设计特征(E) → 拉伸(E)... 命令；单击按钮，系统弹出“创建草图”对话框；在 平面方法 下拉列表中选择 自动判断 选项，接受系统默认的草图平面，单击 确定 按钮，进入草图环境；绘制如图 7.99 所示的截面草图；单击 完成草图 按钮，退出草图环境；在 指定矢量 下拉列表中选择 ZC↑ 选项；在 限制 区域的 开始 下拉列表中选择 值 选项，并在其下方的 距离 文本框中输入数值 40；在 限制 区域的 结束 下拉列表中选择 值 选项，并在其下方的 距离 文本框中输入数值-30；其他参数采用系统默认设置值；在 布尔 区域的 布尔 下拉列表中选择 无，其他参数采用系统默认设置值；单击 < 确定 > 按钮，完成如图 7.100 所示的拉伸特征的创建（隐藏坐标系）。

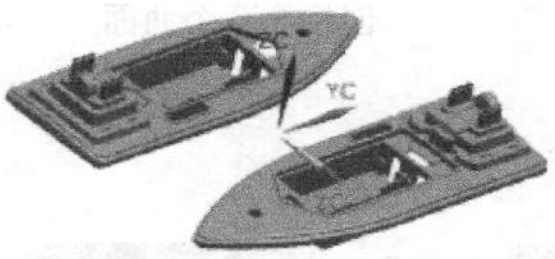

图 7.98 定义坐标原点

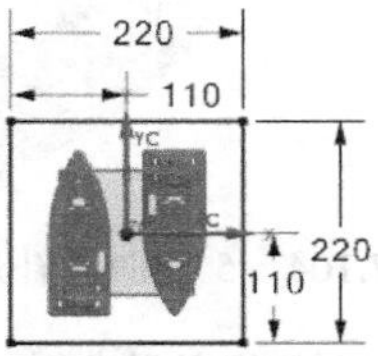

图 7.99 截面草图

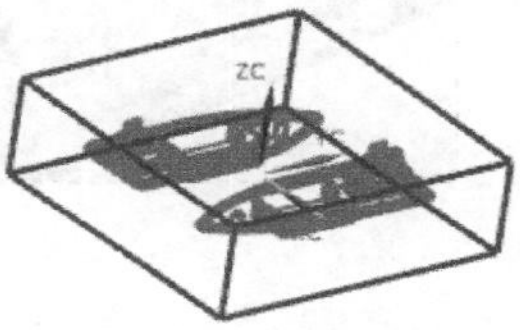

图 7.100 拉伸特征

Task4. 模型修补

Step1. 隐藏模具工件。选择下拉菜单 编辑(E) → 显示和隐藏(H) → 隐藏(H)... 命令，选取模具工件为隐藏对象；单击 确定 按钮，完成模具工件隐藏的操作。

Step2. 创建曲面补片 1。选择下拉菜单 插入(S) → 网格曲面(M) → 通过曲线网格(M)... 命令，系统弹出“通过曲线网格”对话框；选取如图 7.101 所示的曲线 1 和曲线 2 为主曲线，并分别单击中键确认；单击中键，选取直线 1 和直线 2 为交叉曲线，并分别单击中键确认；单击 < 确定 > 按钮，完成曲面补片 1 的创建，如图 7.102 所示。

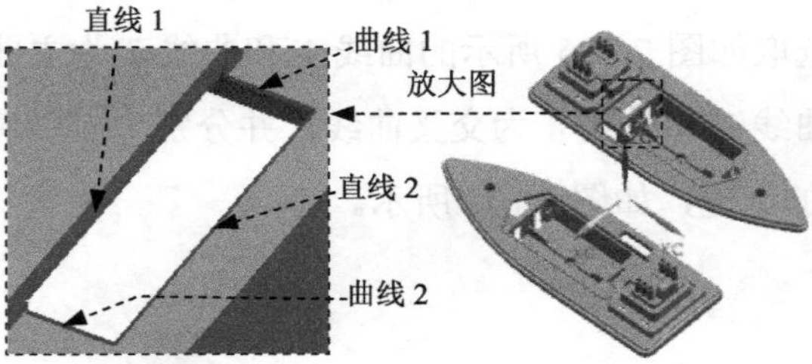

图 7.101 定义主曲线和交叉曲线

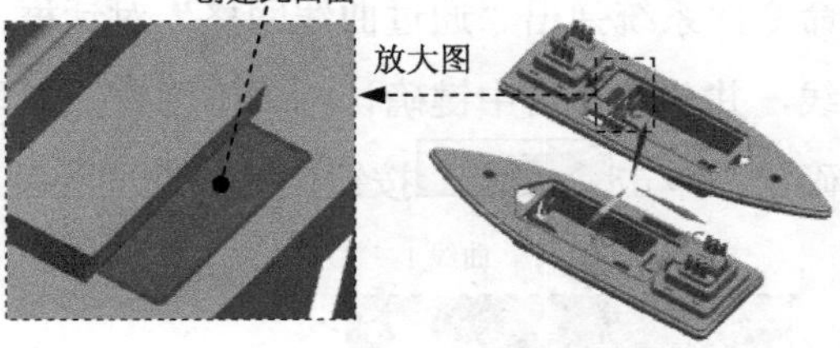

图 7.102 曲面补片 1 的创建

Step3. 参照 Step2，创建如图 7.103 所示的 4 处曲面补片。

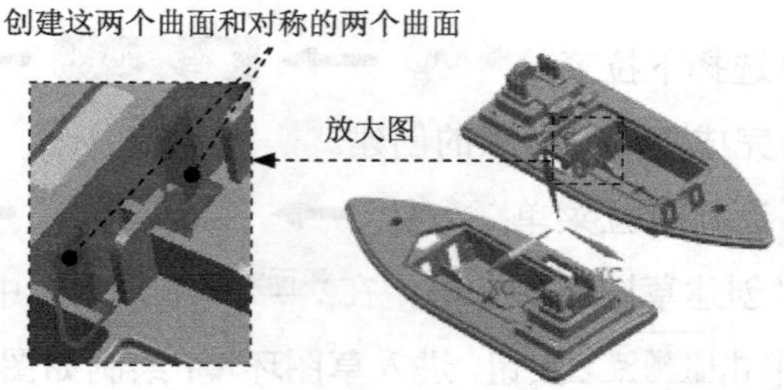

图 7.103　4 处曲面补片的创建

Step4. 参照 Step2。创建如图 7.104 所示的 5 处曲面补片。

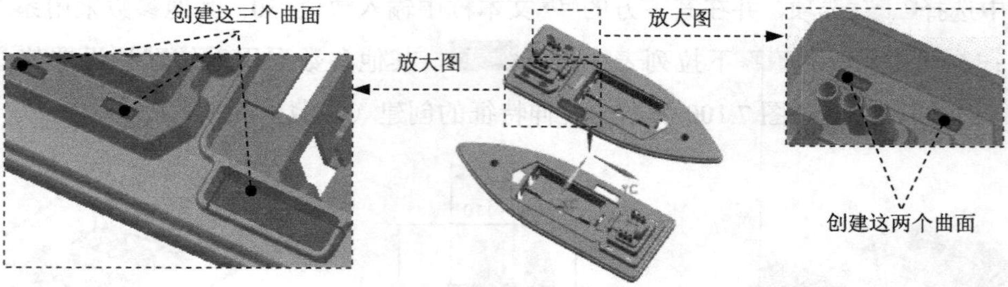

图 7.104　5 处曲面补片的创建

Step5. 创建曲面补片 2。选择下拉菜单 插入(S) → 扫掠(W) → 扫掠(S)... 命令，选取如图 7.105 所示的曲线为截面曲线，单击中键确认；单击中键，选取直线 1 和直线 2 为引导曲线，并分别单击中键确认；单击 < 确定 > 按钮，完成曲面补片 2 的创建。

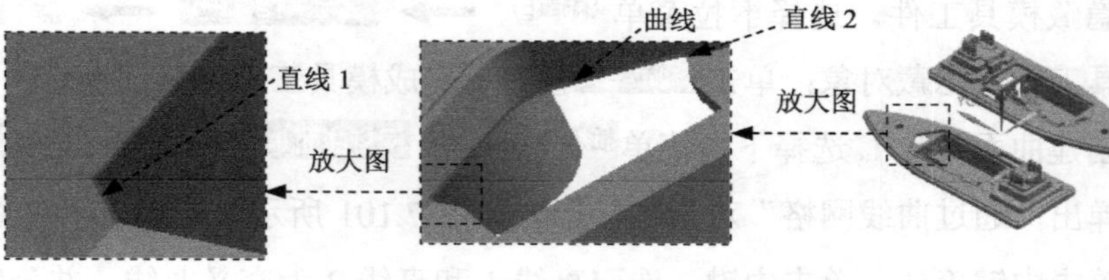

图 7.105　定义截面曲线和引导曲线

Step6. 创建曲面补片 3。选择下拉菜单 插入(S) → 网格曲面(M) → 通过曲线网格(M)... 命令，系统弹出“通过曲线网格”对话框；选取如图 7.106 所示的曲线 1 和曲线 2 为主曲线，并分别单击中键确认；单击中键，选取曲线 3 和曲线 4 为交叉曲线，并分别单击中键确认；单击 < 确定 > 按钮，完成曲面补片 3 的创建，如图 7.107 所示。

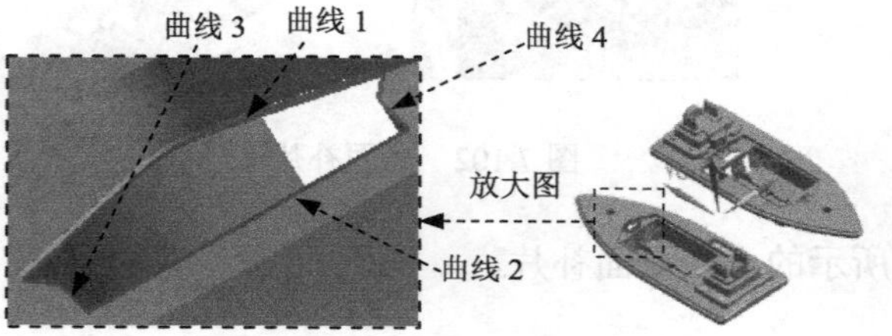

图 7.106　定义主曲线和交叉曲线

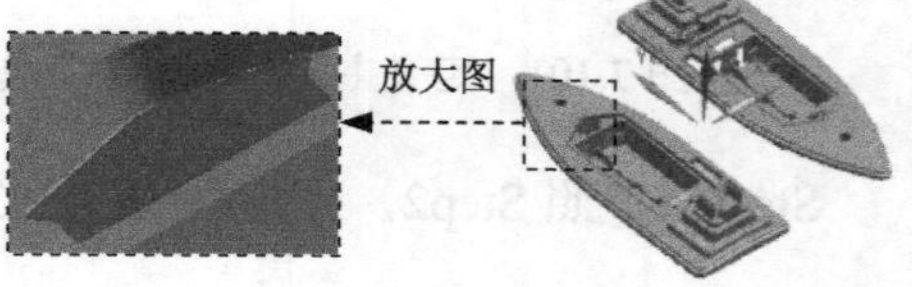

图 7.107　曲面补片 3 的创建

Step7．创建曲面补片 4。选择下拉菜单 插入(S) → 曲面(R) → 有界平面(B)... 命令，系统弹出“有界平面”对话框；选取如图 7.108 所示的边线为平面边界；单击 < 确定 > 按钮，完成曲面补片 4 的创建，结果如图 7.109 所示。

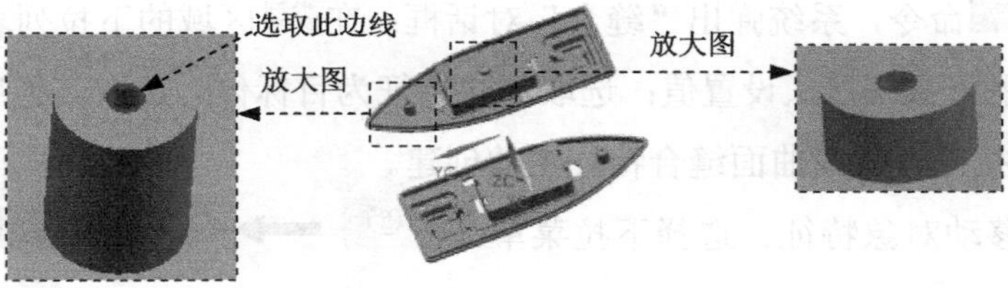

图 7.108 定义平面边界

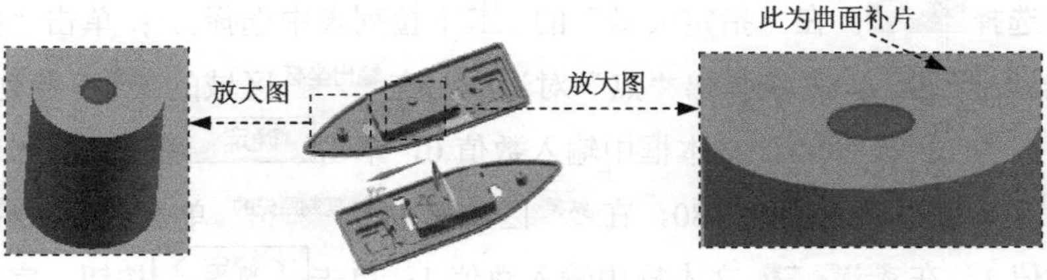

图 7.109 曲面补片 4 的创建

Step8．参照 Step7，创建曲面补片修补剩下的零件上的孔。

Task5. 创建分型面

Step1．创建特征。选择下拉菜单 插入(S) → 关联复制(A) → 抽取几何特征(E)... 命令，在 类型 区域的下拉列表中选择 面区域 选项；在 区域选项 区域选中 ☑ 遍历内部边 复选框；在 设置 区域选中 ☑ 固定于当前时间戳记 复选框，其他参数采用系统默认设置值；选取如图 7.110 所示的面为种子面，选取如图 7.111 所示的 30 个面为边界面；单击 确定 按钮，完成特征的创建。

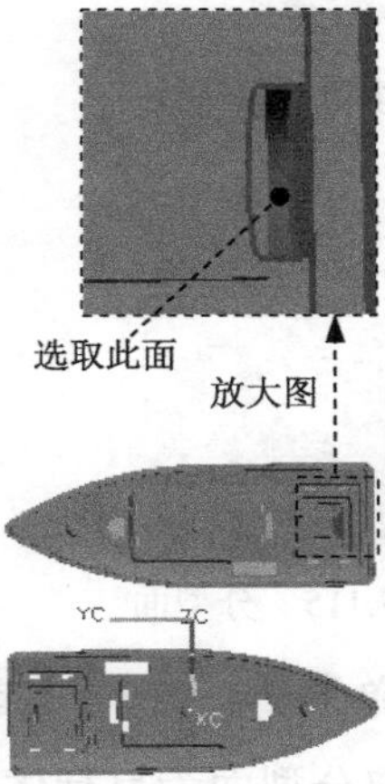

图 7.110 定义种子面

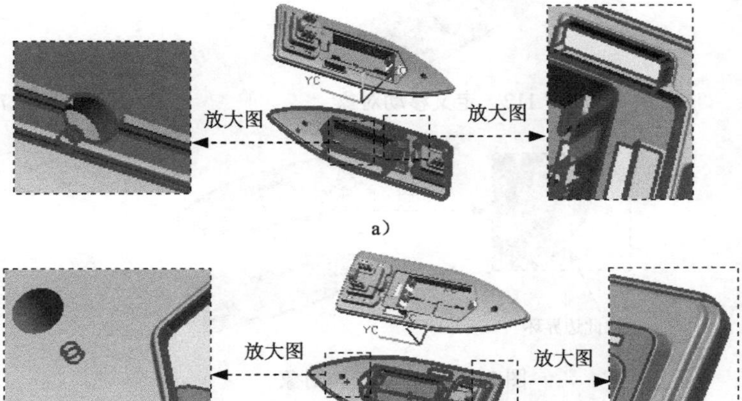

图 7.111 定义边界面

说明：在选择边界面时，30 个面为 Task4 中创建的 14 处补面周围的曲面及模型的外围面。

Step2. 创建曲面缝合特征 1（隐藏两个零件）。选择下拉菜单 插入(S) ➡ 组合(B) ➡ 缝合(W)... 命令，系统弹出“缝合”对话框；在 类型 区域的下拉列表中选择 片体 选项，其他参数采用系统默认设置值；选取创建特征为目标体，选取其他所有片体为工具体；单击 确定 按钮，完成曲面缝合特征 1 的创建。

Step3. 创建移动对象特征。选择下拉菜单 编辑(E) ➡ 移动对象(O)... 命令，此时系统弹出“移动对象”对话框；选取如图 7.112 所示的片体为移动对象；在 变换 区域的 运动 下拉列表中选择 角度；在“指定矢量”的下拉列表中选择 ZC↑；单击“指定轴点”后的“点构造器”按钮，系统弹出“点”对话框，在 输出坐标 区域的 参考 下拉列表中选择 WCS 选项，分别在 XC、YC 和 ZC 文本框中输入数值 0，单击 确定 按钮；在“移动对象”对话框的 角度 文本框中输入数值 180，在 结果 区域选中 ⊙ 复制原先的 单选项，在 距离/角度分割 文本框中输入数值 1，在 非关联副本数 文本框中输入数值 1；单击 < 确定 > 按钮，完成移动对象特征操作，结果如图 7.113 所示。

Step4. 创建分型面。选择下拉菜单 插入(S) ➡ 修剪(T) ➡ 修剪与延伸(N)... 命令，系统弹出“修剪与延伸”对话框；在 类型 区域的下拉列表中选择 按距离 选项，在 延伸 区域的 距离 文本框中输入数值 200，按 Enter 键确认；选取如图 7.114 所示的边界环为延伸对象；单击 < 确定 > 按钮，完成分型面的创建，如图 7.115 所示。

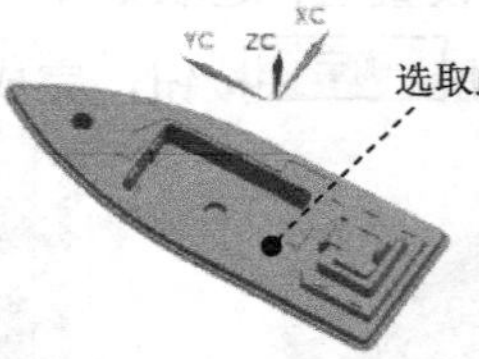

图 7.112　定义移动对象

图 7.113　移动对象特征

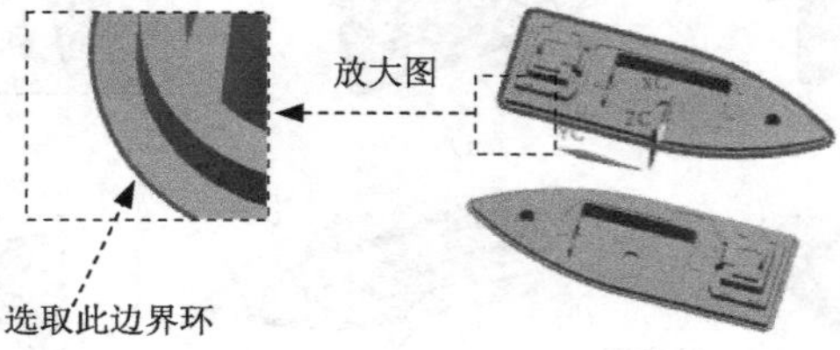

图 7.114　定义延伸对象

图 7.115　分型面

Step5. 创建如图 7.116 所示的修剪片体特征。选择下拉菜单 插入(S) ➡ 修剪(T) ➡ 修剪片体(R)... 命令，系统弹出“修剪片体”对话框；选取分型面为目标体，单击中键确认；选取如图 7.116a 所示的曲线为边界对象；在 区域 区域中选中 ⊙ 保留 单选项，其他参数采用系统默认设置值；单击 确定 按钮，完成修剪片体特征的创建。

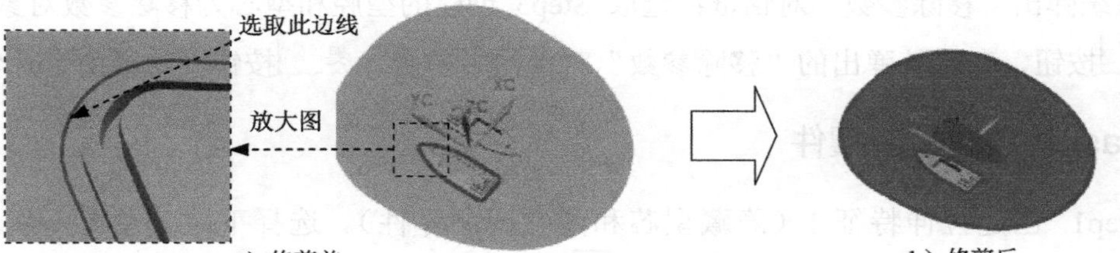

a）修剪前　　b）修剪后

图 7.116　修剪片体特征

Step6. 创建曲面缝合特征 2。选择下拉菜单 插入(S) → 组合(B) → 缝合(W)... 命令，系统弹出“缝合”对话框；在 类型 区域的下拉列表中选择 片体 选项，其他参数采用系统默认设置值；选取如图 7.117 所示的片体为目标体，选取其他所有片体为工具体；单击 确定 按钮，完成曲面缝合特征 2 的创建。

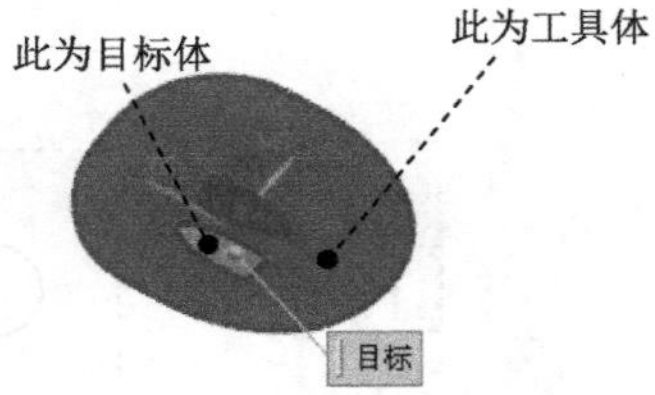

图 7.117　定义目标体和工具体

Task6. 创建模具型芯/型腔

Step1. 编辑显示和隐藏。选择下拉菜单 编辑(E) → 显示和隐藏(H) → 显示和隐藏(O)... 命令，系统弹出“显示和隐藏”对话框；单击 实体 后的 + 按钮；单击 关闭 按钮，完成编辑显示和隐藏的操作。

Step2. 创建求差特征。选择下拉菜单 插入(S) → 组合(B) → 减去(S)... 命令，系统弹出“求差”对话框；选取如图 7.118 所示的工件为目标体，零件为工具体；在 设置 区域选中 ☑ 保存工具 复选框，其他参数采用系统默认设置值；单击 < 确定 > 按钮，完成求差特征的创建。

Step3. 拆分型芯/型腔。选择下拉菜单 插入(S) → 修剪(T) → 拆分体(P)... 命令，系统弹出“拆分体”对话框；选取如图 7.119 所示的工件为拆分体；选取如图 7.119 所示的片体为拆分面；单击 确定 按钮，完成型芯/型腔的拆分操作（隐藏拆分面）。

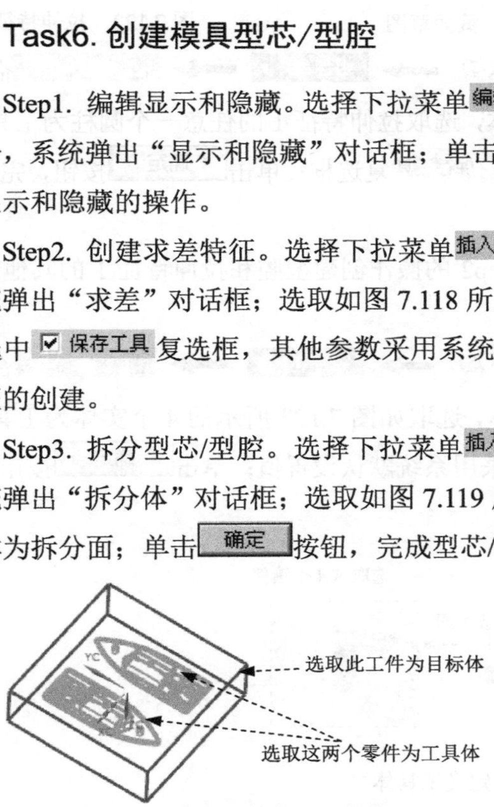

图 7.118　定义目标体和工具体

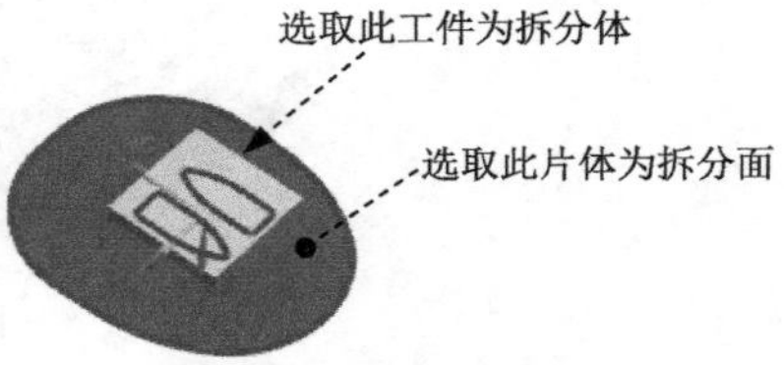

图 7.119　定义拆分体和拆分面

Step4. 移除特征参数。选择下拉菜单 编辑(E) → 特征(F) ▸ → 移除参数(V)... 命令，系统弹出“移除参数”对话框；选取 Step3 创建的型腔和型芯为移除参数对象，单击 确定 按钮，在系统弹出的“移除参数”对话框中单击 是 按钮（隐藏所有片体）。

Task7. 创建型腔镶件

Step1. 创建拉伸特征 1（隐藏型芯和两个产品零件）。选择下拉菜单 插入(S) → 设计特征(E) → 拉伸(E)... 命令，单击 按钮，选取如图 7.120 所示的平面为草图平面，绘制如图 7.121 所示的截面草图；单击 完成草图 按钮，退出草图环境；在 指定矢量 下拉列表中选择 ZC↑ 选项；在 限制 区域的 开始 下拉列表中选择 值 选项，并在其下方的 距离 文本框中输入数值 0；在 限制 区域的 结束 下拉列表中选择 值 选项，并在其下方的 距离 文本框中输入数值-60；在 布尔 区域中选择 无 选项；单击 < 确定 > 按钮，完成如图 7.122 所示的拉伸特征 1 的创建。

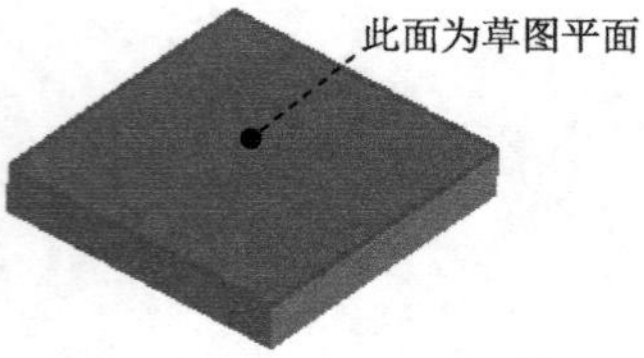

图 7.120 定义草图平面

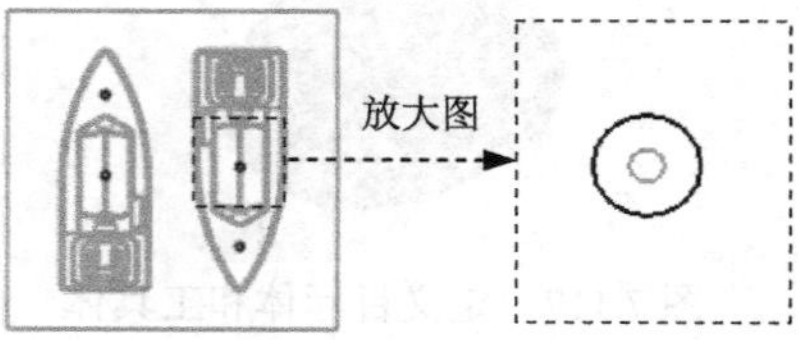

图 7.121 截面草图

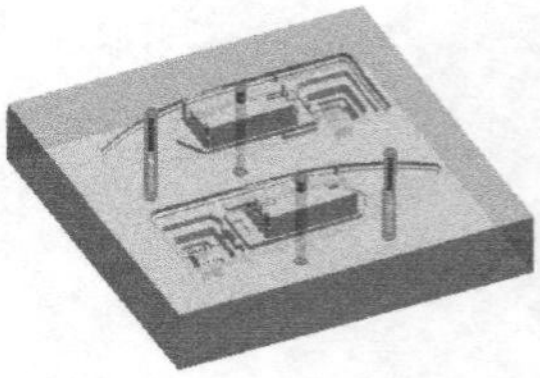

图 7.122 拉伸特征 1

Step2. 创建求交特征。选择下拉菜单 插入(S) → 组合(B) ▸ → 相交(I)... 命令，系统弹出“相交”对话框；选取型腔为目标体，选取拉伸特征 1 的任意一个圆柱为工具体；在 设置 区域选中 ☑ 保存目标 复选框，取消选中 ☐ 保存工具 复选框；单击 < 确定 > 按钮，完成求交特征的创建。

Step3. 创建其他 3 个求交特征。参照 Step2 的操作创建型腔和拉伸特征 1 的其他 3 个圆柱的求交特征。

Step4. 创建求差特征。选择下拉菜单 插入(S) → 组合(B) ▸ → 减去(S)... 命令，系统弹出“求差”对话框；选取型腔为目标体，选取如图 7.123 所示的 4 个实体为工具体；在 设置 区域选中 ☑ 保存工具 复选框，其他参数采用系统默认设置值；单击 < 确定 > 按钮，完成求差特征的创建。

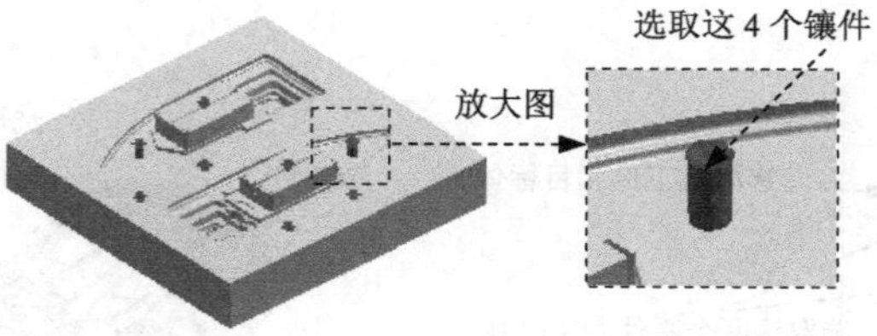

图 7.123 定义工具体

Step5. 将镶件转化为总模型的子零件。

（1）单击“装配导航器”中的选项卡，系统弹出“装配导航器”界面，在该界面的空白处右击，然后在系统弹出的快捷菜单中选择WAVE 模式选项。

（2）在“装配导航器”对话框中右击☑boat_top，在系统弹出的菜单中选择WAVE ▸ ➡ 新建层命令，系统弹出“新建层”对话框。

（3）单击指定部件名按钮，在弹出的“选择部件名”对话框的文件名(N):文本框中输入boat_top_pin_01.prt，单击OK按钮，系统返回至“新建层”对话框；单击类选择按钮，选取如图7.123所示的4个镶件，单击确定按钮；单击“新建层”界面中的确定按钮，此时在“装配导航器”对话框中显示出刚创建的镶件。

Step6. 移动至图层。单击装配导航器中的选项卡，在该选项卡中取消选中□boat_top_pin_01部件，隐藏型腔；选取如图7.123所示的4个镶件；选择下拉菜单格式(R) ➡ 移动至图层(M)...命令，系统弹出“图层移动”对话框；在目标图层或类别文本框中输入数值10，单击确定按钮，退出“图层移动”对话框；单击“装配导航器”中的选项卡，在该选项卡中选中☑boat_top_pin_01部件。

注意：此时可将图层10设置为不可见，方法是选择格式(R) ➡ 图层设置(S)...命令。

Step7. 将镶件转为显示部件。右击“装配导航器”选项卡中的☑boat_top_pin_01子部件，在系统弹出的快捷菜单中选择在窗口中打开命令。

Step8. 创建拉伸特征2。选择下拉菜单插入(S) ➡ 设计特征(E) ➡ 拉伸(E)...命令，系统弹出“拉伸”对话框；单击按钮，选取如图7.124所示的平面为草图平面，绘制如图7.125所示的截面草图；单击完成草图按钮，退出草图环境；在指定矢量下拉列表中选择-YC选项；在限制区域的开始下拉列表中选择值选项，并在其下方的距离文本框中输入数值0；在限制区域的结束下拉列表中选择值选项，并在其下方的距离文本框中输入数值10；在布尔区域中选择无选项；单击< 确定 >按钮，完成如图7.126所示的拉伸特征2的创建。

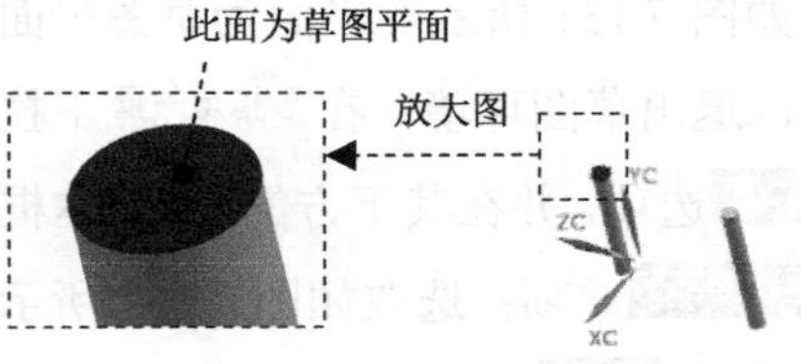

图7.124 定义草图平面

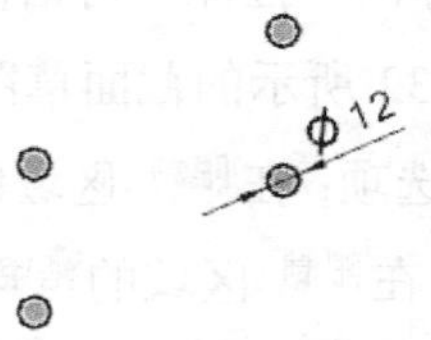

图7.125 截面草图

Step9. 创建求和特征。选择下拉菜单插入(S) ➡ 组合(B) ▸ ➡ 合并(U)...命令，系统弹出“合并”对话框；选取如图 7.127 所示的目标体，选取如图 7.127 所示的工具体；单击〈确定〉按钮，完成求和特征的创建。

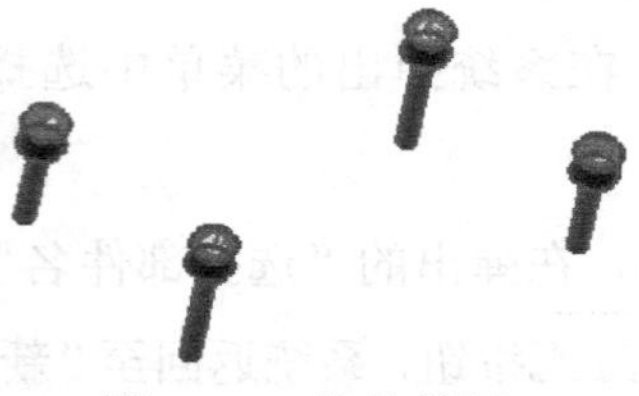

图 7.126　拉伸特征 2

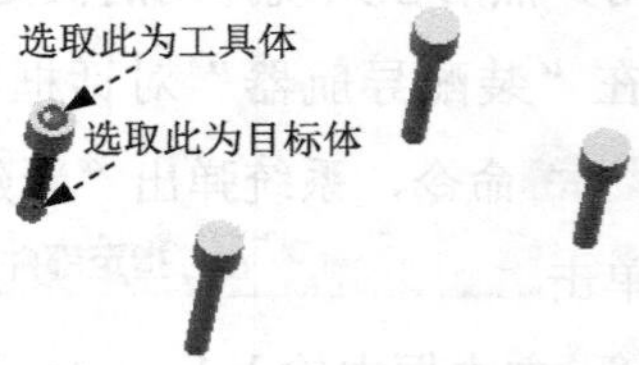

图 7.127　定义目标体和工具体

Step10. 参照 Step9，创建其他 3 个相同的求和特征。

Step11. 创建镶件避开槽。

（1）选择下拉菜单 窗口(O) → boat_top.prt 命令，系统显示总模型；右击“装配导航器”选项卡中的 boat_top（总装配顶级部件），在系统弹出的快捷菜单中选择 设为工作部件 命令。

（2）创建拉伸特征。选择下拉菜单 插入(S) → 设计特征(E) → 拉伸(E)... 命令，系统弹出“拉伸”对话框；单击按钮，选取如图 7.128 所示的平面为草图平面，绘制如图 7.129 所示的截面草图；单击 完成草图 按钮，退出草图环境；在 指定矢量 下拉列表中选择 ZC 选项；在 限制 区域的 开始 下拉列表中选择 值 选项，并在其下方的 距离 文本框中输入数值 0；在 限制 区域的 结束 下拉列表中选择 值 选项，并在其下方的 距离 文本框中输入数值 -10；在 布尔 区域的 布尔 下拉列表中选择 减去 选项，选取型腔为求差对象；单击〈确定〉按钮，完成如图 7.130 所示的镶件避开槽的创建。

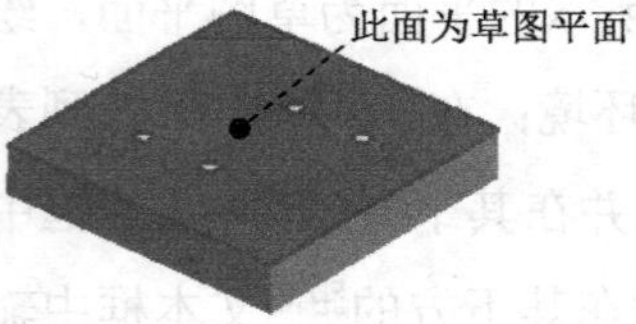

图 7.128　定义草图平面

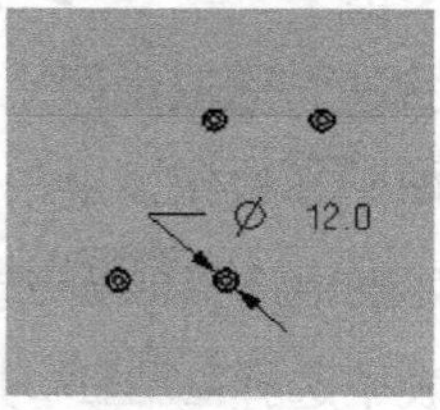

图 7.129　截面草图

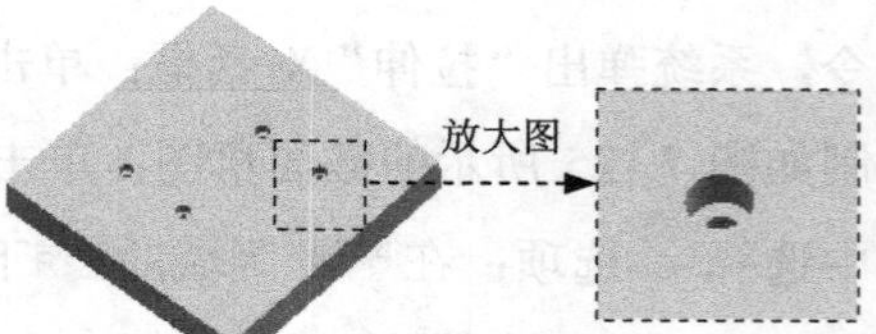

图 7.130　镶件避开槽

Step12. 创建拉伸特征 3。选择下拉菜单 插入(S) → 设计特征(E) → 拉伸(E)... 命令，系统弹出“拉伸”对话框；单击按钮，选取如图 7.131 所示的平面为草图平面，绘制如图 7.132 所示的截面草图；单击 完成草图 按钮，退出草图环境；在 指定矢量 下拉列表中选择 ZC 选项；在 限制 区域的 开始 下拉列表中选择 值 选项，并在其下方的 距离 文本框中输入数值 0；在 限制 区域的 结束 下拉列表中选择 直至延伸部分 选项；选取如图 7.133 所示的平面为直至延伸的对象；在 布尔 区域的 布尔 下拉列表中选择 无 选项，其他参数采用系统默认设置值；单击〈确定〉按钮，完成如图 7.134 所示的拉伸特征 3 的创建。

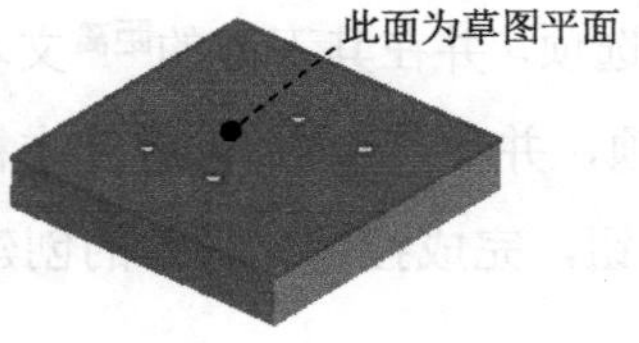

图 7.131 定义草图平面

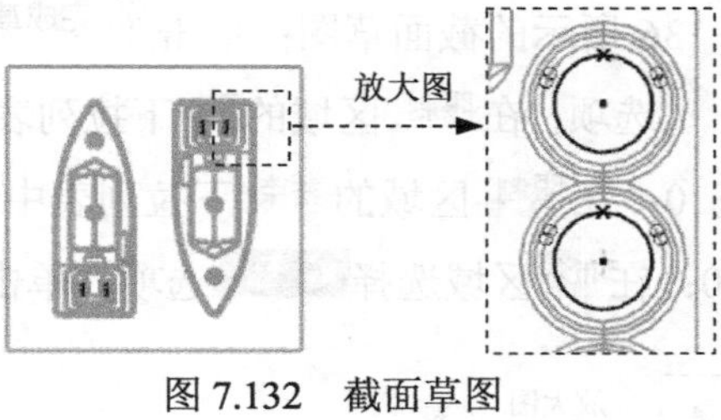

图 7.132 截面草图

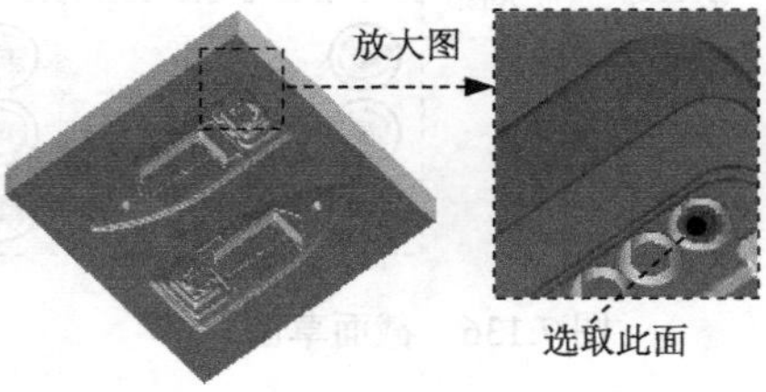

图 7.133 定义延伸对象

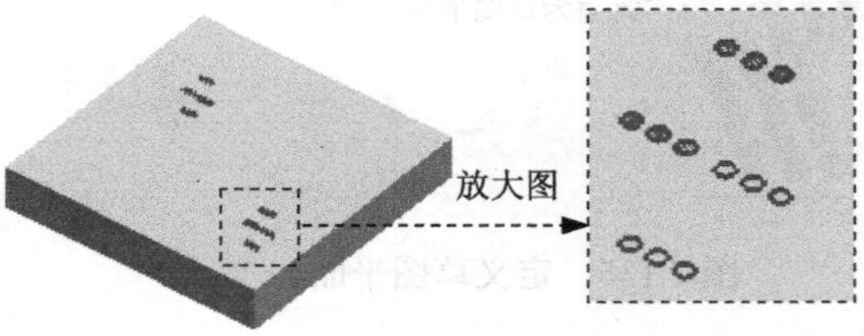

图 7.134 拉伸特征 3

Step13. 创建求差特征。选择下拉菜单 插入(S) → 组合(B) → 减去(S)... 命令，系统弹出“求差”对话框；选取型腔为目标体，选取拉伸特征 3 为工具体；在 设置 区域选中 ☑ 保存工具 复选框，其他参数采用系统默认设置值；单击 确定 按钮，完成求差特征的创建。

Step14. 将 Step12 创建的镶件转化为总模型的子零件。

（1）在“装配导航器”界面中右击 ☑ boat_top，在系统弹出的快捷菜单中选择 WAVE → 新建层 命令，系统弹出“新建层”对话框。

（2）单击 指定部件名 按钮，在系统弹出的“选择部件名”对话框的 文件名(N): 文本框中输入 boat_top_pin_02.prt，单击 OK 按钮，系统返回至“新建层”对话框；单击 类选择 按钮，选择拉伸特征 3 创建的 12 个圆柱，单击 确定 按钮；单击“新建层”对话框中的 确定 按钮，此时在“装配导航器”界面中显示出刚创建的镶件特征。

Step15. 移动至图层。单击装配导航器中的 选项卡，在该选项卡中取消选中 ☐ boat_top_pin_02 部件；选取拉伸特征 3 创建的 12 个圆柱；选择下拉菜单 格式(R) → 移动至图层(M)... 命令，系统弹出“图层移动”对话框；在 目标图层或类别 文本框中输入数值 10，单击 确定 按钮，退出“图层移动”对话框；单击“装配导航器”中的 选项卡，在该选项卡中选中 ☑ boat_top_pin_02 部件。

Step16. 将镶件转换为显示部件。右击“装配导航器”选项卡中的 ☑ boat_top_pin_02 子部件，在系统弹出的快捷菜单中选择 在窗口中打开 命令。

Step17. 创建拉伸特征 4。选择下拉菜单 插入(S) → 设计特征(E) → 拉伸(E)... 命令，系统弹出“拉伸”对话框；单击 按钮，选取如图 7.135 所示的平面为草图平面，绘制如图 7.136 所示的截面草图；单击完成草图按钮，退出草图环境；在指定矢量下拉列表中，选择-YC选项；在限制区域的开始下拉列表中选择值选项，并在其下方的距离文本框中输入数值 0；在限制区域的结束下拉列表中选择值选项，并在其下方的距离文本框中输入数值 10；在布尔区域选择无选项；单击< 确定 >按钮，完成拉伸特征 4 的创建。

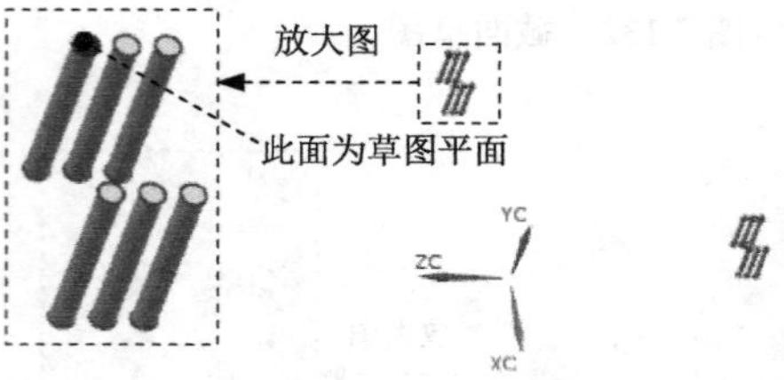

图 7.135 定义草图平面

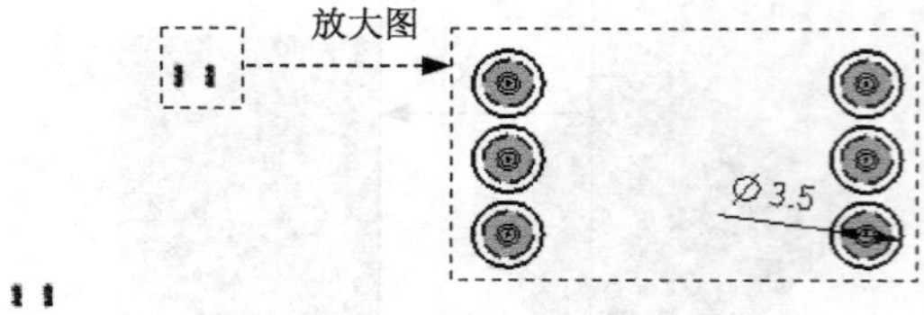

图 7.136 截面草图

Step18. 创建求和特征。选择下拉菜单插入(S) → 组合(B) → 合并(U)...命令，系统弹出“合并”对话框；选取如图 7.137 所示的目标体，选取如图 7.137 所示的工具体；单击< 确定 >按钮，完成求和特征的创建。

Step19. 参照 Step18，创建其他 11 个相同的求和特征。

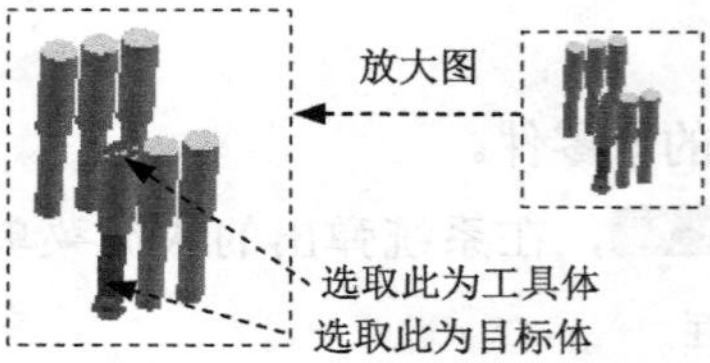

图 7.137 定义目标体和工具体

Step20. 创建镶件避开槽。

（1）选择下拉菜单窗口(O) → boat_top.prt命令，系统显示总模型；右击“装配导航器”选项卡中的boat_top部件，在弹出的快捷菜单中选择设为工作部件命令。

（2）选择下拉菜单插入(S) → 设计特征(E) → 拉伸(E)...命令，系统弹出“拉伸”对话框；单击按钮，选取如图 7.138 所示的平面为草图平面，绘制如图 7.139 所示的截面草图；单击完成草图按钮，退出草图环境；在指定矢量下拉列表中选择ZC↑选项；在限制区域的开始下拉列表中选择值选项，并在其下方的距离文本框中输入数值 0；在限制区域的结束下拉列表中选择值选项，并在其下方的距离文本框中输入数值-10；其他参数采用系统默认设置值；在布尔区域的布尔下拉列表中选择减去选项，选取型腔为求差对象；单击< 确定 >按钮，完成镶件避开槽的创建。

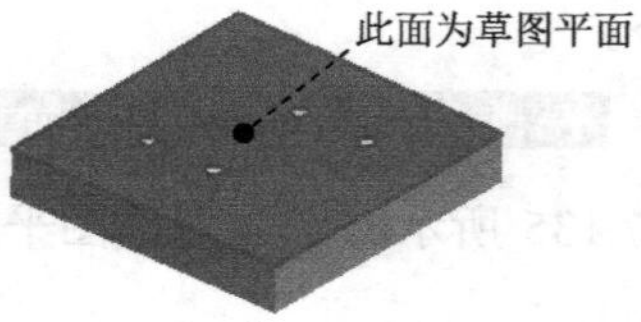

图 7.138 定义草图平面

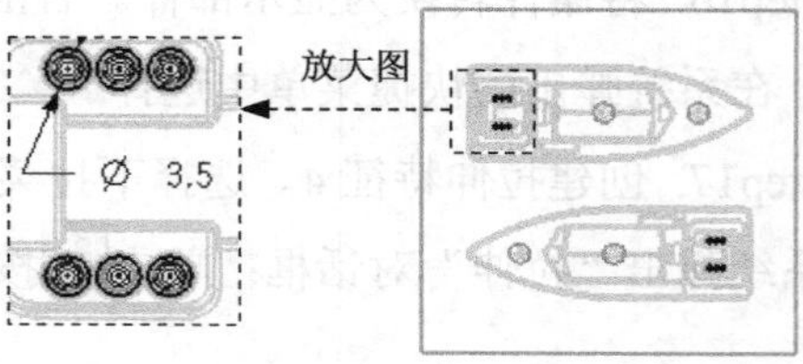

图 7.139 截面草图

Task8. 创建型芯镶件

Step1. 创建拉伸特征 1（隐藏型腔和镶件，显示型芯）。选择下拉菜单 插入(S) → 设计特征(E) → 拉伸(E)... 命令，系统弹出“拉伸”对话框；单击按钮，选取如图 7.140 所示的平面为草图平面，绘制如图 7.141 所示的截面草图；单击 完成草图 按钮，退出草图环境；在 指定矢量 下拉列表中选择 ZC 选项；在 限制 区域的 开始 下拉列表中选择 值 选项，并在其下方的 距离 文本框中输入数值 0；在 限制 区域的 开始 下拉列表中选择 值 选项，并在其下方的 距离 文本框中输入数值 40；在 布尔 区域的 布尔 下拉列表中选择 无 选项，其他参数采用系统默认设置值；单击 < 确定 > 按钮，完成如图 7.142 所示的拉伸特征 1 的创建。

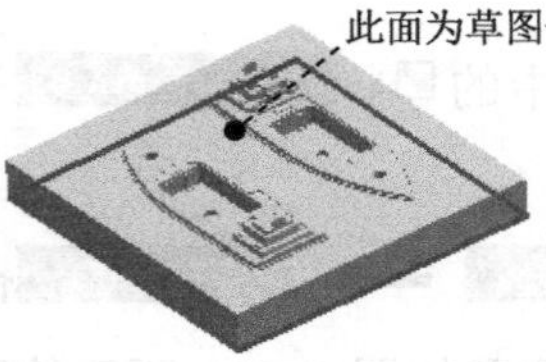

图 7.140 定义草图平面

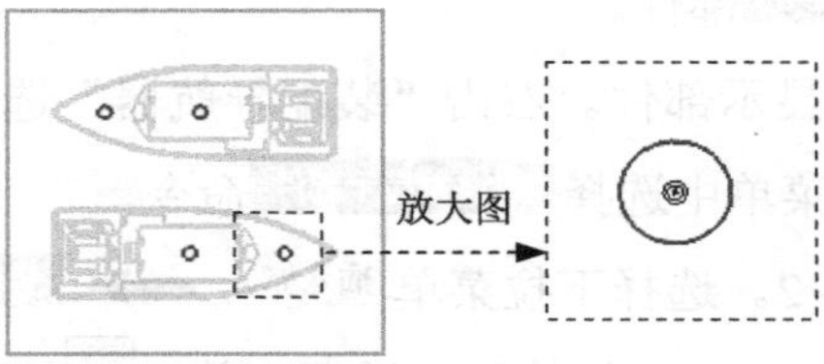

图 7.141 截面草图

图 7.142 拉伸特征 1

Step2. 创建求交特征。选择下拉菜单 插入(S) → 组合(B) ▸ → 相交(I)... 命令，系统弹出“相交”对话框；选取型芯为目标体，选取拉伸特征 1 的一个圆柱为工具体；在 设置 区域中选中 ☑ 保存目标 复选框，其他参数采用系统默认设置值；单击 < 确定 > 按钮，完成求交特征的创建。

Step3. 创建其他 3 个求交特征。参照 Step2，创建型腔和拉伸特征 1 的其他 3 个圆柱的求交特征。

Step4. 创建求差特征。选择下拉菜单 插入(S) → 组合(B) ▸ → 减去(S)... 命令，系统弹出“求差”对话框；选取型芯为目标体，选取如图 7.143 所示的 4 个实体为工具体；在 设置 区域中选中 ☑ 保存工具 复选框，其他参数采用系统默认设置值；单击 < 确定 > 按钮，完成求差特征的创建。

图 7.143 定义工具体

Step5. 将镶件转化为总模型的子零件。

（1）在“装配导航器”界面中右击 ☑ boat_top，在系统弹出的快捷菜单中选择 WAVE ▸ → 新建层 命令，系统弹出“新建层”对话框。

（2）单击 指定部件名 按钮，系统弹出的“选择部件名”对话框，在文件名(N):文本框中输入 boat_top_pin_03.prt，单击 OK 按钮，系统返回至“新建层”对话框；单击 类选择 按钮，选择图 7.143 所示的镶件，单击 确定 按钮；单击“新建层”界面中的 确定 按钮，此时在“装配导航器”对话框中显示出刚创建的镶件特征。

Step6. 移动至图层。单击装配导航器中的选项卡，在该选项卡中取消选中 □ boat_top_pin_03 部件；选取如图 7.143 所示的镶件实体；选择下拉菜单 格式(R) → 移动至图层(M)... 命令，系统弹出“图层移动”对话框；在 目标图层或类别 文本框中输入数值 10，单击 确定 按钮，退出“图层移动”对话框；单击“装配导航器”中的选项卡，在该选项卡中选中 ☑ boat_top_pin_03 部件。

Step7. 将镶件转换为显示部件。右击“装配导航器”选项卡中的 ☑ boat_top_pin_03 子部件，在系统弹出的快捷菜单中选择 设为显示部件 命令。

Step8. 创建拉伸特征 2。选择下拉菜单 插入(S) → 设计特征(E) → 拉伸(E)... 命令（或单击按钮），系统弹出“拉伸”对话框；单击按钮，选取如图 7.144 所示的平面为草图平面，绘制如图 7.145 所示的截面草图；单击 完成草图 按钮，退出草图环境；在 指定矢量 下拉列表中选择 YC 选项；在 限制 区域的 开始 下拉列表中选择 值 选项，并在其下方的 距离 文本框中输入数值 0；在 限制 区域的 结束 下拉列表中选择 值 选项；并在其下方的 距离 文本框中输入数值 10；其他参数采用系统默认设置值；单击 < 确定 > 按钮，完成如图 7.146 所示的拉伸特征 2 的创建。

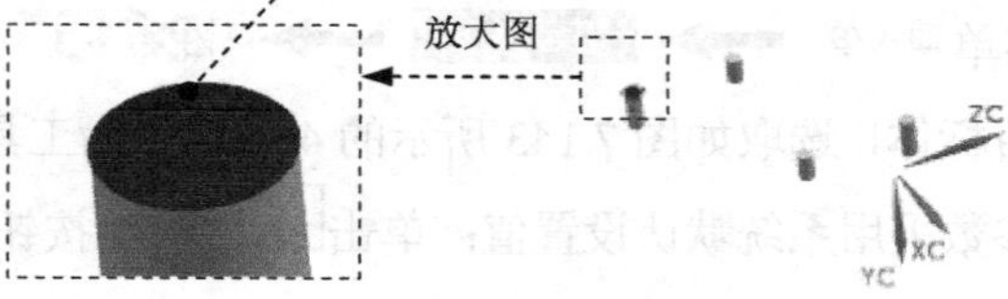

图 7.144　定义草图平面

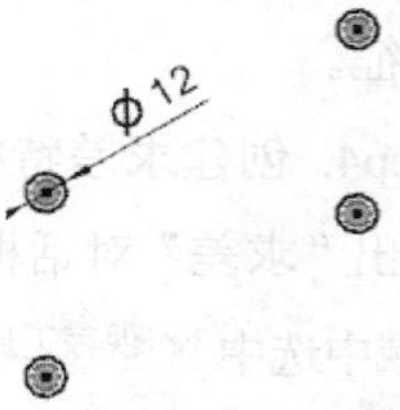

图 7.145　截面草图

Step9. 创建求和特征。选择下拉菜单 插入(S) → 组合(B) ▸ → 合并(U)... 命令，系统弹出“合并”对话框；选取如图 7.147 所示的目标体和工具体；单击 确定 按钮，完成求和特征的创建。

图 7.146　拉伸特征 2

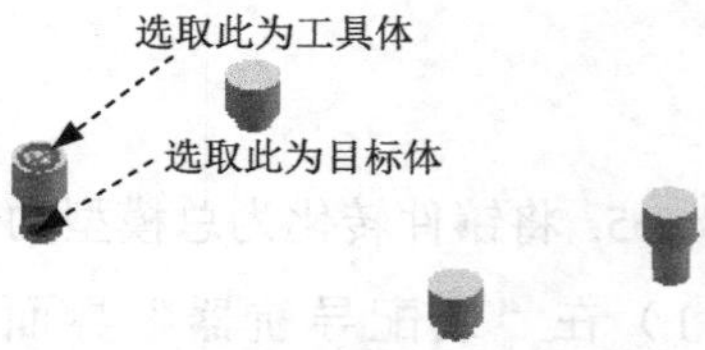

图 7.147　定义目标体和工具体

Step10. 参照 Step9，创建其他 3 个相同的求和特征。

Step11. 创建镶件避开槽。

（1）选择下拉菜单窗口(O) ➡ boat_top.prt命令，系统显示总装配模型；右击“装配导航器”选项卡中的☑boat_top部件，在系统弹出的快捷菜单中选择设为工作部件命令。

（2）创建拉伸特征。选择下拉菜单插入(S) ➡ 设计特征(E) ➡ 拉伸(E)...命令，系统弹出“拉伸”对话框；单击按钮，选取如图 7.148 所示的平面为草图平面，绘制如图 7.149 所示的截面草图；单击完成草图按钮，退出草图环境；在指定矢量下拉列表中，选择-ZC选项；在限制区域的开始下拉列表中选择值选项，并在其下方的距离文本框中输入数值 0；在限制区域的结束下拉列表中选择值选项，并在其下方的距离文本框中输入数值-10；其他参数采用系统默认设置值；在布尔区域的布尔下拉列表中选择减去选项，选取型芯为求差对象；单击<确定>按钮，完成如图 7.150 所示的镶件避开槽的创建。

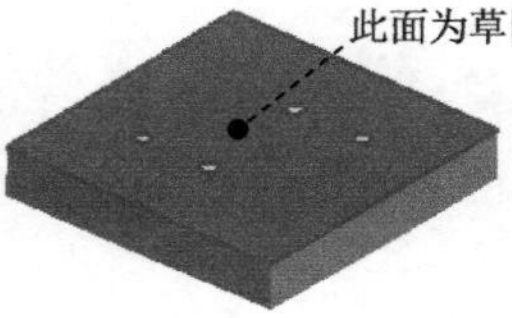

图 7.148　定义草图平面

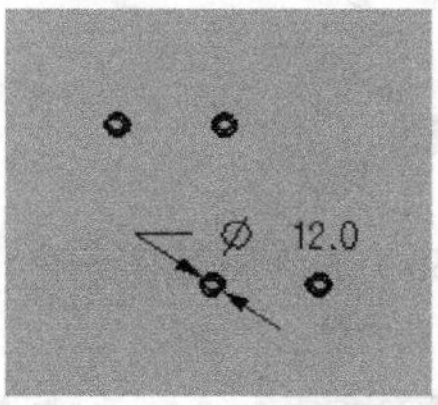

图 7.149　截面草图

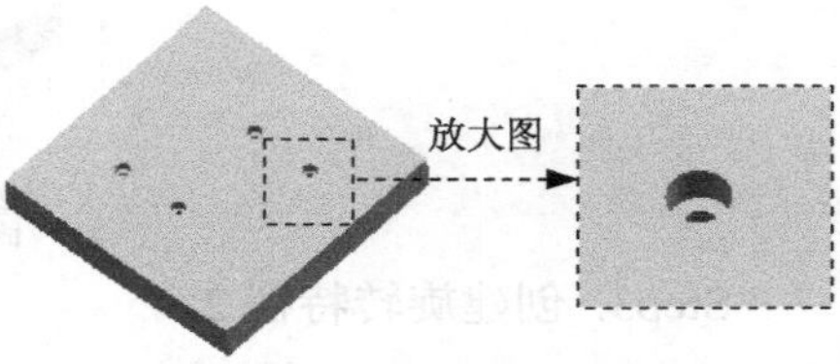

图 7.150　镶件避开槽

Task9. 创建流道

Step1. 编辑显示和隐藏。选择下拉菜单编辑(E) ➡ 显示和隐藏(H) ➡ 显示和隐藏(O)...命令，系统弹出“显示和隐藏”对话框；单击实体后的+按钮；单击关闭按钮，完成编辑显示和隐藏的操作。

Step2. 创建旋转特征 1（隐藏型芯、型芯镶件和两个产品零件）。

（1）选择下拉菜单插入(S) ➡ 设计特征(E) ➡ 旋转(R)...命令，系统弹出“旋转”对话框。

（2）单击按钮，系统弹出“创建草图”对话框；选取如图 7.151 所示的平面为草图平面，系统弹出“创建草图”对话框，在草图原点区域单击指定点后面的“点对话框”按钮。系统弹出“点”对话框，在输出坐标区域的参考下拉列表中选择WCS选项，分别在 XC、YC 和 ZC 文本框中输入数值 0，单击确定按钮，系统返回“创建草图”对话框，单击确定按钮，进入草图环境；绘制如图 7.152 所示的截面草图；单击完成草图按钮，退出草图环境。

（3）在图形区中选取如图 7.152 所示的直线为旋转轴；在“旋转”对话框限制区域的开始下拉列表中选择值选项，并在角度文本框中输入数值 0，在结束下拉列表中选择值选项，并在角度文本框中输入数值 360；在布尔区域的布尔下拉列表中选择无，其他参数采用系统默认设置值；单击<确定>按钮，完成如图 7.153 所示的旋转特征 1 的创建。

说明：由于前面没有创建基准坐标系，所以为了将新创建的中间基准坐标系的原点定在工作坐标系原点，方便在草图绘制完成后标注尺寸，故进行此调节，后面的调节方法与此相同，以后如需调整，具体操作方法与上述方法相同，不再赘述。

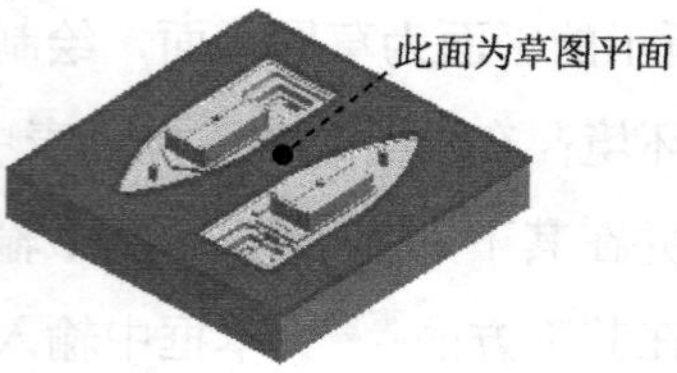

图 7.151 定义草图平面

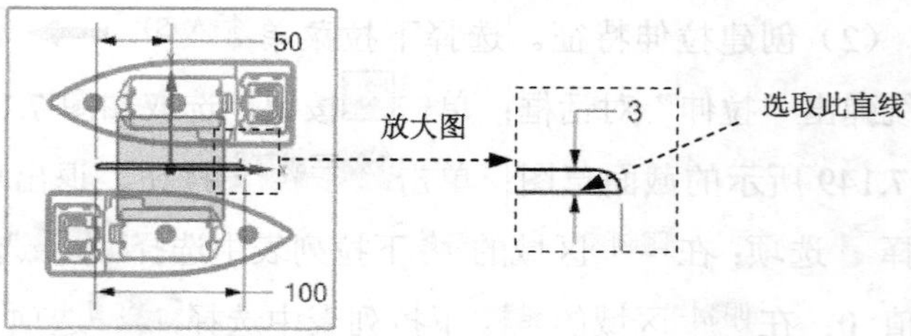

图 7.152 截面草图

图 7.153 旋转特征 1

Step3. 创建旋转特征 2。

（1）选择下拉菜单 插入(S) → 设计特征(E) → 旋转(R)... 命令，系统弹出“旋转”对话框。

（2）单击按钮，系统弹出“创建草图”对话框；选取如图 7.154 所示的平面为草图平面，参考 Step2 调整中间基准坐标系原点的位置，单击 确定 按钮，进入草图环境；绘制如图 7.155 所示的截面草图；单击 完成草图 按钮，退出草图环境。

（3）在图形区中选取如图 7.155 所示的直线为旋转轴；在“旋转”对话框 限制 区域的 开始 下拉列表中选择 值 选项，并在 角度 文本框中输入数值 0，在 结束 下拉列表中选择 值 选项，并在 角度 文本框中输入数值 360；在 布尔 区域的 布尔 下拉列表中选择 合并 选项，选取旋转特征 1 为求和对象；单击 < 确定 > 按钮，完成旋转特征 2 的创建。

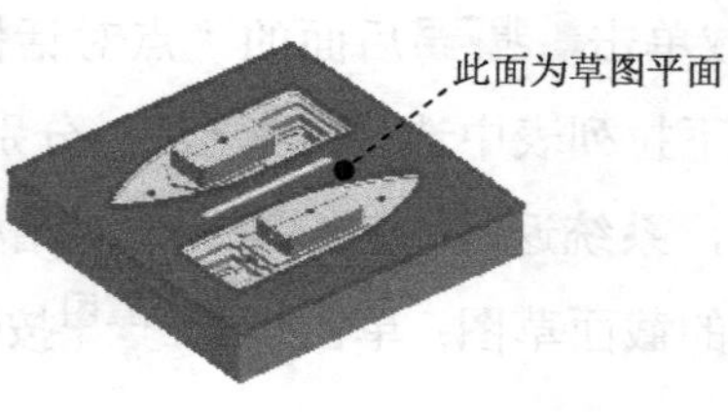

图 7.154 定义草图平面

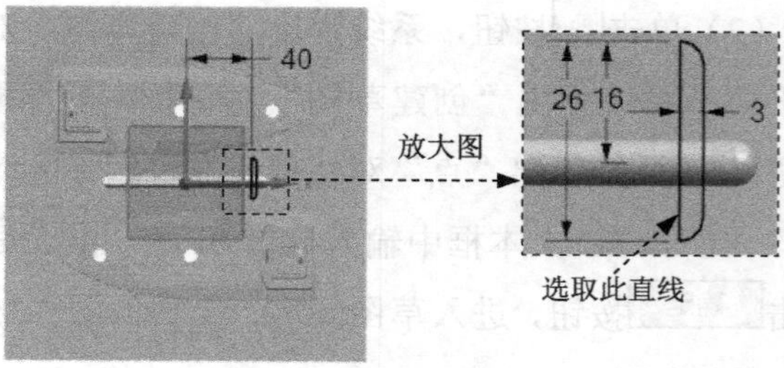

图 7.155 截面草图

Step4. 创建旋转特征 3。

（1）选择下拉菜单 插入(S) → 设计特征(E) → 旋转(R)... 命令，系统弹出“旋转”对话框。

（2）单击按钮，系统弹出“创建草图”对话框，选取如图 7.156 所示的平面为草图平面，参考 Step2 的方法，调整中间基准的原点位置与当前工作坐标系重合；单击确定按钮，进入草图环境；绘制如图 7.157 所示的截面草图；单击完成草图按钮，退出草图环境。

（3）在图形区中选取如图 7.157 所示的直线为旋转轴；在“旋转”对话框限制区域的开始下拉列表中选择值选项，并在角度文本框中输入数值 0；在结束下拉列表中选择值选项，并在角度文本框中输入数值 360；在布尔区域的布尔下拉列表中选择合并选项，选取旋转特征 1 为求差对象；单击< 确定 >按钮，完成旋转特征 3 的创建。

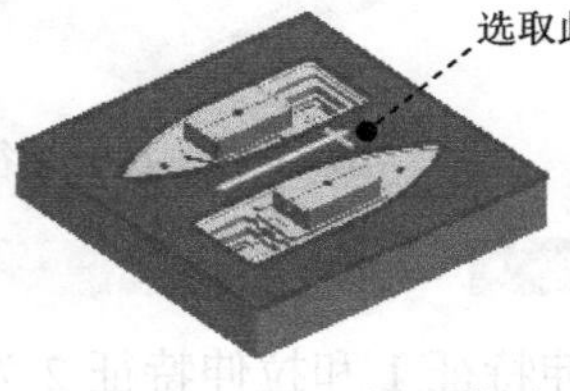

图 7.156 定义草图平面

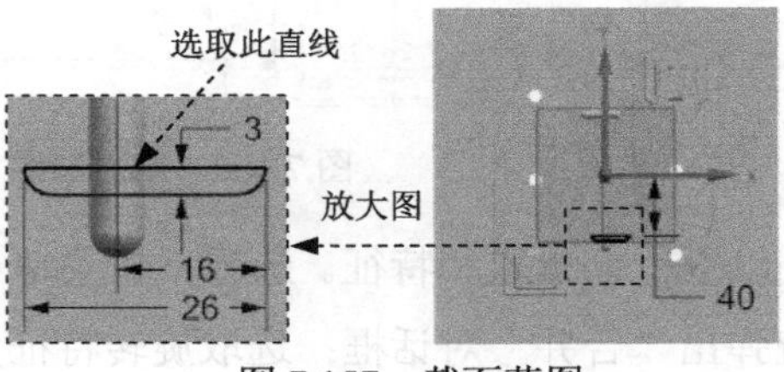

图 7.157 截面草图

Step5. 创建拉伸特征 1。

（1）选择下拉菜单插入(S) → 设计特征(E) → 拉伸(E)...命令，系统弹出“拉伸”对话框。

（2）单击按钮，系统弹出“创建草图”对话框；在平面方法下拉列表中选择新平面选项，在指定平面下拉列表中选择XC选项。单击确定按钮，进入草图环境；绘制如图 7.158 所示的截面草图；单击完成草图按钮，退出草图环境。

（3）在指定矢量下拉列表中选择XC选项；在限制区域的开始下拉列表中选择值选项，并在其下方的距离文本框中输入数值-16；在限制区域的结束下拉列表中选择值选项，并在其下方的距离文本框中输入数值 23；在布尔区域的布尔下拉列表中选择无选项，其他参数采用系统默认设置值；单击< 确定 >按钮，完成如图 7.159 所示的拉伸特征 1 的创建。

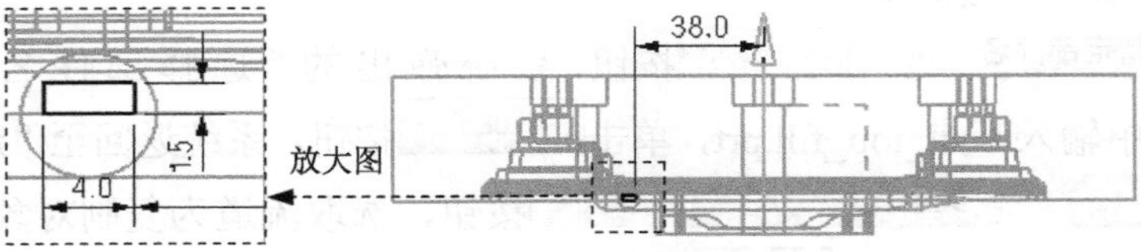

图 7.158 截面草图

图 7.159 拉伸特征 1

Step6. 创建拉伸特征 2。

（1）选择下拉菜单插入(S) → 设计特征(E) → 拉伸(E)...命令，系统弹出“拉伸”对话框。

（2）单击按钮，系统弹出“创建草图”对话框；在平面方法下拉列表中选择新平面选项，在指定平面下拉列表中选择XC选项。单击确定按钮，进入草图环境；绘制如图 7.160 所示的截面草图；单击完成草图按钮，退出草图环境。

（3）在指定矢量下拉列表中选择XC选项；在限制区域的开始下拉列表中选择值选项，

并在其下方的距离文本框中输入值-23；在限制区域的结束下拉列表中选择值选项，并在其下方的距离文本框中输入值 16；其他参数采用系统默认设置值；在布尔区域的布尔下拉列表中选择无，其他参数采用系统默认设置值；单击< 确定 >按钮，完成如图 7.161 所示的拉伸特征 2 的创建。

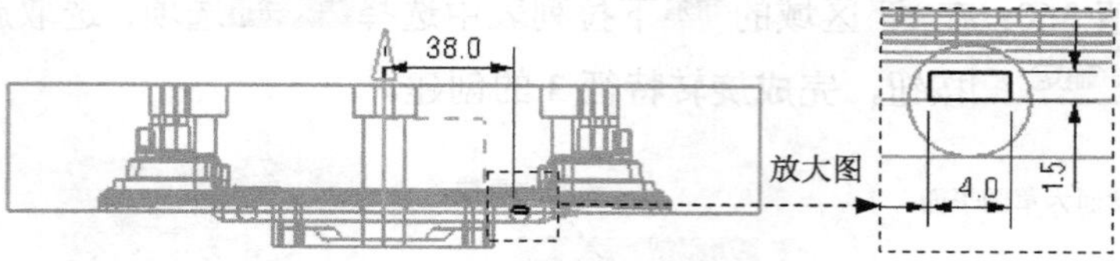

图 7.160 截面草图

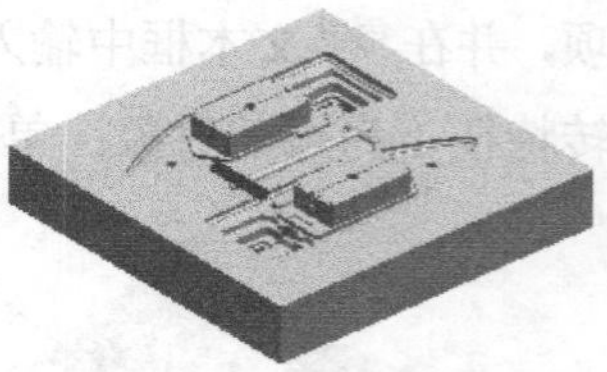

图 7.161 拉伸特征 2

Step7. 创建求和特征。选择下拉菜单插入(S) → 组合(B) → 合并(U)...命令，系统弹出“合并”对话框；选取旋转特征为目标体，选取拉伸特征 1 和拉伸特征 2 为工具体；单击< 确定 >按钮，完成求和特征的创建。

Step8. 创建求差特征 1。选择下拉菜单插入(S) → 组合(B) → 减去(S)...命令，系统弹出“求差”对话框；选取型腔为目标体，选取流道为工具体；在设置区域选中☑ 保存工具复选框，其他参数采用系统默认设置值；单击< 确定 >按钮，完成求差特征 1 的创建。

Step9. 创建求差特征 2（显示型芯与产品）。选择下拉菜单插入(S) → 组合(B) → 减去(S)...命令，系统弹出“求差”对话框；选取型芯为目标体，选取流道为工具体；在设置区域选中☑ 保存工具复选框，其他参数采用系统默认设置值；单击< 确定 >按钮，完成求差特征 2 的创建。

Step10. 将流道转化为总模型的子零件。

（1）在“装配导航器”界面中右击☑ boat_top，在弹出的快捷菜单中选择WAVE → 新建层命令，系统弹出“新建层”对话框。

（2）单击指定部件名按钮，系统弹出的“选择部件名”对话框，在文件名(N):文本框中输入 boat_top_fill.prt，单击OK按钮，系统返回至“新建层”对话框；单击类选择按钮，选取流道为复制对象，单击确定按钮；单击“新建层”界面中的确定按钮，此时在“装配导航器”界面中显示出刚创建的流道特征组件☑ boat_top_fill。

Step11. 移动至图层。单击装配导航器中的选项卡，在该选项卡中取消选中☐ boat_top_fill部件；选取流道，选择下拉菜单格式(R) → 移动至图层(M)...命令，系统弹出“图层移动”对话框；在目标图层或类别文本框中输入数值 10，单击确定按钮，退出“图层移动”对话框。

Step12. 保存文件。选择下拉菜单文件(F) → 保存(S) → 全部保存(V)，保存所有文件。

实例 8 带滑块的模具设计（一）

本实例将介绍图 8.1 所示的机座模具的设计过程。该模具的设计重点和难点在于选定分型面的位置，分型面位置选得是否合理直接影响到模具能否顺利地开模，其灵活性和实用性很强。希望读者通过对本实例的学习，能够对带滑块模具的设计有更深入的了解。下面介绍该模具的设计过程。

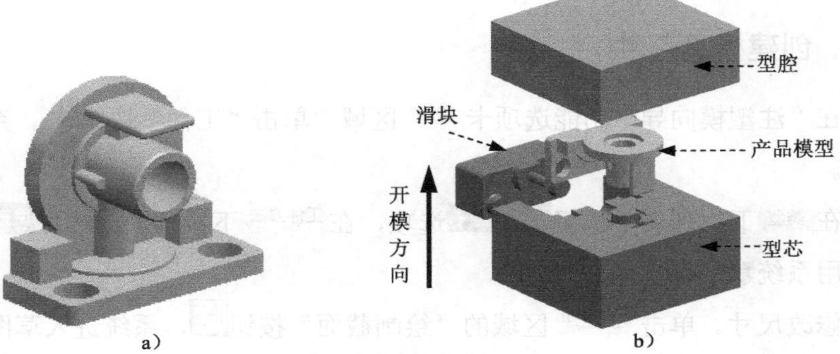

图 8.1 机座模具的设计

Task1. 初始化项目

Step1. 加载模型。在“注塑模向导”功能选项卡中单击“初始化项目”按钮，系统弹出“部件名”对话框，选择 D:\ug12.6\work\ch08\handle_fork.prt，单击 OK 按钮，载入模型，系统弹出“初始化项目”对话框。

Step2. 定义项目单位。在 项目单位 下拉列表中选择 毫米 选项。接受系统默认的项目路径，在 Name 文本框中，输入 handle_fork_mold。

Step3. 单击 确定 按钮，完成项目路径和名称的设置。

Task2. 模具坐标系

在“注塑模向导”功能选项卡 主要 区域中单击“模具坐标系”按钮，系统弹出“模具坐标系”对话框；选中 ⊙ 当前 WCS 单选项，单击 确定 按钮，完成模具坐标系的定义，如图 8.2 所示。

图 8.2 定义后的模具坐标系

Task3. 设置收缩率

Step1. 定义收缩率类型。在“注塑模向导”功能选项卡 主要 区域中单击“收缩”按钮，产品模型会高亮显示，同时系统弹出“缩放体”对话框；在 类型 下拉列表中选择 均匀 选项。

Step2. 定义缩放体和缩放点。接受系统默认的参数设置值。

Step3. 定义比例因子。在“缩放体”对话框 比例因子 区域的 均匀 文本框中输入数值 1.006。

Step4. 单击 确定 按钮，完成收缩率的设置。

Task4. 创建模具工件

Step1. 在“注塑模向导”功能选项卡 主要 区域中单击“工件”按钮，系统弹出“工件”对话框。

Step2. 在 类型 下拉列表中选择 产品工件 选项，在 工件方法 下拉列表中选择 用户定义的块 选项，其他参数采用系统默认设置值。

Step3. 修改尺寸。单击 定义工件 区域的“绘制截面”按钮，系统进入草图环境，然后修改截面草图的尺寸，如图 8.3 所示；在“工件”对话框 限制 区域的 开始 下拉列表中选择 值 选项，并在其下方的 距离 文本框中输入数值-18；在 限制 区域的 结束 下拉列表中选择 值 选项，并在其下方的 距离 文本框中输入数值 10。

Step4. 单击 < 确定 > 按钮，完成创建后的模具工件如图 8.4 所示。

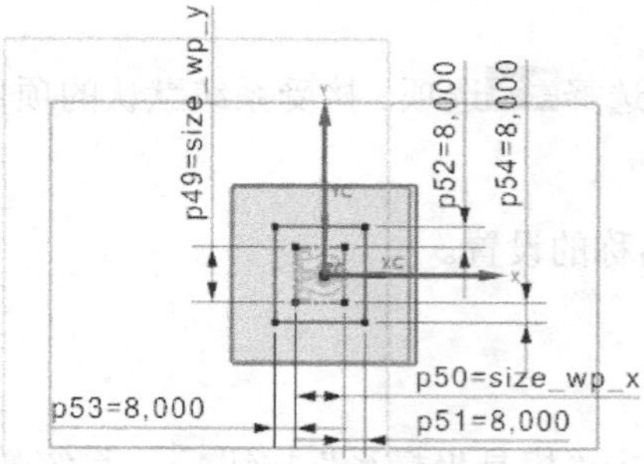

图 8.3 截面草图

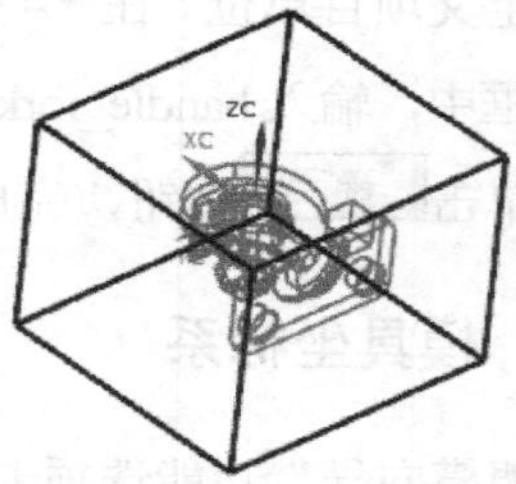

图 8.4 创建后的模具工件

Task5. 模具分型

Stage1. 设计区域

Step1. 在“注塑模向导”功能选项卡 分型刀具 区域中单击“检查区域”按钮，系统弹出“检查区域”对话框，并显示如图 8.5 所示的开模方向，选中 保持现有的 单选项。

说明：图 8.5 所示的开模方向可以通过单击“检查区域”对话框中的 指定脱模方向 按钮和“矢量对话框”按钮来更改，本实例在前面定义模具坐标系时已经将开模方向设置好，所以系统会自动识别出产品模型的开模方向。

Step2. 面拆分。

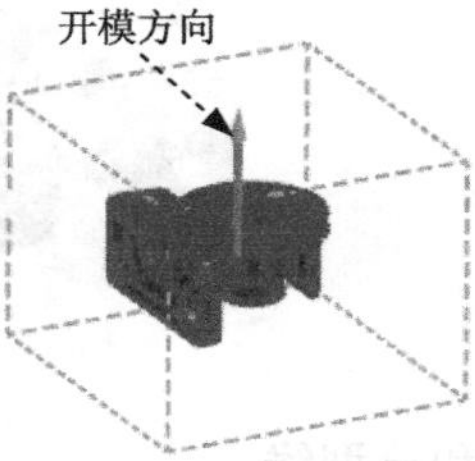

图 8.5 开模方向

（1）在“检查区域”对话框中单击“计算”按钮，系统开始对产品模型进行分析计算。单击面选项卡，可以查看分析结果。

（2）在该选项卡中的命令区域单击面拆分按钮，系统弹出“拆分面”对话框。在类型下拉列表中选择平面/面选项；选取图 8.6 所示的 7 个面为拆分面，并单击中键确认；在分割对象区域单击“添加基准平面”按钮，系统弹出“基准平面”对话框，在类型下拉列表中选择点和方向选项，选取如图 8.7 所示的点。并在指定矢量 (1) 下拉列表中选择ZC↑选项；单击< 确定 >按钮，完成如图 8.8 所示的基准平面的创建。系统返回至“拆分面”对话框，单击确定按钮。

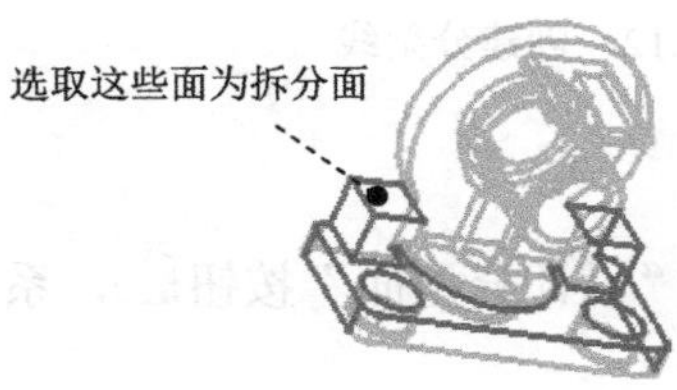

图 8.6 定义拆分面

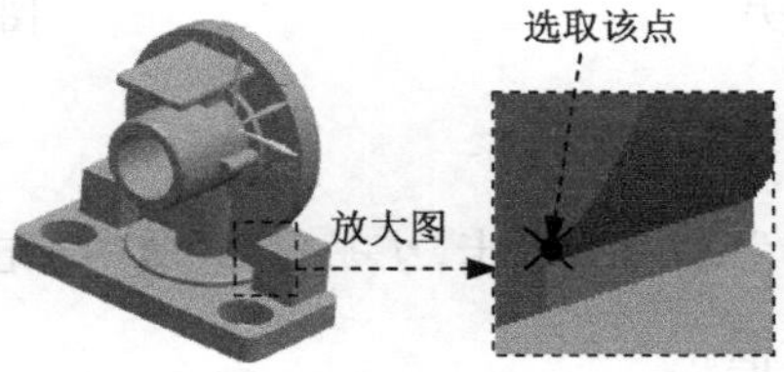

图 8.7 选取点

图 8.8 创建基准平面

（3） 在“检查区域”对话框中单击区域选项卡，取消选中□ 内环、□ 分型边和□ 不完整的环3 个复选框，然后单击“设置区域颜色”按钮，设置各区域的颜色；在未定义的区域区域中选中☑ 交叉竖直面和☑ 未知的面复选框，此时交叉区域面和未知的面加亮显示，在指派到区域区域中选中⊙ 型芯区域单选项，单击应用按钮，系统自动将交叉区域面指派到型芯区域中；然后选取如图 8.9 所示的面，单击应用按钮，此时系统自动将选中的面指派到型芯区域中；在指派到区域区域选中⊙ 型腔区域单选项，然后选取如图 8.10 所示的面，单击应用按钮，此时系统自动将选中的面指派到型腔区域中；单击取消按钮，关闭“检查区域”对话框。

Step3. 创建曲面补片。在“注塑模向导”功能选项卡分型刀具区域中单击“曲面补片”按钮，系统弹出“边补片”对话框；在类型下拉列表中选择体选项，然后在图形区中选择产品实体；单击确定按钮，系统自动创建曲面补片，结果如图 8.11 所示。

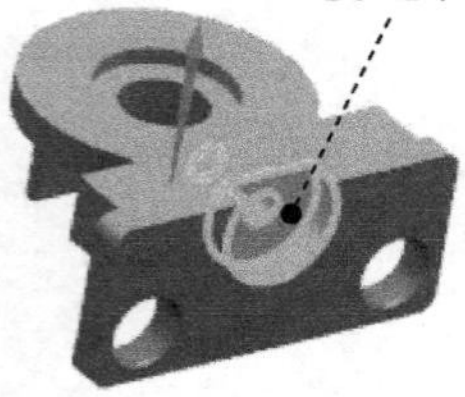

图 8.9　定义型芯区域

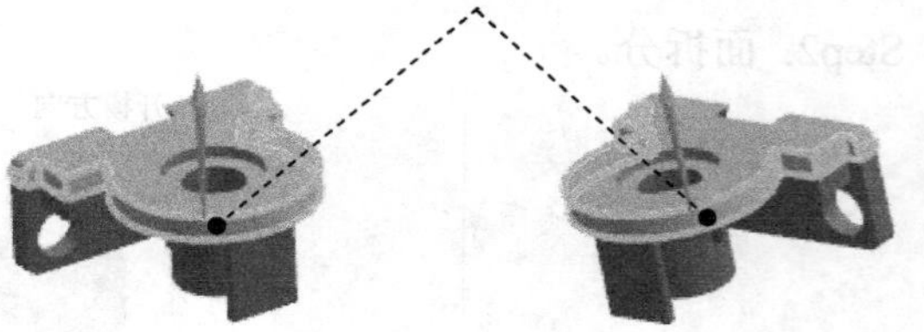

图 8.10　定义型腔区域

Stage2. 创建型腔/型芯区域和分型线

Step1. 在“注塑模向导”功能选项卡 分型刀具 区域中单击“定义区域”按钮，系统弹出“定义区域”对话框。

Step2. 在 设置 区域选中 ☑ 创建区域 和 ☑ 创建分型线 复选框，单击 确定 按钮，完成分型线的创建，创建的分型线结果如图 8.12 所示。

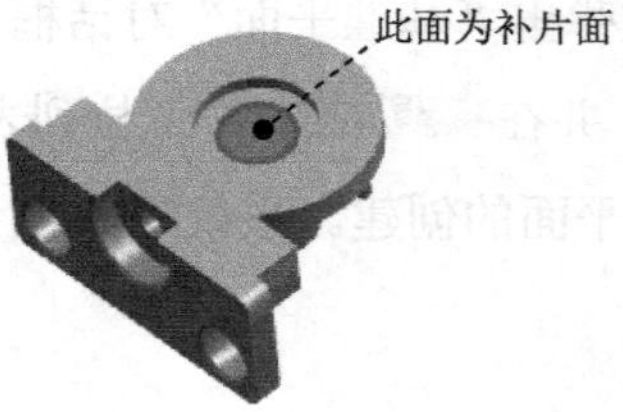

图 8.11　创建曲面补片

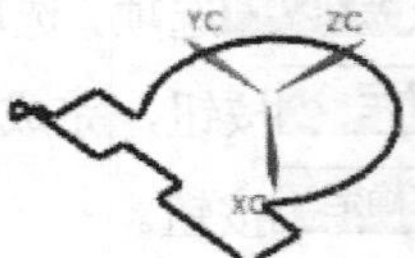

图 8.12　创建分型线

Stage3. 编辑分型段

Step1. 在“注塑模向导”功能选项卡 分型刀具 区域中单击“设计分型面”按钮，系统弹出“设计分型面”对话框。

Step2. 创建引导线。在 编辑分型段 区域中单击 ✔ 选择分型或引导线 (1) 按钮，选取如图 8.13 所示的位置创建引导线，完成后单击 确定 按钮，结果如图 8.14 所示。

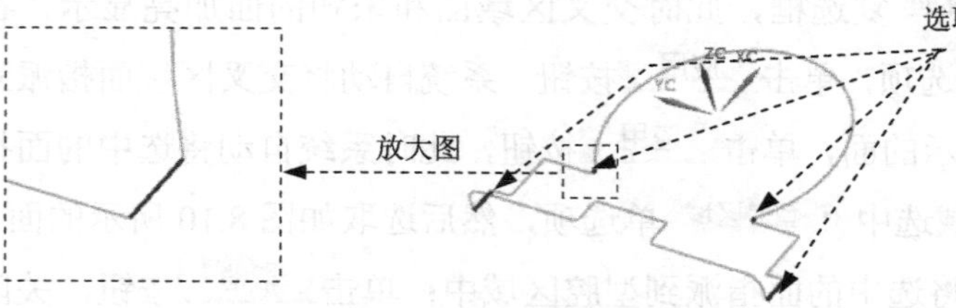

图 8.13　定义引导线位置

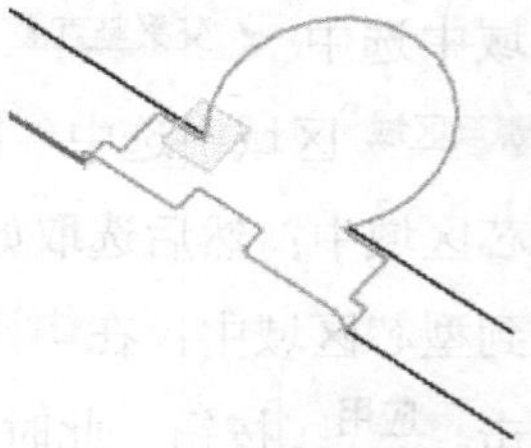

图 8.14　创建 4 条引导线

说明：在选取图 8.13 所示的位置时，因为端点选不中，所以只需选择 4 个位置点所在的线段即可，在图 8.14 所示的创建引导线用于将原来的一整条的分型线合理地分成 4 段，便于后面创建分型面，所以对引导线的长度没有要求。

Stage4. 创建分型面

Step1. 在“注塑模向导”功能选项卡 分型刀具 区域中单击“设计分型面”按钮，系统弹出“设计分型面”对话框。

Step2. 在分型线区域选择！段 1选项，在图 8.15a 中单击“延伸距离”文本，然后在活动文本框中输入数值 20，并按 Enter 键，结果如图 8.15b 所示。

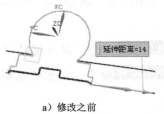

a）修改之前　　b）修改之后

图 8.15　修改延伸距离

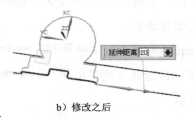

Step3. 创建拉伸 1。在创建分型面区域的方法下拉列表中选择选项，在拉伸方向区域的下拉列表中选择-XC选项，单击应用按钮，系统返回至“设计分型面”对话框；结果如图 8.16 所示。

Step4. 创建拉伸 2。在创建分型面区域的方法下拉列表中选择选项，在拉伸方向区域的下拉列表中选择YC选项，单击应用按钮，系统返回至“设计分型面”对话框，结果如图 8.17 所示。

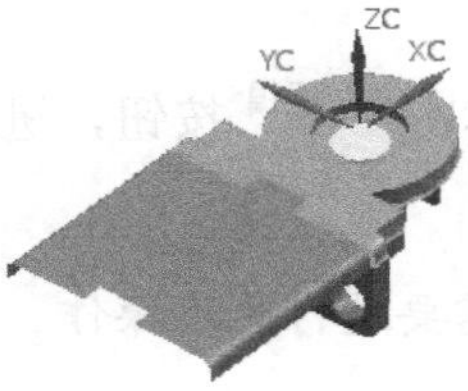

图 8.16　创建拉伸 1

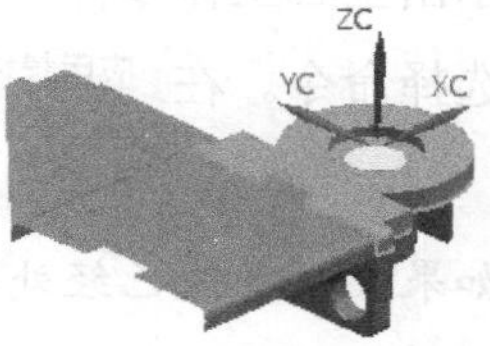

图 8.17　创建拉伸 2

Step5. 创建条带曲面。在创建分型面区域的方法下拉列表中选择选项，单击应用按钮，结果如图 8.18 所示。

Step6. 创建拉伸 3。在创建分型面区域的方法下拉列表中选择选项，在拉伸方向区域的下拉列表中选择-YC选项，单击应用按钮，系统返回至“设计分型面”对话框，结果如图 8.19 所示。

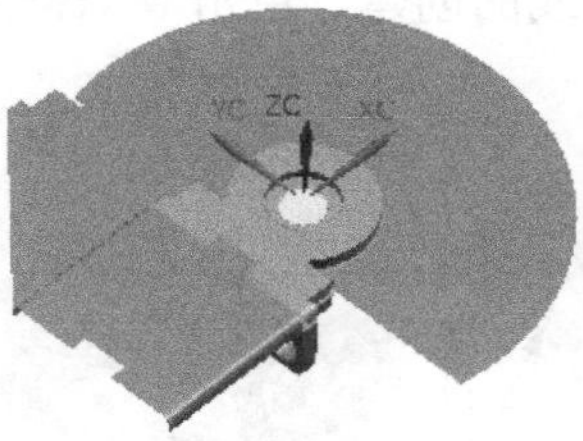

图 8.18　创建条带曲面

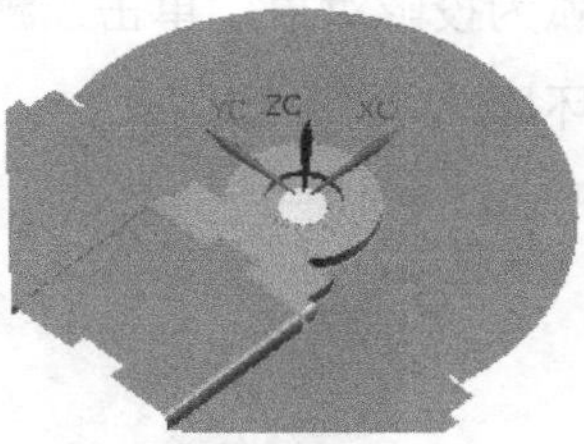

图 8.19　创建拉伸 3

Stage5. 创建型腔和型芯

Step1. 在“注塑模向导”功能选项卡 分型刀具 区域中单击“定义型腔和型芯”按钮，系统弹出“定义型腔和型芯”对话框。

Step2. 自动创建型腔和型芯。在“定义型腔和型芯”对话框中，选取 选择片体 区域下的 所有区域 选项，单击 确定 按钮，系统弹出“查看分型结果”对话框，并在图形区显示出创建的型腔，单击 确定 按钮，系统再一次弹出“查看分型结果”对话框；单击 确定 按钮，关闭对话框。

Step3. 选择下拉菜单 窗口(O) ➡ handle_fork_mold_core_006.prt 命令，显示型芯零件，如图 8.20 所示；选择下拉菜单 窗口(O) ➡ handle_fork_mold_cavity_002.prt 命令，显示型腔零件，如图 8.21 所示。

图 8.20　型芯零件

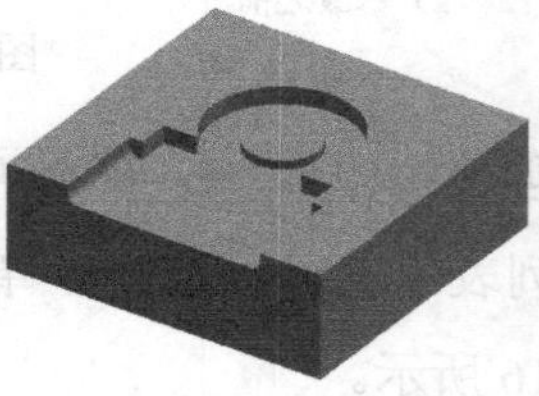

图 8.21　型腔零件

Task6. 创建滑块

Step1. 切换窗口。选择下拉菜单 窗口(O) ➡ handle_fork_mold_core_006.prt 命令，系统将在图形区中显示出型芯工作零件。

Step2. 选择命令。在 应用模块 功能选项卡 设计 区域单击 建模 按钮，进入到建模环境中。

说明：如果此时系统已经处在建模环境下，用户就不需要进行此步操作。

Step3. 创建拉伸特征 1。

（1）选择下拉菜单 插入(S) ➡ 设计特征(E) ➡ 拉伸(E)... 命令（或单击按钮），系统弹出“拉伸”对话框。

（2）单击“绘制截面”按钮，系统弹出“创建草图”对话框。选取如图 8.22 所示的模型表面为草图平面，单击 确定 按钮，进入草图环境，选择下拉菜单 插入(S) ➡ 配方曲线(U) ▸ ➡ 投影曲线(J)... 命令，系统弹出“投影曲线”对话框；选取如图 8.23 所示的圆弧为投影对象；单击 确定 按钮，完成投影曲线的创建，单击 完成草图 按钮，退出草图环境。

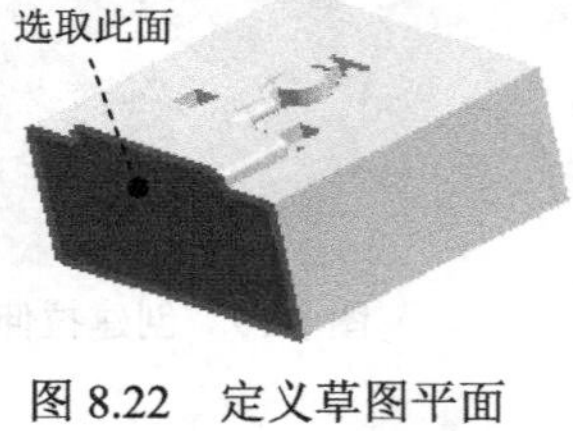

图 8.22　定义草图平面

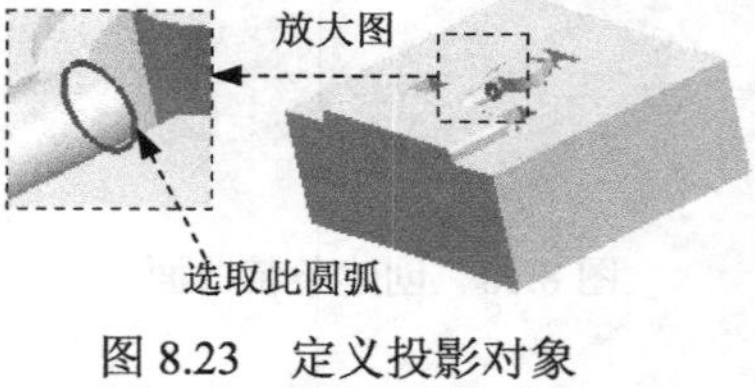

图 8.23　定义投影对象

（3）在“拉伸”对话框限制区域的开始下拉列表中选择值选项，并在其下方的距离文本框中输入数值 0，在限制区域的结束下拉列表中选择直至延伸部分选项；选取如图 8.24 所示的面为延伸对象；在布尔区域的布尔下拉列表中选择无选项，其他参数采用系统默认设置值；单击< 确定 >按钮，完成拉伸特征 1 的创建。

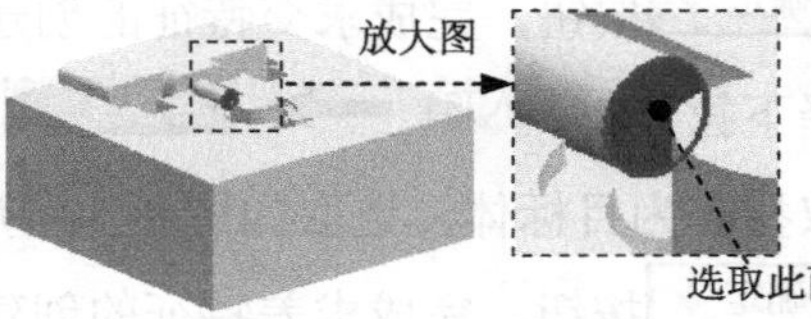

图 8.24 定义延伸对象

Step4. 创建拉伸特征 2。

（1）选择下拉菜单插入(S) ➡ 设计特征(E) ➡ 拉伸(E)...命令（或单击按钮），系统弹出“拉伸”对话框。

（2）单击“绘制截面”按钮，系统弹出“创建草图”对话框。选取如图 8.25 所示的模型表面为草图平面，单击确定按钮，进入草图环境，选择下拉菜单插入(S) ➡ 配方曲线(U) ➡ 投影曲线(J)...命令，系统弹出“投影曲线”对话框；选取如图 8.26 所示的边线为投影对象，单击确定按钮，完成投影曲线的创建；绘制截面草图中所缺的直线，结果如图 8.27 所示，单击完成草图按钮，退出草图环境。

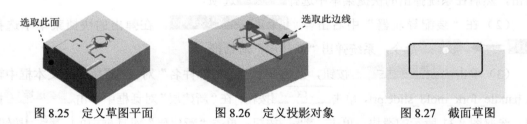

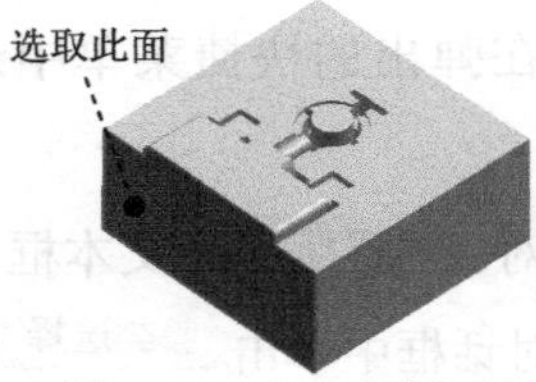

图 8.25 定义草图平面

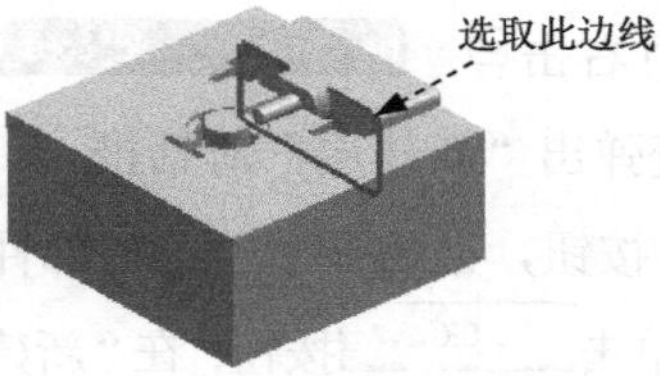

图 8.26 定义投影对象

图 8.27 截面草图

（3）在“拉伸”对话框限制区域的开始下拉列表中选择值选项，并在其下方的距离文本框中输入数值 0，在限制区域的结束下拉列表中选择直至延伸部分选项；选取如图 8.28 所示的面为延伸对象；在布尔区域的布尔下拉列表中选择无选项，其他参数采用系统默认设置值；单击< 确定 >按钮，完成拉伸特征 2 的创建。

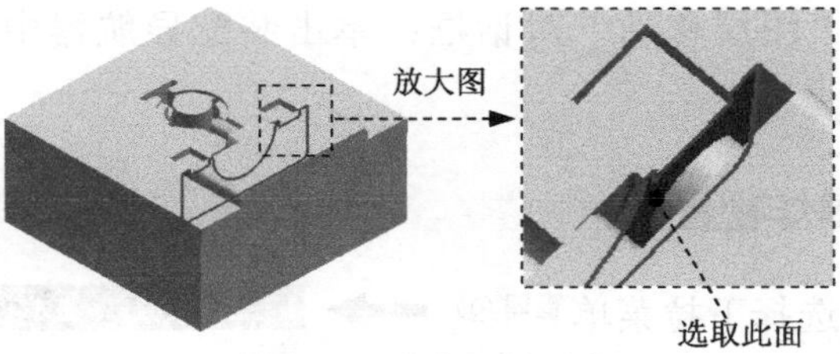

图 8.28 定义延伸对象

Step5. 创建求和特征。选择下拉菜单插入(S) ➡ 组合(B) ➡ 合并(U)...命令，系统弹出“合并”对话框；选取拉伸特征 1 为目标体，选取拉伸特征 2 为工具体；单击 < 确定 > 按钮，完成求和特征的创建。

Step6. 创建求交特征。选择下拉菜单 插入(S) → 组合(B) ▸ → 相交(I)... 命令，系统弹出“相交”对话框；选取型芯为目标体，选取如图 8.29 所示的工具体；在 设置 区域选中 ☑ 保存目标 复选框；单击 < 确定 > 按钮，完成求交特征的创建。

Step7. 创建求差特征。选择下拉菜单 插入(S) → 组合(B) ▸ → 减去(S)... 命令，系统弹出“求差”对话框；选取型芯为目标体，选取如图 8.30 所示的工具体；在 设置 区域选中 ☑ 保存工具 复选框；单击 < 确定 > 按钮，完成求差特征的创建。

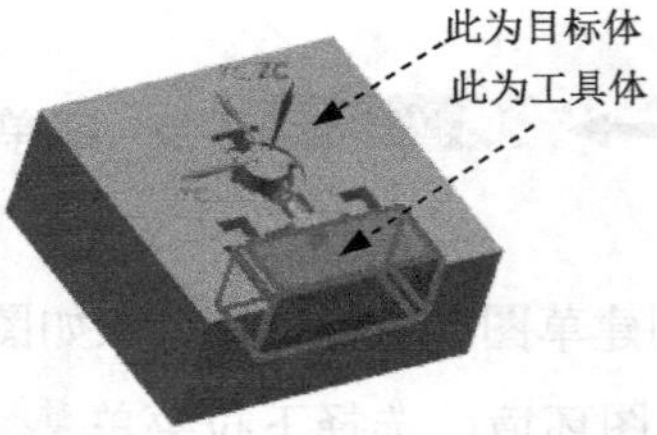

图 8.29 定义目标体和工具体（一）

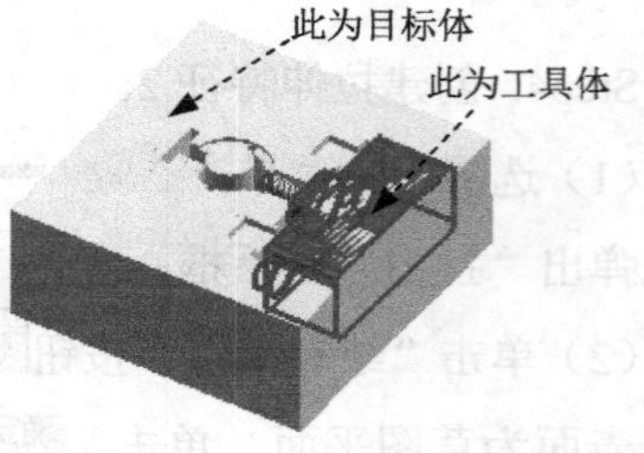

图 8.30 定义目标体和工具体（二）

Step8. 将滑块转化为型芯子零件。

（1）单击装配导航器中的 选项卡，系统弹出“装配导航器”界面，在该界面空白处右击，然后在系统弹出的快捷菜单中选择 WAVE 模式 选项。

（2）在“装配导航器”中右击 ☑ handle_fork_mold_core_006，在弹出的快捷菜单中选择 WAVE ▸ → 新建层 命令，系统弹出“新建层”对话框。

（3）单击 指定部件名 按钮，系统弹出“选择部件名”对话框 文件名(N): 文本框中输入 handle_fork_mold_slide.prt，单击 OK 按钮；在“新建层”对话框中单击 类选择 按钮，选取图 8.31 所示的滑块，单击 确定 按钮；单击“新建层”对话框中的 确定 按钮，此时在“装配导航器”对话框中显示出上一步创建的滑块的名字。

Step9. 移动至图层。单击“装配导航器”中的 选项卡，在该选项卡中取消选中 ☐ handle_fork_mold_slide 部件；选取如图 8.31 所示的滑块实体；选择下拉菜单 格式(R) → 移动至图层(M)... 命令，系统弹出“图层移动”对话框；在 目标图层或类别 文本框中输入数值 10，单击 确定 按钮，退出“图层移动”对话框；单击装配导航器中的 选项卡，选中 ☑ handle_fork_mold_slide 部件。

Task7. 创建模具爆炸视图

Step1. 创建爆炸图。选择下拉菜单 窗口(O) → handle_fork_mold_top_000.prt 命令，在装配导航器中将部件转换成工作部件。双击 ☑ handle_fork_mold_top_000 选项，激活总装配；选择下拉菜单 装配(A) → 爆炸图(X) ▸ → 新建爆炸(N)... 命令，系统弹出“新建爆炸”对话框，接受默认的名称，单击 确定 按钮。

Step2. 移动滑块。

（1）编辑爆炸图。选择下拉菜单 装配(A) → 爆炸图(X) → 编辑爆炸(E)... 命令，系统弹出“编辑爆炸”对话框。

（2）选取如图 8.32 所示的滑块元件，在该对话框中选中 ⊙ 移动对象 单选项，单击如图 8.33 所示的箭头，对话框的下部区域被激活；在 距离 文本框中输入数值-50，按 Enter 键确认，完成滑块的移动，结果如图 8.34 所示。

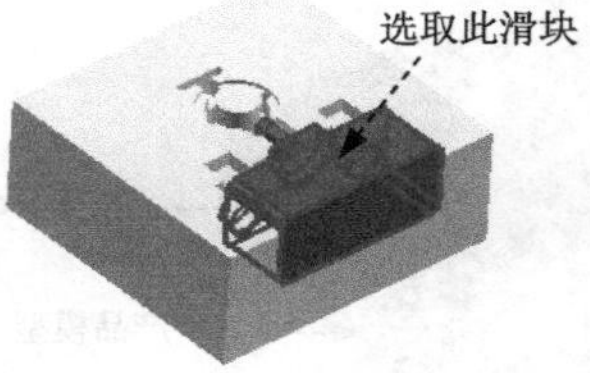

图 8.31 定义复制对象

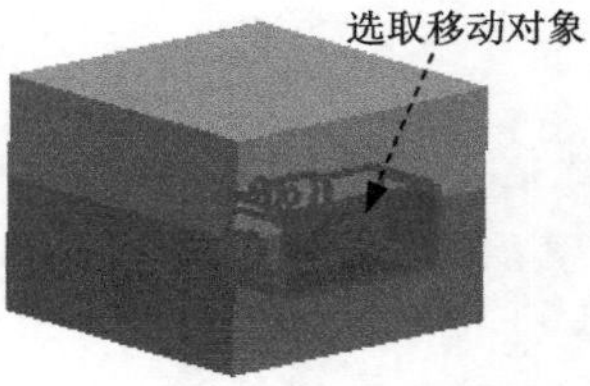

图 8.32 选取移动对象

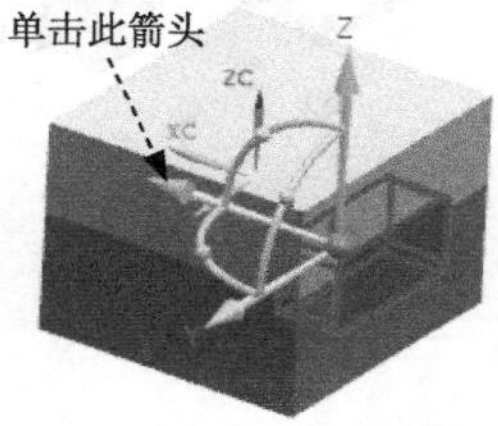

图 8.33 定义移动方向

图 8.34 滑块移动后的结果

Step3. 移动型腔。参照 Step2 中的步骤（2），将型腔零件沿 Z 轴正向移动 50mm，结果如图 8.35 所示。

Step4. 移动产品模型。参照 Step2 中的步骤（2），将如图 8.36 所示的产品模型元件沿 Z 轴正向移动 25mm，结果如图 8.37 所示。

图 8.35 型腔移动后的结果

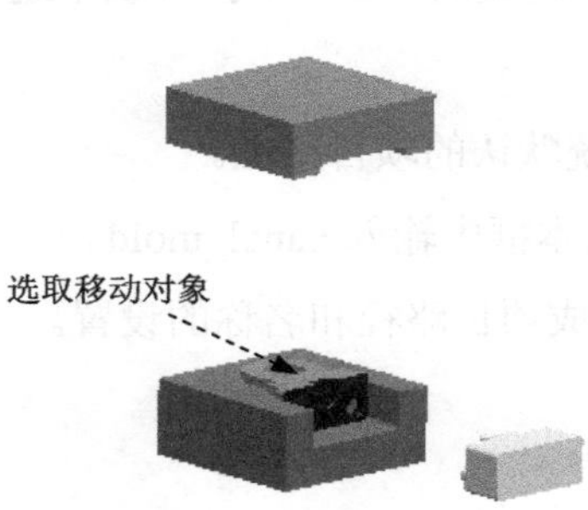

图 8.36 选取移动对象

图 8.37 产品模型移动后的结果

Step5. 保存文件。选择下拉菜单 文件(F) → 保存(S) → 全部保存(V) 命令，保存所有文件。

实例 9 带滑块的模具设计（二）

本实例将介绍一个面板模具的设计过程（图 9.1），该模具设计的特别之处在于只设计了一个滑块进行抽取，如果在设计中创建两个滑块同样也可以抽取，但在后面的标准模架上添加斜导柱就相对比较繁琐。通过对本实例的学习，希望读者能够对带滑块模具的设计有更深了解。下面介绍该模具的设计过程。

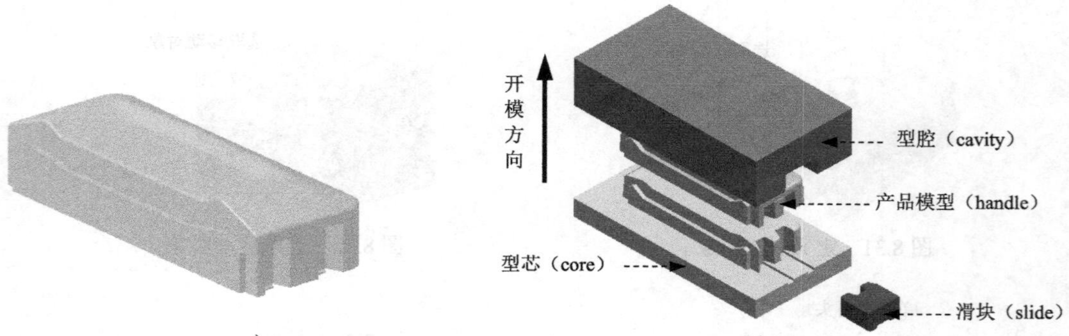

图 9.1 面板模具的设计

Task1. 初始化项目

Step1. 加载模型。

（1）在“注塑模向导”功能选项卡中单击“初始化项目”按钮，系统弹出“部件名”对话框。

（2）选择文件 D:\ug12.6\work\ch09\panel.prt，单击 OK 按钮，加载模型，系统弹出“初始化项目”对话框。

Step2. 定义项目单位。在 设置 区域的 项目单位 下拉列表中选择 毫米 选项。

Step3. 设置项目路径和名称。

（1）设置项目路径。接受系统默认的项目路径。

（2）设置项目名称。在 Name 文本框中输入 panel_mold。

Step4. 单击 确定 按钮，完成项目路径和名称的设置。

Task2. 模具坐标系

Step1. 定向模具坐标系。

（1）选择命令。选择下拉菜单 格式(R) → WCS → 定向(N)... 命令，系统弹出如图 9.2 所示的“坐标系”对话框。

（2）定义类型。类型 下拉列表中选择 对象的 CSYS 选项。

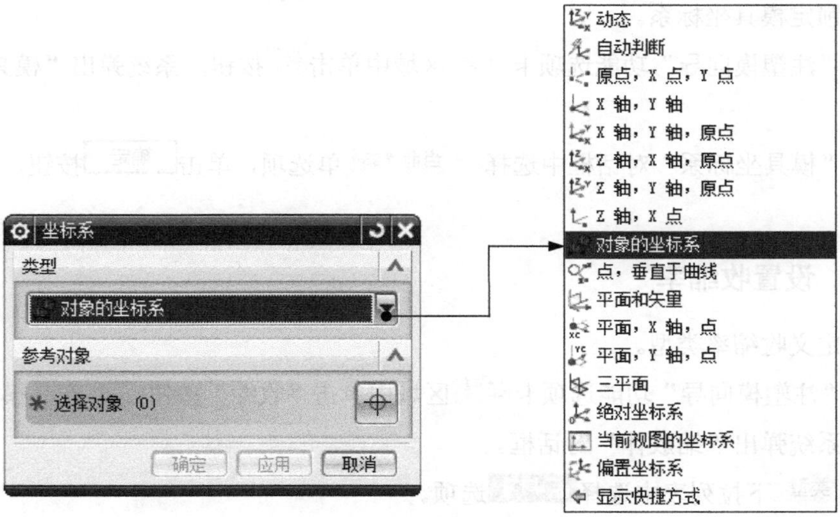

图 9.2 “坐标系”对话框

（3）定义坐标系对象。选择如图 9.3 所示的产品模型底面。

说明：用户在选取图 9.3 所示的产品模型底面时，要在过滤器中选择整个装配选项。

（4）单击 确定 按钮，完成定向模具坐标系的创建。

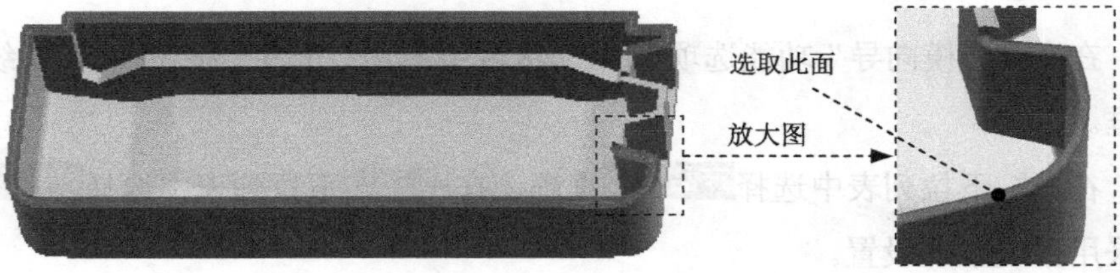

图 9.3 定义坐标系对象

Step2. 旋转模具坐标系。

（1）选择命令。选择下拉菜单 格式(R) → WCS → 旋转(R)... 命令，系统弹出如图 9.4 所示的“旋转 WCS 绕...”对话框。

（2）选择 ⊙ +YC 轴 单选项，在 角度 文本框中输入值 180，单击 确定 按钮，定义后的模具坐标系如图 9.5 所示。

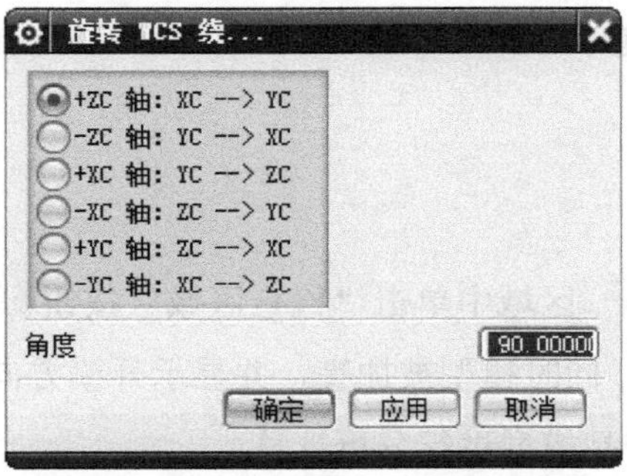

图 9.4 “旋转 WCS 绕...”对话框

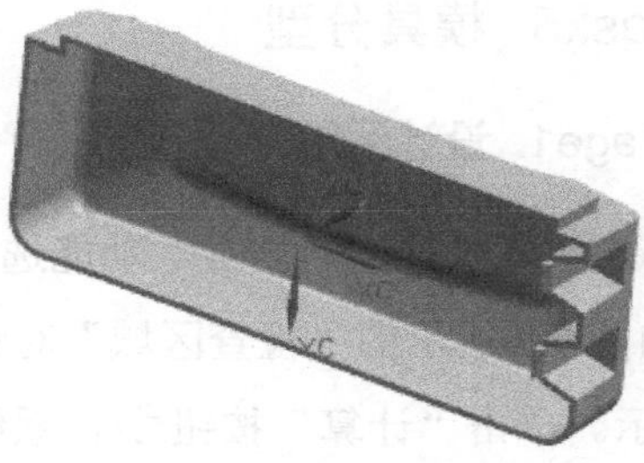

图 9.5 定义后的模具坐标系

Step3. 锁定模具坐标系。

（1）在“注塑模向导”功能选项卡 主要 区域中单击 按钮，系统弹出“模具坐标系”对话框。

（2）在“模具坐标系”对话框中选择 ⊙ 当前 WCS 单选项，单击 确定 按钮，完成坐标系的锁定。

Task3. 设置收缩率

Step1. 定义收缩率类型。

（1）在“注塑模向导”功能选项卡 主要 区域中单击“收缩”按钮，产品模型会高亮显示，同时系统弹出“缩放体”对话框。

（2）在 类型 下拉列表中选择 均匀 选项。

Step2. 定义缩放体和缩放点。接受系统默认的参数设置。

Step3. 在 比例因子 区域的 均匀 文本框中输入值 1.006。

Step4. 单击 确定 按钮，完成收缩率的设置。

Task4. 创建模具工件

Step1. 在“注塑模向导”功能选项卡 主要 区域中单击“工件”按钮，系统弹出“工件”对话框。

Step2. 在 类型 下拉列表中选择 产品工件 选项，在 工件方法 下拉列表中选择 用户定义的块 选项，其他参数采用系统默认设置。

Step3. 单击 < 确定 > 按钮，完成创建后的模具工件如图 9.6 所示。

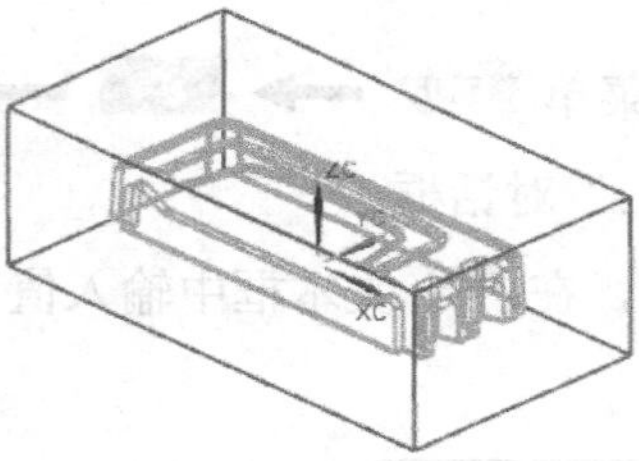

图 9.6 模具工件

Task5. 模具分型

Stage1. 设计区域

Step1. 在“注塑模向导”功能选项卡 分型刀具 区域中单击“检查区域”按钮，系统弹出如图 9.7 所示的“检查区域”对话框（一），同时模型被加亮，并显示开模方向，如图 9.8 所示。单击“计算”按钮，系统开始对产品模型进行分析计算。

Step2. 单击 区域 选项卡，在 设置 区域中取消选中 ☐ 内环、☐ 分型边 和 ☐ 不完整的环 3 个复选框。

Step3. 单击 面 选项卡，系统弹出如图 9.9 所示的“检查区域”对话框（二），在命令区域单击面拆分按钮，系统弹出如图 9.10 所示的“拆分面”对话框。

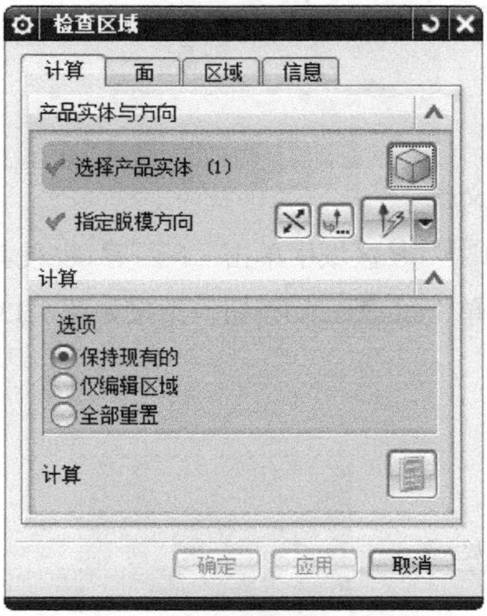

图 9.7 “检查区域”对话框（一）

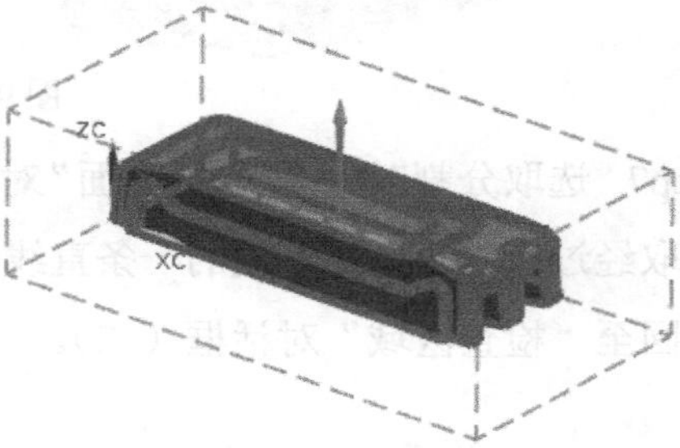

图 9.8 开模方向

图 9.9 “检查区域”对话框（二）

图 9.10 “拆分面”对话框

Step4. 定义拆分面。选取如图 9.11 所示的面为拆分面对象。

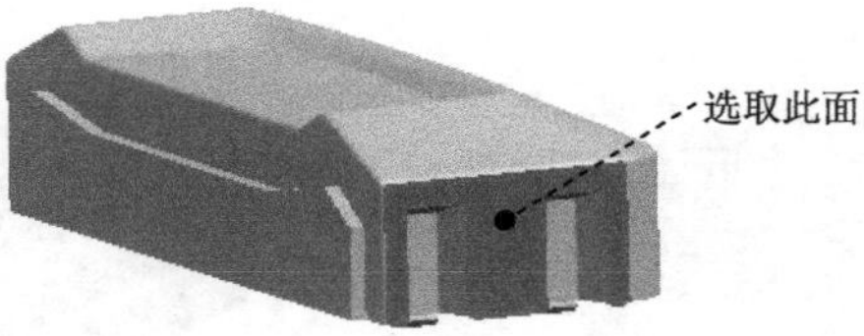

图 9.11 定义拆分面对象

Step5. 定义创建曲线方法。在“拆分面”对话框的类型下拉列表中选择曲线/边选项，在分割对象区域中单击“添加直线”按钮，系统弹出“直线”对话框。

Step6. 定义点。选取如图 9.12 所示的点 1（直线的端点）和点 2（直线的端点），在“直线”对话框中单击 < 确定 > 按钮，系统返回至“拆分面”对话框。

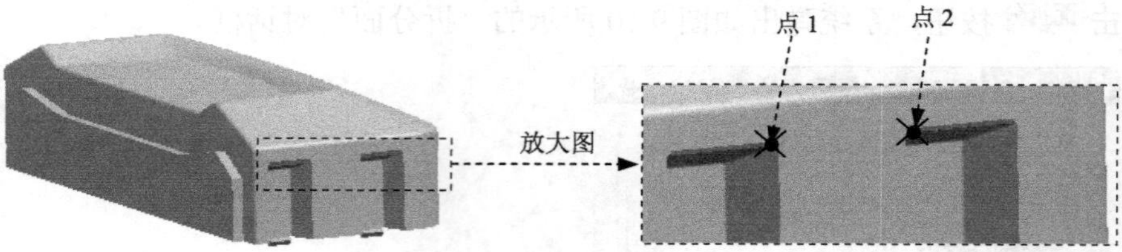

图 9.12 定义点

Step7. 选取分割对象。在“拆分面”对话框的分割对象区域中单击 * 选择对象 (0) 使其激活，然后选取经过点 1 与点 2 形成的一条直线，然后单击 < 确定 > 按钮，结果如图 9.13 所示，系统返回至“检查区域”对话框（二）。

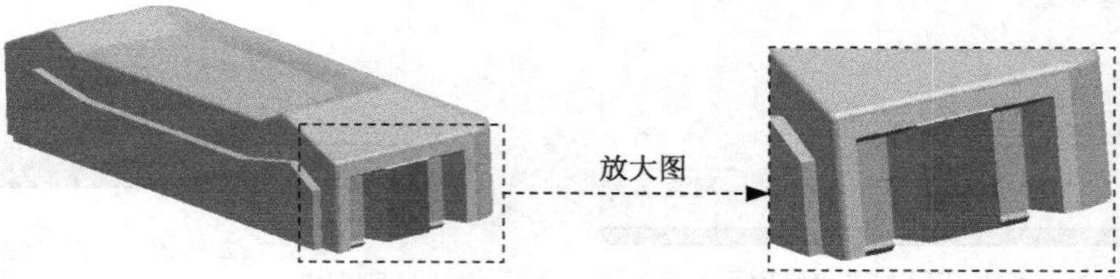

图 9.13 选取拆分面的结果

Step8. 在“检查区域”对话框（二）中单击 区域 选项卡，系统弹出如图 9.14 所示的“检查区域”对话框（三），然后单击“设置区域颜色”按钮，结果如图 9.15 所示。

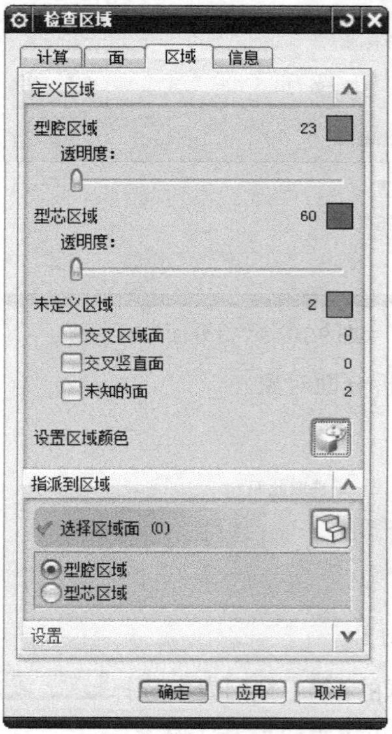

图 9.14 “检查区域”对话框（三）

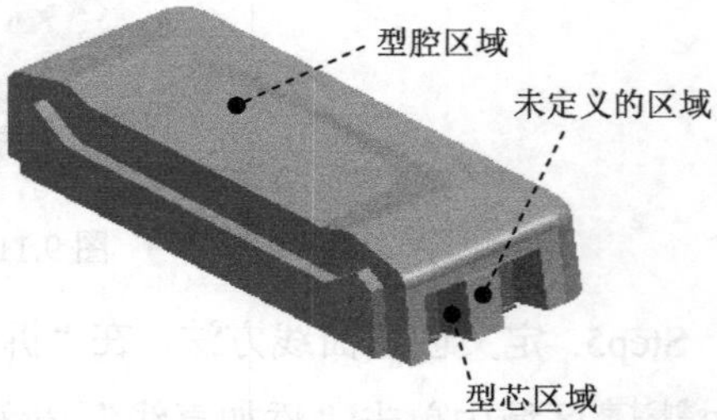

图 9.15 设置区域颜色

Step9. 定义型腔和型芯区域。在“检查区域”对话框（三）的 未定义的区域 中选中 ☑ 未知的面 复选框，同时未定义的面被加亮。在 指派到区域 区域中选择 ⊙ 型腔区域 单选项，单击 应用 按钮，系统自动将未定义的区域指派到型腔区域，同时对话框中的 未定义的区域 显示为 0，定义型腔区域结果如图 9.16 所示。在 指派到区域 区域中选择 ⊙ 型芯区域 单选项，然后选中如图 9.17 所示的要定义为型芯面的面，单击 应用 按钮，型腔和型芯区域的最终结果如图 9.18 所示。

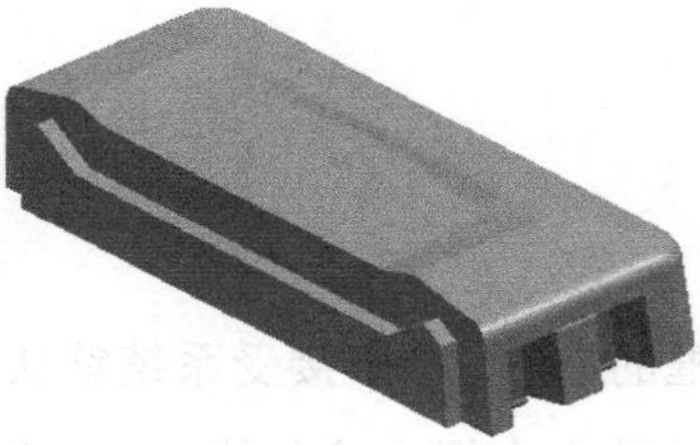

图 9.16 定义型腔区域

图 9.17 选取要定义为型芯面的面

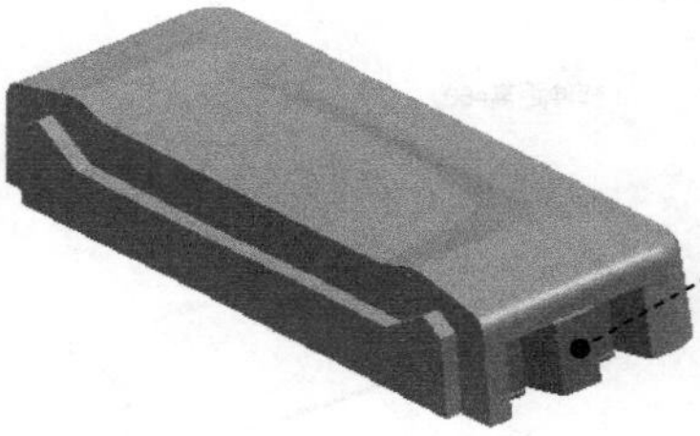

图 9.18 定义型芯区域

Step10. 单击 取消 按钮，完成区域的定义。

Stage2. 创建区域和分型线

Step1. 在“注塑模向导”功能选项卡 分型刀具 区域中单击“定义区域”按钮，系统弹出“定义区域”对话框。

Step2.选中 设置 区域的 ☑ 创建区域 和 ☑ 创建分型线 复选框，单击 确定 按钮，完成分型线的创建，系统返回到“模具分型工具”工具条，创建分型线的结果如图 9.19 所示。

说明：为了便于查看分型线，可以将产品体隐藏。

Stage3. 定义分型段

Step1. 在“注塑模向导”功能选项卡 分型刀具 区域中单击“设计分型面”按钮，系统弹出“设计分型面”对话框。

Step2. 选取过渡对象。在 编辑分型段 区域中单击“选择过渡曲线”按钮，选取如图 9.20 所示的圆弧作为过渡对象。

Step3. 单击 应用 按钮，完成分型段的定义。

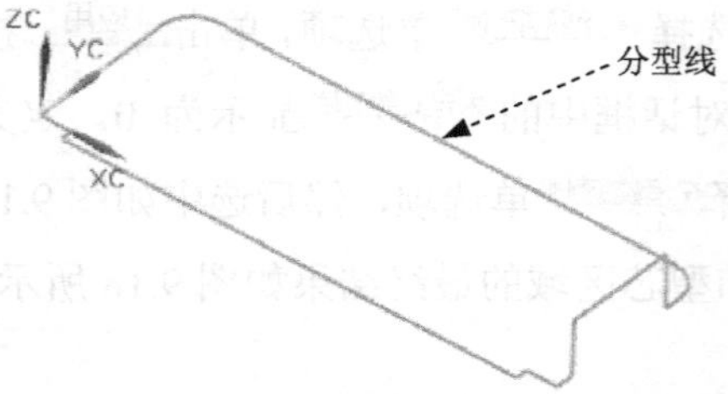

图 9.19　创建分型线

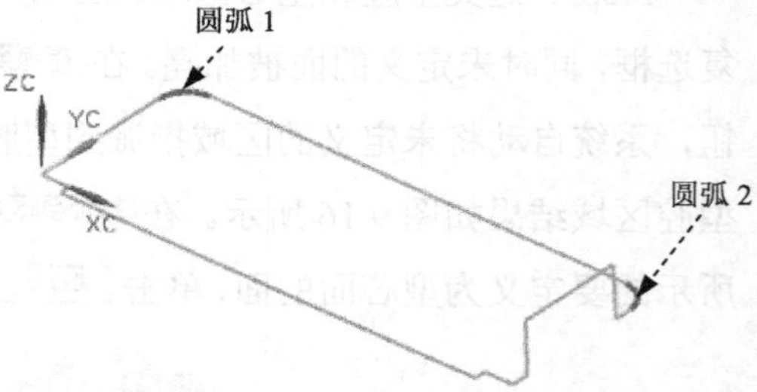

图 9.20　定义过渡对象

Stage4. 创建分型面

Step1. 在"设计分型面"对话框的设置区域中接受系统默认的公差值；在图 9.21a 中单击"延伸距离"文本，然后在活动的文本框中输入值 100，并按 Enter 键确认，结果如图 9.21b 所示。

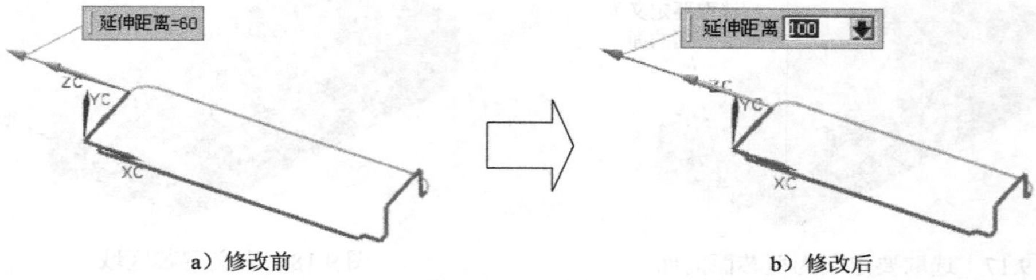

图 9.21　延伸距离

Step2. 创建条带曲面 1。在创建分型面区域的方法下拉列表中选择选项，单击应用按钮，系统返回至"设计分型面"对话框；结果如图 9.22 所示。

Step3. 创建条带曲面 2。参照 Step2 创建条带曲面 1 的方法，结果如图 9.23 所示。

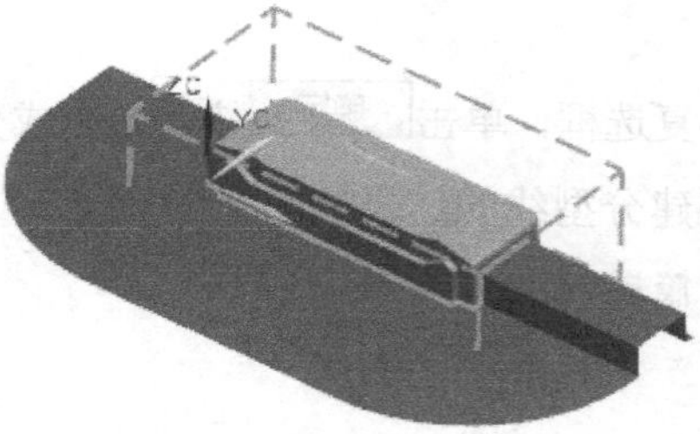

图 9.22　条带曲面 1

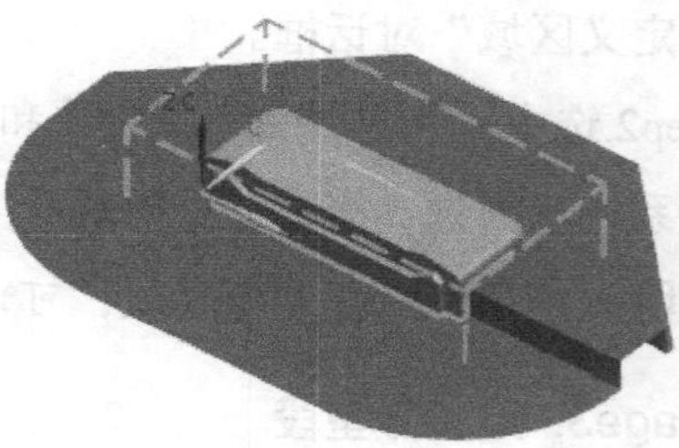

图 9.23　条带曲面 2

Stage5. 创建型腔和型芯

Step1. 在"注塑模向导"功能选项卡分型刀具区域中单击"定义型腔和型芯"按钮，系统弹出"定义型腔和型芯"对话框。

Step2. 创建型腔零件。

（1）在"定义型腔和型芯"对话框中选中选择片体区域下的型腔区域选项，此时系统自动加亮选中的型腔片体，如图 9.24 所示。其他参数接受系统默认设置，单击 应用 按钮。

（2）此时系统弹出“查看分型结果”对话框，接受系统默认的方向。

（3）单击 确定 按钮，系统返回至“定义型腔和型芯”对话框，完成型腔零件的创建，如图 9.25 所示。

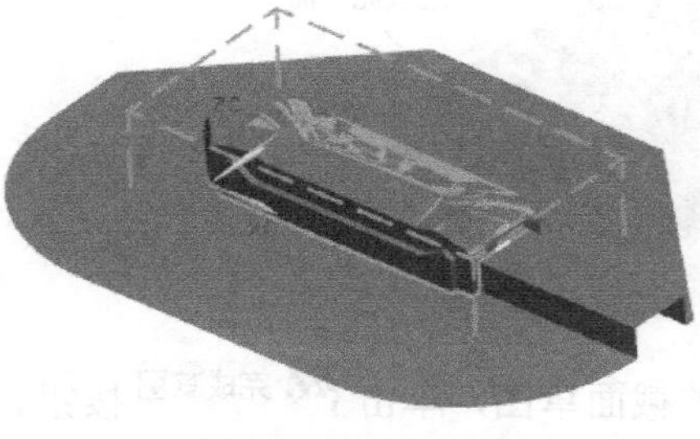

图 9.24 型腔片体

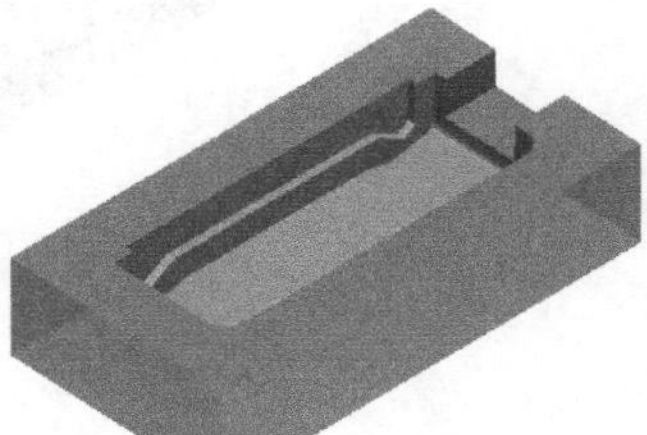

图 9.25 型腔零件

Step3. 创建型芯。

（1）在“定义型腔和型芯”对话框中选中 选择片体 区域下的 型芯区域 选项，此时系统自动加亮选中的型芯片体，如图 9.26 所示。其他参数接受系统默认设置，单击 应用 按钮。

（2）此时系统弹出“查看分型结果”对话框，接受系统默认的方向。

（3）单击 确定 按钮，系统返回至“定义型腔和型芯”对话框，完成型芯零件的创建，如图 9.27 所示。

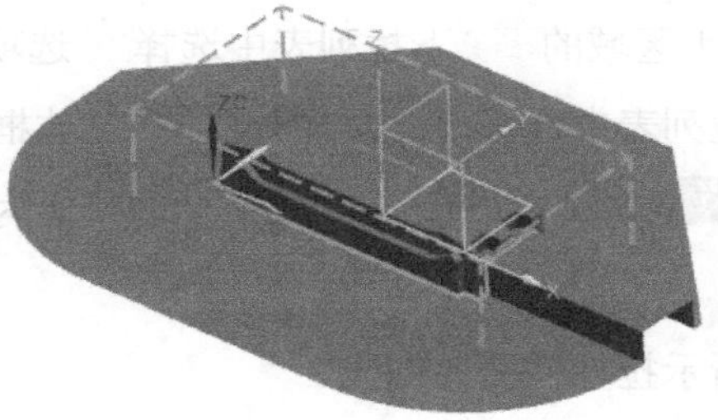

图 9.26 型芯片体

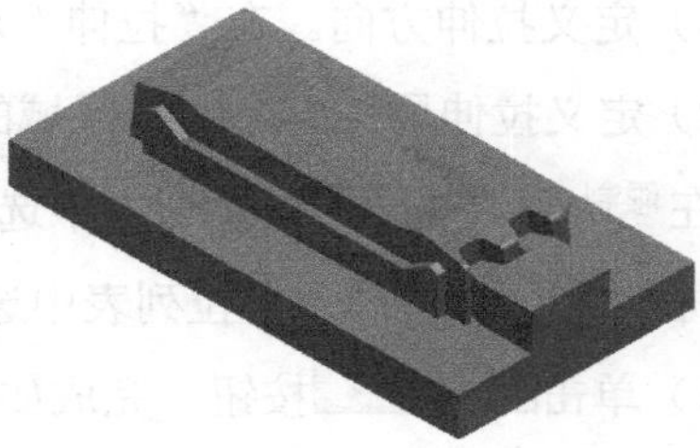

图 9.27 型芯零件

Step4. 单击 取消 按钮，完成型腔和型芯零件的创建。

Task6. 创建滑块

Step1. 选择下拉菜单 窗口(O) → 1. panel_mold_core_006.prt，系统将在图形区中显示出型芯工作零件。

Step2. 选择命令。在 应用模块 功能选项卡 设计 区域单击 建模 按钮，进入到建模环境中。

说明：如果此时系统自动进入了建模环境，用户就不需要进行此步的操作。

Step3. 定义拉伸特征。

（1）选择命令。选择下拉菜单 插入(S) → 设计特征(E) → 拉伸(E)... 命令，系统弹出“拉伸”对话框。

（2）选取草图平面。选取如图 9.28 所示的平面为草图平面。

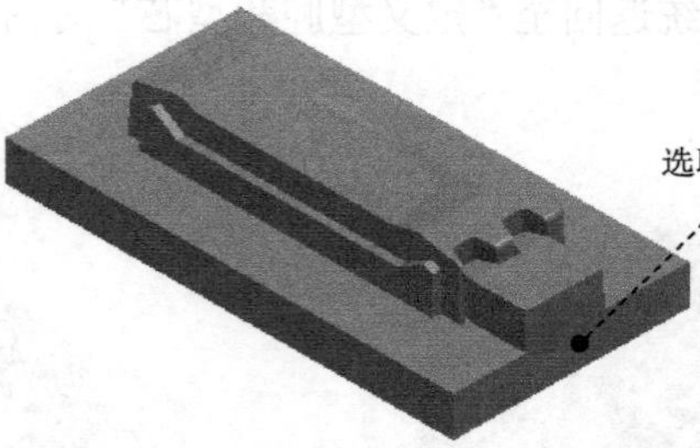

图 9.28　选取草图平面

（3）创建截面草图。绘制如图 9.29 所示的截面草图，单击 完成草图 按钮。

说明：定义草图截面时，可在线框模式下使用“投影曲线”命令。

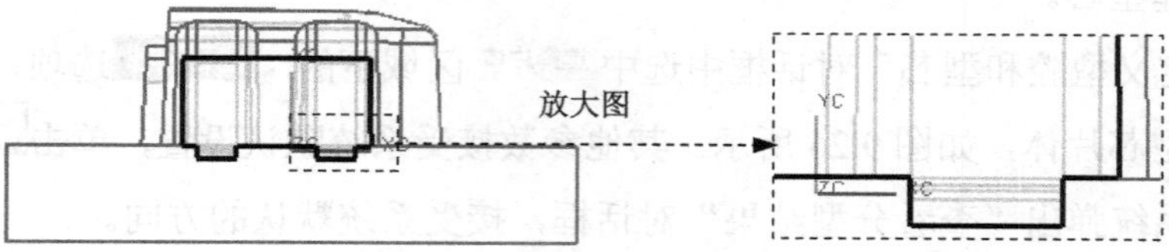

图 9.29　截面草图

Step4. 定义拉伸属性。

（1）定义拉伸方向。在“拉伸”对话框 方向 区域的 下拉列表中选择 -XC 选项。

（2）定义拉伸属性。在 限制 区域的 开始 下拉列表中选择 值 选项，在 距离 文体框中输入值 0；在 限制 区域的 结束 下拉列表中选择 直至选定 选项，选取如图 9.30 所示的平面为选定的对象；在 布尔 区域的 布尔 下拉列表中选择 无。

（3）单击 < 确定 > 按钮，完成如图 9.31 所示拉伸特征的创建。

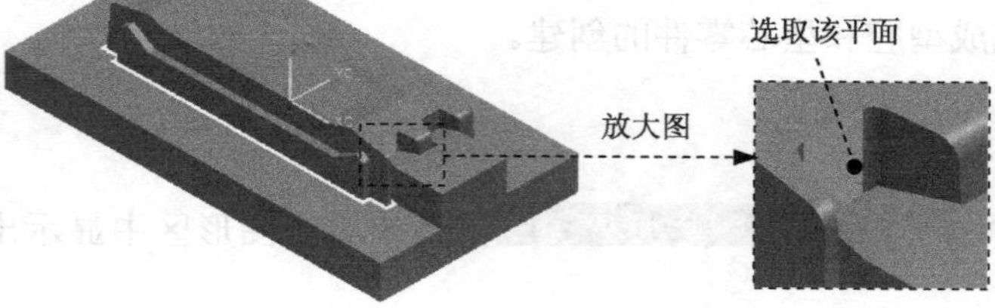

图 9.30　定义选定对象

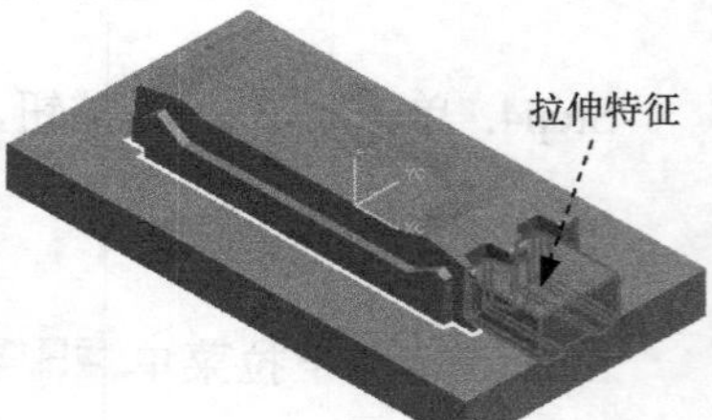

图 9.31　拉伸特征

Step5. 求交特征。

（1）选择命令。选择下拉菜单 插入(S) → 组合(B) → 相交(I)... 命令，此时系统弹出“相交”对话框。

（2）选取目标体。选取如图 9.32 所示的目标体特征。

（3）选取工具体。选取如图 9.32 所示的工具体特征。

（4）在设置区域选中☑保存目标复选框，单击< 确定 >按钮，完成求交特征的创建。

Step6. 求差特征。

（1）选择命令。选择下拉菜单插入(S) ➞ 组合(B) ▸ ➞ 减去(S)...命令，此时系统弹出“求差”对话框。

（2）选取目标体。选取如图 9.33 所示的目标体特征。

（3）选取工具体。选取如图 9.33 所示的工具体特征。

（4）在设置区域选中☑保存工具复选框，单击< 确定 >按钮，完成求差特征的创建。

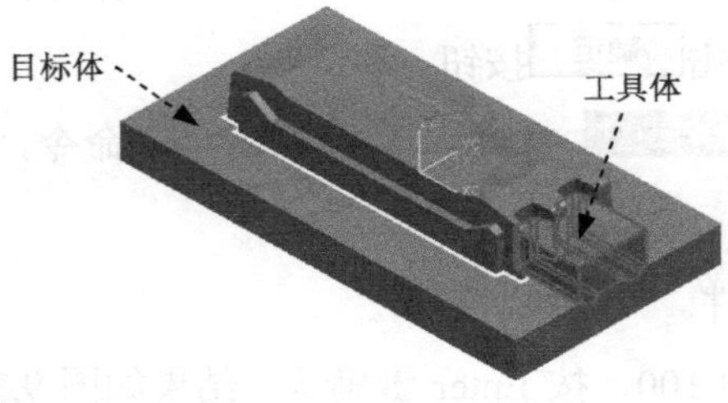

图 9.32 创建求交特征

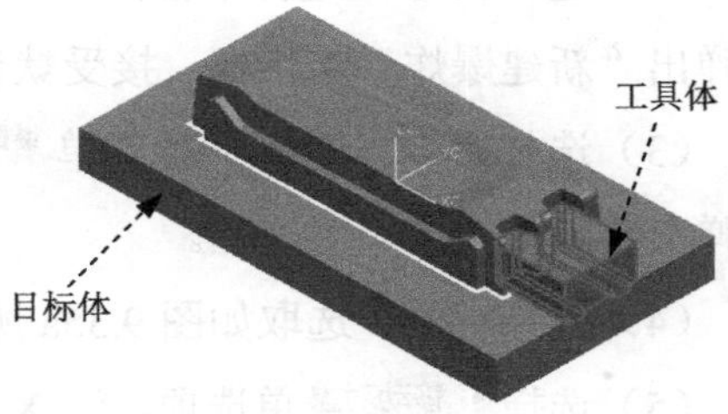

图 9.33 创建求差特征

Step7. 将滑块转换为型芯子零件。

（1）选择命令。单击装配导航器中的按钮，系统弹出“装配导航器”界面，在界面空白处右击，然后在弹出的快捷菜单中选择WAVE 模式选项。

（2）在“装配导航器”界面中右击☑panel_mold_core_006，在弹出的快捷菜单中选择WAVE ▸ ➞ 新建层命令，系统弹出“新建层”对话框。

（3）单击指定部件名按钮，弹出“选择部件名”对话框，在文件名(N):文本框中输入 panel_mold_slide.prt，单击OK按钮。

（4）单击类选择按钮，选择如图 9.34 所示的滑块特征，单击确定按钮，系统返回“新建层”对话框。

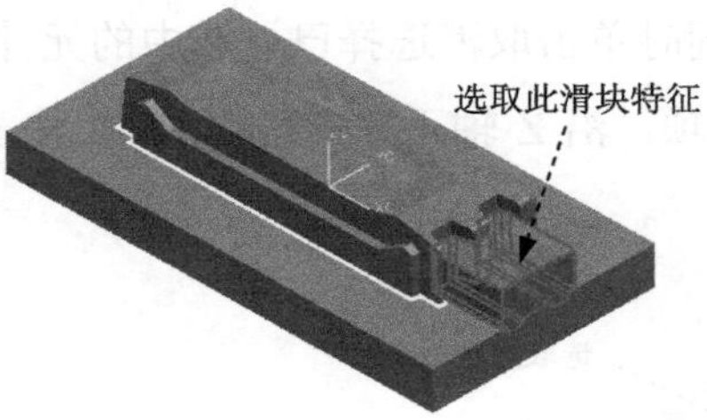

图 9.34 选取特征

（5）单击确定按钮，此时在“装配导航器”界面中显示出刚创建的滑块的名称。

Step8. 隐藏拉伸特征。

（1）选取要移动的特征。单击“部件导航器”中的按钮，系统弹出“部件导航器”

界面，在该界面中选择☑ 拉伸 (4)。

（2）选择下拉菜单 格式(R) → 移动至图层(M)... 命令，系统弹出“图层移动”对话框，在 目标图层或类别 下方的文本框中输入值 10，单击 确定 按钮。

Task7. 创建模具爆炸视图

Step1. 移动滑块。

（1）选择下拉菜单 窗口(O) → panel_mold_top_000.prt 命令，显示模型；在“装配导航器”界面中右击 ☑ panel_mold_top_000，将部件转换成工作部件。

（2）选择命令。选择下拉菜单 装配(A) → 爆炸图(X) → 新建爆炸(N)... 命令，系统弹出“新建爆炸”对话框，接受默认的名称，单击 确定 按钮。

（3）选择命令。选择下拉菜单 装配(A) → 爆炸图(X) → 编辑爆炸(E)... 命令，系统弹出“编辑爆炸”对话框。

（4）选择对象。选取如图 9.35a 所示的滑块元件。

（5）选择 ⊙ 移动对象 单选项，沿 X 轴正方向移动 100，按 Enter 键确认，结果如图 9.35b 所示。

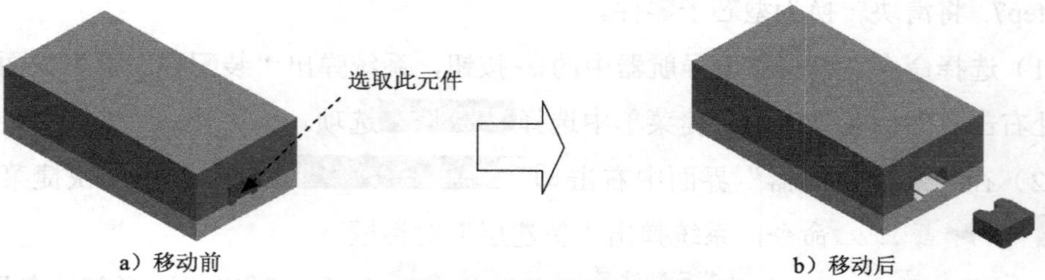

图 9.35　移动滑块

Step2. 移动型腔。

（1）选择对象。在对话框中选择 ⊙ 选择对象 单选项，选取如图 9.36a 所示的型腔元件，取消选中滑块元件。

说明：可按住 Shift 键同时单击取消选择已被选中的元件。

（2）选择 ⊙ 移动对象 单选项，沿 Z 轴正方向移动 100，按 Enter 键确认，结果如图 9.36b 所示。

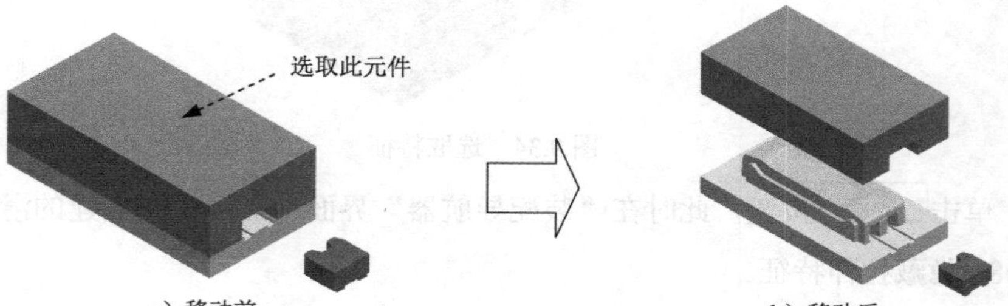

图 9.36　移动型腔

Step3. 移动产品模型。

（1）选择对象。在对话框中选择 ⊙ 选择对象 单选项，选取图 9.37a 所示的产品模型，取消选中型腔元件。

（2）选择 ⊙ 移动对象 单选项，沿 Z 轴正方向移动 50，单击 确定 按钮，结果如图 9.37b 所示。

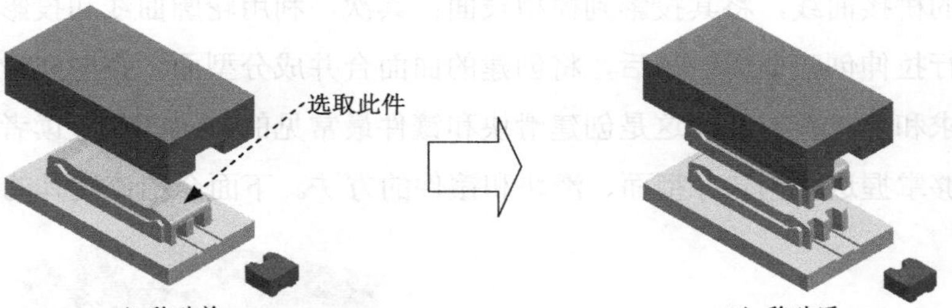

a）移动前　　b）移动后

图 9.37　移动产品模型

Step4. 保存文件。选择下拉菜单 文件(F) → 保存(S) → 全部保存(V)，保存所有文件。

学习拓展： 扫码学习更多视频讲解。

讲解内容： 模具实例精选（注塑模具）。讲解了一些典型的模具实例，并对操作步骤做了详细的演示。

实例10 带滑块和镶件的模具设计(一)

本实例将介绍一款饮水机开关（图 10.1）模具的设计过程，该模具带有镶件和滑块，在创建分型面时采用了一种比较典型的方法：首先，创建一个面的轮廓线；然后，创建与轮廓线相连的桥接曲线，将其投影到模型表面；其次，利用轮廓曲线和投影曲线创建分型线，将其进行拉伸创建曲面；最后，将创建的曲面合并成分型面。在创建滑块和镶件时用到了求交、求和及求差方法，这是创建滑块和镶件最常见的方法。希望读者通过对本实例的学习，能够掌握这种创建分型面、滑块和镶件的方法。下面介绍该模具的设计过程。

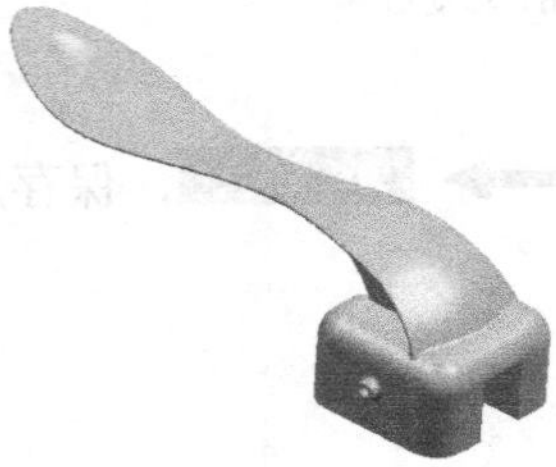

a)

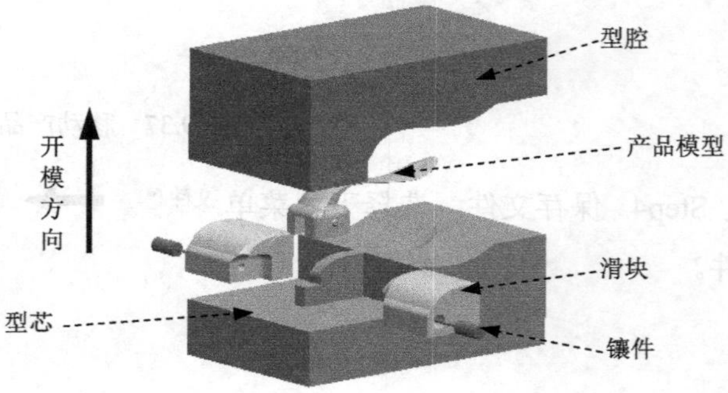

b)

图 10.1 饮水机开关模具的设计

Task1. 初始化项目

Step1. 在“注塑模向导”功能选项卡中，单击“初始化项目”按钮，系统弹出“部件名”对话框，选择 D:\ug12.6\work\ch10\handle.prt，单击 OK 按钮，载入模型后，系统弹出“初始化项目”对话框。

Step2. 定义项目单位。在“初始化项目”对话框的项目单位下拉列表中选择毫米选项。

Step3. 设置项目路径和名称。接受系统默认的项目路径；在“初始化项目”对话框的 Name 文本框中输入 handle_mold。

Step4. 在该对话框中单击确定按钮，完成初始化项目的设置。

Task2. 模具坐标系

Step1. 在“注塑模向导”功能选项卡主要区域中，单击“模具坐标系”按钮，系统弹出“模具坐标系”对话框。

Step2. 选中 当前 WCS 单选项，单击确定按钮，完成模具坐标系的定义，结果如图 10.2 所示。

Task3. 设置收缩率

Step1. 定义收缩率。在“注塑模向导”功能选项卡主要区域中，单击“收缩”按钮，产品模型会高亮显示，同时系统弹出“缩放体”对话框；类型下拉列表中选择均匀选项。

Step2. 定义缩放体和缩放点。采用系统默认的参数设置值。

Step3. 定义比例因子。在“缩放体”对话框比例因子区域的均匀文本框中，输入收缩率值 1.006。

Step4. 单击确定按钮，完成收缩率的设置。

Task4. 创建模具工件

Step1. 选择命令。在“注塑模向导”功能选项卡主要区域中，单击“工件”按钮，系统弹出“工件”对话框。

Step2. 在类型下拉列表中选择产品工件选项，在工件方法下拉列表中选择用户定义的块选项，其他参数采用系统默认设置值。

Step3. 修改尺寸。单击定义工件区域的“绘制截面”按钮，系统进入草图环境，然后修改截面草图的尺寸，如图 10.3 所示。单击完成草图按钮，退出草图；在“工件”对话框限制区域的开始下拉列表中选择值选项，并在其下方的距离文本框中输入数值-20；在限制区域的结束下拉列表中选择值选项，并在其下方的距离文本框中输入数值 40。

图 10.2 定义模具坐标系

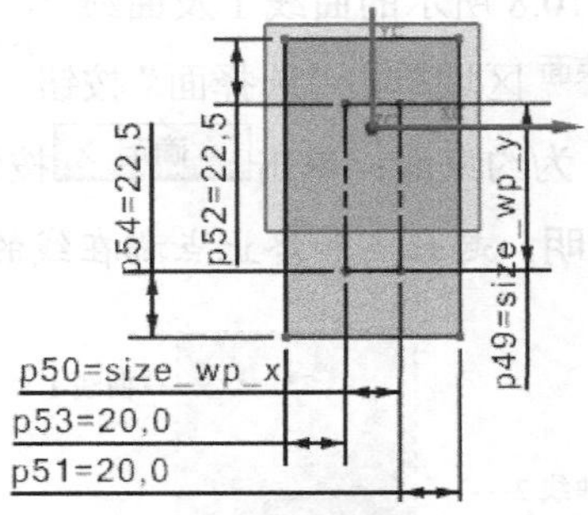

图 10.3 截面草图

Step4. 单击< 确定 >按钮，完成创建后的模具工件如图 10.4 所示。

Task5. 创建拆分面

Step1. 选择下拉菜单窗口(O) → handle_mold_parting_022.prt，系统将在图形区中显示零件。

说明：若零件在图形区中显示不完整或较小，可通过按下 Ctrl+F 快捷键重新生成进行调整。

Step2. 进入建模环境。在应用模块功能选项卡设计区域单击建模按钮，进入到建模环境。

说明：如果此时系统已经处在建模环境下，用户则不需要进行此步操作。

Step3. 创建最大轮廓线。选择下拉菜单插入(S) → 派生曲线(U) → 等参数曲线(O)...

命令，选取如图 10.5 所示的面（注：具体参数和操作参见随书学习资源）。

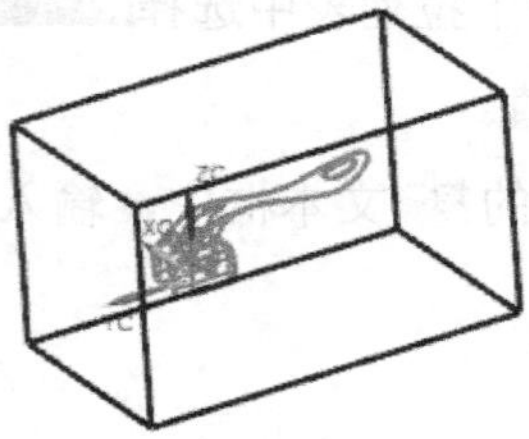
图 10.4　创建后的模具工件

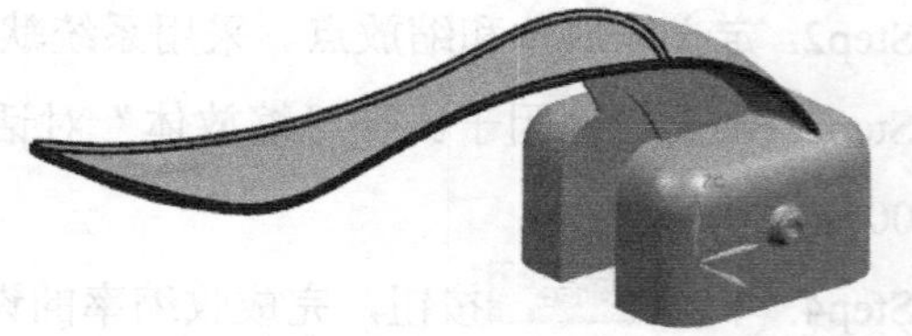
图 10.5　选取面

Step4. 删除多余轮廓线。将 Step3 创建的多余的轮廓线删除，并且保留中间的轮廓线（图 10.6），删除后的结果如图 10.7 所示。

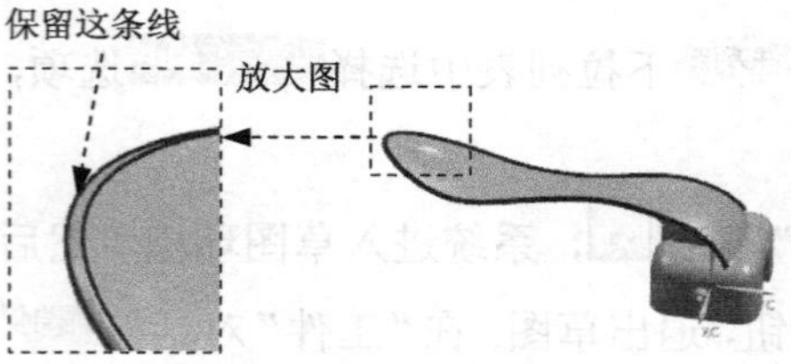

图 10.6　创建的轮廓线

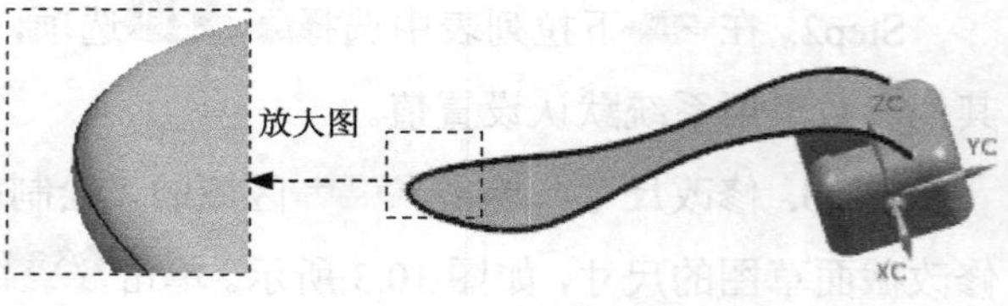

图 10.7　删除多余的轮廓线

Step5. 创建桥接曲线 1。选择下拉菜单 插入(S) → 派生曲线(U) → 桥接(B)... 命令，选取图 10.8 所示的曲线 1 及曲线 2，创建的桥接曲线如图 10.9 所示；在“桥接曲线”对话框的 约束面 区域单击“选择面”按钮，选取图 10.9 所示的两个面（将面选择器调整为“单个面”）为约束面；单击 < 确定 > 按钮，完成桥接曲线 1 的创建。

说明： 起始点和终止点都在线的交点上。

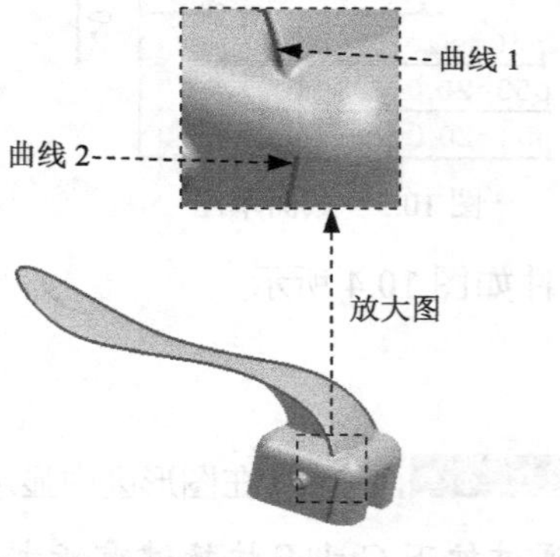

图 10.8　桥接曲线的起始、终止对象

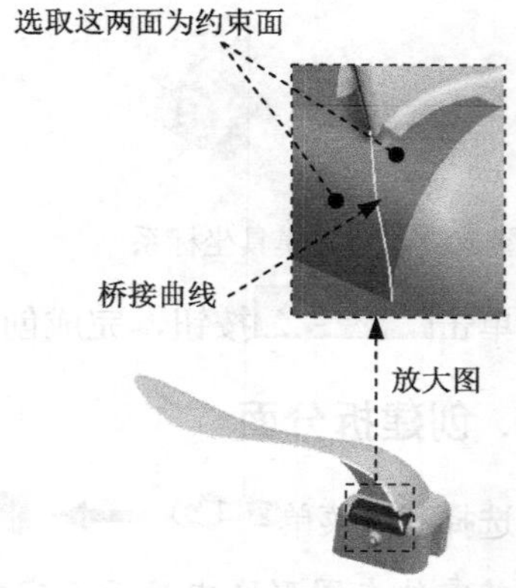

图 10.9　桥接曲线 1 的约束面

Step6. 创建桥接曲线 2。选择下拉菜单 插入(S) → 派生曲线(U) → 桥接(B)... 命令，选取如图 10.10 所示的曲线 1 及曲线 2，创建的桥接曲线如图 10.11 所示；在“桥接曲线”对话框 约束面 区域单击“选择面”按钮，选择如图 10.11 所示的两个面为约束面；单击 < 确定 > 按钮，完成桥接曲线 2 的创建。

Step7. 创建拆分面。在“注塑模向导”功能选项卡 注塑模工具 区域中，单击“拆分面”按钮，系统弹出“拆分面”对话框；在 类型 下拉列表中选择 曲线/边 选项；在 要分割的面 区域单击“选择面”按钮。选取如图 10.12 所示的 5 个面为要分割的面；在 分割对象 区域单击按钮，选取如图 10.13 所示的轮廓线为拆分线参照；单击 < 确定 > 按钮，完成拆分面的创建。

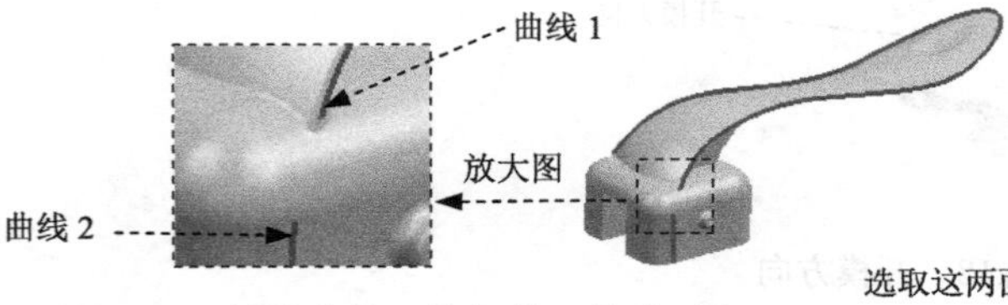

图 10.10　桥接曲线 2 的起始、终止对象

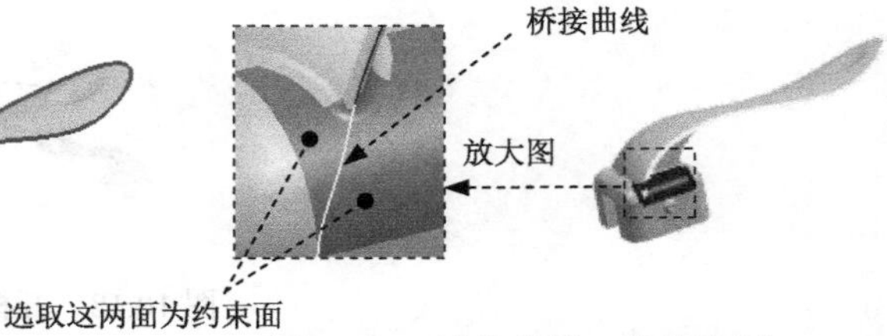

图 10.11　桥接曲线 2 的约束面

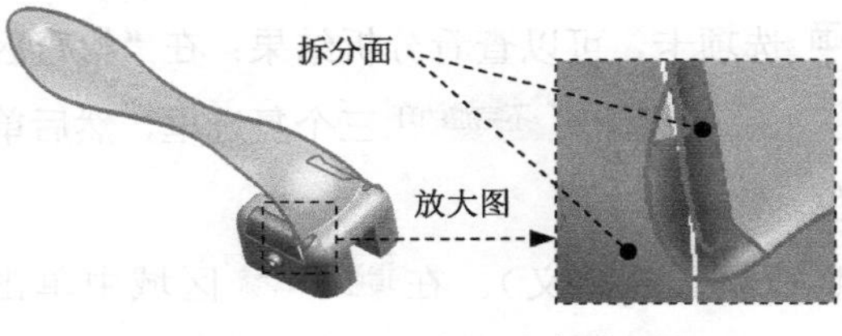

图 10.12　定义拆分面

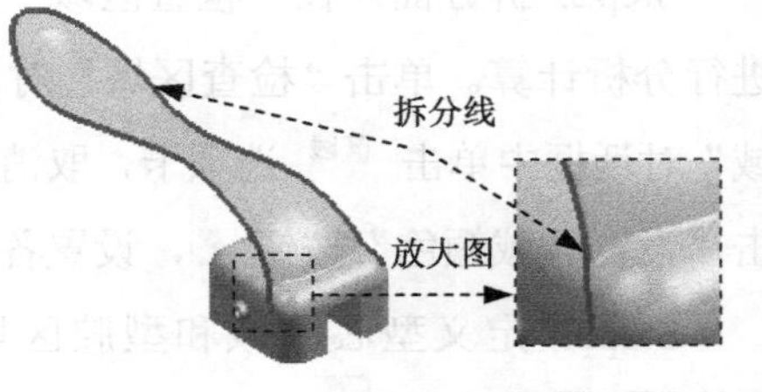

图 10.13　定义拆分线参照

Task6. 创建曲面补片

Step1. 创建桥接曲线 3。选择下拉菜单 插入(S) → 派生曲线(U) → 桥接(B)... 命令，选取如图 10.14 所示的曲线 1 及曲线 2 为参照曲线。创建的桥接曲线 3 如图 10.15 所示；单击 < 确定 > 按钮，完成桥接曲线 3 的创建。

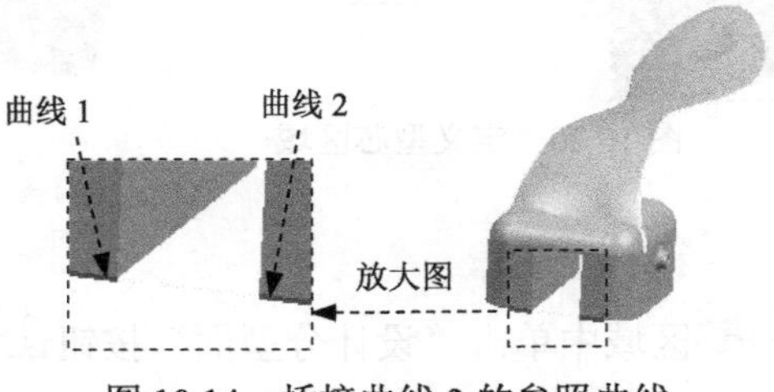

图 10.14　桥接曲线 3 的参照曲线

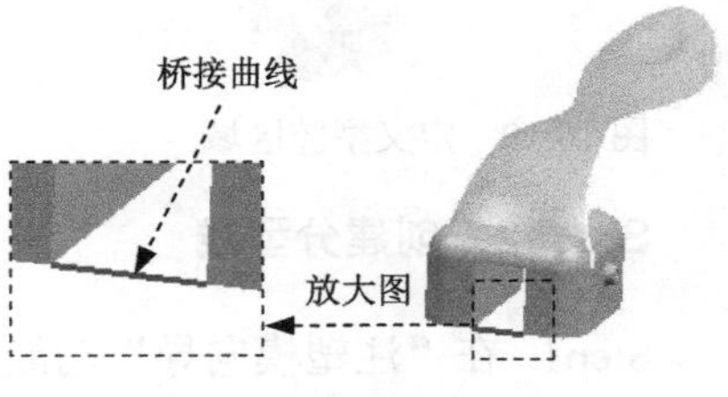

图 10.15　创建桥接曲线 3

Step2. 创建曲面补片。在“注塑模向导”功能选项卡 分型刀具 区域中单击“曲面补片”按钮，此时系统弹出“边补片”对话框；在 遍历环 区域取消选中 □ 按面的颜色遍历 复选框，选取如图 10.16 所示的轮廓曲线，单击 确定 按钮，系统将自动生成如图 10.17 所示的片体曲面。

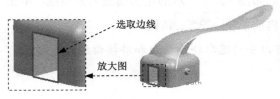

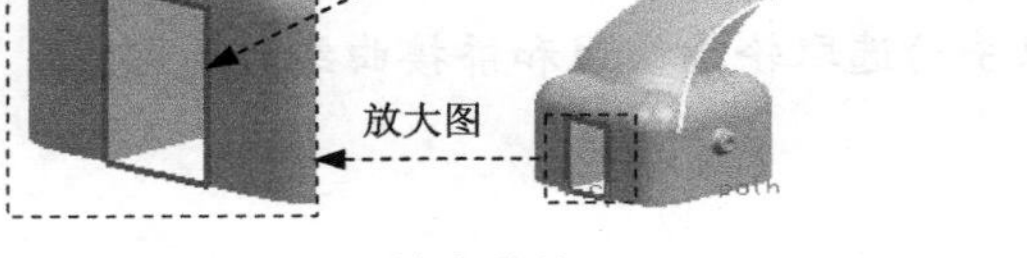

图 10.16　轮廓曲线

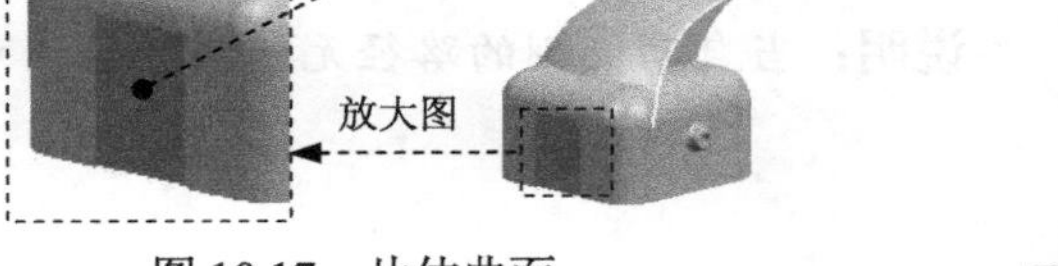

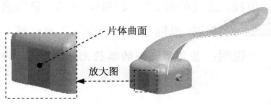

图 10.17　片体曲面

Task7. 模具分型

Stage1. 设计区域

Step1. 在“注塑模向导”功能选项卡 分型刀具 区域中单击“检查区域”按钮，系统弹出“检查区域”对话框，并显示如图 10.18 所示的开模方向，选中 保持现有的 单选项。

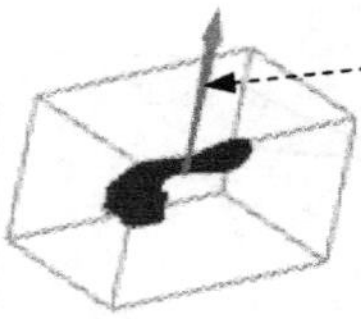

图 10.18 开模方向

Step2. 拆分面。在“检查区域”对话框中单击“计算”按钮，系统开始对产品模型进行分析计算。单击“检查区域”对话框中的 面 选项卡，可以查看分析结果；在“检查区域”对话框中单击 区域 选项卡，取消选中 内环、 分型边 和 不完整的环 三个复选框，然后单击“设置区域颜色”按钮，设置各区域的颜色。

Step3. 定义型芯区域和型腔区域（可参照视频录像定义）。在 指派到区域 区域中单击 选择区域面 (0) 按钮。选取图 10.19 所示的面，在 指派到区域 区域中选中 型腔区域 单选项，单击 应用 按钮，然后将剩下的面定义到型芯区域中，结果如图 10.20 所示。单击 确定 按钮，退出“检查区域”对话框。

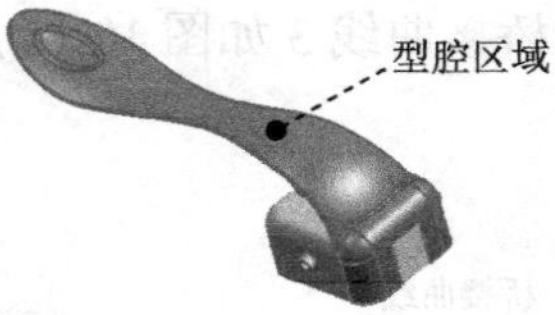

图 10.19 定义型腔区域

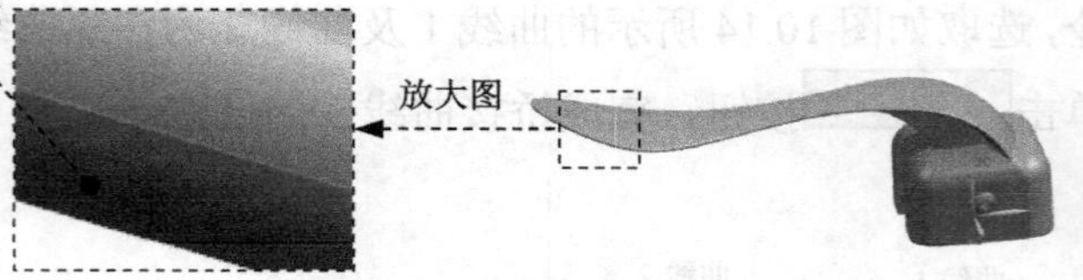

图 10.20 定义型芯区域

Stage2. 创建分型线

Step1. 在“注塑模向导”功能选项卡 分型刀具 区域中单击“设计分型面”按钮，系统弹出“设计分型面”对话框。

Step2. 在 编辑分型线 区域中单击“遍历分型线”按钮，此时系统弹出“遍历分型线”对话框。

Step3. 选取遍历边线。取消选中 按面的颜色遍历 复选框，选取如图 10.21 所示的边线为起始边线。通过单击、和按钮，最终选取如图 10.22 所示的轮廓曲线为分型线，单击 确定 按钮，返回“设计分型面”对话框，再次单击 确定 按钮。

说明：当自动检测的路径无法继续时，可以手动选取轮廓曲线和桥接曲线作为路径。

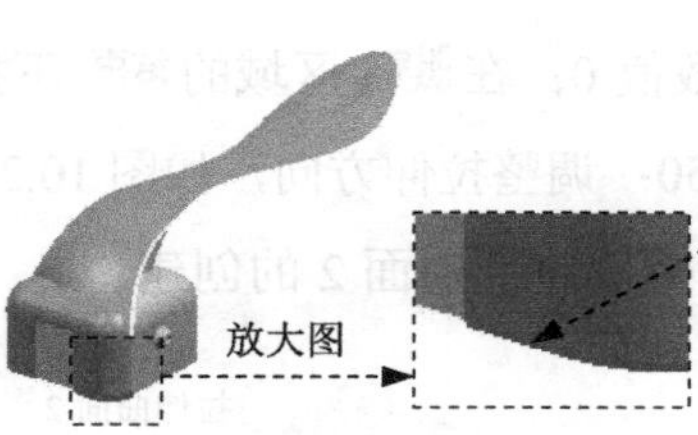

图 10.21 起始边线

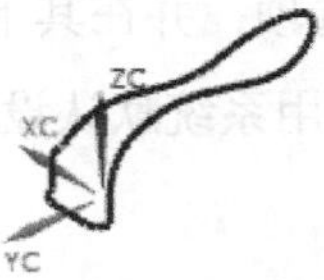

图 10.22 分型线

Stage3. 创建分型面

Step1. 创建相交曲线（显示出产品体和曲面补片）。选择下拉菜单 插入(S) ➡ 派生曲线(U) ➡ 求交(I)... 命令，系统弹出“相交曲线”对话框；在 第一组 区域单击按钮，选取如图 10.23 所示的面为相交参照曲面（在面选择器中选择相切面）；在 第二组 区域 * 指定平面 后面的下拉列表中选择选项；创建的相交曲线如图 10.24 所示；单击 < 确定 > 按钮，完成相交曲线的创建。

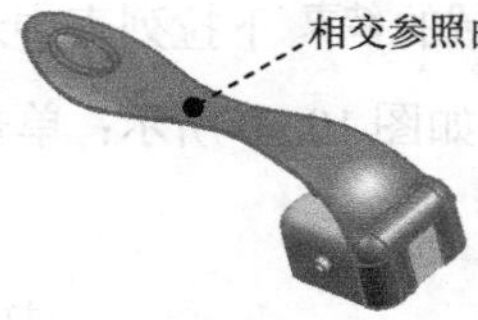

图 10.23 相交参照平面

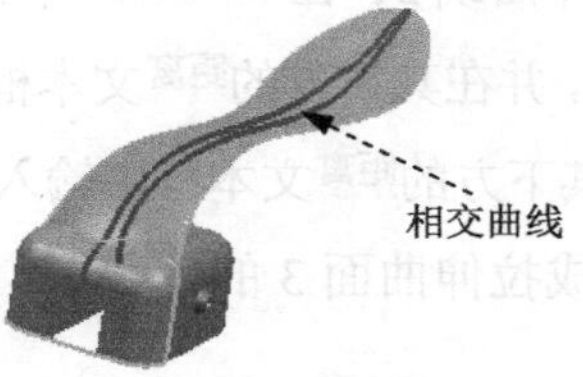

图 10.24 相交曲线

Step2. 创建拉伸曲面 1。选择下拉菜单 插入(S) ➡ 设计特征(E) ➡ 拉伸(E)... 命令（或单击按钮），系统弹出“拉伸”对话框；在“上边框条”工具条中的“曲线规则”下拉列表中选择 单条曲线 选项，并单击“在相交处停止”按钮，在模型中依次选取如图 10.25 所示的拉伸曲线 1；在 * 指定矢量 下拉列表中选择 -XC 选项，在 限制 区域的 开始 下拉列表中选择 值 选项，并在其下方的 距离 文本框中输入数值 0；在 限制 区域的 结束 下拉列表中选择 值 选项，并在其下方的 距离 文本框中输入数值 50；调整拉伸方向，如图 10.26 所示；其他参数采用系统默认设置值；单击 < 确定 > 按钮，完成拉伸曲面 1 的创建。

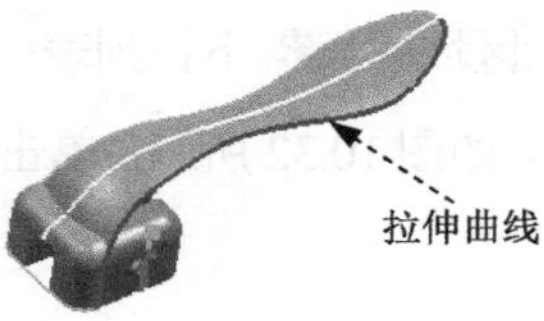

图 10.25 拉伸曲线 1

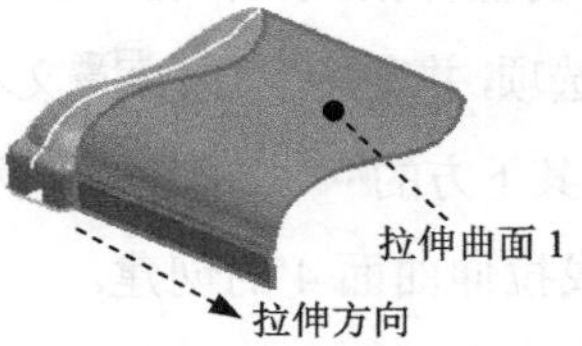

图 10.26 拉伸曲面 1

Step3. 创建拉伸曲面 2。选择下拉菜单 插入(S) ➡ 设计特征(E) ➡ 拉伸(E)... 命令（或单击按钮），系统弹出“拉伸”对话框；在“上边框条”工具条的“曲线规则”下拉列表中选择 单条曲线 选项，然后单击“在相交处停止”按钮，在模型中依次选取如图 10.27 所示的拉伸曲线 2；在 * 指定矢量 下拉列表中选择 XC 选项，在 限制 区域的 开始 下拉列表中选择值选项，并在其下方的距离文本框中输入数值 0；在限制区域的结束下拉列表中选择值选项；并在其下方的距离文本框中输入数值 50；调整拉伸方向，如图 10.28 所示；其他参数采用系统默认设置值；单击< 确定 >按钮，完成拉伸曲面 2 的创建。

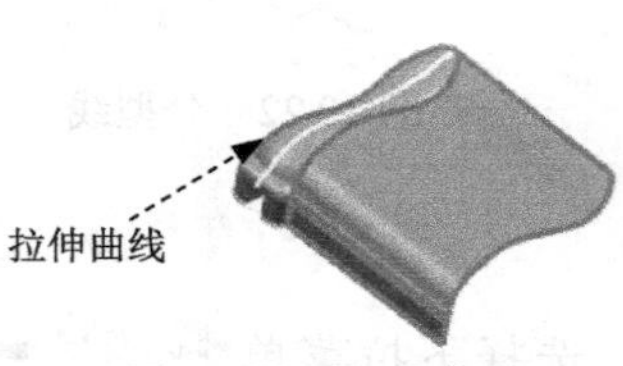

图 10.27　拉伸曲线 2

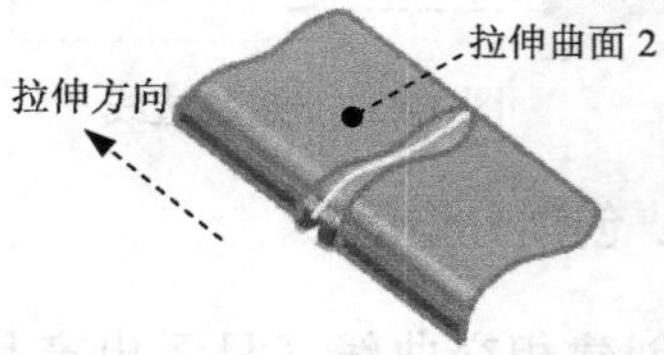

图 10.28　拉伸曲面 2

Step4. 创建拉伸曲面 3。选择下拉菜单插入(S) → 设计特征(E) → 拉伸(E)...命令（或单击按钮），系统弹出“拉伸”对话框；在“上边框条”工具条中的“曲线规则”下拉列表中选择单条曲线选项，并单击“在相交处停止”按钮，在模型中选取如图 10.29 所示的拉伸曲线 3；在指定矢量下拉列表中，选择-YC选项，在限制区域的开始下拉列表中选择值选项，并在其下方的距离文本框中输入数值 0；在限制区域的结束下拉列表中选择值选项，并在其下方的距离文本框中输入数值 50；调整拉伸方向，如图 10.30 所示；单击< 确定 >按钮，完成拉伸曲面 3 的创建。

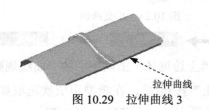

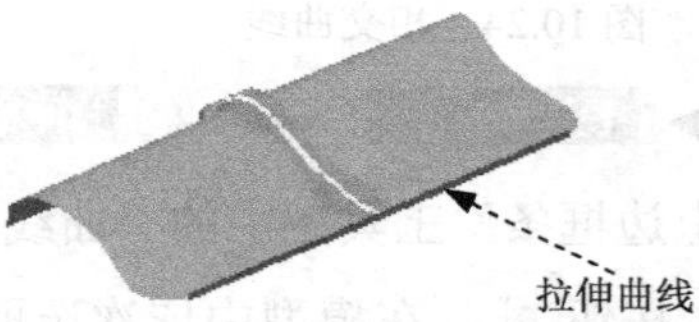

图 10.29　拉伸曲线 3

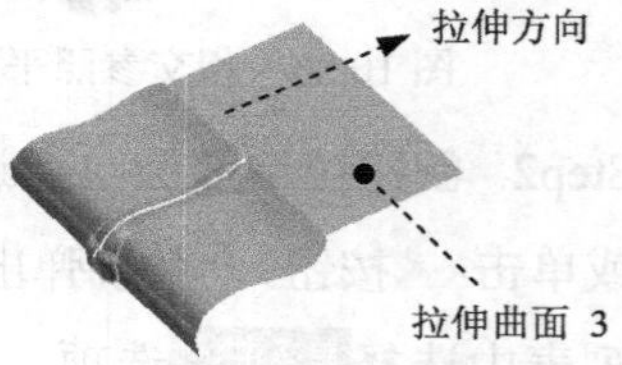

图 10.30　拉伸曲面 3

Step5. 创建拉伸曲面 4。选择下拉菜单插入(S) → 设计特征(E) → 拉伸(E)...命令（或单击按钮），系统弹出“拉伸”对话框；在“上边框条”工具条的“曲线规则”下拉列表中选择单条曲线选项，然后单击“在相交处停止”按钮，在模型中依次选取如图 10.31 所示的拉伸曲线 4；在指定矢量下拉列表中选择YC选项，在限制区域的开始下拉列表中选择值选项，并在其下方的距离文本框中输入数值0；在限制区域的结束下拉列表中选择值选项，并在其下方的距离文本框中输入数值 50；调整拉伸方向，如图 10.32 所示；单击< 确定 >按钮，完成拉伸曲面 4 的创建。

图 10.31　拉伸曲线 4

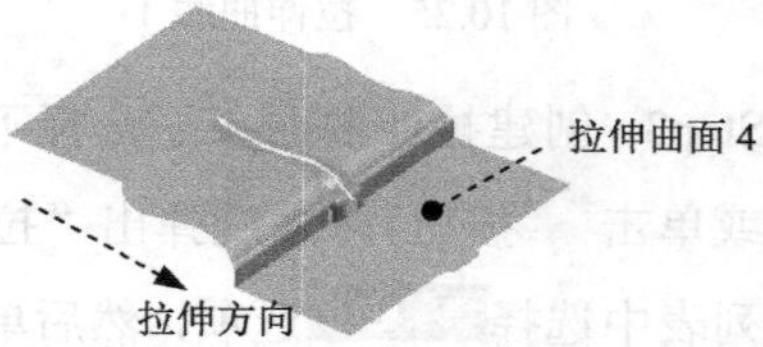

图 10.32　拉伸曲面 4

Stage4. 添加现有曲面

Step1. 在“注塑模向导”功能选项卡 分型刀具 区域中单击“编辑分型面和曲面补片”按钮，系统弹出“编辑分型面和曲面补片”对话框。

Step2. 选取如图 10.32 所示的曲面（前面创建的拉伸曲面），单击 确定 按钮。

Stage5. 创建区域

Step1. 在“注塑模向导”功能选项卡 分型刀具 区域中单击“定义区域”按钮，系统弹出“定义区域”对话框。

Step2. 在 设置 区域选中 ☑ 创建区域 复选框，单击 确定 按钮，完成区域的创建。

Stage6. 创建型腔和型芯

Step1. 在“注塑模向导”功能选项卡 分型刀具 区域中单击“定义型腔和型芯”按钮，系统弹出“定义型腔和型芯”对话框。

Step2. 创建型腔零件。选取 选择片体 区域下的 型腔区域 选项，其他参数采用系统默认参数设置值，单击 应用 按钮，然后在系统弹出的“查看分型结果”对话框中单击 确定 按钮。

Step3. 创建型芯零件。选取 选择片体 区域下的 型芯区域 选项，单击 确定 按钮，然后在弹出的“查看分型结果”对话框中单击 确定 按钮。

Step4. 查看分型结果。选择下拉菜单 窗口(O) → handle_mold_cavity_002.prt 命令，显示型腔零件，如图 10.33a 所示。选择下拉菜单 窗口(O) → handle_mold_core_006.prt 命令，显示型芯零件如图 10.33b 所示。

a）型腔零件

b）型芯零件

图 10.33 创建型腔和型芯零件

Task8. 创建滑块和镶件

Stage1. 创建滑块 1

Step1. 选择下拉菜单 窗口(O) → handle_mold_core_006.prt 命令，系统将在图形区中显示出型芯工作零件。

Step2. 选择命令。在 应用模块 功能选项卡 设计 区域单击 建模 按钮，进入到建模环境中。

说明：如果此时系统已经处在建模环境下，用户则不需要进行此步操作。

Step3. 创建拉伸特征。选择下拉菜单 插入(S) → 设计特征(E) → 拉伸(E)... 命令（或单击按钮），系统弹出“拉伸”对话框；选取如图 10.34 所示的平面为草图平面；绘制图 10.35 所示的截面草图，单击“完成草图”按钮 完成草图；在 指定矢量 下拉列表中选择 -XC 选项；在 限制 区域的 开始 下拉列表中选择 值 选项，并在其下方的 距离 文本框中输入数值 0；在 限制 区域的 结束 下拉列表中选择 直至延伸部分 选项，延伸到如图 10.34 所示的面；在 布尔 区域中选择 无 选项；单击 < 确定 > 按钮，完成拉伸特征的创建。

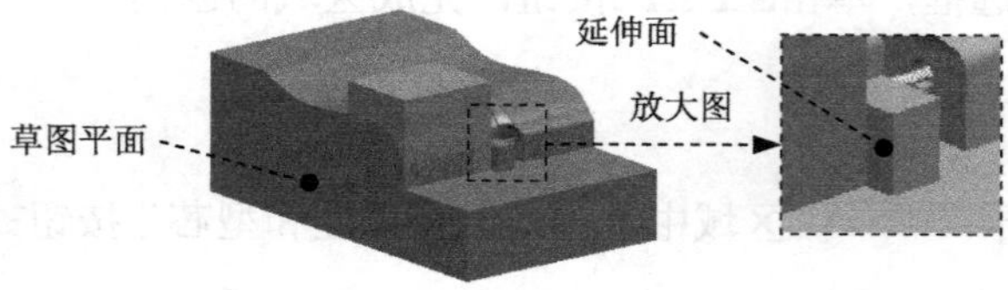

图 10.34 拉伸特征

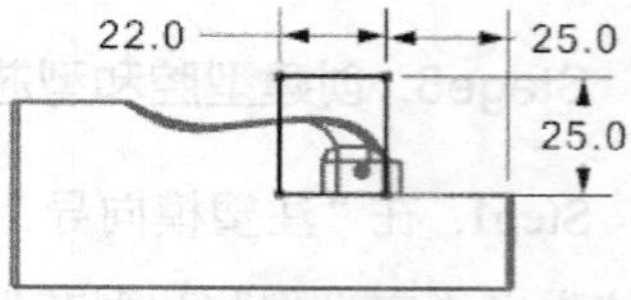

图 10.35 截面草图

Step4. 求交特征。选择下拉菜单 插入(S) → 组合(B) ▸ → 相交(I)... 命令，此时系统弹出“相交”对话框；选取如图 10.36 所示的目标体特征（一），选取图 10.36 所示的工具体特征（一），并选中 ☑ 保存工具 复选框。取消选中 ☐ 保存目标 复选框；单击 < 确定 > 按钮，完成求交特征的创建。

Step5. 求差特征。选择下拉菜单 插入(S) → 组合(B) ▸ → 减去(S)... 命令，此时系统弹出“求差”对话框；选取如图 10.37 所示的目标体特征（二），选取图 10.37 所示的工具体特征（二），并选中 ☑ 保存工具 复选框；单击 < 确定 > 按钮，完成求差特征的创建。

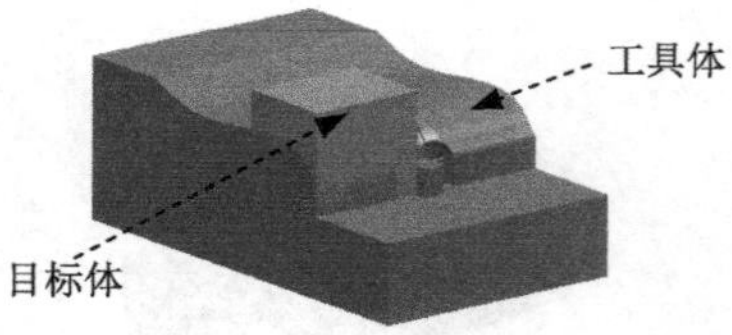

图 10.36 定义目标体和工具体（一）

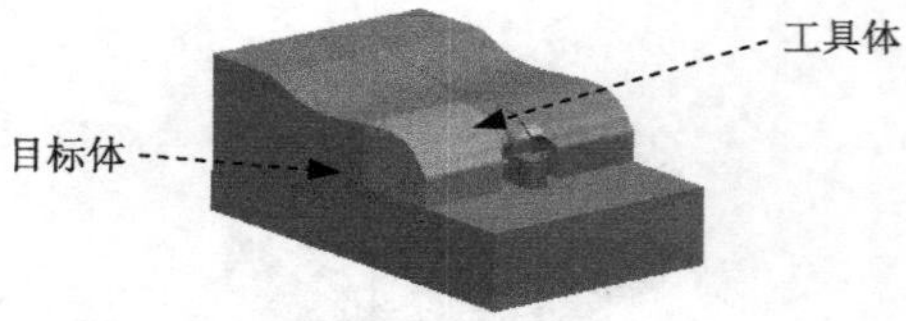

图 10.37 定义目标体和工具体（二）

Stage2. 创建镶件 1

Step1. 创建拉伸特征 1。选择下拉菜单 插入(S) → 设计特征(E) → 拉伸(E)... 命令（或单击按钮），系统弹出“拉伸”对话框；选取如图 10.38 所示的草图平面；绘制图 10.39 所示的截面草图，单击“完成草图”按钮 完成草图；在 指定矢量 下拉列表中选择 -XC 选项；在 限制 区域的 开始 下拉列表中选择 值 选项，并在其下方的 距离 文本框中输入数值 0；在 限制 区域的 结束 下拉列表中选择 直至延伸部分 选项；延伸到如图 10.38 所示的面；在 布尔 区域中选择 无 选项；单击 < 确定 > 按钮，完成拉伸特征 1 的创建。

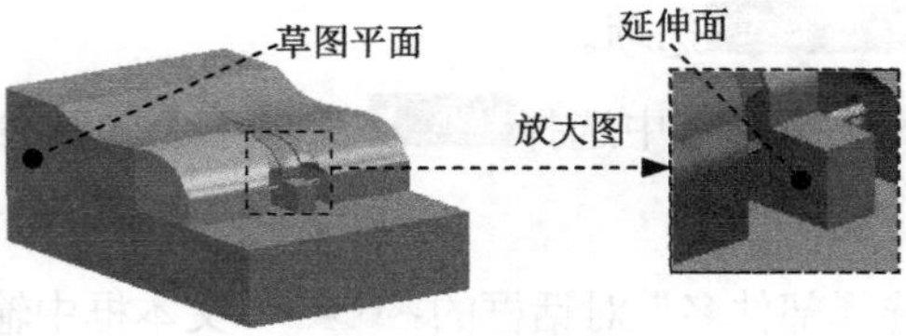

图 10.38 拉伸特征 1

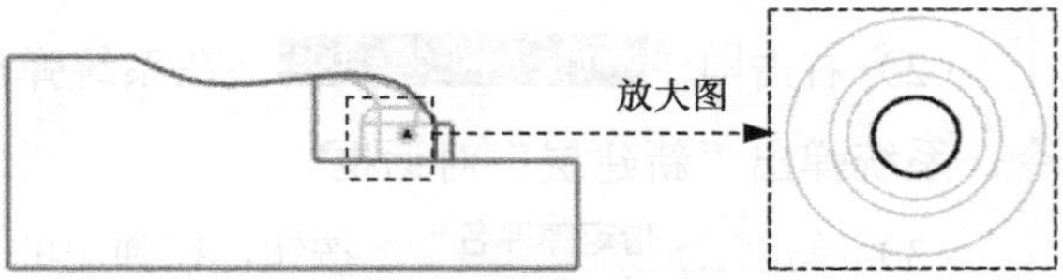

图 10.39 截面草图

Step2. 创建拉伸特征 2。选择下拉菜单 插入(S) → 设计特征(E) → 拉伸(E)... 命令（或单击按钮），系统弹出“拉伸”对话框；选取如图 10.40 所示的草图平面；绘制如图 10.41 所示的截面草图，在单击“完成草图”按钮 完成草图；在 指定矢量 下拉列表中选择 -XC 选项；在 限制 区域的 开始 下拉列表中选择 值 选项，并在其下方的 距离 文本框中输入数值 0；在 限制 区域的 结束 下拉列表中选择 值 选项，并在其下方的 距离 文本框中输入数值 5；在 布尔 区域中选择 无 选项；单击 < 确定 > 按钮，完成拉伸特征 2 的创建。

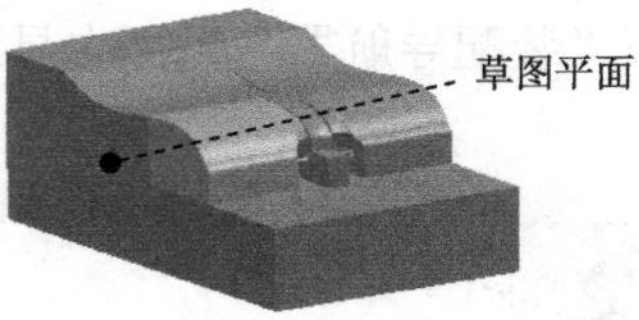

图 10.40 拉伸特征 2

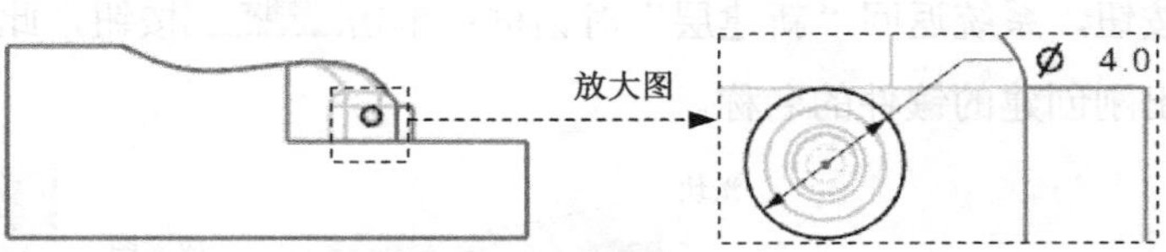

图 10.41 截面草图

Step3. 求和特征。选择下拉菜单 插入(S) → 组合(B) → 合并(U)... 命令，此时系统弹出“合并”对话框；选取如图 10.42 所示的目标体和工具体；单击 < 确定 > 按钮，完成求和特征的创建。

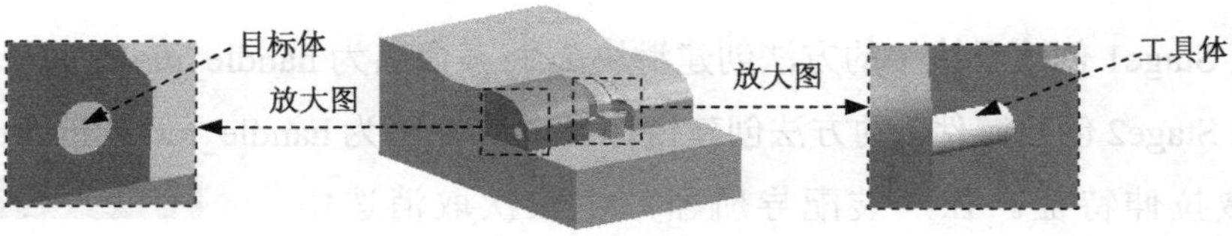

图 10.42 求和特征

Step4. 求差特征。选择下拉菜单 插入(S) → 组合(B) → 减去(S)... 命令，此时系统弹出“求差”对话框；选取如图 10.43 所示的目标体特征；选取图 10.43 所示的工具体特征，并选中 ☑ 保存工具 复选框；单击 < 确定 > 按钮，完成求差特征的创建。

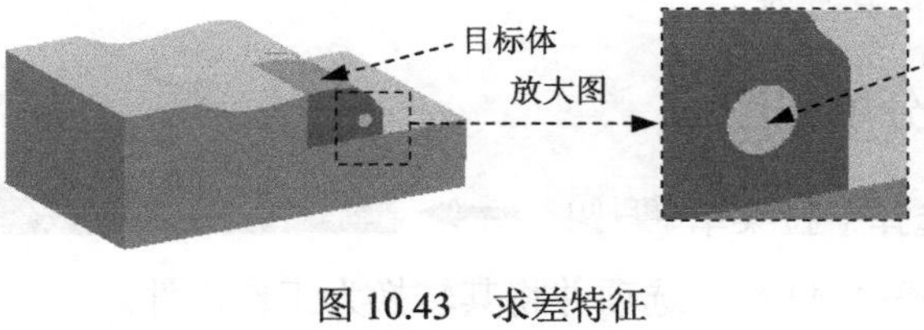

图 10.43 求差特征

Step5. 将滑块转换为型芯子零件。

（1）单击“装配导航器”中的选项卡，系统弹出“装配导航器”界面，在界面中的空白处右击，然后在系统弹出的快捷菜单中选择 WAVE 模式 选项。

（2）右击☑ handle_mold_core_006，在系统弹出的快捷菜单中选择 WAVE ▸ ➡ 新建层 命令，系统弹出“新建层”对话框。

（3）单击 指定部件名 按钮，在弹出的“选择部件名”对话框的 文件名(N): 文本框中输入 handle_mold_slide01.prt，单击 OK 按钮；在“新建层”对话框中单击 类选择 按钮，选取如图 10.44 所示的滑块特征，单击 确定 按钮，系统返回至“新建层”对话框；单击 确定 按钮，此时在“装配导航器”界面中显示出刚创建的滑块的名称。

Step6. 右击☑ handle_mold_core_006，在系统弹出的快捷菜单中选择 WAVE ▸ ➡ 新建层 命令，系统弹出“新建层”对话框；单击 指定部件名 按钮，在弹出的“选择部件名”对话框的 文件名(N): 文本框中输入 handle_mold_insert01.prt，单击 OK 按钮；系统返回“新建层”对话框，单击 类选择 按钮，选取如图 10.44 所示的镶件特征，单击 确定 按钮，系统返回“新建层”对话框；单击 确定 按钮，此时在“装配导航器”界面中显示出刚创建的镶件的名称。

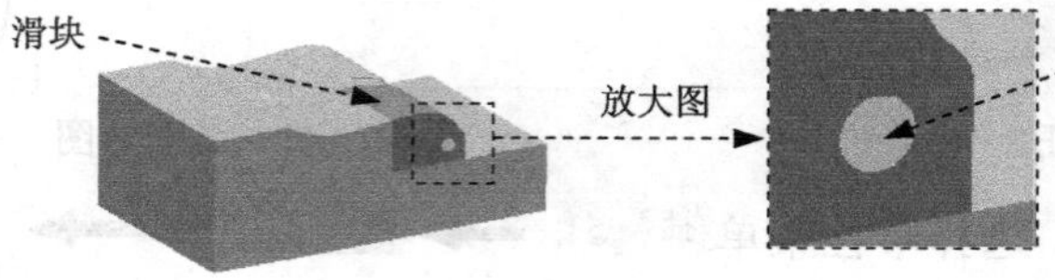

图 10.44 滑块和镶件

Stage3. 创建滑块 2 和创建镶件 2

Step1. 参照 Stage1 创建滑块 1 的方法创建滑块 2，将其命名为 handle_mold_slide02.prt。

Step2. 参照 Stage2 创建镶件 1 的方法创建镶件 2，将其命名为 handle_mold_insert02.prt。

Step3. 隐藏拉伸特征。在“装配导航器”中依次取消选中 ☐ handle_mold_slide01、☐ handle_mold_insert01、☐ handle_mold_slide02 和 ☐ handle_mold_insert02；然后在“部件导航器”中，选中上面创建的所有拉伸特征；选择下拉菜单 格式(R) ➡ 移动至图层(M)... 命令，系统弹出“图层移动”对话框，在 目标图层或类别 下面的文本框中输入值 10，单击 确定 按钮；在“装配导航器”中依次选中☑ handle_mold_slide01、☑ handle_mold_insert01、☑ handle_mold_slide02 和☑ handle_mold_insert02，将其显示。

Task9. 创建模具分解视图

Step1. 切换窗口。选择下拉菜单 窗口(O) ➡ handle_mold_top_000.prt 命令，切换到总装配文件窗口，双击☑ handle_mold_top_000 选项并将其转换为工作部件。

Step2. 移动型腔。

（1）创建爆炸图。选择下拉菜单 装配(A) ➡ 爆炸图(X) ➡ 新建爆炸(N)... 命令，系统弹出“新建爆炸”对话框，接受系统默认的名称，单击确定按钮。

（2）编辑爆炸图。选择下拉菜单装配(A) → 爆炸图(X) → 编辑爆炸(E)...命令，系统弹出“编辑爆炸”对话框；选取如图 10.45 所示的型腔为移动对象；在该对话框中选中移动对象单选项，单击动态坐标系的 Z 轴方向箭头，在距离文本框中输入数值 50mm，沿 Z 轴方向向上移动，单击确定按钮，结果如图 10.46 所示。

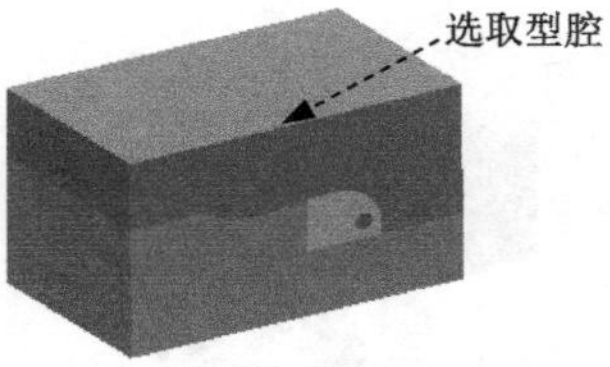

图 10.45　选取移动对象

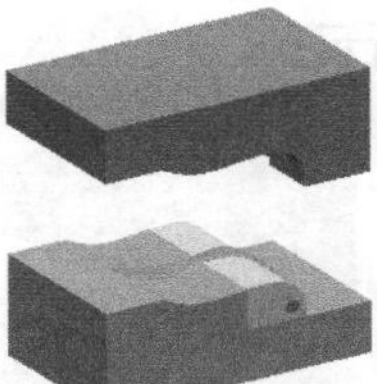

图 10.46　型腔移动后的结果

Step3．移动滑块 1。

（1）选择对象。在对话框中选择选择对象单选项，选取如图 10.47 所示的滑块 1，取消选中上一步选中的型腔。

（2）在该对话框中选择移动对象单选项，沿 X 轴负方向移动 30，单击确定按钮，结果如图 10.48 所示。

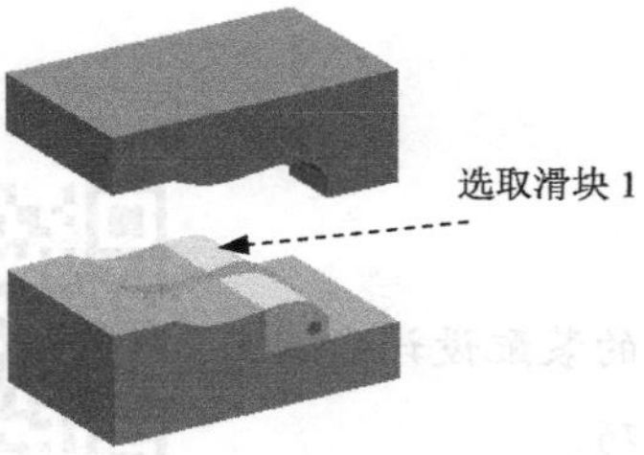

图 10.47　选取移动对象

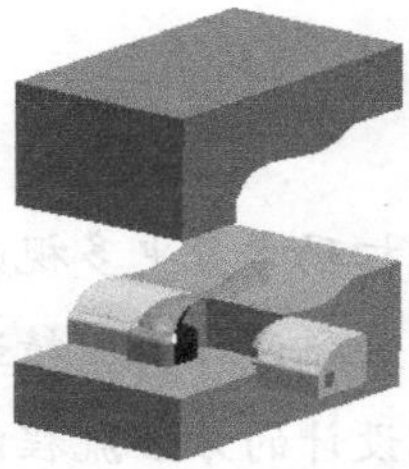

图 10.48　滑块 1 移动后的结果

Step4．移动镶件 1。

（1）选择对象。在对话框中选择选择对象单选项，选取如图 10.49 所示的镶件 1，取消选中上一步选中的滑块 1。

（2）在该对话框中选择移动对象单选项，沿 X 轴负方向移动 20，单击确定按钮，结果如图 10.50 所示。

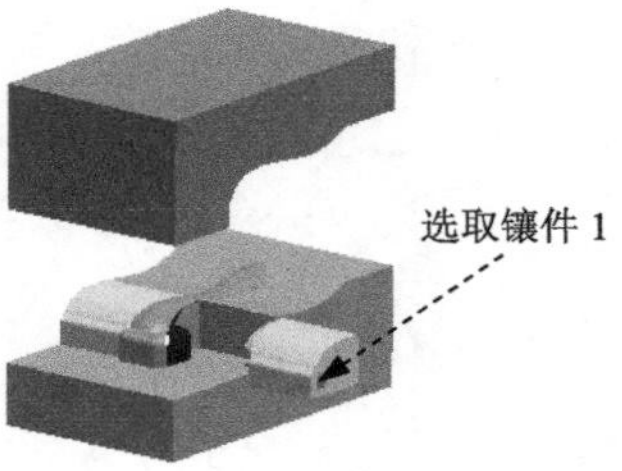

图 10.49　选取移动对象

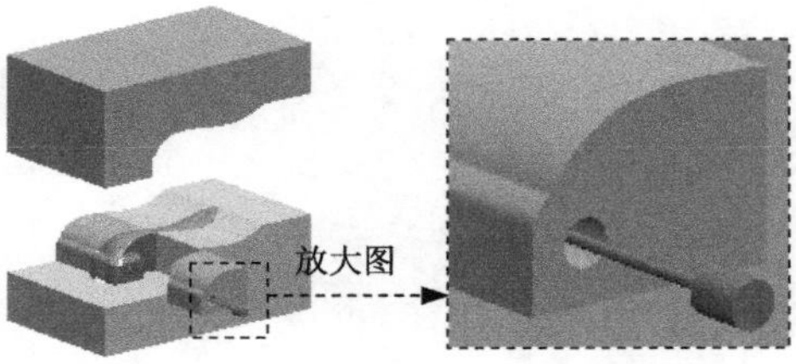

图 10.50　镶件 1 移动后的结果

Step5. 移动滑块 2 和镶件 2。参照 Step3 和 Step4 的操作，移动滑块 2 和镶件 2。

Step6. 移动产品模型。

（1）选择对象。在对话框中选择 ⊙ 选择对象 单选项，选取如图 10.51 所示的产品模型，取消选中上一步选中的镶件 1。

（2）在该对话框中选择 ⊙ 移动对象 单选项，沿 Z 轴正方向移动 20，单击 确定 按钮，结果如图 10.52 所示。

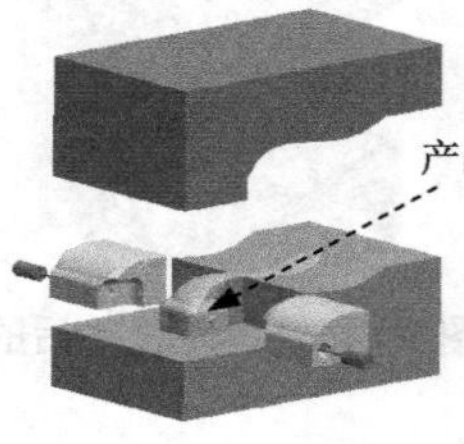

图 10.51　选取移动对象

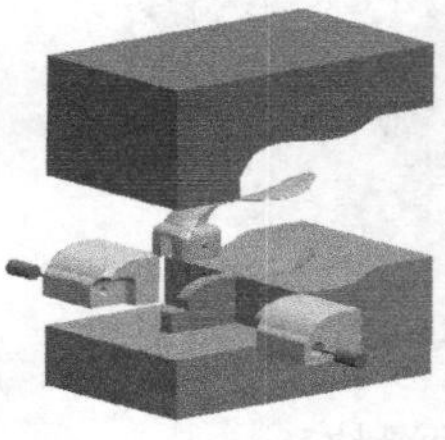

图 10.52　产品模型移动后的结果

Step7. 保存文件。选择下拉菜单 文件(F) → 保存(S) → 全部保存(V) 命令，保存所有文件。

学习拓展： 扫码学习更多视频讲解。

讲解内容： 装配设计实例精选。讲解了一些典型的装配设计案例，着重介绍了装配设计的方法流程以及一些快速操作技巧。

实例 11 带滑块和镶件的模具设计（二）

在图 11.1 所示的模具中，设计模型中有通孔，在上下开模时，此通孔的轴线方向就与开模方向垂直，这样就会在型腔与产品模型之间形成干涉，所以必须设计滑块。开模时，先将滑块由侧面移出，然后才能移动产品，使零件顺利脱模。另外，考虑到结构部件在实际生产中易于磨损，所以本实例中还在型腔与型芯上设计了多个镶件，从而保证部件磨损后便于更换。下面介绍该模具的设计过程。

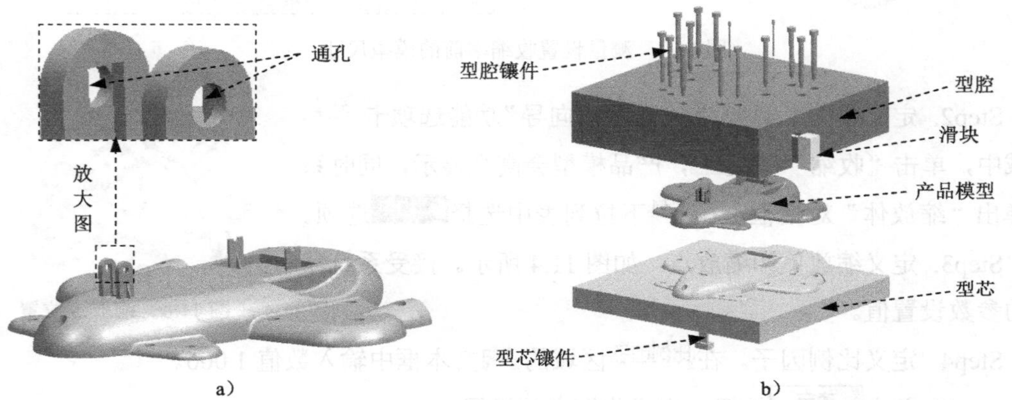

图 11.1 飞机上壳的模具设计

Task1. 初始化项目

Step1. 加载模型。在“注塑模向导”功能选项卡中单击“初始化项目”按钮，系统弹出“部件名”对话框，选择 D:\ug12.6\work\ch11\down_cover.prt，单击 OK 按钮，调入模型，系统弹出“初始化项目”对话框。

Step2. 定义项目单位。在“初始化项目”对话框的项目单位下拉列表中选择毫米选项。

Step3. 设置项目路径和名称。接受系统默认的项目路径和名称。

Step4. 单击 确定 按钮，完成项目路径和名称的设置。

Task2. 模具坐标系

Step1. 选择命令。在“注塑模向导”功能选项卡 主要 区域中，单击“模具坐标系”按钮，系统弹出“模具坐标系”对话框。

Step2. 选中 ⊙当前 WCS 单选项，单击 确定 按钮，完成坐标系的定义。如图 11.2 所示。

图 11.2 创建模具坐标系

Task3. 设置收缩率

Step1. 测量设置收缩率前的模型尺寸。选择下拉菜单分析(L) → 测量距离(D)...命令，系统弹出"测量距离"对话框；测量图 11.3 所示的两个面间的距离值为 60.0000；单击取消按钮，关闭"测量距离"对话框。

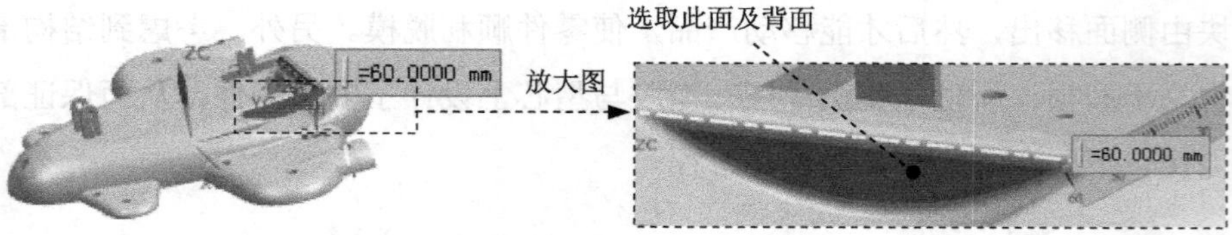

图 11.3 测量设置收缩率前的模型尺寸

图 11.4 缩放点位置

Step2. 定义收缩率类型。在"注塑模向导"功能选项卡主要区域中，单击"收缩"按钮，产品模型会高亮显示，同时系统弹出"缩放体"对话框；在类型下拉列表中选择均匀选项。

Step3. 定义缩放体和缩放点，如图 11.4 所示。接受系统默认的参数设置值。

Step4. 定义比例因子。在比例因子区域的均匀文本框中输入数值 1.006。

Step5. 单击确定按钮，完成收缩率的设置。

Step6. 测量设置收缩率后模型的尺寸。选择下拉菜单分析(L) → 测量距离(D)...命令，系统弹出"测量距离"对话框；测量图 11.5 所示的两个面间的距离值为 60.3600；单击取消按钮，关闭"测量距离"对话框。

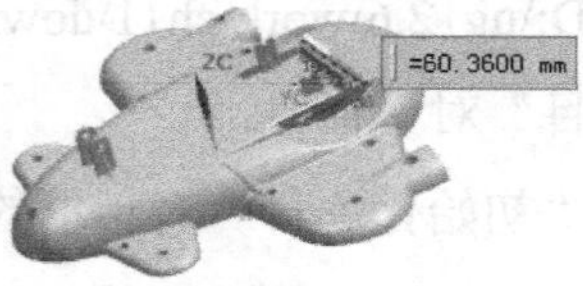

图 11.5 测量设置收缩率后的模型尺寸

说明：*在选取测量面时，与 Step1 中选择的测量面相同。*

Step7. 检测收缩率。由测量结果可知，设置收缩率前的尺寸值为 60，收缩率为 1.006，所以设置收缩率后的尺寸值为：60.0000×1.006=60.3600；说明设置的收缩率没有错误。

Task4. 创建模具工件

Step1. 在"注塑模向导"功能选项卡主要区域中，单击"工件"按钮，系统弹出"工件"对话框。

Step2. 在类型下拉列表中选择产品工件选项，在工件方法下拉列表中选择用户定义的块选项，其他参数采用系统默认设置值。

Step3. 修改尺寸。单击定义工件区域的“绘制截面”按钮，系统进入草图环境，然后修改截面草图的尺寸，如图 11.6 所示；在限制区域的开始下拉列表中选择值选项，并在其下方的距离文本框中输入数值-30；在限制区域的结束下拉列表中选择值选项，并在其下方的距离文本框中输入数值 70。

Step4. 单击< 确定 >按钮，完成创建后的模具工件如图 11.7 所示。

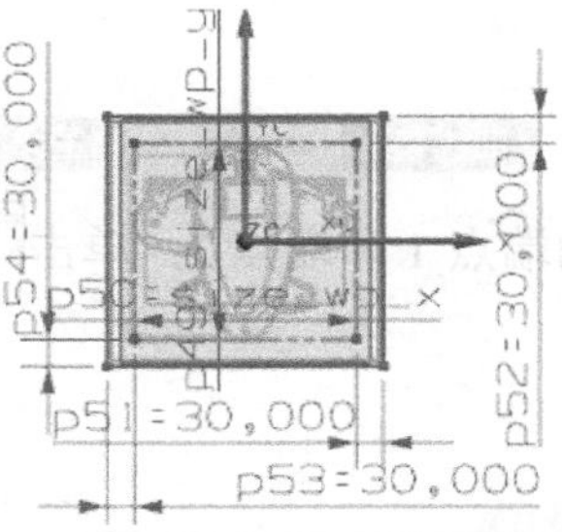

图 11.6　截面草图

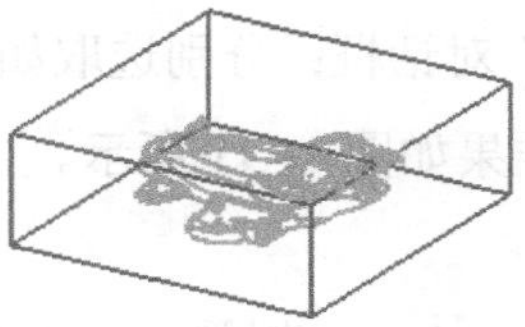
图 11.7　创建后的模具工件

Task5. 模具分型

Stage1. 设计区域

Step1. 在“注塑模向导”功能选项卡分型刀具区域中单击“检查区域”按钮，系统弹出“检查区域”对话框，并显示如图 11.8 所示的开模方向，选中保持现有的单选项。

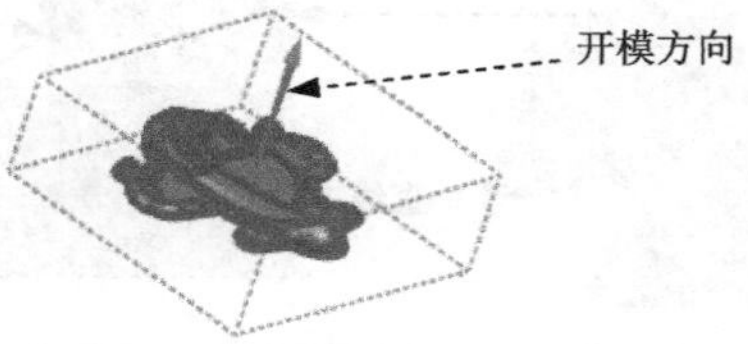

图 11.8　开模方向

Step2. 拆分面。

（1）在“检查区域”对话框中单击“计算”按钮，系统开始对产品模型进行分析计算。单击面选项卡，可以查看分析结果；单击区域选项卡，取消选中内环、分型边和不完整的环三个复选框，然后单击“设置区域颜色”按钮，设置各区域的颜色。

（2）在未定义的区域区域中，选中交叉竖直面和未知的面复选框，此时系统将所有的未定义区域面加亮显示；在指派到区域区域中，选中型腔区域单选项，单击应用按钮，此时系统将加亮显示的未定义区域面指派到型腔区域。

（3）在指派到区域区域中选中型芯区域单选项，选取如图 11.9 所示的面，然后单击应用按钮，此时系统将加亮显示的未定义区域面指派到型芯区域；接受系统默认的其他参数设置，单击确定按钮，关闭“检查区域”对话框。

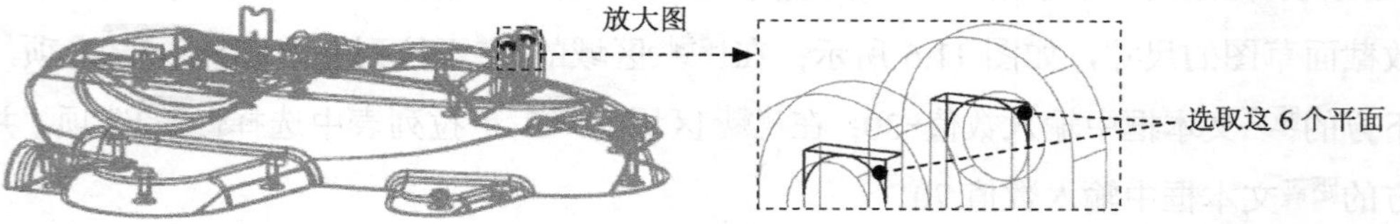

图 11.9　选取型芯区域面

Stage2. 在建模环境中创建曲面

Step1. 创建直线 1。选择下拉菜单 插入(S) → 曲线(C) → 直线(L)... 命令，系统弹出“直线”对话框；分别选取如图 11.10 所示的端点 1 和端点 2；单击 < 确定 > 按钮，创建直线 1，结果如图 11.11 所示。

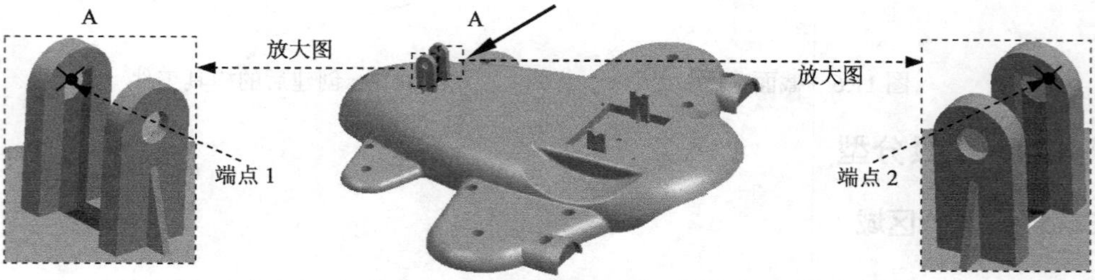

图 11.10　选取直线的端点

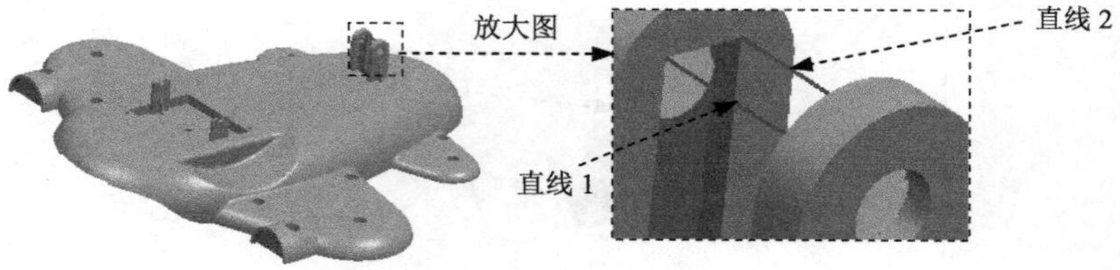

图 11.11　创建直线 1 和直线 2

Step2. 参照 Step1，创建直线 2，结果如图 11.11 所示。

Step3. 创建直线 3。选择下拉菜单 插入(S) → 曲线(C) → 直线(L)... 命令，系统弹出“直线”对话框；分别选取如图 11.12 所示的端点 1 和端点 2；单击 < 确定 > 按钮，创建直线 3，结果如图 11.13 所示。

Step4. 参照 Step3，创建直线 4，结果如图 11.14 所示。

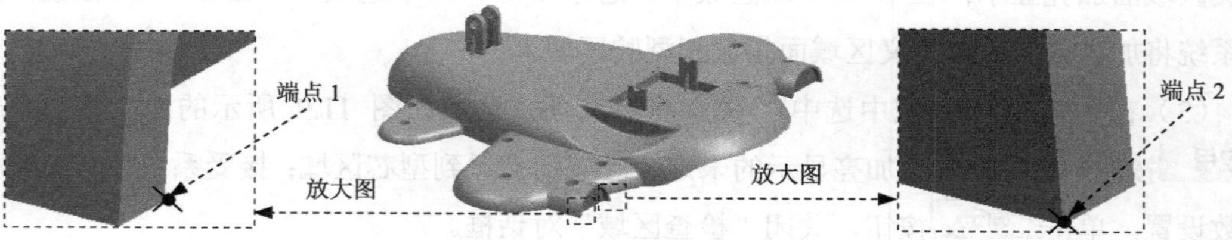

图 11.12　选取直线的端点

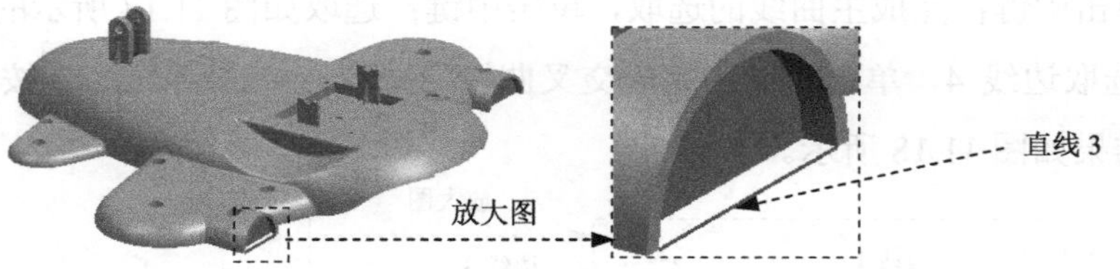

图 11.13 创建直线 3

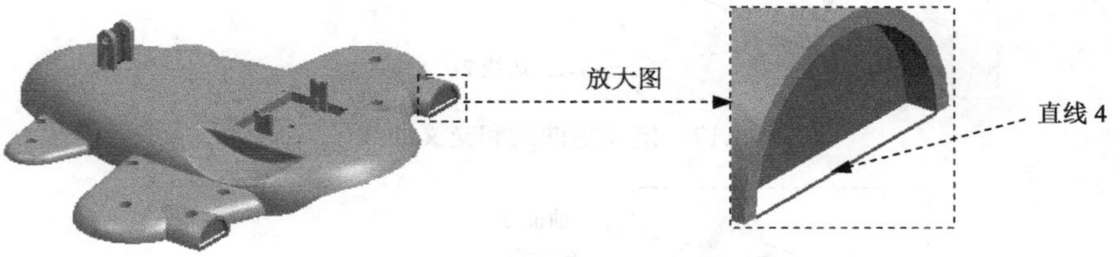

图 11.14 创建直线 4

Step5. 创建曲面 1。选择下拉菜单 插入(S) ➡ 网格曲面(M) ➡ 通过曲线网格(M)... 命令，系统弹出“通过曲线网格”对话框；在 主曲线 区域单击按钮，选取如图 11.15 所示的边线 1，单击中键；然后选取边线 2，单击中键；完成主曲线的选取，单击中键；在 交叉曲线 区域单击按钮，选取如图 11.15 所示的边线 3，单击中键；然后选取边线 4，单击中键；完成交叉曲线的选取；单击 <确定> 按钮，完成曲面 1 的创建，结果如图 11.16 所示。

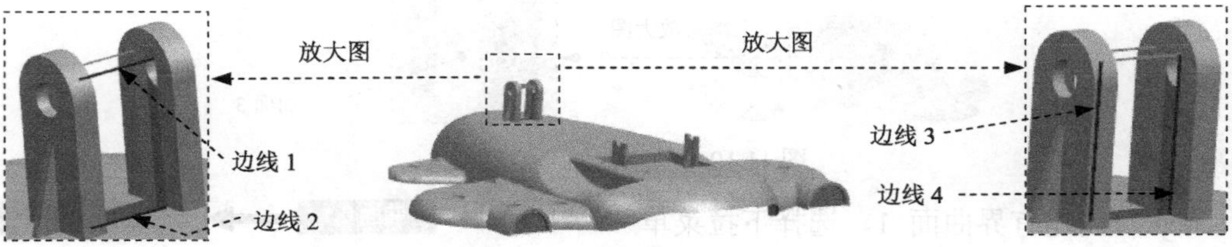

图 11.15 定义主曲线和交叉曲线

说明：在“通过曲线网格”对话框的 连续性 区域中，第一主线串、最后主线串、第一交叉线串 和 最后交叉线串 下拉列表中默认的是 G0(位置) 选项，若用户在前面实例中已改变了此选项，需调整到系统默认设置值。

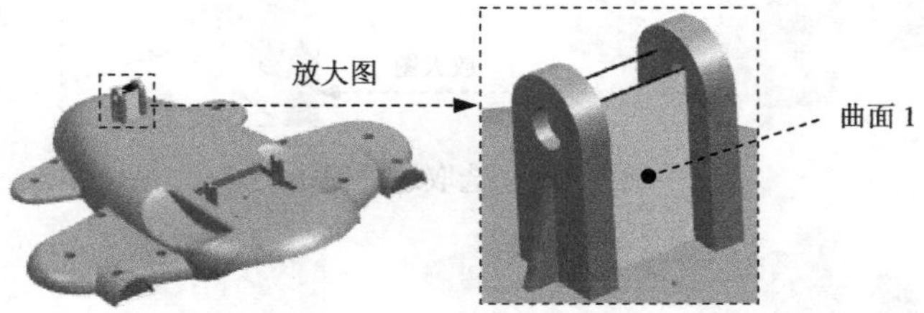

图 11.16 创建曲面 1

Step6. 创建曲面 2。选择下拉菜单 插入(S) ➡ 网格曲面(M) ➡ 通过曲线网格(M)... 命令，系统弹出“通过曲线网格”对话框；选取如图 11.17 所示的边线 1，单击中键；然后选取边线 2，单击中键；完成主曲线的选取，单击中键；选取如图 11.17 所示的边线 3，单击中键；然后选取边线 4，单击中键；完成交叉曲线的选取；单击 < 确定 > 按钮，完成曲面 2 的创建，结果如图 11.18 所示。

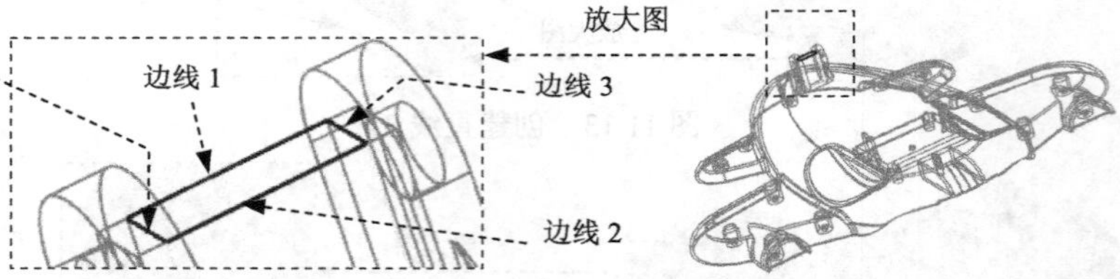

图 11.17　定义主曲线和交叉曲线

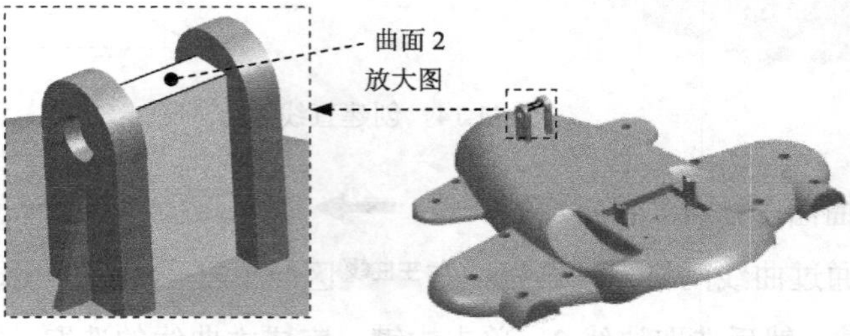

图 11.18　创建曲面 2

Step7. 参照 Step5，创建曲面 3，结果如图 11.19 所示。

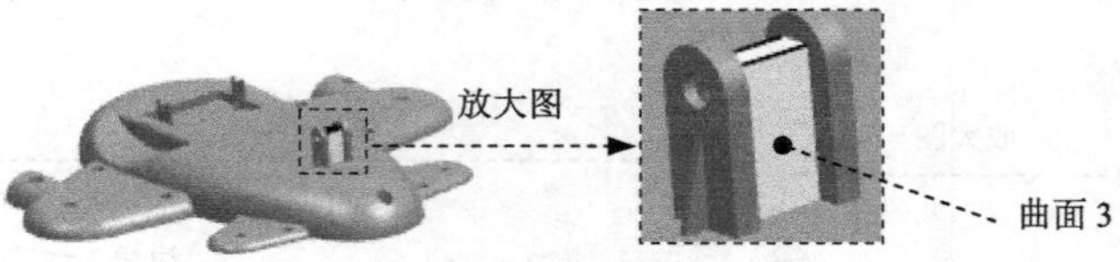

图 11.19　创建曲面 3

Step8. 创建有界曲面 1。选择下拉菜单 插入(S) → 曲面(R) → 有界平面(B)... 命令，系统弹出“有界平面”对话框；分别选取如图 11.20 所示的边界 1 和边界 2 为边界线串；单击 < 确定 > 按钮，完成有界曲面 1 的创建，结果如图 11.21 所示。

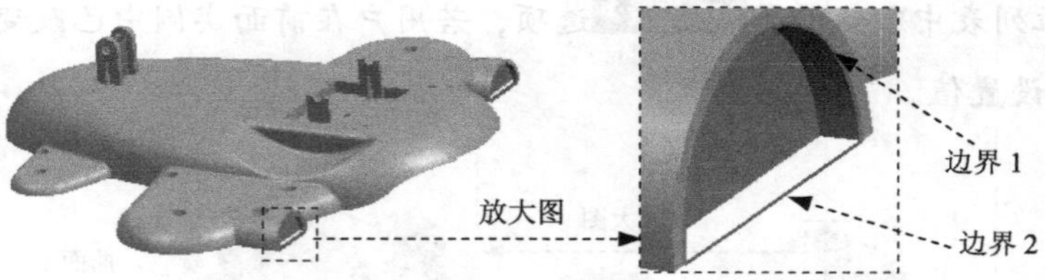

图 11.20　选取边界线串

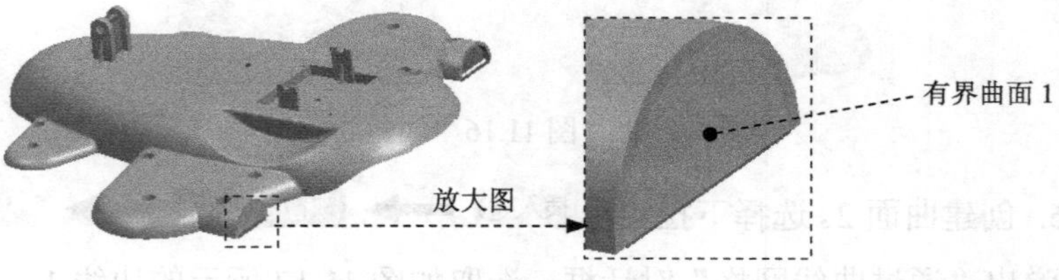

图 11.21　创建有界曲面 1

Step9. 参照 Step8 中的步骤，创建有界曲面 2，结果如图 11.22 所示。

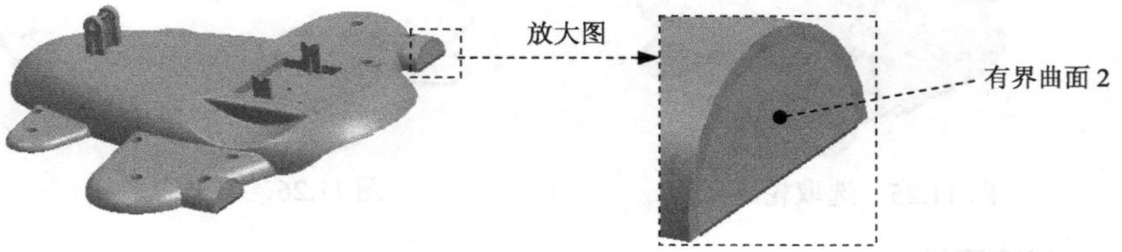

图 11.22　创建有界曲面 2

Step10. 添加现有曲面。在“注塑模向导”功能选项卡 注塑模工具 区域中单击“编辑分型面和曲面补片”按钮，系统弹出“编辑分型面和曲面补片”对话框；选择 Stage2 中创建的曲面，单击 确定 按钮。

Step11. 创建曲面补片。在“注塑模向导”功能选项卡 注塑模工具 区域中单击“曲面补片”按钮，此时系统弹出“边补片”对话框；在 环选择 区域的 类型 下拉列表中选择 体 选项，选择产品实体，然后单击 确定 按钮，结果如图 11.23 所示。

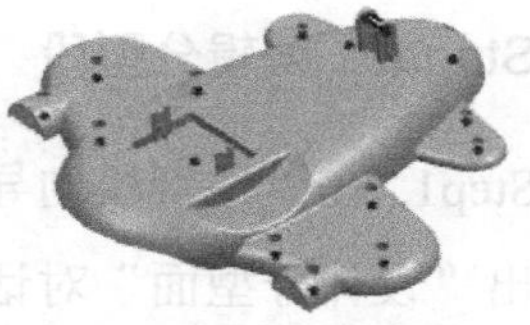

图 11.23　创建曲面补片

说明： 修补型腔面和型芯面之间的所有的破孔。

Stage3. 编辑分型线

Step1. 在“注塑模向导”功能选项卡 分型刀具 区域中单击“设计分型面”按钮，系统弹出“设计分型面”对话框。

Step2. 在 编辑分型线 区域中单击“遍历分型线”按钮，此时系统弹出“遍历分型线”对话框。

Step3. 选取遍历边线。在 设置 区域中取消选中 □ 按面的颜色遍历 复选框，选取如图 11.24 所示的边线为起始边线。通过单击、和按钮，选取如图 11.25 所示的轮廓曲线，单击 确定 按钮，在“设计分型面”对话框中单击 确定 按钮。隐藏产品，此时系统生成如图 11.26 所示的分型线。

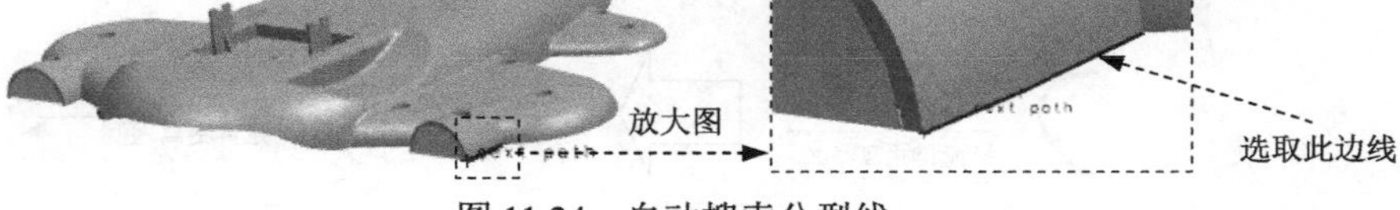

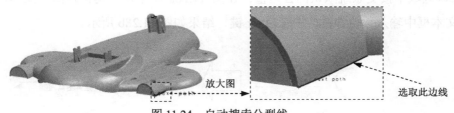

图 11.24　自动搜索分型线

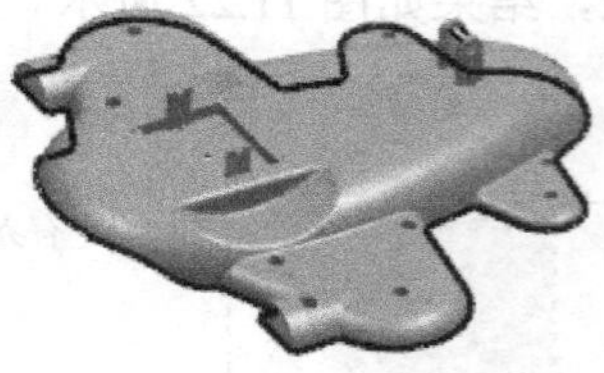

图 11.25 选取轮廓线

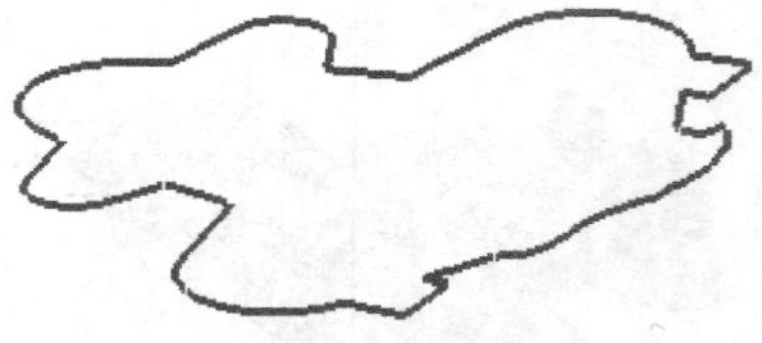

图 11.26 创建分型线

Stage4. 创建区域

Step1. 在“注塑模向导”功能选项卡 分型刀具 区域中单击“定义区域”按钮，系统弹出“定义区域”对话框。

Step2. 选中 设置 区域的 ☑ 创建区域 复选框，单击 确定 按钮。

Stage5. 编辑分型段

Step1. 在“注塑模向导”功能选项卡 分型刀具 区域中单击“设计分型面”按钮，系统弹出“设计分型面”对话框。

Step2. 在 编辑分型段 区域中单击 * 选择过渡曲线 (0) 按钮。选取如图 11.27 所示的两组线段和两段圆弧为过渡对象，然后单击 确定 按钮。

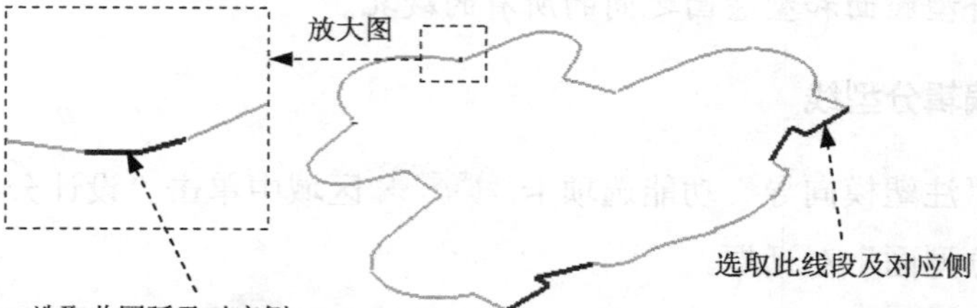

图 11.27 定义过渡对象

Stage6. 创建分型面

Step1. 在“注塑模向导”功能选项卡 分型刀具 区域中单击“设计分型面”按钮，系统弹出“设计分型面”对话框。

Step2. 在 分型段 列表框中选择 ! 段 1 选项，在 创建分型面 区域的 方法 下拉列表中选择 选项，在 设置 区域中接受系统默认的公差值；在图 11.28a 中单击“延伸距离”文本，然后在活动的文本框中输入数值 200，并按 Enter 键，结果如图 11.28b 所示。

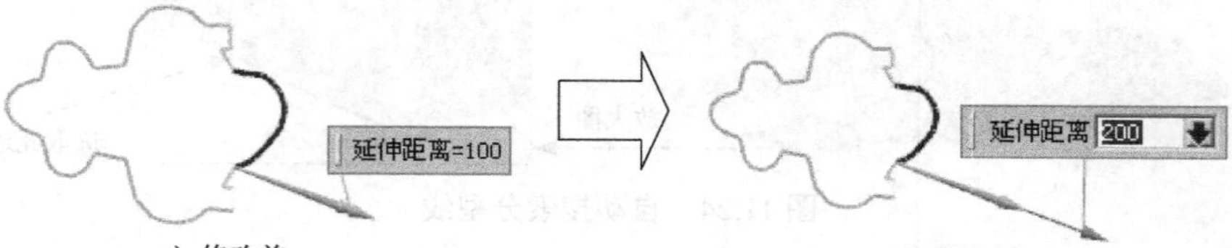

a）修改前　　b）修改后

图 11.28 延伸距离

Step3. 拉伸分型面 1。在 创建分型面 区域的 方法 下拉列表中选择选项，在 拉伸方向 区域的下拉列表中选择 -XC 选项，单击 应用 按钮，系统返回至“设计分型面”对话框，结果如图 11.29 所示。

Step4. 拉伸分型面 2。在 创建分型面 区域的 方法 下拉列表中选择选项，在 拉伸方向 区域的下拉列表中选择 -YC 选项，单击 应用 按钮，系统返回至“设计分型面”对话框；结果如图 11.30 所示。

Step5. 拉伸分型面 3。在 创建分型面 区域的 方法 下拉列表中选择选项，在 拉伸方向 区域的下拉列表中选择 XC 选项，单击 应用 按钮，系统返回至“设计分型面”对话框；结果如图 11.31 所示。

Step6. 拉伸分型面 4。在 创建分型面 区域的 方法 下拉列表中选择选项，在 拉伸方向 区域的下拉列表中选择 YC 选项，单击 确定 按钮，系统返回至“设计分型面”对话框；结果如图 11.32 所示。

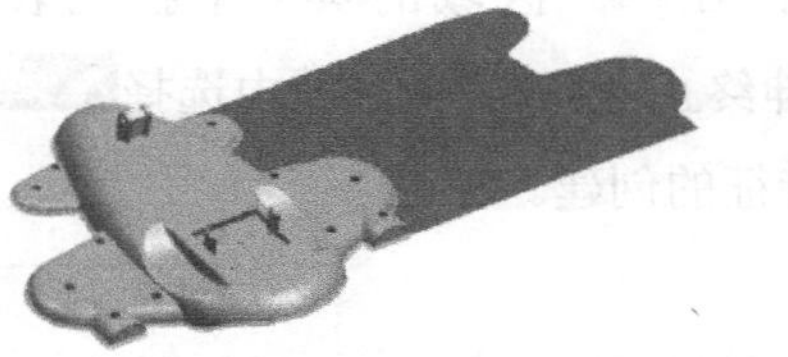

图 11.29　拉伸分型面 1

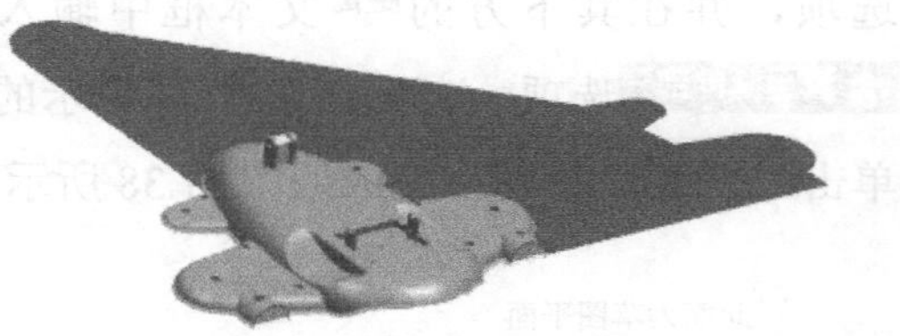

图 11.30　拉伸分型面 2

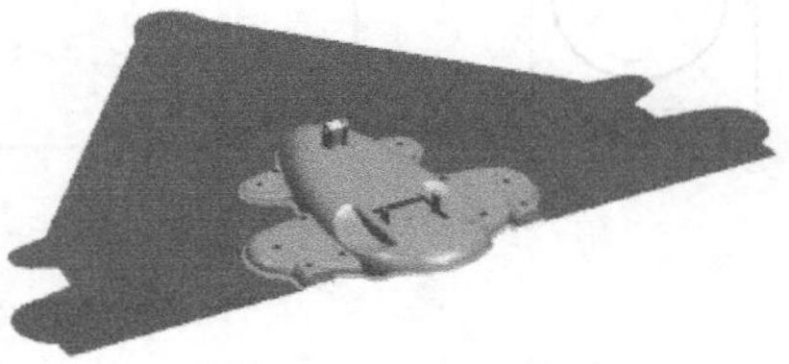

图 11.31　拉伸分型面 3

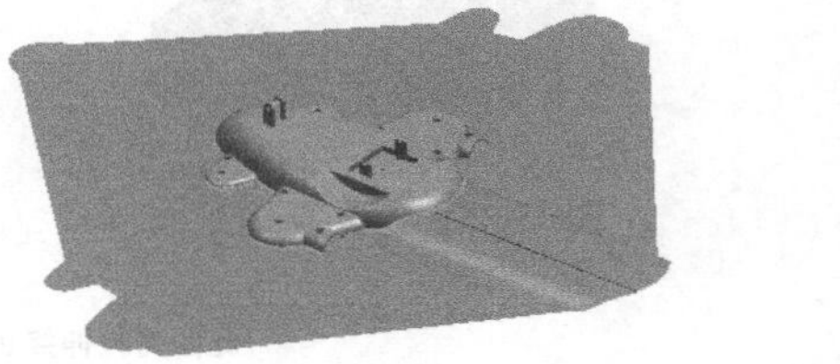

图 11.32　拉伸分型面 4

Stage7. 创建型腔和型芯

Step1. 在“注塑模向导”功能选项卡 分型刀具 区域中单击“定义型腔和型芯”按钮，系统弹出“定义型腔和型芯”对话框。

Step2. 自动创建型腔和型芯。选取 选择片体 区域下的 所有区域 选项，单击 确定 按钮，系统弹出“查看分型结果”对话框，并在图形区显示出创建的型腔，单击 确定 按钮，系统再一次弹出“查看分型结果”对话框；在“查看分型结果”对话框中单击 确定 按钮，关闭对话框。

Step3. 显示零件。选择下拉菜单 窗口(O) → down_cover_core_006.prt 命令，显示型芯零件，如图 11.33 所示；选择下拉菜单 窗口(O) → down_cover_cavity_002.prt 命令，显示型腔零件，如图 11.34 所示。

图 11.33　型芯零件

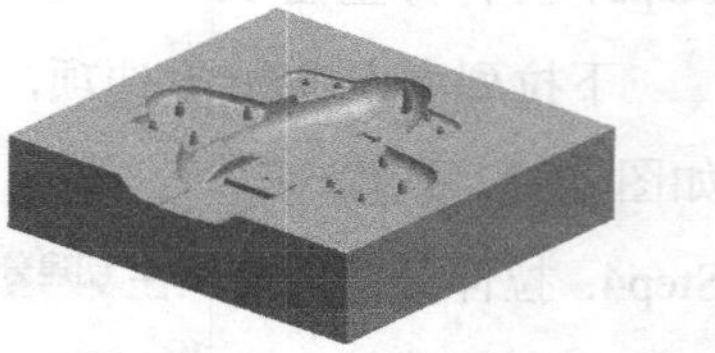

图 11.34　型腔零件

Task6. 创建型腔镶件

Stage1. 创建型腔镶件 1

Step1. 创建拉伸特征。选择下拉菜单 插入(S) → 设计特征(E) → 拉伸(E)... 命令（或单击按钮），系统弹出“拉伸”对话框；单击按钮，系统弹出“创建草图”对话框；选取如图 11.35 所示的模型表面为草图平面；绘制如图 11.36 所示的截面草图（投影零件上的边线），单击“完成草图”按钮 完成草图；在 限制 区域的 开始 下拉列表中选择 值 选项，并在其下方的 距离 文本框中输入数值 0；在 限制 区域的 结束 下拉列表中选择 直至延伸部分 选项，选取如图 11.37 所示的面为拉伸终止面；在 布尔 区域中选择 无 选项；单击 < 确定 > 按钮，完成如图 11.38 所示的拉伸特征的创建。

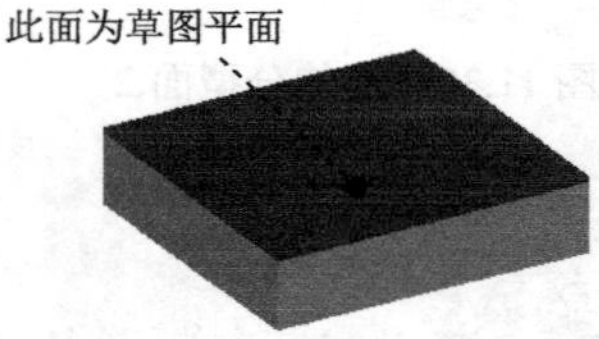

图 11.35　定义草图平面

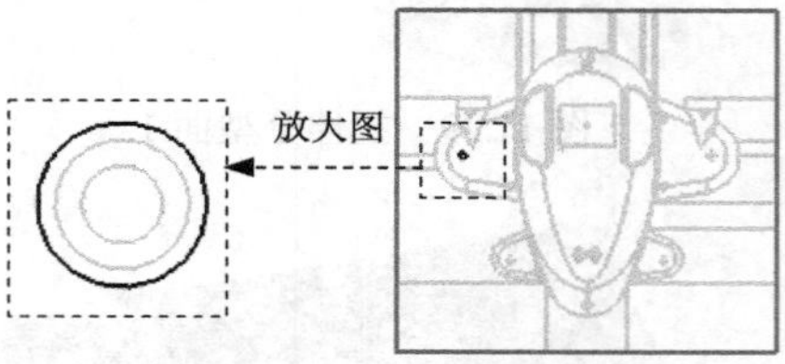

图 11.36　截面草图

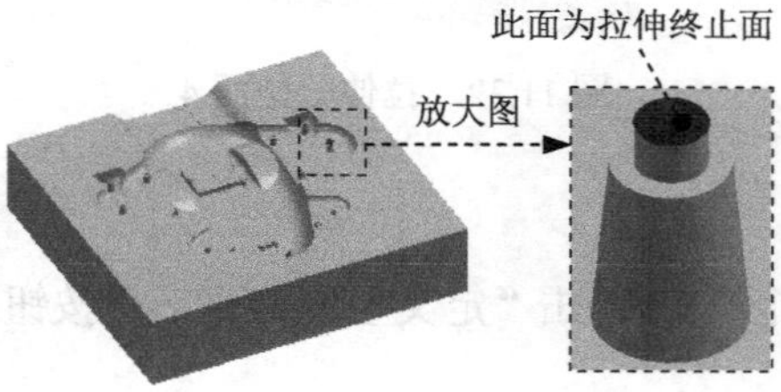

图 11.37　拉伸终止面

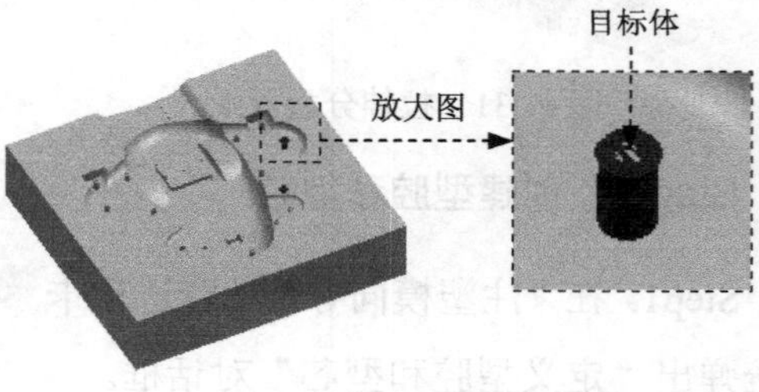

图 11.38　创建拉伸特征

Step2. 创建求交特征。选择下拉菜单 插入(S) → 组合(B) ▸ → 相交(I)... 命令，系统弹出“相交”对话框；选取如图 11.38 所示的拉伸特征为目标体；选取型腔为工具体，并选中 ☑ 保存工具 复选框；单击 < 确定 > 按钮，完成求交特征的创建，结果如图 11.39 所示。

Step3. 求差特征。选择下拉菜单 插入(S) → 组合(B) ▸ → 减去(S)... 命令（注：具体参数和操作参见随书学习资源），单击 < 确定 > 按钮，完成求差特征的创建。

Stage2. 创建轮廓拆分相同特征的其余 12 个镶件

参照 Stage1，创建如图 11.40 所示的 12 个镶件（型腔镶件 2~型腔镶件 13）。

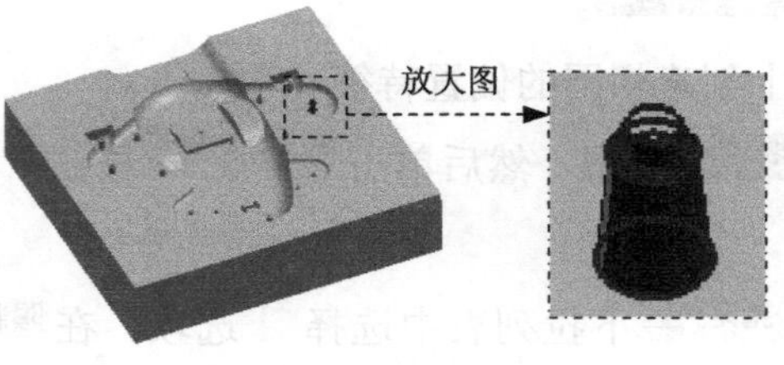

图 11.39 创建求交特征

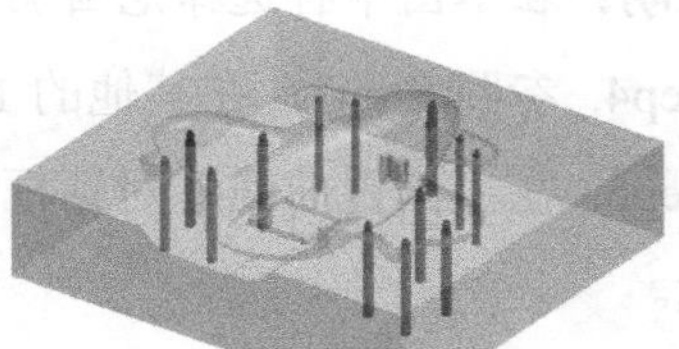

图 11.40 镶件特征

Stage3. 将 13 个镶件转化为型腔子零件

Step1. 选择命令。在“装配导航器”的空白处右击，然后在系统弹出的快捷菜单中选择 WAVE 模式 选项。

Step2. 右击☑ down_cover_cavity_002，在系统弹出的快捷菜单中选择 WAVE ▸ ➡ 新建层 命令，系统弹出“新建层”对话框。

Step3. 单击 指定部件名 按钮，在系统弹出的“选择部件名”对话框的 文件名(N): 文本框中输入 insert_001.prt，单击 OK 按钮。

Step4. 单击 类选择 按钮，选择所有的型腔镶件，单击 确定 按钮，系统返回“新建层”对话框。

Step5. 单击 确定 按钮，此时在“装配导航器”界面中显示出刚创建的镶件的名称。

Step6. 隐藏拉伸特征。在“装配导航器”中取消选中☐ insert_001；然后单击“部件导航器”中的选项卡，系统弹出“部件导航器”界面，在该界面中选择所有的拉伸特征；选择下拉菜单 格式(R) ➡ 移动至图层(M)... 命令，系统弹出“图层移动”对话框，在该对话框的 目标图层或类别 文本框中输入数值 10，单击 确定 按钮；单击装配导航器中的选项卡，在该选项卡中选中☑ insert_001。

Stage4. 创建固定凸台 1

Step1. 转换显示部件。在“装配导航器”中右击☑ insert_001，在系统弹出的快捷菜单中选择 在窗口中打开 命令。

Step2. 选择命令。选择下拉菜单 插入(S) ➡ 设计特征(E) ➡ 拉伸(E)... 命令（或单击按钮），系统弹出“拉伸”对话框。

Step3. 单击对话框中的“绘制截面”按钮，系统弹出“创建草图”对话框。选取如图 11.41 所示的镶件底面为草图平面，单击 确定 按钮，进入草图环境；选择下拉菜单 插入(S) ➡ 来自曲线集的曲线(F) ▸ ➡ 偏置曲线(V)... 命令，系统弹出“偏置曲线”对话框；选取如图 11.42 所示的曲线为偏置对象；在偏置区域的距离文本框中输入数值 4；单击“反向”按钮，使偏置方向向外，结果如图 11.43 所示，单击 应用 按钮。

说明：在草图中将选择范围调整为仅在工作部件内部。

Step4. 参照 Step3，在其他的 12 个镶件上创建相同的偏置特征。

Step5. 在“偏置曲线”对话框中单击 取消 按钮，然后单击 完成草图 按钮，退出草图环境。

Step6. 确定拉伸开始值和结束值。在 指定矢量 下拉列表中选择 -ZC 选项；在限制区域的开始下拉列表中选择 值 选项，并在其下方的距离文本框中输入数值 0；在限制区域的结束下拉列表中选择 值 选项，并在其下方的距离文本框中输入数值 6；在布尔区域中选择 无 选项。

Step7. 单击 < 确定 > 按钮，完成拉伸特征的创建，结果如图 11.44 所示。

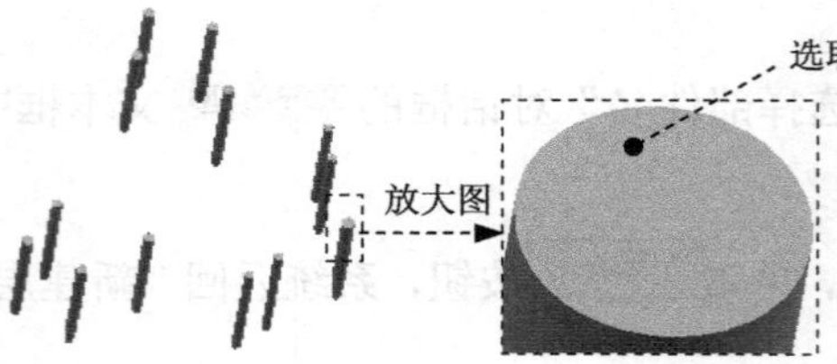

图 11.41　草图平面

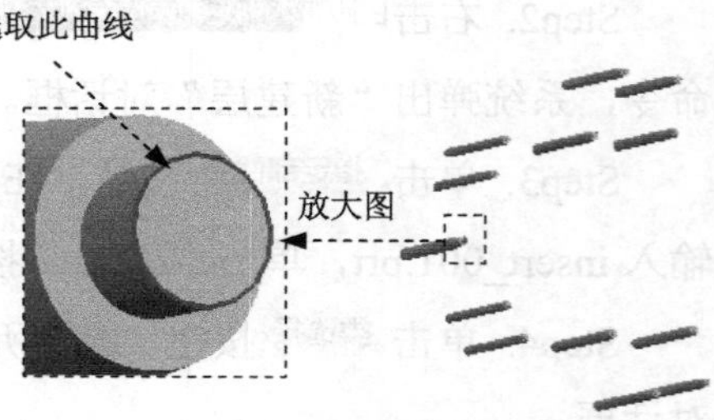

图 11.42　选取偏置对象

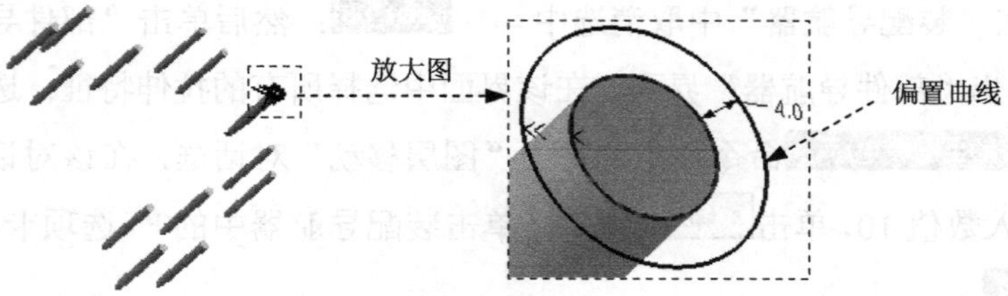

图 11.43　偏置结果

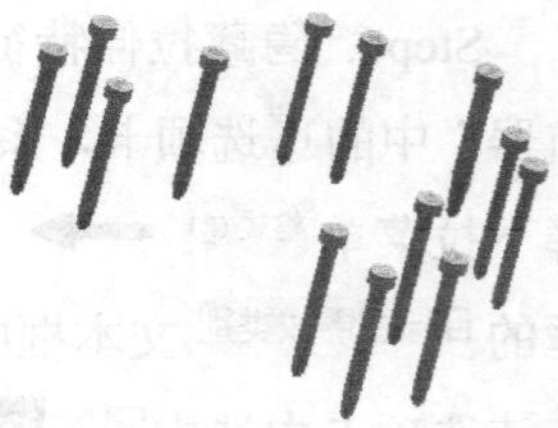
图 11.44　创建拉伸特征

Stage5. 创建型腔镶件 14 和 15

Step1. 切换窗口。选择下拉菜单 窗口(O) → down_cover_cavity_002.prt 命令，切换至型腔操作环境并转为工作部件。

Step2. 创建拉伸特征。选择下拉菜单 插入(S) → 设计特征(E) → 拉伸(E)... 命令（或单击按钮），系统弹出“拉伸”对话框；单击按钮，系统弹出“创建草图”对话框；选取如图 11.45 所示的模型表面为草图平面；绘制如图 11.46 所示的截面草图，单击“完成草图”按钮 完成草图；在 指定矢量 下拉列表中选择 -ZC 选项；在限制区域的开始下拉列表中选择 值 选项，并在其下方的距离文本框中输入数值 0；在限制区域的结束下拉列表

中选择 直至延伸部分 选项；选取如图 11.47 所示的面为拉伸终止面；在 布尔 区域中选择 无 选项；单击 < 确定 > 按钮，完成如图 11.48 所示的拉伸特征的创建。

图 11.45　定义草图平面

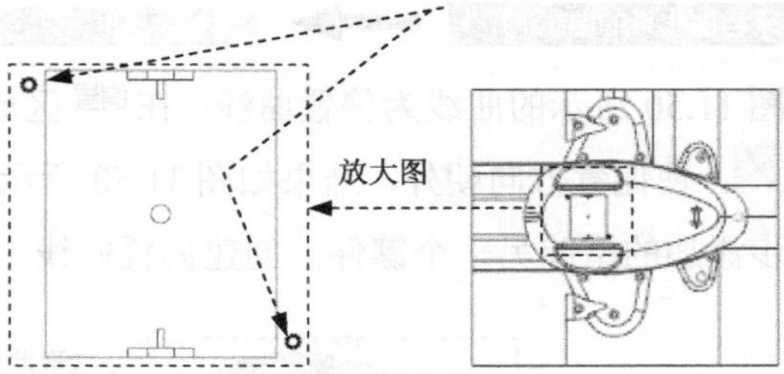

图 11.46　截面草图

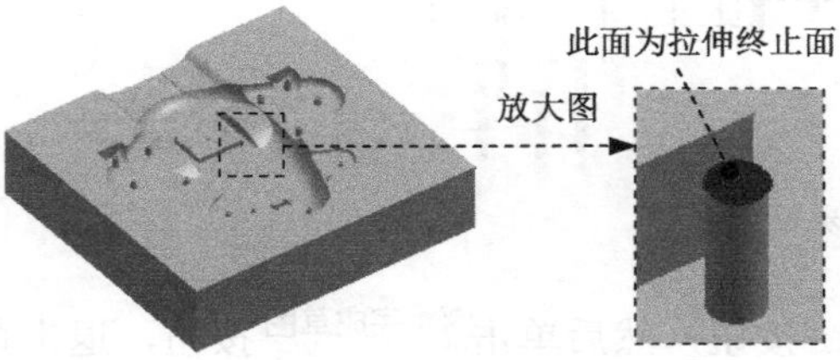

图 11.47　拉伸终止面

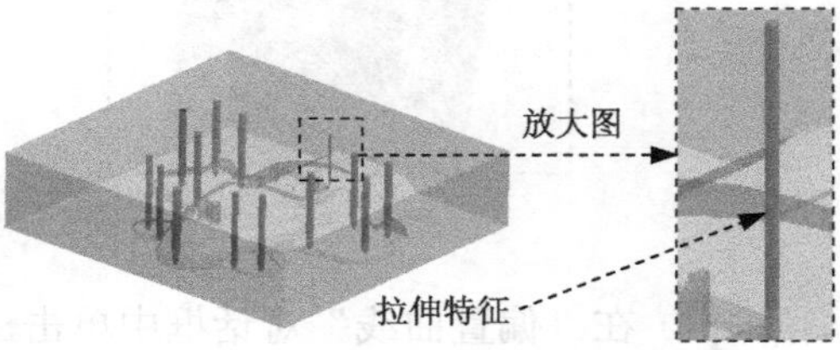

图 11.48　创建拉伸特征

Step3. 求差特征。选择下拉菜单 插入(S) → 组合(B) ▸ → 减去(S)... 命令，此时系统弹出“求差”对话框；选取型腔为目标体；选取上一步创建的拉伸特征为工具体，并选中 ☑ 保持工具 复选框；单击 < 确定 > 按钮，完成求差特征的创建。

Stage6. 将 Stage5 创建的两个镶件转化为型腔子零件

Step1. 在“装配导航器”中右击 ☑ down_cover_cavity_002，在系统弹出的快捷菜单中选择 WAVE ▸ → 将几何体复制到组件 命令，系统弹出“部件间的复制”对话框。

Step2. 选取 Stage5 中创建的两个镶件为要复制的几何体；然后单击中键，使“分量”按钮激活，在“装配导航器”中选择 ☑ insert_001 选项；单击 确定 按钮。

Step3. 隐藏拉伸特征。在“装配导航器”中取消选中 ☐ insert_001 选项；然后单击“部件导航器”中的 选项卡，系统弹出“部件导航器”界面，选择 Stage5 创建的拉伸特征；选择下拉菜单 格式(R) → 移动至图层(M)... 命令，系统弹出“图层移动”对话框，在 目标图层或类别 文本框中输入数值 10，单击 确定 按钮；单击“装配导航器”中的 选项卡，选择 ☑ insert_001 选项。

Stage7. 创建固定凸台 2

Step1. 选择下拉菜单 窗口(O) → insert_001.prt 命令，切换到镶件操作环境。

Step2. 选择命令。选择下拉菜单 插入(S) → 设计特征(E) → 拉伸(E)... 命令（或单击按钮)，系统弹出“拉伸”对话框。

Step3. 单击“绘制截面”按钮，系统弹出“创建草图”对话框。选取如图 11.49 所示的镶件底面为草图平面，单击确定按钮；进入草图环境，选择下拉菜单插入(S) → 来自曲线集的曲线(F) → 偏置曲线(V)...命令，系统弹出“偏置曲线”对话框；选取如图 11.50 所示的曲线为偏置曲线；在偏置区域的距离文本框中输入数值 1；单击“反向”按钮，使偏置方向朝外，结果如图 11.50 所示，单击应用按钮；参照之前的步骤，在上一步添加的型腔另一个镶件上创建偏置曲线。

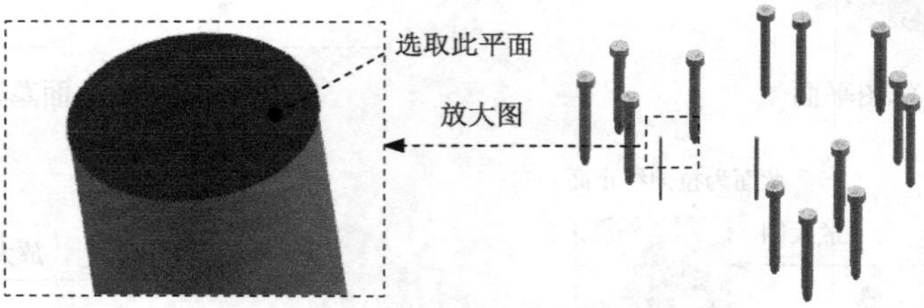

图 11.49 草图平面

Step4. 在“偏置曲线”对话框中单击取消按钮，然后单击完成草图按钮，退出草图环境。

Step5. 确定拉伸开始值和结束值。在指定矢量下拉列表中选择 -ZC 选项，在限制区域的开始下拉列表中选择值选项，并在其下方的距离文本框中输入数值 0；在限制区域的结束下拉列表中选择值选项，并在其下方的距离文本框中输入数值 6；在布尔区域中选择无选项。

Step6. 在“拉伸”对话框中单击< 确定 >按钮，完成拉伸特征的创建，结果如图 11.51 所示。

Step7. 创建求和特征。选择下拉菜单插入(S) → 组合(B) → 合并(U)...命令，系统弹出“合并”对话框；选取如图 11.51 所示的目标体；选取如图 11.51 所示的工具体；单击应用按钮。

说明：*在创建求和特征时，应将图 11.51 中的 15 个特征分别求和。*

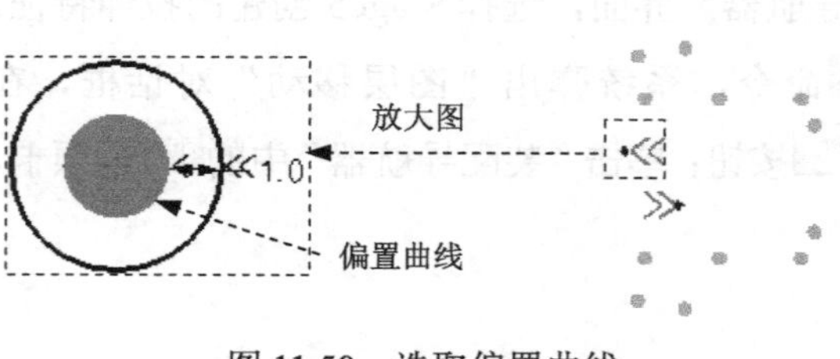

图 11.50 选取偏置曲线

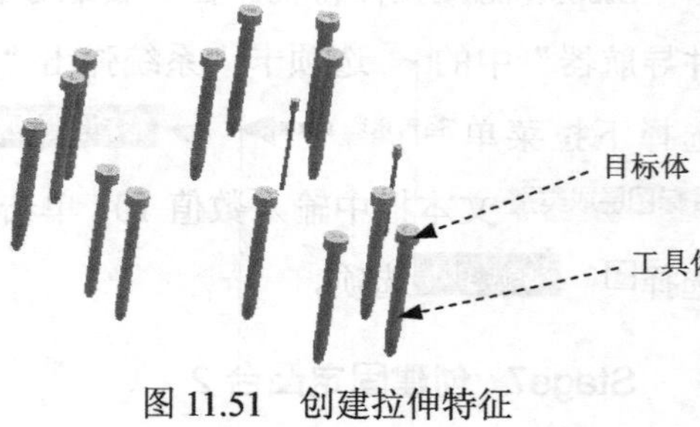

图 11.51 创建拉伸特征

Stage8. 创建固定凸台装配避开位

Step1. 选择下拉菜单窗口(O) → down_cover_cavity_002.prt命令，切换到型腔操作环境，

并将总装配设为工作部件。

Step2. 在“注塑模向导”功能选项卡主要区域中单击“腔”按钮，系统弹出“开腔”对话框。

Step3. 选择目标体。选取型腔为目标体，然后单击中键。

Step4. 选取工具体。在该对话框的工具类型下拉列表中选择实体选项，然后选取所有型腔镶件为工具体，单击确定按钮。

Task7. 创建滑块

Step1. 创建拉伸特征 1。

（1）选择命令。选择下拉菜单插入(S) → 设计特征(E) → 拉伸(E)...命令（或单击按钮），系统弹出“拉伸”对话框。

（2）单击“绘制截面”按钮，系统弹出“创建草图”对话框。选取如图 11.52 所示的模型表面为草图平面，单击确定按钮，进入草图环境，选择下拉菜单插入(S) → 处方曲线(U) → 投影曲线(J)...命令，系统弹出“投影曲线”对话框；选取如图 11.53 所示的曲线为投影对象；单击确定按钮，单击完成草图按钮，退出草图环境。

图 11.52　草图平面

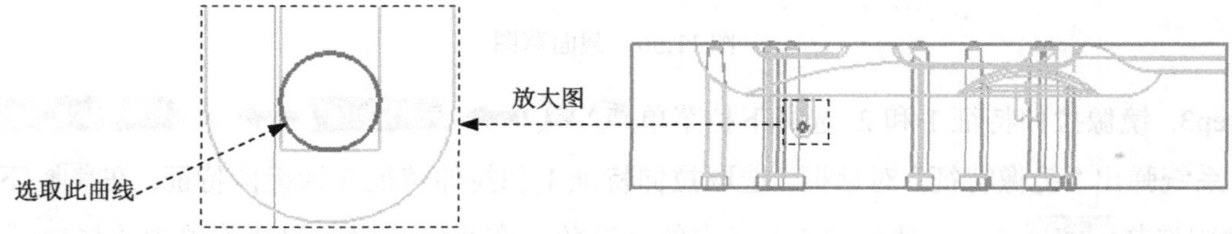

图 11.53　截面草图

（3）确定拉伸开始值和结束值。在指定矢量下拉列表中选择XC选项；在限制区域的开始下拉列表中选择值选项，并在其下方的距离文本框中输入数值 0；在限制区域的结束下拉列表中选择直至延伸部分选项；选取如图 11.54 所示的面为拉伸终止面；在布尔区域中选择无选项。

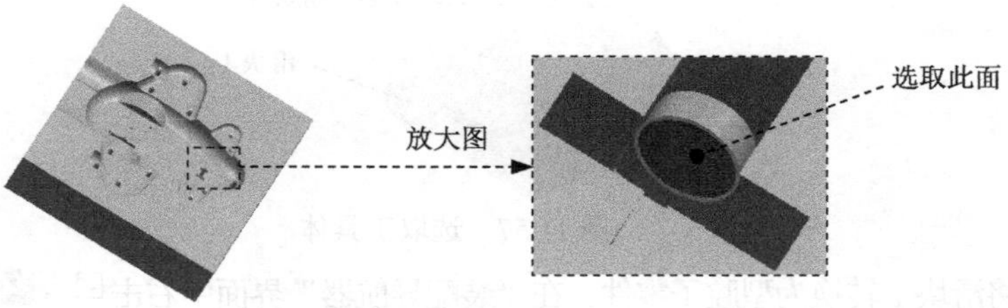

图 11.54　拉伸终止面

（4）在“拉伸”对话框中单击< 确定 >按钮，完成拉伸特征 1 的创建。

Step2. 创建拉伸特征 2。选择下拉菜单插入(S) → 设计特征(E) → 拉伸(E)...命令（或单击按钮），系统弹出“拉伸”对话框；单击“绘制截面”按钮，系统弹出“创建草图”对话框。选取如图 11.55 所示的模型表面为草图平面，单击确定按钮，进入草图环境，绘制如图 11.56 所示的截面草图，单击完成草图按钮，退出草图环境；在指定矢量下拉列表中选择XC选项；在限制区域的开始下拉列表中选择值选项，并在其下方的距离文本框中输入数值 0；在限制区域的结束下拉列表中选择值选项，并在其下方的距离文本框中输入数值 20；在布尔下拉列表中选择合并选项，然后选取 Step1 中创建的拉伸特征 1；在“拉伸”对话框中，单击< 确定 >按钮，完成拉伸特征 2 的创建。

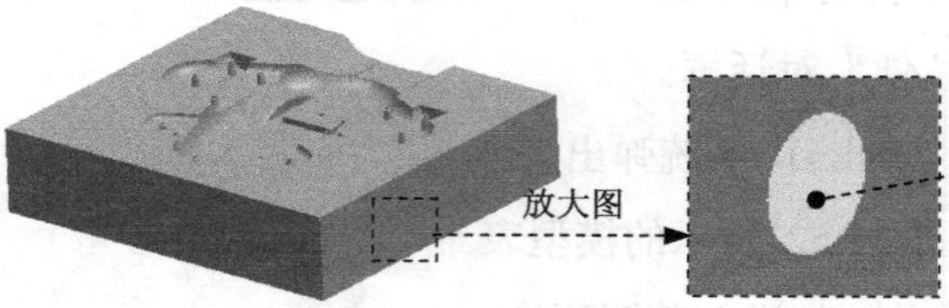

图 11.55　草图平面

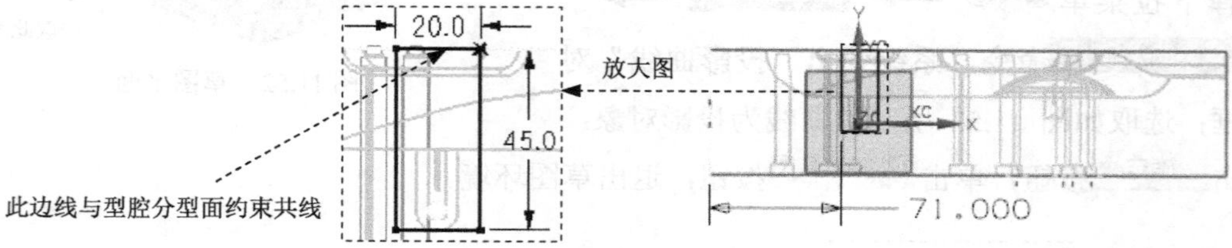

图 11.56　截面草图

Step3. 镜像拉伸特征 1 和 2。选择下拉菜单插入(S) → 关联复制(A) → 镜像特征(M)...命令，系统弹出“镜像特征”对话框；选取拉伸特征 1 和拉伸特征 2 为镜像特征；在平面下拉列表中选择新平面选项，然后单击中的小三角，在系统弹出的快捷菜单中选择选项；单击确定按钮，完成镜像特征的创建。

Step4. 创建求差特征。选择下拉菜单插入(S) → 组合(B) → 减去(S)...命令，此时系统弹出“求差”对话框；选取型腔为目标体；选取如图 11.57 所示的滑块 1 和滑块 2 为工具体，并选中保存工具复选框；单击< 确定 >按钮，完成求差特征的创建。

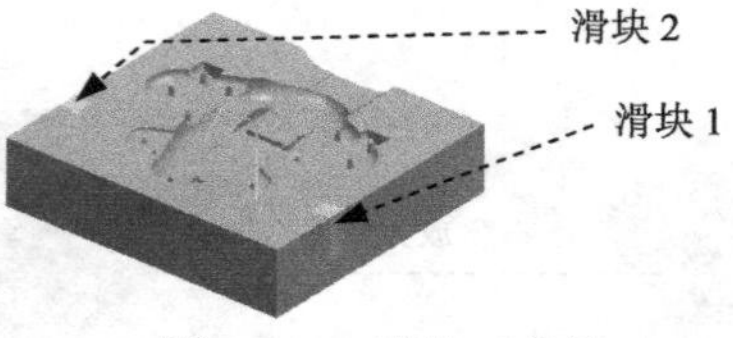

图 11.57　选取工具体

Step5. 将滑块 1 转换为型腔子零件。在“装配导航器”界面中右击down_cover_cavity_002，在系统弹出的快捷菜单中选择WAVE → 新建层命令，系统弹出“新建层”对话框；单击指定部件名按钮，在系统弹出的“选择部件名”对话框的文件名(N):文本框中输入slide_001.prt，单击OK按钮；单击类选择按钮，选取如图11.57所示的滑块1，单击确定按钮，系统返回“新建层”对话框；单击确定按钮，此时在“装配导航器”界面中显示出刚创建的滑块的名称。

Step6. 将滑块2转换为型腔子零件。参照Step5，将如图11.57所示的滑块2转换为型腔子零件，命名为slide_002.prt。

Step7. 隐藏滑块特征。单击“装配导航器”选项卡，系统弹出“装配导航器”界面，在该对话框中取消选中☑ slide_001和☑ slide_002选项；选取滑块1，然后选择下拉菜单格式(R) → 移动至图层(M)...命令，系统弹出“图层移动”对话框，在图层列表中选择10，单击确定按钮；选取滑块2，然后选择下拉菜单格式(R) → 移动至图层(M)...命令，系统弹出“图层移动”对话框，在图层列表中选择10，单击确定按钮；单击“装配导航器”选项卡，系统弹出“装配导航器”界面，在该界面中选择☑ slide_001和☑ slide_002选项。

Task8. 创建型芯镶件

Stage1. 创建型芯镶件1

Step1. 切换窗口。选择下拉菜单窗口(O) → down_cover_core_006.prt命令，切换至型芯操作环境。

Step2. 创建拉伸特征。选择下拉菜单插入(S) → 设计特征(E) → 拉伸(E)...命令（或单击按钮），系统弹出“拉伸”对话框；单击按钮，系统弹出“创建草图”对话框；选取如图11.58所示的模型表面为草图平面；绘制如图11.59所示的截面草图，单击“完成草图”按钮完成草图；在指定矢量下拉列表中选择ZC↑选项；在限制区域的开始下拉列表中选择值选项，并在其下方的距离文本框中输入数值0；在限制区域的结束下拉列表中选择直至延伸部分选项，选取如图11.60所示的面为拉伸终止面；在布尔区域的布尔下拉列表中选择无，其他参数采用系统默认设置值；单击< 确定 >按钮，完成如图11.61所示的拉伸特征的创建。

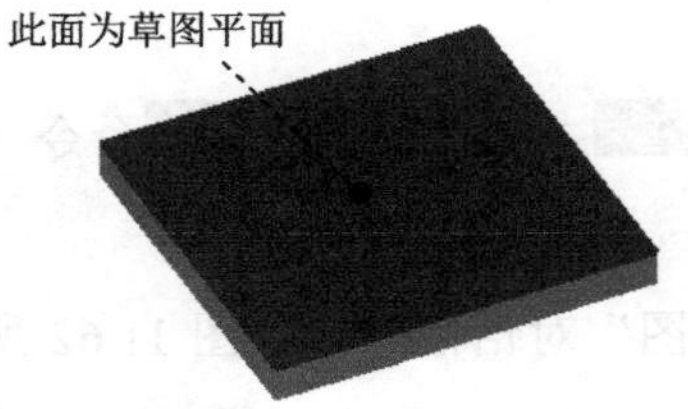

图11.58 定义草图平面

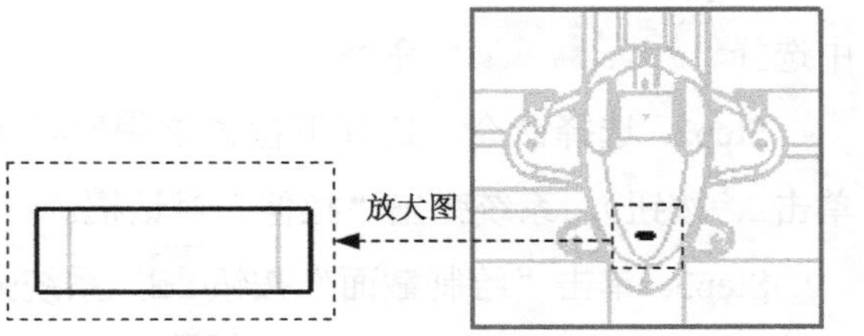

图11.59 截面草图

Step3. 创建求差特征。选择下拉菜单 插入(S) → 组合(B) → 减去(S)... 命令，此时系统弹出“求差”对话框；选取型芯为目标体；选取上一步创建的拉伸特征为工具体，并选中 ☑ 保存工具 复选框；单击 < 确定 > 按钮，完成求差特征的创建。

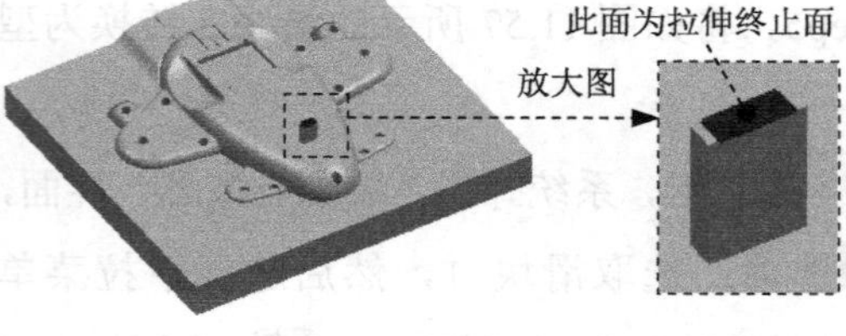

图 11.60 拉伸终止面

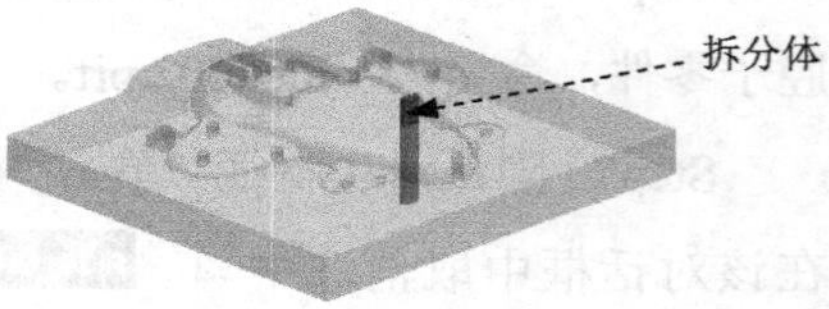

图 11.61 创建拉伸特征

Stage2. 将型芯镶件转化为型芯子零件

Step1. 选择命令。在“装配导航器”的空白处右击，然后在系统弹出的快捷菜单中选择 WAVE 模式 选项。

Step2 在“装配导航器”界面中，右击 ☑ down_cover_core_006，在系统弹出的快捷菜单中选择 WAVE → 新建层 命令，系统弹出“新建层”对话框。

Step3. 单击 指定部件名 按钮，在系统弹出的“选择部件名”对话框的 文件名(N): 文本框中输入 insert_002.prt，单击 OK 按钮。

Step4. 在“新建层”对话框中单击 类选择 按钮，选择创建的型芯镶件，单击 确定 按钮，系统返回“新建层”对话框。

Step5. 单击 确定 按钮，此时在“装配导航器”界面中显示出刚创建的镶件的名称。

Step6. 隐藏拉伸特征。在“装配导航器”中取消选中 ☐ insert_002；然后单击“部件导航器”选项卡，选择拉伸特征；选择下拉菜单 格式(R) → 移动至图层(M)... 命令，系统弹出“图层移动”对话框，在 目标图层或类别 文本框中输入数值 10，单击 确定 按钮；单击装配导航器中的 选项卡，在该选项卡中选中 ☑ insert_002。

Stage3. 创建固定凸台

Step1. 转换显示部件。在“装配导航器”中右击 ☑ insert_002，在系统弹出的快捷菜单中选择 在窗口中打开 命令。

Step2. 选择命令。选择下拉菜单 插入(S) → 设计特征(E) → 拉伸(E)... 命令（或单击 按钮），系统弹出“拉伸”对话框。

Step3. 单击“绘制截面”按钮，系统弹出“创建草图”对话框。选取图 11.62 所示的镶件底面为草图平面，单击 确定 按钮；进入草图环境，选择下拉菜单 插入(S) → 来自曲线集的曲线(F) → 偏置曲线(V)... 命令，在范围选择器中选择“仅在工作部件内部”，系统弹出“偏置曲线”对话框，选取如图 11.63 所示的曲线为偏置对象；在偏置区域的距离文本框中输入数值 4，单击< 确定 >按钮。

Step4. 单击完成草图按钮，退出草图环境。

Step5. 确定拉伸开始值和结束值。在限制区域的开始下拉列表中选择值选项，并在其下方的距离文本框中输入数值 0；在限制区域的结束下拉列表中选择值选项，并在其下方的距离文本框中输入数值 8；其他参数采用系统默认设置值。

Step6. 定义布尔运算。在布尔下拉列表中选择合并选项，系统自动将轮廓拆分体选中。

Step7. 单击< 确定 >按钮，完成拉伸特征的创建，结果如图 11.64 所示。

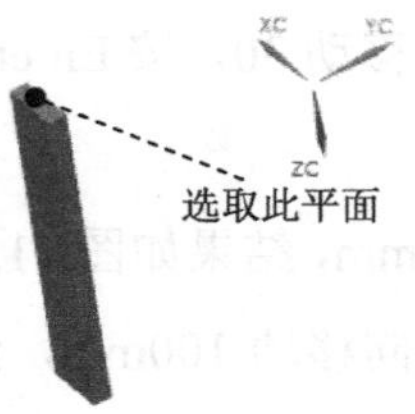

图 11.62　草图平面

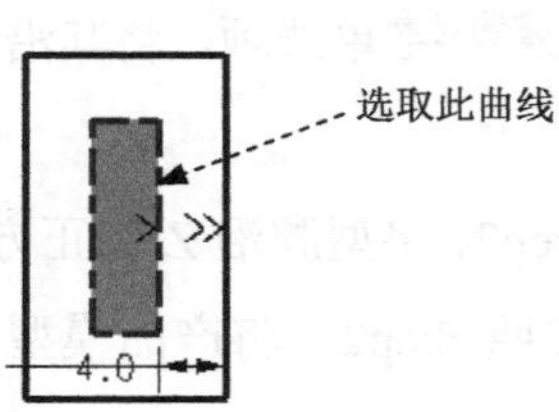

图 11.63　选取偏置对象

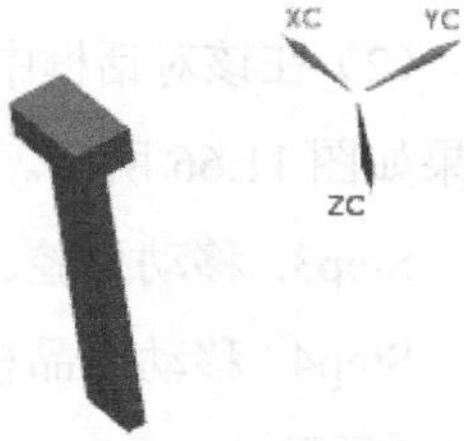

图 11.64　拉伸特征

Stage4. 创建固定凸台装配避开位

Step1. 切换窗口。选择下拉菜单窗口(O) → down_cover_core_006.prt命令，切换到型芯操作环境并将其转换为工作部件。

Step2. 在“注塑模向导”功能选项卡主要区域中单击“腔”按钮，系统弹出“开腔”对话框。

Step3. 选择目标体。选取型芯为目标体，然后单击中键。

Step4. 选取工具体。在工具类型下拉列表中选择实体选项，然后选取如图 11.64 所示的特征为工具体，单击确定按钮。

Task9. 创建模具爆炸视图

Step1. 移动滑块 1。

（1）创建爆炸图。选择下拉菜单窗口(O) → down_cover_top_000.prt命令，在装配导航器中将部件转换成工作部件；选择下拉菜单装配(A) → 爆炸图(X) → 新建爆炸(N)...命令，系统弹出“新建爆炸”对话框，接受系统默认的名称，单击确定按钮。

（2）编辑爆炸图。选择下拉菜单装配(A) → 爆炸图(X) → 编辑爆炸(E)...命令，系统弹出“编辑爆炸”对话框；选取如图 11.65a 所示的滑块 1 为移动对象；选中◉ 移动对象单选项，将其沿 X 轴正方向移动 30mm，按 Enter 键确认，结果如图 11.65b 所示。

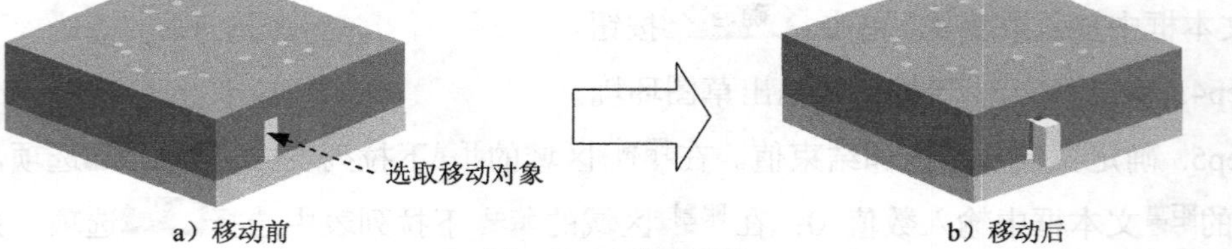

a）移动前　　b）移动后

图 11.65　移动滑块 1

Step2. 移动滑块 2。

（1）选择对象。在对话框中选择 选择对象 选项，选取滑块 2，取消选中上一步选中的滑块 1。

（2）在该对话框中选择 移动对象 单选项，将其沿 X 轴负方向移动 30，按 Enter 键确认，结果如图 11.66 所示。

Step3. 移动型腔。参照 Step2，将型腔沿 Z 轴正方向移动 200mm，结果如图 11.67 所示。

Step4. 移动产品模型。参照 Step2，将产品模型沿 Z 轴正方向移动 100mm，结果如图 11.68 所示。

图 11.66　移动滑块 2

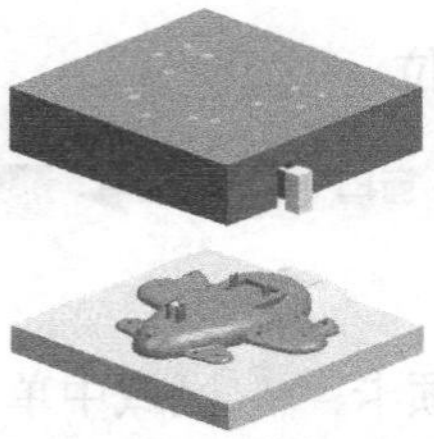

图 11.67　移动型腔后的结果

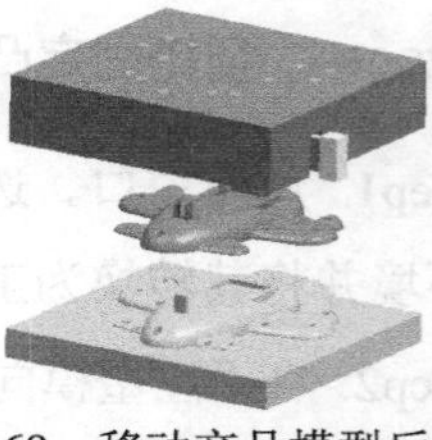

图 11.68　移动产品模型后的结果

Step5. 移动型腔镶件。参照 Step2，将型腔镶件沿 Z 轴正方向移动 80mm，结果如图 11.69 所示。

Step6. 移动型芯镶件。参照 Step2，将型芯镶件沿 Z 轴负正方向移动 50mm，结果如图 11.70 所示。

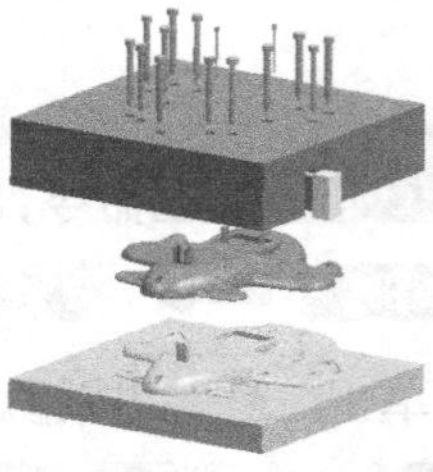

图 11.69　移动型腔镶件后的结果

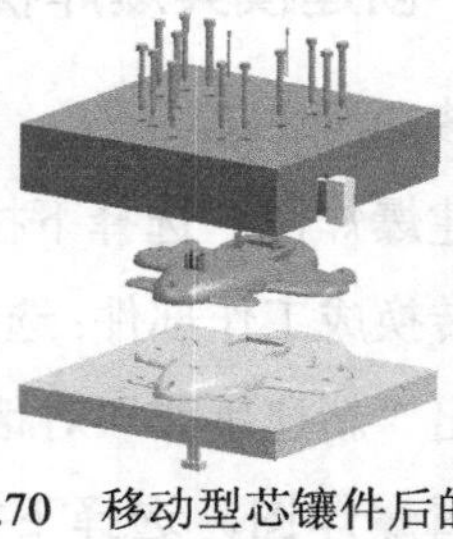

图 11.70　移动型芯镶件后的结果

Step7. 保存文件。选择下拉菜单 文件(F) → 保存(S) → 全部保存(V) 命令，保存所有文件。

实例 12 含斜销的模具设计

本实例将介绍一款手机外壳模具的设计，其设计的难点是如何处理产品模型上存在的两个倒扣特征。通过对本实例的学习，读者能清楚地掌握含有斜销模具的设计原理。下面以图 12.1 为例，说明在 UG NX 12.0 中设计带有斜销模具的一般过程。

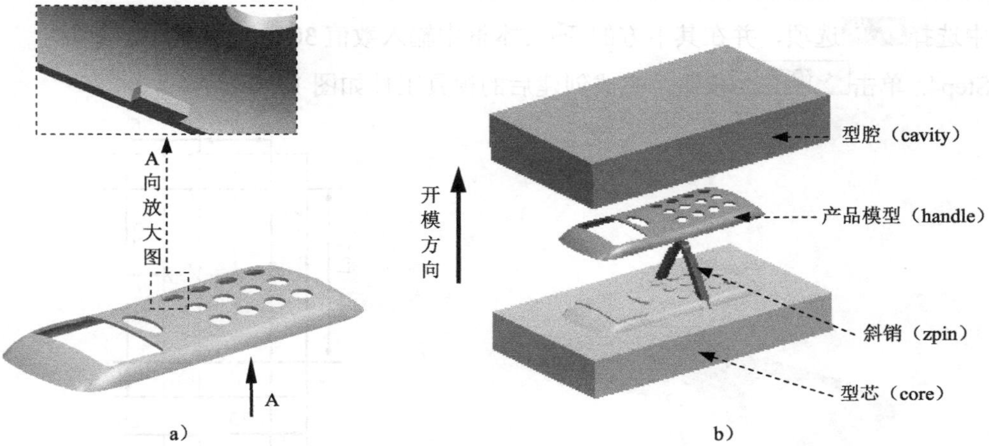

图 12.1 手机外壳的模具设计

Task1. 初始化项目

Step1. 加载模型。在“注塑模向导”功能选项卡中，单击“初始化项目”按钮，系统弹出“部件名”对话框；选择 D:\ug12.6\work\ch12\phone_cover.prt，单击 OK 按钮，加载模型，系统弹出“初始化项目”对话框。

Step2. 定义项目单位。在“初始化项目”对话框的 项目单位 下拉列表中选择 毫米 选项。

Step3. 设置项目路径和名称。接受系统默认的项目路径；在“初始化项目”对话框的 Name 文本框中输入 phone_cover_mold。

Step4. 设置材料和收缩率。在 材料 下拉列表中选择 ABS 选项，同时系统会自动在 收缩 文本框中写入数值 1.006。

Step5. 单击 确定 按钮，完成项目路径和名称的设置。

Task2. 模具坐标系

在“注塑模向导”功能选项卡 主要 区域中单击按钮，系统弹出“模具坐标系”对话框；选中 ⊙ 当前 WCS 单选项，单击 确定 按钮，完成坐标系的定义，如图 12.2 所示。

Task3. 创建模具工件

Step1. 在“注塑模向导”功能选项卡 主要 区域中单击“工件”按钮，系统弹出“工件”对话框。

Step2. 在类型下拉列表中选择产品工件选项，在工件方法下拉列表中选择用户定义的块选项，其他参数采用系统默认设置值。

Step3. 修改尺寸。单击定义工件区域的“绘制截面”按钮，系统进入草图环境，然后修改截面草图的尺寸，如图 12.3 所示。单击完成草图按钮，退出草图；在限制区域的开始下拉列表中选择值选项，并在其下方的距离文本框中输入数值-25；在限制区域的结束下拉列表中选择值选项，并在其下方的距离文本框中输入数值 30。

Step4. 单击< 确定 >按钮，完成创建后的模具工件如图 12.4 所示。

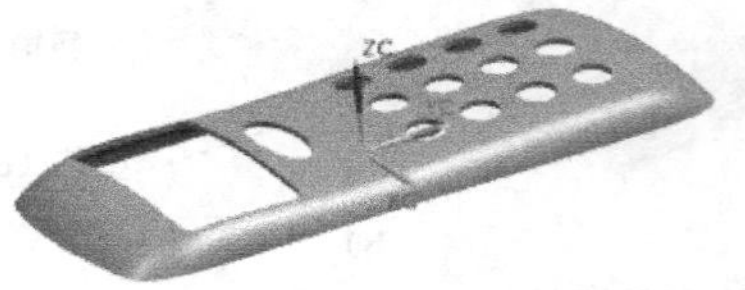

图 12.2　模具坐标系

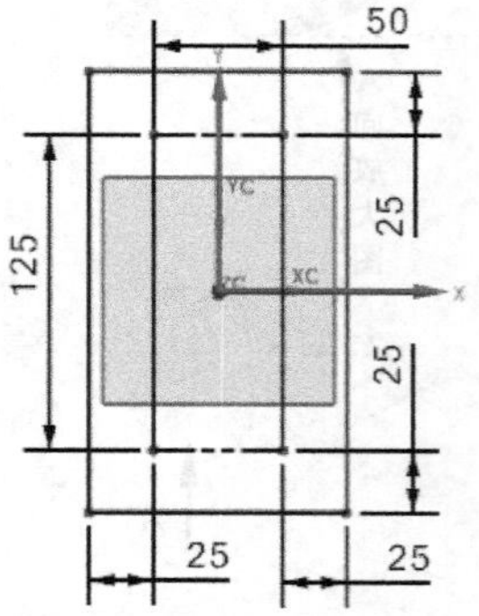

图 12.3　截面草图

Task4. 模具分型

Stage1. 设计区域

Step1. 在“注塑模向导”功能选项卡分型刀具区域中单击“检查区域”按钮，系统弹出“检查区域”对话框，并显示如图 12.5 所示的开模方向，选中保持现有的单选项。

说明：图 12.5 所示的开模方向可以通过单击“检查区域”对话框中的指定脱模方向按钮和“矢量对话框”按钮来更改，本实例在前面定义模具坐标系时已经将开模方向设置好，所以系统会自动识别出产品模型的开模方向。

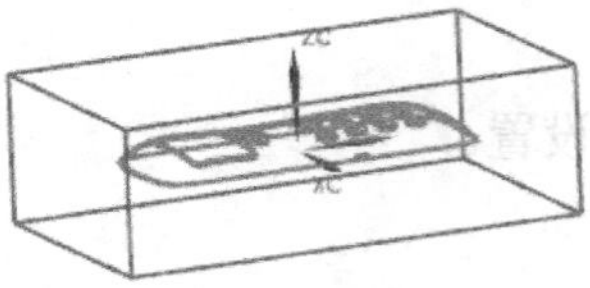

图 12.4　模具工件

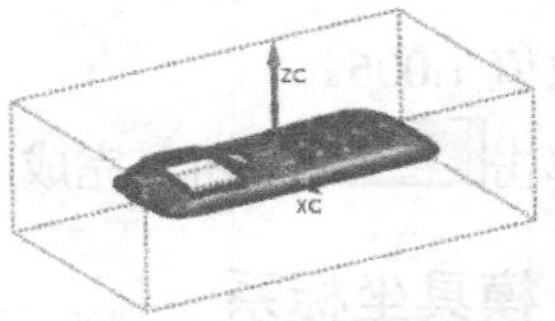

图 12.5　开模方向

Step2. 计算设计区域。在“检查区域”对话框中单击“计算”按钮，系统开始对产品模型进行分析计算。单击面选项卡，可以查看分析结果。

Step3. 设置区域颜色。单击区域选项卡，取消选中内环、分型边和不完整的环 3 个复选框，然后单击“设置区域颜色”按钮，设置各区域的颜色，结果如图 12.6 所示。

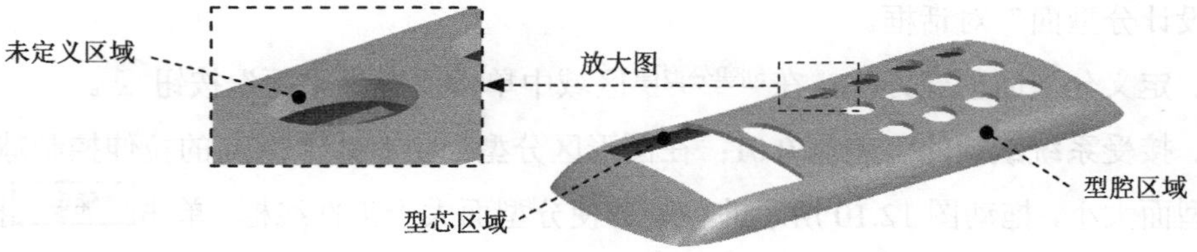

图 12.6 设置区域颜色

Step4. 定义型芯区域。在 未定义的区域 中选中 ☑ 交叉竖直面 复选框，同时加亮未定义的面。在 指派到区域 区域选中 ⊙ 型芯区域 单选项，单击 应用 按钮，系统自动将未定义的区域指派到型芯区域，同时对话框中的 未定义的区域 显示为 0，创建结果如图 12.7 所示。单击 取消 按钮，关闭“检查区域”对话框。

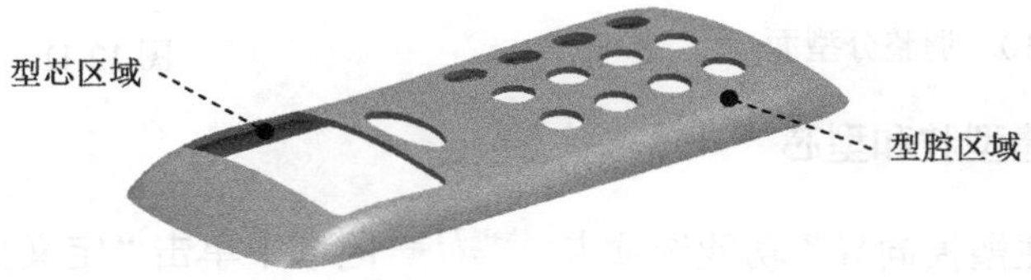

图 12.7 定义区域

Stage2. 创建型腔/型芯区域和分型线

Step1. 在“注塑模向导”功能选项卡 分型刀具 区域中单击“定义区域”按钮，系统弹出“定义区域”对话框。

Step2. 在 设置 区域选中 ☑ 创建区域 和 ☑ 创建分型线 复选框，单击 确定 按钮，完成分型线的创建，如图 12.8 所示。

说明：图 12.8 中将产品体隐藏了。

Stage3. 创建曲面补片

Step1. 在“注塑模向导”功能选项卡 分型刀具 区域中单击“曲面补片”按钮，系统弹出“边补片”对话框。

Step2. 在 类型 下拉列表中选择 体 选项，然后在图形区中选取产品实体。

Step3. 单击 确定 按钮，系统自动创建曲面补片，结果如图 12.9 所示。

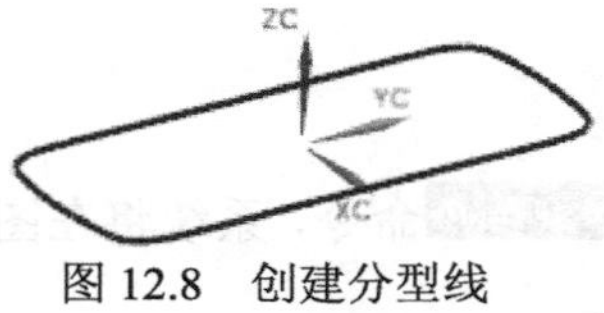

图 12.8 创建分型线

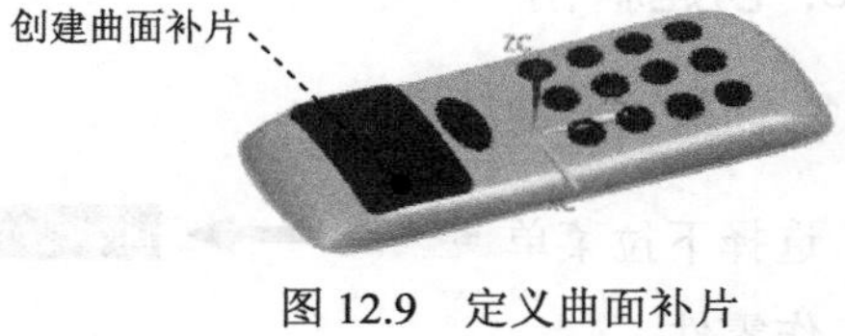

图 12.9 定义曲面补片

Stage4. 创建分型面

Step1. 在“注塑模向导”功能选项卡 分型刀具 区域中单击“设计分型面”按钮，系

统弹出“设计分型面”对话框。

Step2. 定义分型面创建方法。在创建分型面区域中单击“有界平面”按钮。

Step3. 接受系统默认的公差值 0.01；在图形区分型面上有 4 个方向的拉伸控制球，可以调整分型面大小，拖动图 12.10 所示的控制球使分型面大于工件线框，单击确定按钮，完成图 12.11 所示的分型面的创建。

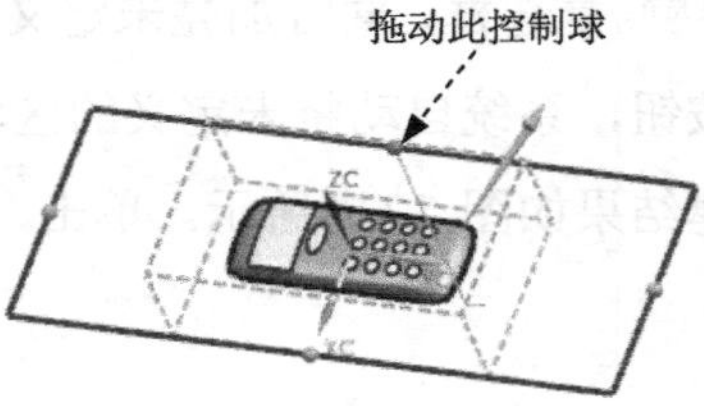

图 12.10　调整分型面

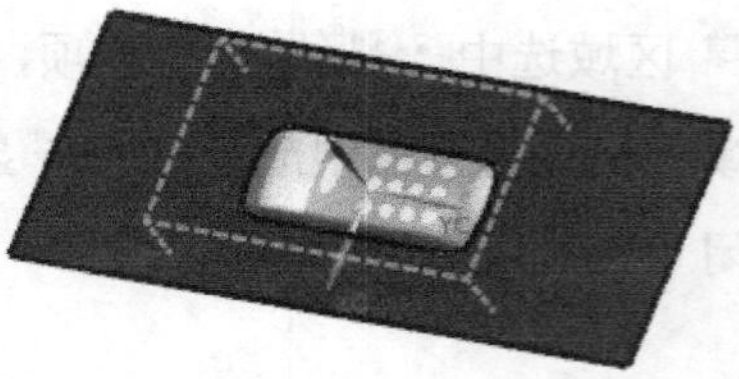

图 12.11　分型面

Stage5. 创建型腔和型芯

Step1. 在“注塑模向导”功能选项卡分型刀具区域中单击“定义型腔和型芯”按钮，系统弹出“定义型腔和型芯”对话框。

Step2. 自动创建型腔和型芯。在“定义型腔和型芯”对话框中选取选择片体区域下的所有区域选项，单击确定按钮，系统弹出“查看分型结果”对话框，并在图形区显示出创建的型腔，单击确定按钮，系统再一次弹出“查看分型结果”对话框；单击确定按钮，关闭对话框。

Step3. 查看创建的型腔和型芯。选择下拉菜单窗口(O) → phone_cover_mold_cavity_002.prt 命令，系统显示型腔工作零件，如图 12.12 所示；选择下拉菜单窗口(O) → phone_cover_mold_core_006.prt 命令，系统显示型芯工作零件，如图 12.13 所示。

图 12.12　型腔零件

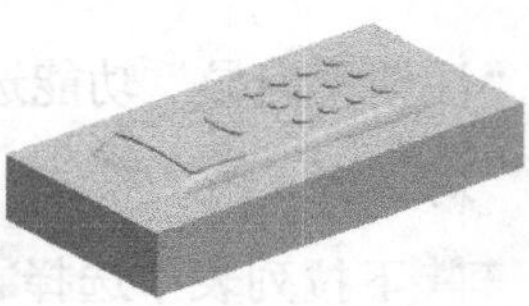

图 12.13　型芯零件

Task5. 创建斜销

Stage1. 创建拉伸特征

Step1. 选择下拉菜单窗口(O) → phone_cover_mold_core_006.prt 命令，系统将在图形区中显示出型芯工作零件。

Step2. 选择命令。在应用模块功能选项卡设计区域单击建模按钮，进入到建模环境中。

说明： 如果此时系统已经处在建模环境下，用户则不需要进行此步操作。

Step3. 创建拉伸特征。选择下拉菜单 插入(S) → 设计特征(E) → 拉伸(E)... 命令（或单击按钮），系统弹出“拉伸”对话框。选取如图 12.14 所示的平面为草图平面，绘制如图 12.15 所示的截面草图；在 方向 下拉列表中选中 -YC 选项；在 限制 区域的 开始 下拉列表中选择 值 选项，并在其下方的 距离 文本框中输入数值 0，在 结束 下拉列表中选择 直至延伸部分 选项，选取如图 12.16 所示的面；在 布尔 区域中选择 无 选项；单击 < 确定 > 按钮，完成如图 12.17 所示的拉伸特征的创建。

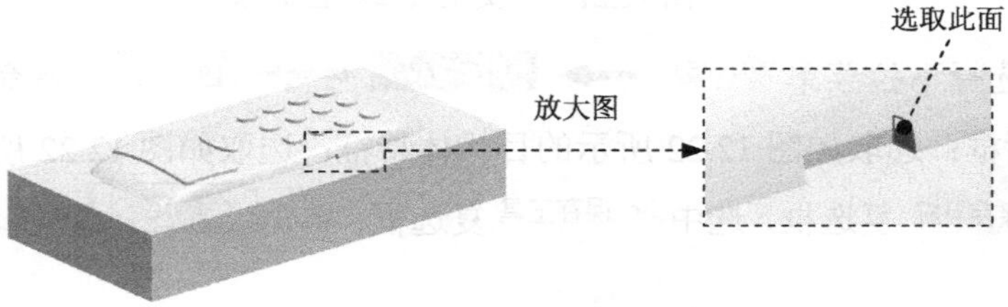

图 12.14　定义草图平面

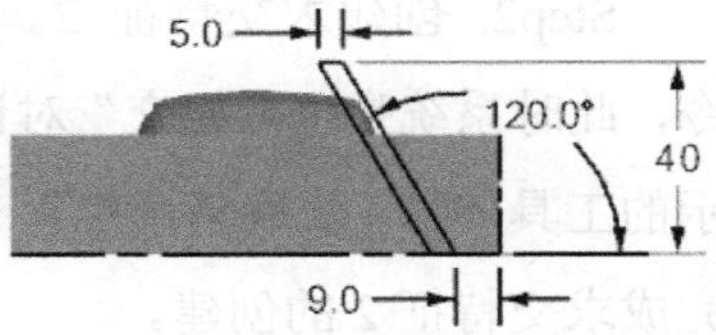

图 12.15　截面草图

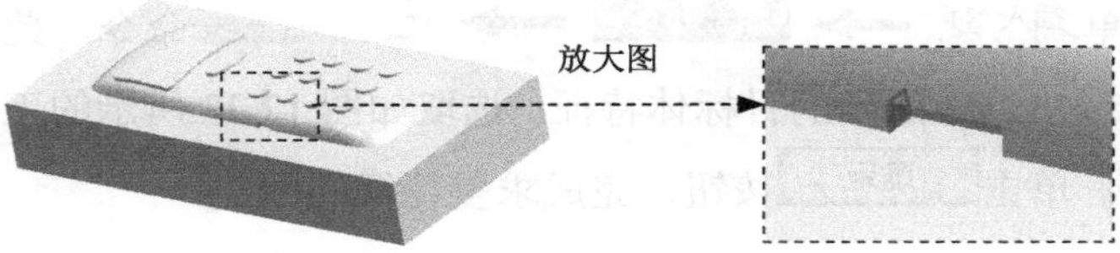

图 12.16　定义延伸对象

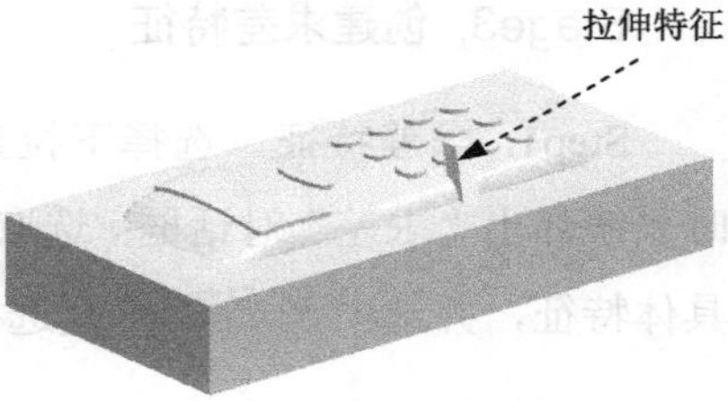

图 12.17　拉伸特征

Step4. 镜像特征。选择下拉菜单 插入(S) → 基准/点(D) → 基准平面(D)... 命令，系统弹出“基准平面”对话框；在 类型 下拉列表中选择 二等分 选项，选取如图 12.18 所示的模型表面，创建如图 12.18 所示的基准平面；选择下拉菜单 插入(S) → 关联复制(A) → 镜像特征(M)... 命令，此时系统弹出“镜像特征”对话框；选取如图 12.19 所示的镜像特征；在 镜像平面 区域的 平面 下拉列表中选择 现有平面 选项，选取如图 12.19 所示的镜像平面；单击 确定 按钮，完成镜像特征的创建，结果如图 12.20 所示。

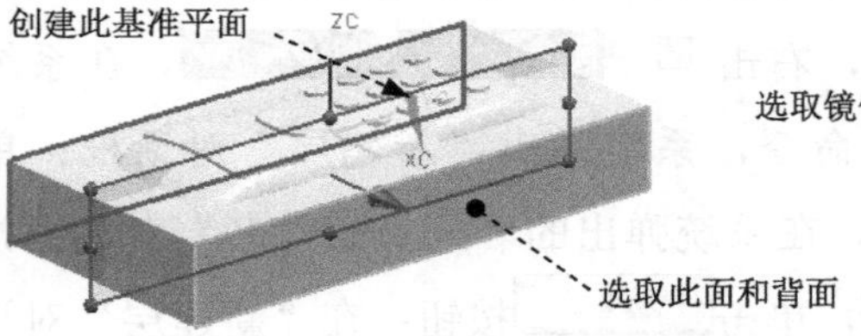

图 12.18　创建基准平面

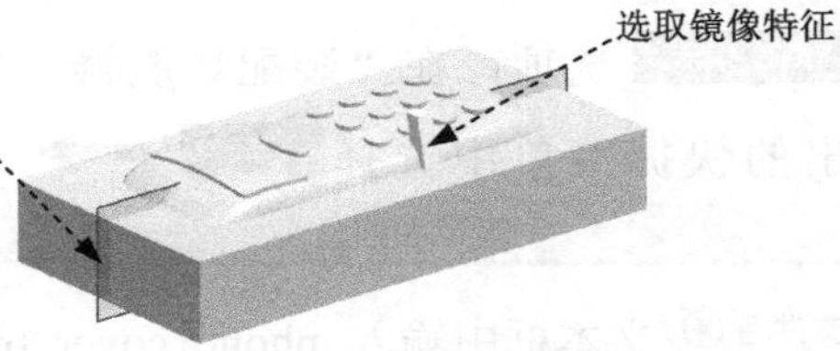

图 12.19　选取镜像特征和镜像平面

Stage2. 创建求交特征

Step1. 创建求交特征 1。选择下拉菜单 插入(S) → 组合(B) ▸ → 相交(I)... 命令，此时系统弹出“相交”对话框；选取如图 12.21 所示的目标体特征；选取如图 12.21 所示的工具体特征，取消选中 □ 保存目标 复选框，选中 ☑ 保存工具 复选框；单击 < 确定 > 按钮，完成求交特征 1 的创建。

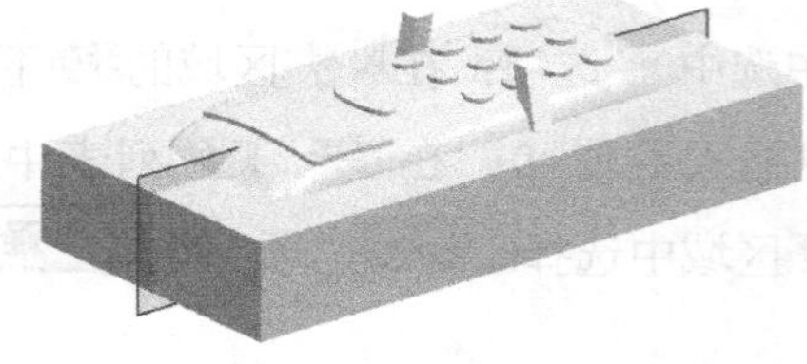

图 12.20　镜像特征

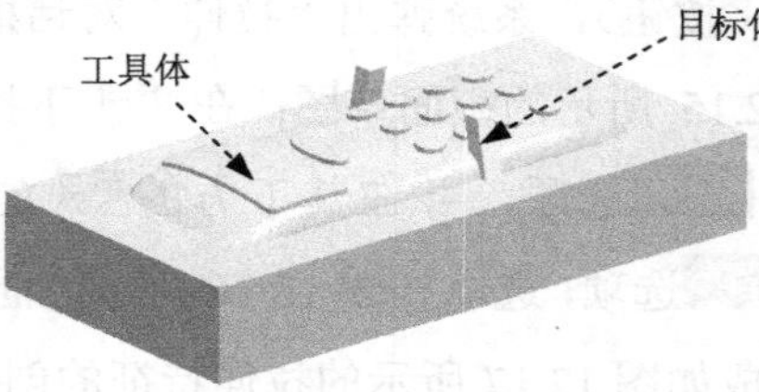

图 12.21　定义工具体和目标体

Step2. 创建求交特征 2。选择下拉菜单 插入(S) → 组合(B) ▸ → 相交(I)... 命令，此时系统弹出“相交”对话框；选取如图 12.22 所示的目标体特征；选取如图 12.22 所示的工具体特征，取消选中 □ 保存目标 复选框，选中 ☑ 保存工具 复选框；单击 < 确定 > 按钮，完成求交特征 2 的创建。

Stage3. 创建求差特征

Step1. 求差特征。选择下拉菜单 插入(S) → 组合(B) ▸ → 减去(S)... 命令，此时系统弹出“求差”对话框；选取如图 12.23 所示的目标体特征；选取如图 12.23 所示的工具体特征，并选中 ☑ 保存工具 复选框；单击 < 确定 > 按钮，完成求差特征的创建。

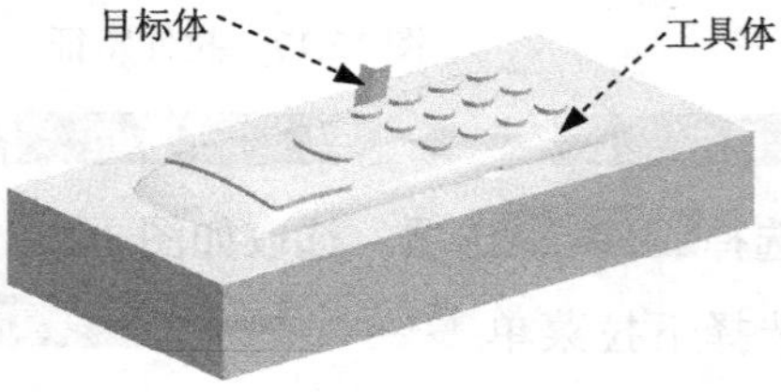

图 12.22　定义工具体和目标体（一）

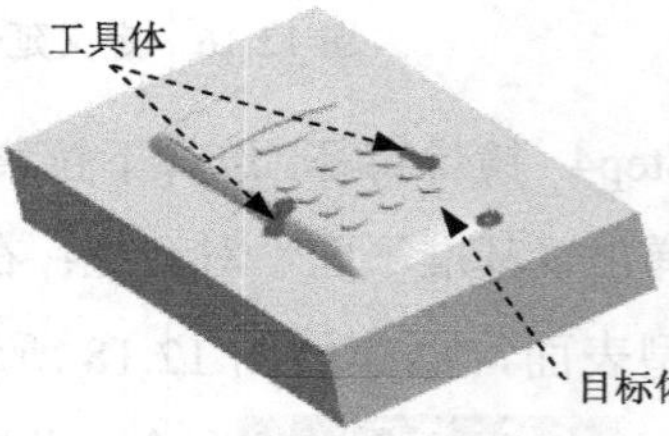

图 12.23　定义工具体和目标体（二）

Step2. 将斜销 1 转换为型芯的子零件。单击“装配导航器”中的 选项卡，系统弹出“装配导航器”界面，在界面空白处右击，然后在弹出的菜单快捷中选择 WAVE 模式 选项；在“装配导航器”界面中，右击 ☑ phone_cover_mold_core_006，在系统弹出的快捷菜单中选择 WAVE ▸ → 新建层 命令，系统弹出“新建层”对话框；单击 指定部件名 按钮，在系统弹出的“选择部件名”对话框，在 文件名(N): 文本框中输入 phone_cover_pin01.prt，单击 OK 按钮；在“新建层”对话框中单击 类选择 按钮，选取如图 12.24 所示的斜销特征，单击 确定 按钮，系统返回至“新建层”对话框；单击 确定 按钮，此时在“装配导航器”界面中显示出刚创建的斜销的名称。

Step3. 参照 Step2 的方法，将斜销 2 转换为型芯子零件，如图 12.25 所示，将其命名为

phone_cover_pin02.prt。

Step4. 移动至图层。单击“装配导航器”中的选项卡，取消选中□ phone_cover_pin01和□ phone_cover_pin02部件；选取如图 12.24 和图 12.25 所示的斜销；选择下拉菜单格式(R) ➡ 移动至图层(M)...命令，系统弹出“图层移动”对话框；在目标图层或类别文本框中输入数值 10，单击确定按钮，退出“图层移动”对话框；单击“装配导航器”中的选项卡，选中☑ phone_cover_pin01和☑ phone_cover_pin02部件。

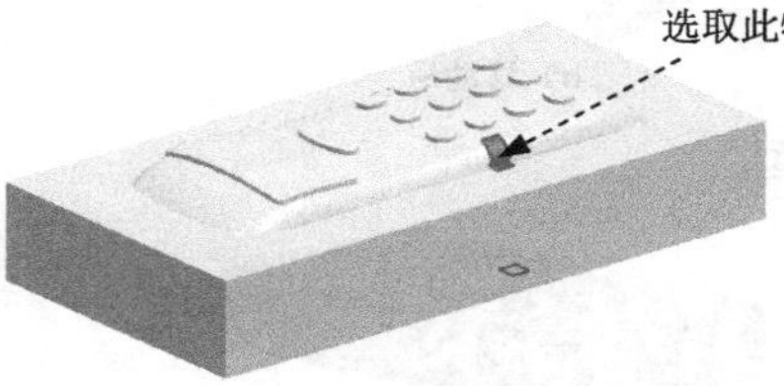

图 12.24　创建子零件 1

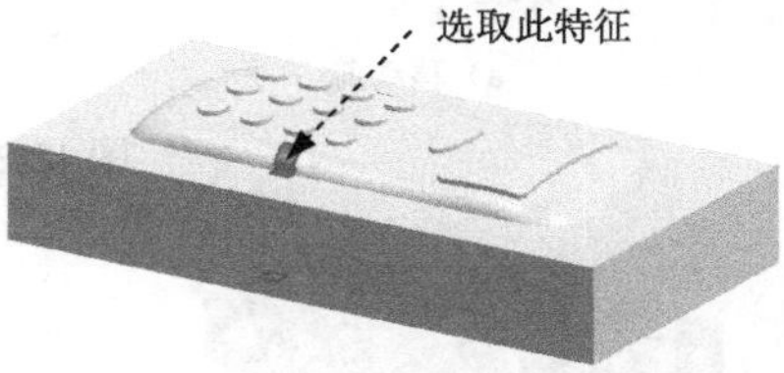

图 12.25　创建子零件 2

Task6. 创建模具爆炸视图

Step1. 移动型腔。

（1）创建爆炸图。选择下拉菜单窗口(O) ➡ phone_cover_top_000.prt命令，在装配导航器中将部件转换成工作部件；选择下拉菜单装配(A) ➡ 爆炸图(X) ➡ 新建爆炸(N)...命令，系统弹出“新建爆炸”对话框，接受系统默认的名称，单击确定按钮。

（2）编辑爆炸图。选择下拉菜单装配(A) ➡ 爆炸图(X) ➡ 编辑爆炸(E)...命令，系统弹出“编辑爆炸”对话框；选取如图 12.26a 所示的型腔元件；在对话框中，选中⊙ 移动对象单选项，沿 Z 轴正方向移动 100mm，按 Enter 键确认，结果如图 12.26b 所示。

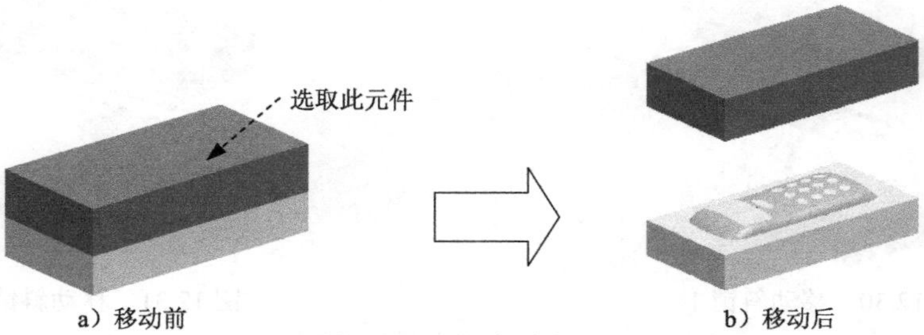

a）移动前　　b）移动后

图 12.26　移动型腔

Step2. 移动产品模型。在对话框中单击⊙ 选择对象单选项，选取如图 12.27a 所示的产品模型，取消选中型腔元件，再选中⊙ 移动对象单选项，沿 Z 轴正方向移动 50mm，按 Enter 键确认，结果如图 12.27b 所示。

Step3. 移动斜销 1。在对话框中单击⊙ 选择对象单选项，选取如图 12.28 所示的斜销 1，取消选中产品模型，再选中⊙ 只移动手柄单选项，选取动态坐标系 XZ 面上的“手柄”，如图 12.29 所示，在角度文本框中输入数值-30，然后单击 Enter 键；再选中⊙ 移动对象单选项，沿 Z 轴正方向移动 35mm，按 Enter 键确认，结果如图 12.30 所示。

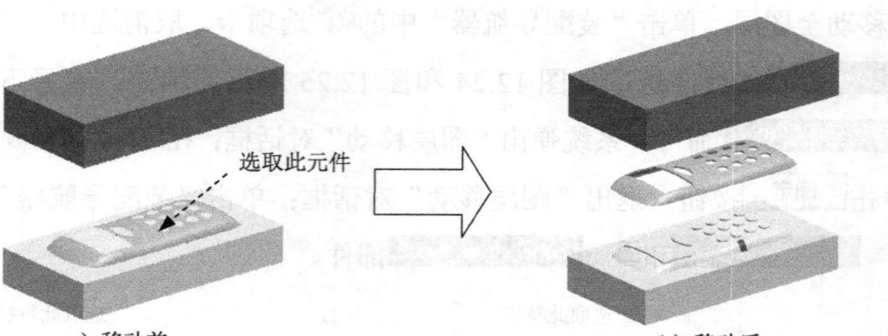

图 12.27　移动产品模型

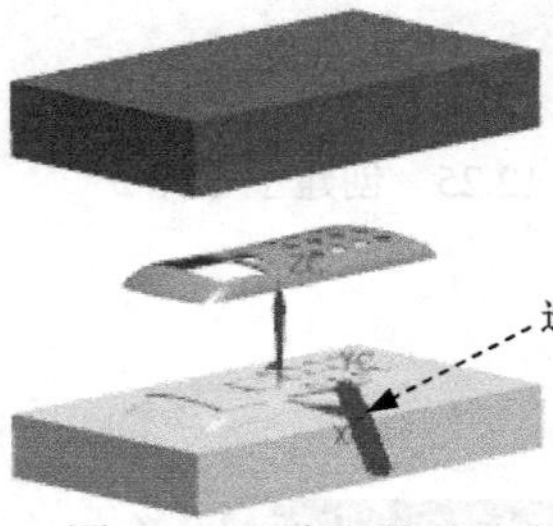

图 12.28　选取移动对象斜销 1

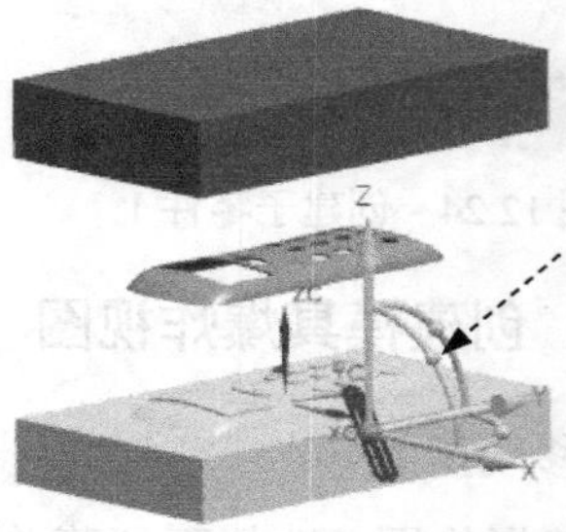

图 12.29　定义旋转角度

Step4. 移动斜销 2。在对话框中单击 选择对象 单选项，选取的斜销 2，取消选中斜轴 1 模型，再选中 只移动手柄 单选项，选取动态坐标系 XZ 面上的“手柄”，在 角度 文本框中输入数值 30，然后单击 Enter 键；再选中 移动对象 单选项，沿 Z 轴正方向移动 35mm，按 Enter 键确认，结果如图 12.31 所示。

图 12.30　移动斜销 1

图 12.31　移动斜销 2

Step5. 保存文件。选择下拉菜单 文件(F) → 保存(S) → 全部保存(V) 命令，保存所有文件。

实例13 含破孔的模具设计

本实例将介绍一个含有破孔的模具的设计（图 13.1）。在该模具的分型过程中，填充破孔的技巧值得大家认真学习。在完成本实例的学习后，希望读者能够熟练掌握带多个破孔的产品模具的分模技巧。下面介绍该模具的设计过程。

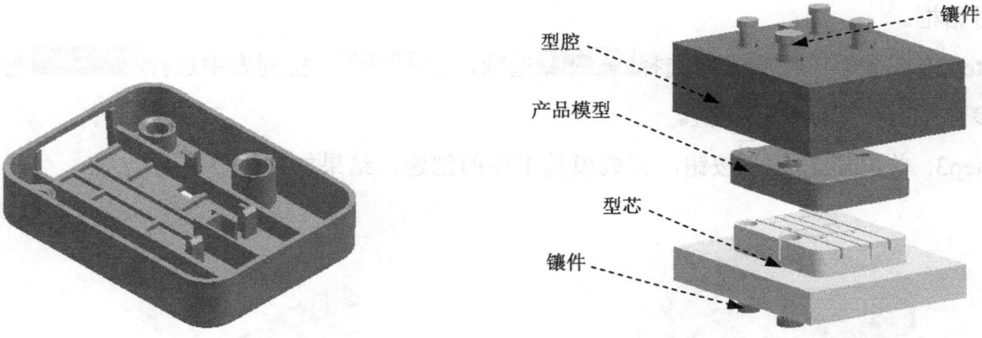

a）　　b）

图 13.1　含有破孔的模具的设计

Task1. 初始化项目

Step1. 加载模型。在“注塑模向导”功能选项卡中单击“初始化项目”按钮，系统弹出“部件名”对话框，选择 D:\ug12.6\work\ch13\housing.prt，单击 OK 按钮，调入模型，系统弹出“初始化项目”对话框。

Step2. 定义项目单位。在项目单位下拉列表中选择毫米选项。

Step3. 设置项目路径和名称。接受系统默认的项目路径，在 Name 文本框中输入 housing_mold。

Step4. 单击 确定 按钮，完成项目路径和名称的设置。

Task2. 模具坐标系

锁定模具坐标系。在“注塑模向导”功能选项卡 主要 区域中单击“模具坐标系”按钮，系统弹出“模具坐标系”对话框；选中 ⊙ 当前 WCS 单选项；单击 确定 按钮，完成坐标系的定义，如图 13.2 所示。

Task3. 设置收缩率

Step1. 定义收缩率类型。在“注塑模向导”功能选项卡 主要 区域中单击“收缩”按钮，高亮显示产品模型，同时系统弹出“缩放体”对话框；在类型下拉列表中选择 均匀 选项。

Step2. 定义缩放体和缩放点。接受系统默认的参数设置值。

Step3. 定义缩放体因子。在比例因子区域的均匀文本框中输入数值 1.006。

Step4. 单击确定按钮，完成收缩率的设置。

Task4. 创建模具工件

Step1. 在“注塑模向导”功能选项卡主要区域中单击“工件”按钮，系统弹出“工件”对话框。

Step2. 在类型下拉列表中选择产品工件选项，在工件方法下拉列表中选择用户定义的块选项，其他参数采用系统默认设置值。

Step3. 单击< 确定 >按钮，完成模具工件的创建，结果如图 13.3 所示。

图 13.2 坐标系的定义

图 13.3 创建后的模具工件

Task5. 创建曲面补片

Step1. 创建曲面补片。在“注塑模向导”功能选项卡注塑模工具区域中单击“曲面补片”按钮，此时系统弹出“边补片”对话框；在遍历环区域取消选中□ 按面的颜色遍历复选框，依次选取如图 13.4 所示的轮廓曲线，单击确定按钮，系统将自动生成如图 13.5 所示的片体曲面。

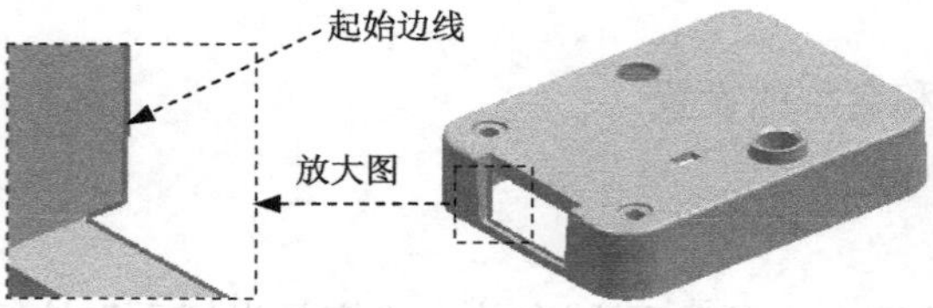

图 13.4 轮廓曲线

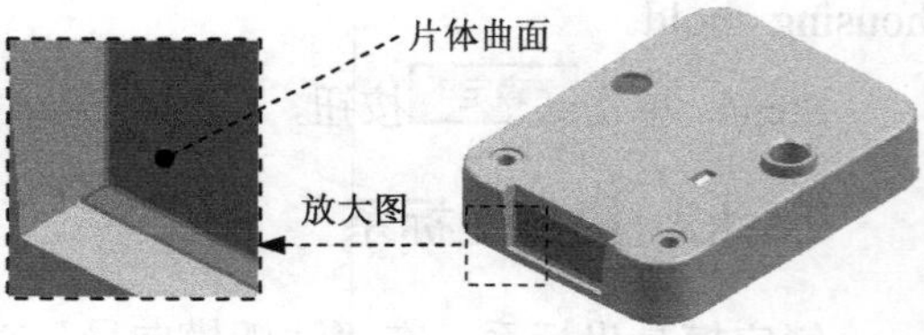

图 13.5 片体曲面

Step2. 创建拆分面 1。

（1）选取命令。在“注塑模向导”功能选项卡注塑模工具区域中单击“拆分面”按钮，系统弹出“拆分面”对话框。

（2）选取被拆分面。在类型下拉列表中选取曲线/边选项。然后选取图 13.6 所示的面为拆分对象。

（3）定义分割对象。单击“添加直线”按钮，系统弹出“直线”对话框；选取如图 13.7 所示的点 1 和点 2，单击< 确定 >按钮。系统返回“拆分面”对话框；单击< 确定 >按钮，完成拆分面 1 的创建。

说明：若选不到点时，可直接选取点所在的边线。

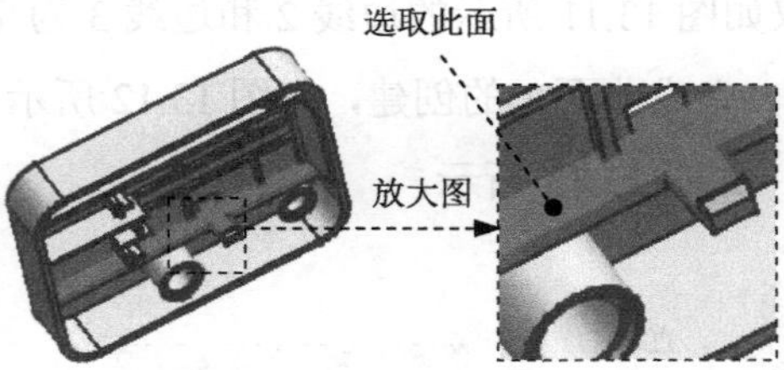

图 13.6 定义拆分面 1

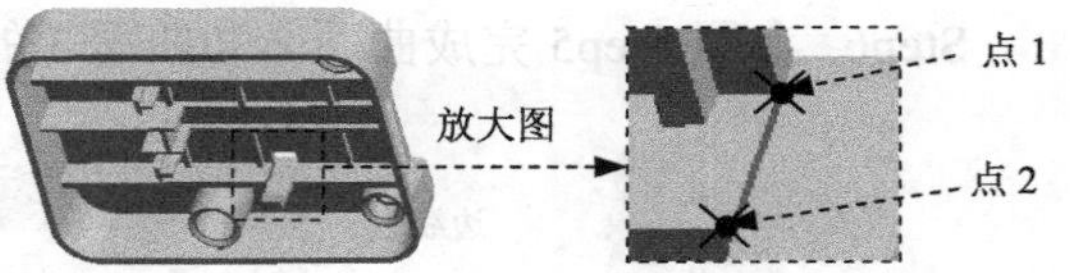

图 13.7 定义点（一）

Step3. 创建如图 13.8 所示的拆分面 2。

（1）选取命令。在“注塑模向导”功能选项卡 注塑模工具 区域中单击“拆分面”按钮，系统弹出“拆分面”对话框。

（2）选取被拆分面。在“拆分面”对话框的类型下拉列表中选取 曲线/边 选项。然后选取如图 13.8 所示的面为拆分对象。

（3）定义分割对象。在“拆分面”对话框中单击“添加直线”按钮，系统弹出“直线”对话框；选取如图 13.9 所示的点 1 和点 2，单击 < 确定 > 按钮。系统返回“拆分面”对话框；单击 < 确定 > 按钮，完成拆分面 2 的创建。

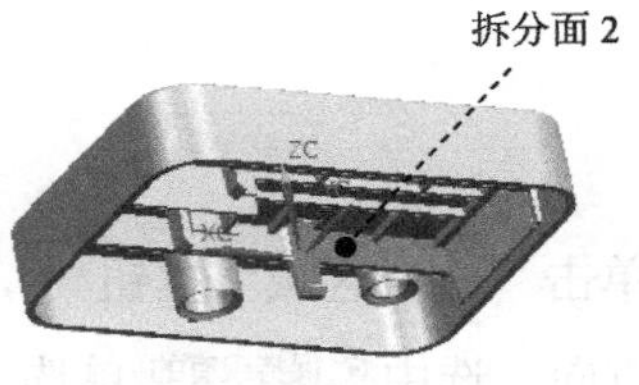

图 13.8 创建拆分面 2

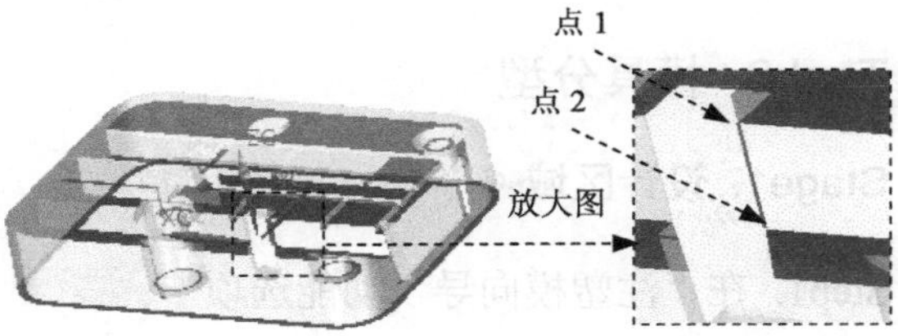

图 13.9 定义点（二）

Step4. 创建直线。选择下拉菜单 插入(S) → 曲线(C) → 直线(L)... 命令，系统弹出“直线”对话框；选取如图 13.10 所示的点 1 和点 2 分别为起始点和终止点，单击对话框中的 应用 按钮，完成直线 1 的创建；选取如图 13.10 所示的点 3 和点 4 分别为起始点和终止点；单击 < 确定 > 按钮，完成直线 2 的创建。结果如图 13.10 所示。

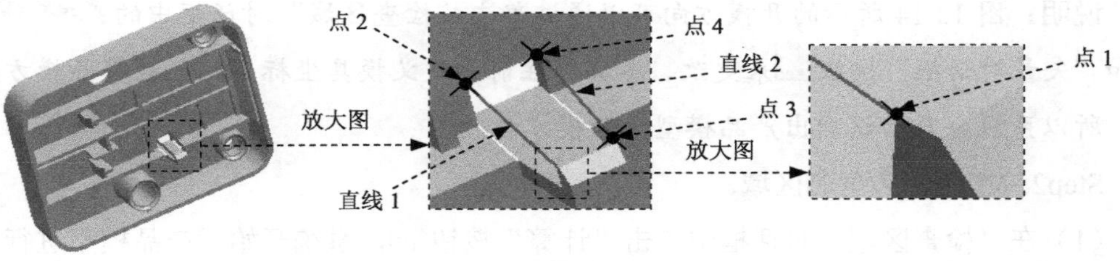

图 13.10 创建直线

Step5. 创建曲面 1。选择下拉菜单 插入(S) → 网格曲面(M) → 通过曲线网格(M)... 命令，系统弹出“通过曲线网格”对话框；将曲线选择范围确定为“单条曲线”。选取如图 13.11 所示的边线 1 为一条主曲线，单击中键，选取直线 1 为另一条主曲线，再单击中键确认；单击 交叉曲线 区域的“选择曲线”按钮，选取如图 13.11 所示的边线 2 和边线 3 为交叉曲线，并分别单击中键确认；单击 < 确定 > 按钮，完成曲面 1 的创建，如图 13.12 所示。

Step6. 参照 Step5 完成曲面 2 和曲面 3 的创建，如图 13.13 所示。

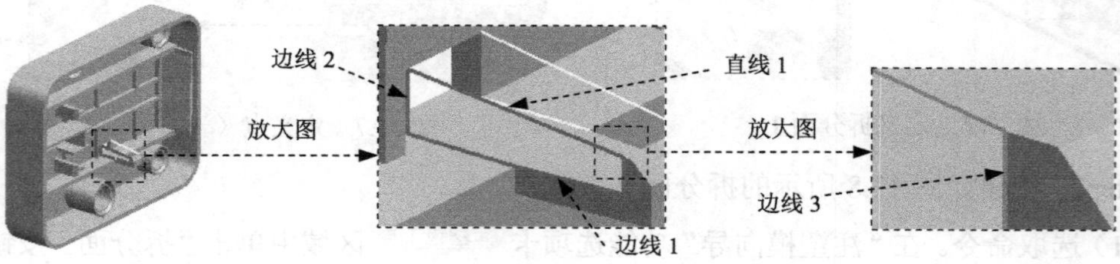

图 13.11 定义主曲线和交叉曲线

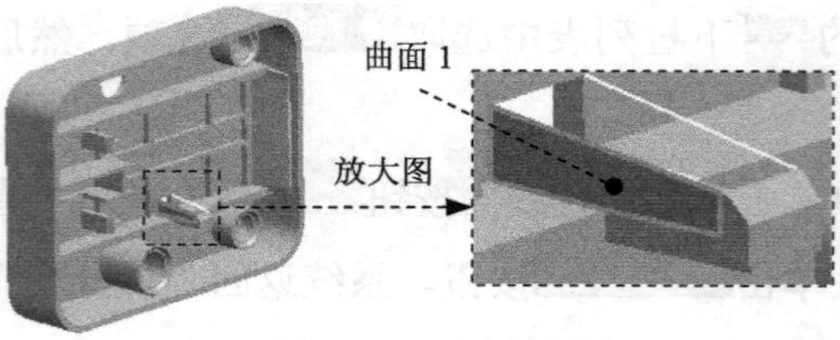

图 13.12 创建曲面 1

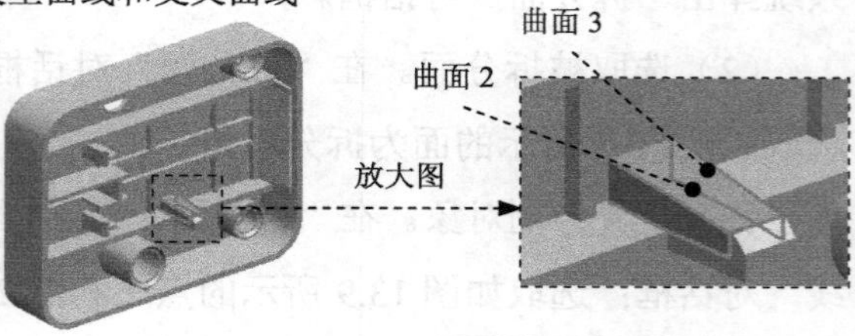

图 13.13 创建曲面 2 和 3

Task6. 模具分型

Stage1. 设计区域

Step1. 在“注塑模向导”功能选项卡 分型刀具 区域中单击“检查区域”按钮，系统弹出“检查区域”对话框，并显示如图 13.14 所示的开模方向，选中 ⊙ 保持现有的 单选项。

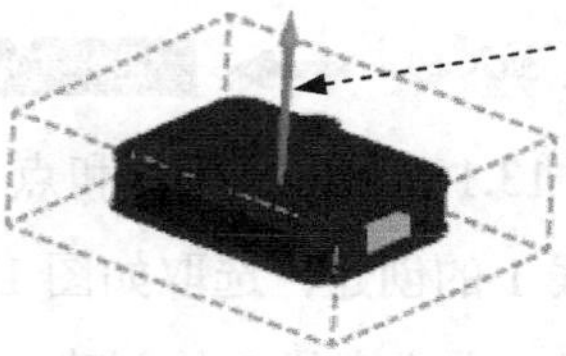

图 13.14 开模方向

说明：图 13.14 所示的开模方向可以通过单击“检查区域”对话框中的 指定脱模方向 按钮和“矢量对话框”按钮来更改，本实例在前面定义模具坐标系时已经将开模方向设置好，所以系统会自动识别出产品模型的开模方向。

Step2. 定义型腔/型芯区域。

（1）在“检查区域”对话框中单击“计算”按钮，系统开始对产品模型进行分析计算。单击“检查区域”对话框中的 面 选项卡，可以查看分析结果。

（2）在“检查区域”对话框中单击 区域 选项卡，取消选中 ☐ 内环、☐ 分型边 和 ☐ 不完整的环三个复选框，然后单击“设置区域颜色”按钮，设置各区域的颜色。

（3）在未定义的区域区域中选中☑交叉竖直面复选框，此时系统将所有的未定义区域面加亮显示；在指派到区域区域中选中⊙型腔区域单选项，单击应用按钮，此时系统将加亮显示的未定义区域面指派到型腔区域，结果如图 13.15 所示。

（4）在指派到区域区域中选中⊙型芯区域单选项，选取的图 13.16 所示的曲面，单击应用按钮，此时系统将加亮显示的未定义区域面指派到型芯区域；接受系统默认的其他参数设置值，单击取消按钮，关闭“检查区域”对话框。

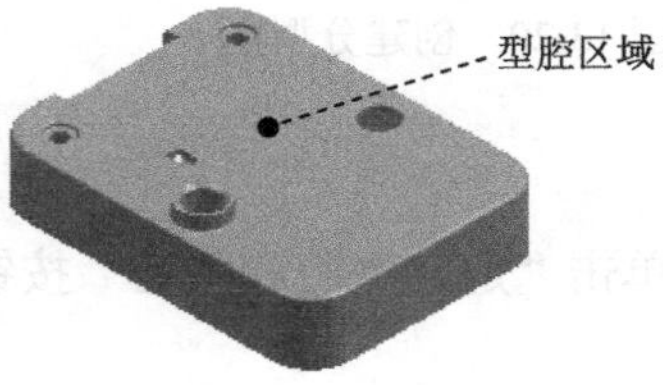

图 13.15 型腔区域

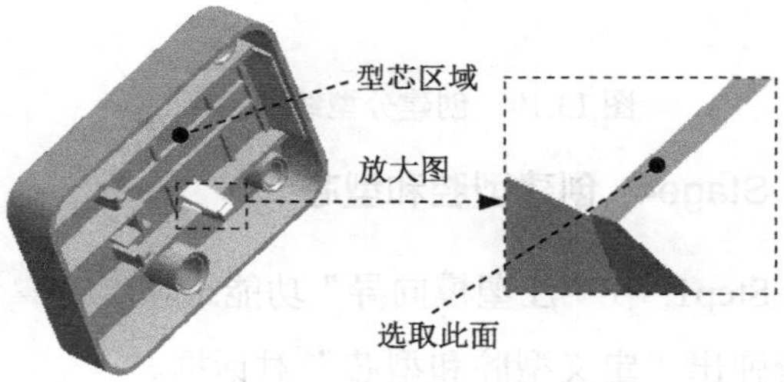

图 13.16 型芯区域

Step3. 将创建的曲面添加为注塑模向导识别的分型面。在“注塑模向导”功能选项卡注塑模工具区域中单击“编辑分型面和曲面补片”按钮，系统弹出“编辑分型面和曲面补片”对话框；选取图 13.17 所示的曲面（前面创建的曲面），单击确定按钮，创建曲面补片（一）。

Step4. 创建曲面补片（二）。在“注塑模向导”功能选项卡分型刀具区域中单击“曲面补片”按钮，系统弹出“边补片”对话框；在类型下拉列表中选择体选项，然后在图形区中选择产品实体；单击确定按钮，系统自动创建曲面补片，结果如图 13.18 所示。

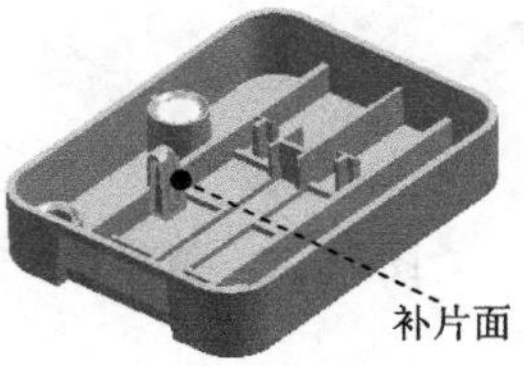

图 13.17 创建曲面补片（一）

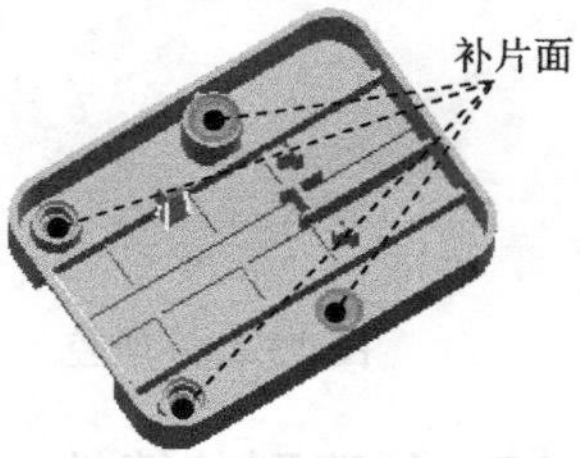

图 13.18 创建曲面补片（二）

Stage2. 创建分型线

Step1. 在“注塑模向导”功能选项卡分型刀具区域中单击“定义区域”按钮，系统弹出“定义区域”对话框。

Step2. 在设置区域选中☑创建区域和☑创建分型线复选框，单击确定按钮，完成分型线的创建。隐藏产品后的结果如图 13.19 所示。

Stage3. 创建分型面

Step1. 在“注塑模向导”功能选项卡分型刀具区域中单击“设计分型面”按钮，系统弹出“设计分型面”对话框。

Step2. 定义分型面创建方法。在创建分型面区域中单击“有界平面”按钮。

Step3. 定义分型面大小。拖动分型面的宽度方向控制按钮，使分型面大小超过工件大小，单击确定按钮，结果如图 13.20 所示。

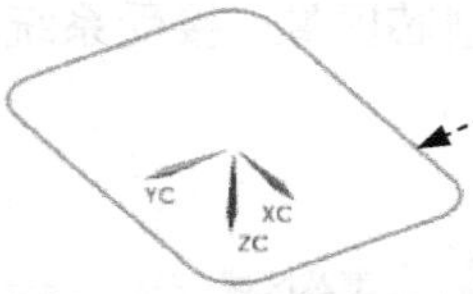

图 13.19 创建分型线

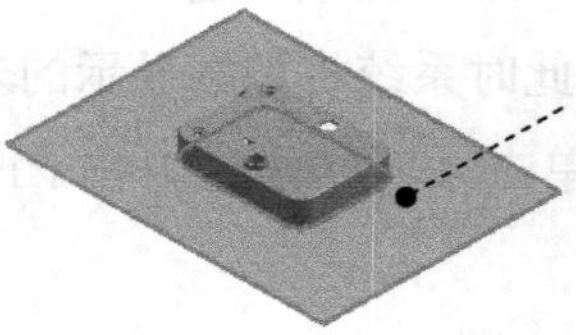

图 13.20 创建分型面

Stage4. 创建型腔和型芯

Step1. 在“注塑模向导”功能选项卡分型刀具区域中单击“定义型腔和型芯”按钮，系统弹出“定义型腔和型芯”对话框。

Step2. 自动创建型腔和型芯。选取选择片体区域下的所有区域选项，单击确定按钮，系统弹出“查看分型结果”对话框，并在图形区显示出创建的型腔，单击确定按钮，系统再一次弹出“查看分型结果”对话框；单击确定按钮，关闭对话框。

Step3. 查看创建的型腔和型芯。选择下拉菜单窗口(O) → housing_mold_cavity_002.prt命令，将型腔零件显示出来，结果如图 13.21 所示；选择下拉菜单窗口(O) → 1. housing_mold_core_006.prt命令，将型芯零件显示出来，结果如图 13.22 所示。

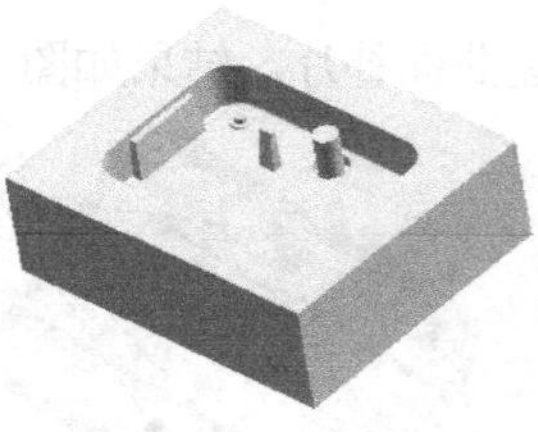

图 13.21 型腔

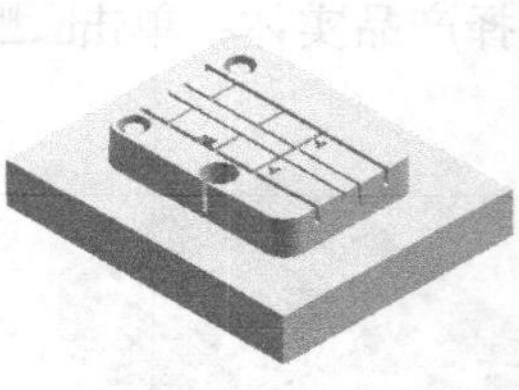

图 13.22 型芯

Task7. 创建型芯镶件

Step1. 创建拉伸特征。

(1) 选择下拉菜单插入(S) → 设计特征(E) → 拉伸(E)...命令（或单击按钮），系统弹出“拉伸”对话框。

(2) 选取如图 13.23 所示的三条边链为拉伸截面。

(3) 在*指定矢量下拉列表中选择-ZC选项；在限制区域的开始下拉列表中选择值选项，并在其下方的距离文本框中输入数值-20；在限制区域的结束下拉列表中选择值选项，并在其下方的距离文本框中输入数值 60。

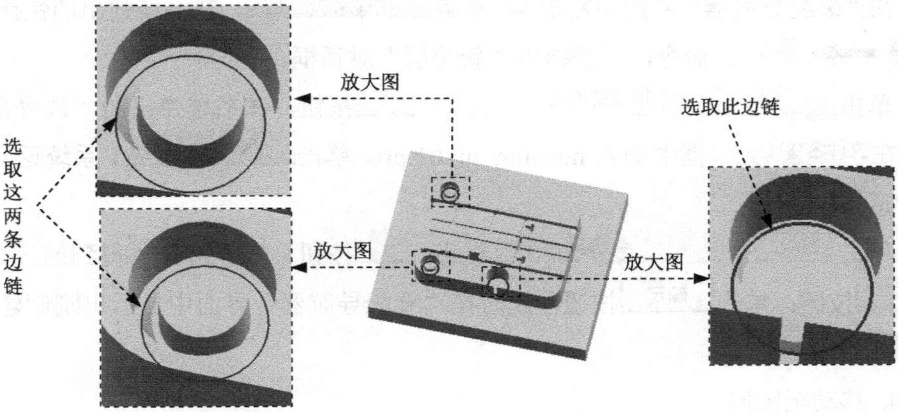

图 13.23 定义拉伸截面

（4）在布尔区域的布尔下拉列表中选择无，其他参数采用系统默认设置值；在设置区域的体类型下拉列表中选择片体选项；单击< 确定 >按钮，完成拉伸特征的创建；结果如图 13.24 所示。

Step2. 创建拆分体。选择下拉菜单插入(S) ➡ 修剪(T) ▸ ➡ 拆分体(P)...命令，系统弹出“拆分体”对话框；选取如图 13.25 所示的型芯为目标体，单击* 选择面或平面 (0)按钮，选取如图 13.25 所示的工具面；单击确定按钮，完成拆分体特征的创建，结果如图 13.26 所示。

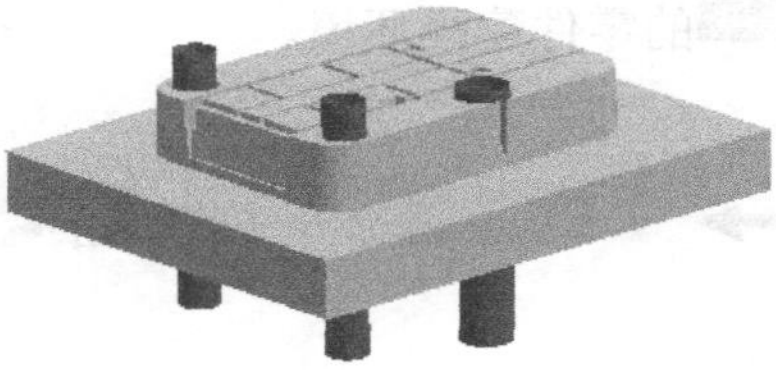

图 13.24 拉伸特征

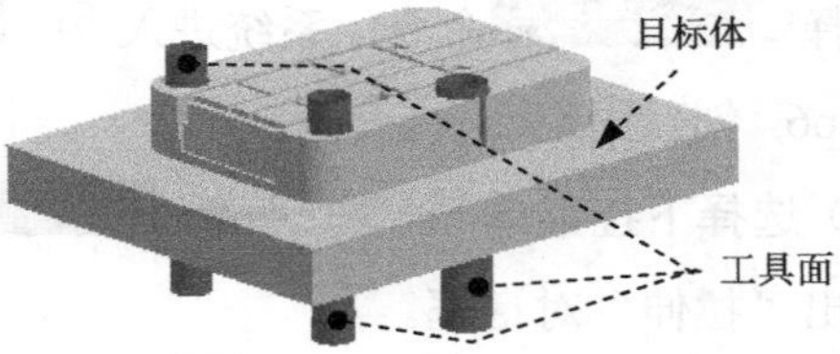

图 13.25 定义拆分对象

说明：完成拆分体的创建后，隐藏 Step1 创建的拉伸曲面，并将选取范围更改为“实体”，隐藏型芯后的结果如图 13.27 所示。

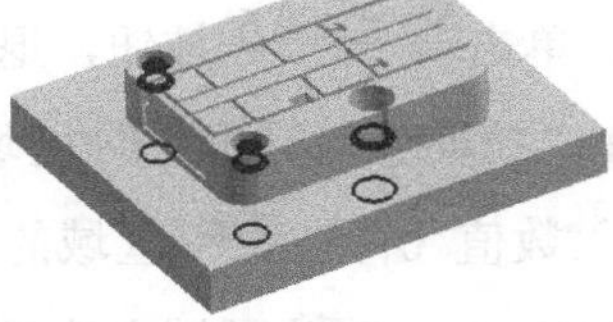

图 13.26 拆分体特征

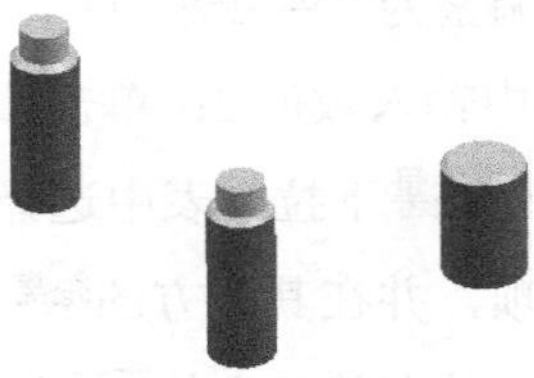

图 13.27 型芯镶件

Step3. 将镶件转化为型芯的子零件。

（1）单击“装配导航器”中的选项卡，系统弹出“装配导航器”界面，在该界面空白处右击，然后在系统弹出的快捷菜单中选择WAVE 模式选项。

（2）在“装配导航器”界面中右击☑housing_mold_core_006，在系统弹出的快捷菜单中选择WAVE▸ ➡ 新建层命令，系统弹出“新建层”对话框。

（3）单击指定部件名按钮，在系统弹出的“选择部件名”对话框，在文件名(N):文本框中输入 housing_pin01.prt，单击OK按钮，系统返回至“新建层”对话框。

（4）单击类选择按钮，选择拆分体得到的三个镶件，单击确定按钮；单击确定按钮，此时在“装配导航器”界面中显示出刚创建的镶件☑housing_pin01选项。

Step4. 移动至图层。

（1）单击“装配导航器”中的选项卡，在该选项卡中取消选中□housing_pin01部件。

（2）移动至图层。选取前拆分面得到的 3 个镶件实体；选择下拉菜单格式(R) ➡ 移动至图层(M)...命令，系统弹出“图层移动”对话框。

注意：在选择前拆分面得到的 3 个镶件时，在“选择条”的过滤器下拉菜单中选择实体选项。

（3）在目标图层或类别文本框中输入数值 10，单击确定按钮。

（4）单击“装配导航器”中的选项卡，在该选项卡中选中☑housing_pin01部件。

Step5. 将镶件转换为显示部件。在☑housing_pin01选项上右击，在系统弹出的快捷菜单中选择设为显示部件命令，系统进入☑housing_pin01的零件建模环境。

Step6. 创建固定凸台。

（1）选择下拉菜单插入(S) ➡ 设计特征(E) ➡ 拉伸(E)...命令（或单击按钮），系统弹出“拉伸”对话框。

（2）单击“绘制截面”按钮，系统弹出“创建草图”对话框，选取图 13.28 所示的模型表面为草图平面，单击确定按钮，进入草图环境，选择下拉菜单插入(S) ➡ 来自曲线集的曲线(F)▸ ➡ 偏置曲线(V)...命令，系统弹出“偏置曲线”对话框；将选择范围仅在活动草图内调整为仅在工作部件内，选取如图 13.29 所示的曲线为偏置曲线；在偏置区域的距离文本框中输入数值 2；单击确定按钮，单击完成草图按钮，退出草图环境。

（3）在指定矢量下拉列表中选择ZC↑选项，在“拉伸”对话框限制区域的开始下拉列表中选择值选项，并在其下方的距离文本框中输入数值 0；在限制区域的结束下拉列表中选择值选项，并在其下方的距离文本框中输入数值 6；在布尔区域中选择无选项，在“拉伸”对话框中单击<确定>按钮，完成如图 13.30 所示的固定凸台的创建。

说明：在选取偏置曲线时，要单独偏置每一个边线，若方向相反，可单击“反向”按钮，然后单击应用按钮，再选取另一条偏置曲线。

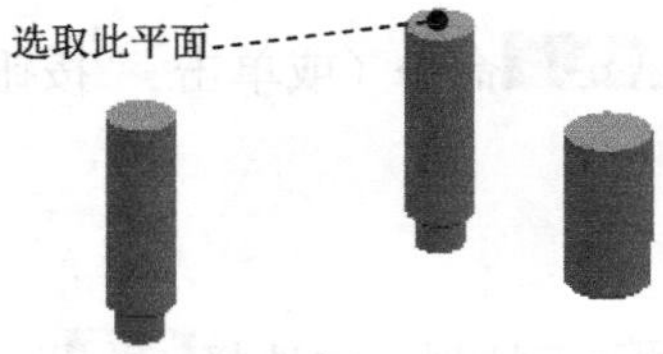

图 13.28 草图平面

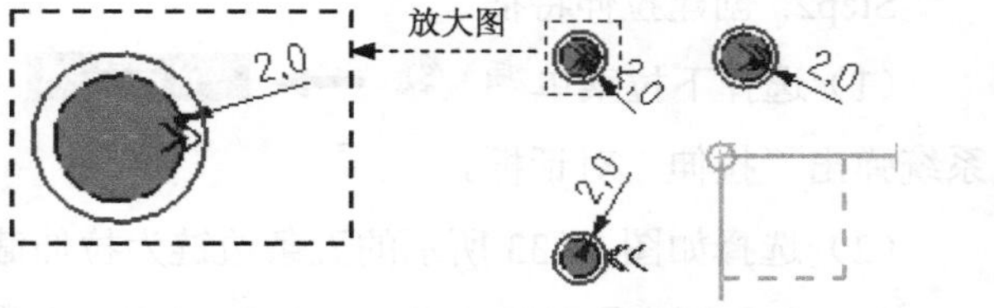

图 13.29 选取偏置曲线

Step7. 创建求和特征。选择下拉菜单 插入(S) → 组合(B) → 合并(U)... 命令，系统弹出“合并”对话框，选取如图 13.30 所示的目标体对象，选取如图 13.30 所示的工具体对象，单击 应用 按钮，完成求和特征的创建，参照以上步骤，创建其他两个求和特征。

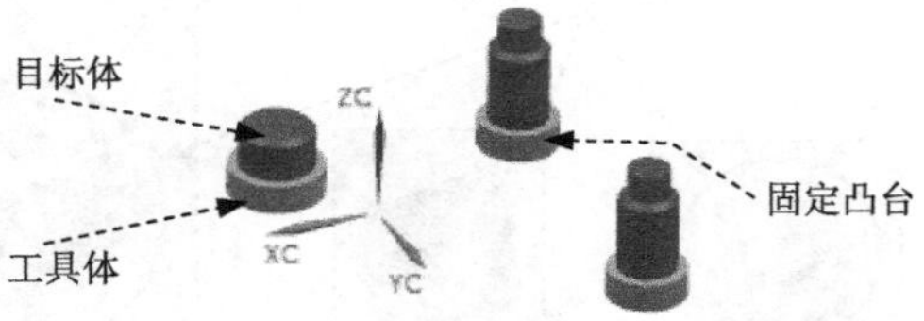

图 13.30 创建固定凸台

Step8. 保存零件。在“快速访问工具条”中单击图标，保存镶件特征。

Step9. 将型芯转换为工作部件。单击“装配导航器”选项卡，系统弹出“装配导航器”界面。在 housing_pin01 选项上右击，在系统弹出的快捷菜单中选择 显示父项 → housing_mold_core_006。在 housing_mold_core_006 选项上右击，在系统弹出的快捷菜单中选择 设为工作部件 命令。

Step10. 创建固定凸台装配避开位。在“注塑模向导”功能选项卡 主要 区域中单击“腔”按钮，系统弹出“开腔”对话框；在 模式 区域的下拉列表中选择 减去材料 选项，选取型芯零件为目标体，单击中键确认；在 刀具 区域的 工具类型 下拉列表中选择 实体 选项，选取如图 13.31 所示的工具体；单击 确定 按钮，完成固定凸台装配避开位的创建，如图 13.32 所示。

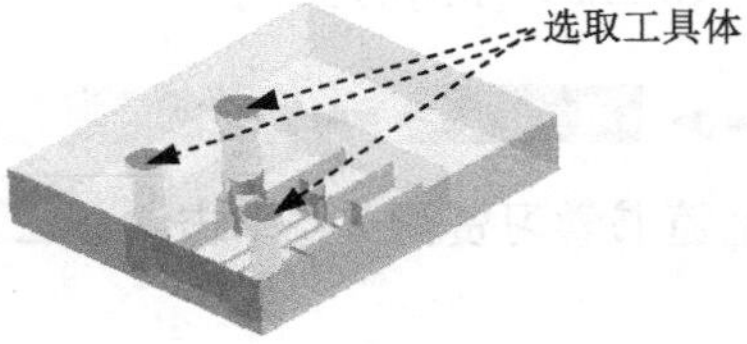

图 13.31 选取工具体

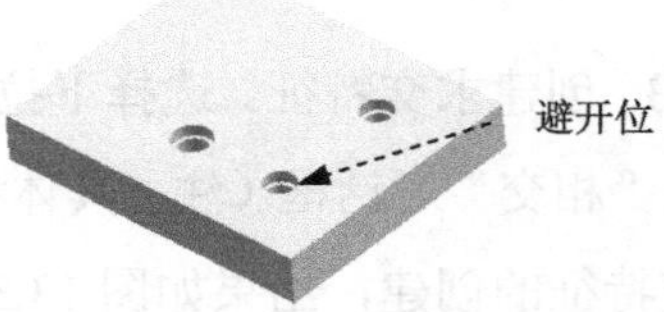

图 13.32 固定凸台装配避开位

Task8. 创建型腔镶件

Step1. 切换窗口。选择下拉菜单 窗口(O) → housing_mold_cavity_002.prt 命令，切换至型腔操作环境。

Step2. 创建拉伸特征。

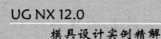

（1）选择下拉菜单 插入(S) → 设计特征(E) → 拉伸(E)... 命令（或单击按钮），系统弹出“拉伸”对话框。

（2）选择如图 13.33 所示的五条边链为拉伸截面。

（3）在 指定矢量 下拉列表中选择 ZC↑ 选项；在 限制 区域的 开始 下拉列表中选择 值 选项，并在其下方的 距离 文本框中输入数值-30；在 限制 区域的 结束 下拉列表中选择 直至延伸部分 选项，选取如图 13.34 所示的平面为直至延伸对象；在 布尔 区域的 布尔 下拉列表中选择 无 选项；单击 < 确定 > 按钮，完成拉伸特征的创建；结果如图 13.35 所示。

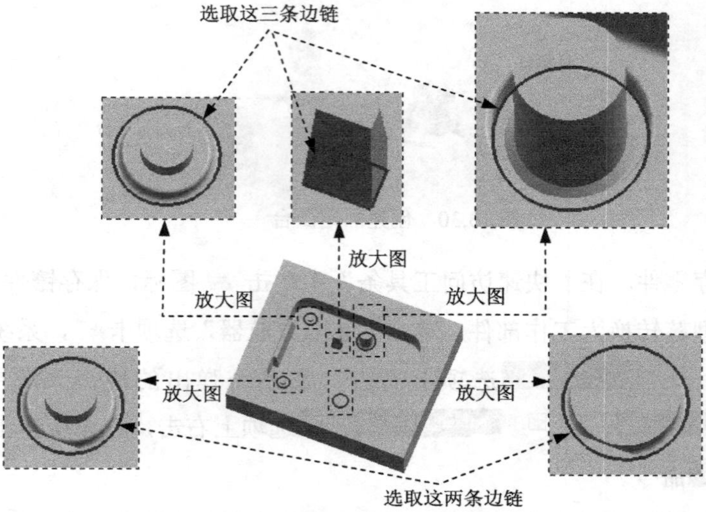

图 13.33 定义拉伸截面

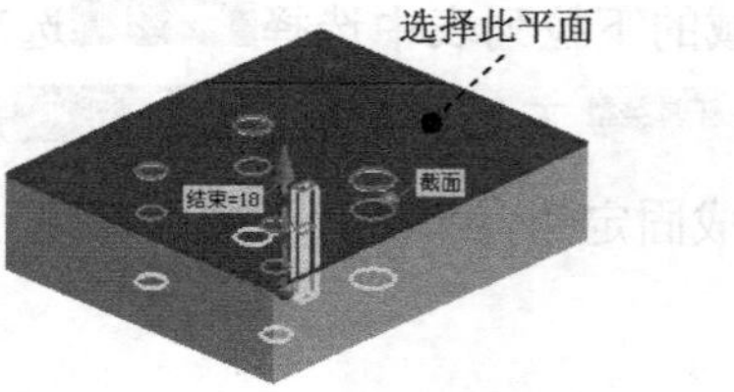

图 13.34 定义延伸对象

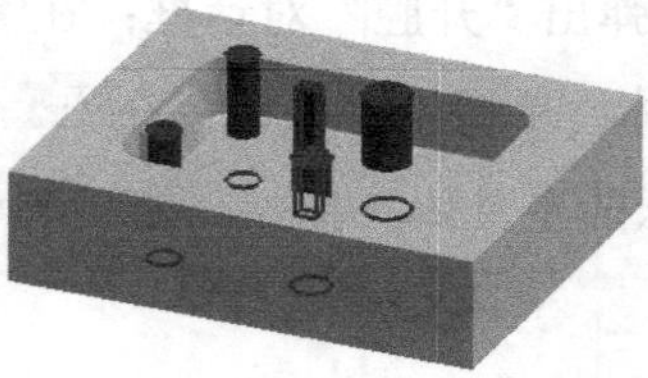

图 13.35 拉伸特征

Step3. 创建求交特征。选择下拉菜单 插入(S) → 组合(B) ▸ → 相交(I)... 命令，系统弹出“相交”对话框（注：具体参数和操作参见随书学习资源）；单击 < 确定 > 按钮，完成求交特征的创建，结果如图 13.36 所示。

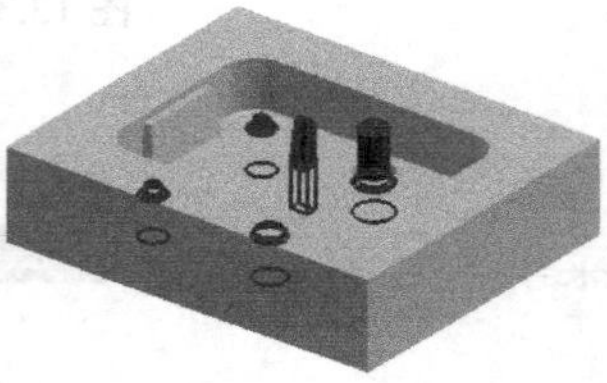

图 13.36 求交特征

Step4. 创建求差特征。选择下拉菜单 插入(S) → 组合(B) ▸ → 减去(S)... 命令，系统弹出“求差”对话框；选取型腔为目标体，选取求交特征得到的实体为工具体；在设置区域中选中 ☑ 保存工具 复选框；单击 < 确定 > 按钮，完成求差特征的创建。

Step5. 将镶件转化为型腔的子零件。

（1）在“装配导航器”界面中右击 ☑ housing_mold_cavity_002，在系统弹出的快捷菜单中选择 WAVE ▸ → 新建层 命令，系统弹出“新建层”对话框。

（2）单击 指定部件名 按钮，系统弹出的“选择部件名”对话框，在 文件名(N): 文本框中输入 housing_pin02.prt，单击 OK 按钮，系统返回至“新建层”对话框。单击 类选择 按钮，选择如图 13.37 所示的 5 个镶件，单击 确定 按钮；单击 确定 按钮，此时在“装配导航器”界面中显示出刚创建的镶件 ☑ housing_pin02 选项。

Step6. 移动至图层。单击“装配导航器”中的选项卡，在该选项卡中取消选中 ☐ housing_pin02 部件；选取前面求差得到的 5 个镶件；选择下拉菜单 格式(R) → 移动至图层(M)... 命令，系统弹出“图层移动”对话框；在 目标图层或类别 文本框中输入数值 10，单击 确定 按钮，退出“图层移动”对话框，结果如图 13.38 所示；单击“装配导航器”中的选项卡，在该选项卡中选中 ☑ housing_pin02 部件。

注意：此时将图层 10 隐藏。

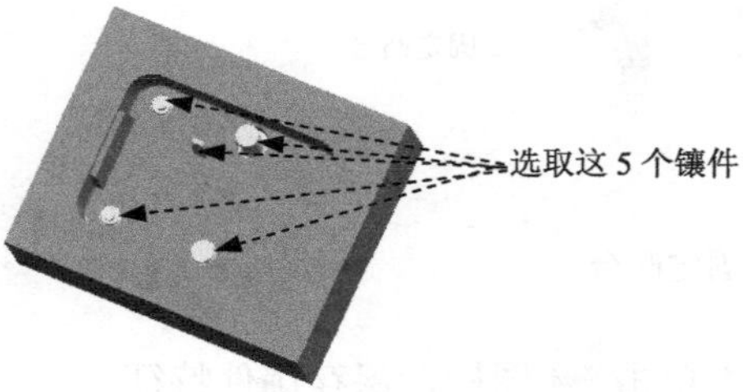

图 13.37 选取镶件

图 13.38 移至图层后

Step7. 将镶件转换为显示部件。单击“装配导航器”选项卡，系统弹出“装配导航器”界面；在 ☑ housing_pin02 选项上右击，在系统弹出的快捷菜单中选择 在窗口中打开 命令，系统显示镶件零件。

Step8. 创建固定凸台。

（1）选择下拉菜单 插入(S) → 设计特征(E) → 拉伸(E)... 命令（或单击按钮），系统弹出“拉伸”对话框。

（2）单击对话框中的“绘制截面”按钮，系统弹出“创建草图”对话框。选取如图 13.39 所示的镶件底面为草图平面，单击 确定 按钮，进入草图环境，选择 插入(S) → 来自曲线集的曲线(F) ▸ → 偏置曲线(V)... 命令，系统弹出“偏置曲线”对话框；选取如图

13.40 所示的曲线为偏置曲线；在偏置区域的距离文本框中输入数值 2；单击应用按钮。依次偏置其他的边线，单击完成草图按钮，退出草图环境。

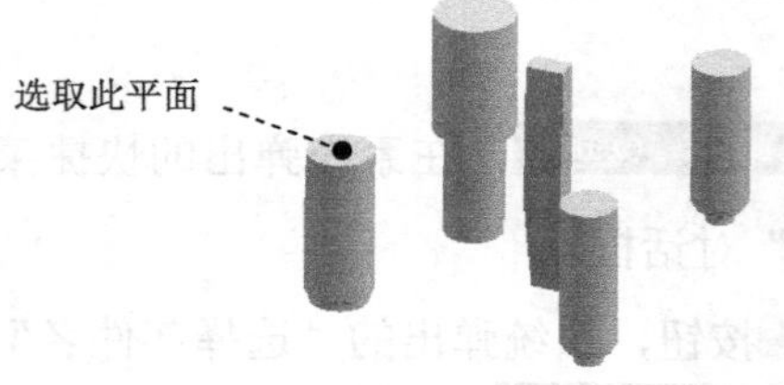

图 13.39　草图平面

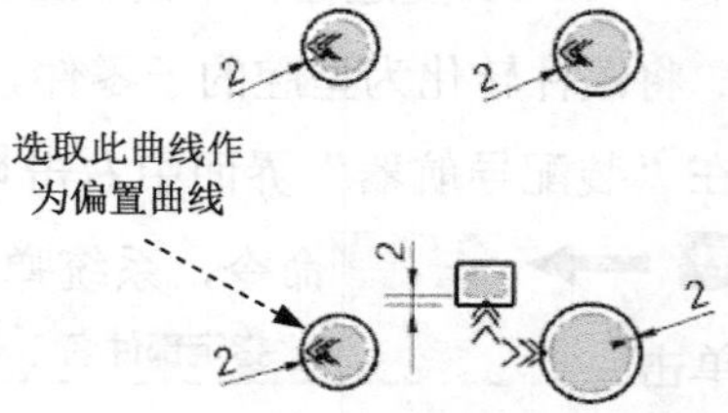

图 13.40　选取偏置曲线

（3）在指定矢量下拉列表中选择-ZC选项，在“拉伸”对话框限制区域的开始下拉列表中选择值选项，并在其下方的距离文本框中输入数值 0；在限制区域的结束下拉列表中选择值选项，并在其下方的距离文本框中输入数值 6。在布尔区域中选择无选项；单击< 确定 >按钮，完成如图 13.41 所示的固定凸台的创建。

Step9. 创建求和特征。选择下拉菜单插入(S) ➡ 组合(B) ➡ 合并(U)...命令，系统弹出“合并”对话框；选取如图 13.41 所示的目标体对象；选取如图 13.41 所示的工具体对象；单击应用按钮，完成求和特征的创建。

Step10. 参照步骤 Step9，创建其他 4 个求和特征。

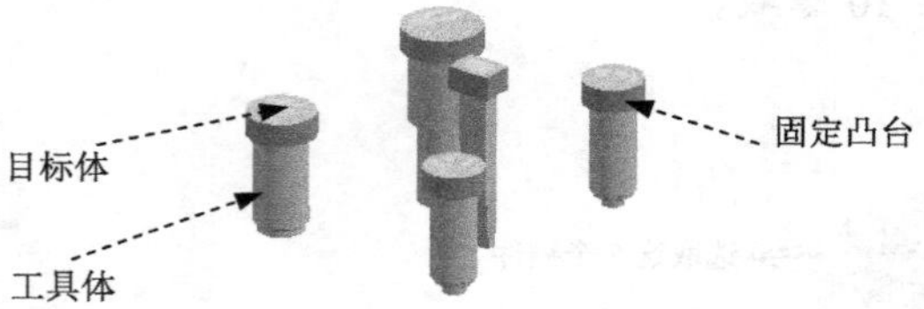

图 13.41　创建固定凸台

Step11. 保存零件。在“快速访问工具条”中单击图标，保存镶件特征。

Step12. 切换窗口。选择下拉菜单窗口(O) ➡ housing_mold_cavity_002.prt命令，切换到型腔操作环境。

Step13. 将型腔转换为工作部件。单击“装配导航器”选项卡，系统弹出“装配导航器”界面，在housing_mold_cavity_002选项上右击，在系统弹出的快捷菜单中选择设为工作部件命令。

Step14. 创建固定凸台装配避开位。在“注塑模向导”功能选项卡主要区域中单击“腔”按钮，系统弹出“开腔”对话框；在模式区域的下拉列表中选择减去材料，选取型腔零件为目标体，单击中键确认；在工具区域的工具类型下拉列表中选择实体选项，选取如图 13.42 所示的 5 个镶件为工具体；单击确定按钮，完成固定凸台装配避开位的创建，如图 13.43 所示。

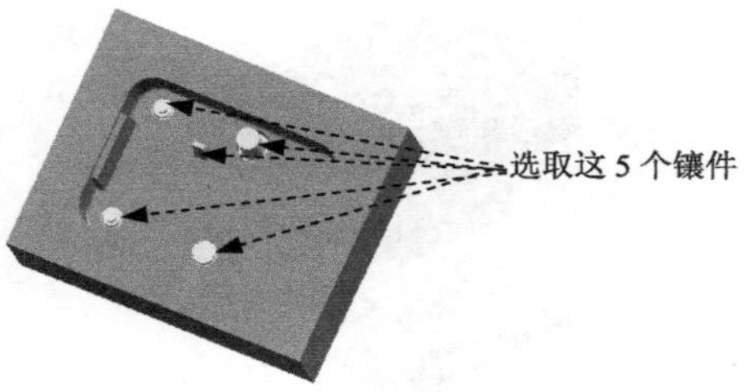

图 13.42 选取工具体

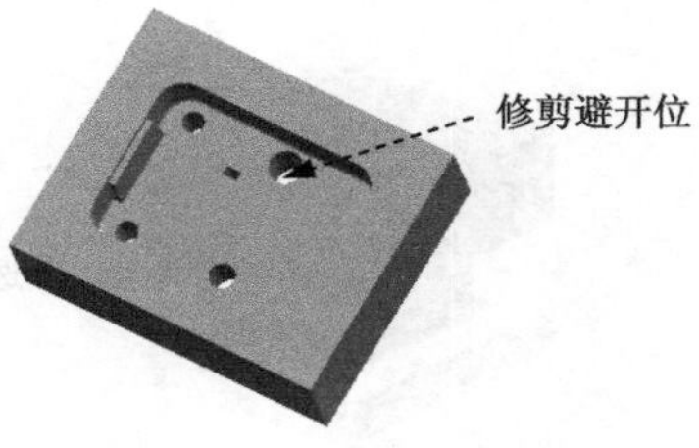

图 13.43 固定凸台装配避开位

Task9. 创建模具爆炸视图

Step1. 移动型腔。

（1）切换窗口。选择下拉菜单 窗口(O) → housing_mold_top_000.prt 命令，在装配导航器中将部件转换成工作部件。

（2）创建爆炸图。选择下拉菜单 装配(A) → 爆炸图(X) → 新建爆炸(N)... 命令，系统弹出“新建爆炸”对话框，接受系统默认的名称，单击 确定 按钮。

（3）编辑爆炸图。选择下拉菜单 装配(A) → 爆炸图(X) → 编辑爆炸(E)... 命令，系统弹出“编辑爆炸”对话框；选取如图 13.44 所示的型腔元件；在该对话框中选中 ⊙ 移动对象 单选项，单击 Z 轴正方向箭头，在 距离 文本框中输入数值 50。沿 Z 轴正方向移动 50mm，按 Enter 键确认，结果如图 13.45 所示。

说明： 隐藏片体、草图和基准平面。

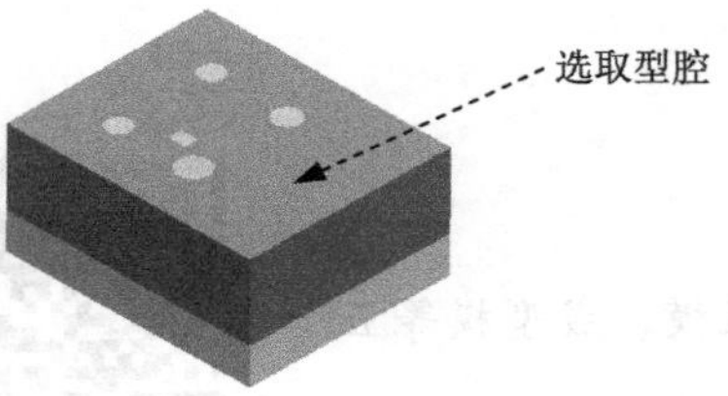

图 13.44 选取移动对象

图 13.45 型腔移动后的结果

Step2. 移动型芯。

（1）选择对象。在对话框中选择 ⊙ 选择对象 单选项，选取如图 13.46 所示的型芯，取消选中上一步选中的型腔和锁紧块。

（2）在该对话框中选择 ⊙ 移动对象 单选项，沿 Z 轴负方向移动 50mm，按 Enter 键确认，结果如图 13.47 所示。

Step3. 移动型腔镶件。参照 Step1，将型腔镶件沿 Z 轴正方向移动 20mm，结果如图 13.48 所示。

Step4. 移动型芯镶件。参照 Step2，将型芯镶件沿 Z 轴负方向移动 20mm，结果如图 13.49 所示。

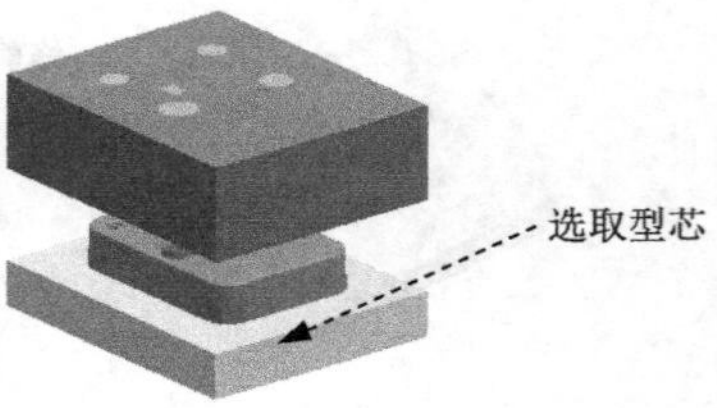

图 13.46 选取移动对象

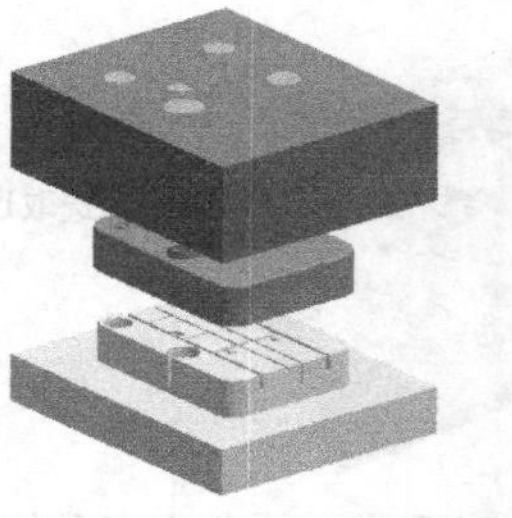

图 13.47 型芯移动后的结果

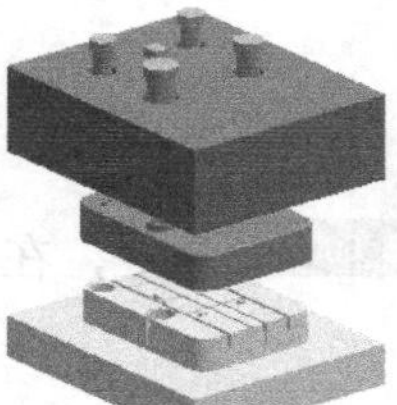

图 13.48 型腔镶件移动后的结果

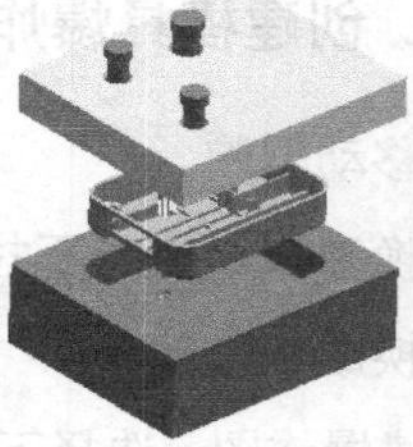

图 13.49 型芯镶件移动后的结果

说明：将型腔和型芯的镶件移出，是为了显示整个模具的零件。

Step5. 保存文件。选择下拉菜单 文件(F) → 保存(S) → 全部保存(V) 命令，保存所有文件。

学习拓展： 扫码学习更多视频讲解。

讲解内容： 模具实例精选（冲压模具）。对冲压模、成型模等五金模具有兴趣的读者可以作为参考学习。

实例 14 带滑块的模具设计（三）

本实例将介绍一个带滑块模具的设计，如图 14.1 所示，其中包括滑块的设计、弯销的设计，以及内侧抽芯机构的设计。通过对本实例的学习，希望读者能够熟练掌握带滑块的模具设计的方法和技巧。下面介绍该模具的设计过程。

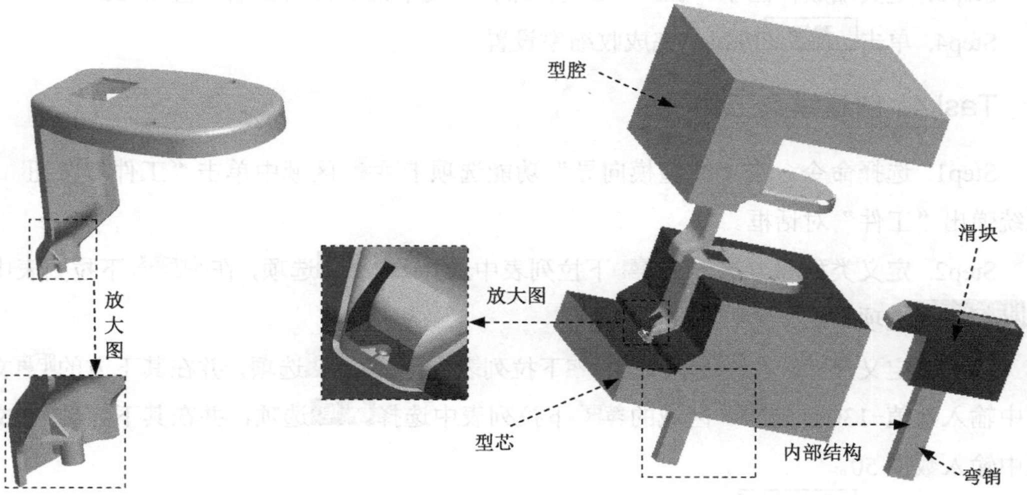

图 14.1 带滑块的模具设计

Task1. 初始化项目

Step1. 加载模型。在“注塑模向导”功能选项卡中单击“初始化项目”按钮，系统弹出“部件名”对话框，选择 D:\ug12.6\work\ch14\body_base.prt，单击 OK 按钮，载入模型后，系统弹出“初始化项目”对话框。

Step2. 定义项目单位。在项目单位下拉列表中选择毫米选项。

Step3. 设置项目路径和名称。接受系统默认的项目路径；在 Name 文本框中输入 body_base_mold。

Step4. 单击 确定 按钮，完成初始化项目的设置。

Task2. 模具坐标系

锁定模具坐标系。在“注塑模向导”功能选项卡 主要 区域中单击“模具坐标系”按钮，系统弹出“模具坐标系”对话框；选中 ⊙ 产品实体中心 单选项和 ☑ 锁定 Z 位置 复选框；单击 确定 按钮，完成模具坐标系的定义，结果如图 14.2 所示。

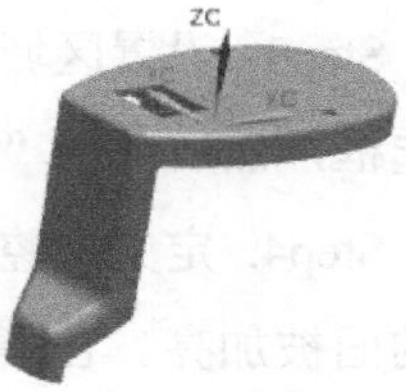

图 14.2 模具坐标系

Task3. 设置收缩率

Step1. 定义收缩率类型。在“注塑模向导”功能选项卡 主要 区域中单击“收缩”按钮，产品模型会高亮显示，同时系统弹出“缩放体”对话框；在 类型 下拉列表中选择 均匀 选项。

Step2. 定义缩放体和缩放点。接受系统默认的参数设置值。

Step3. 定义缩放体因子。在 比例因子 区域的 均匀 文本框中输入收缩率值 1.006。

Step4. 单击 确定 按钮，完成收缩率设置。

Task4. 创建模具工件

Step1. 选择命令。在“注塑模向导”功能选项卡 主要 区域中单击“工件”按钮，系统弹出“工件”对话框。

Step2. 定义类型和方法。在 类型 下拉列表中选择 产品工件 选项，在 工件方法 下拉列表中选择 用户定义的块 选项。

Step3. 定义尺寸。在 限制 区域的 开始 下拉列表中选择 值 选项，并在其下方的 距离 文本框中输入数值-130；在 限制 区域的 结束 下拉列表中选择 值 选项，并在其下方的 距离 文本框中输入数值 50。

Step4. 单击 < 确定 > 按钮，完成模具工件的创建，结果如图 14.3 所示。

Task5. 模具分型

Stage1. 设计区域

Step1. 在“注塑模向导”功能选项卡 分型刀具 区域中单击“检查区域”按钮，系统弹出“检查区域”对话框，并显示如图 14.4 所示的开模方向，选中 保持现有的 单选项。

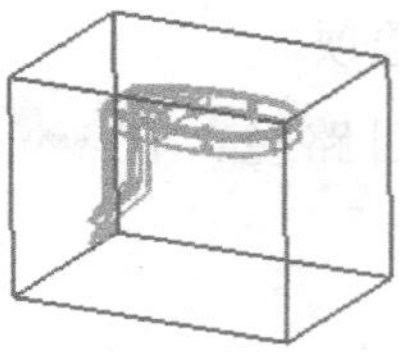
图 14.3 模具工件

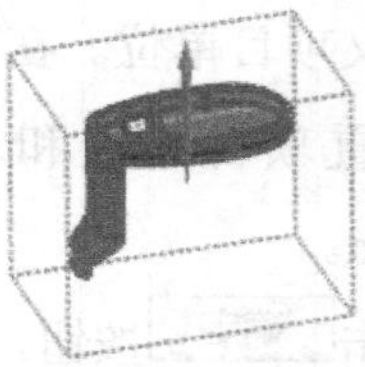
图 14.4 定义开模方向

Step2. 计算设计区域。单击“计算”按钮，系统开始对产品模型进行分析计算。

Step3. 设置区域颜色。单击 区域 选项卡，取消选中 内环 、 分型边 和 不完整的环 3 个复选框，然后单击“设置区域颜色”按钮，设置各区域的颜色。

Step4. 定义型腔区域。在 未定义的区域 中选中 交叉区域面 和 交叉竖直面 复选框，同时未定义的面被加亮。在 指派到区域 区域选中 型腔区域 单选项，单击 应用 按钮。系统自动将未定义的区域指派到型腔区域，同时 未定义的区域 显示为 0；选取如图 14.5 所示的面，在 指派到区域

区域选中 ⊙ 型腔区域 单选项，单击 应用 按钮，完成型腔区域的定义。

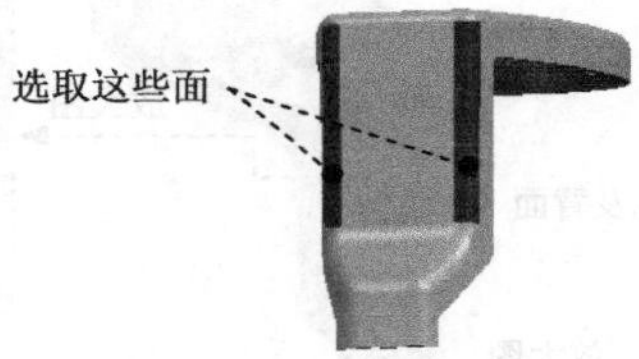

图 14.5 定义型腔区域

Step5. 定义型芯区域。在 指派到区域 区域选中 ⊙ 型芯区域 单选项，选取如图 14.6 所示的 3 个面，单击 应用 按钮，完成型芯区域的定义。

Step6. 接受系统默认的其他参数设置值，单击 取消 按钮，关闭“检查区域”对话框。

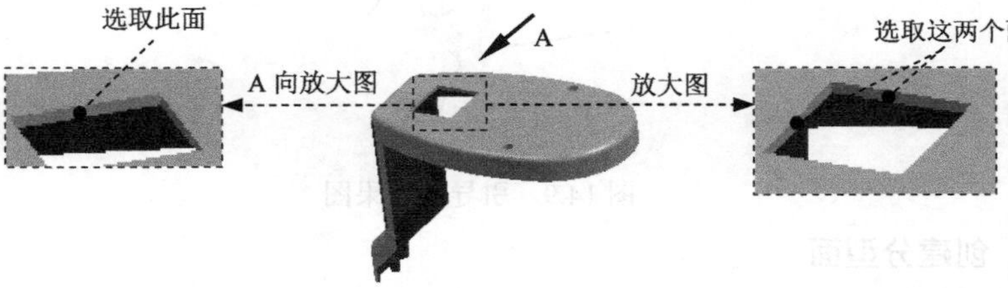

图 14.6 定义型芯区域

Stage2. 创建区域及分型线

Step1. 在“注塑模向导”功能选项卡 分型刀具 区域中单击“定义区域”按钮，系统弹出“定义区域”对话框。

Step2. 在 设置 区域选中 ☑ 创建区域 和 ☑ 创建分型线 复选框，单击 确定 按钮，完成分型线的创建，结果如图 14.7 所示。

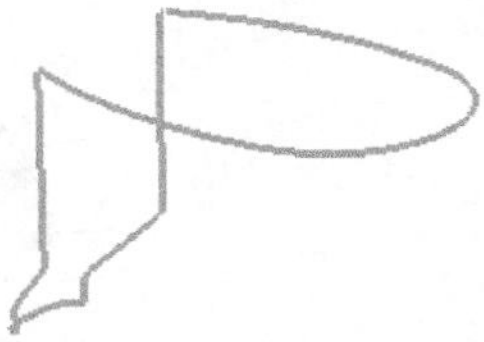

图 14.7 分型线

Stage3. 创建引导线

Step1. 在“注塑模向导”功能选项卡 分型刀具 区域中单击“设计分型面”按钮，系统弹出“设计分型面”对话框。

Step2. 在 编辑分型段 区域中单击“编辑引导线”按钮，此时系统弹出“引导线”对话框。

Step3. 定义引导线的长度。在 引导线长度 文本框中输入数值 100，然后按 Enter 键确认。

Step4. 创建引导线。选取如图 14.8 所示的 4 条边线，然后单击 确定 按钮，完成引导线的创建，结果如图 14.9 所示，系统返回至“设计分型面”对话框。

说明：在选取边线时，单击的位置若靠近边线的某一端，则引导线就是以边线的那端的法向进行延伸。

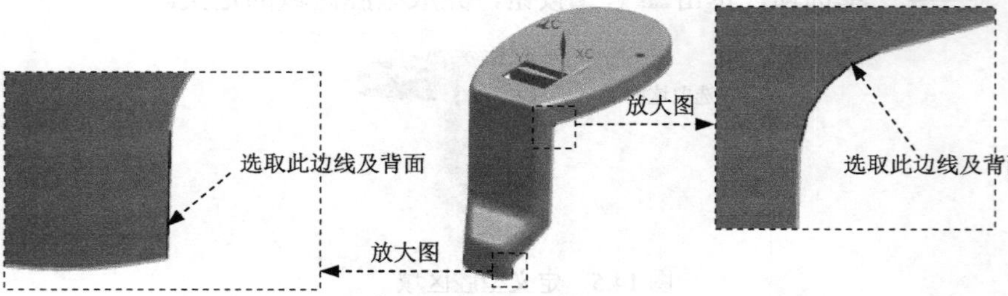

图 14.8　选取边线

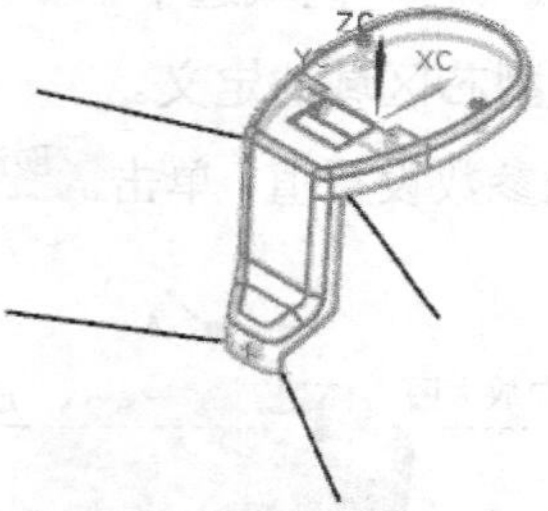

图 14.9　引导线结果图

Stage4. 创建分型面

Step1. 在“设计分型面”对话框的分型段区域中选择段 1选项，在设置区域中接受系统默认的公差值，在图 14.10a 中单击“延伸距离”文本，然后在活动的文本框中输入数值 200，并按 Enter 键确认，结果如图 14.10b 所示。

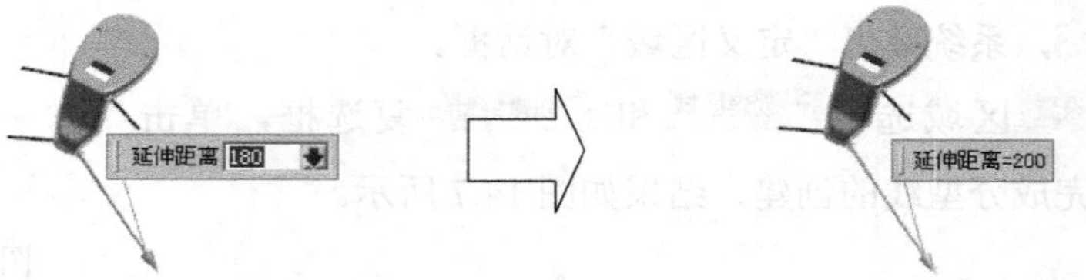

a）修改前　　b）修改后

图 14.10　延伸距离

Step2. 拉伸分型面 1。在“设计分型面”对话框创建分型面区域的方法下拉列表中选择选项，在拉伸方向区域的下拉列表中选择-XC选项，单击应用按钮，拉伸分型面 1 的结果如图 14.11 所示。

Step3. 拉伸分型面 2。在拉伸方向区域的下拉列表中选择YC选项，单击应用按钮，完成如图 14.12 所示拉伸分型面 2 的创建。

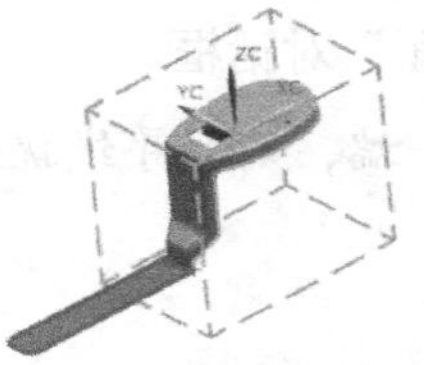

图 14.11　拉伸分型面 1

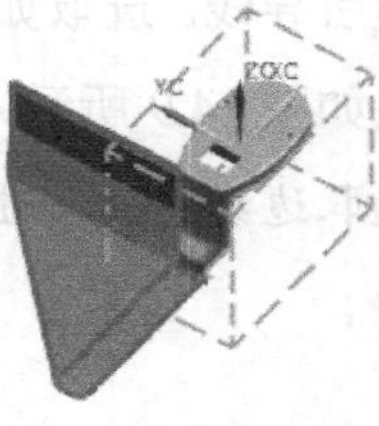

图 14.12　拉伸分型面 2

Step4. 拉伸条带曲面。在创建分型面区域的方法下拉列表中选择选项，然后将延伸距离值更改为 180，并按 Enter 键确认，单击应用按钮，结果如图 14.13 所示。

Step5. 拉伸分型面 3。将延伸距离值更改为 200，并按 Enter 键确认，在创建分型面区域的方法下拉列表中选择选项，在拉伸方向区域的下拉列表中选择-YC选项，单击应用按钮，拉伸分型面 3 的结果如图 14.14 所示。

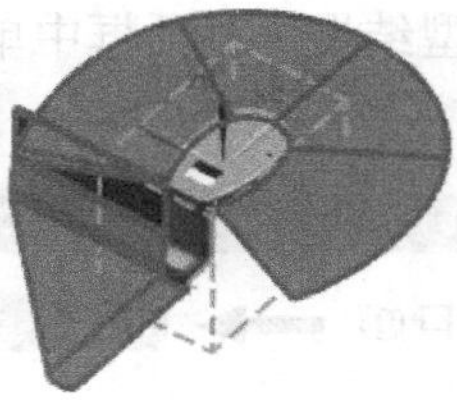
图 14.13 条带曲面

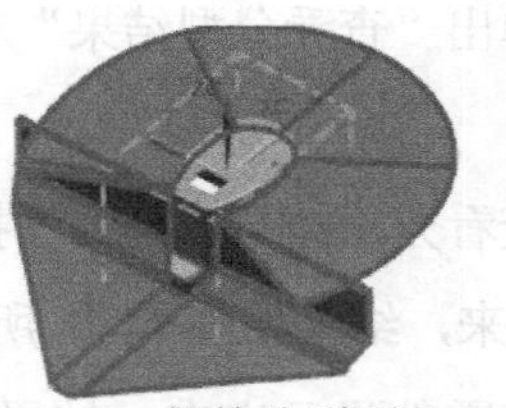
图 14.14 拉伸分型面 3

Step6. 单击取消按钮。

Step7. 修剪片体。选择下拉菜单插入(S) → 修剪(T) ▸ → 修剪片体(R)...命令，系统弹出“修剪片体”对话框；在区域区域中选中 保留单选项，其他参数采用系统默认设置值；选取如图 14.15 所示的曲面为目标体，单击中键确认；选取如图 14.15 所示的边界对象；单击确定按钮，完成修剪特征的创建；结果如图 14.16 所示。

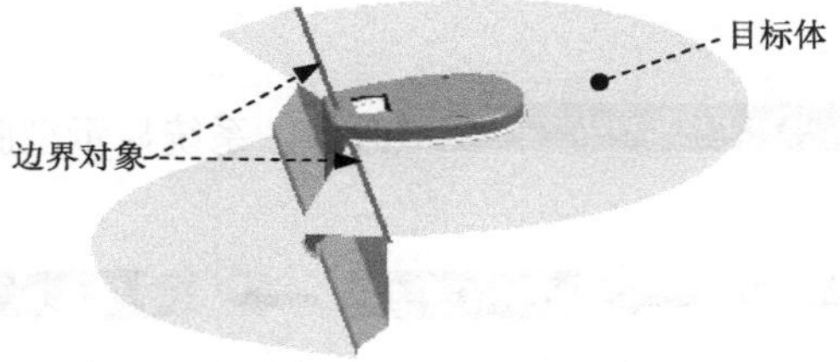

图 14.15 定义目标体和边界对象

图 14.16 修剪后的分型面

Stage5. 片体修补

Step1. 在“注塑模向导”功能选项卡分型刀具区域中单击“曲面补片”按钮，系统弹出“边补片”对话框。

Step2. 在类型下拉列表中选择 体选项，然后在图形区中选择产品实体。

Step3. 单击确定按钮，系统自动创建曲面补片，结果如图 14.17 所示。

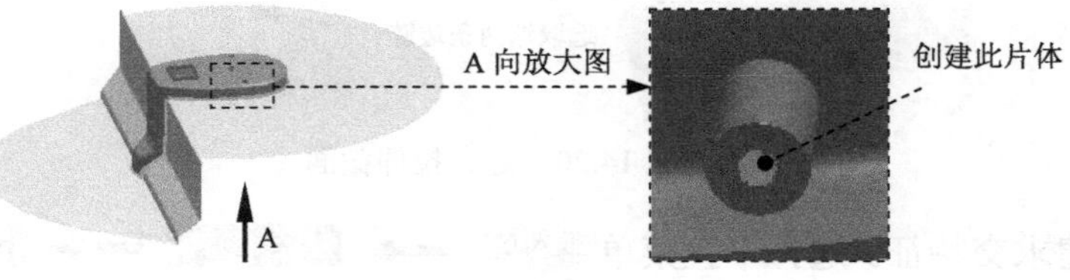

图 14.17 创建曲面补片

Stage6. 创建型腔和型芯

Step1. 在“注塑模向导”功能选项卡 分型刀具 区域中单击“定义型腔和型芯”按钮，系统弹出“定义型腔和型芯”对话框。

Step2. 自动创建型腔和型芯。在选取 选择片体 区域下的 所有区域 选项，单击 确定 按钮，系统弹出“查看分型结果”对话框，并在图形区显示出创建的型腔，单击 确定 按钮，系统再一次弹出“查看分型结果”对话框；在“查看分型结果”对话框中单击 确定 按钮，关闭对话框。

Step3. 查看分型结果。选择下拉菜单 窗口(O) → body_base_mold_cavity_002.prt 命令，将型腔零件显示出来，结果如图 14.18 所示；选择下拉菜单 窗口(O) → body_base_mold_core_006.prt 命令，将型芯零件显示出来，结果如图 14.19 所示。

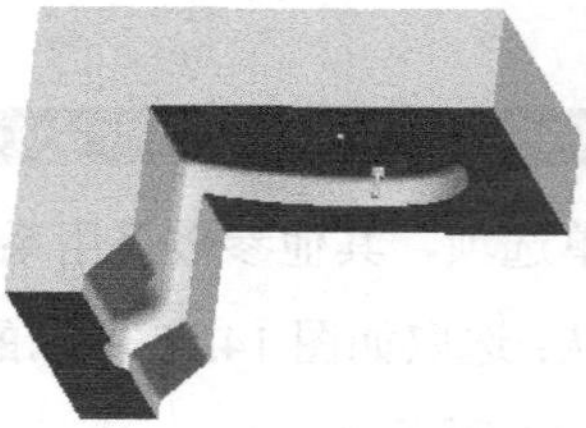

图 14.18　型腔零件

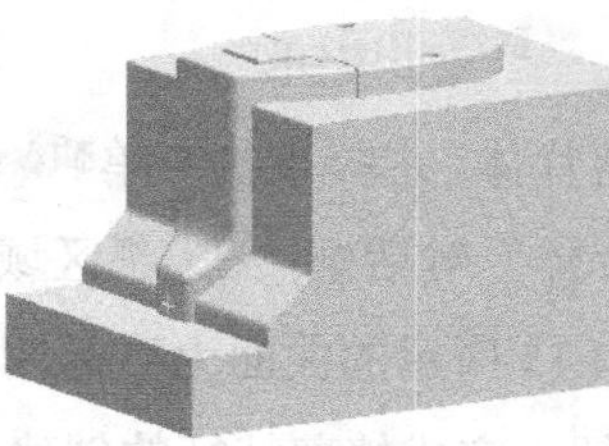

图 14.19　型芯零件

Task6. 创建型腔镶件

Step1. 选择下拉菜单 窗口(O) → body_dase_mold_cavity_002.prt 命令，系统显示型腔工作零件。

Step2. 创建拉伸特征 1。选择下拉菜单 插入(S) → 设计特征(E) → 拉伸(E)... 命令（或单击 按钮），系统弹出“拉伸”对话框。选取如图 14.20 所示的两条边链为拉伸截面；在 * 指定矢量 下拉列表中选择 -ZC 选项；在 限制 区域的 开始 下拉列表中选择 值 选项，并在其下方的 距离 文本框中输入数值-50；在 限制 区域的 结束 下拉列表中选择 值 选项，并在其下方的 距离 文本框中输入数值 20；在 布尔 区域的 布尔 下拉列表中选择 无，其他参数采用系统默认设置值；单击 < 确定 > 按钮，完成拉伸特征 1 的创建。

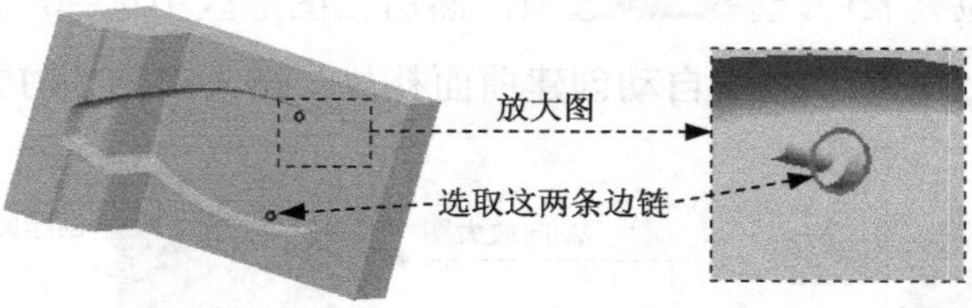

图 14.20　定义拉伸截面

Step3. 创建求交特征。选择下拉菜单 插入(S) → 组合(B) ▸ → 相交(I)... 命令，系统弹出“相交”对话框；选取型腔为目标体，选取拉伸特征 1 为工具体；在 设置 区域中选中☑ 保存目标复选框，取消选中□ 保存工具复选框，其他参数采用系统默认设置值；单击< 确定 >按钮，完成求交特征的创建。

Step4. 创建求差特征。选择下拉菜单插入(S) ⟶ 组合(B) ▸ ⟶ 减去(S)...命令，系统弹出“求差”对话框；选取型腔为目标体，选取求交特征得到的实体为工具体；在设置区域中选中☑ 保存工具复选框，取消选中□ 保存目标复选框，其他参数采用系统默认设置值；单击< 确定 >按钮，完成求差特征的创建。

Step5. 将镶件转化为型腔的子零件。

（1）单击“装配导航器”中的选项卡，系统弹出“装配导航器”窗口，在该窗口中空白处右击，然后在系统弹出的菜单中选中WAVE 模式选项（若已经选中，则此步可省略）。

（2）在“装配导航器”对话框中，右击☑ body_base_mold_cavity_002，在系统弹出的菜单中选择WAVE ▸ ⟶ 新建层命令，系统弹出“新建层”对话框。

（3）单击指定部件名按钮，系统弹出的“选择部件名”对话框，在文件名(N):文本框中输入body_base_pin01.prt，单击OK按钮，系统返回至“新建层”对话框；单击类选择按钮，选取如图14.21所示的两个镶件，单击确定按钮；单击“新建层”对话框中的确定按钮，此时在“装配导航器”界面中显示出刚创建的镶件。

Step6. 移动至图层。单击装配导航器中的选项卡，在该选项卡中取消选中□ body_base_pin01部件；选取前面求差得到的两个镶件；选择下拉菜单格式(R) ⟶ 移动至图层(M)...命令，系统弹出“图层移动”对话框；在目标图层或类别文本框中输入数值10，单击确定按钮，退出“图层移动”对话框，结果如图14.22所示；单击“装配导航器”选项卡，在该选项卡中选中☑ body_base_pin01部件。

注意：此时将图层10隐藏。

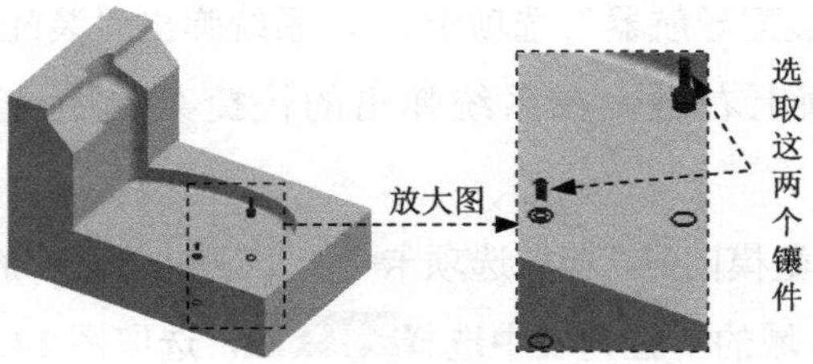

图 14.21 选取镶件

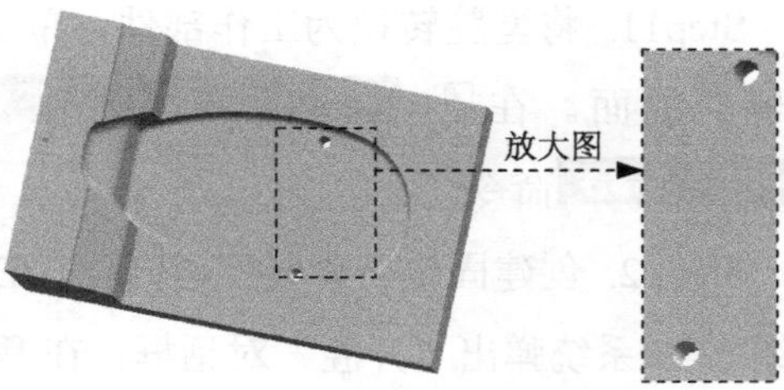

图 14.22 移至图层后的结果

Step7. 将镶件转换为显示部件。单击“装配导航器”选项卡，系统弹出“装配导航器”界面在☑ body_base_pin01选项上右击，在系统弹出的快捷菜单中选择在窗口中打开命令，系统显示镶件零件。

Step8. 创建拉伸特征2。

（1）选择下拉菜单 插入(S) → 设计特征(E) → 拉伸(E)... 命令（或单击按钮），系统弹出“拉伸”对话框。

（2）选取的如图 14.23 所示的边为拉伸对象；在 指定矢量 下拉列表中选择 ZC↑ 选项；在 限制 区域的 开始 下拉列表中选择 值 选项，并在其下方的 距离 文本框中输入数值 0；在 限制 区域的 结束 下拉列表中选择 值 选项，并在其下方的 距离 文本框中输入数值-5。

（3）在 偏置 区域的 偏置 下拉列表中选择 单侧 选项，并在 结束 文本框中输入数值 2；在 布尔 区域的 布尔 下拉列表中选择 合并 选项，选取的图 14.24 所示的实体为求和对象；其他参数采用系统默认设置值；单击 < 确定 > 按钮，完成拉伸特征 2 的创建，如图 14.24 所示。

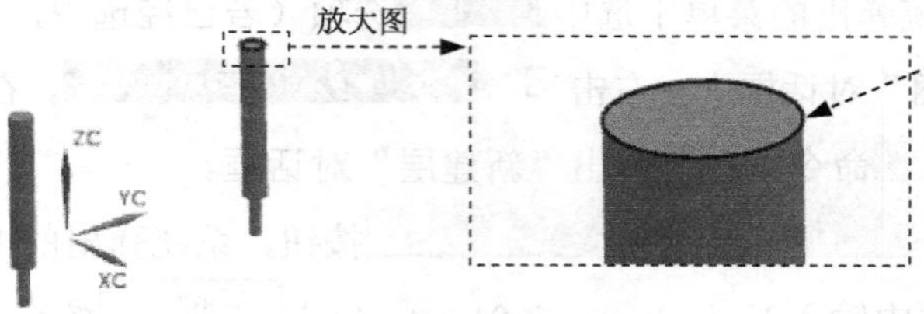

图 14.23　定义拉伸对象

Step9. 参见 Step8 的方法，创建如图 14.25 所示的拉伸特征 3。

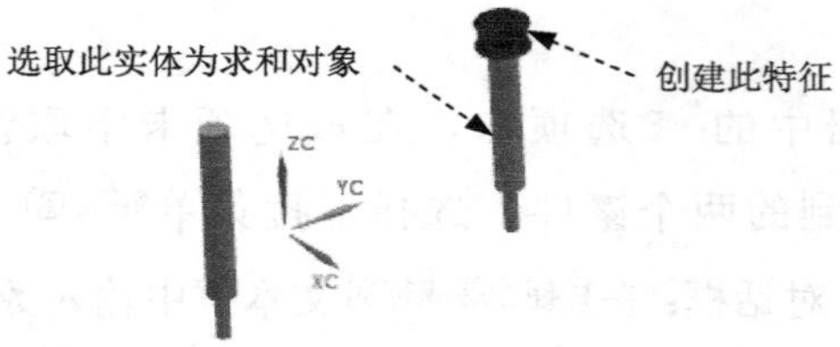

图 14.24　拉伸特征 2

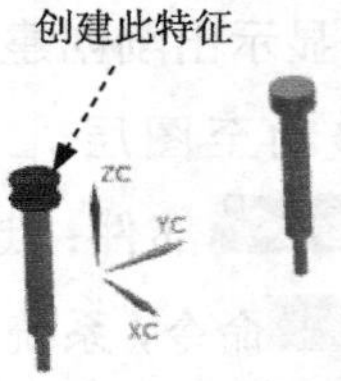

图 14.25　拉伸特征 3

Step10. 切换窗口。选择下拉菜单 窗口(O) → body_dase_mold_cavity_002.prt 命令，切换到型腔操作环境。

Step11. 将型腔转换为工作部件。单击“装配导航器”选项卡，系统弹出“装配导航器”界面。在 body_dase_mold_cavity_002 选项上右击，在系统弹出的快捷菜单中选择 设为工作部件 命令。

Step12. 创建固定凸台装配避开位。在“注塑模向导”功能选项卡 主要 区域中单击“腔”按钮，系统弹出“开腔”对话框；在 模式 区域的下拉列表中选择 减去材料，选取图 14.26 所示的型腔零件为目标体，单击中键确认；在 刀具 区域的 工具类型 下拉列表中选择 实体，选取图 14.26 所示的两个镶件为工具体；单击 确定 按钮，完成镶件避开槽的创建。

Task7. 创建型芯滑块

Step1. 选择下拉菜单 窗口(O) → body_dase_mold_core_006.prt 命令，系统显示型芯工作零件。

Step2. 创建拉伸特征。

（1）创建基准坐标系，选择下拉菜单插入(S) → 基准/点(D) → 基准坐标系(C)... 命令，系统弹出“基准坐标系”对话框，单击< 确定 >按钮，完成基准坐标系的创建。

（2）选择下拉菜单插入(S) → 设计特征(E) → 拉伸(E)...命令（或单击按钮）。系统弹出“拉伸”对话框；单击按钮，系统弹出“创建草图”对话框；选取 ZX 基准平面为草图平面，绘制如图 14.27 所示的截面草图；在指定矢量的下拉列表中选择YC选项；在限制区域的开始下拉列表中选择对称值选项，并在其下方的距离文本框中输入数值 12；在布尔区域的布尔下拉列表中选择无，其他参数采用系统默认设置值；单击< 确定 >按钮，完成如图 14.28 所示的拉伸特征的创建。

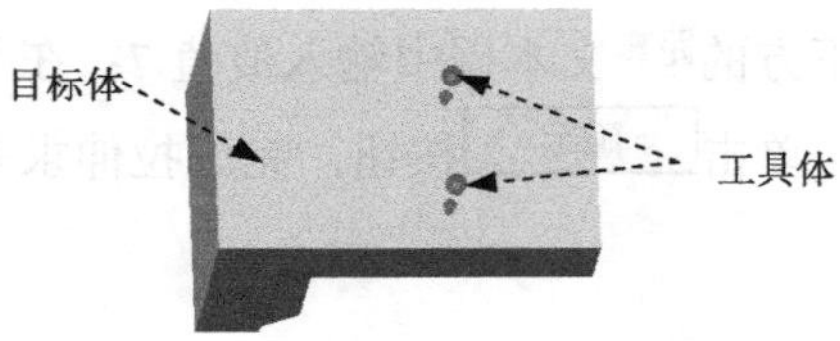

图 14.26 定义目标体和工具体

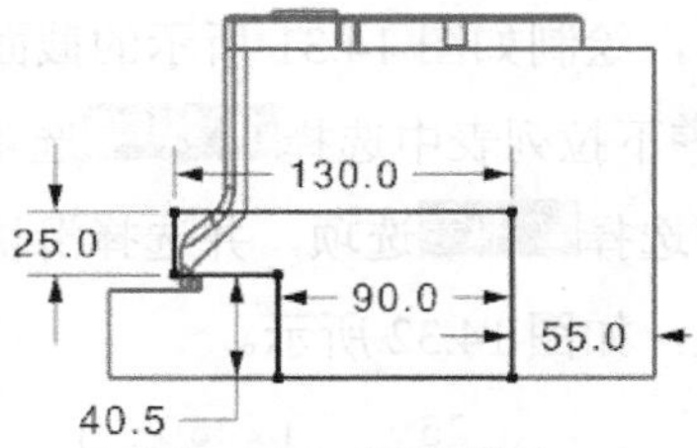

图 14.27 截面草图

Step3. 创建求交特征。选择下拉菜单插入(S) → 组合(B) → 相交(I)...命令，系统弹出“相交”对话框；选取如图 14.29 所示的目标体和工具体；在设置区域中取消选中保存目标复选框，选中保存工具复选框，其他参数采用系统默认设置值；单击< 确定 >按钮，完成求交特征的创建。

Step4. 创建求差特征。选择下拉菜单插入(S) → 组合(B) → 减去(S)...命令，系统弹出“求差”对话框；选取如图 14.30 所示的目标体和工具体；在设置区域中选中保存工具复选框，其他参数采用系统默认设置值；单击< 确定 >按钮，完成求差特征的创建。

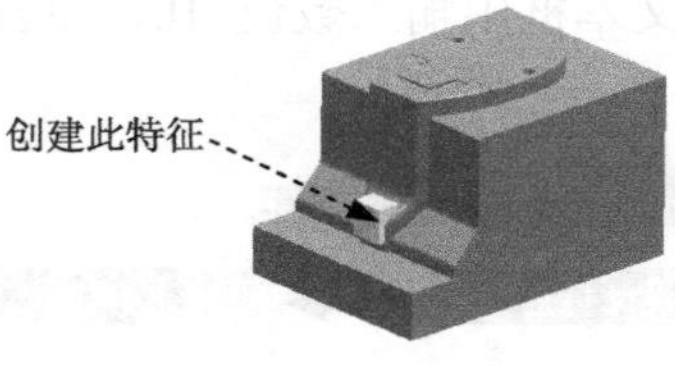

图 14.28 拉伸特征

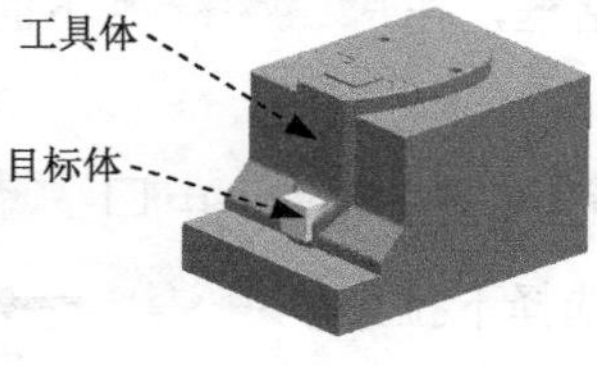

图 14.29 定义目标体和工具体

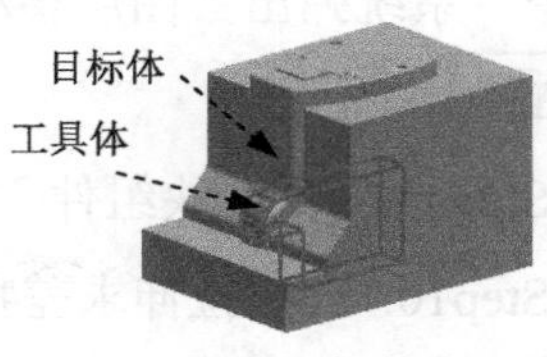

图 14.30 定义目标体和工具体

Step5. 将型芯滑块转为型芯子零件。

（1）在装配导航器中右击 body_dase_mold_core_006，在系统弹出的快捷菜单中选择 WAVE → 新建层命令，系统弹出“新建层”对话框。

（2）单击指定部件名按钮，系统弹出的“选择部件名”对话框，在文件名(N):文本框中输入 body_base_mold_slide.prt，单击OK按钮；单击类选择按钮，选取滑块特征，单击确定按钮，系统返回“新建层”对话框；单击确定按钮，此时在“装配导航器”界面中显示出刚创建的滑块的名称。

Step6. 创建基准坐标系。

（1）在 装配导航器 中右击☑ body_base_mold_slide，在系统弹出的快捷菜单中选择 在窗口中打开 命令。

（2）创建基准坐标系。选择下拉菜单 插入(S) → 基准/点(D) → 基准坐标系(C)... 命令，系统弹出“基准坐标系”对话框，单击 < 确定 > 按钮，完成基准坐标系的创建。

Step7. 创建拉伸求差特征。选择下拉菜单 插入(S) → 设计特征(E) → 拉伸(E)... 命令（或单击按钮），系统弹出“拉伸”对话框；单击按钮，选取 ZX 基准平面为草图平面，绘制如图 14.31 所示的截面草图；在 指定矢量 下拉列表中选择 YC 选项；在 限制 区域的 开始 下拉列表中选择 对称值 选项，并在其下方的 距离 文本框中输入数值 7；在 布尔 下拉列表中选择 减去 选项，并选择滑块为目标体；单击 < 确定 > 按钮，完成拉伸求差特征 1 的创建，如图 14.32 所示。

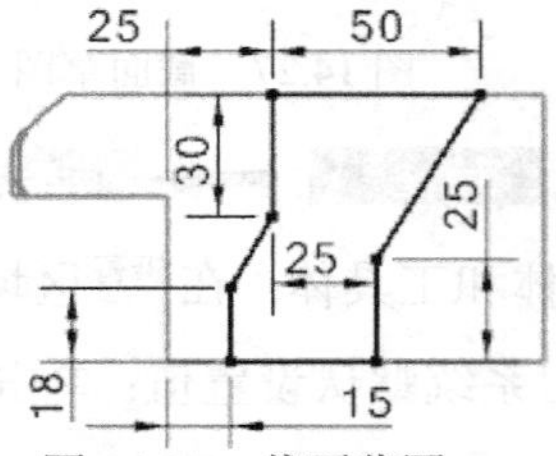

图 14.31　截面草图

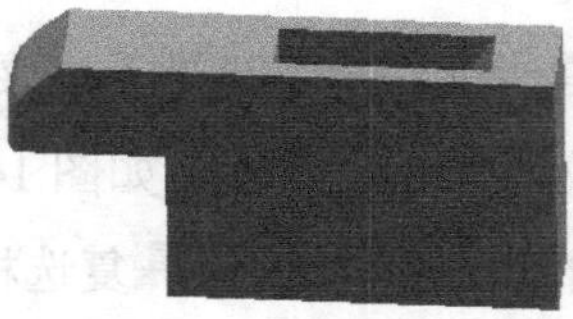
图 14.32　创建拉伸求差特征 1

Step8. 隐藏拉伸特征。选择下拉菜单 窗口(O) → body_dase_mold_core_006.prt 命令，系统显示型芯工作零件并将其设为工作部件；单击“部件导航器”中的选项卡，系统弹出“部件导航器”界面，在该界面中选择☑ 拉伸 (4)；选择下拉菜单 格式(R) → 移动至图层(M)... 命令，系统弹出“图层移动”对话框，在 目标图层或类别 下面的文本框中输入数值 10，单击 确定 按钮。

Step9. 隐藏滑块组件。在 装配导航器 中，取消选中☐ body_base_mold_slide 组件。

Step10. 创建拉伸求差特征 2。选择下拉菜单 插入(S) → 设计特征(E) → 拉伸(E)... 命令（或单击按钮），系统弹出“拉伸”对话框；单击按钮，选取 ZX 基准平面为草图平面，绘制如图 14.33 所示的截面草图（注：具体参数和操作参见随书学习资源）；单击 < 确定 > 按钮，完成拉伸求差特征 2 的创建。如图 14.34 所示。

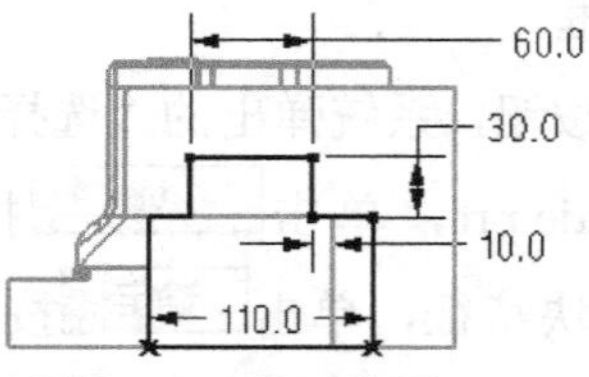

图 14.33　截面草图

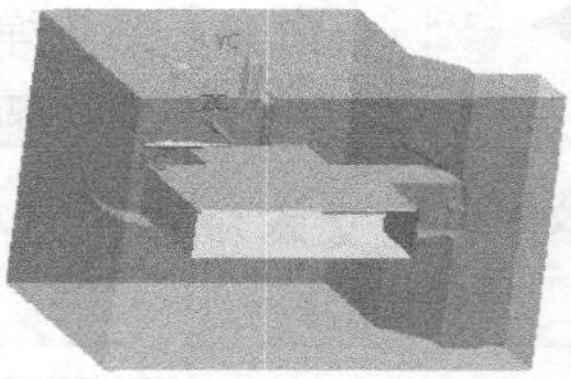
图 14.34　创建拉伸求差特征 2

Step11. 取消全部隐藏。选择下拉菜单编辑(E) ➡ 显示和隐藏(H) ➡ 全部显示(A)命令，或按快捷键 Ctrl+Shift+U。

Task8. 创建弯销

Step1. 创建弯销组件。在装配导航器中右击☑body_base_mold_core_006，在系统弹出的快捷菜单中选择WAVE ➡ 新建层命令，系统弹出“新建层”对话框；单击指定部件名按钮，在系统弹出的“选择部件名”对话框，在文件名(N):文本框中输入 body_base_ mold_bend_ pole.prt，单击OK按钮；在“新建层”对话框中单击确定按钮，此时在“装配导航器”界面中显示出刚创建的滑块的名称☑body_base_mold_bend_pole。

Step2. 创建弯销特征。

（1）激活弯销组件。在装配导航器中右击☑body_base_mold_slide，在系统弹出的快捷菜单中选择设为工作部件命令。

（2）创建拉伸特征。选择下拉菜单插入(S) ➡ 设计特征(E) ➡ 拉伸(E)...命令（或单击按钮），系统弹出“拉伸”对话框；单击按钮，选取 ZX 基准平面为草图平面，绘制如图 14.35 所示的截面草图；在*指定矢量下拉列表中选择YC选项；在限制区域的开始下拉列表中选择对称值选项，并在其下方的距离文本框中输入数值 7；在布尔区域的布尔下拉列表中选择无，其他参数采用系统默认设置值；单击< 确定 >按钮，完成弯销特征的创建，如图 14.36 所示。

Step3. 创建几何链接。在装配导航器中右击☑body_base_mold_bend_pole，系统弹出的快捷菜单中选择设为工作部件 命令；选择下拉菜单插入(S) ➡ 关联复制(A) ➡ WAVE 几何链接器(W)...命令，系统弹出“WAVE 几何链接器”对话框；在类型区域选择体选项，在设置区域选中☑关联和☑隐藏原先的复选框；选取如图 14.37 所示的特征，单击< 确定 >按钮，完成弯销特征的几何链接。

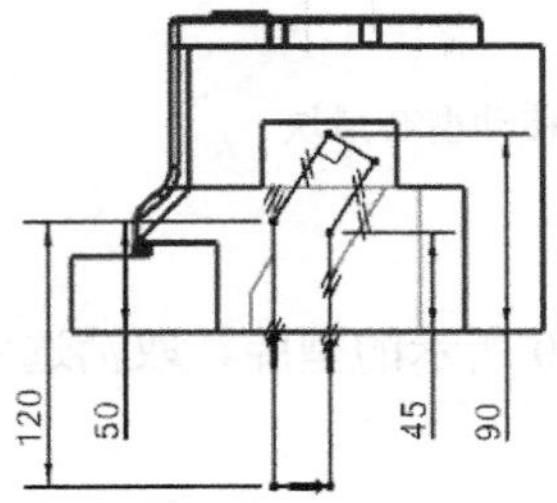

图 14.35 截面草图

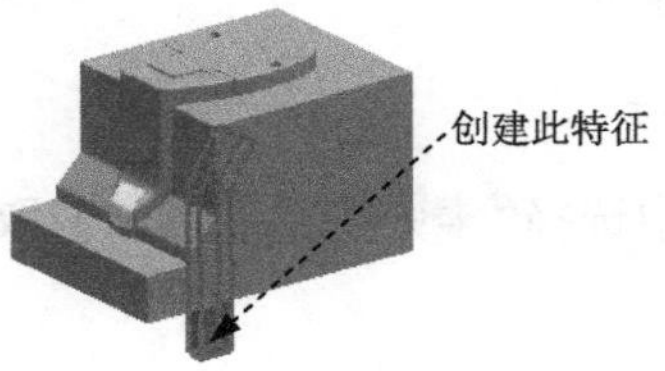

图 14.36 创建弯销特征

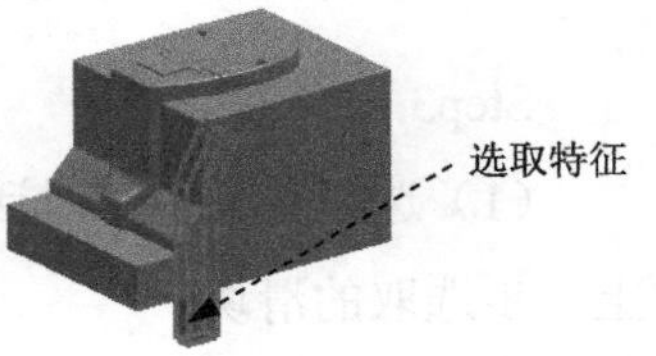

图 14.37 定义几何链接

Step4. 移动原特征至图层。在装配导航器中找到☑body_base_mold_slide并右击，在系统弹出的快捷菜单中选择设为工作部件命令；单击“部件导航器”中的选项卡，系统弹出“部件导航器”界面，在该界面中选择☑拉伸 (3)；选择下拉菜单格式(R) ➡

移动至图层(M)...命令，系统弹出“图层移动”对话框，在目标图层或类别下面的文本框中输入数值 10，单击确定按钮；在装配导航器中右击☑ bady_base_mold_top_000，从系统弹出的快捷菜单中选择设为工作部件命令。

Step5. 编辑显示隐藏。选择下拉菜单窗口(O) → body_base_mold_top_000.prt命令，在装配导航器中将部件转换成工作部件；选择下拉菜单编辑(E) → 显示和隐藏(H) → 显示和隐藏(O)...命令，系统弹出“显示和隐藏”对话框；单击坐标系后的 - 按钮；单击关闭按钮，完成编辑显示和隐藏的操作。

Task9. 创建模具爆炸视图

Step1. 移动弯销。

（1）创建爆炸图。选择下拉菜单装配(A) → 爆炸图(X) → 新建爆炸(N)...命令，系统弹出“新建爆炸”对话框，接受默认的名称，单击确定按钮。

（2）编辑爆炸图。选择下拉菜单装配(A) → 爆炸图(X) → 编辑爆炸(E)...命令，系统弹出“编辑爆炸”对话框；选取图 14.38 所示的弯销零件；在该对话框中选中 移动对象单选项，沿 Z 轴负方向移动 35mm，按 Enter 键确认，完成弯销的移动。

Step2. 移动型芯滑块。

（1）选择对象。在对话框中选择 选择对象单选项，选取图 14.39 所示的型芯滑块，取消选中上一步选取的弯销。

（2）在该对话框中选择 移动对象单选项，沿 X 轴正方向移动 10mm，按 Enter 键确认，完成型芯滑块的移动。

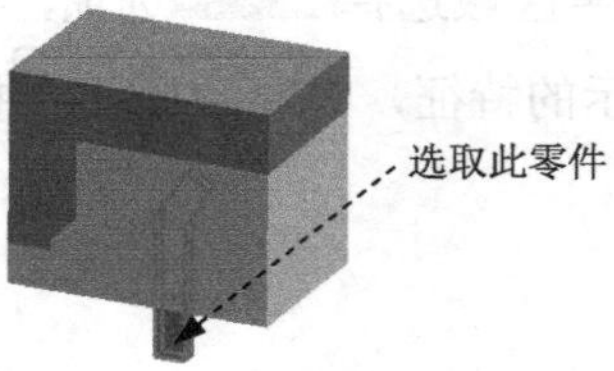

图 14.38　移动弯销零件

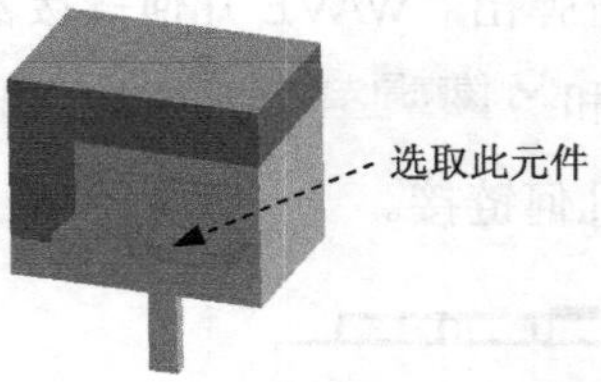

图 14.39　移动型芯滑块

Step3. 移动型腔。

（1）选择对象。在对话框中选择 选择对象单选项，选取图 14.40 所示的型腔，取消选中上一步选取的滑块。

（2）在该对话框中选择 移动对象单选项，沿 Z 轴正方向移动 100mm，按 Enter 键确认，完成型腔的移动，结果如图 14.41 所示。

Step4. 移动产品。

（1）选择对象。在对话框中选择 选择对象单选项，选取图 14.42 所示的产品，取消选中上一步选取的型腔。

（2）在该对话框中选择 ⊙ 移动对象 单选项，沿 Z 轴正方向移动 50mm，单击 确定 按钮，完成产品的移动，结果如图 14.43 所示。

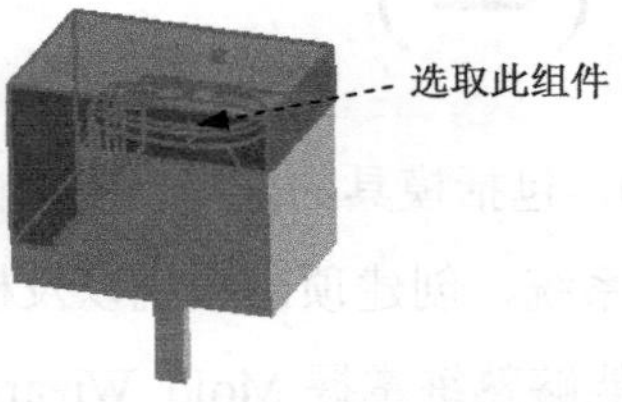

图 14.40 定义移动型腔特征

图 14.41 移动后的结果

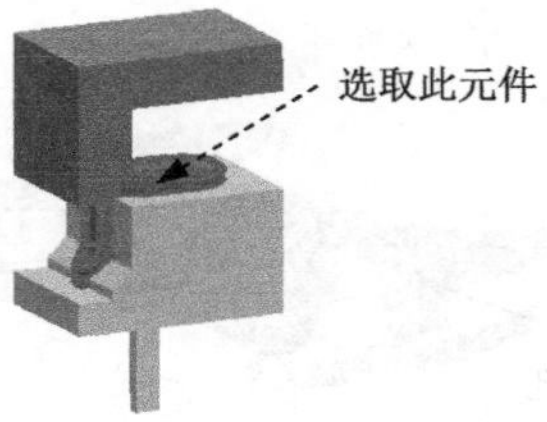

图 14.42 移动产品

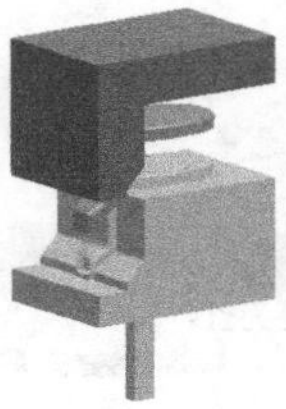

图 14.43 产品移动后的结果

Step5. 保存设计结果。选择下拉菜单 文件(F) → 保存(S) → 全部保存(V) 命令，保存模具设计结果。

学习拓展： 扫码学习更多视频讲解。

讲解内容： 结构分析实例精选。讲解了一些典型的结构分析实例，并对操作步骤做了详细的演示。

实例 15 Mold Wizard 标准模架设计（一）

本实例将介绍一款机壳的模具设计（图 15.1），包括模具的分型、模架的加载、添加标准件、创建浇注系统、添加斜抽机构、创建冷却系统、创建顶出系统以及模具的后期处理等设计过程。在完成本实例的学习后，希望读者能够熟练掌握 Mold Wizard 标准模架设计的方法和技巧，并能够掌握在模架中添加各个系统及组件的设计思路。下面介绍具体设计的操作过程。

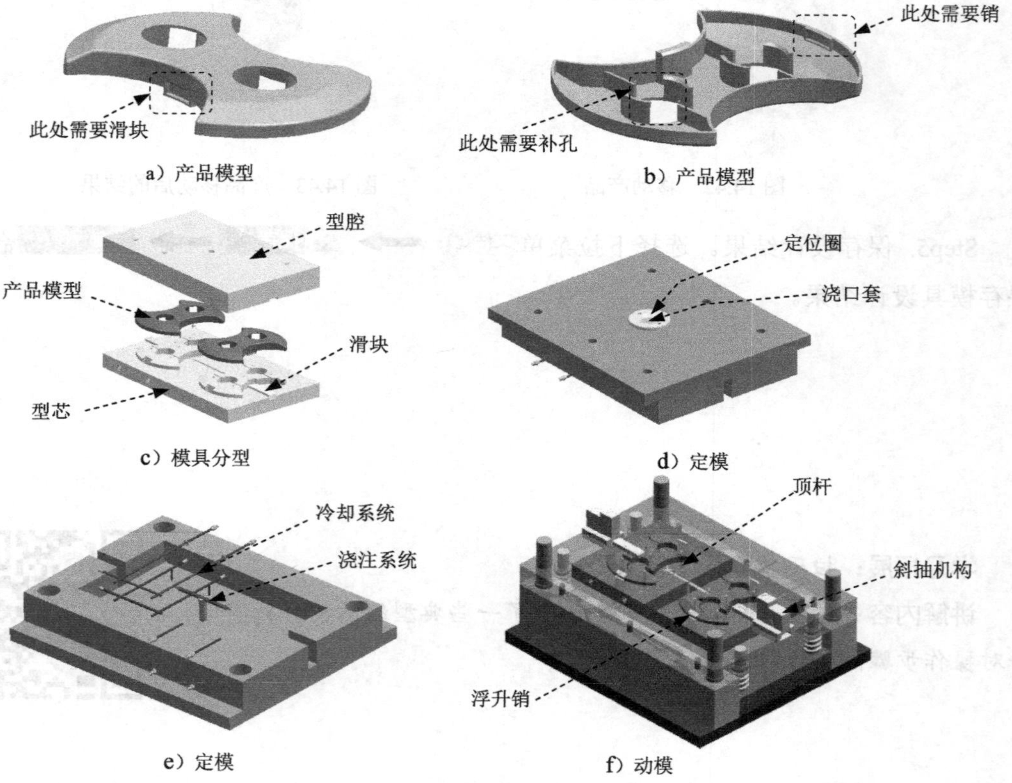

图 15.1　机壳的模具设计

Task1. 初始化项目

Step1. 加载模型。在“注塑模向导”功能选项卡中单击“初始化项目”按钮，系统弹出“部件名”对话框，选择 D:\ug12.6\work\ch15\cover.prt 文件，单击 OK 按钮，调入模型，系统弹出“初始化项目”对话框。

Step2. 定义项目单位。在 项目单位 下拉列表中选择 毫米 选项。

Step3. 设置项目路径和名称。接受系统默认的项目路径；在 Name 文本框中输入 cover_mold。

Step4. 单击 确定 按钮，完成项目路径和名称的设置。

Task2. 模具坐标系

Step1. 在“注塑模向导”功能选项卡 主要 区域中单击 按钮，系统弹出“模具坐标系”对话框。

Step2. 选择 ⊙ 当前 WCS 单选项，单击 确定 按钮，完成坐标系的定义，如图 15.2 所示。

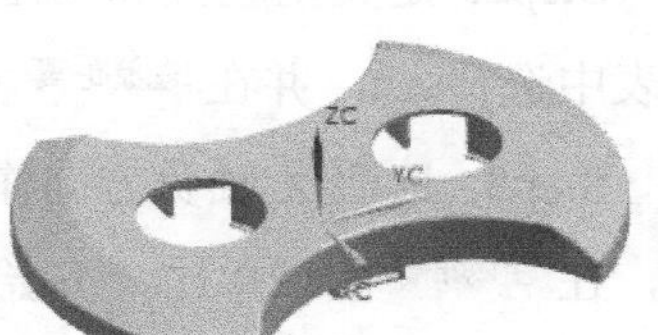

图 15.2　锁定后的模具坐标系

Task3. 设置收缩率

Step1. 定义收缩率类型。在“注塑模向导”功能选项卡 主要 区域中单击“收缩”按钮，系统弹出“缩放体”提示对话框。产品模型会高亮显示，在 类型 下拉列表中选择 均匀 选项。

Step2. 定义比例因子。在“比例”对话框 比例因子 区域的 均匀 文本框中输入数值 1.006。

Step3. 单击 确定 按钮，完成收缩率的设置。

Task4. 创建模具工件

Step1. 在“注塑模向导”功能选项卡 主要 区域中单击“工件”按钮，系统弹出“工件”对话框。

Step2. 在 类型 下拉列表中选择 产品工件 选项，在 工件方法 下拉列表中选择 用户定义的块 选项，其他参数采用系统默认设置。

Step3. 修改尺寸。在 定义工件 区域单击“绘制截面”按钮，系统进入草图环境，然后修改截面草图的尺寸，如图 15.3 所示；在 限制 区域的 开始 和 结束 后的文本框中分别输入值 -40 和 60。

Step4. 单击 < 确定 > 按钮，完成创建后的模具工件如图 15.4 所示。

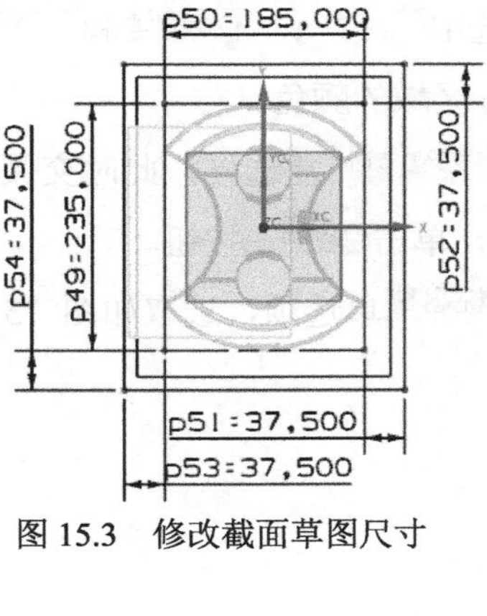

图 15.3　修改截面草图尺寸

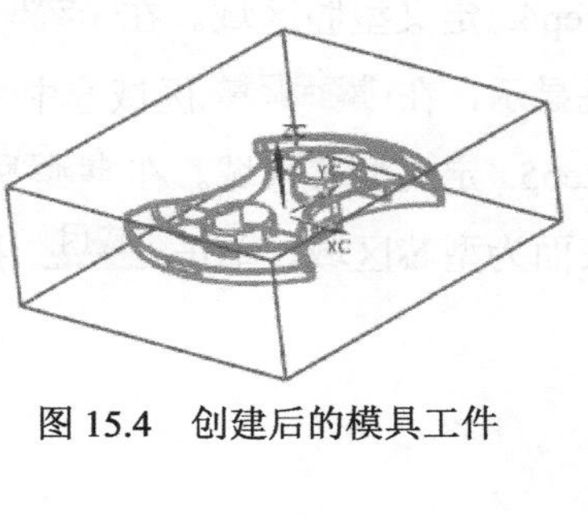

图 15.4　创建后的模具工件

Task5. 创建型腔布局

Step1. 在“注塑模向导”功能选项卡 主要 区域中单击“型腔布局”按钮，系统弹出“型腔布局”对话框。

Step2. 定义型腔数和间距。在 布局类型 区域选择 矩形 选项和 ⊙ 平衡 单选项；在 型腔数 下拉列表中选择 2，并在 缝隙距离 文本框中输入值 0。

Step3. 选取 X 轴负方向作为布局方向，此时在模型中显示如图 15.5 所示的布局方向箭头，在 生成布局 区域单击“开始布局”按钮，系统自动进行布局。

Step4. 在 编辑布局 区域单击“自动对准中心”按钮，使模具坐标系自动对中，布局结果如图 15.6 所示，单击 关闭 按钮。

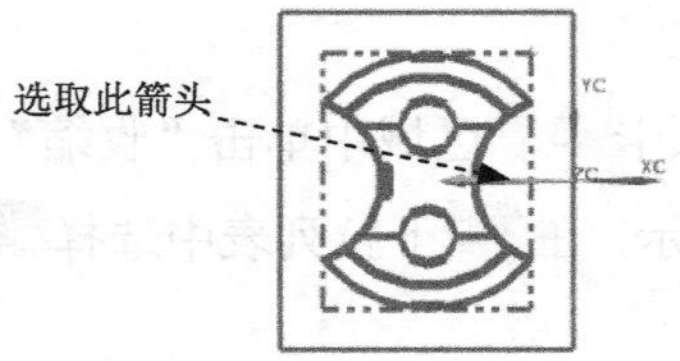

图 15.5 选取方向

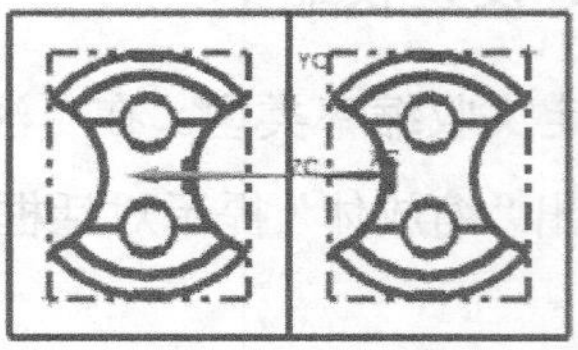

图 15.6 布局结果

说明：为了便于清晰表达，此处将视图调整到顶部状态。

Task6. 模具分型

Stage1. 设计区域

Step1. 在“注塑模向导”功能选项卡 分型刀具 区域中单击“检查区域”按钮，系统弹出“检查区域”对话框，同时模型被加亮，并显示开模方向，如图 15.7 所示，选中 ⊙ 保持现有的 单选项。

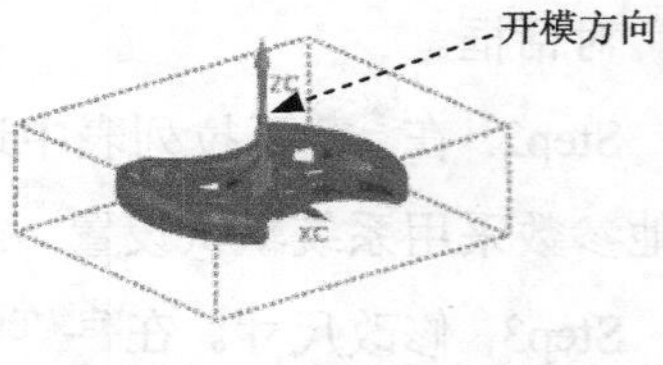

图 15.7 开模方向

Step2. 计算设计区域。在“检查区域”对话框中单击“计算”按钮，系统开始对产品模型进行分析计算。单击 面 选项卡，可以查看分析结果。

Step3. 设置区域颜色。单击 区域 选项卡，取消选中 □ 内环 、 □ 分型边 和 □ 不完整的环 3 个复选框，然后单击“设置区域颜色”按钮，设置各区域的颜色。

Step4. 定义型腔区域。在 未定义的区域 区域选中 ☑ 交叉竖直面 复选框，此时交叉竖直面区域加亮显示，在 指派到区域 区域选中 ⊙ 型腔区域 单选项，单击 应用 按钮。

Step5. 定义型芯区域。在 指派到区域 区域选择 ⊙ 型芯区域 单选项，选取如图 15.8 所示的模型表面为型芯区域，单击 应用 按钮。

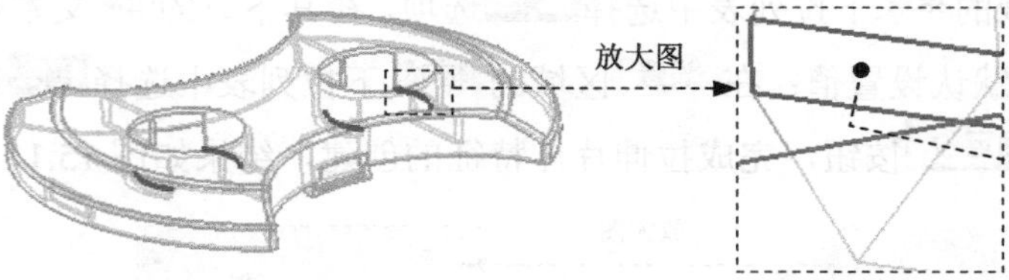

图 15.8 定义型芯区域

说明：在选取表面时，要选取 4 个相同特征的表面，图 15.8 中显示了这 4 个表面，并用一个放大图表示其中一个特征面。

Step6. 单击 取消 按钮，关闭“检查区域”对话框。

Stage2. 创建曲面补片

Step1. 选择命令。在 应用模块 功能选项卡 设计 区域单击 建模 按钮，进入到建模环境中。

说明：如果此时系统自动进入了建模环境，用户就不需要进行此步的操作。

Step2. 创建拉伸片体特征。

（1）选择下拉菜单 插入(S) → 设计特征(E) → 拉伸(E)... 命令，系统弹出“拉伸”对话框。

（2）单击“绘制截面”按钮，系统弹出“创建草图”对话框。选取如图 15.9 所示的模型表面为草图平面，单击 确定 按钮，进入草图环境，选择下拉菜单 插入(S) → 配方曲线(U) → 投影曲线(J)... 命令，系统弹出“投影曲线”对话框；选取如图 15.10 所示的圆弧为投影对象；单击 确定 按钮，系统弹出信息提示对话框，单击 是(Y) 按钮，完成投影曲线的选取，单击 完成草图 按钮，退出草图环境。

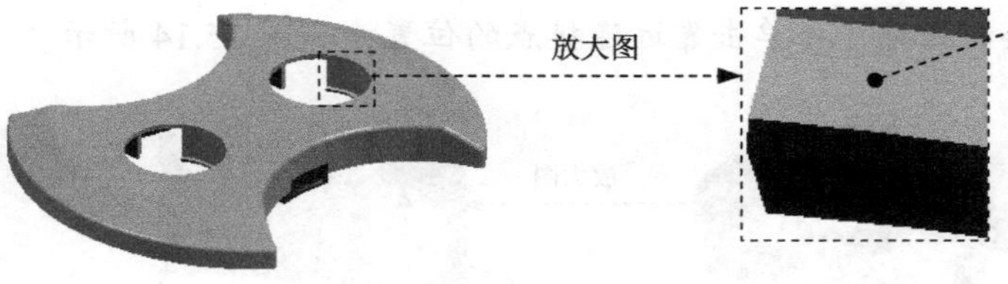

图 15.9 草图平面

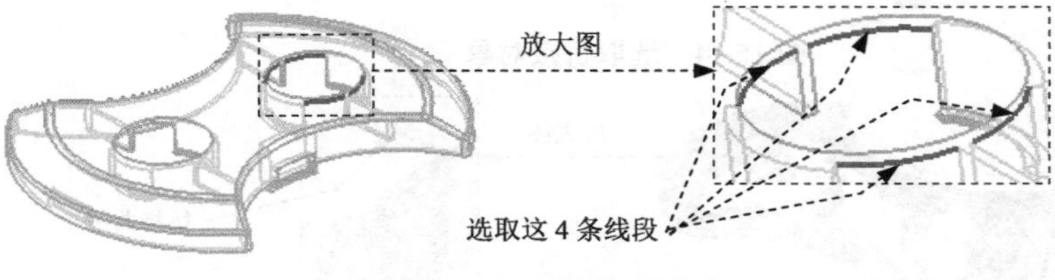

图 15.10 选取投影曲线

（3）在“拉伸”对话框 限制 区域的 开始 下拉列表中选择 值 选项，在其下方的 距离 文本框中输入值 0；在限制区域的结束下拉列表中选择值选项，在其下方的距离文本框中输入值 25；其他参数采用系统默认设置值；在设置区域的体类型下拉列表中选择片体选项；在“拉伸”对话框中单击< 确定 >按钮，完成拉伸片体特征的创建，结果如图 15.11 所示。

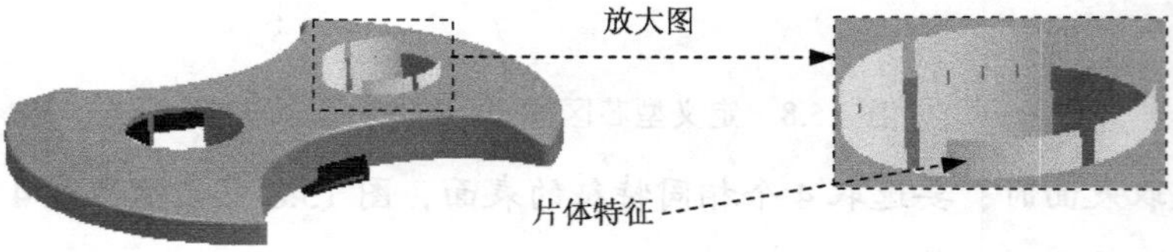

图 15.11　创建拉伸片体特征

Step3. 修剪拉伸片体。选择下拉菜单插入(S) → 修剪(T) → 修剪片体(R)...命令，系统弹出“修剪片体”对话框；选取如图 15.11 所示的片体特征；在“修剪片体”对话框的边界对象区域中单击* 选择对象 (0)命令，将其激活，然后选取如图 15.12 所示的平面对象；在区域中选择放弃单选项，然后单击确定按钮，完成拉伸片体的修剪，修剪结果如图 15.13 所示。

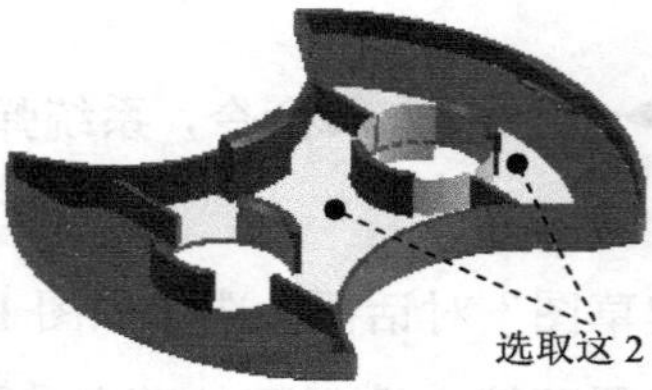

图 15.12　选取修剪对象

图 15.13　修剪结果

Step4. 创建桥接曲线 1。选择下拉菜单插入(S) → 派生曲线(U) → 桥接(B)...命令，系统弹出“桥接曲线”对话框；分别选取如图 15.14 所示的 2 条曲线；单击< 确定 >按钮，完成桥接曲线 1 的创建，结果如图 15.15 所示。

说明：在选取桥接曲线时，要单击靠近连接点的位置，如图 15.14 所示。

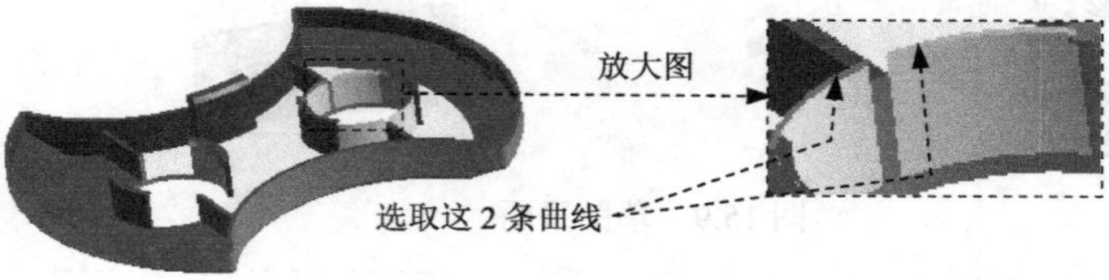

图 15.14　选取桥接对象

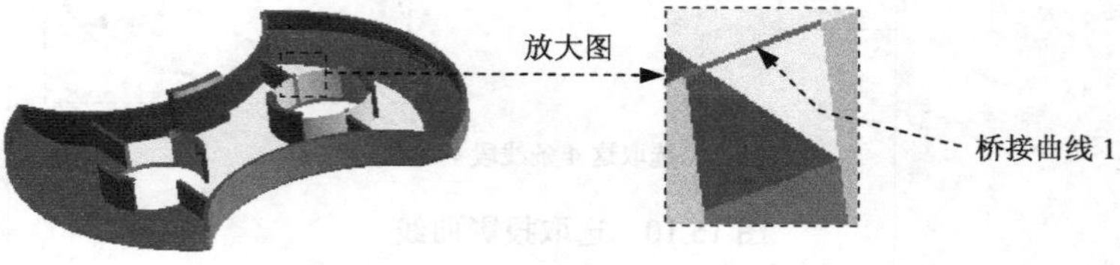

图 15.15　创建桥接曲线 1

Step5. 参照 Step4，创建桥接曲线 2，结果如图 15.16 所示。

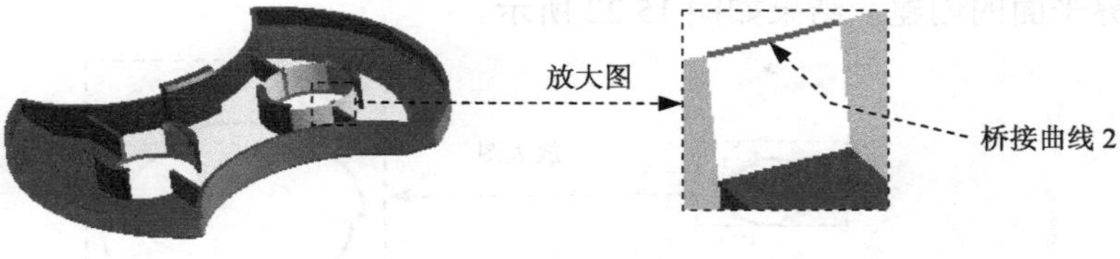

图 15.16 创建桥接曲线 2

Step6. 通过曲线组创建片体 1。选择下拉菜单 插入(S) → 网格曲面(M) → 通过曲线组(T)... 命令，系统弹出“通过曲线组”对话框；在“上边框条”工具条的“曲线规则”下拉列表中选择 单条曲线 选项，选取如图 15.17 所示的曲线 1，然后在“通过曲线组”对话框中单击“添加新集”按钮，选取曲线 2，如图 15.18 所示；单击 < 确定 > 按钮，完成片体 1 的创建，结果如图 15.19 所示。

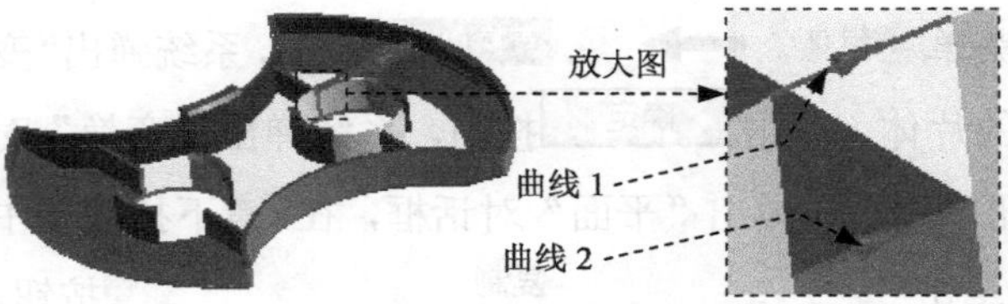

图 15.17 选取曲线

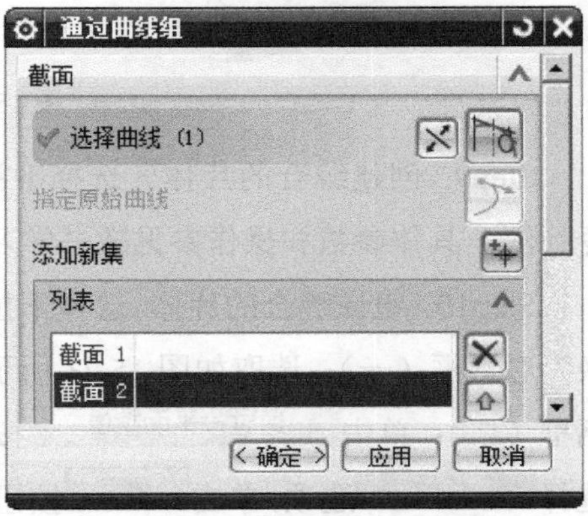

图 15.18 “通过曲线组”对话框

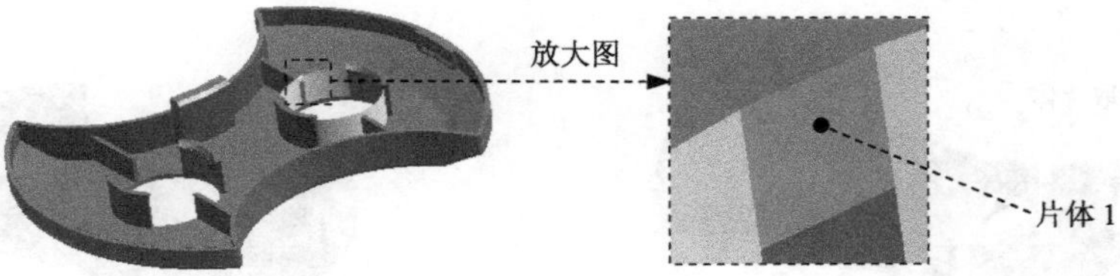

图 15.19 创建片体 1

Step7. 参照 Step6，通过曲线组创建片体 2，结果如图 15.20 所示。

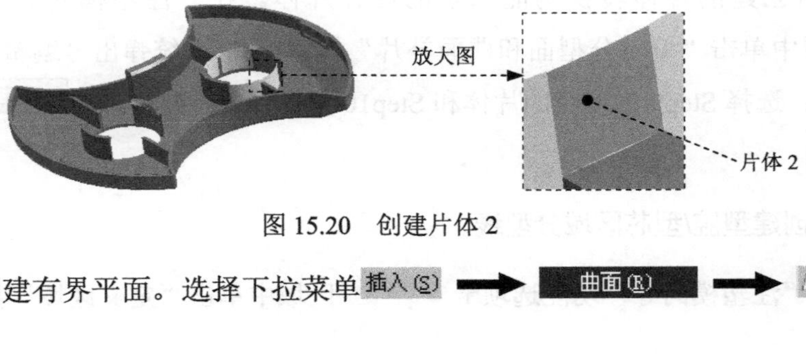

图 15.20 创建片体 2

Step8. 创建有界平面。选择下拉菜单 插入(S) → 曲面(R) → 有界平面(B)...

命令，系统弹出“有界平面”对话框；选取如图 15.21 所示的边界环曲线；单击 < 确定 > 按钮，完成有界平面的创建，结果如图 15.22 所示。

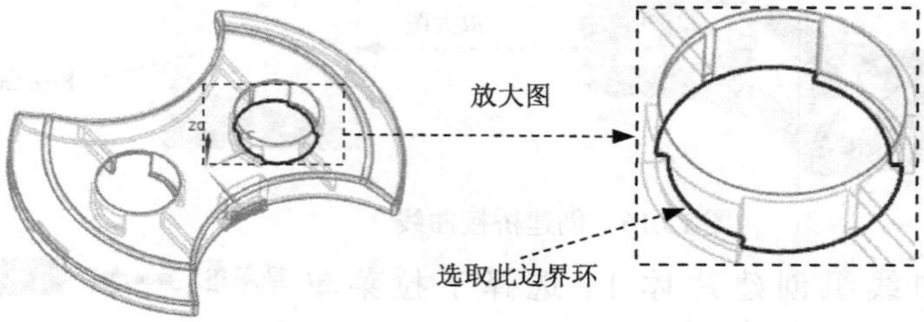

图 15.21　选取边界环

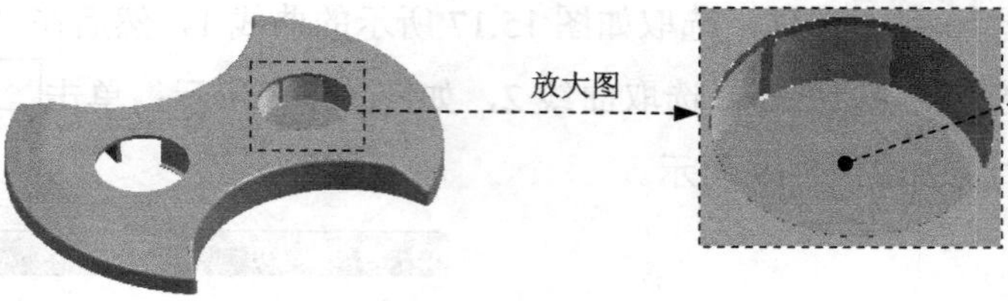

图 15.22　创建有界平面

Step9. 创建缝合的片体。选择下拉菜单 插入(S) → 组合(B) ▸ → 缝合(W)... 命令（注：具体参数和操作参见随书学习资源），单击 确定 按钮，完成片体的缝合。

Step10. 镜像缝合的片体。选择下拉菜单 编辑(E) → 变换(M)... 命令，系统弹出“变换”对话框（一）；选取如图 15.23 所示的片体，单击 确定 按钮，系统弹出“变换”对话框（二）；单击 通过一平面镜像 按钮，然后在弹出“平面”对话框，在 类型 下拉列表中选择 XC-ZC 平面 选项，单击 确定 按钮；单击 复制 按钮，然后单击 取消 按钮，结果如图 15.24 所示。

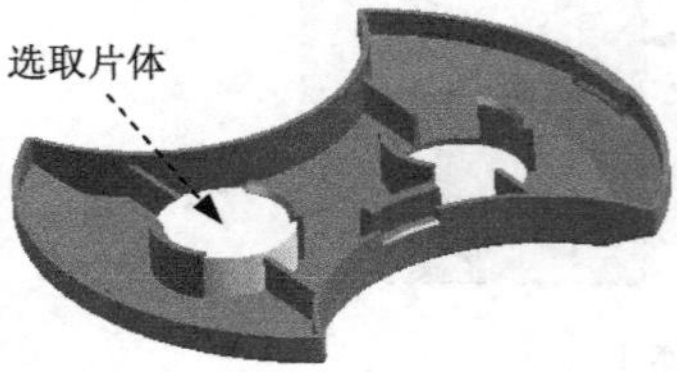

图 15.23　选取镜像特征

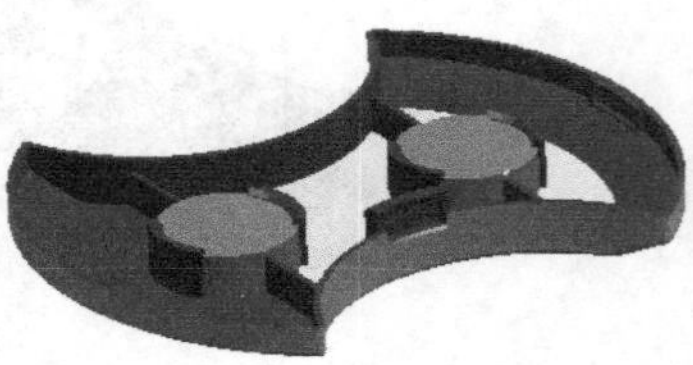

图 15.24　镜像结果

Step11. 将创建的片体转换为能识别的修补片体。在“注塑模向导”功能选项卡 注塑模工具 区域中单击“编辑分型面和曲面补片”按钮，系统弹出“编辑分型面和曲面补片”对话框；选择 Step9 中缝合的片体和 Step10 中镜像的片体；单击 确定 按钮，完成片体的转换。

Stage3. 创建型腔/型芯区域分型线

Step1. 在“注塑模向导”功能选项卡 分型刀具 区域中单击“定义区域”按钮，系统弹出“定义区域”对话框。

Step2. 选中 设置 区域的 ☑ 创建区域 和 ☑ 创建分型线 复选框，单击 确定 按钮，完成型腔/型芯区域分型线的创建。

Stage4. 编辑分型段

Step1. 在“注塑模向导”功能选项卡 分型刀具 区域中单击“设计分型面”按钮，系统弹出“设计分型面”对话框。

Step2. 选取过渡对象。在 编辑分型段 区域中单击“选择过渡曲线”按钮，选取如图 15.25 所示的 4 段圆弧作为过渡对象。

Step3. 单击 应用 按钮，完成分型段的定义。

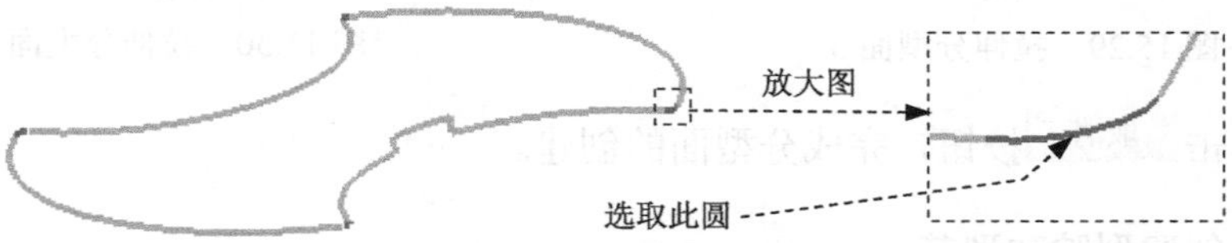

图 15.25 编辑分型段

Stage5. 创建分型面

Step1. 拉伸分型面 1。在“设计分型面”对话框 创建分型面 区域的 方法 下拉列表中选择选项，在 拉伸方向 区域的下拉列表中选择 -YC 选项，在图 15.26a 中单击“延伸距离”文本框，然后输入值 150，并按 Enter 键，单击 应用 按钮，系统返回至“设计分型面”对话框；完成如图 15.27 所示的拉伸分型面 1 的创建。

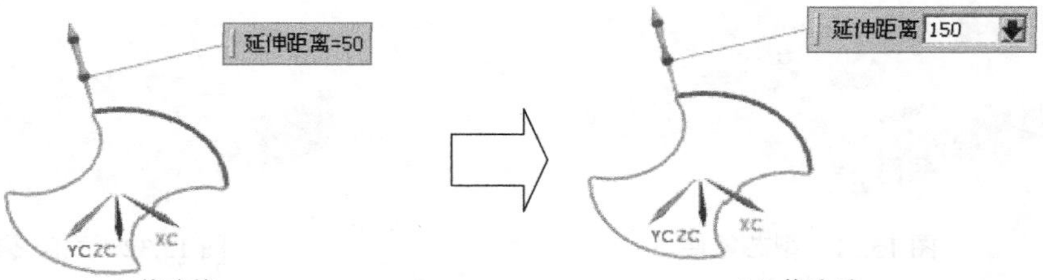

a）修改前　　b）修改后

图 15.26 延伸距离

Step2. 拉伸分型面 2。在“设计分型面”对话框 创建分型面 区域的 方法 下拉列表选择选项，在 拉伸方向 区域的下拉列表中选择 XC 选项，单击 应用 按钮，系统返回至“设计分型面”对话框；完成如图 15.28 所示的拉伸分型面 2 的创建。

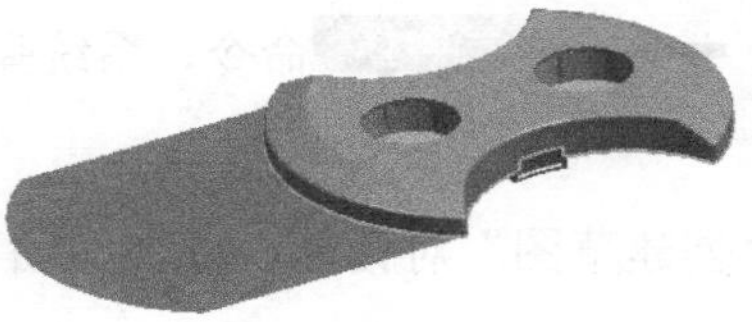

图 15.27 拉伸分型面 1

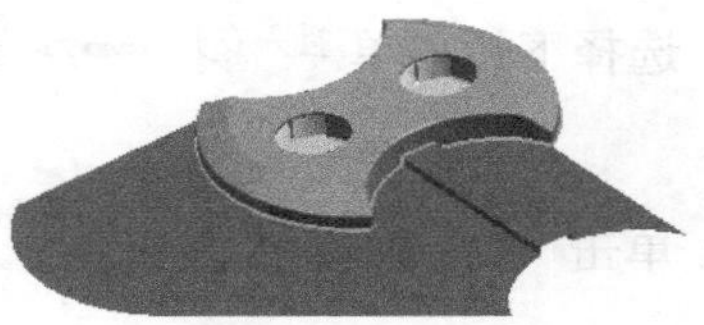

图 15.28 拉伸分型面 2

Step3. 拉伸分型面 3。在“设计分型面”对话框 创建分型面 区域的 方法 下拉列表中选择 选项，在 拉伸方向 区域的 下拉列表中选择 YC 选项，单击 应用 按钮，系统返回至“设计分型面”对话框；完成如图 15.29 所示的拉伸分型面 3 的创建。

Step4. 拉伸分型面 4。在“设计分型面”对话框 创建分型面 区域的 方法 下拉列表中选择 选项，在 拉伸方向 区域的 下拉列表中选择 -XC 选项，单击 应用 按钮，系统返回至“设计分型面”对话框；完成如图 15.30 所示的拉伸分型面 4 的创建。

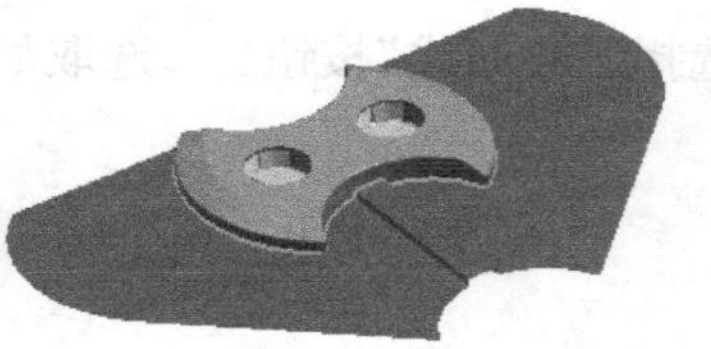

图 15.29　拉伸分型面 3

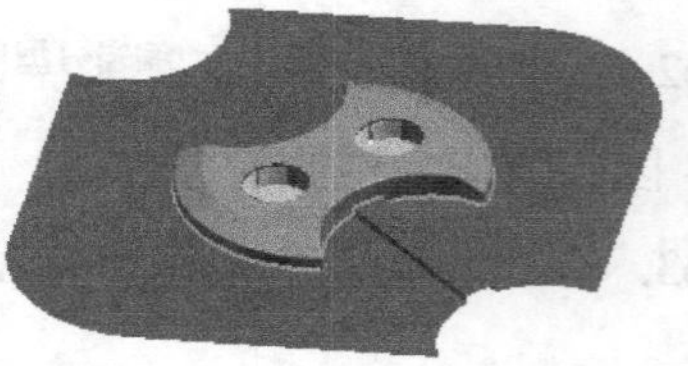

图 15.30　拉伸分型面 4

Step5. 单击 取消 按钮，完成分型面的创建。

Stage6. 创建型腔和型芯

Step1. 在“注塑模向导”功能选项卡 分型刀具 区域中单击“定义型腔和型芯”按钮，系统弹出“定义型腔和型芯”对话框。

Step2. 选取 选择片体 区域下的 所有区域 选项，单击 确定 按钮。

Step3. 选择下拉菜单 窗口(O) → cover_mold_core_006.prt，显示型芯零件，结果如图 15.31 所示；选择下拉菜单 窗口(O) → cover_mold_cavity_002.prt，显示型腔零件，结果如图 15.32 所示。

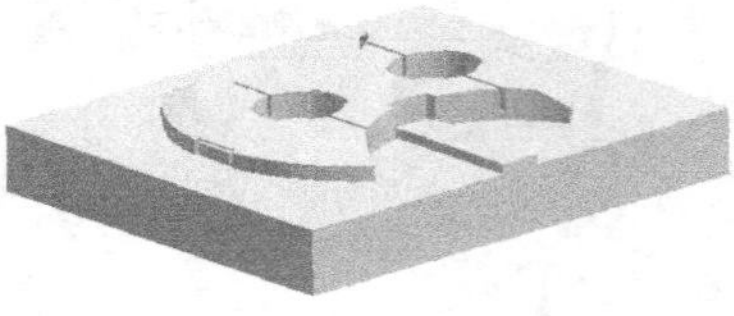

图 15.31　型芯零件

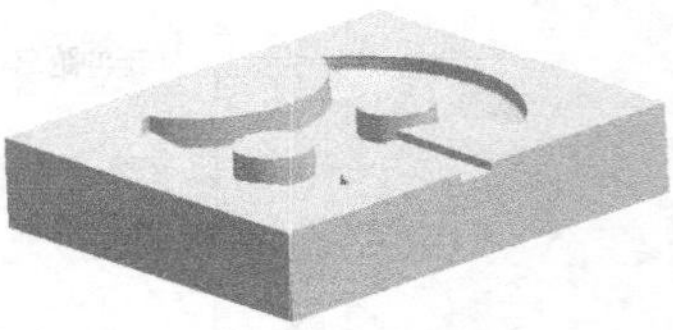

图 15.32　型腔零件

Task7. 创建滑块

Step1. 选择下拉菜单 窗口(O) → cover_mold_core_006.prt，在图形区中显示出型芯工作零件。

Step2. 创建拉伸特征。

（1）选择下拉菜单 插入(S) → 设计特征(E) → 拉伸(E)... 命令，系统弹出“拉伸”对话框。

（2）单击“绘制截面”按钮，系统弹出“创建草图”对话框，选取如图 15.33 所示的模型表面为草图平面，单击 确定 按钮，进入草图环境，绘制如图 15.34 所示的截面草图，单击 完成草图 按钮，退出草图环境。

（3）在 限制 区域的 开始 下拉列表中选择 值 选项，在 距离 文本框中输入值 0；在 限制 区域的 结束 下拉列表中选择 直至延伸部分 选项，选取如图 15.35 所示的面为拉伸终止面，在 布尔 区域的下拉列表中选择 无 选项。其他参数采用系统默认设置；单击 < 确定 > 按钮，完成拉伸特征的创建。

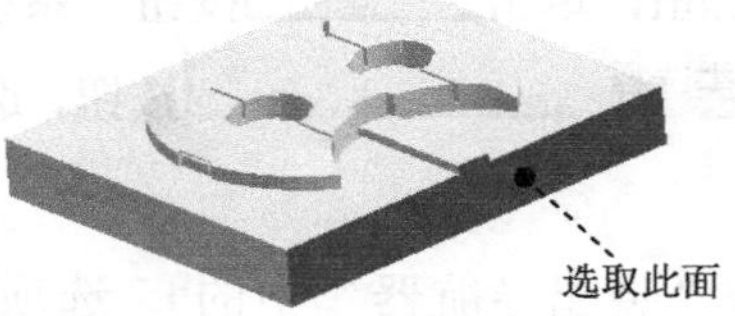

图 15.33 定义草图平面

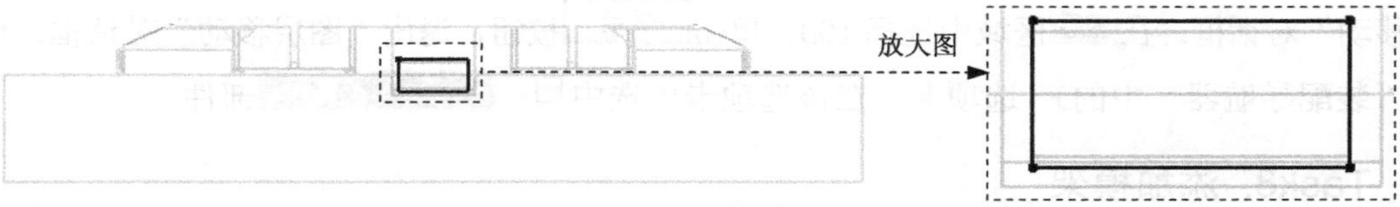

图 15.34 截面草图

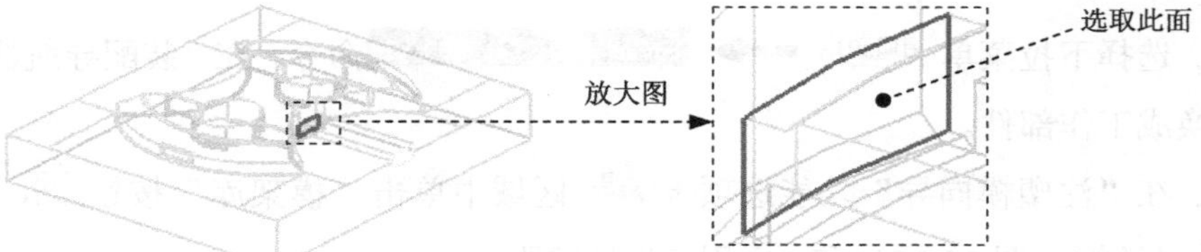

图 15.35 拉伸终止面

Step3. 创建求交特征。选择下拉菜单 插入(S) → 组合(B) → 相交(I)... 命令，系统弹出“相交”对话框；选取如图 15.36 所示的目标体特征；选取型芯为工具体，并选中 ☑ 保存工具 复选框；单击 < 确定 > 按钮，完成求交特征的创建。

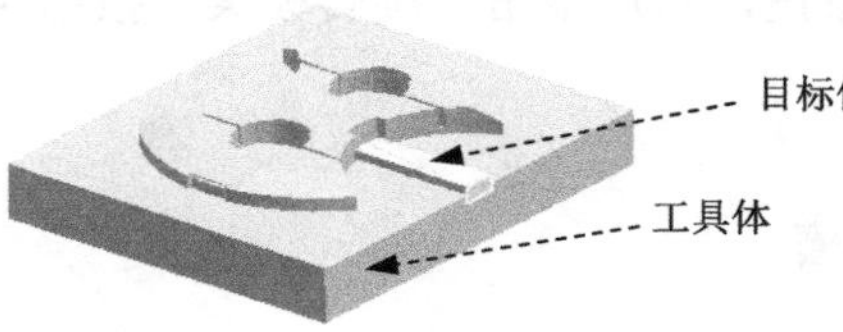

图 15.36 选取特征

Step4. 求差特征。选择下拉菜单 插入(S) → 组合(B) → 减去(S)... 命令，此时系统弹出“求差”对话框；选取型芯为目标体；选取 Step3 中创建的求交特征为工具体，并选中 ☑ 保存工具 复选框；单击 < 确定 > 按钮，完成求差特征的创建。

Step5. 将滑块转化为型芯子零件。

（1）单击“装配导航器”中的选项卡，系统弹出“装配导航器”界面，在该界面空白处右击，然后在弹出的快捷菜单中选择WAVE 模式选项。

（2）在“装配导航器”界面中右击☑cover_mold_core_006图标，在弹出的快捷菜单中选择WAVE▸ ➡ 新建层命令，系统弹出“新建层”对话框；单击指定部件名按钮，在弹出的“选择部件名”对话框，在文件名(N):文本框中输入cover_mold_slide.prt，单击OK按钮，系统返回至“新建层”对话框。

（3）单击类选择按钮，选择如图15.36所示的目标体，单击两次确定按钮。

Step6. 移动至图层。单击“装配导航器”中的选项卡，在该选项卡中取消选中☐cover_mold_slide部件；选择下拉菜单格式(R) ➡ 移动至图层(M)...命令，系统弹出“图层移动”对话框；在图层区域中选择100，单击确定按钮，退出“图层移动”对话框；单击“装配导航器”中的选项卡，在该选项卡中选中☑cover_mold_slide部件。

Task8. 添加模架

Stage1. 模架的加载和编辑

Step1. 选择下拉菜单窗口(O) ➡ cover_mold_top_000.prt命令，在“装配导航器”界面中将部件转换成工作部件。

Step2. 在“注塑模向导”功能选项卡主要区域中单击“模架库”按钮，系统弹出“模架库”对话框（图15.37）和“重用库”导航器。

Step3. 选择模架。在“重用库”导航器名称区域中选择FUTABA_S选项，然后在成员选择区域选择SC选项。

Step4. 定义模架的编号及标准参数。在详细信息区域中选择相应的参数，结果如图15.37所示。

Step5. 单击应用按钮，然后单击“旋转模架”按钮，单击确定按钮，加载后的模架如图15.38所示。

Stage2. 创建模仁刀槽

Step1. 在“注塑模向导”功能选项卡主要区域中单击“型腔布局”按钮，系统弹出“型腔布局”对话框。

Step2. 单击“编辑插入腔”按钮，此时系统弹出“插入腔体”对话框。

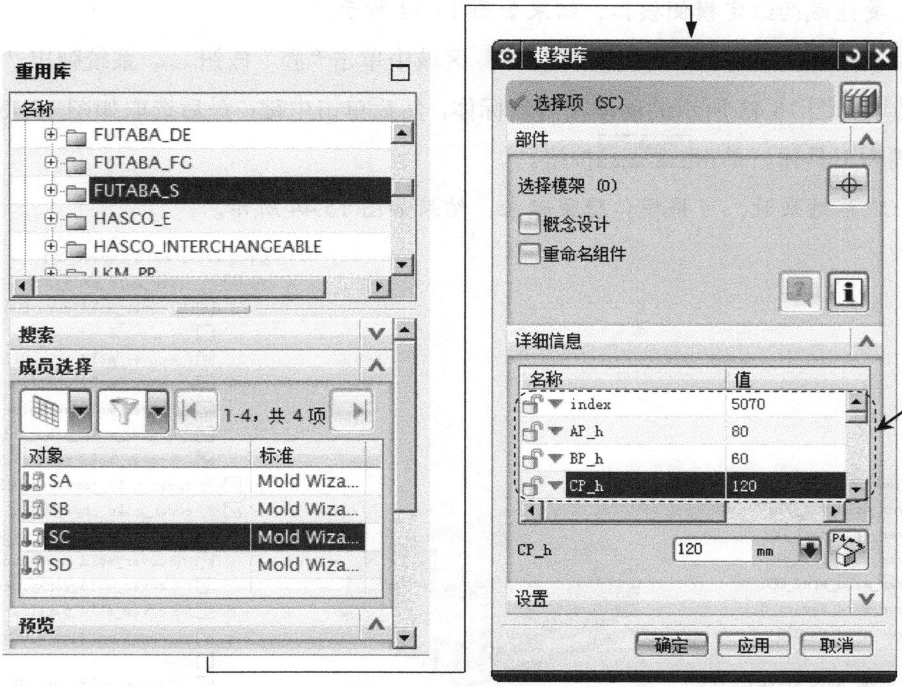

图 15.37 “模架库”对话框

Step3. 在“插入腔体”对话框的 R 下拉列表中选择 5，然后在 type 下拉列表中选择 2，单击 确定 按钮；返回至“型腔布局”对话框，单击 关闭 按钮，完成模仁刀槽的创建，隐藏部分模架，显示模仁刀槽的创建结果如图 15.39 所示。

图 15.38 模架加载后

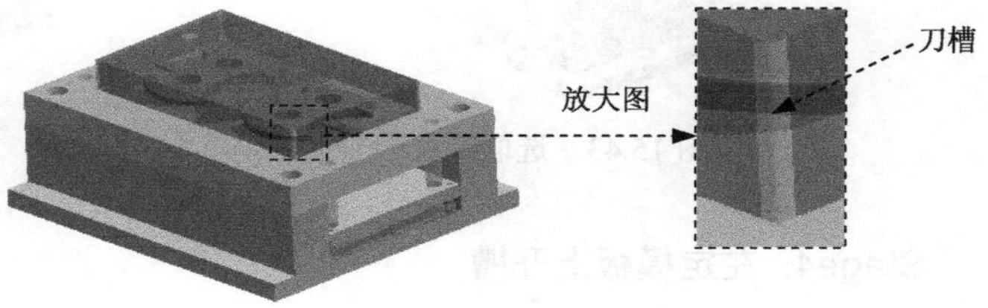

图 15.39 创建模仁刀槽

Stage3. 在动模板上开槽

Step1. 单击“装配导航器”选项卡，在弹开的“装配导航器”界面中单击 cover_mold_fs_025 图标前的节点。

Step2. 在展开的组件中取消选中 cover_mold_fixhalf_027 选项，将定模侧模架组件隐藏（同时也隐藏了 4 个导柱和导套），如图 15.40 所示。

Step3. 隐藏定模侧模仁组件。在展开的组件中单击 cover_mold_layout_021 图标前的节点，然后在展开的组件中单击 cover_mold_prod_003 图标前的节点，在展开的组件中取消选中 cover_mold_cavity_002 选项，隐藏后的结果如图 15.41 所示。

说明：要隐藏两组定模侧模仁，结果如图 15.42 所示。

Step4. 在"注塑模向导"功能选项卡 主要 区域中单击"腔"按钮 ，系统弹出"开腔"对话框；选取如图 15.43 所示的动模板为目标体，然后单击中键；最后选取如图 15.43 所示的模仁刀槽为工具体，单击 确定 按钮。

说明：观察结果时，可将模仁隐藏起来，结果如图 15.44 所示。

图 15.40　隐藏定模侧模架组件　　　图 15.41　隐藏设置后的装配　　　图 15.42　隐藏定模侧模仁组件

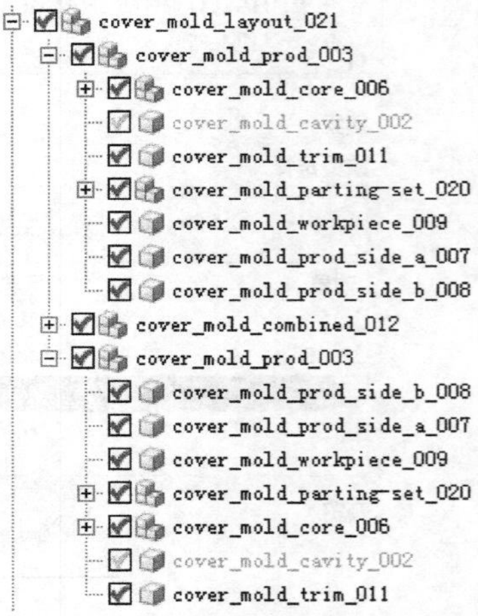

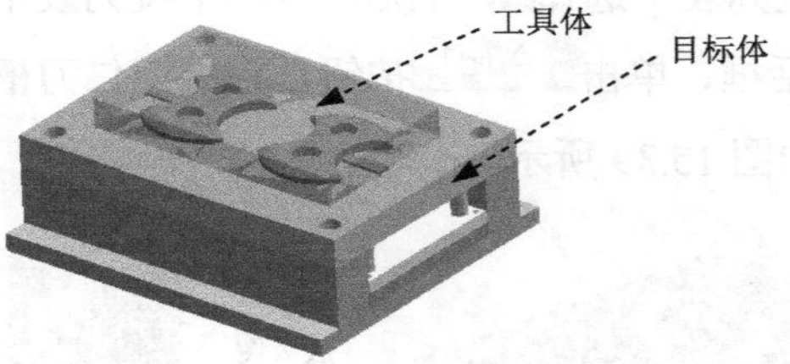

图 15.43　选取特征　　　　　　　　图 15.44　观察结果

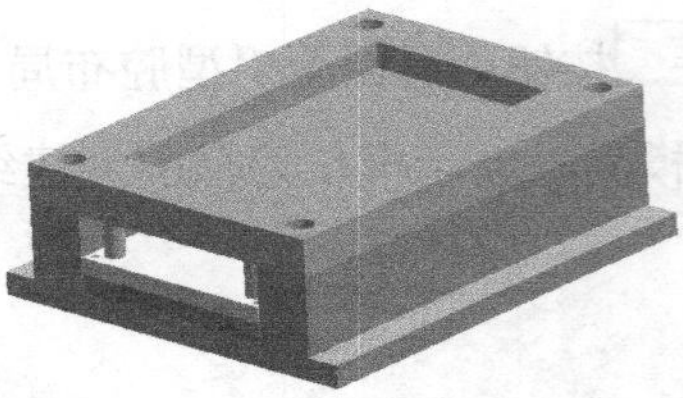

Stage4. 在定模板上开槽

Step1. 单击"装配导航器" 选项卡，在弹出的"装配导航器"界面中单击 ✓ cover_mold_fs_025 图标前的节点。

Step2. 在展开的组件中选中 ✓ cover_mold_fixhalf_027 选项，将定模侧模架组件显示出来，同时在展开的组件中取消选中 □ cover_mold_movehalf_029 选项，将动模侧模架组件隐藏。

Step3. 隐藏动模侧模仁组件。在展开的组件中单击 ✓ cover_mold_layout_021 图标前的节点，然后在展开的组件中单击 ✓ cover_mold_prod_003 图标前的节点，在展开的组件中取消选中 □ cover_mold_core_006 选项。

说明：要隐藏两组动模侧模仁和产品，显示模仁刀槽。

Step4. 在"注塑模向导"功能选项卡 主要 区域中单击"腔"按钮 ，系统弹出"开腔"

对话框；选取如图 15.45 所示的定模板为目标体，然后单击中键；然后选取如图 15.45 所示的模仁刀槽为工具体，单击 确定 按钮。

说明：观察结果时，可将模仁隐藏起来，结果如图 15.46 所示。

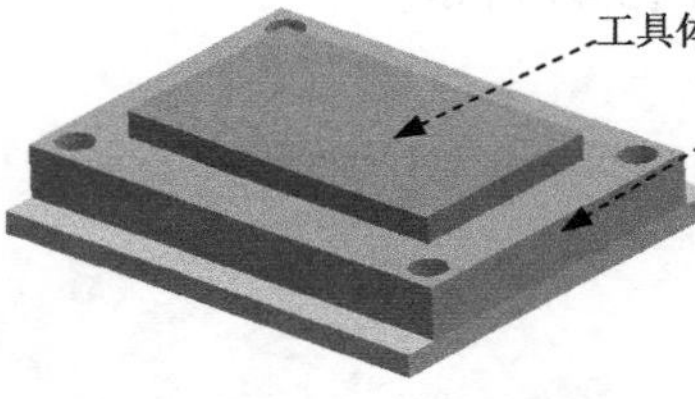

图 15.45 选取特征

图 15.46 观察结果

Task9. 添加标准件

Stage1. 加载定位圈

Step1. 将动模侧模架和模仁组件显示出来。

Step2. 在“注塑模向导”功能选项卡 主要 区域中单击“标准件库”按钮，系统弹出“标准件管理”对话框和“重用库”导航器。

Step3. 在“重用库”导航器 名称 区域中选择 FUTABA_MM 节点下的 Locating Ring Interchangeable 选项，在 成员选择 列表中选择 Locating Ring 选项，系统弹出“信息”窗口。

Step4. 定义定位圈的类型和参数。在 详细信息 区域的 TYPE 下拉列表中选择 M LRB 选项；在 DIAMETER 下拉列表中选择 120 选项；在 BOTTOM_C_BORE_DIA 下拉列表中选择 50 选项；在 BOLT_CIRCLE 文本框中输入值 90，在 C_SINK_CENTER_DIA 文本框中输入值 70，其他参数采用系统默认设置。单击 确定 按钮，加载定位圈后的结果如图 15.47 所示。

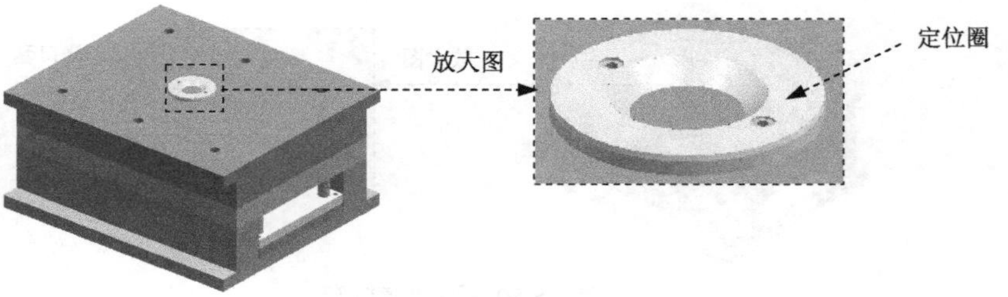

图 15.47 加载定位圈

Stage2. 创建定位圈槽

Step1. 在“注塑模向导”功能选项卡 主要 区域中单击“腔”按钮，系统弹出“开腔”对话框。

Step2. 选取目标体。选取如图 15.48 所示的定模座板为目标体，然后单击中键，并在工具类型下拉列表中选择组件选项。

Step3. 选取工具体。选取如图 15.48 所示的定位圈为工具体。

Step4. 单击确定按钮，完成定位圈槽的创建。

说明：观察结果时可将定位圈隐藏，结果如图 15.49 所示。

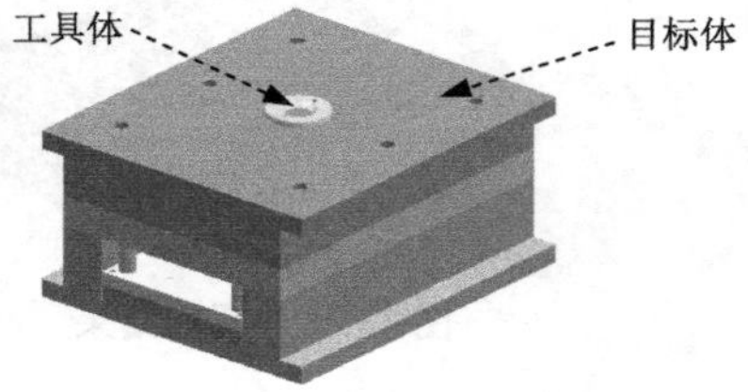

图 15.48 选取特征

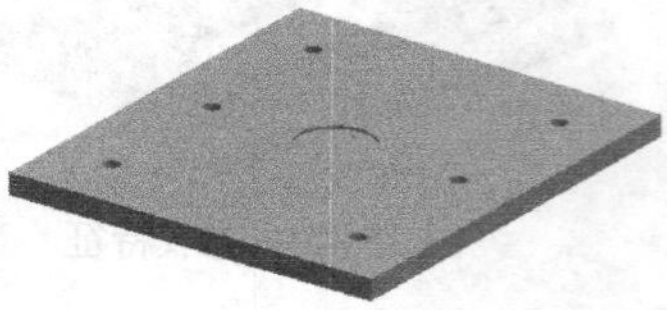

图 15.49 观察结果

Stage3. 添加浇口套

Step1. 在"注塑模向导"功能选项卡主要区域中单击"标准件库"按钮，系统弹出"标准件管理"对话框和"重用库"导航器。

Step2. 选择浇口套类型。在"重用库"导航器名称区域中选择FUTABA_MM节点下的Sprue Bushing选项；在**成员选择**列表中选择Sprue Bushing选项，系统弹出"信息"窗口，用于显示浇口套的参数。在详细信息区域的CATALOG下拉列表中选择M-SBI选项；在CATALOG_DIA下拉列表中选择20选项；在0下拉列表中选择5:G选项；在R下拉列表中选择12:B选项；在TAPER下拉列表中选择1选项；其他参数采用系统默认设置。

Step3. 修改浇口套尺寸。单击在详细信息区域列表中双击CATALOG_LENGTH选项，在后面的文本框中输入值 100，双击CATALOG_LENGTH1选项，在后面的文本框中输入值 100，并按 Enter 键确认。单击确定按钮，完成浇口套的添加，如图 15.50 所示。

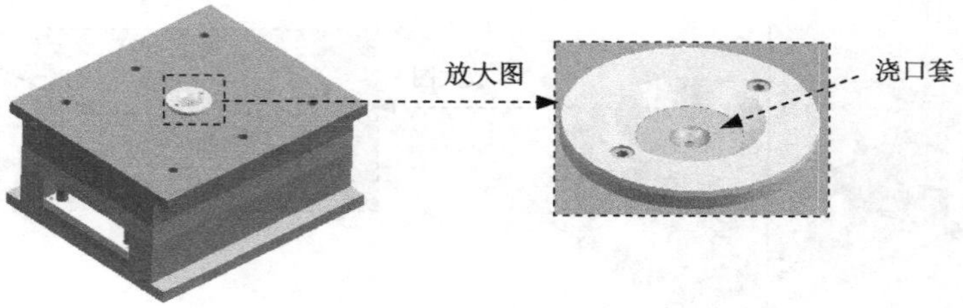

图 15.50 添加浇口套

Stage4. 创建浇口套槽

Step1. 单击"装配导航器"按钮，在展开的"装配导航器"对话框中单击cover_mold_fs_025图标前的节点。

Step2. 在展开的组件中取消选中cover_mold_movehalf_029选项，单击cover_mold_misc_005图标前的节点，在展开的组件中取消选中cover_mold_pocket_047选项，将动模侧模架组件隐藏。

Step3. 隐藏动模侧模仁组件。在展开的组件中单击☑ cover_mold_layout_021 图标前的节点，然后在展开的组件中单击☑ cover_mold_prod_003 图标前的节点，在展开的组件中取消选中□ cover_mold_core_006 选项，隐藏后的结果如图 15.51 所示。

说明：要隐藏两组动模侧模仁。

Step4. 在“注塑模向导”功能选项卡 主要 区域中单击“腔”按钮，系统弹出“开腔”对话框。

Step5. 选取目标体。选取如图 15.51 所示的定模仁、定模板和定模固定板为目标体，然后单击中键，并在 工具类型 下拉列表中选择 组件 选项。

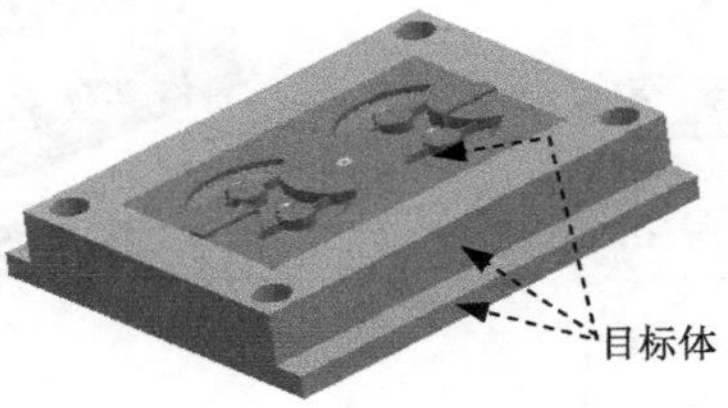

图 15.51　选取目标体

Step6. 选取工具体。选取浇口套为工具体。

Step7. 单击 确定 按钮，完成浇口套槽的创建。

说明：观察结果时可将浇口套隐藏，结果如图 15.52 和图 15.53 所示。

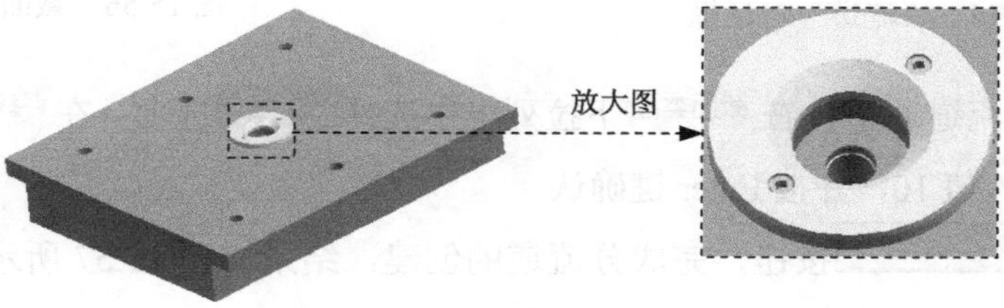

图 15.52　定模固定板和定模板避开孔的结果

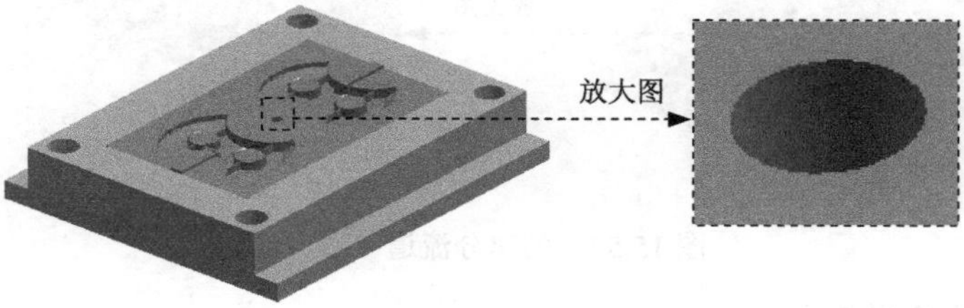

图 15.53　定模仁避开孔的结果

Task10. 创建浇注系统

Stage1. 创建分流道

Step1. 在“注塑模向导”功能选项卡 主要 区域中单击“流道”按钮，系统弹出如图 15.54 所示的“流道”对话框。

Step2. 定义引导线串。单击对话框中的“绘制截面”按钮，系统弹出“创建草图”对话框；选择如图 15.55 所示的草图平面，绘制如图 15.56 所示的截面草图，单击 完成草图 按钮，退出草图环境。

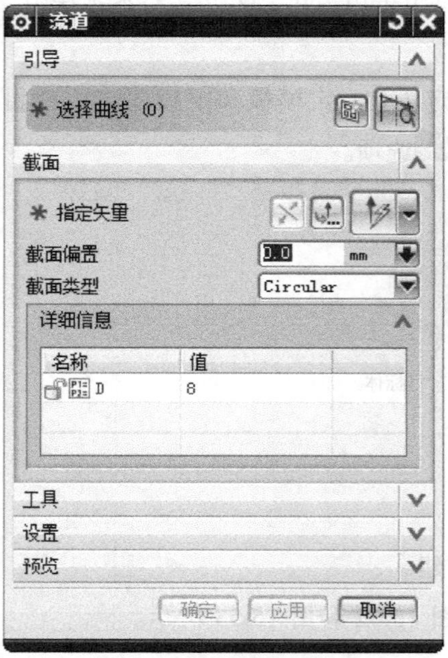

图 15.54 “流道”对话框

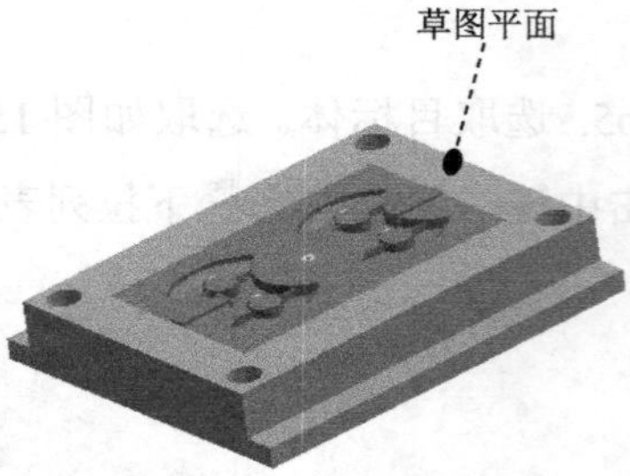

图 15.55 选取草图平面

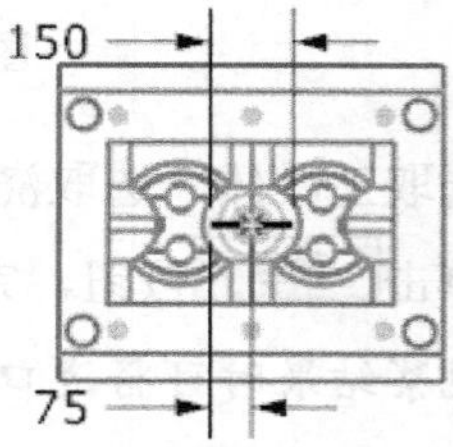

图 15.56 截面草图

Step3. 定义流道通道。在 截面类型 下拉列表中选择 Circular 选项；在 详细信息 区域双击 D 文本框，在其中输入值 10，并按 Enter 键确认。

Step4. 单击 < 确定 > 按钮，完成分流道的创建，结果如图 15.57 所示。

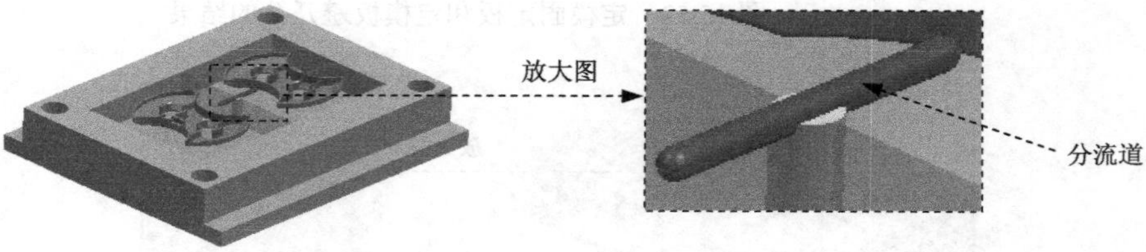

图 15.57 创建分流道

Stage2. 创建分流道槽

Step1. 单击“装配导航器”选项卡，在弹出的“装配导航器”界面中选中 cover_mold_core_006 选项，将动模侧模仁显示出来。

说明：要显示两组动模侧模仁。

Step2. 在“注塑模向导”功能选项卡 主要 区域中单击“腔”按钮，系统弹出“开腔”对话框；在 模式 下拉列表中选择 减去材料 ，在 刀具 区域的 工具类型 下拉列表中选择 实体 。

Step3. 选取目标体。选取定模仁、动模仁和浇口套为目标体，然后单击中键。

Step4. 选取工具体。选取分流道为工具体。

Step5. 单击 确定 按钮，完成分流道槽的创建。

说明：在选取目标体时，可将视图调整到带有暗边线框的状态以便选取，只需选取一个腔中的模仁，观察结果时可将分流道隐藏，结果如图 15.58 和图 15.59 所示。

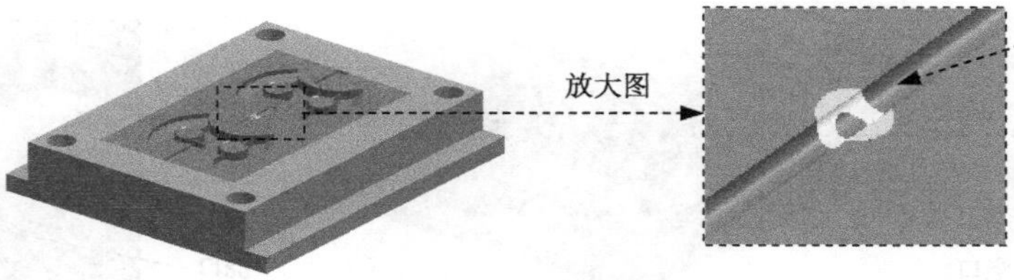

图 15.58　定模板侧分流道

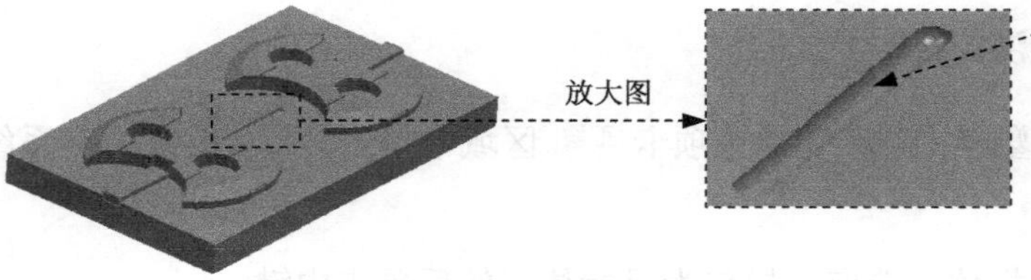

图 15.59　动模板侧分流道

Stage3. 创建浇口

Step1. 单击“装配导航器” 选项卡，在弹出的“装配导航器”界面中取消选中 cover_mold_core_006 选项，将动模侧模仁隐藏起来。

说明：要隐藏两组动模侧模仁。

Step2. 隐藏分流道。在图形区中选择分流道实体，将其隐藏起来。

Step3. 选择命令。在“注塑模向导”功能选项卡 主要 区域中单击 按钮，系统弹出“设计填充”对话框和“信息”窗口。

Step4. 定义类型属性。

（1）选择类型。在“设计填充”对话框 详细信息 区域 Section_Type 的下拉列表中选择 Semi_Circular 选项。

（2）定义尺寸。分别将“D”“L”“OFFSET”的参数改写为 2.5、25 和 0。

Step5. 定义浇口起始点。单击“设计填充”对话框的 * 指定点 区域，选取图 15.60 所示的圆弧边线。

Step6. 拖动 YC-ZC 面上的旋转小球，让其绕着 XC 轴旋转 180 度。

Step7. 单击 确定 按钮，在流道末端创建的浇口特征如图 15.61 所示。

Step8. 采用同样的方法创建另一侧的浇口。

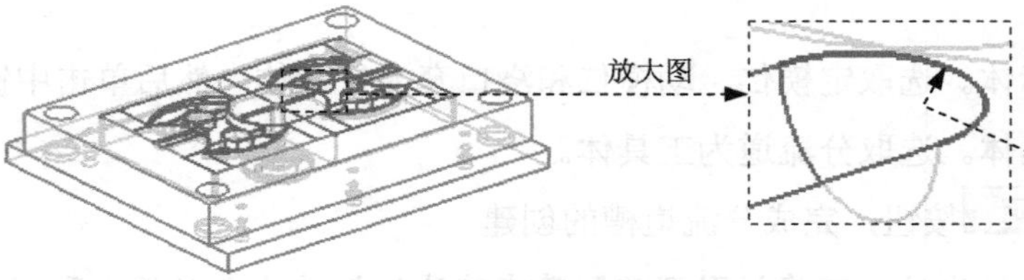

图 15.60　定义浇口位置

说明：观察结果时，可将分流道显示出来，结果如图 15.61 所示。

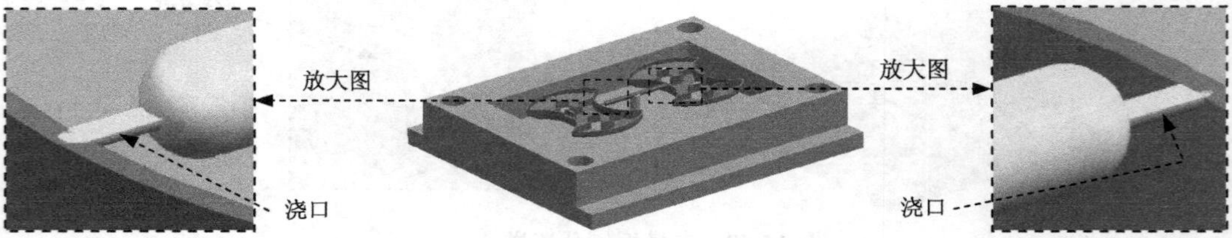

图 15.61　创建浇口

Stage4. 创建浇口槽

Step1. 在“注塑模向导”功能选项卡 主要 区域中单击“腔”按钮，系统弹出“开腔”对话框。

Step2. 选取目标体。选取定模仁为目标体，然后单击中键。

Step3. 选取工具体。选取浇口为工具体。

Step4. 单击 确定 按钮，完成浇口槽的创建。

说明：在选取目标体时，只需选取一个腔中的定模仁，观察结果时可将浇口隐藏，结果如图 15.62 所示。

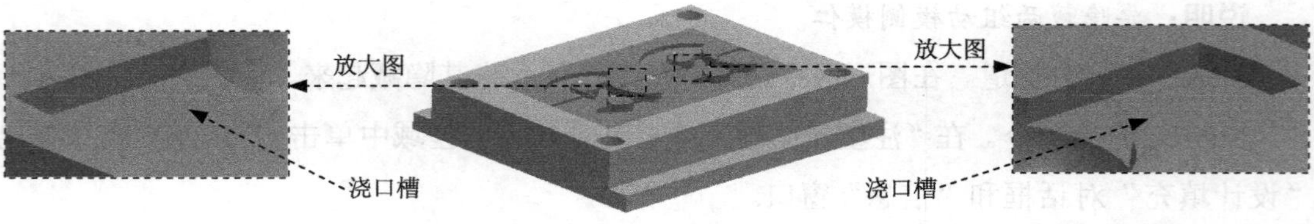

图 15.62　创建浇口槽

Task11. 添加滑块和斜导柱

Stage1. 设置坐标系

Step1. 显示组件。单击“装配导航器”选项卡，在弹出的“装配导航器”界面中选中☑ cover_mold_misc_005 和☑ cover_mold_layout_021 选项，将这两个组件显示出来。

Step2. 隐藏组件。单击☑ cover_mold_misc_005 图标前的节点，在展开的组件中取消选中

□ cover_mold_pocket_047选项；然后将除Step1的两个图标外的组件全部隐藏。

Step3. 移动模具坐标系。选择下拉菜单格式(R) → WCS → 原点(O)...命令，系统弹出“点”对话框；在模型中选取如图15.63所示的点（即线段的中点），并按Enter键确认，然后单击确定按钮，完成坐标系的移动，结果如图15.64所示。

Step4. 旋转模具坐标系。选择下拉菜单格式(R) → WCS → 旋转(R)...命令，系统弹出“旋转WCS绕...”对话框；选择 + ZC 轴：XC --> YC单选项，然后在角度文本框中输入值90，单击确定按钮，旋转后的坐标系如图15.65所示。

图15.63 选取点

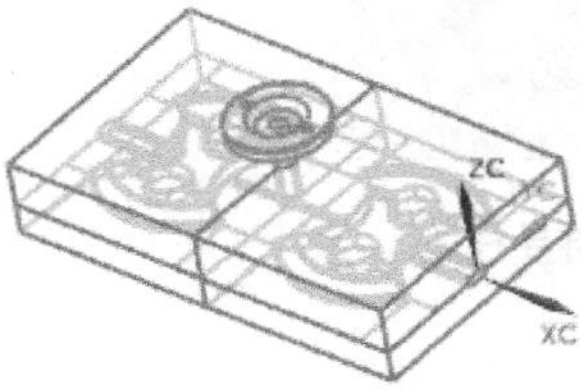
图15.64 移动后的坐标系

图15.65 旋转后的坐标系

Stage2. 加载滑块和斜导柱

Step1. 在“注塑模向导”功能选项卡主要区域中单击“滑块和浮升销库”按钮，系统弹出“滑块和浮升销设计”对话框和“重用库”导航器。

Step2. 选择类型。在“重用库”导航器名称列表中选中Slide文件夹，在成员选择列表中选择Single Cam-pin Slide选项，系统弹出信息窗口，用于显示参数。

Step3. 修改尺寸。在详细信息区域选择gib_long选项，在gib_long文本框中输入值90，并按Enter键确认；选择wide选项，在wide文本框中输入值30，并按Enter键确认。

Step4. 单击确定按钮，完成滑块和斜导柱的加载，如图15.66所示。

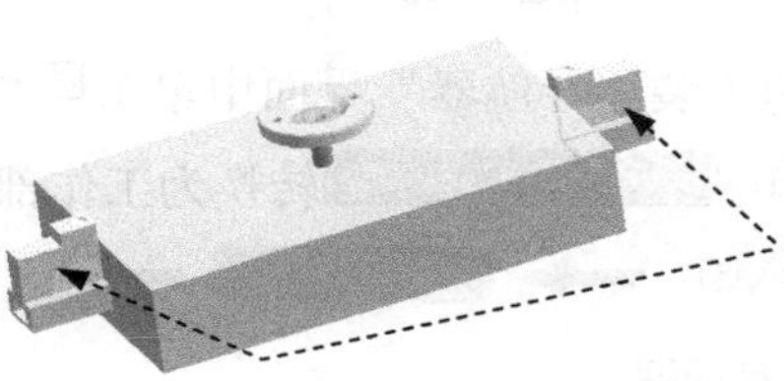

图15.66 加载滑块和斜导柱

Stage3. 创建滑块和斜导柱腔

Step1. 显示组件。单击“装配导航器”选项卡，在弹出的“装配导航器”界面中选

中 ☑ cover_mold_fs_025 选项，将模架显示出来。

Step2. 在“注塑模向导”功能选项卡 主要 区域中单击“腔”按钮，系统弹出“开腔”对话框。

Step3. 选取目标体。选取定模板和动模板为目标体，然后单击中键。

Step4. 选取工具体。在 工具 区域的 工具类型 下拉列表中选择 组件，然后选取两个滑块和斜导柱为工具体。

Step5. 单击 确定 按钮，完成滑块和斜导柱腔的创建，如图 15.67 所示。

说明：如果还有干涉部分，将在 工具 区域的 工具类型 下拉列表中选择实体再建腔就可以了，观察结果时可将滑块和斜导柱隐藏，结果如图 15.67 所示。

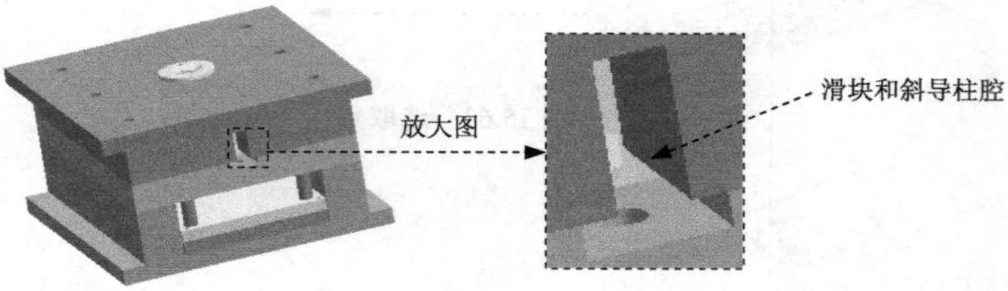

图 15.67　创建滑块和斜导柱腔

Stage4. 创建连接体

Step1. 隐藏模架。单击“装配导航器”选项卡，在展开的“装配导航器”界面中取消选中 ☐ cover_mold_fs_025 选项，将模架隐藏。

Step2. 隐藏型腔。在 ☑ cover_mold_prod_003 节点下取消选中 ☐ cover_mold_cavity_002 选项，将型腔进行隐藏，隐藏后的结果如图 15.68 所示。

说明：要隐藏两个型腔。

图 15.68　型腔隐藏后

Step3. 转换工作部件。在展开的“装配导航器”界面中单击 ☑ cover_mold_sld_062 图标前的节点，然后在展开的组件中将 ☑ cover_mold_bdy_063 转换为工作部件。

Step4. 选择命令。选择下拉菜单 插入(S) → 关联复制(A) → WAVE 几何链接器(W)... 命令，系统弹出“WAVE 几何链接器”对话框。

Step5. 在 类型 下拉列表中选择 体 选项，单击 设置 选项，在弹出的区域中选中 ☑ 关联 和 ☑ 隐藏原先的 复选框。

Step6. 选取复制体。选取如图 15.68 所示的滑块作为复制体。

注意：在选取滑块时，要与工作的部件是对应的关系（即属于同一侧）。

Step7. 单击〈确定〉按钮，完成连接体的创建。

Task12. 添加浮升销 1

Stage1. 设置坐标系

Step1. 转换工作部件。在展开的"装配导航器"界面中选中☑ cover_mold_prod_003选项，将组件显示出来并转换为工作部件。

Step2. 隐藏型腔和产品模型。在☑ cover_mold_prod_003节点下取消选中□ cover_mold_parting-set_020和□ cover_mold_cavity_002两选项，将型腔和产品模型隐藏，隐藏后的结果如图 15.69 所示。

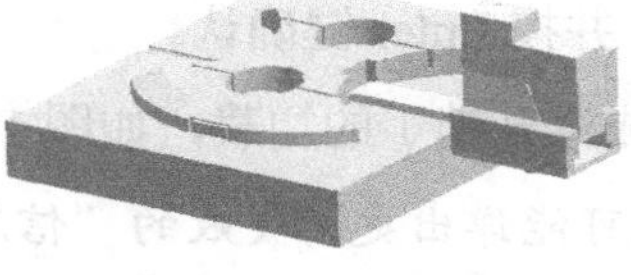

图 15.69　组件隐藏后

Step3. 移动模具坐标系。选择下拉菜单格式(R) → WCS → 原点(O)...命令，系统弹出"点"对话框；在类型下拉列表中选择象限点选项，然后在模型中选取如图 15.70 所示的点，然后单击确定按钮，完成坐标系的移动，结果如图 15.71 所示，单击取消按钮。

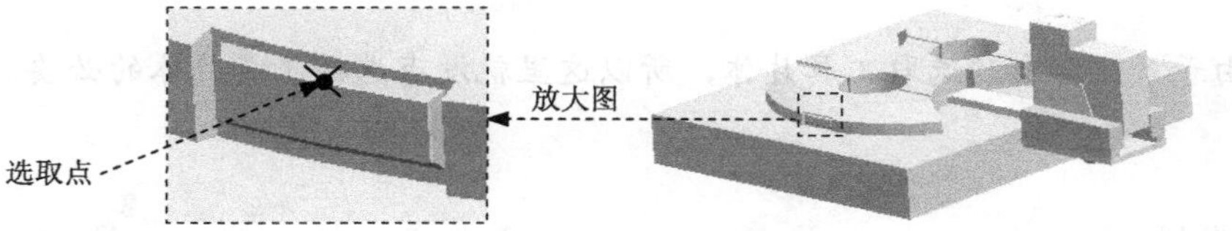

图 15.70　选取点

Step4. 旋转模具坐标系。选择下拉菜单格式(R) → WCS → 旋转(R)...命令，系统弹出"旋转 WCS 绕…"对话框；选择⊙ +ZC 轴：XC --> YC单选项，然后在角度文本框中输入值 90，单击确定按钮，旋转后的坐标系如图 15.72 所示。

图 15.71　移动后的坐标系

图 15.72　旋转后的坐标系

Stage2. 加载浮升销 1

Step1. 在“注塑模向导”功能选项卡 主要 区域中单击“滑块和浮升销库”按钮，系统弹出“滑块和浮升销设计”对话框和“重用库”导航器。

Step2. 选择类型。在“重用库”导航器 名称 列表中选中 SLIDE_LIFT 节点下的 Lifter 选项，在 成员选择 列表中选择 Dowel Lifter 选项，系统弹出信息窗口，用于显示参数。

Step3. 修改尺寸。在 详细信息 区域选择 riser_angle 选项，在 riser_angle 文本框中输入值 8，并按 Enter 键确认；选择 dowel_dia 选项，在 dowel_dia 文本框中输入值 4，并按 Enter 键确认；选择 guide_ht 选项，在 guide_ht 文本框中输入值 10，并按 Enter 键确认；选择 guide_width 选项，在 guide_width 文本框中输入值 40，并按 Enter 键确认；选择 hole_thick 选项，在 hole_thick 文本框中输入值 2，并按 Enter 键确认；选择 riser_top 选项，在 riser_top 文本框中输入值 16，并按 Enter 键确认；选择 wear_thk 选项，在 wear_thk 文本框中输入值 4，并按 Enter 键确认；选择 wide 选项，在 wide 文本框中输入值 30，并按 Enter 键确认。

Step4. 单击 确定 按钮，完成浮升销 1 的加载，如图 15.73 所示。

说明：在加载的过程中，系统可能弹出更新失败的“信息”窗口，关闭即可。

Stage3. 修剪浮升销 1

Step1. 在“注塑模向导”功能选项卡 注塑模工具 区域中单击“修边模具组件”按钮，系统弹出“修边模具组件”对话框。

Step2. 选取目标体。选取如图 15.73 所示的浮升销 1，单击 确定 按钮，结果如图 15.74 所示。

说明：由于系统会自动选取工具片体，所以这里就没有选择工具片体的必要。

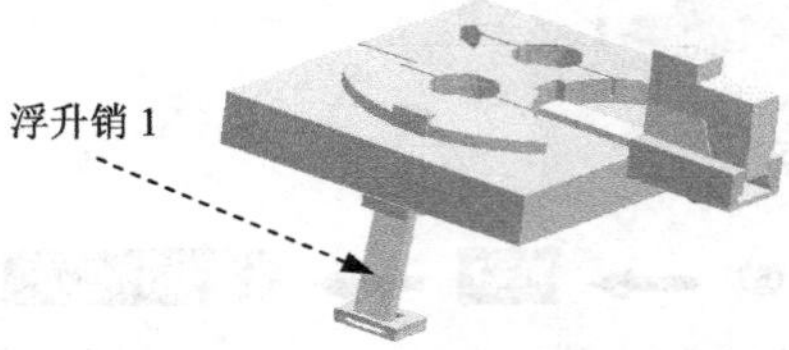

图 15.73　加载浮升销 1

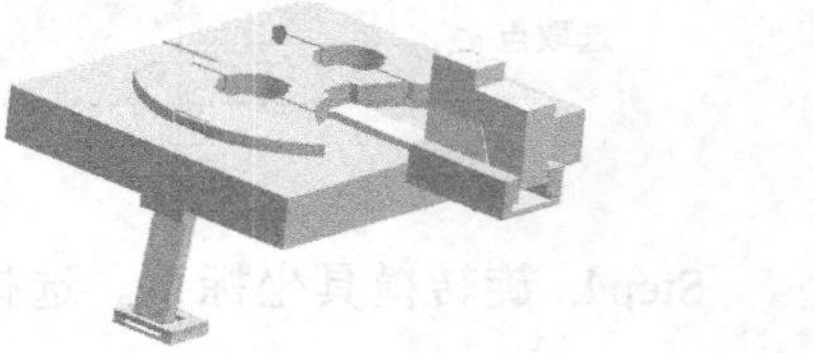

图 15.74　修剪浮升销 1 后

Stage4. 创建浮升销 1 腔

Step1. 转换工作部件。在设计树中将 cover_mold_top_000.prt 转换为工作部件。

Step2. 显示组件。单击“装配导航器”选项卡，在展开的“装配导航器”界面中勾选 cover_mold_fs_025 选项，将模架显示出来。

Step3. 在“注塑模向导”功能选项卡 主要 区域中单击“腔”按钮，系统弹出“开腔”对话框。

Step4. 选取目标体。选取动模仁、动模板、推板和推杆固定板为目标体，如图 15.75

所示，然后单击中键。

Step5. 选取工具体。选取浮升销 1（两个）为工具体。

Step6. 单击 确定 按钮，完成浮升销 1 腔的创建。

说明：在选取动模仁时，可将动模侧模架隐藏，这样便于选取，如图 15.75a 所示。

a）选取动模仁　　b）选取推板推杆固定板和动模板

图 15.75　选取目标体

Task13. 加载浮升销 2

参照 Task12，在同一个组件上添加浮升销 2。

说明：观察结果时，可将模架隐藏，结果如图 15.76 所示。

Task14. 添加冷却系统

Stage1. 在型腔中创建冷却通道 1

Step1. 隐藏组件。单击“装配导航器” 选项卡，在展开的“装配导航器”界面中取消选中 cover_mold_fs_025 选项，将模架隐藏起来；取消选中 cover_mold_misc_005 选项，将其加载的标准件和刀槽隐藏；隐藏后的结果如图 15.77 所示。

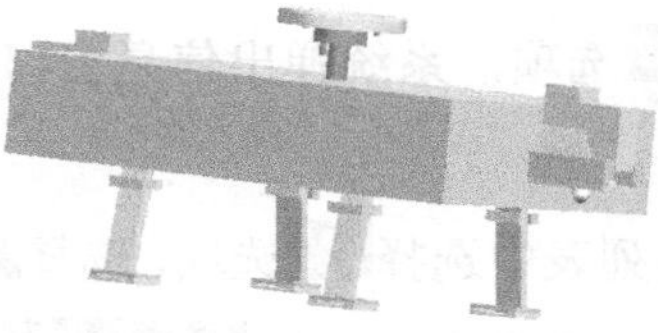

图 15.76　加载浮升销 2

图 15.77　组件隐藏后

Step2. 在“注塑模向导”功能选项卡 冷却工具 区域中单击“冷却标准件库”按钮，系统弹出“冷却组件设计”对话框。

Step3. 选择通道类型。在“重用库”导航器 名称 列表展开设计树中的 COOLING 选项，然后选择 Water 选项，在 成员选择 区域中选择 COOLING HOLE 选项，系统弹出信息窗口并显示参数。

Step4. 修改尺寸。在 详细信息 区域的 PIPE_THREAD 下拉列表中选择 M8 选项，选择 HOLE_1_DIA 选项，在 HOLE_1_DIA 文本框中输入值 6，并按 Enter 键确认；选择 HOLE_2_DIA 选项，在 HOLE_2_DIA 文本框中输入值 6，并按 Enter 键确认；选择 HOLE_1_DEPTH 选项，在 HOLE_1_DEPTH 文本框中输入值 260，并按 Enter 键确认；选择HOLE 2 DEPTH选项，在HOLE_2_DEPTH文本框中输入值 260，并按 Enter 键确认。

Step5. 选取表面。单击 选择面或平面 (1) 按钮，选取如图 15.78 所示的平面，单击确定按钮，此时系统弹出“标准件位置”对话框。

Step6. 定义通道坐标点。单击参考点区域中的“点对话框”按钮，在XC文本框中输入值 60，在YC文本框中输入值 0，单击确定按钮，此时系统返回至“标准件位置”对话框；在偏置区域的X 偏置文本框中输入值 0，在Y 偏置文本框中输入值 0，单击确定按钮。采用同样的方法，在XC文本框中输入值-60；在偏置区域的X 偏置文本框中输入值 0，在Y 偏置文本框中输入值 0；完成冷却通道 1 的创建。

说明：观察结果时，可将一些组件进行隐藏，结果如图 15.79 所示。

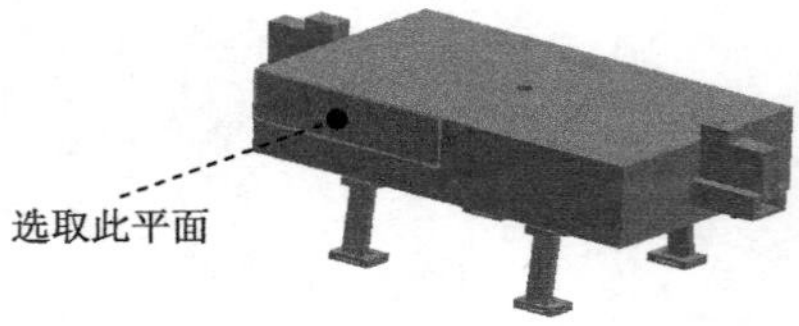

图 15.78 选取平面

图 15.79 创建冷却通道 1

Stage2. 在型腔中创建冷却通道 2

Step1. 在“注塑模向导”功能选项卡冷却工具区域中单击“冷却标准件库”按钮，系统弹出“冷却组件设计”对话框。

Step2. 选择通道类型。在“重用库”导航器名称列表展开设计树中的COOLING选项，然后选择Water选项，在**成员选择**区域中选择COOLING HOLE选项，系统弹出信息窗口并显示参数。

Step3. 修改尺寸。在详细信息区域的PIPE_THREAD下拉列表中选择M8选项，选择HOLE 1 DEPTH选项，在HOLE_1_DEPTH文本框中输入值 200，并按 Enter 键确认；选择HOLE 2 DEPTH选项，在HOLE_2_DEPTH文本框中输入值 200，并按 Enter 键确认。

Step4. 选取表面。单击 选择面或平面 (1) 按钮，选取如图 15.80 所示的平面，单击确定按钮，此时系统弹出“标准件位置”对话框。

Step5. 定义通道坐标点。单击参考点区域中的“点对话框”按钮，在XC文本框中输入值-80，在ZC文本框中输入值 0，单击确定按钮，系统返回至“标准件位置”对话框；在偏置区域的X 偏置文本框中输入值 0，在Y 偏置文本框中输入值 0，单击确定按钮，完成冷却通道 2 的创建。

说明：观察结果时，可将一些组件进行隐藏，结果如图 15.81 所示。

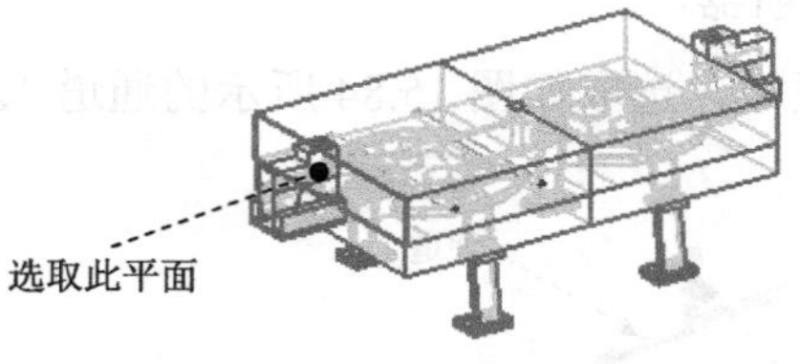

图 15.80 选取平面

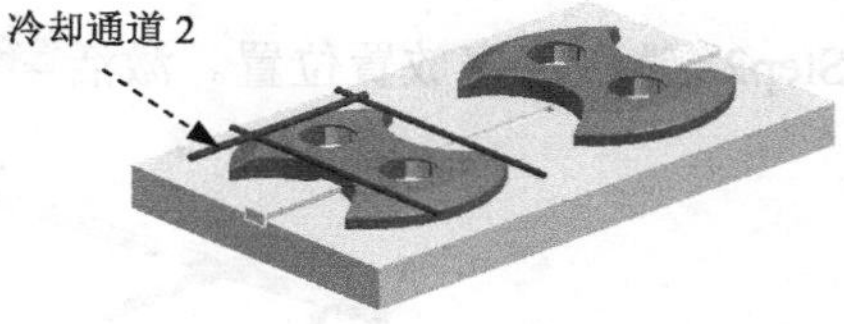

图 15.81 创建冷却通道 2

Stage3. 在型腔中创建冷却通道 3

Step1. 在“注塑模向导”功能选项卡 冷却工具 区域中单击“冷却标准件库”按钮，系统弹出“冷却组件设计”对话框。

Step2. 选择通道类型。在“重用库”导航器 名称 列表展开设计树中的 COOLING 选项，然后选择 Water 选项，在 **成员选择** 区域中选择 COOLING HOLE 选项，系统弹出信息窗口并显示参数。

Step3. 修改尺寸。在 详细信息 区域的 PIPE_THREAD 下拉列表中选择 M8 选项，选择 HOLE_1_DIA 选项，在 HOLE_1_DIA 文本框中输入值 6，并按 Enter 键确认；选择 HOLE_2_DIA 选项，在 HOLE_2_DIA 文本框中输入值 6，并按 Enter 键确认；选择 HOLE 1 DEPTH 选项，在 HOLE_1_DEPTH 文本框中输入值 32，并按 Enter 键确认；选择 HOLE 2 DEPTH 选项，在 HOLE_2_DEPTH 文本框中输入值 32，并按 Enter 键确认。

Step4. 选取表面。单击 选择面或平面 (1) 按钮，选取如图 15.82 所示的平面，单击 确定 按钮，此时系统弹出“标准件位置”对话框。

Step5. 定义通道坐标点。单击 参考点 区域中的“点对话框”按钮，在 XC 文本框中输入值 60，在 YC 文本框中输入值-100，在 ZC 文本框中输入值 0，单击 确定 按钮，系统返回至“标准件位置”对话框；在 偏置 区域的 X 偏置 文本框中输入值 0，在 Y 偏置 文本框中输入值 0。采用同样的方法，在 XC 文本框中输入值-60；在 偏置 区域的 X 偏置 文本框中输入值 0，在 Y 偏置 文本框中输入值 0；完成冷却通道 3 的创建。

说明：观察结果时，可将一些组件进行隐藏，结果如图 15.83 所示。

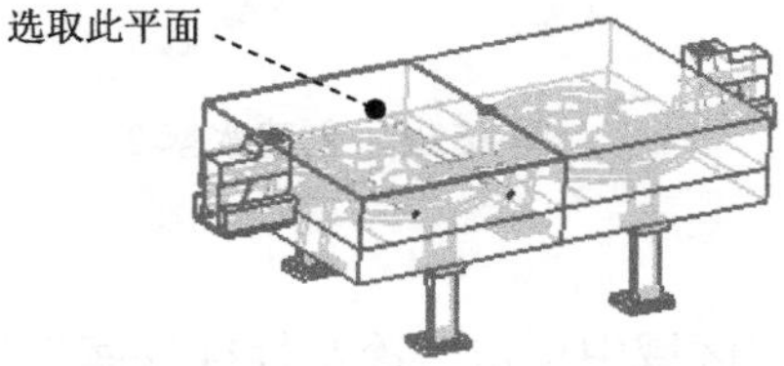

图 15.82 选取平面

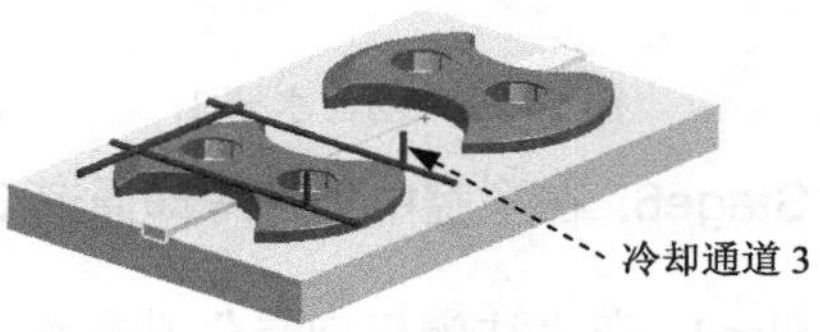

图 15.83 创建冷却通道 3

Stage4. 在型腔中创建冷却通道 1 上的水塞 1

Step1. 在“注塑模向导”功能选项卡 冷却工具 区域中单击“冷却标准件库”按钮，

系统弹出“冷却组件设计”对话框和“重用库”导航器。

Step2. 选取水塞放置位置。激活选择标准件 (0)区域，选取如图 15.84 所示的通道 1。

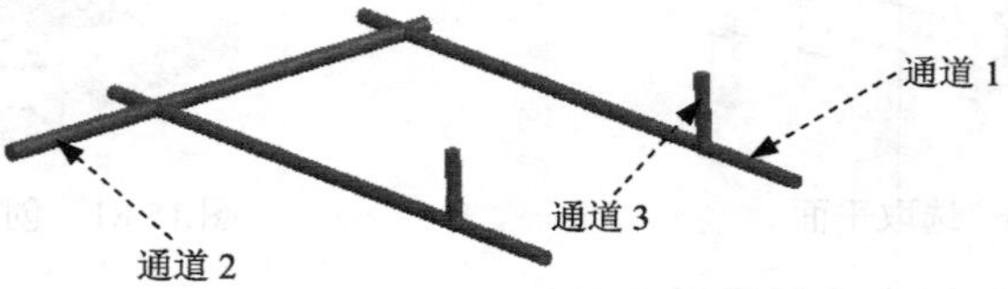

图 15.84 选取通道

Step3. 选取水塞类型。激活✔ 选择项 (COOLING HOLE)区域，然后在“重用库”导航器名称列表展开设计树中的COOLING选项，然后选择Air选项，然后在成员选择区域中选择Air DIVERTER选项。

Step4. 修改尺寸。在详细信息区域的SUPPLIER下拉列表中选择DMS选项，在详细信息区域中双击ENGAGE选项，在文本框中输入值 15，并按 Enter 键确认；选择PLUG_LENGTH选项，在PLUG_LENGTH文本框中输入值 15，并按 Enter 键确认。

Step5. 单击应用按钮，完成水塞 1 的创建。

Step6. 移动水塞位置。单击对话框中的“重定位”按钮，系统弹出“移动组件”对话框，在运动下拉列表中选择点到点选项，然后选取水塞端面圆心为起点，然后选择通道的端面圆心为终点，单击确定按钮，完成水塞移动，结果如图 15.85 所示。

说明： 如果ENGAGE的值不能更改，可单击“编辑数据库”按钮，在弹出的 Excel 表格中将 ENGAGE 项目下的“50~200+5”改为“10~200+5”，进行保存即可。因为是同时创建的两条通道 1，所以系统会自动在两条通道上创建出水塞 1。

Stage5. 在型腔中创建冷却通道 2 上的水塞 2

参照 Stage4，在通道 2 上创建水塞，结果如图 15.86 所示。

图 15.85 创建水塞 1

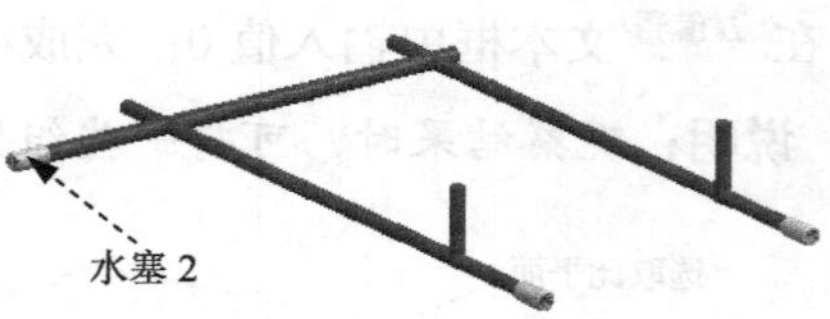

图 15.86 创建水塞 2

Stage6. 在型腔中创建冷却通道 3 密封圈

Step1. 在“注塑模向导”功能选项卡冷却工具区域中单击“冷却标准件库”按钮，系统弹出“冷却组件设计”对话框和“重用库”导航器。

Step2. 选取密封圈放置位置。激活选择标准件 (0)区域，选取如图 15.87 所示的通道 3。

Step3. 选择类型。激活✔ 选择项 (COOLING HOLE)区域，然后在“重用库”导航器名称列表展开设计树中的 COOLING 选项，然后选择 Oil 选项，然后在 成员选择 区域中选择 Oil O-RING 选项。

Step4. 修改尺寸。在 详细信息 区域 SECTION_DIA 下拉列表中选择 2.4 选项。

Step5. 单击 确定 按钮，完成密封圈的创建，如图 15.87 所示。

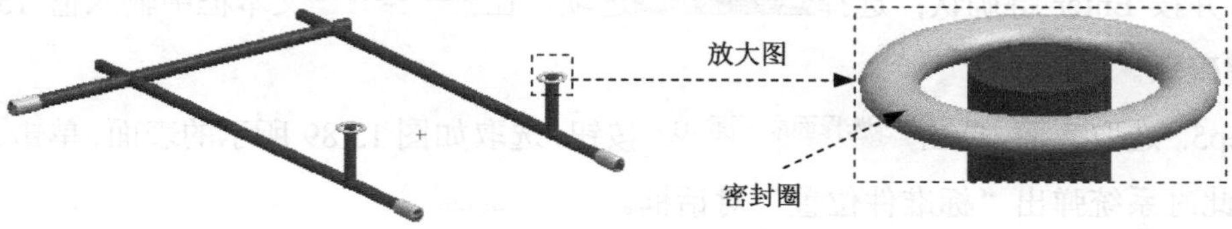

图 15.87 创建密封圈

Stage7. 在型腔中创建通道、水塞和密封圈腔

Step1. 显示组件。单击“装配导航器”选项卡，在展开的“装配导航器”界面中选中 cover_mold_cavity_002 选项，将型腔显示出来。

Step2. 在“注塑模向导”功能选项卡 主要 区域中单击“腔”按钮，系统弹出“开腔”对话框。

Step3. 选取目标体。选取型腔为目标体，然后单击中键。

Step4. 选取工具体。选取通道 1、通道 2、通道 3、水塞 1、水塞 2 和密封圈为工具体。

Step5. 单击 确定 按钮，完成通道、水塞和密封圈腔的创建。

说明：观察结果时，可将通道、水塞和密封圈隐藏，如图 15.88 所示，此时系统也会在另一个型腔中创建出通道、水塞和密封圈腔。

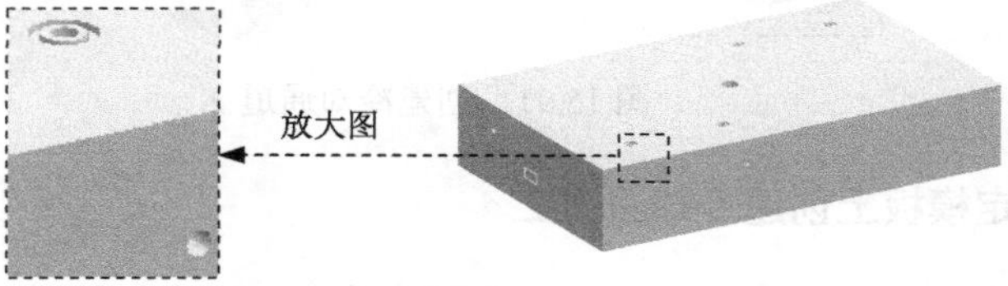

图 15.88 创建通道、水塞和密封圈腔

Stage8. 在定模板上创建冷却通道 1

Step1. 显示组件。单击“装配导航器”选项卡，在展开的“装配导航器”界面中选中 cover_mold_fixhalf_027 选项，将定模侧组件显示出来。

Step2. 在“注塑模向导”功能选项卡 冷却工具 区域中单击“冷却标准件库”按钮，系统弹出“冷却组件设计”对话框和“重用库”导航器。

Step3. 选择通道类型。在“重用库”导航器 名称 列表展开设计树中的 COOLING 选项，然后选择 Water 选项，在 成员选择 区域中选择 COOLING HOLE 选项，系统弹出信息窗口并显示参数。

Step4. 修改尺寸。在详细信息区域的PIPE_THREAD下拉列表中选择M8选项，选择HOLE_1_DIA选项，在HOLE_1_DIA文本框中输入值 6，并按 Enter 键确认；选择HOLE_2_DIA选项，在HOLE_2_DIA文本框中输入值 6，并按 Enter 键确认；选择HOLE 1 DEPTH选项，在HOLE_1_DEPTH文本框中输入值 15，并按 Enter 键确认；选择HOLE 2 DEPTH选项，在HOLE_2_DEPTH文本框中输入值 15，并按 Enter 键确认。

Step5. 选取表面。单击 选择面或平面 (1) 按钮，选取如图 15.89 所示的表面，单击确定按钮，此时系统弹出"标准件位置"对话框。

Step6. 定义放置位置 1。然后选取如图 15.90 所示的圆弧。

Step7. 参照 Step6，定义放置位置 2、位置 3 和位置 4，完成通道 1 的创建。

说明：在图 15.90 中分别选取 4 个密封圈的圆弧，观察结果时，可将定模侧隐藏，结果如图 15.91 所示。

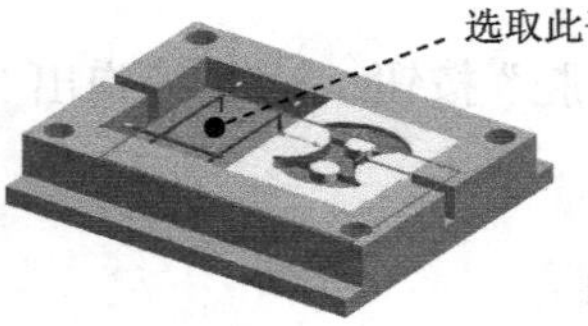

图 15.89　选取平面

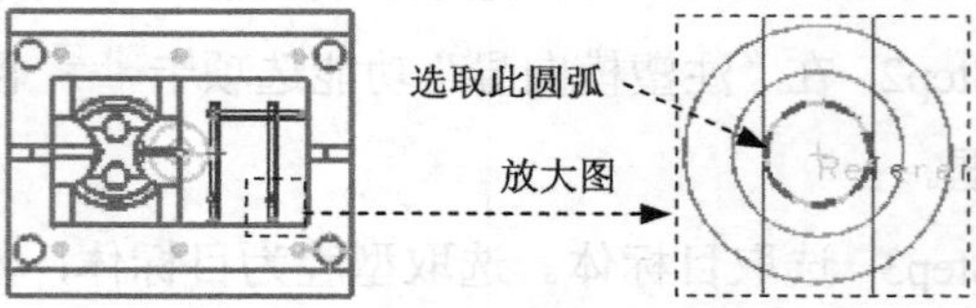

图 15.90　定义放置位置

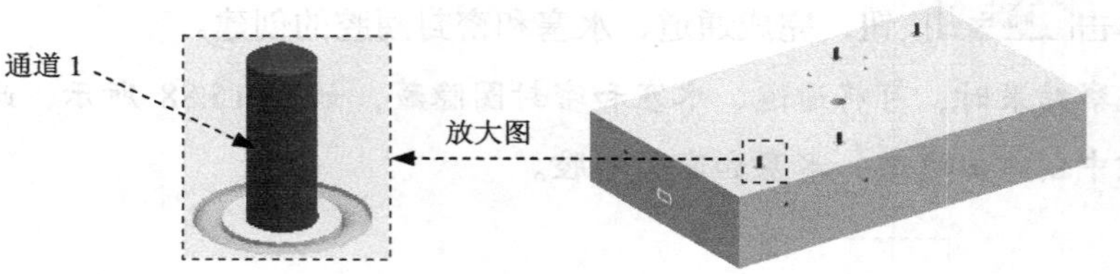

图 15.91　创建冷却通道 1

Stage9. 在定模板上创建冷却通道 2

Step1. 在"注塑模向导"功能选项卡冷却工具区域中单击"冷却标准件库"按钮，系统弹出"冷却组件设计"对话框和"重用库"导航器。

Step2. 选择通道类型。在"重用库"导航器名称列表展开设计树中的COOLING选项，然后选择Water选项，在成员选择区域中选择COOLING HOLE选项，系统弹出信息窗口并显示参数。

Step3. 修改尺寸。在详细信息区域的PIPE_THREAD下拉列表中选择M8选项，选择HOLE_1_DIA选项，在HOLE_1_DIA文本框中输入值 6，并按 Enter 键确认；选择HOLE_2_DIA选项，在HOLE_2_DIA文本框中输入值 6，并按 Enter 键确认；选择HOLE 1 DEPTH选项，在HOLE_1_DEPTH文本框中输入值 160，并按 Enter 键确认；选择HOLE 2 DEPTH选项，在HOLE_2_DEPTH文本框中输入值 160，并按 Enter 键确认。

Step4. 选取表面。单击 选择面或平面 (1) 按钮，选取如图 15.92 所示的平面，单击 确定 按钮，此时系统弹出“标准件位置”对话框。

Step5. 定义通道坐标点。单击 参考点 区域中的“点对话框”按钮，在 XC 文本框中输入值-70，在 YC 文本框中输入值 30，在 ZC 文本框中输入值 0，单击 确定 按钮；系统返回“标准件位置”对话框，在 偏置 区域的 X 偏置 文本框中输入值 0，在 Y 偏置 文本框中输入值 0，单击 确定 按钮。采用同样的方法，在 XC 文本框中输入值-190，在 ZC 文本框中输入值 0；在 偏置 区域的 X 偏置 文本框中输入值 0，在 Y 偏置 文本框中输入值 0，完成冷却通道 2 的创建。

说明：观察结果时，可将一些组件进行隐藏，结果如图 15.93 所示。

Stage10. 在定模板上创建冷却通道 3

参照 Stage9，在另一侧创建冷却通道 3，结果如图 15.94 所示。

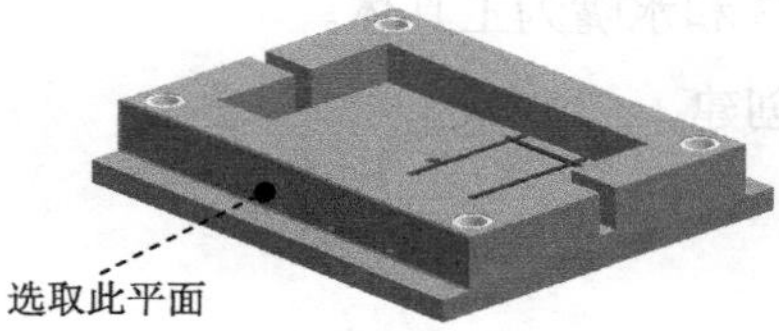

图 15.92　选取平面

图 15.93　创建冷却通道 2

Stage11. 在定模板上创建冷却通道 2 水嘴 1

Step1. 在“注塑模向导”功能选项卡 冷却工具 区域中单击“冷却标准件库”按钮，系统弹出“冷却组件设计”对话框和“重用库”导航器。

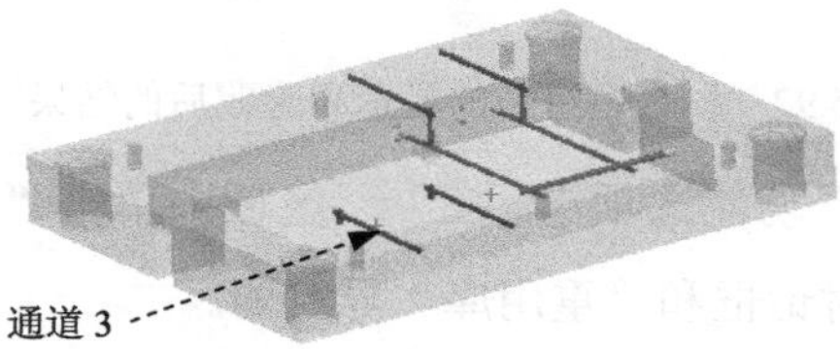

图 15.94　创建冷却通道 3

Step2. 选取水嘴放置位置。激活 选择标准件 (0) 区域，选取如图 15.93 所示的通道 2。

Step3. 选取水嘴类型。激活 选择项 (COOLING HOLE) 区域，然后在“重用库”导航器 名称 列表展开设计树中的 COOLING 选项，然后选择 Air 选项，然后在 成员选择 区域中选择 Air CONNECTOR PLUG 选项。

Step4. 修改尺寸。在 详细信息 区域的 SUPPLIER 下拉列表中选择 HASCO 选项；在 PIPE_THREAD 下拉列表中选择 M8 选项，选择 FLOW_DIA 选项，在 FLOW_DIA 文本框中输入值 6，并按 Enter 键确认。

Step5. 单击 确定 按钮，完成水嘴 1 的创建，如图 15.95 所示。

说明：因为是同时创建的两条通道 2，系统会自动在两条通道上创建出水嘴。

Stage12. 在定模板上创建冷却通道 3 水嘴 2

参照 Stage11，在通道 3 上创建水嘴，结果如图 15.96 所示。

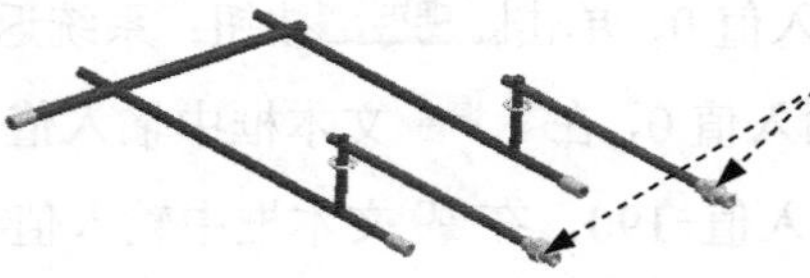

图 15.95　创建水嘴 1

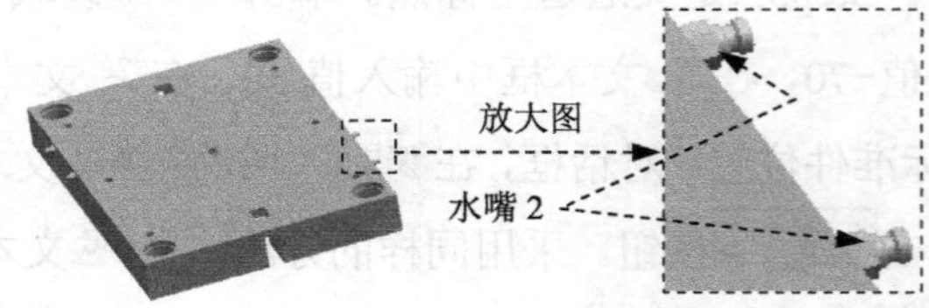

图 15.96　创建水嘴 2

Stage13. 在定模板上创建通道、水嘴腔

Step1. 在“注塑模向导”功能选项卡 主要 区域中单击“腔”按钮，系统弹出“开腔”对话框。

Step2. 选取目标体。选取定模板为目标体，然后单击中键。

Step3. 选取工具体。选取通道 1、通道 2、通道 3 和水嘴为工具体。

Step4. 单击 确定 按钮，完成通道和水嘴腔的创建。

Stage14. 在型芯中创建冷却通道 1

Step1. 编辑组件显示和隐藏后，将模仁和斜抽机构显示出来，结果如图 15.97 所示。

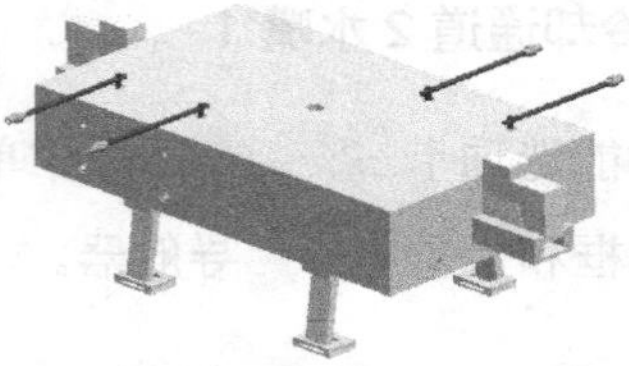

图 15.97　编辑各组件的显示和隐藏后的结果

Step2. 在“注塑模向导”功能选项卡 冷却工具 区域中单击“冷却标准件库”按钮，系统弹出“冷却组件设计”对话框和“重用库”导航器。

Step3. 选择通道类型。在“重用库”导航器 名称 列表展开设计树中的 COOLING 选项，然后选择 Water 选项，在 成员选择 区域中选择 COOLING HOLE 选项，系统弹出信息窗口并显示参数。

Step4. 修改尺寸。在 详细信息 区域的 PIPE_THREAD 下拉列表中选择 M8 选项，选择 HOLE_1_DIA 选项，在 HOLE_1_DIA 文本框中输入值 6，并按 Enter 键确认；选择 HOLE_2_DIA 选项，在 HOLE_2_DIA 文本框中输入值 6，并按 Enter 键确认；选择 HOLE_1_DEPTH 选项，在 HOLE_1_DEPTH 文本框中输入值 260，并按 Enter 键确认；选择 HOLE_2_DEPTH 选项，在 HOLE_2_DEPTH 文本框中输入值 260，并按 Enter 键确认。

Step5. 选取表面。单击 选择面或平面 (1) 按钮，选取如图 15.98 所示的平面，单击 确定 按钮，此时系统弹出“标准件位置”对话框。

Step6. 定义通道坐标系。单击 参考点 区域中的“点对话框”按钮，在 XC 文本框中输入值 60，在 YC 文本框中输入值 0，在 ZC 文本框中输入值 0，单击 确定 按钮；系统返回“标准件位置”对话框，在 偏置 区域的 X 偏置 文本框中输入值 0，在 Y 偏置 文本框中输入值 0，单击 确定 按钮。采用同样的方法，在 XC 文本框中输入值-60；在 偏置 区域的 X 偏置 文本框中输入值 0，在 Y 偏置 文本框中输入值 0，完成冷却通道 1 的创建。

说明：观察结果时，可将一些组件进行隐藏，结果如图 15.99 所示。

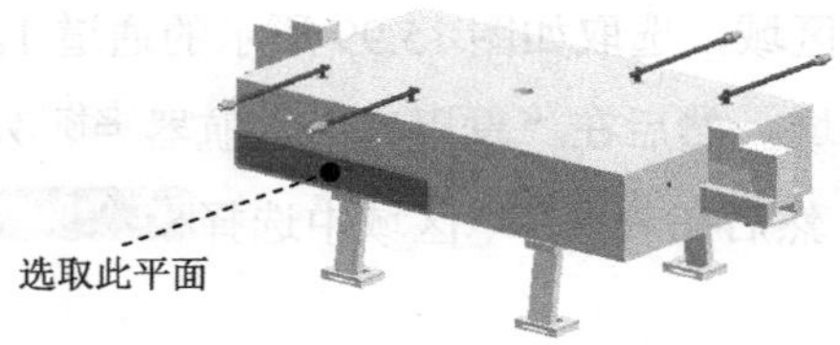

图 15.98 选取平面

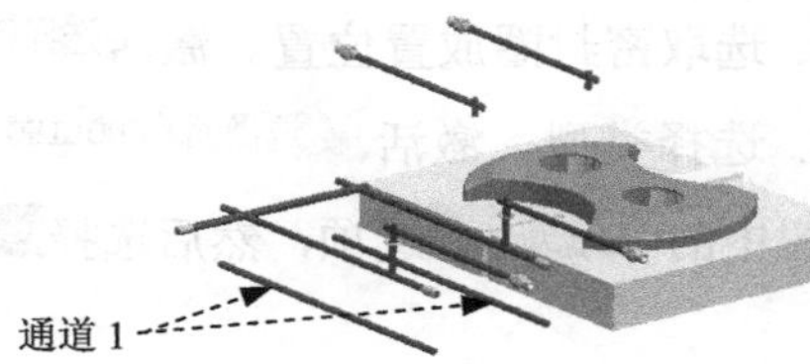

图 15.99 创建冷却通道 1

Stage15. 在型芯中创建冷却通道 2

Step1. 在“注塑模向导”功能选项卡 冷却工具 区域中单击“冷却标准件库”按钮，系统弹出“冷却组件设计”对话框和“重用库”导航器。

Step2. 选择通道类型。在“重用库”导航器 名称 列表展开设计树中的 COOLING 选项，然后选择 Water 选项，在 **成员选择** 区域中选择 COOLING HOLE 选项，系统弹出信息窗口并显示参数。

Step3. 修改尺寸。在 详细信息 区域的 PIPE_THREAD 下拉列表中选择 M8 选项，选择 HOLE_1_DIA 选项，在 HOLE_1_DIA 文本框中输入值 6，并按 Enter 键确认；选择 HOLE_2_DIA 选项，在 HOLE_2_DIA 文本框中输入值 6，并按 Enter 键确认；选择 HOLE_1_DEPTH 选项，在 HOLE_1_DEPTH 文本框中输入值 200，并按 Enter 键确认；选择 HOLE_2_DEPTH 选项，在 HOLE_2_DEPTH 文本框中输入值 200，并按 Enter 键确认。

Step4. 选取表面。单击 选择面或平面 (1) 按钮，选取如图 15.100 所示的平面，单击 确定 按钮，此时系统弹出“标准件位置”对话框。

Step5. 定义通道坐标系。单击 参考点 区域中的“点对话框”按钮，在 XC 文本框中输入值-80，在 YC 文本框中输入值 0，在 ZC 文本框中输入值 0，单击 确定 按钮；系统返回“标准件位置”对话框，在 偏置 区域的 X 偏置 文本框中输入值 0，在 Y 偏置 文本框中输入值 0，单击 确定 按钮，完成冷却通道 2 的创建。

说明：观察结果时，可将一些组件进行隐藏，结果如图 15.101 所示。

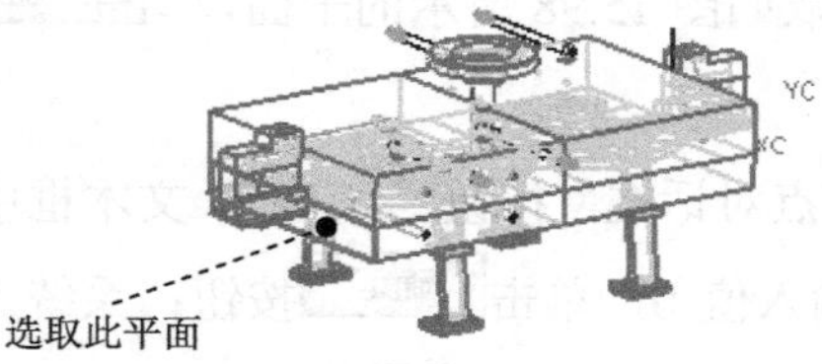

图 15.100　选取平面

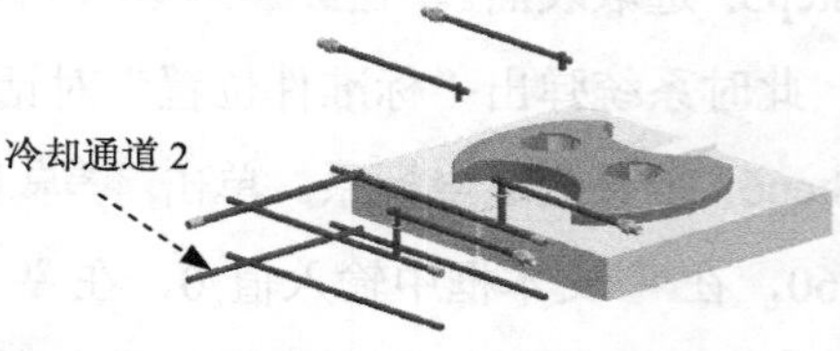

图 15.101　创建冷却通道 2

Stage16. 在型芯中创建冷却通道 1 密封圈

Step1. 在“注塑模向导”功能选项卡 冷却工具 区域中单击“冷却标准件库”按钮，系统弹出“冷却组件设计”对话框和“重用库”导航器。

Step2. 选取密封圈放置位置。激活 选择标准件 (0) 区域，选取如图 15.99 所示的通道 1。

Step3. 选择类型。激活 选择项 (COOLING HOLE) 区域，然后在“重用库”导航器 名称 列表展开设计树中的 COOLING 选项，然后选择 Oil 选项，然后在 成员选择 区域中选择 Oil O-RING 选项。

Step4. 修改尺寸。在 详细信息 区域的 SECTION_DIA 下拉列表中选择 2.4 选项。

Step5. 单击 确定 按钮，完成密封圈的创建，如图 15.102 所示。

说明： 因为是同时创建的两条通道 1，系统会自动在两条通道上创建出密封圈。

Stage17. 在型芯中创建冷却通道 2 水塞

Step1. 在“注塑模向导”功能选项卡 冷却工具 区域中单击“冷却标准件库”按钮，系统弹出“冷却组件设计”对话框和“重用库”导航器。

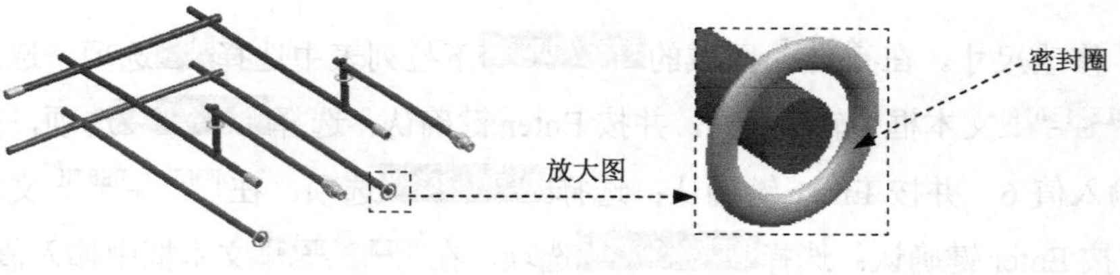

图 15.102　创建密封圈

Step2. 选取水塞放置位置。激活 选择标准件 (0) 区域，选取如图 15.101 所示的通道 2。

Step3. 选取水塞类型。激活 选择项 (COOLING HOLE) 区域，然后在“重用库”导航器 名称 列表展开设计树中的 COOLING 选项，然后选择 Air 选项，然后在 成员选择 区域中选择 Air DIVERTER 选项。

Step4. 修改尺寸。在 详细信息 区域的 SUPPLIER 下拉列表中选择 DMS 选项，在 详细信息 区域中双击 ENGAGE 选项，在文本框中输入值 15，并按 Enter 键确认；选择 PLUG_LENGTH 选项，在 PLUG_LENGTH 文本框中输入值 15，并按 Enter 键确认。

Step5. 单击 确定 按钮，完成图 15.103 所示水塞的创建。

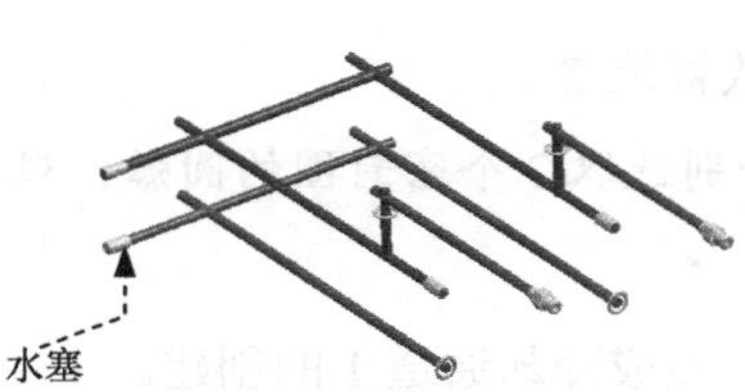

图 15.103 创建水塞

说明：如果ENGAGE的值不能更改，可单击“编辑数据库”按钮，在弹出的 Excel 表格中将 ENGAGE 项目下的“50～200+5”改为“10~200+5”。

Stage18. 在型芯中创建通道、水塞和密封圈腔

Step1. 在“注塑模向导”功能选项卡 主要 区域中单击“腔”按钮，系统弹出“开腔”对话框。

Step2. 选取目标体。选取型芯为目标体，然后单击中键。

Step3. 选取工具体。选取通道 1、通道 2、水塞和密封圈为工具体。

Step4. 单击 确定 按钮，完成通道、水塞和密封圈腔的创建。

Stage19. 在动模板上创建冷却通道 1

Step1. 显示组件。单击“装配导航器”选项卡，在展开的“装配导航器”界面中选中 cover_mold_movehalf_029 选项，将动模侧组件显示出来。

Step2. 在“注塑模向导”功能选项卡 冷却工具 区域中单击“冷却标准件库”按钮，系统弹出“冷却组件设计”对话框和“重用库”导航器。

Step3. 选择通道类型。在“重用库”导航器 名称 列表展开设计树中的 COOLING 选项，然后选择 Water 选项，在 成员选择 区域中选择 COOLING HOLE 选项，系统弹出信息窗口并显示参数。

Step4. 修改尺寸。在 详细信息 区域的 PIPE_THREAD 下拉列表中选择 M8 选项，选择 HOLE_1_DIA 选项，在 HOLE_1_DIA 文本框中输入值 6，并按 Enter 键确认；选择 HOLE_2_DIA 选项，在 HOLE_2_DIA 文本框中输入值 6，并按 Enter 键确认；选择 HOLE 1 DEPTH 选项，在 HOLE_1_DEPTH 文本框中输入值 100，并按 Enter 键确认；选择 HOLE 2 DEPTH 选项，在 HOLE_2_DEPTH 文本框中输入值 100，并按 Enter 键确认。

Step5. 选取表面。单击 选择面或平面 (1) 按钮，选取如图 15.104 所示的平面，单击 确定 按钮，此时系统弹出“标准件位置”对话框。

Step6. 定义放置位置 1。选取如图 15.105 所示的圆弧，单击 应用 按钮。

图 15.104 选取平面

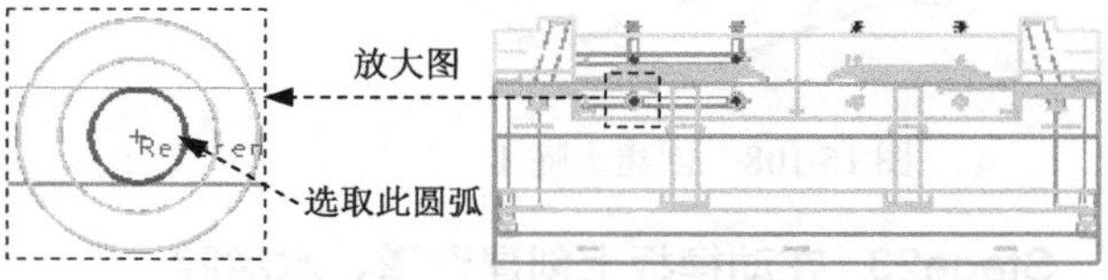

图 15.105 定义放置位置

Step7. 参照 Step6，定义放置位置 2。

说明：在图 15.106 中要分别选取 2 个密封圈的圆弧，观察结果时，可将动模侧隐藏，结果如图 15.106 所示。

Step8. 单击 确定 按钮，完成冷却通道 1 的创建。

Stage20. 在动模板上创建冷却通道 2

参照 Stage19，在另一侧创建冷却通道 2，结果如图 15.107 所示。

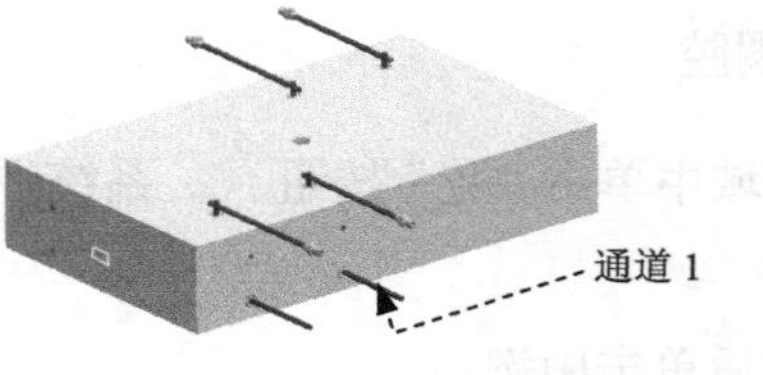

图 15.106 创建冷却通道 1

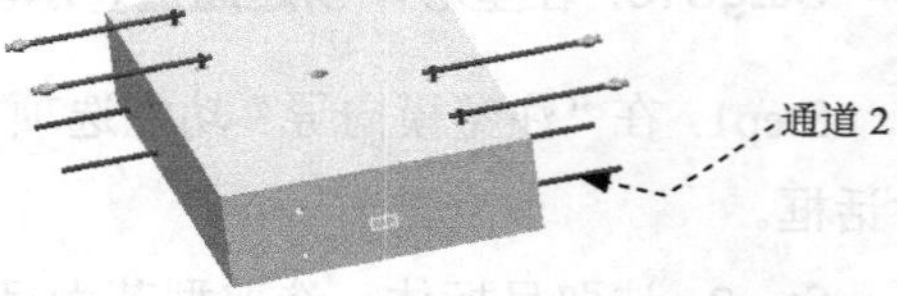

图 15.107 创建冷却通道 2

Stage21. 在动模板上创建冷却通道 1 上的水嘴 1

Step1. 在“注塑模向导”功能选项卡 冷却工具 区域中单击“冷却标准件库”按钮，系统弹出“冷却组件设计”对话框和“重用库”导航器。

Step2. 选取水嘴放置位置。激活 选择标准件 (0) 区域，选取如图 15.106 所示的通道 1。

Step3. 选取水嘴类型。激活 选择项 (COOLING HOLE) 区域，然后在“重用库”导航器 名称 列表展开设计树中的 COOLING 选项，然后选择 Air 选项，然后在 成员选择 区域中选择 Air CONNECTOR PLUG 选项。

Step4. 修改尺寸。在 详细信息 区域的 SUPPLIER 下拉列表中选择 HASCO 选项；在 PIPE_THREAD 下拉列表中选择 M8 选项，选择 FLOW_DIA 选项，在 FLOW_DIA 文本框中输入值 6，并按 Enter 键确认。

Step5. 单击 确定 按钮，完成水嘴 1 的创建，如图 15.108 所示。

说明：因为是同时创建的两条通道 1，系统会自动在两条通道上创建出水嘴。

Stage22. 在动模板上创建冷却通道 2 上的水嘴 2

参照 Stage21，在通道 2 上创建水嘴 2，结果如图 15.109 所示。

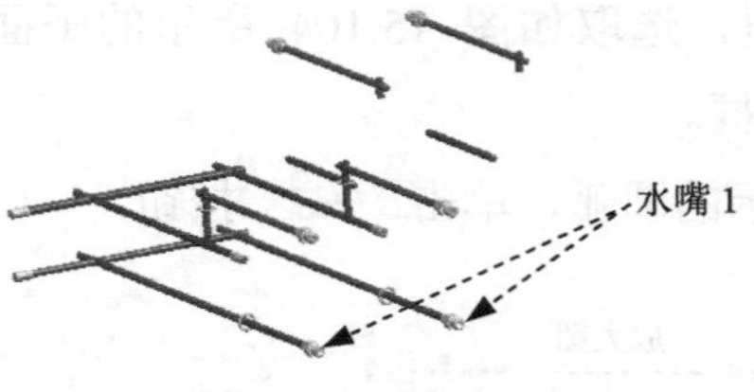

图 15.108 创建水嘴 1

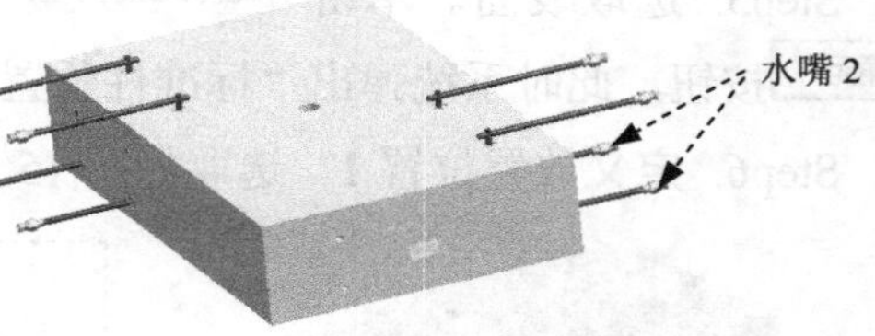

图 15.109 创建水嘴 2

Stage23. 在动模板上创建通道、水嘴腔

Step1. 在“注塑模向导”功能选项卡 主要 区域中单击“腔”按钮，系统弹出“开腔”对话框。

Step2. 选取目标体。选取动模板为目标体，然后单击中键。

Step3. 选取工具体。选取通道 1、通道 2、水嘴 1 和水嘴 2 为工具体。

Step4. 单击 确定 按钮，完成通道和水嘴腔的创建。

Task15. 添加顶出系统

Stage1. 添加顶杆

Step1. 隐藏组件。将型腔、产品模型和冷却系统隐藏，隐藏后的结果如图 15.110 所示。

Step2. 在“注塑模向导”功能选项卡 主要 区域中单击“标准件库”按钮，系统弹出“标准件管理”对话框和“重用库”导航器。

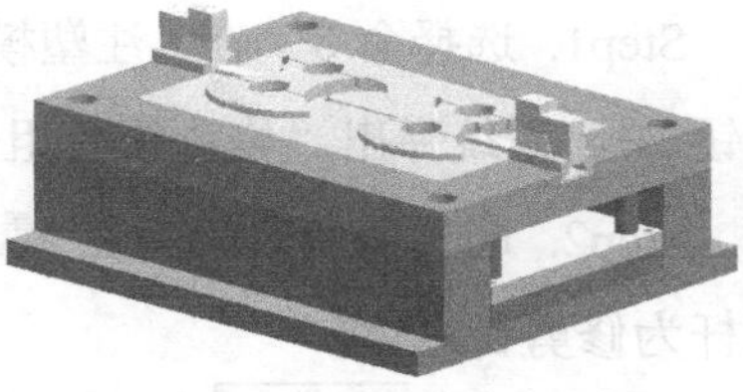

图 15.110 组件隐藏后

Step3. 定义顶杆类型。在“重用库”导航器 名称 区域选中 DME_MM 节点下的 Ejection 选项；在 成员选择 列表中选择 Ejector Pin [Straight] 选项，系统弹出信息窗口，用于显示标准件参数。

Step4. 修改顶杆尺寸。在 CATALOG_DIA 下拉列表中选择 6 选项；选择 CATALOG_LENGTH 选项，在 CATALOG_LENGTH 文本框中输入值 200，并按 Enter 键确认；选择 HEAD_DIA 选项，在 HEAD_DIA 文本框中输入值 20，并按 Enter 键确认；单击 应用 按钮，系统弹出“点”对话框。

Step5. 定义顶杆放置位置。

（1）在 XC 的文本框中输入值 170，在 YC 文本框中输入值 65，在 ZC 文本框中输入值 0，单击 确定 按钮，系统返回“点”对话框；在 XC 文本框中输入值 90，在 YC 文本框中输入值 65，在 ZC 文本框中输入值 0，单击 确定 按钮，系统返回“点”对话框。

（2）在 XC 文本框中输入值 90，在 YC 文本框中输入值-65，在 ZC 文本框中输入值 0，单击 确定 按钮，系统返回“点”对话框。

（3）在 XC 文本框中输入值 170，在 YC 文本框中输入值-65，在 ZC 文本框中输入值 0，单击 确定 按钮，系统返回“点”对话框。

（4）在 XC 文本框中输入值 135，在 YC 文本框中输入值 0，在 ZC 的文本框中输入值 0，单击 确定 按钮，系统返回“点”对话框。

（5）单击 取消 按钮，系统返回“标准件管理”对话框，单击 < 确定 > 按钮，完成顶杆放置位置的定义，结果如图 15.111 所示。

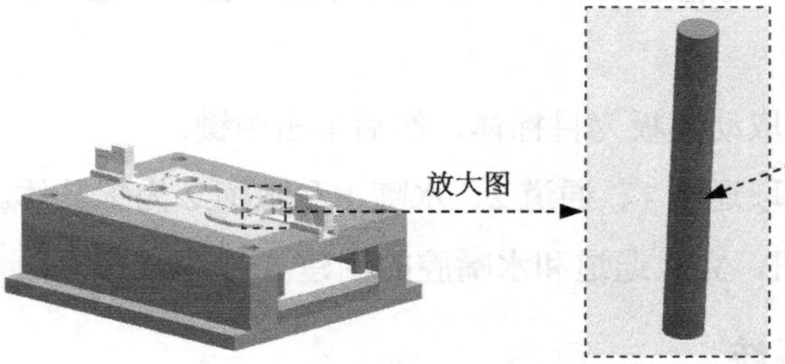

图 15.111　定义顶杆放置位置

说明：在一个产品中创建出 5 个顶杆后，系统会自动在另一个产品中创建出 5 个顶杆。

Stage2. 修剪顶杆

Step1. 选择命令。在“注塑模向导”功能选项卡 注塑模工具 区域中单击“修边模具组件”按钮，系统弹出“修边模具组件”对话框。

Step2. 选择修剪对象。在设置区域的目标范围下拉列表中选择任意选项；然后选择添加的顶杆为修剪目标体。

Step3. 单击 确定 按钮，结果如图 15.112 所示。

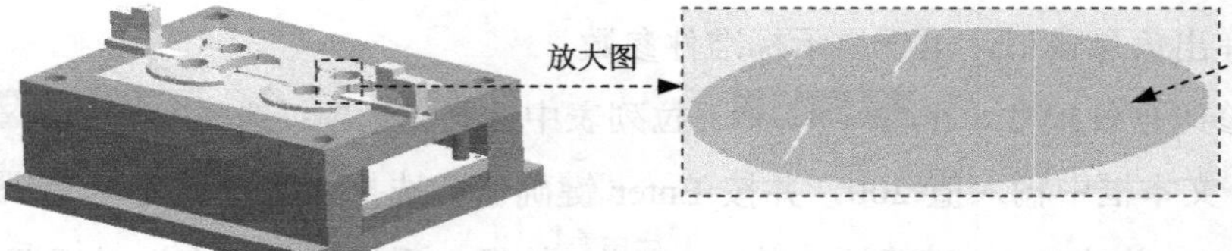

图 15.112　修剪后的顶杆

Stage3. 创建顶杆腔

Step1. 在“注塑模向导”功能选项卡 主要 区域中单击“腔”按钮，系统弹出“开腔”对话框。

Step2. 选取目标体。选取动模板、推杆固定板和型芯为目标体，如图 15.113 所示，然后单击中键，选取所有的顶杆为工具体。单击 确定 按钮，完成顶杆腔的创建。

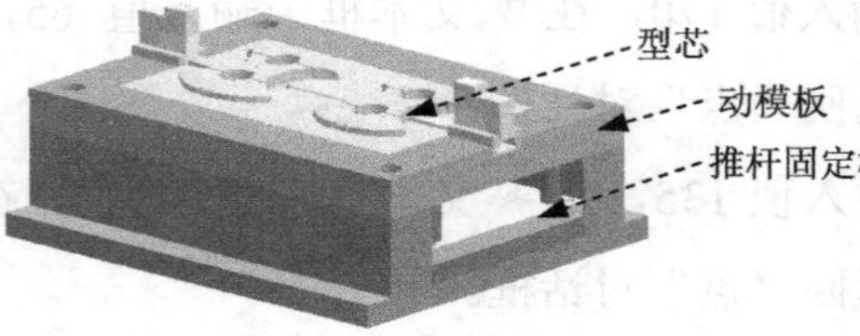

图 15.113　选取目标体

Task16. 模具后期处理

Stage1. 创建复位弹簧

Step1. 在“注塑模向导”功能选项卡 主要 区域中单击“标准件库”按钮，系统弹出“标准件管理”对话框和“重用库”导航器。

Step2. 定义弹簧类型。在“重用库”导航器 名称 区域中选中 FUTABA_MM 节点下的 Springs 选项；在 成员选择 列表中选择 Spring [M-FSB] 选项；在 详细信息 区域的 DIAMETER 下拉列表中选择 45.5 选项；在 CATALOG_LENGTH 下拉列表中选择 80 选项；在 DISPLAY 下拉列表中选择 DETAILED 选项。

Step3. 定义放置平面。激活 放置 区域的 * 选择面或平面，然后选择如图 15.114 所示的平面。单击“标准件管理”对话框中的 应用 按钮，系统弹出“标准件位置”对话框；单击“点构造器”按钮，此时系统弹出“点”对话框。

Step4. 定义放置位置 1。在 类型 下拉列表中选择 圆弧中心/椭圆中心/球心 选项，将选择范围修改为“整个装配”。然后选取如图 15.115 所示的圆弧；单击 确定 按钮系统返回“标准件位置”对话框，在 偏置 区域 X 偏置 后的文本框中输入值 0，在 Y 偏置 文本框中输入值 0。在“标准件位置”对话框中单击 确定 按钮，系统返回“标准件管理”对话框。

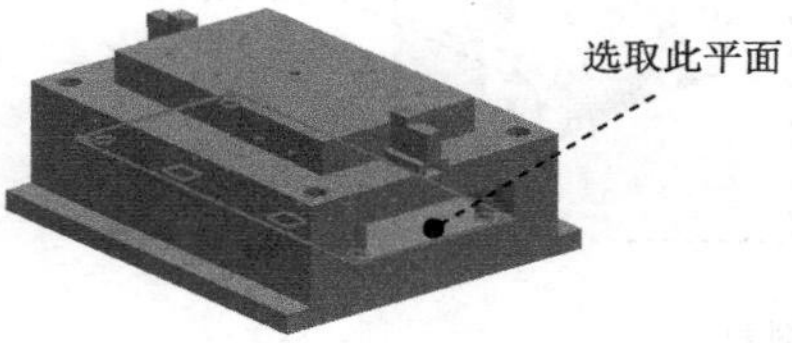

图 15.114 选取平面

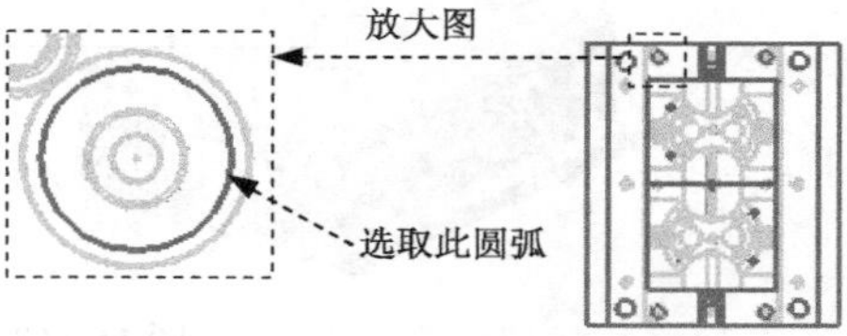

图 15.115 定义放置位置

Step5. 参照 Step3 和 Step4，定义放置位置 2、位置 3 和位置 4。

说明：在操作 Step5 中，位置 2、位置 3 和位置 4 是与位置 1 相互对应的关系。结果如图 15.116 所示。

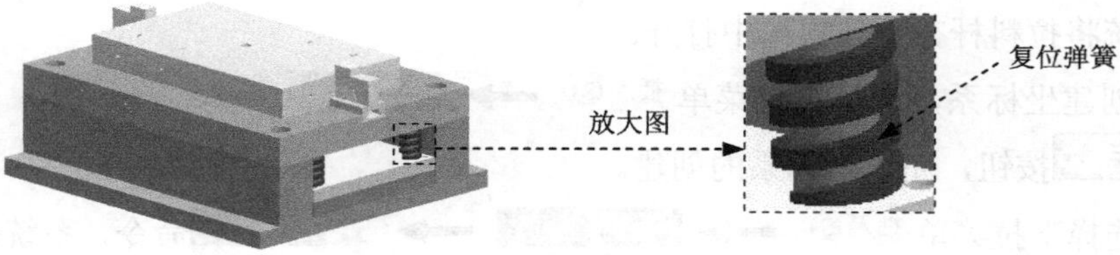

图 15.116 创建复位弹簧

Step6. 创建复位弹簧腔。在“注塑模向导”功能选项卡 主要 区域中单击“腔”按钮，系统弹出“开腔”对话框；选取动模板为目标体，然后单击中键；选取 4 个复位弹簧为工具体；单击 确定 按钮，完成复位弹簧腔的创建。

Stage2. 添加拉料杆

Step1. 在“注塑模向导”功能选项卡 主要 区域中单击“标准件库”按钮，系统弹出

"标准件管理"对话框和"重用库"导航器。

Step2. 改变父特征。在 父 下拉列表中选择 cover_mold_misc_005 选项。

Step3. 定义拉料杆类型。在"重用库"导航器 名称 区域选中 DME_MM 节点下的 Ejection 选项；在 成员选择 列表中选择 Ejector Pin [Straight] 选项，系统弹出信息窗口，用于显示标准件参数。

Step4. 修改拉料杆尺寸。在 CATALOG_DIA 下拉列表中选择 7 选项；选择 CATALOG_LENGTH 选项，在 CATALOG_LENGTH 文本框中输入值 150，按 Enter 键确认；其他参数采用系统默认设置，单击 应用 按钮，系统弹出"点"对话框。

Step5. 定义拉料杆放置位置。在 XC 文本框中输入值 0，在 YC 文本框中输入值 0，在 ZC 文本框中输入值 0，单击 确定 按钮，系统返回"点"对话框，单击 取消 按钮，系统返回"标准件管理"对话框，单击 确定 按钮，完成拉料杆放置位置的定义。

说明：观察结果时，可将动模型腔隐藏，结果如图 15.117 所示。

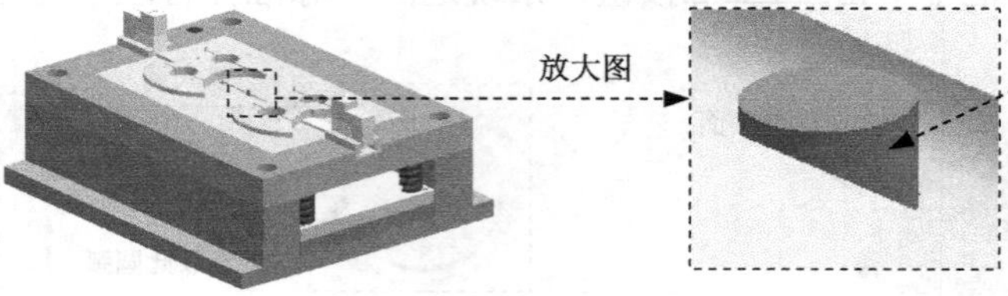

图 15.117　创建拉料杆

Step6. 创建拉料杆腔。在"注塑模向导"功能选项卡 主要 区域中单击"腔"按钮，系统弹出"开腔"对话框；选取动模板、型芯和推杆固定板为目标体，然后单击中键；选取拉料杆为工具体；单击 确定 按钮，完成拉料杆腔的创建。

Step7. 修整拉料杆。在图形区拉料杆上右击，在弹出的快捷菜单中选择 在窗口中打开 命令，系统将拉料杆在单独窗口中打开。

（1）创建坐标系，选择下拉菜单 插入(S) → 基准/点(D) → 基准坐标系(C)... 命令，单击 < 确定 > 按钮，完成坐标系的创建。

（2）选择下拉菜单 插入(S) → 设计特征(E) → 拉伸(E)... 命令，系统弹出"拉伸"对话框，选取 ZX 基准平面为草图平面，绘制如图 15.118 所示的截面草图；在 限制 区域的 开始 下拉列表中选择 对称值 选项，并在其下方的 距离 文本框中输入值 5；在 布尔 区域的下拉列表中选择 减去 选项；其他参数设置保持系统默认，单击 < 确定 > 按钮，完成拉料杆的修整，结果如图 15.119 所示。

Step8. 转换显示模型。在"装配导航器"界面的 cover_mold_ej_pin_110 节点上右击，在弹出的快捷菜单中选择 显示父项 命令下的 cover_mold_top_000 子命令，并在"装配导航器"界面的 cover_mold_top_000 节点处双击，使整个装配部件为工作部件。

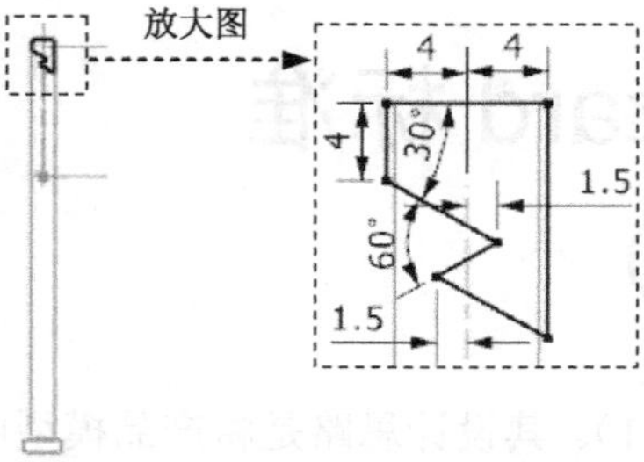

图 15.118　截面草图

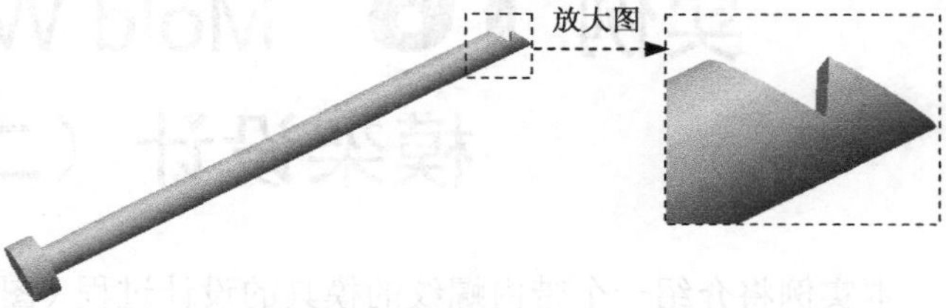

图 15.119　修整后的拉料杆

Task17. 显示隐藏零部件

Step1. 显示所有模型。选择下拉菜单 编辑(E) → 显示和隐藏(H) → 全部显示(A) 命令，系统将所有模型部件显示在当前窗口中。

Step2. 转换工作部件。在"装配导航器"界面中将 cover_mold_top_000 转换为工作部件。

Step3. 打开"装配导航器"界面，单击 cover_mold_fs_025 组件（模架组件）前的 ⊞ 图标，然后在子零件下单击 cover_mold_fixhalf_027 前的节点，使组件中的子零件也显示在"装配导航器"界面中；然后单击 cover_mold_movehalf_029 前的节点，使组件中的子零件也显示在"装配导航器"界面中。

Step4. 保存设计结果。选择下拉菜单 文件(F) → 保存(S) → 全部保存(V) 命令，保存模具设计结果。

学习拓展： 扫码学习更多视频讲解。

讲解内容： 产品自顶向下（Top-Down）设计方法。自顶向下设计方法是一种高级的装配设计方法，在电子电器、工程机械、工业机器人等产品设计中应用广泛。在模架设计及标准件添加时也是必不可少的知识。

实例 16 Mold Wizard 标准模架设计（二）

本实例将介绍一个带内螺纹的模具的设计过程（图 16.1）。其设计思路是将产品模型中的内螺纹在圆周上平分为三个局部段，从而在这三个局部段处创建三个内侧滑块，并且在设计滑块后还添加了标准模架及浇注系统的设计。希望读者能够熟练掌握 Mold Wizard 模具设计的方法，并能掌握在模架中添加标准件的设计思路。下面介绍该模具的设计过程。

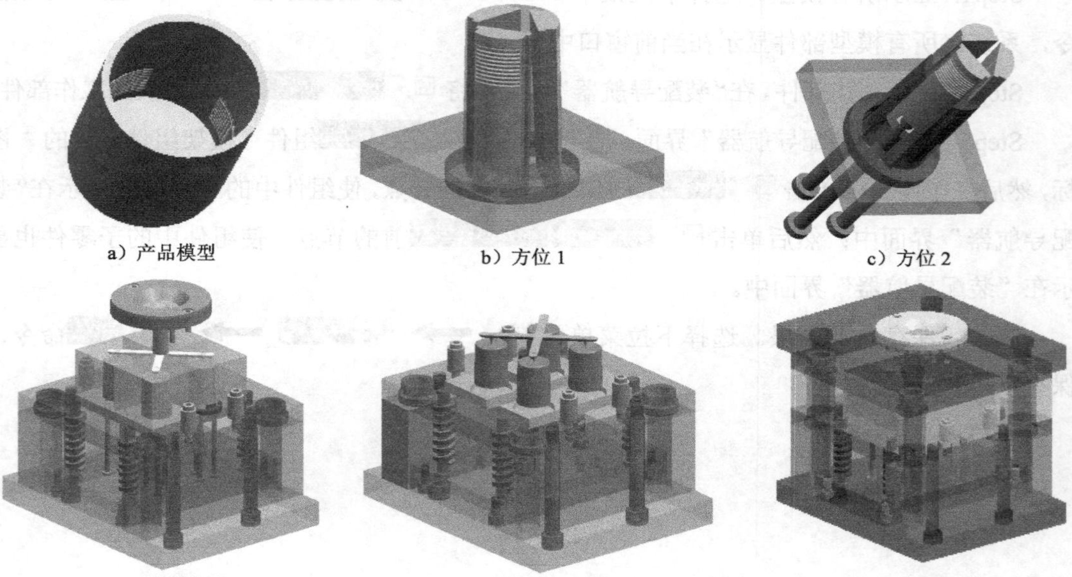

a）产品模型　b）方位 1　c）方位 2

d）动模侧状态 1　e）动模侧状态 2　f）装配状态

图 16.1　带内螺纹的模具的设计

Task1. 初始化项目

Step1. 在“注塑模向导”功能选项卡中单击“初始化项目”按钮，系统弹出“部件名”对话框。选择 D:\ug12.6\work\ch16\cover.prt，单击 OK 按钮，加载模型，系统弹出“初始化项目”对话框。

Step2. 定义项目单位。在 项目单位 下拉列表中选择 毫米 选项。

Step3. 设置项目路径、名称和材料。接受系统默认的项目路径；在“初始化项目”对话框的 Name 文本框中输入 cover_mold。

Step4. 单击 确定 按钮，完成项目路径和名称的设置。

Task2. 模具坐标系

Step1. 在“注塑模向导”功能选项卡 主要 区域中单击“模具坐标系”按钮，系统弹出“模具坐标系”对话框。

Step2. 选中 ⊙ 当前 WCS 单选项。

Step3. 单击 确定 按钮，完成坐标系的定义。

Task3. 创建模具工件

Step1. 在“注塑模向导”功能选项卡 主要 区域中单击“工件”按钮，系统弹出“工件”对话框。

Step2. 在 类型 下拉列表中选择 产品工件 选项，在 工件方法 下拉列表中选择 用户定义的块 选项，其他参数采用系统默认设置值。

Step3. 修改尺寸。单击 定义工件 区域的“绘制截面”按钮，系统进入草图环境，然后修改截面草图的尺寸，如图 16.2 所示；在 限制 区域的 开始 下拉列表中选择 值 选项，并在其下方的 距离 文本框中输入数值-10；在 限制 区域的 结束 下拉列表中选择 值 选项，并在其下方的 距离 文本框中输入数值 50。

Step4. 单击 < 确定 > 按钮，创建完成后的模具工件如图 16.3 所示。

Task4. 创建型腔布局

Step1. 在“注塑模向导”功能选项卡 主要 区域中单击“型腔布局”按钮，系统弹出“型腔布局”对话框。

Step2. 定义型腔数和间距。在 布局类型 区域选择 矩形 选项和 ⊙ 平衡 单选项；在 型腔数 下拉列表中选择 4 选项，并在 第一距离 和 第二距离 文本框中输入数值 0。

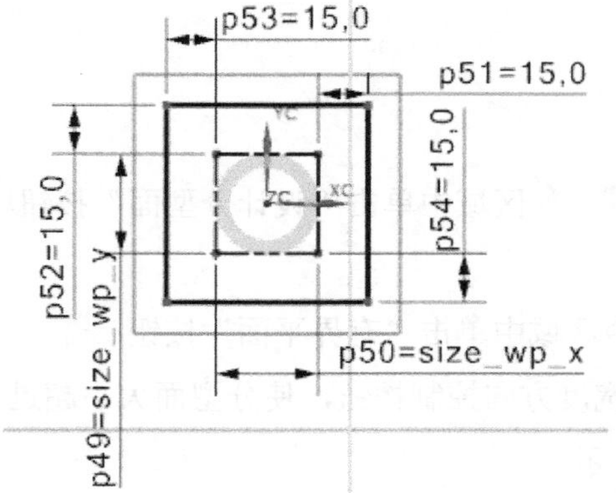

图 16.2 截面草图

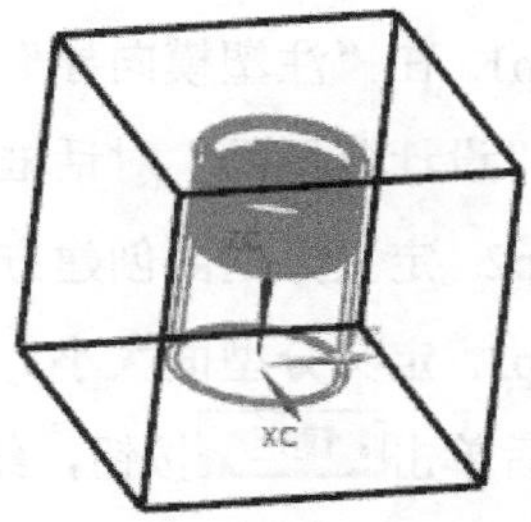

图 16.3 创建后的模具工件

Step3. 单击 * 指定矢量 (0) 区域，此时在模型中显示如图 16.4 所示的布局方向箭头，选取 X 轴正方向的箭头，然后单击 生成布局 区域中的“开始布局”按钮，系统自动进行布局。

Step4. 在 编辑布局 区域单击“自动对准中心”按钮，使模具坐标系自动对准中心，布局结果如图 16.5 所示，然后单击关闭按钮。

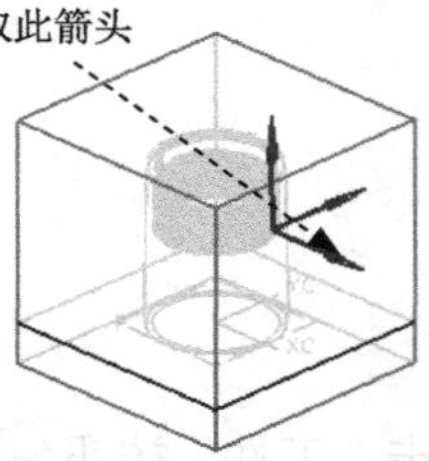

图 16.4　定义型腔布局方向

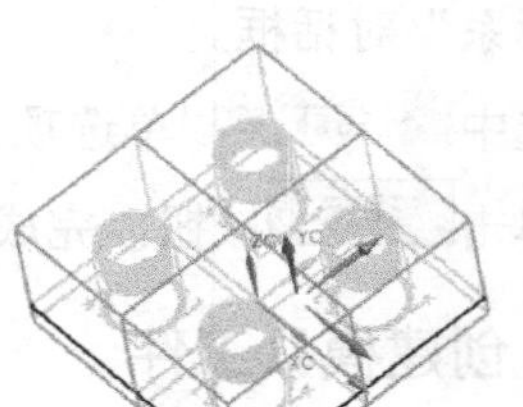

图 16.5　型腔布局

Task5. 模具分型

Stage1. 设计区域

Step1. 在“注塑模向导”功能选项卡分型刀具区域中单击“检查区域”按钮，系统弹出“检查区域”对话框，并显示如图 16.6 所示的开模方向，选中⊙保持现有的单选项。

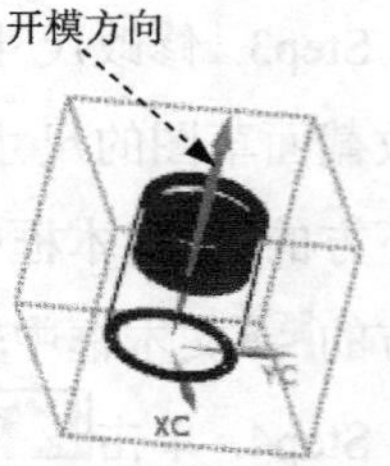

图 16.6　开模方向

Step2. 计算设计区域。单击“计算”按钮，系统开始对产品模型进行分析计算。单击面选项卡，可以查看分析结果。

Step3. 设置区域颜色。单击区域选项卡，取消选中□内环、□分型边和□不完整的环 3 个复选框，然后单击“设置区域颜色”按钮，设置各区域颜色。单击确定按钮，退出“检查区域”对话框。

Step4. 在“注塑模向导”功能选项卡分型刀具区域中单击“定义区域”按钮，系统弹出“定义区域”对话框。

Step5. 在设置区域选中☑创建区域和☑创建分型线复选框，单击确定按钮，完成分型线的创建，如图 16.7 所示。

Stage2. 创建分型面

Step1. 在“注塑模向导”功能选项卡分型刀具区域中单击“设计分型面”按钮，系统弹出“设计分型面”对话框。

Step2. 定义分型面创建方法。在创建分型面区域中单击“有界平面”按钮。

Step3. 定义分型面大小。拖动分型面的宽度方向控制按钮，使分型面大小超过工件大小，然后单击确定按钮，结果如图 16.8 所示。

Stage3. 创建型腔和型芯

Step1. 在“注塑模向导”功能选项卡分型刀具区域中单击“定义型腔和型芯”按钮，系统弹出“定义型腔和型芯”对话框。

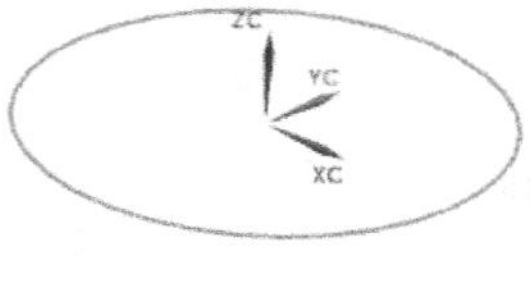

图 16.7　分型线

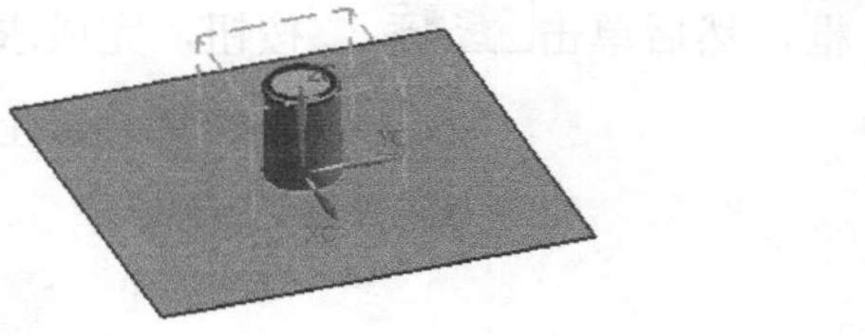
图 16.8　分型面

Step2. 创建型腔和型芯。选取选择片体区域中的所有区域选项，单击确定按钮，系统弹出“查看分型结果”对话框，并在图形区显示出创建的型腔，然后单击确定按钮，系统再一次弹出“查看分型结果”对话框；在“查看分型结果”对话框中单击确定按钮，关闭对话框。

Step3. 选择下拉菜单窗口(O) → cover_mold_cavity_002.prt命令，系统显示型腔工作零件，如图 16.9 所示；选择下拉菜单窗口(O) → cover_mold_core_006.prt命令，系统显示型芯工作零件，如图 16.10 所示。

图 16.9　型腔工作零件

图 16.10　型芯工作零件

Task6. 创建型芯镶件

Step1. 创建拉伸特征。选择下拉菜单插入(S) → 设计特征(E) → 拉伸(E)...命令（或单击按钮），系统弹出“拉伸”对话框；选取如图 16.11 所示的边为拉伸截面曲线；在限制区域的开始下拉列表中选择直至延伸部分选项；选取如图 16.12 所示的型芯上表面为拉伸开始面；在限制区域的结束下拉列表中选择直至延伸部分选项；选取如图 16.13 所示的型芯下表面为拉伸终止面；在布尔下拉列表中选择无选项；单击< 确定 >按钮，完成拉伸特征的创建。

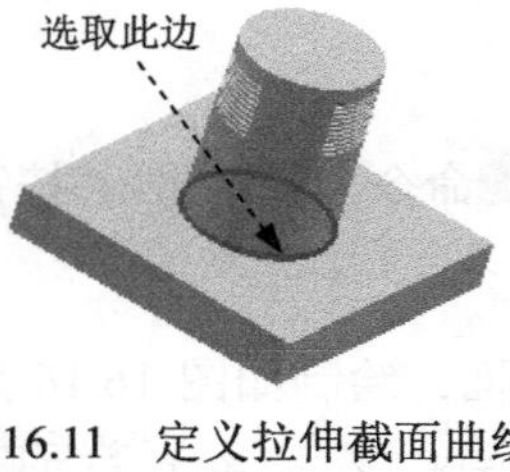

图 16.11　定义拉伸截面曲线

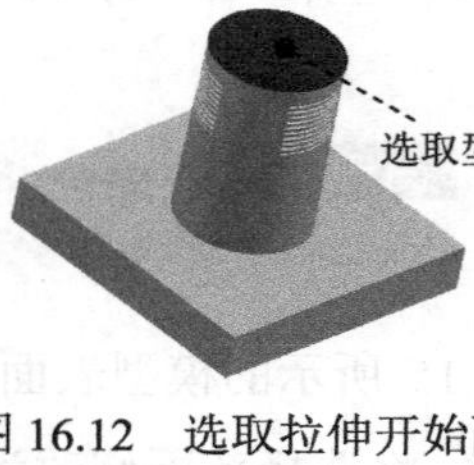

图 16.12　选取拉伸开始面

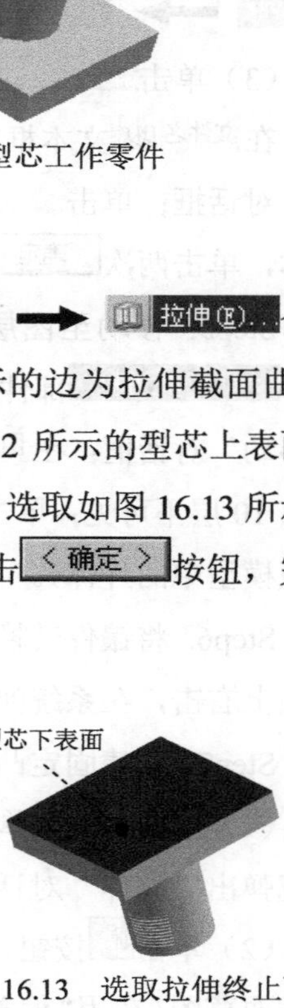

图 16.13　选取拉伸终止面

Step2. 创建求交特征。选择下拉菜单插入(S) → 组合(B) ▸ → 相交(I)...命令，系统弹出“相交”对话框。选取如图 16.14 所示的目标体和工具体，并选中☑ 保存目标复选框，然后单击〈确定〉按钮，完成求交特征的创建。

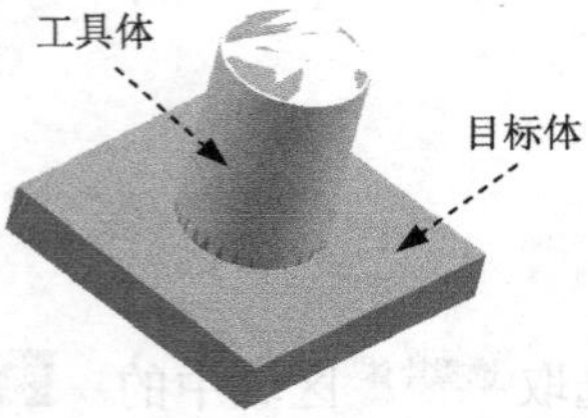

图 16.14　选取目标体和工具体

Step3. 求差特征。选择下拉菜单 插入(S) → 组合(B) → 减去(S)... 命令，此时系统弹出“求差”对话框；选取型芯为目标体；选取 Step2 中创建的求交特征为工具体，并选中 ☑ 保存工具 复选框；单击〈确定〉按钮，完成求差特征的创建。

Step4. 将镶件转化为型芯的子零件。

（1）单击“装配导航器”中的选项卡，系统弹出“装配导航器”界面，在该界面空白处右击，然后在系统弹出的快捷菜单中选择 WAVE 模式 选项。

（2）在“装配导航器”界面中右击 ☑ cover_mold_core_006，在系统弹出的快捷菜单中选择 WAVE → 新建层 命令，系统弹出“新建层”对话框。

（3）单击 指定部件名 按钮，系统弹出“选择部件名”对话框，在 文件名(N): 文本框中输入 cover_mold_insert，单击 OK 按钮，系统返回至“新建层”对话框；单击 类选择 按钮，选取如图 16.14 所示的工具体，单击两次 确定 按钮。

Step5. 移动至图层。单击“装配导航器”中的选项卡，在该选项卡中取消选中 ☐ cover_mold_insert 部件；选择下拉菜单 格式(R) → 移动至图层(M)... 命令，系统弹出“图层移动”对话框；在 图层 区域中选择 10，单击 确定 按钮，退出“图层移动”对话框。设置第 10 层不可见；单击“装配导航器”中的选项卡，选中 ☑ cover_mold_insert 部件（注意隐藏模型中的片体）。

Step6. 将镶件转换为显示部件。单击“装配导航器”中的选项卡，在 ☑ cover_mold_insert 选项上右击，在系统弹出的快捷菜单中选择 在窗口中打开 命令。

Step7. 创建固定凸台。

（1）选择下拉菜单 插入(S) → 设计特征(E) → 拉伸(E)... 命令（或单击按钮），系统弹出“拉伸”对话框。

（2）单击按钮，选取如图 16.15 所示的模型表面为草图平面；绘制如图 16.16 所示的截面草图（在用“偏置曲线”命令时，将选择范围修改为 仅在工作部件内 ）；单击 完成草图 按钮，退出草图环境。

（3）在“拉伸”对话框 限制 区域的 开始 下拉列表中选择 值 选项，并在其下方的 距离 文本框中输入数值 0；在限制区域的结束下拉列表中选择值选项，并在其下方的距离文本框中输入数值 5；单击按钮，方向指向 Z 轴正方向，其他参数采用系统默认设置值；在布尔区域的布尔下拉列表中选择合并选项；单击< 确定 >按钮，完成固定凸台的创建。

Step8. 保存零件。选择下拉菜单文件(F) → 保存(S) → 全部保存(V)命令，保存零件。

Step9. 选择窗口。选择下拉菜单窗口(O) → cover_mold_core_006.prt命令，系统显示型芯零件。

Step10. 将型芯转换为工作部件。单击“装配导航器”选项卡，系统弹出“装配导航器”界面。在cover_mold_core_006选项上右击，在系统弹出的快捷菜单中选择设为工作部件命令。

Step11. 创建镶件避开槽。在“注塑模向导”功能选项卡主要区域中单击“腔”按钮，系统弹出“开腔”对话框；选取型芯零件为目标体，单击中键确认；在工具类型下拉列表中选择实体选项，然后选取镶件为工具体；单击确定按钮，完成镶件避开槽的创建，如图 16.17 所示（为了观察清楚，镶件被隐藏）。

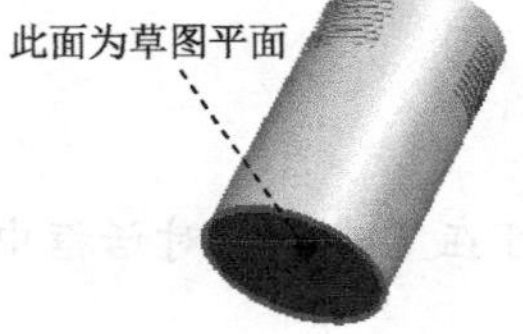

图 16.15　定义草图平面

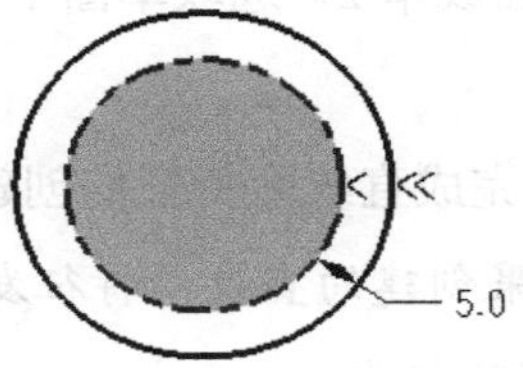

图 16.16　截面草图

图 16.17　镶件避开槽

Step12. 保存型芯模型。选择下拉菜单文件(F) → 保存(S) → 全部保存(V)命令，保存所有文件。

Task7. 创建型芯滑块

Step1. 选择窗口。选择下拉菜单窗口(O) → cover_mold_insert.prt命令，系统显示镶件零件。

Step2. 创建草图 1。选择下拉菜单插入(S) → 在任务环境中绘制草图(V)...命令，系统弹出“创建草图”对话框；选取图 16.18 所示的模型表面为草图平面，然后单击确定按钮，进入草图环境；绘制如图 16.19 所示的草图 1；单击完成草图按钮，退出草图环境。

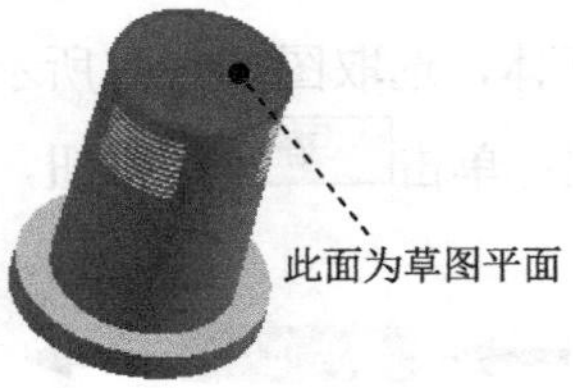

图 16.18　定义草图平面

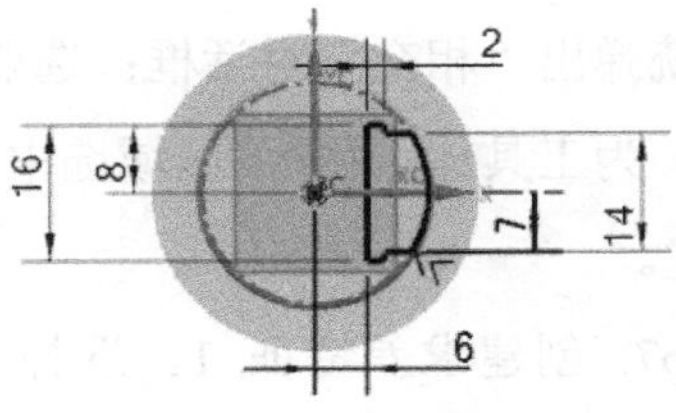

图 16.19　草图 1

Step3. 创建草图 2。选择下拉菜单 插入(S) → 在任务环境中绘制草图(V)... 命令，系统弹出“创建草图”对话框；选取图 16.20 所示的模型表面为草图平面，然后单击 确定 按钮，进入草图环境；绘制如图 16.21 所示的草图 2；单击 完成草图 按钮，退出草图环境。

图 16.20 定义草图平面

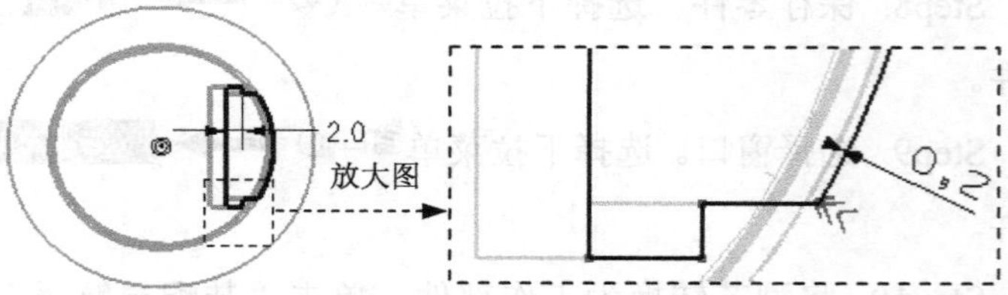

图 16.21 草图 2

Step4. 创建如图 16.22 所示的直纹面特征。

注意：*创建直纹面前，选择下拉菜单 首选项(P) → 建模(G)... 命令，系统弹出“建模首选项”对话框，在 体类型 区域中选中 ⊙ 实体 单选项，这样创建出来的直纹面为实体。*

（1）选择命令。选择下拉菜单 插入(S) → 网格曲面(M) → 直纹(R)... 命令，系统弹出“直纹”对话框。

（2）定义截面线串 1 和截面线串 2。选取草图 1 为截面线串 1，单击中键确认；选取草图 2 为截面线串 2。

（3）单击 < 确定 > 按钮，完成直纹面特征的创建。

注意：*创建直纹面时，如果创建的直纹面特征发生扭曲，可在“直纹”对话框中将对齐方式设置为“根据点”，以消除扭曲。*

Step5. 创建如图 16.23 所示的移动对象特征 1。选择下拉菜单 编辑(E) → 移动对象(O)... 命令，系统弹出“移动对象”对话框（注：具体参数和操作参见随书学习资源）；单击 < 确定 > 按钮，完成移动对象特征 1 的创建。

图 16.22 直纹面特征

图 16.23 移动对象特征 1

Step6. 创建求交特征 1。选择下拉菜单 插入(S) → 组合(B) → 相交(I)... 命令，系统弹出“相交”对话框；选取镶块零件为目标体，选取图 16.22 所示的实体（直纹面特征）为工具体；在 设置 区域选中 ☑ 保存目标 复选框；单击 < 确定 > 按钮，完成求交特征 1 的创建。

Step7. 创建求差特征 1。选择下拉菜单 插入(S) → 组合(B) → 减去(S)... 命令，系统弹出“求差”对话框；选取型芯镶件为目标体，并选取求交特征 1 为工具体；在设置区域选中☑保存工具复选框；单击< 确定 >按钮，完成求差特征 1 的创建。

Step8. 参照 Step6～Step7，创建移动对象特征 1 的求交特征和求差特征。

Step9. 创建基准坐标系。选择下拉菜单插入(S) → 基准/点(D) → 基准坐标系(C)... 命令，系统弹出“基准坐标系”对话框，然后单击< 确定 >按钮，完成基准坐标系的创建。

Step10. 创建如图 16.24 所示的拉伸特征。

（1）选择下拉菜单插入(S) → 设计特征(E) → 拉伸(E)... 命令（或单击按钮），系统弹出“拉伸”对话框。

（2）单击按钮，系统弹出“创建草图”对话框；选取 YZ 基准平面为草图平面；绘制如图 16.25 所示的截面草图；单击完成草图按钮，退出草图环境。

（3）在* 指定矢量下拉列表中选择XC选项；在“拉伸”对话框限制区域的开始下拉列表中选择值选项，并在其下方的距离文本框中输入数值 0；在限制区域的结束下拉列表中选择值选项，并在其下方的距离文本框中输入数值 15；在布尔下拉列表中选择无选项，其他采用系统默认设置值；单击< 确定 >按钮，完成拉伸特征的创建。

图 16.24　拉伸特征

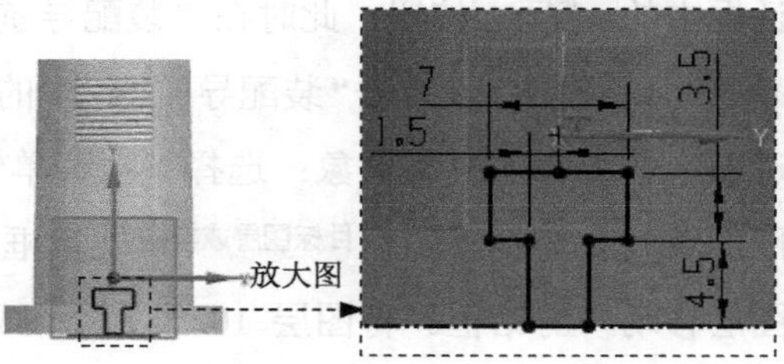

图 16.25　截面草图

Step11. 创建如图 16.26 所示的移动对象特征 2。选择下拉菜单编辑(E) → 移动对象(O)... 命令，系统弹出“移动对象”对话框；选择拉伸特征 1 为要移动的对象；在变换区域下选择运动下拉列表下方的角度选项，然后选择 Z 轴为旋转中心轴，选择镶块上端面圆心为轴点；在变换区域下的角度文本框中输入数值 120；在结果区域先选中⊙复制原先的单选项，然后在非关联副本数文本框中输入数值 2；单击< 确定 >按钮，完成移动对象特征 2 的创建。

Step12. 创建求差特征 2。选择下拉菜单插入(S) → 组合(B) → 减去(S)... 命令，系统弹出“求差”对话框；选取如图 16.27 所示的实体分别为目标体和工具体；在设置区域取消选中☐保存工具复选框；单击< 确定 >按钮，完成求差特征 2 的创建。

Step13. 参照 Step12，创建其他两个相同的求差特征。

Step14. 将滑块转化为镶件的子零件。

（1）单击“装配导航器”中的选项卡，系统弹出“装配导航器”界面，在该界面空白处右击，然后在系统弹出的快捷菜单中选择WAVE 模式选项。

图 16.26 移动对象特征 2

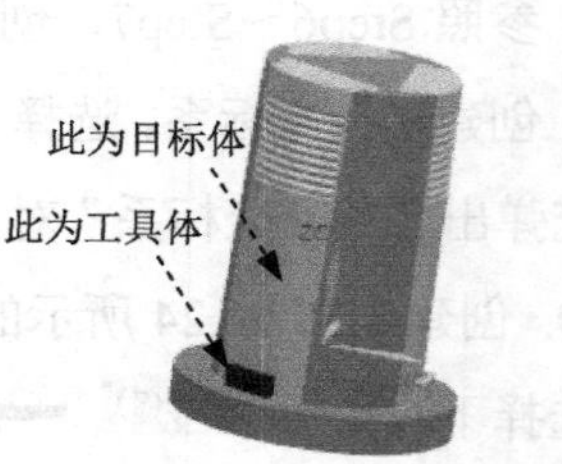

图 16.27 定义目标体和工具体

（2）在“装配导航器”界面中右击☑ cover_mold_insert，在系统弹出的快捷菜单中选择WAVE ▸ → 新建层命令，系统弹出“新建层”对话框。

（3）单击指定部件名按钮，在系统弹出的“选择部件名”对话框文件名(N):文本框中输入 cover_mold_slide_01.prt，然后单击OK按钮，系统返回至“新建层”对话框；单击类选择按钮，选取所示 3 个滑块中的一个滑块（如图 16.27 所示的目标体）为复制对象，单击确定按钮；单击“新建层”对话框中的确定按钮，此时在“装配导航器”界面中显示出刚创建的滑块特征。

Step15. 移动至图层。单击“装配导航器”中的选项卡，取消选中☐ cover_mold_slide_01部件；选取上一步骤的复制对象；选择下拉菜单格式(R) → 移动至图层(M)...命令，系统弹出“图层移动”对话框；在目标图层或类别文本框中输入数值 10，然后单击确定按钮，退出“图层移动”对话框。将图层 10 设为不可见；单击“装配导航器”中的选项卡，选中☑ cover_mold_slide_01部件。

Step16. 参照 Step14 和 Step15，将其他 2 个滑块转化为镶件的子零件，其部件名分别为 cover_mold_slide_02.prt 和 cover_mold_slide_03.prt。

Step17. 保存文件。选择下拉菜单文件(F) → 保存(S) → 全部保存(V)命令，保存所有文件。

Task8. 创建模架

Step1. 选择窗口。选择下拉菜单窗口(O) → cover_mlod_top_000.prt命令，系统显示总模型。

Step2. 将总模型转换为工作部件。单击“装配导航器”选项卡，系统弹出“装配导航器”界面。在☑ cover_mlod_top_000选项上右击，在系统弹出的快捷菜单中选择设为工作部件(W)命令。

Step3. 添加模架。在“注塑模向导”功能选项卡主要区域中单击“模架库”按钮，系统弹出“模架库”对话框和“重用库”导航器；在“重用库”导航器名称区域选择FUTABA_FG

选项，在成员选择下拉列表中选择FC选项，在详细信息区域的index下拉列表中选择2020选项；在AP_h下拉列表中选择50选项，在BP_h下拉列表中选择20选项，并在CP_h下拉列表中选择60选项，然后单击确定按钮，完成模架的添加，如图 16.28 所示。

Task9. 添加浇注系统

Step1. 添加定位圈。在“注塑模向导”功能选项卡主要区域中单击“标准件库”按钮，系统弹出“标准件管理”对话框和“重用库”导航器；在“重用库”导航器名称区域中选择FUTABA_MM节点下的Locating Ring Interchangeable选项；在成员选择列表区域中选择Locating Ring选项，系统弹出信息窗口；在详细信息区域的TYPE下拉列表中选择M_LRB选项；在DIAMETER下拉列表中选择120选项，在HOLE_THRU_DIA文本框中输入值 50，在SHCS_LENGTH文本框中输入值 18，在BOLT_CIRCLE文本框中输入值 90；在C_SINK_CENTER_DIA文本框中输入值 70，单击确定按钮，完成定位圈的添加，如图 16.29 所示。

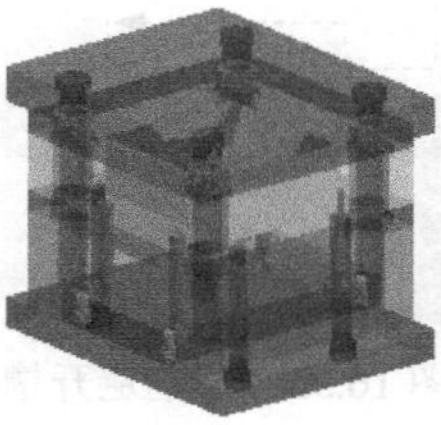

图 16.28 模架

图 16.29 定位圈

Step2. 创建定位圈避开槽。在“注塑模向导”功能选项卡主要区域中单击“腔”按钮，系统弹出“开腔”对话框；选取定模座板为目标体，单击中键确认；在工具类型下拉列表中选择组件选项，选取定位圈为工具体；单击确定按钮，完成定位圈避开槽的创建。

Step3. 添加浇口衬套。在“注塑模向导”功能选项卡主要区域中单击“标准件库”按钮，系统弹出“标准件管理”对话框和“重用库”导航器；在“重用库”导航器名称区域中选择FUTABA_MM节点下的Sprue Bushing选项。在成员选择列表中选择Sprue Bushing选项，单击确定按钮，完成浇口衬套的添加，如图 16.30 所示。

Step4. 创建浇口衬套避开槽。在“注塑模向导”功能选项卡主要区域中单击“腔”按钮，系统弹出“开腔”对话框；选取定模座板和拉料板为目标体，单击中键确认；在工具类型下拉列表中选择组件选项，选取浇口衬套为工具体；单击确定按钮，完成浇口衬套避开槽的创建，如图 16.31 所示。

Step5. 创建型腔刀槽（隐藏定模座板、拉料板、定位圈和浇口衬套）。在“注塑模向导”功能选项卡主要区域中单击“型腔布局”按钮，系统弹出“型腔布局”对话框；单击“编辑插入腔”按钮，系统弹出“插入腔体”对话框；在R下拉列表中选择5选项，在type下拉列表中选择2选项；单击确定按钮，完成型腔刀槽的创建（图 16.32），同时系统弹出

“型腔布局”对话框；单击 关闭 按钮，关闭“型腔布局”对话框。

Step6. 创建刀槽避开槽。在“注塑模向导”功能选项卡 主要 区域中单击“腔”按钮，系统弹出“开腔”对话框；选取定模板和动模板为目标体，单击中键确认；在 工具类型 下拉列表中选择 组件 选项，选取刀槽为工具体；单击 确定 按钮，完成刀槽避开槽的创建，如图 16.33 所示。

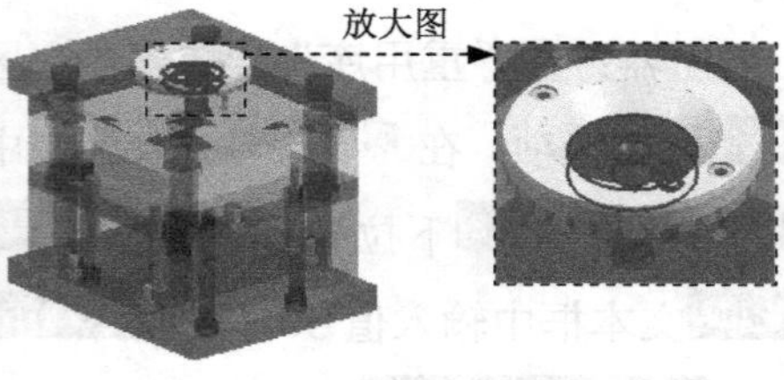

图 16.30　浇口衬套

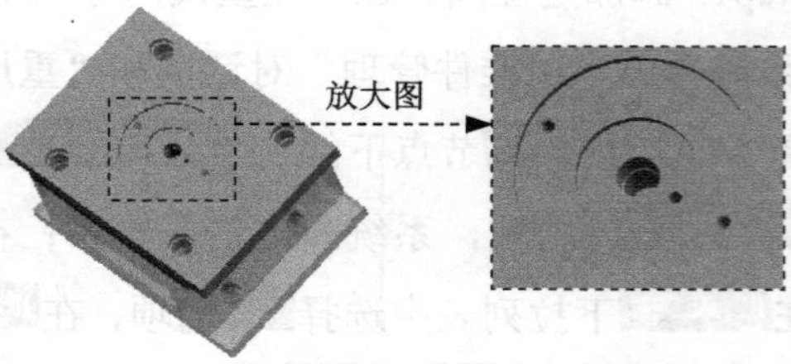

图 16.31　浇口衬套避开槽

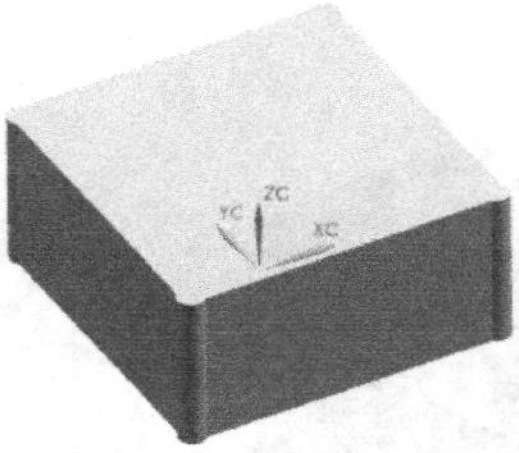

图 16.32　型腔刀槽

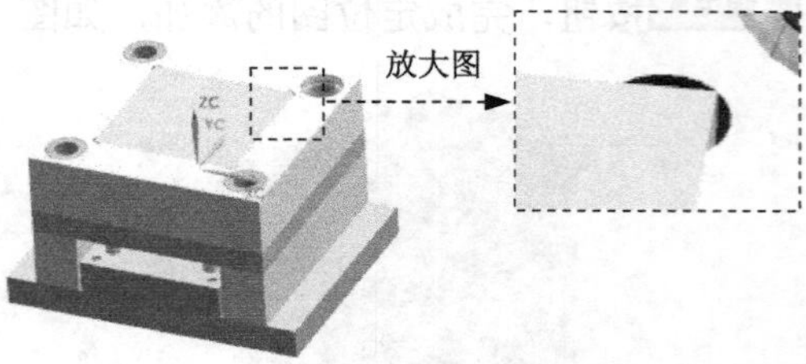

图 16.33　刀槽避开槽

Step7. 创建流道。在“注塑模向导”功能选项卡 主要 区域中单击“流道”按钮，系统弹出“流道”对话框；单击“绘制截面”按钮，将选择范围调整为“整个装配”，选取如图 16.34 所示的平面为草图平面，绘制如图 16.35 所示的流道截面草图（分别捕捉 4 个型芯的圆弧中心绘制直线），单击 完成草图 按钮，退出草图环境；在 截面类型 下拉列表中选择 Semi_Circular 选项。在 详细信息 区域双击 D 文本框中输入数值 10，并按 Enter 键确认；单击 ＜确定＞ 按钮，完成分流道的创建，结果如图 16.36 所示。

图 16.34　草图平面

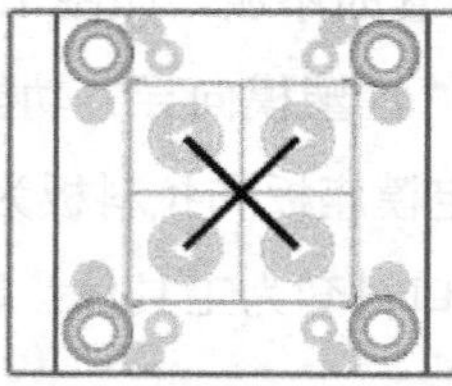

图 16.35　流道截面草图

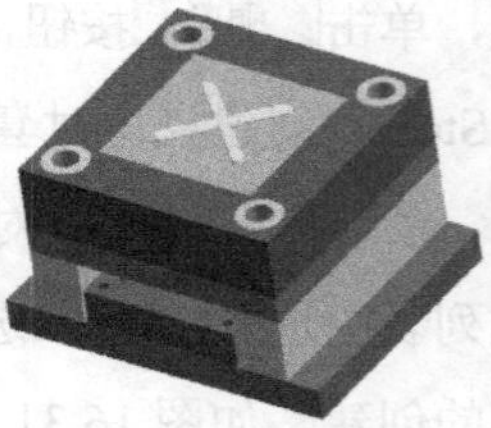

图 16.36　创建流道

Step8. 创建浇口（显示模型如图 16.37 所示）。

（1）选择命令。在“注塑模向导”功能选项卡 主要 区域中单击“设计填充”按钮，系统弹出“设计填充”对话框。

（2）定义浇口类型。在“重用库”导航器 成员选择 区域中选择 Gate[Pin three]。

（3）定义浇口尺寸和位置。在“设计填充”对话框 详细信息 区域将 d 的值修改为 1.2；将 H 的值修改为 2，按 Enter 键确认；将 R 的值修改为 1.5，按 Enter 键确认；将 A 的值修改为 5，按 Enter 键确认；将 B 的值修改为 24，按 Enter 键确认；将 L1 的值修改为-1，按 Enter 键确认；然后选取如图 16.37 所示的圆弧。

（4）单击 确定 按钮，完成浇口的创建。

（5）采用相同的方法创建其余浇口，结果如图 16.38 所示。

注意：此时选取的圆弧为加亮的型腔区域。

Step9. 创建浇口和流道避开槽。在“注塑模向导”功能选项卡 主要 区域中单击“腔”按钮，系统弹出“开腔”对话框；选取型腔为目标体，单击中键确认；选取浇口和流道为工具体；单击 确定 按钮，完成浇口和流道避开槽的创建，如图 16.39 所示。

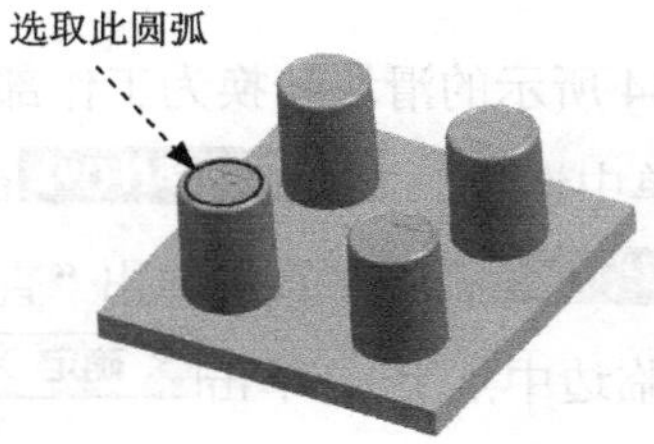

图 16.37 定义浇口位置

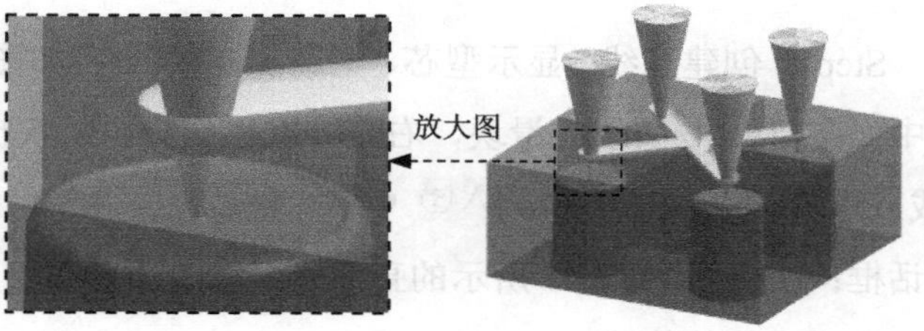

图 16.38 创建浇口

Step10. 旋转型腔 1。在“注塑模向导”功能选项卡 主要 区域中单击“型腔布局”按钮，系统弹出“型腔布局”对话框；选取如图 16.40 所示的型腔；单击“变换”按钮，系统弹出“变换”对话框；在 变换类型 下拉列表中选择 旋转 选项；单击以激活 * 指定枢轴点 (0) 区域，然后选中该腔体上部圆锥形浇口上端面的圆心作为枢轴点；在“旋转型腔”对话框中选中 ⊙ 移动原先的 单选项，在“角度”文本框中输入数值-90，单击 确定 按钮，完成型腔 1 的旋转操作（图 16.41），同时系统返回至“型腔布局”对话框；单击 关闭 按钮，关闭该对话框。

注意：单击“型腔布局”按钮后，系统会自动选中一个腔体，可以将鼠标移到该腔体上，当腔体呈加亮显示状态时按住 Shift 键，单击可将系统自动选中的腔体取消选中。

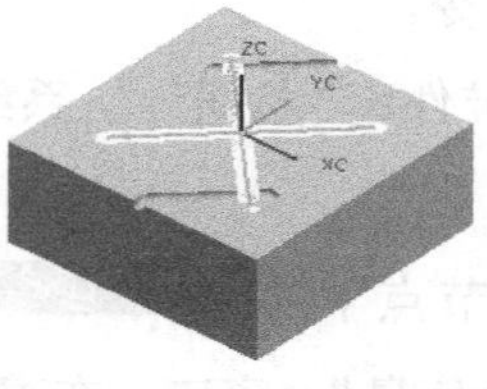

图 16.39 浇口和流道避开槽

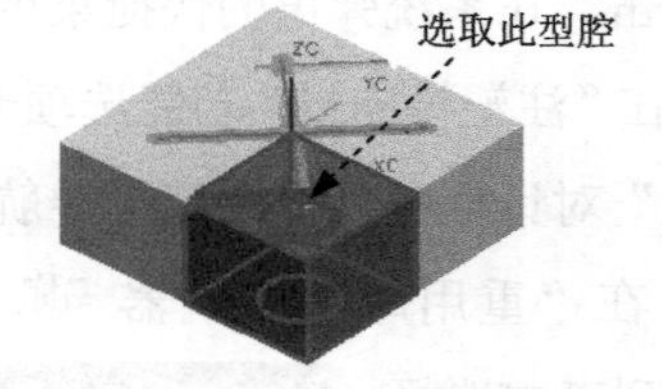

图 16.40 定义要旋转的型腔（一）

Step11. 旋转型腔 2。在“注塑模向导”功能选项卡 主要 区域中单击“型腔布局”按钮，系统弹出“型腔布局”对话框；选取如图 16.42 所示的型腔；单击“变换”按钮，系统弹出“变换”对话框；在 变换类型 下拉列表中选择 旋转 选项；单击以激活 * 指定枢轴点 (0)

区域，然后选中该腔体上部圆锥形浇口上端面的圆心作为枢轴点；在“旋转型腔”对话框中选中 移动原先的 单选项，在“角度”文本框中输入数值-90，单击 确定 按钮，完成型腔 2 的旋转操作（图 16.43），同时系统返回至“型腔布局”对话框；单击 关闭 按钮，关闭该对话框（隐藏浇口和流道）。

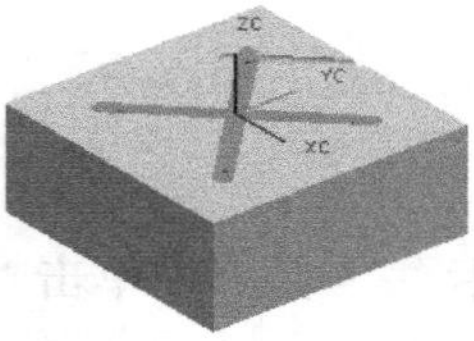

图 16.41　旋转型腔 1

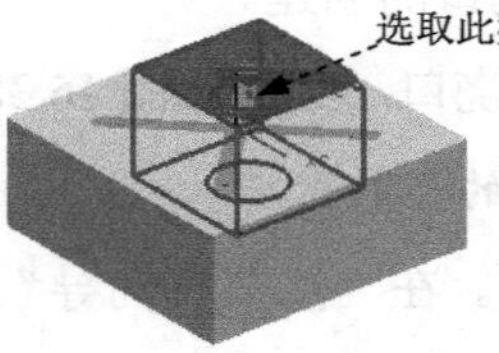

图 16.42　定义要旋转的型腔（二）

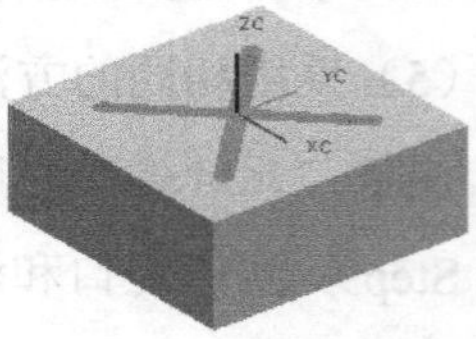

图 16.43　旋转型腔 2

Task10. 添加顶杆

Step1. 创建直线（显示型芯、型腔和产品）。将如图 16.44 所示的滑块转换为工作部件。选中如图 16.44 所示的滑块，右击，在系统弹出的快捷菜单中选择 设为工作部件(W) 命令（或双击）；选择下拉菜单 插入(S) ➡ 曲线(C) ➡ 直线(L)... 命令，系统弹出“直线”对话框；创建如图 16.45 所示的直线（直线的端点在相应的临边中点上）；单击 < 确定 > 按钮，完成直线的创建。

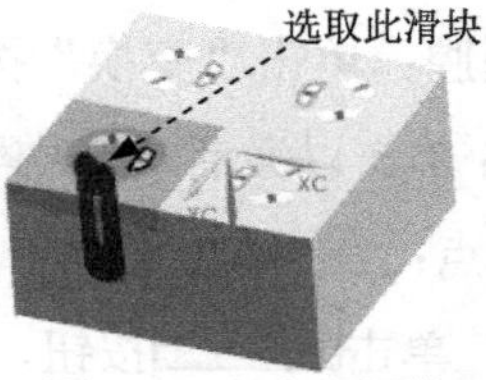

图 16.44　选取滑块

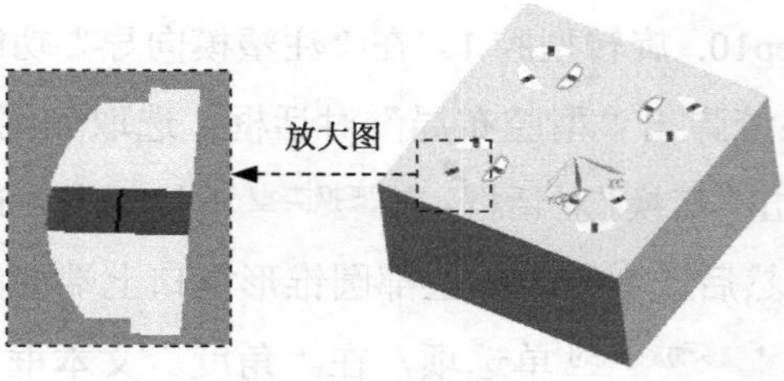

图 16.45　创建直线

Step2. 创建图 16.46 所示的另两条直线。

Step3. 添加顶杆。

(1) 单击“装配导航器”选项卡，系统弹出“装配导航器”界面。在 cover_mold_top_000 选项上右击，在系统弹出的快捷菜单中选择 设为工作部件 命令。

(2) 在“注塑模向导”功能选项卡 主要 区域中单击“标准件库”按钮，系统弹出“标准件管理”对话框和“重用库”导航器。

(3) 在“重用库”导航器 名称 区域中选择 DME_MM 节点下的 Ejection 选项，在 成员选择 列表中选择 Ejector Pin [Straight] 选项，系统弹出“信息” 窗口，在 详细信息 区域中选择 CATALOG_DIA 选项，在后面的下拉列表中选择 5.5 选项。选择 CATALOG_LENGTH 选项，在 CATALOG_LENGTH 后的文本框中输入数值 82.5，按 Enter 键确认，单击 确定 按钮，系统弹出“点”对话框；在 类型 区域的下拉列表中选择 自动判断的点 选项，选取如图 16.47 所示的 3 个直线的中点，系统自动创建顶杆并返回至“点”对话框；单击取消按钮，完成顶杆的添加。

说明：系统会自动创建另外3个型芯的顶杆。

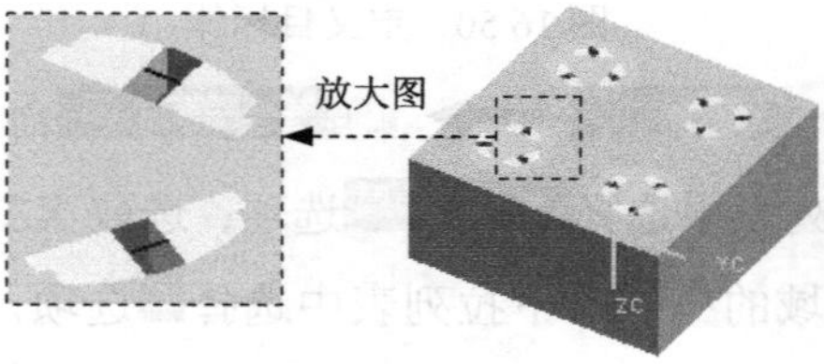

图 16.46 创建两条直线

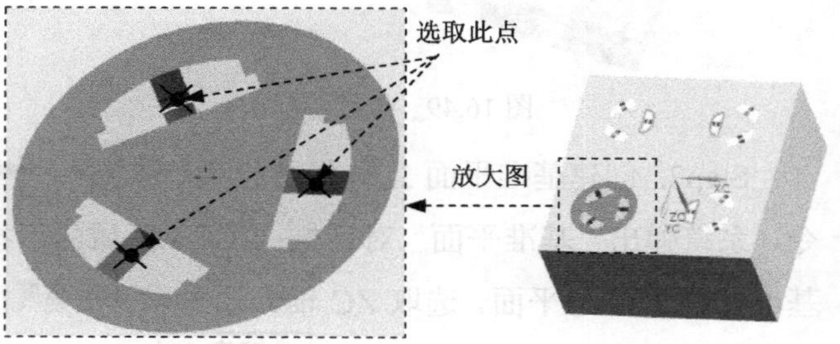

图 16.47 定义顶杆中点

Step4. 创建基准坐标系。选择下拉菜单插入(S) → 基准/点(D) → 基准坐标系(C)...命令，系统弹出“基准坐标系”对话框，单击< 确定 >按钮，完成基准坐标系的创建。

Step5. 创建拉伸特征 1。选择下拉菜单插入(S) → 设计特征(E) → 拉伸(E)...命令（或单击按钮），系统弹出“拉伸”对话框。单击按钮，选取 XZ 基准平面为草图平面；绘制如图 16.48 所示的截面草图；在指定矢量(1)下拉列表中选择YC选项；在“拉伸”对话框限制区域的开始下拉列表中选择值选项，并在其下方的距离文本框中输入数值 0；在结束下拉列表中选择值选项，并在其下方的距离文本框中输入数值 25；在布尔下拉列表中选择无选项；其他参数采用系统默认设置值；单击< 确定 >按钮，完成如图 16.49 所示的拉伸特征 1 的创建。

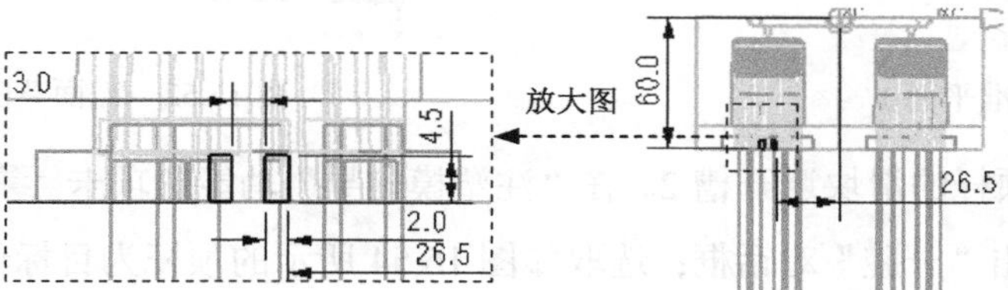

图 16.48 截面草图

Step6. 创建顶杆的滑块避开槽 1。在“注塑模向导”功能选项卡主要区域中单击“腔”按钮，系统弹出“开腔”对话框；选取如图 16.50 所示的顶杆为目标体，单击中键确认；在工具类型下拉列表中选择实体选项，选取拉伸特征 1 为工具体；单击< 确定 >按钮，完成顶杆的滑块避开槽 1 的创建。

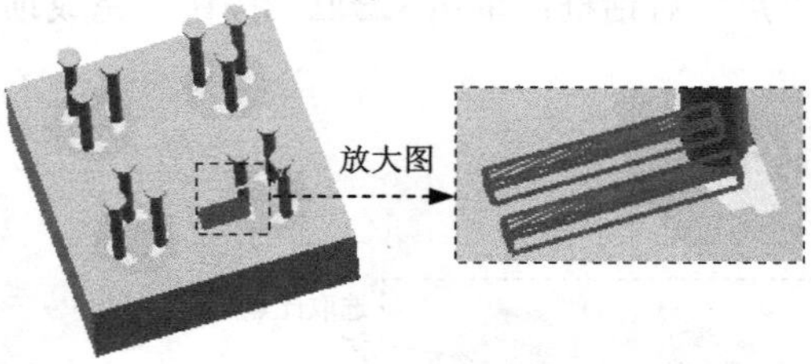

图 16.49　拉伸特征 1

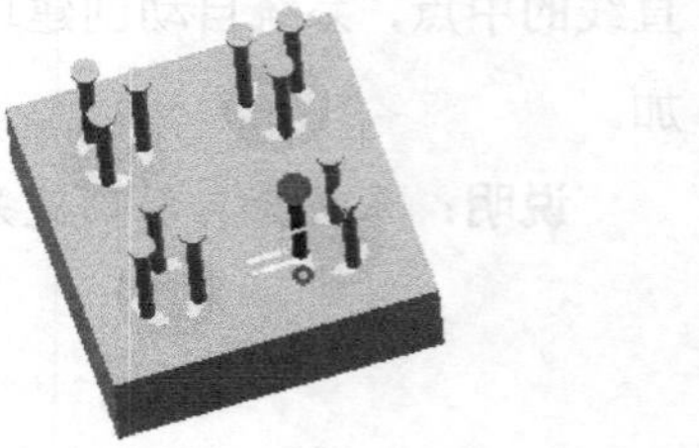

图 16.50　定义目标体

Step7. 创建基准平面 1。选择下拉菜单插入(S) → 基准/点(D) → 基准平面(D)...命令，系统弹出“基准平面”对话框；在类型区域的下拉列表中选择成一角度选项；选取 XZ 基准平面为参考平面，选取 ZC 轴为通过轴；在角度区域的角度选项下拉列表中选择值选项，在角度文本框中输入数值 60；单击< 确定 >按钮，完成如图 16.51 所示的基准平面 1 的创建。

Step8. 创建拉伸特征 2。选择下拉菜单插入(S) → 设计特征(E) → 拉伸(E)...命令（或单击按钮），系统弹出“拉伸”对话框；单击按钮，选取基准平面 1 为草图平面；绘制如图 16.52 所示的截面草图；单击按钮调整拉伸方向，调整后的效果如图 16.53 所示；在“拉伸”对话框限制区域的开始下拉列表中选择值选项，并在其下方的距离文本框中输入数值-10；在结束下拉列表中选择值选项，并在其下方的距离文本框中输入数值 20；其他参数采用系统默认设置值；单击< 确定 >按钮，完成如图 16.53 所示的拉伸特征 2 的创建。

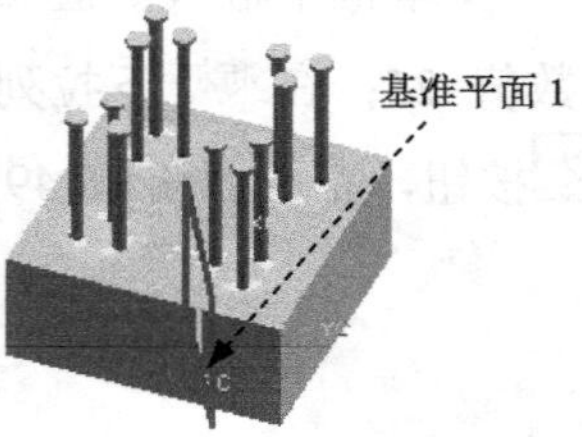

图 16.51　基准平面 1

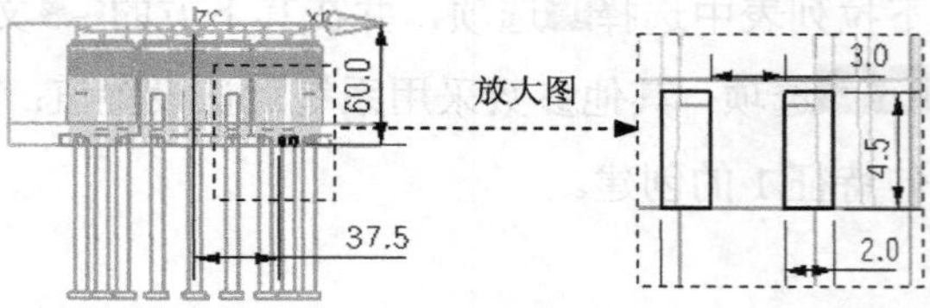

图 16.52　截面草图

Step9. 创建顶杆的滑块避开槽 2。在“注塑模向导”功能选项卡主要区域中单击“腔”按钮，系统弹出“开腔”对话框；选取如图 16.54 所示的顶杆为目标体，单击中键确认；在工具类型的下拉列表中选择实体选项，选取拉伸特征 2 为工具体；单击< 确定 >按钮，完成顶杆的滑块避开槽 2 的创建。

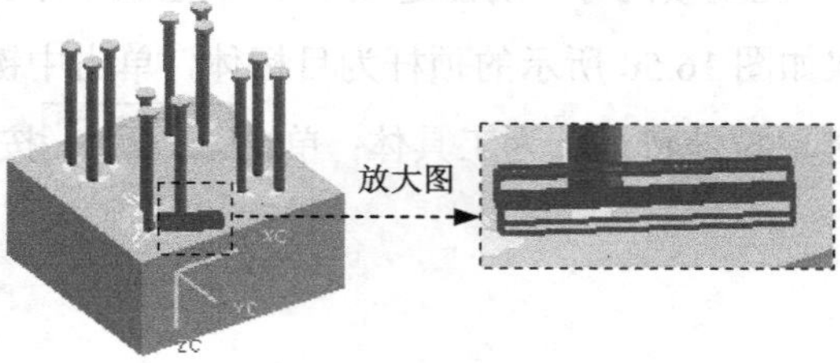

图 16.53　拉伸特征 2

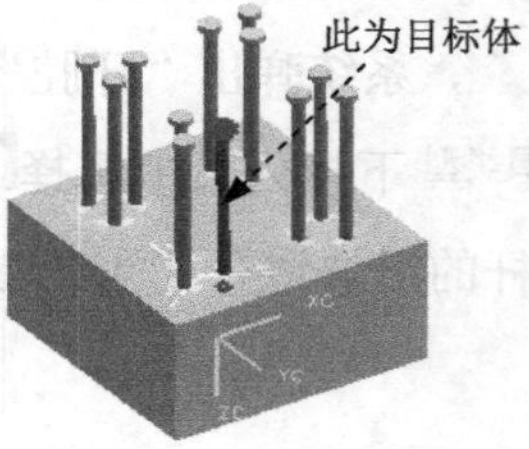

图 16.54　定义目标体

Step10. 创建基准平面 2。选择下拉菜单插入(S) ⟶ 基准/点(D) ⟶ 基准平面(D)...命令，系统弹出“基准平面”对话框；在类型区域的下拉列表中选择成一角度选项；选取 YZ 基准平面为参考平面，选取 ZC 轴为通过轴；在角度区域的角度选项下拉列表中选择值选项，在角度文本框中输入数值 30；单击< 确定 >按钮，完成如图 16.55 所示的基准平面 2 的创建。

Step11. 创建拉伸特征 3（显示坐标系）。选择下拉菜单插入(S) ⟶ 设计特征(E) ⟶ 拉伸(E)...命令（或单击按钮），系统弹出“拉伸”对话框；单击按钮，选取基准平面 2 为草图平面；绘制如图 16.56 所示的截面草图；单击按钮调整拉伸方向，调整后的效果如图 16.57 所示；在“拉伸”对话框限制区域的开始下拉列表中选择值选项，并在其下方的距离文本框中输入数值 40；在结束下拉列表中选择值选项，并在其下方的距离文本框中输入数值 70；其他参数采用系统默认设置值；单击< 确定 >按钮，完成如图 16.57 所示的拉伸特征 3 的创建。

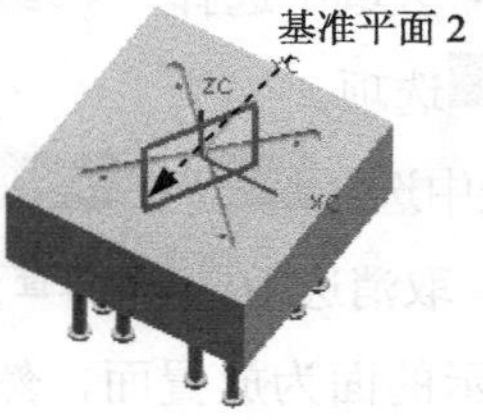

图 16.55 基准平面 2

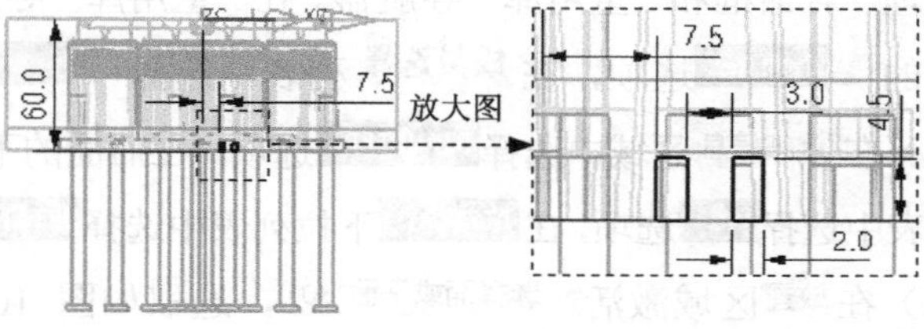

图 16.56 截面草图

Step12. 创建顶杆的滑块避开槽 3。在“注塑模向导”功能选项卡主要区域中单击“腔”按钮，系统弹出“开腔”对话框；选取如图 16.58 所示的顶杆为目标体，单击中键确认；在工具类型下拉列表中选择实体选项，选取拉伸特征 3 为工具体；单击< 确定 >按钮，完成顶杆的滑块避开槽 3 的创建。

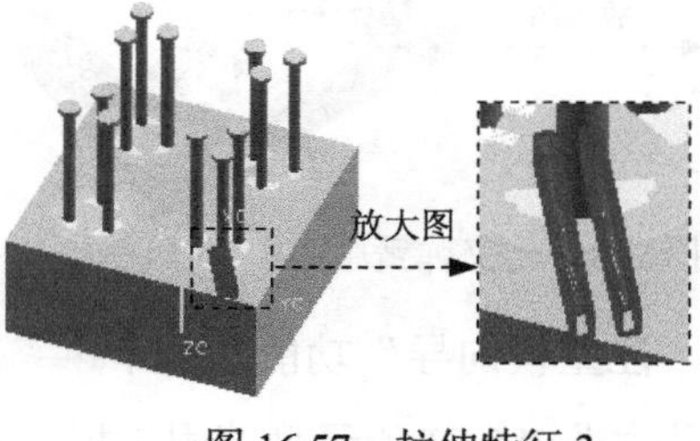

图 16.57 拉伸特征 3

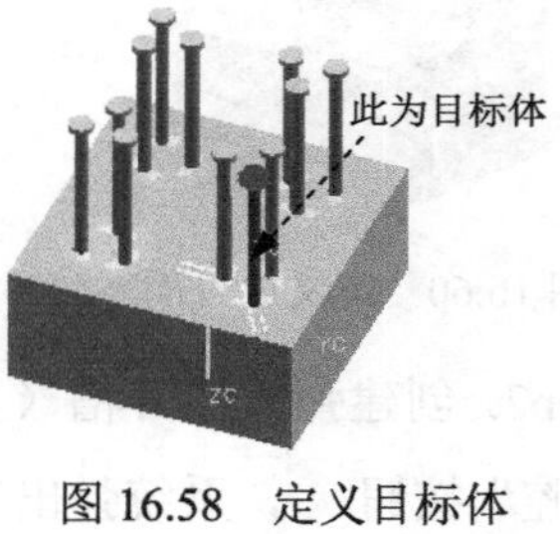

图 16.58 定义目标体

Step13. 移动至图层。选取拉伸特征 1、拉伸特征 2 和拉伸特征 3 为移动对象；选择下拉菜单格式(R) ⟶ 移动至图层(M)...命令，系统弹出“图层移动”对话框；在目标图层或类别文本框中输入数值 10，然后单击确定按钮，退出“图层移动”对话框。

Step14. 创建顶杆避开槽（显示所有组件）。在“注塑模向导”功能选项卡主要区域中单击“腔”按钮，系统弹出“开腔”对话框；选取如图 16.59 所示的型芯固定板和推杆固定板为目标体，单击中键确认；选取所有顶杆为工具体；单击确定按钮，完成顶杆避开槽的创建。

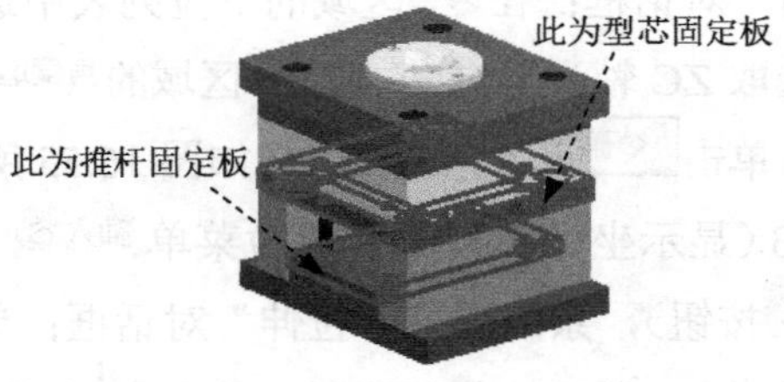

图 16.59 定义目标体

Task11. 模具后处理

Step1. 添加弹簧（显示所有的组件）。

（1）在“注塑模向导”功能选项卡 主要 区域中单击“标准件库”按钮，系统弹出“标准件管理”对话框和“重用库”导航器。在“重用库”导航器 名称 区域中选择 FUTABA_MM 节点下的 Springs 选项，在 成员选择 列表中选择 Spring [M-FSB] 选项。

（2）在 详细信息 区域中选择 DIAMETER 选项，在后面的下拉列表中选择 21.5，在 CATALOG_LENGTH 下拉列表中选择 40 选项，在 DISPLAY 下拉列表中选择 DETAILED 选项，取消选中 关联位置 复选框。

（3）在 放置 区域激活 * 选择面或平面 (0)，选取如图 16.60 所示的面为放置面，然后单击 确定 按钮，系统弹出“标准件位置”对话框。在 类型 区域的下拉列表中选择 圆弧中心/椭圆中心/球心 选项，并分别选取如图 16.61 所示的 4 个圆弧为弹簧中心，然后分别单击 应用 按钮，最后单击 取消 按钮，完成弹簧的添加，如图 16.62 所示。

图 16.60 定义放置面

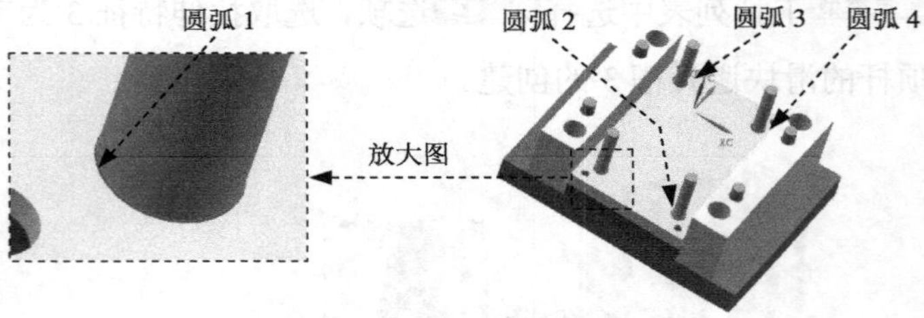

图 16.61 定义弹簧中心

Step2. 创建弹簧避开槽（显示所有零件）。在“注塑模向导”功能选项卡 主要 区域中单击“腔”按钮，系统弹出“开腔”对话框；选取如图 16.63 所示型芯固定板为目标体，单击中键确认；在 工具类型 下拉列表中选择 组件 选项，选取所有弹簧（共 4 个）为工具体；单击 确定 按钮，完成弹簧避开槽的后处理。

图 16.62 添加弹簧

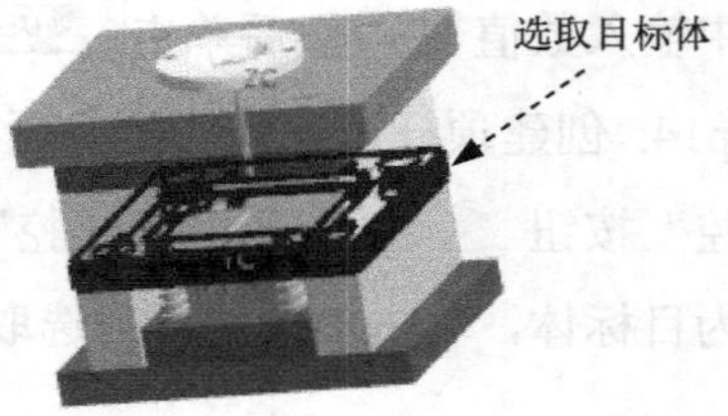

图 16.63 选择目标体

Step3. 添加开闭器。

（1）在“注塑模向导”功能选项卡主要区域中单击“标准件库”按钮，系统弹出“标准件管理”对话框和“重用库”导航器。

（2）在“重用库”导航器名称区域中选择FUTABA_MM节点下的Pull Pin选项，在成员选择列表中选择M-PLL选项，系统弹出“信息”窗口，在详细信息区域中选择DIAMETER选项，在后面的下拉列表中选择16选项，取消选中关联位置复选框。

（3）在放置区域激活*选择面或平面(0)，选取如图 16.64 所示的面为放置面，然后单击确定按钮，系统弹出“标准件位置”对话框；单击偏置区域中的“点对话框”按钮，在输出坐标区域参考的下拉列表中选择WCS选项，然后在XC、YC和ZC文本框中分别输入数值-80、30 和 0，单击确定按钮，系统重新弹出“标准件位置”对话框，单击应用按钮；

（4）参照上一步，在输出坐标区域的XC、YC和ZC文本框中分别输入数值（-80、-30 和 0），（80、-30 和 0）和（80、30 和 0）创建其余开闭器，结果如图 16.65 所示。

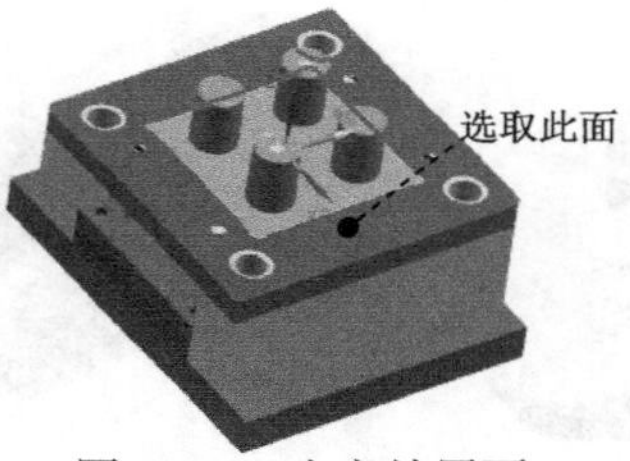

图 16.64　定义放置面

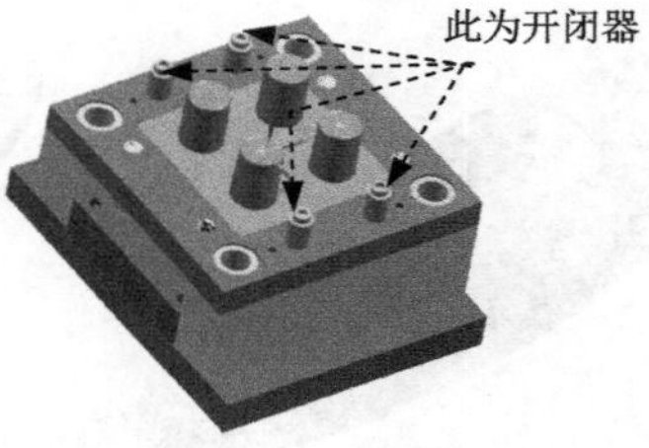

图 16.65　添加开闭器

Step4. 创建开闭器避开槽（显示所有零件）。在“注塑模向导”功能选项卡主要区域中单击“腔”按钮，系统弹出“开腔”对话框；选取如图 16.66 所示的型芯固定板和型腔固定板为目标体，单击中键确认；选取 4 个开闭器为工具体；单击确定按钮，完成开闭器避开槽的创建。

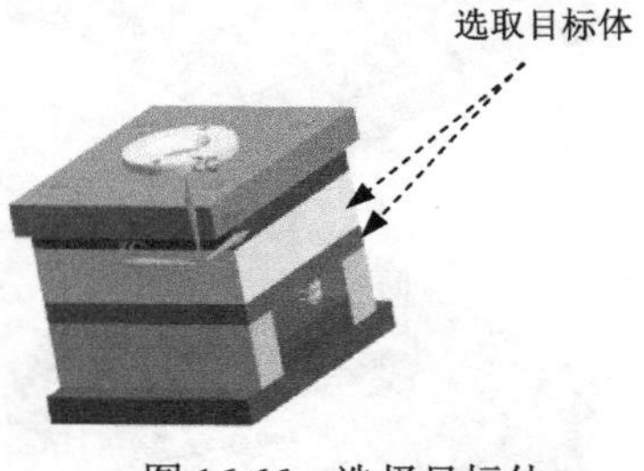

图 16.66　选择目标体

Step5. 保存文件。选择下拉菜单文件(F) → 保存(S) → 全部保存(V)命令，保存所有文件。

实例 17 一模两件模具设计

本实例将介绍一模两件模具设计的一般过程，如图 17.1 所示。在学习本实例后，希望读者能够熟练掌握一模两件模具的设计方法和技巧。学习中要注意，本模具的浇口是采用潜伏式浇口进行设计的。下面是具体的操作过程。

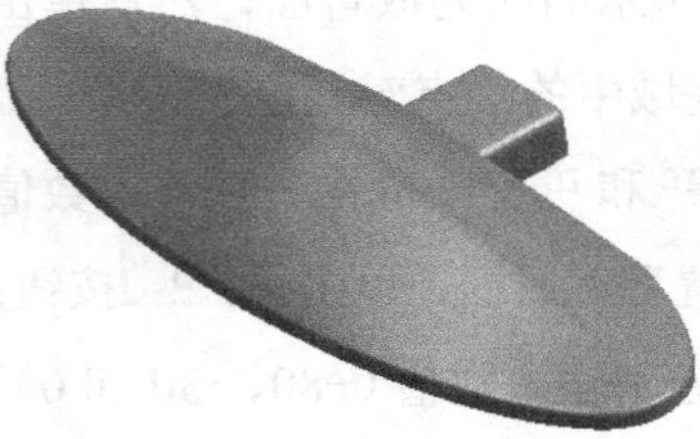

a）上壳方位 1

b）上壳方位 2

c）下壳方位 1

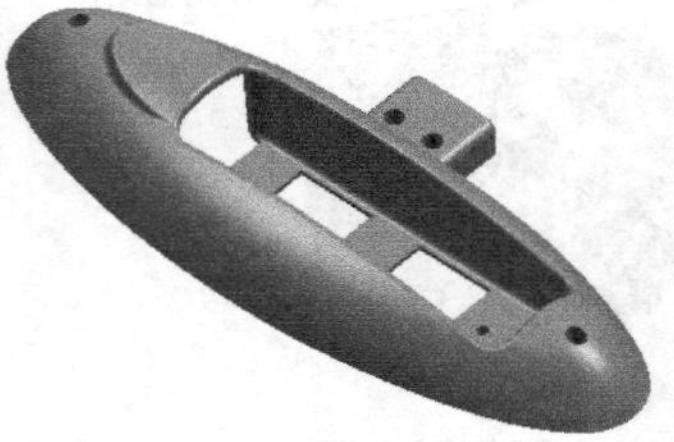

d）下壳方位 2

e）装配产品方位 1

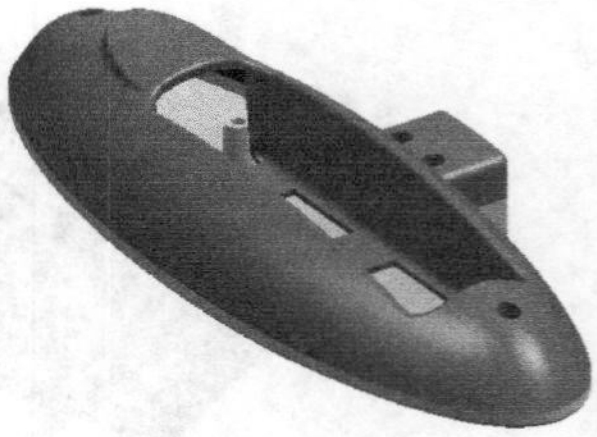

f）装配产品方位 2

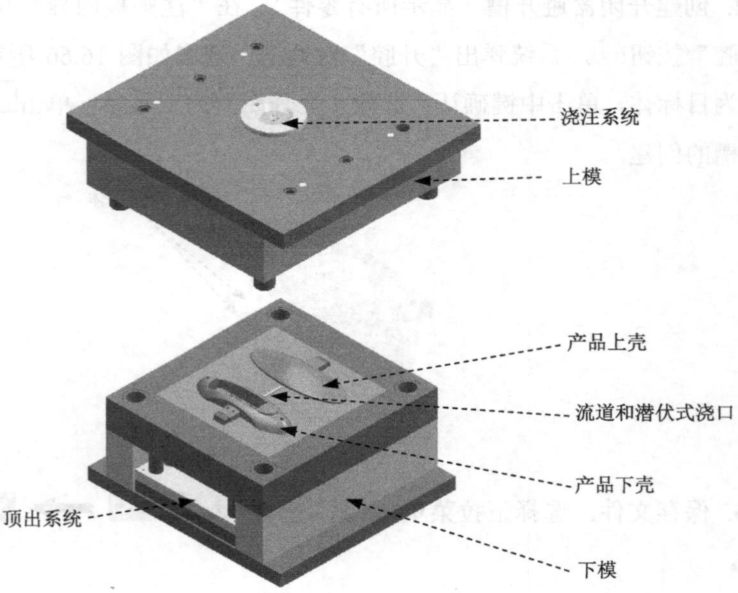

g）模具

图 17.1　一模两件模具的设计

Task1. 引入产品

Stage1. 引入产品上壳

Step1. 加载模型。在“注塑模向导”功能选项卡中单击“初始化项目”按钮，系统弹出“部件名”对话框，选择 D:\ug12.6\work\ch17\lampshade_front.prt，单击 OK 按钮，载入模型，系统弹出“初始化项目”对话框。

Step2. 定义项目单位。在设置区域的项目单位下拉列表中选择毫米选项。

Step3. 设置项目路径和名称。接受系统默认的项目路径，在项目设置区域的 Name 文本框中输入 lampshade_mold。

Step4. 单击确定按钮，完成项目路径和名称的设置，结果如图 17.2 所示。

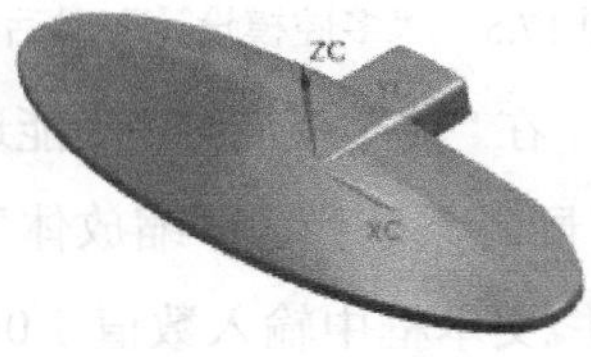

图 17.2 引入产品上壳

Stage2. 引入产品下壳

在“注塑模向导”功能选项卡主要区域中单击“初始化项目”按钮，系统弹出“打开”对话框，选择 D:\ug12.6\work\ch17\lampshade_back.prt，然后单击 OK 按钮，系统弹出如图 17.3 所示的“部件名管理”对话框，单击确定按钮。加载后的下壳如图 17.4 所示。

图 17.3 “部件名管理”对话框

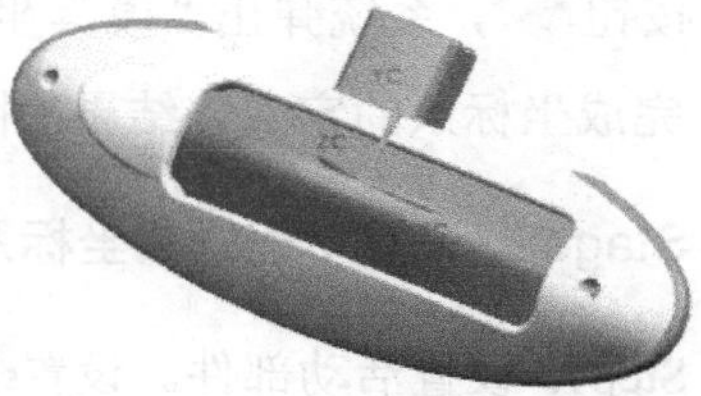

图 17.4 引入产品下壳

Task2. 设置收缩率

Stage1. 设置上壳收缩率

Step1. 设置活动部件。在“注塑模向导”功能选项卡主要区域中的“多腔模设计”按钮，此时系统弹出如图 17.5 所示的“多腔模设计”对话框；选择lampshade_front选项，单击确定按钮。

图 17.5 “多腔模设计”对话框

Step2. 定义产品上壳收缩率。在“注塑模向导”功能选项卡主要区域中单击“收缩率”按钮，产品模型会高亮显示，同时系统弹出“缩放体”对话框；在类型下拉列表中选择均匀选项；在比例因子区域的均匀文本框中输入数值 1.006；单击确定按钮，完成产品上壳收缩率的设置。

Stage2. 设置下壳收缩率

Step1. 设置活动部件。设置lampshade_back为活动部件。

Step2. 定义产品下壳收缩率。在“注塑模向导”功能选项卡主要区域中单击“收缩”按钮，产品模型会高亮显示，同时系统弹出“缩放体”对话框；在类型下拉列表中选择均匀选项；在比例因子区域的均匀文本框中输入数值 1.006；单击确定按钮，完成产品下壳收缩率的设置。

Task3. 模具坐标系

Stage1. 设置上壳模具坐标系（隐藏下壳）

Step1. 设置活动部件。在“注塑模向导”功能选项卡主要区域中的“多腔模设计”按钮，此时系统弹出“多腔模设计”对话框；选择lampshade_front选项，单击确定按钮。

Step2. 锁定模具坐标系。在“注塑模向导”功能选项卡主要区域中，单击“模具坐标系”按钮，系统弹出“模具坐标系”对话框；选中当前 WCS单选项；单击确定按钮，完成坐标系的定义，结果如图 17.6 所示（下壳已隐藏）。

Stage2. 设置下壳模具坐标系（隐藏上壳，显示下壳）

Step1. 设置活动部件。设置lampshade_back为活动部件。

Step2. 锁定模具坐标系。在“注塑模向导”功能选项卡主要区域中单击“模具坐标系”

按钮，系统弹出“模具坐标系”对话框；选中 当前 WCS 单选按钮；单击 确定 按钮，完成坐标系的定义，结果如图 17.7 所示。

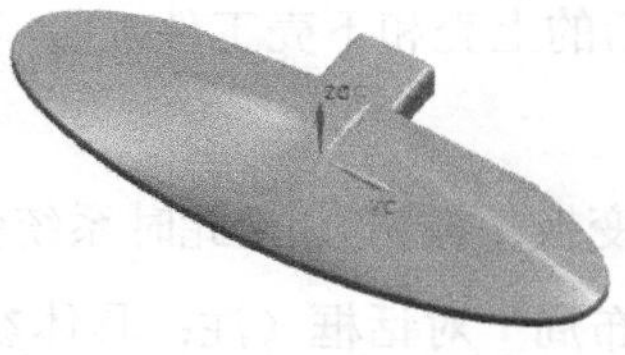
图 17.6　锁定上壳后的模具坐标系

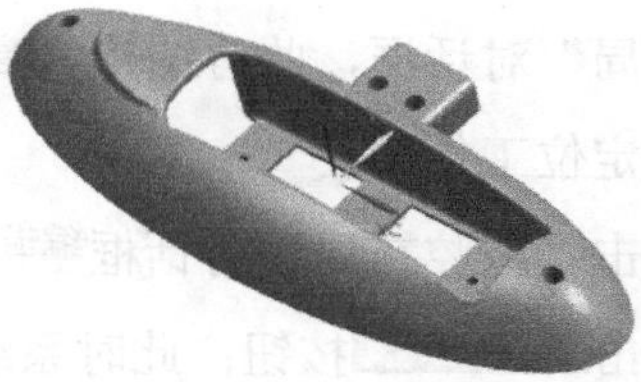
图 17.7　锁定下壳后的模具坐标系

Task4. 创建模具工件

Stage1. 创建上壳工件

Step1. 设置活动部件为 lampshade_front 零件。

Step2. 创建产品上壳零件的工件。在“注塑模向导”功能选项卡 主要 区域中单击“工件”按钮，系统弹出“工件”对话框；单击“绘制截面”按钮，进入草图环境，修改上壳工件草图尺寸如图 17.8 所示。退出草图环境；在“尺寸”对话框 限制 区域的 开始 下拉列表中选择 值 选项，并在其下方的 距离 文本框中输入数值-30；在 限制 区域的 结束 下拉列表中选择 值 选项，并在其下方的 距离 文本框中输入数值 60；单击 < 确定 > 按钮，完成产品上壳工件的创建。

Stage2. 创建下壳工件

Step1. 设置活动部件为 lampshade_back 零件。

Step2. 创建产品下壳零件的工件。在“注塑模向导”功能选项卡 主要 区域中单击“工件”按钮，系统弹出“工件”对话框；单击“绘制截面”按钮，进入草图环境，修改下壳工件草图尺寸，如图 17.9 所示；在“尺寸”对话框 限制 区域的 开始 下拉列表中选择 值 选项，并在其下方的 距离 文本框中输入数值-30；在 限制 区域的 结束 下拉列表中选择 值 选项，并在其下方的 距离 文本框中输入数值 60；单击 < 确定 > 按钮，完成产品下壳工件的创建。退出草图环境。

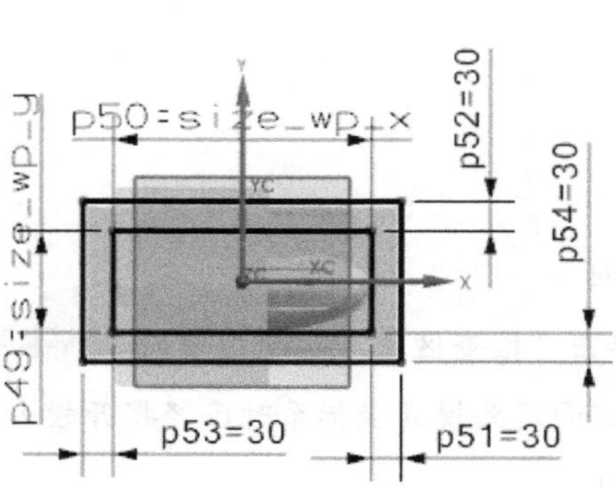

图 17.8　修改上壳工件草图尺寸

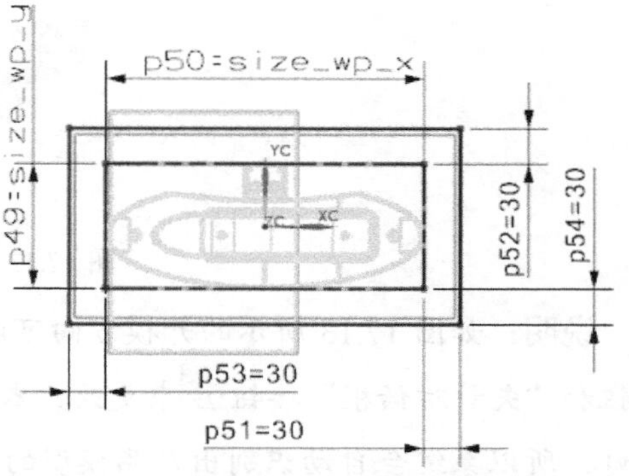

图 17.9　修改下壳工件草图尺寸

Task5. 定位工件

Step1. 在“注塑模向导”功能选项卡 主要 区域中单击“型腔布局”按钮，系统弹出“型腔布局”对话框，此时图形区高亮显示被激活的上壳和下壳工件。

Step2. 定位工件。

（1）单击“型腔布局”对话框 编辑布局 区域的“变换”按钮，此时系统弹出“变换”对话框；单击 < 确定 > 按钮；此时系统回到“型腔布局”对话框（注：具体参数和操作参见随书学习资源）；结果如图 17.10 所示。

（2）单击“型腔布局”对话框中的“变换”按钮，此时系统弹出“变换”对话框；在 结果 区域中选中 ⊙ 移动原先的 单选项；在 变换类型 下拉列表中选择 点到点 选项；激活 点到点 区域的 * 指定出发点，再选取如图 17.11 所示的点 1，系统自动激活 指定终止点，然后选取如图 17.11 所示的点 2；单击 < 确定 > 按钮；此时系统回到“型腔布局”对话框，再单击“自动对准中心”按钮；单击 关闭 按钮；移动工件的结果如图 17.12 所示。

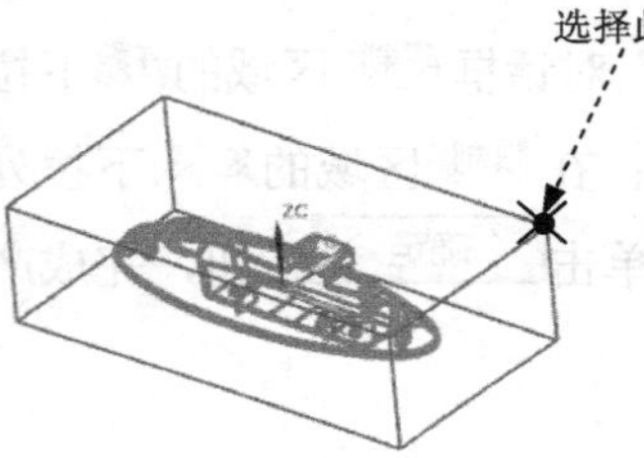

图 17.10 型腔布局

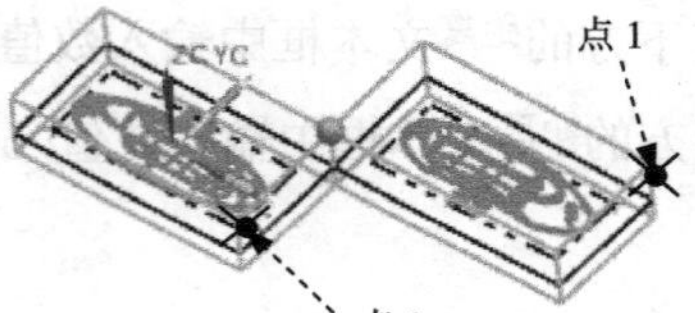

图 17.11 旋转工件

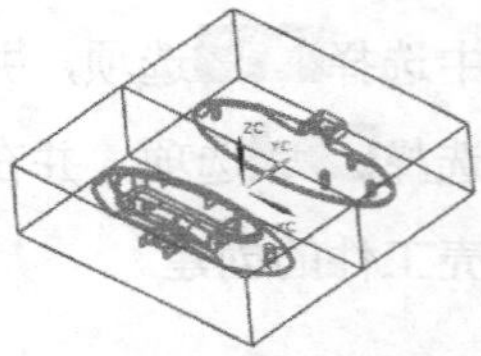

图 17.12 移动工件的结果

Task6. 分型产品上壳零件

Stage1. 设计区域

Step1. 设置活动部件为 lampshade_front 零件。

Step2. 在“注塑模向导”功能选项卡 分型刀具 区域中单击“检查区域”按钮，系统弹出“检查区域”对话框，并显示如图 17.13 所示的开模方向，选中 ⊙ 保持现有的 单选项。

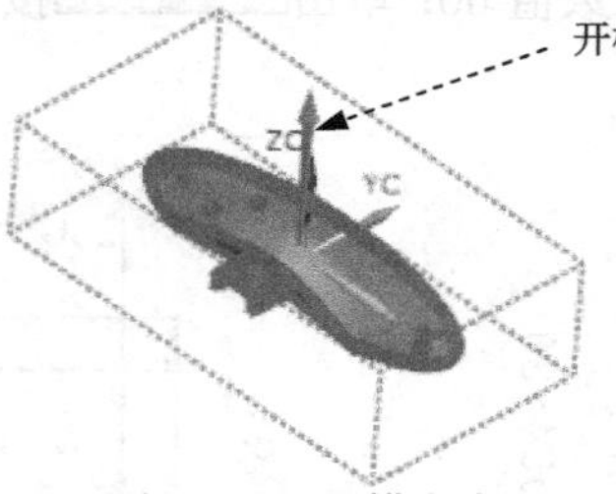

图 17.13 开模方向

说明：如图 17.13 所示的开模方向可以通过单击“检查区域”对话框中的 指定脱模方向 按钮和“矢量对话框”按钮来更改，本实例在前面定义模具坐标系时已经将开模方向设置好，所以系统会自动识别出产品模型的开模方向。

Step3. 定义区域。在“检查区域”对话框中单击“计算”按钮，系统开始对产品模型进行分析计算。单击 面 选项卡，可以查看分析结果；单击 区域 选项卡，取消选中☐ 内环、☐ 分型边和☐ 不完整的环3 个复选框，然后单击“设置区域颜色”按钮，设置各区域的颜色；在未定义的区域区域中选中☑ 交叉竖直面复选框，此时系统将所有的未定义区域面加亮显示；在指派到区域区域中选中◉ 型腔区域单选项，单击 应用 按钮，此时系统将加亮显示的未定义区域面指派到型腔区域；单击 取消 按钮，关闭“检查区域”对话框。

Stage2. 创建区域面

Step1. 在“注塑模向导”功能选项卡 分型刀具 区域中单击“定义区域”按钮，系统弹出“定义区域”对话框。

Step2. 在设置区域中选中☑ 创建区域复选框，单击 确定 按钮，完成型腔/型芯区域面的创建。

Stage3. 创建边缘补片

Step1. 选择命令。在“注塑模向导”功能选项卡 注塑模工具 区域单击“曲面补片”按钮，此时系统弹出“边补片”对话框。

Step2. 选择轮廓边界。在遍历环区域取消选中☐ 按面的颜色遍历复选框，选择如图 17.14 所示的起始边线；通过单击、和按钮，选取如图 17.14 所示的轮廓边线，再单击“关闭环”按钮完成封闭曲线的选取；单击 确定 按钮，系统将自动生成如图 17.15 所示的片体曲面。

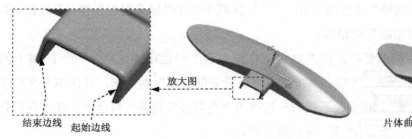

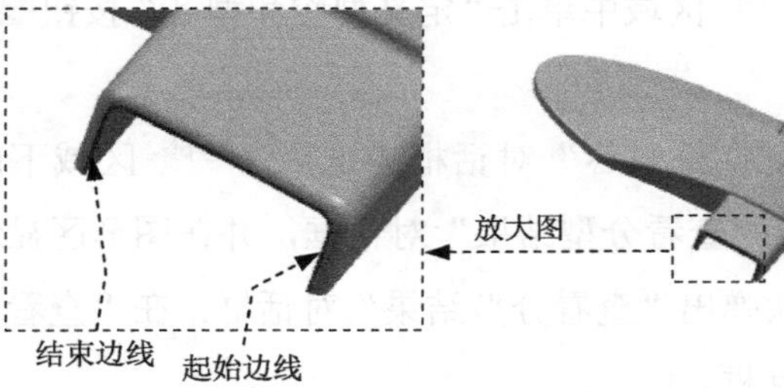

图 17.14 选择轮廓边线

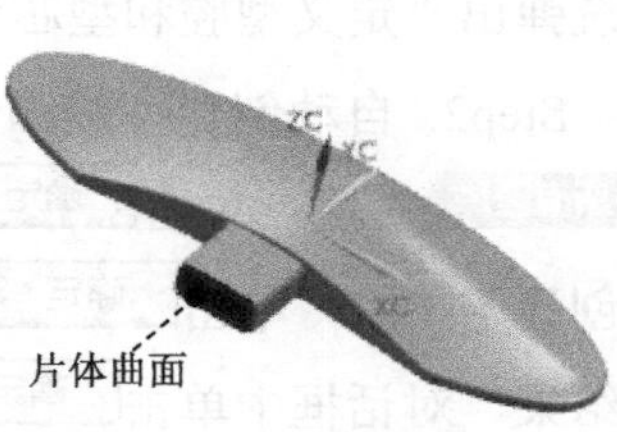

图 17.15 生成片体曲面

Stage4. 创建分型线和分型面

Step1. 在“注塑模向导”功能选项卡 分型刀具 区域中单击“设计分型面”按钮，系统弹出“设计分型面”对话框。

Step2. 在编辑分型线区域中单击“遍历分型线”按钮，此时系统弹出“遍历分型线”对话框。

Step3. 选择遍历边线。取消选中☐ 按面的颜色遍历复选框，选取如图 17.16 所示的起始边线。

通过单击、和按钮，选取如图 17.16 所示的轮廓曲线；单击确定按钮，此时系统生成如图 17.17 所示的分型线；单击确定按钮。

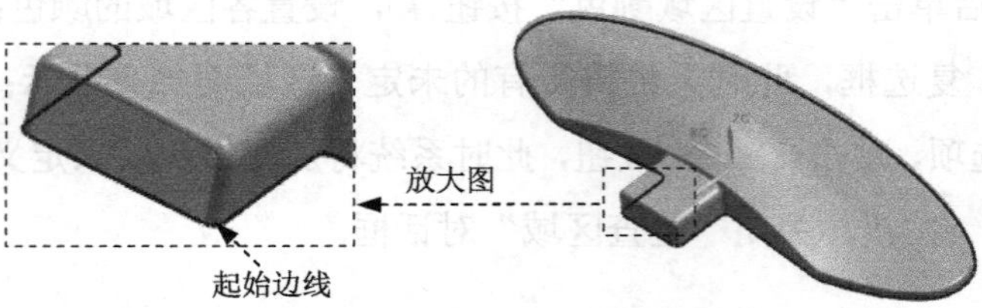

图 17.16　选择遍历边线

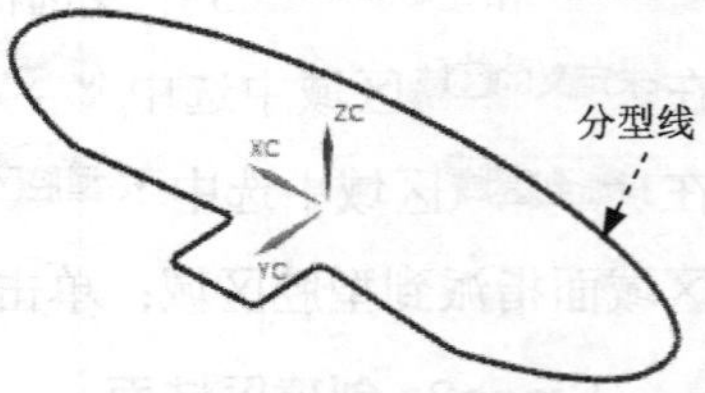

图 17.17　分型线

Step4. 单击“设计分型面”按钮，系统弹出“设计分型面”对话框。

Step5. 在创建分型面区域单击“有界平面”按钮。

Step6. 接受系统默认的公差值 0.01；在图形区分型面上出现 4 个方向的拉伸控制球，可以调整面大小，拖动控制球使分型面大于工件，否则后面无法分型；单击确定按钮，完成如图 17.18 所示的分型面的创建。

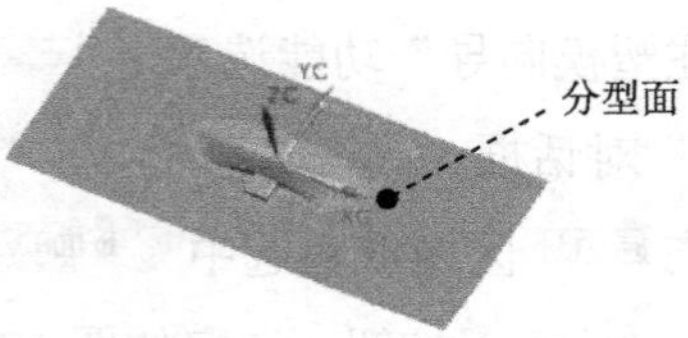

图 17.18　分型面

Stage5. 创建型腔和型芯

Step1. 在“注塑模向导”功能选项卡分型刀具区域中单击“定义型腔和型芯”按钮，系统弹出“定义型腔和型芯”对话框。

Step2. 自动创建型腔和型芯。在“定义型腔和型芯”对话框中选取选择片体区域下的所有区域选项，单击确定按钮，系统弹出“查看分型结果”对话框，并在图形区显示出创建的型腔，单击确定按钮，系统再一次弹出“查看分型结果”对话框；在“查看分型结果”对话框中单击确定按钮，关闭对话框。

Step3. 选择下拉菜单窗口(O) → lampshade_mold_core_006.prt，显示型芯零件，如图 17.19 所示；选择下拉菜单窗口(O) → lampshade_mold_cavity_002.prt，显示型腔零件，如图 17.20 所示。

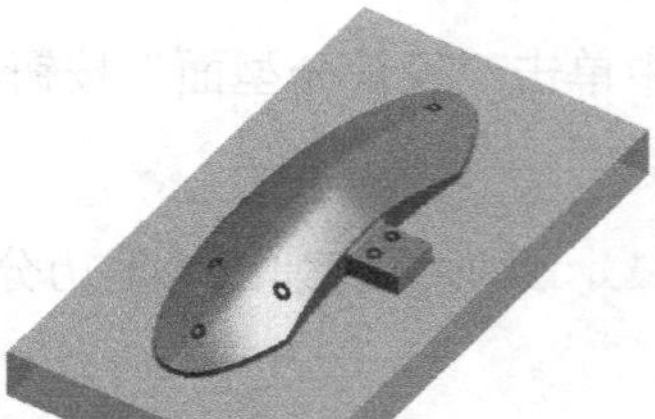
图 17.19　型芯

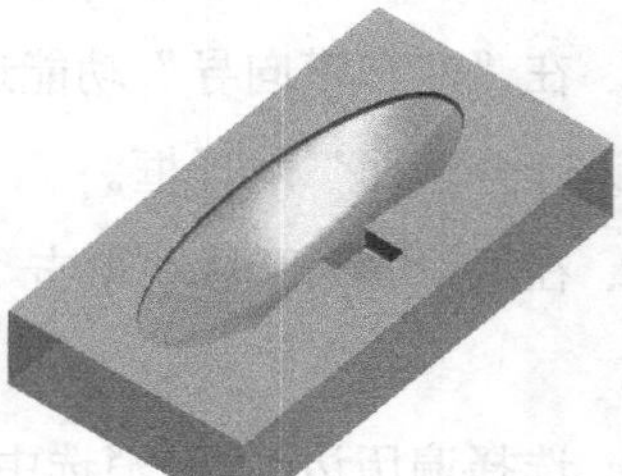
图 17.20　型腔

Task7. 分型产品下壳零件

Stage1. 设计区域

Step1. 设置 lampshade_back 为活动部件。

Step2. 在“注塑模向导”功能选项卡 分型刀具 区域中单击“检查区域”按钮，系统弹出“检查区域”对话框，并显示如图 17.21 所示的开模方向，选中 ⊙ 保持现有的 单选按钮。

Step3. 设计区域。单击“计算”按钮，系统开始对产品模型进行分析计算；单击 区域 选项卡，取消选中 □ 内环 、□ 分型边 和 □ 不完整的环 3 个复选框，然后单击“设置区域颜色”按钮，设置各区域的颜色；在 未定义的区域 区域中选中 ☑ 交叉竖直面 复选框，在 指派到区域 区域中选中 ⊙ 型腔区域 单选项，单击 应用 按钮；在 指派到区域 区域中选中 ⊙ 型芯区域 单选项，再选取如图 17.22 所示的面，单击 应用 按钮；单击 确定 按钮，关闭“检查区域”对话框。

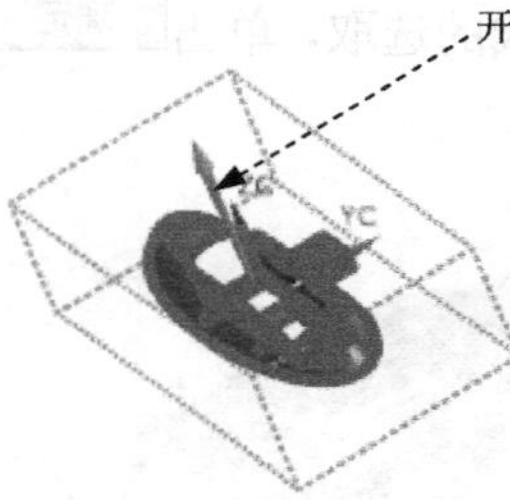

图 17.21 开模方向

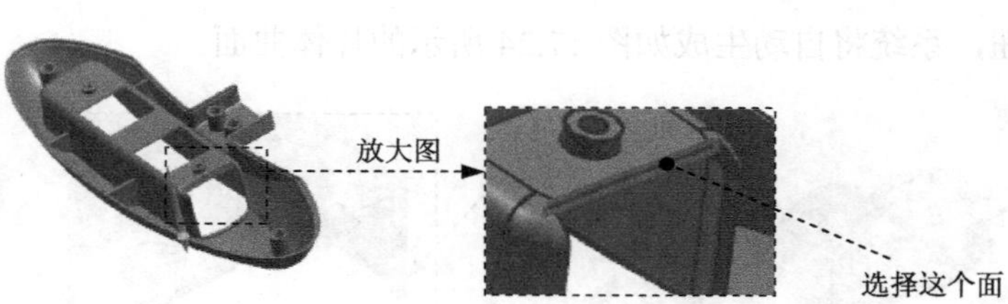

图 17.22 定义型芯区域面

Stage2. 创建区域面

Step1. 在“注塑模向导”功能选项卡 分型刀具 区域中单击“定义区域”按钮，系统弹出“定义区域”对话框。

Step2. 在 设置 区域中选中 ☑ 创建区域 复选框，单击 确定 按钮，完成区域的创建。

Stage3. 创建曲面补片

Step1. 自动修补。在“注塑模向导”功能选项卡 分型刀具 区域中单击“曲面补片”按钮，系统弹出“边补片”对话框；在 类型 下拉列表中选择 体 选项，然后在图形区中选取产品实体，结果如图 17.23a 所示；单击 确定 按钮，系统弹出“边补片”警告信息对话框，单击 确定(O) 按钮，关闭该对话框；结果如图 17.23b 所示。

Step2. 手动修补。选择下拉菜单 插入(S) → 网格曲面(M) → 通过曲线网格(M)... 命令，系统弹出“通过曲线网格”对话框；选取如图 17.23a 所示的边链 1 为一条主曲线，选取边链 2 为另一条主曲线，并分别单击中键确认；单击中键后，选取如图 17.23a 所示的边链 3 和边链 4 为交叉曲线，并分别单击中键确认；在 连续性 区域中选中 ☑ 全部应用 复选框，选取所有的连续性为 G0(位置) 连续；单击 < 确定 > 按钮，完成曲面的创建，如图 17.23b 所示。

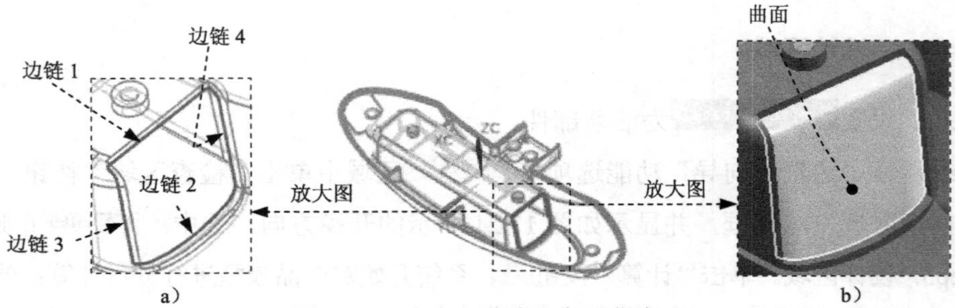

图 17.23 定义主曲线和交叉曲线

Step3. 创建如图 17.24 所示的曲面补片。在“注塑模向导”功能选项卡 注塑模工具 区域中单击“曲面补片”按钮，此时系统弹出“边补片”对话框；在 遍历环 区域取消选中 □ 按面的颜色遍历 复选框，选择如图 17.25 所示的起始边线，通过单击、和按钮，选取如图 17.25 所示的轮廓曲线，再单击“关闭环”按钮完成封闭曲线的选取，单击 确定 按钮，系统将自动生成如图 17.24 所示的片体曲面。

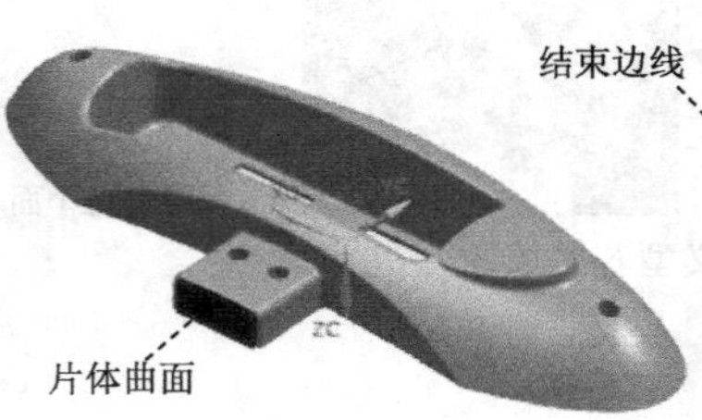

图 17.24 创建曲面补片

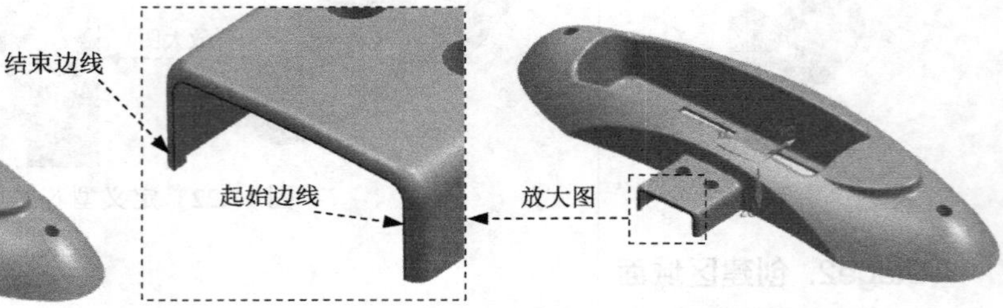

图 17.25 选取轮廓曲线

Step4. 添加现有曲面。在“注塑模向导”功能选项卡 注塑模工具 区域中单击“编辑分型面和曲面补片”按钮，系统弹出“编辑分型面和曲面补片”对话框；选取如图 17.24 所示的曲面（前面创建的曲面），单击 确定 按钮。

Stage4. 创建分型线和分型面

Step1. 在“注塑模向导”功能选项卡 分型刀具 区域中单击“设计分型面”按钮，系统弹出“设计分型面”对话框。

Step2. 在 编辑分型线 区域中单击“遍历分型线”按钮，此时系统弹出“遍历分型线”对话框。

Step3. 选择遍历边线。在 遍历环 区域取消选中 □ 按面的颜色遍历 复选框，选取如图 17.26 所示的起始边线。通过单击、和按钮，选取如图 17.26 所示的轮廓曲线，然后单击 确定 按钮，此时系统生成如图 17.27 所示的分型线；单击 确定 按钮。

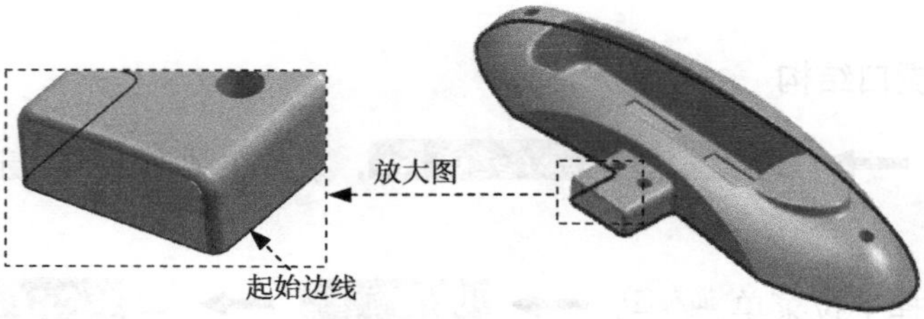

图 17.26 选取轮廓曲线

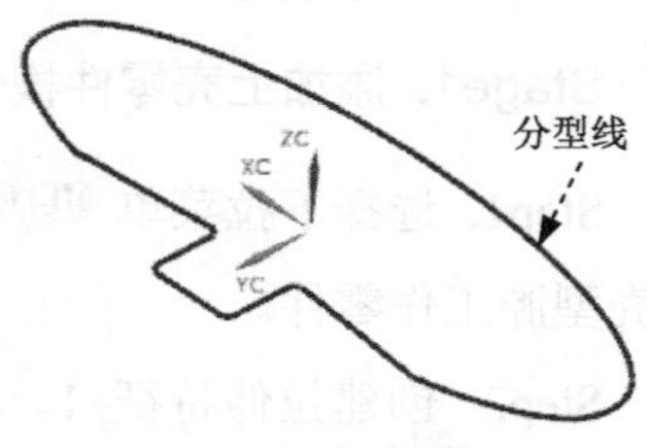

图 17.27 分型线

Step4. 在“注塑模向导”功能选项卡 分型刀具 区域中单击“设计分型面”按钮，系统弹出“设计分型面”对话框。

Step5. 定义分型面创建方法。在 创建分型面 区域中单击“有界平面”按钮。

Step6. 在“设计分型面”对话框中接受系统默认的公差值 0.01；在图形区分型面上出现 4 个方向的拉伸控制球；拖动控制球可以调整面的大小，显示工件线框，拖动控制球使分型面大于工件，然后单击 确定 按钮，完成如图 17.28 所示的分型面的创建。

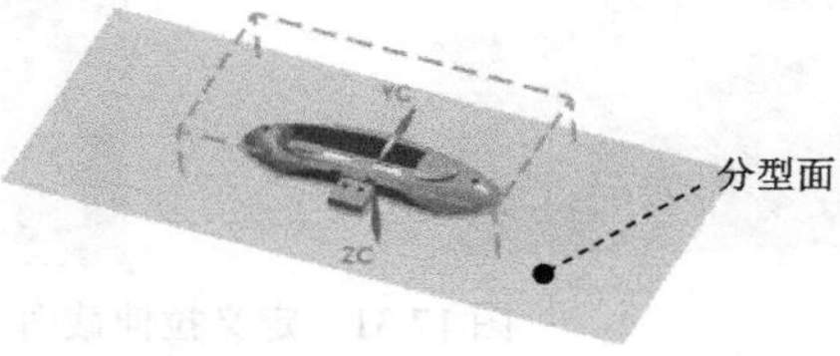

图 17.28 分型面

Stage5. 创建型腔和型芯

Step1. 在“注塑模向导”功能选项卡 分型刀具 区域中单击“定义型腔和型芯”按钮，系统弹出“定义型腔和型芯”对话框。

Step2. 自动创建型腔和型芯。选取 选择片体 区域下的 所有区域 选项，单击 确定 按钮，系统弹出“查看分型结果”对话框，并在图形区显示出创建的型腔，单击 确定 按钮，系统再一次弹出“查看分型结果”对话框；在“查看分型结果”对话框中单击 确定 按钮，关闭对话框。

Step3. 选择下拉菜单 窗口(O) → lampshade_mold_cavity_026.prt，显示如图 17.29 所示的型腔零件；选择下拉菜单 窗口(O) → lampshade_mold_core_028.prt，显示如图 17.30 所示的型芯零件。

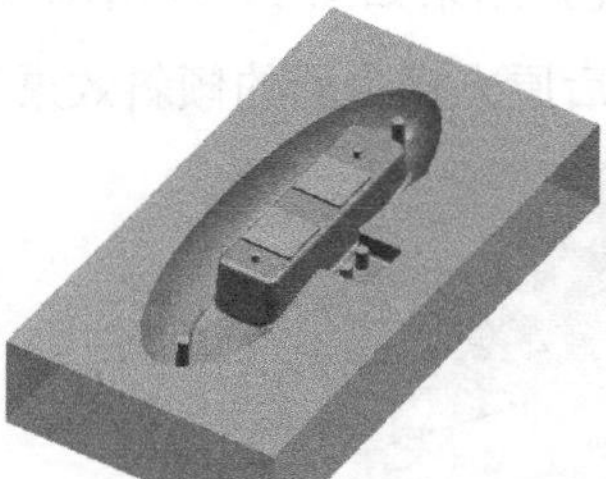

图 17.29 型腔零件

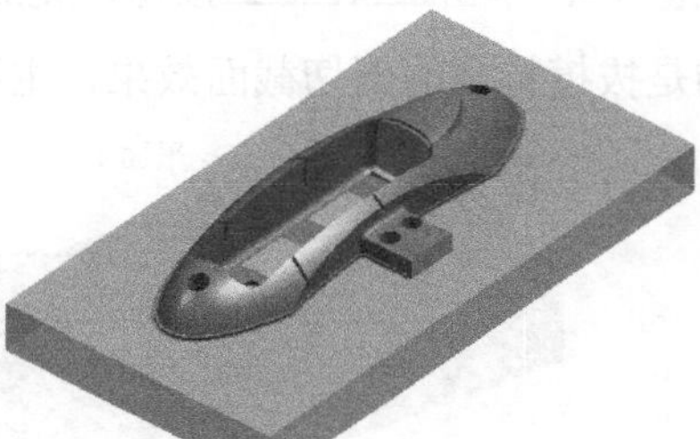

图 17.30 型芯零件

Task8. 添加虎口结构

Stage1. 添加上壳零件模仁虎口结构

Step1. 选择下拉菜单 窗口(O) → lampshade_mold_cavity_002.prt，系统在图形区中显示出上壳型腔工作零件。

Step2. 创建拉伸特征 1。选择下拉菜单 插入(S) → 设计特征(E) → 拉伸(E)...命令（或单击按钮），系统弹出“拉伸”对话框；选取如图 17.31 所示的边链为拉伸截面，在 * 指定矢量 下拉列表中选择 YC 选项；在 限制 区域的 开始 下拉列表中选择 值 选项，并在其下方的 距离 文本框中输入数值 0；在 限制 区域的 结束 下拉列表中选择 值 选项，并在其下方的 距离 文本框中输入数值 15；在 布尔 区域的 布尔 下拉列表中选择 减去，选取上壳型腔零件；单击 < 确定 > 按钮，完成拉伸特征 1 的创建，结果如图 17.32 所示。

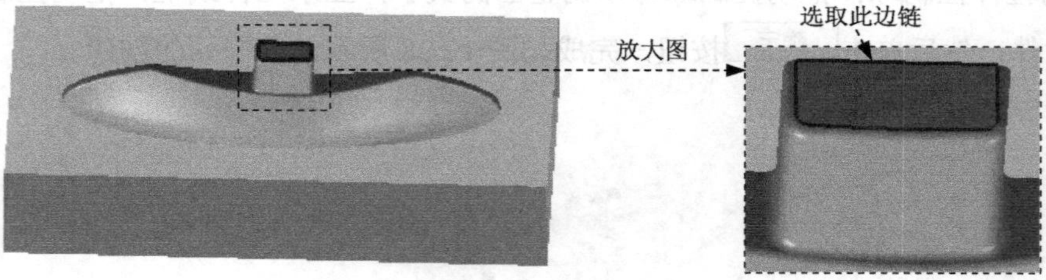

图 17.31　定义拉伸截面

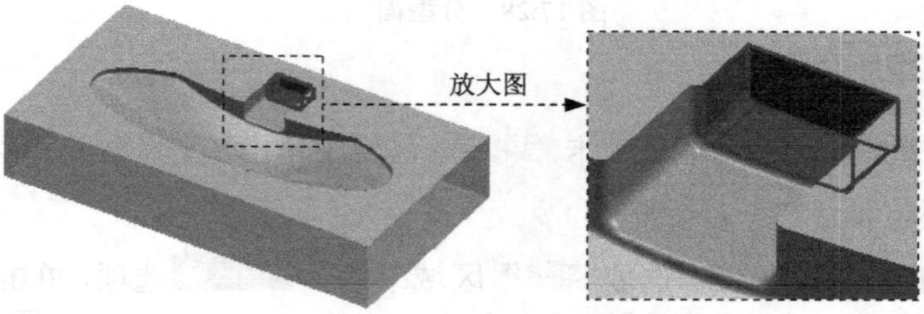

图 17.32　拉伸特征 1

Step3. 创建拔模特征 1。选择下拉菜单 插入(S) → 细节特征(L) → 拔模(T)...命令，系统弹出“拔模”对话框；在 类型 下拉列表中选择 面，激活 脱模方向 区域的 * 指定矢量；选取如图 17.33 所示的平面 1，激活 拔模参考 区域的 * 选择固定面 (0)，选取如图 17.33 所示的平面 1，激活 要拔模的面 区域的 * 选择面 (0)；选取如图 17.33 所示的平面 2，在 角度 1 文本框中输入数值 15；单击 < 确定 > 按钮，完成拔模特征 1 的创建，结果如图 17.34 所示（图 17.34 所示的是拔模特征的剖切截面效果，主要是为了反映拔模后原来直身面的倾斜效果）。

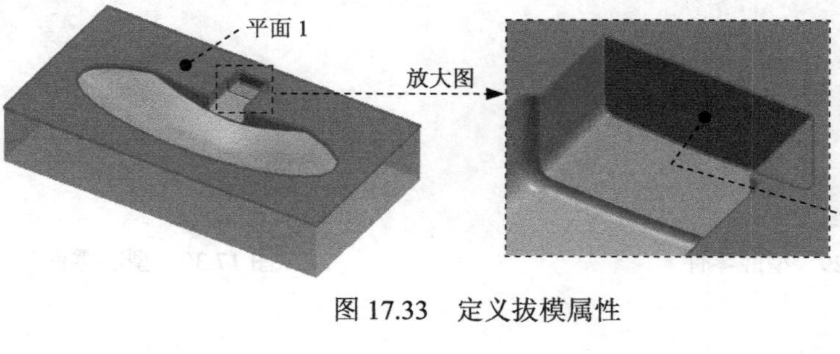

图 17.33　定义拔模属性

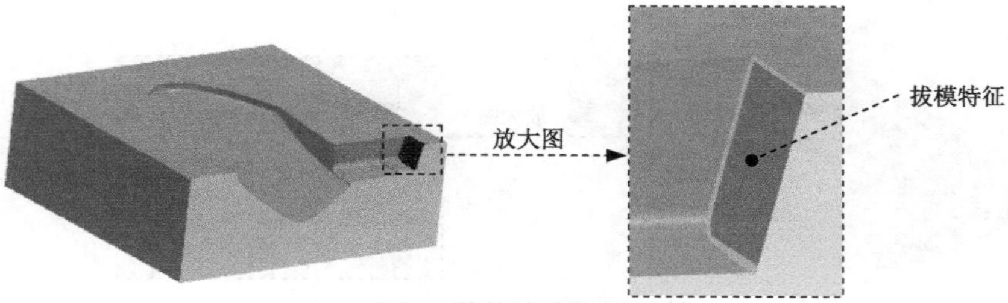

图 17.34 创建拔模特征 1

Step4. 创建如图 17.35 所示的边倒圆特征 1。选择下拉菜单 插入(S) → 细节特征(L) → 边倒圆(E)... 命令，系统弹出“边倒圆”对话框；选取如图 17.35 所示的边链为倒圆角边，在 半径 1 文本框中输入数值 2；单击 < 确定 > 按钮，完成边倒圆特征 1 的创建，结果如图 17.35 所示。

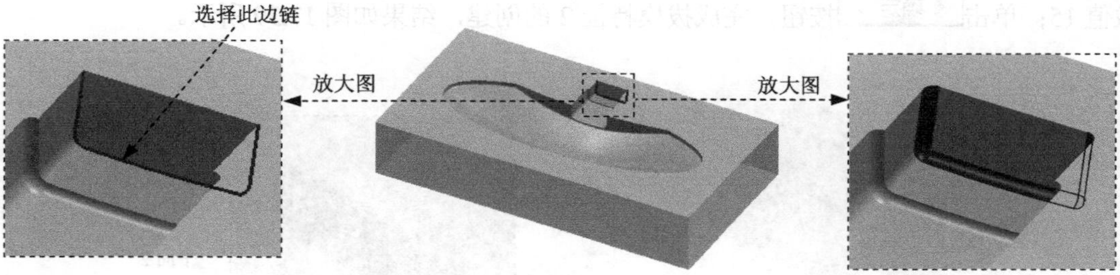

图 17.35 创建边倒圆特征 1

Step5. 选择下拉菜单 窗口(O) → lampshade_mold_core_006.prt，系统在图形区中显示出上壳型芯工作零件。

Step6. 创建拉伸特征 2。选择下拉菜单 插入(S) → 设计特征(E) → 拉伸(E)... 命令（或单击按钮），系统弹出“拉伸”对话框；选取如图 17.36 所示的边链为拉伸截面；在 指定矢量 下拉列表中选择 YC 选项；在 限制 区域的 开始 下拉列表中选择 值 选项，并在其下方的 距离 文本框中输入数值 0；在 限制 区域的 结束 下拉列表中选择 值 选项，并在其下方的 距离 文本框中输入数值 15；在 布尔 区域的 布尔 下拉列表中选择 合并，再选取上壳型芯零件，其他参数采用系统默认设置值；单击 < 确定 > 按钮，完成拉伸特征 2 的创建，结果如图 17.37 所示。

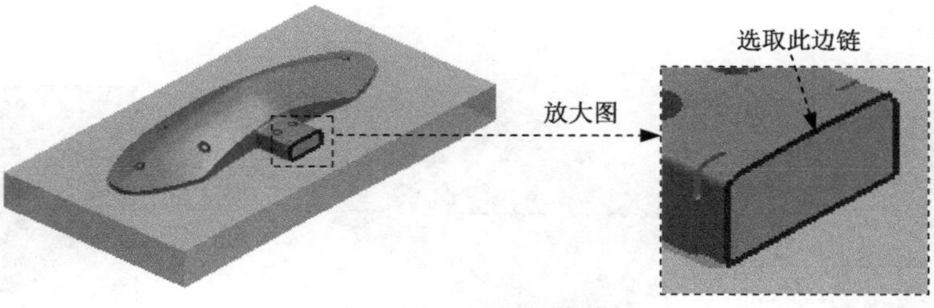

图 17.36 定义拉伸截面

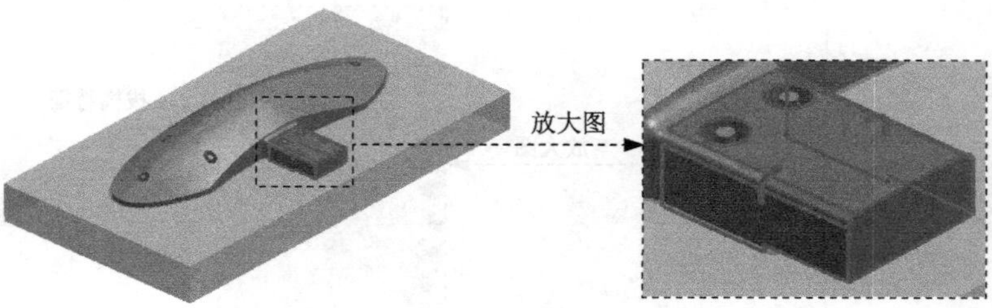

图 17.37　拉伸特征 2

Step7. 创建拔模特征 2。选择下拉菜单 插入(S) → 细节特征(L) → 拔模(T)... 命令，系统弹出“拔模”对话框；在 类型 下拉列表中选择 面，激活 脱模方向 区域的 * 指定矢量 (1)；选取如图 17.38 所示的平面 1，激活 拔模参考 区域的 * 选择固定面 (0)；选取如图 17.38 所示的平面 1，激活 要拔模的面 区域的 * 选择面 (0)；选取如图 17.38 所示的平面 2，在 角度 1 文本框中输入数值 15；单击 < 确定 > 按钮，完成拔模特征 2 的创建，结果如图 17.39 所示。

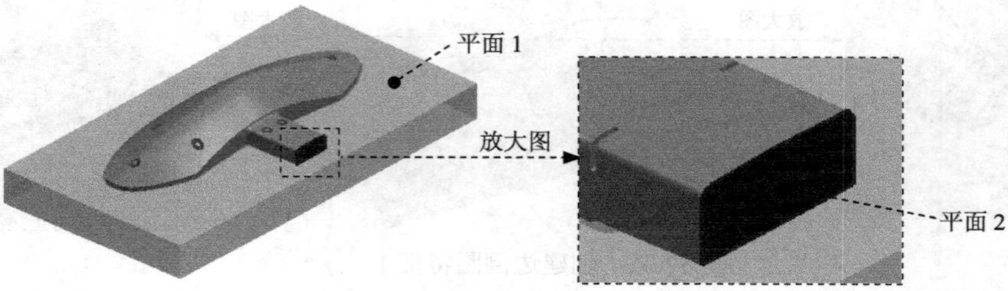

图 17.38　定义拔模属性

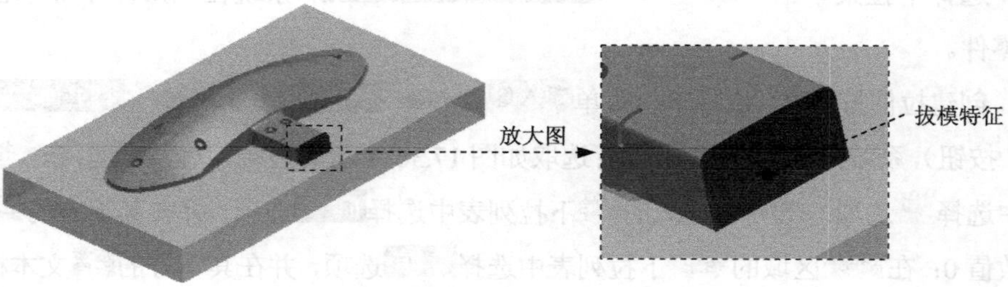

图 17.39　创建拔模特征 2

Step8. 创建图 17.40 所示的边倒圆特征 2。选取如图 17.40 所示的边链为倒圆角边，圆角半径值为 2。

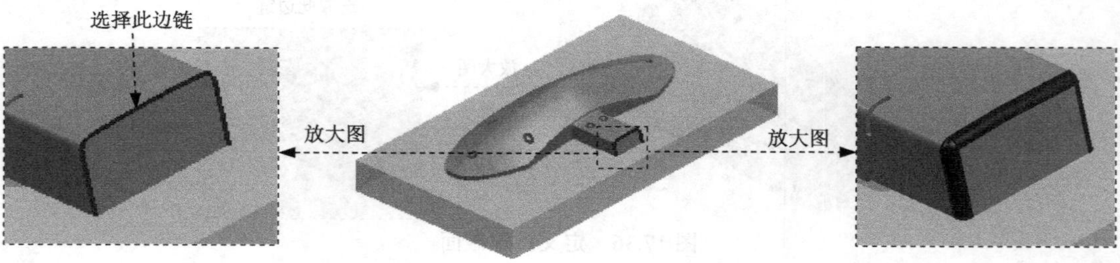

图 17.40　创建边倒圆特征 2

Step9. 选择下拉菜单 窗口(O) → lampshade_mold_top_000.prt，回到总装配环境下并将 ☑ lampshade_mold_top_000 设为工作部件，完成上壳零件模仁虎口结构的创建，结果如图 17.41 所示。

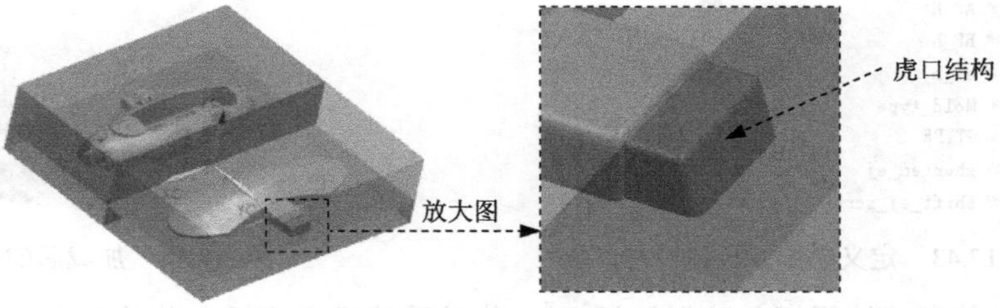

图 17.41　上壳零件模仁虎口结构

Stage2. 添加下壳零件模仁虎口结构

参照 Stage1 的方法和参数，完成下壳零件模仁虎口结构的创建，结果如图 17.42 所示。

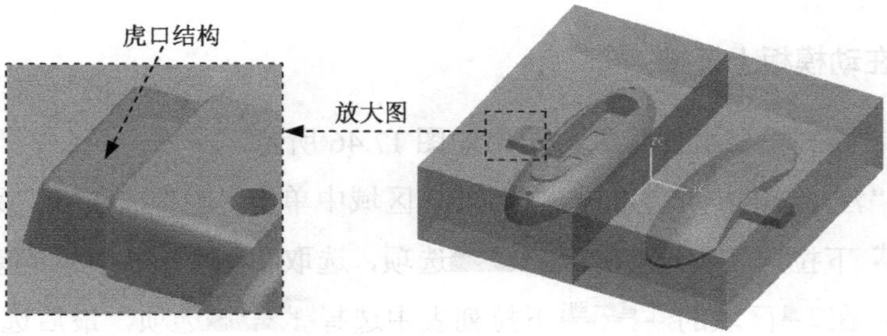

图 17.42　下壳零件模仁虎口结构

Task9. 添加模架

Stage1. 模架的加载和编辑

Step1. 选择下拉菜单 窗口(O) → lampshade_mold_top_000.prt，回到总装配环境下并设为工作部件。

Step2. 在“注塑模向导”功能选项卡 主要 区域中单击“模架库”按钮，系统弹出“模架库”对话框和“重用库”导航器。

Step3. 选择目录和类型。在“重用库”导航器 名称 列表中选择 LKM_SG 选项，然后在 成员选择 下拉列表中选择 C 选项。

Step4. 定义模架的编号及标准参数。在 详细信息 区域中选择相应的参数，结果如图 17.43 所示。

Step5. 单击 确定 按钮，加载后的模架如图 17.44 所示。

Stage2. 创建模仁腔体

Step1. 在“注塑模向导”功能选项卡 主要 区域中单击“型腔布局”按钮，系统弹

出“型腔布局”对话框。

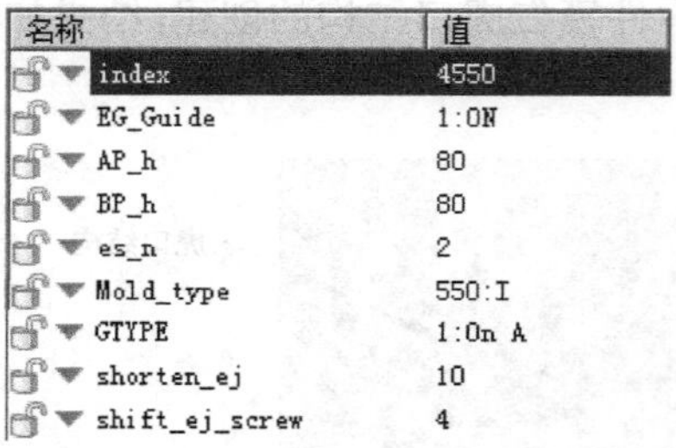
名称
值
index
4550
EG_Guide
1:ON
AP_h
80
BP_h
80
es_n
2
Mold_type
550:I
GTYPE
1:On A
shorten_ej
10
shift_ej_screw
4

图 17.43　定义模架编号及标准参数

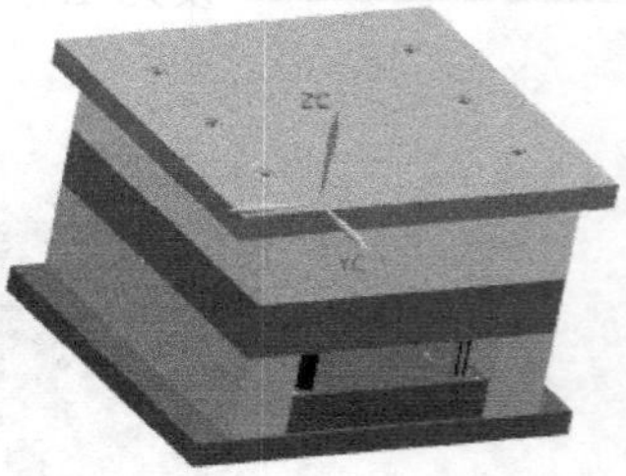

图 17.44　加载后的模架

Step2. 单击“编辑插入腔”按钮，此时系统弹出“插入腔体”对话框。

Step3. 在 R 下拉列表中选择 10 选项，然后在 type 下拉列表中选择 2 选项，单击 确定 按钮；返回至“型腔布局”对话框，单击 关闭 按钮，完成腔体的创建，结果如图 17.45 所示。

Stage3. 在动模板上开槽

Step1. 将定模侧模架组件隐藏，结果如图 17.46 所示。

Step2. 在“注塑模向导”功能选项卡 主要 区域中单击“腔”按钮，系统弹出“开腔”对话框；在 模式 下拉列表中选择 减去材料 选项，选取如图 17.46 所示的动模板为目标体，然后单击中键；在 工具 区域的 工具类型 下拉列表中选择 组件 选项，最后选取如图 17.46 所示的腔体为工具体，并单击 确定 按钮。

说明：观察结果时，可将模仁和腔体隐藏起来，结果如图 17.47 所示。

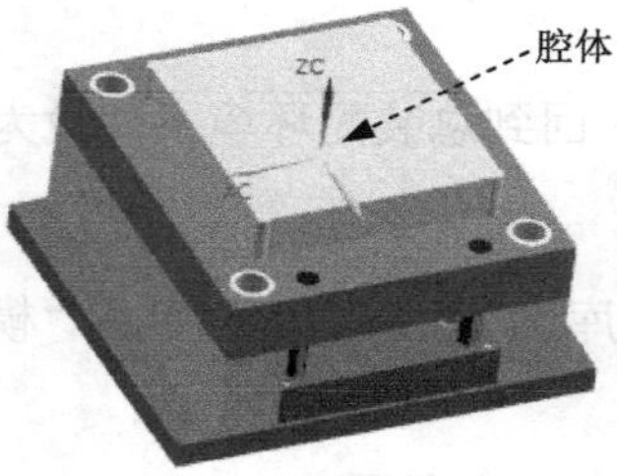

图 17.45　创建腔体

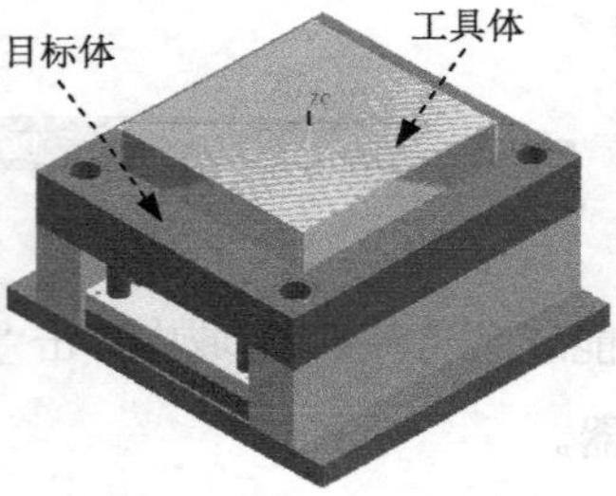

图 17.46　定义选取特征

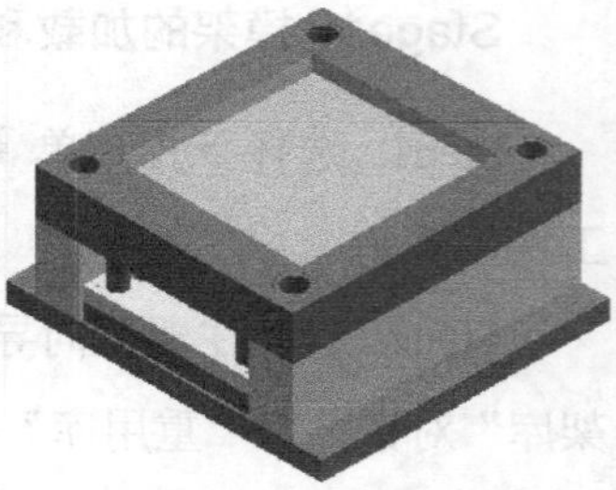

图 17.47　动模板开槽

Stage4. 在定模板上开槽

Step1. 将动模侧模架组件隐藏，只显示如图 17.48 所示的组件。

Step2. 在“注塑模向导”功能选项卡 主要 区域中单击“腔”按钮，系统弹出“开腔”对话框；在 模式 下拉列表中选择 减去材料 选项，在 type 区域的 工具类型 下拉列表中选择 组件 选项；选取如图 17.49 所示的定模板为目标体，然后单击中键；选取如图 17.49 所示的腔体为工具体，单击 确定 按钮。

说明：观察结果时，可将模仁和腔体隐藏起来，结果如图 17.49 所示。

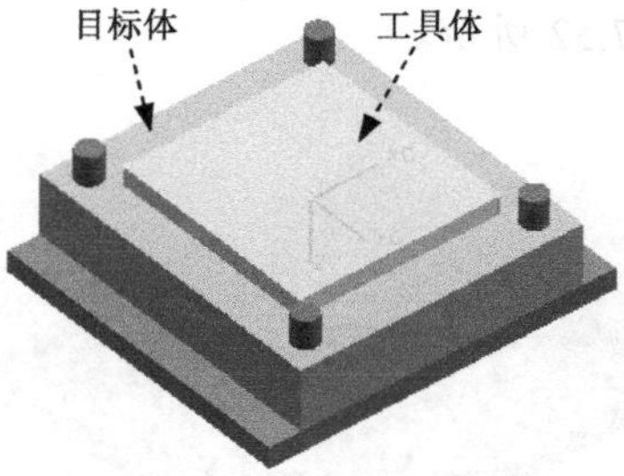

图 17.48 定义选取特征

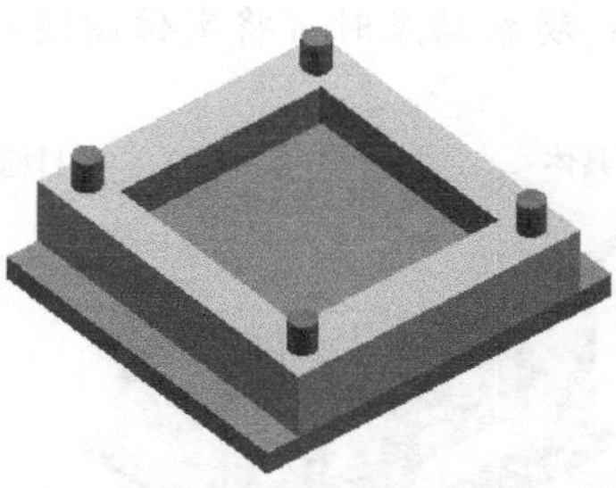

图 17.49 定模板开槽（隐藏模仁和腔体）

Task10. 添加标准件

Stage1. 加载定位圈

Step1. 将动模侧模架和模仁组件显示出来。

Step2. 在“注塑模向导”功能选项卡 主要 区域中单击“标准件库”按钮，系统弹出“标准件管理”对话框和“重用库”导航器。

Step3. 选择目录和类别。在“重用库”导航器 名称 区域中选中 FUTABA_MM 节点下的 Locating Ring Interchangeable 选项，在 成员选择 列表中选择 Locating Ring 选项，系统弹出“信息”窗口。

Step4. 定义定位圈的类型和参数。在 详细信息 区域的 TYPE 下拉列表中选择 M_LRB 选项；在 DIAMETER 下拉列表中选择 120 选项，并在 HOLE_THRU_DIA 文本框中输入值 50，在 SHCS_LENGTH 文本框中输入值 18，在 BOLT_CIRCLE 文本框中输入值 90，在 C_SINK_CENTER_DIA 文本框中输入值 70；单击 确定 按钮，结果如图 17.50 所示。

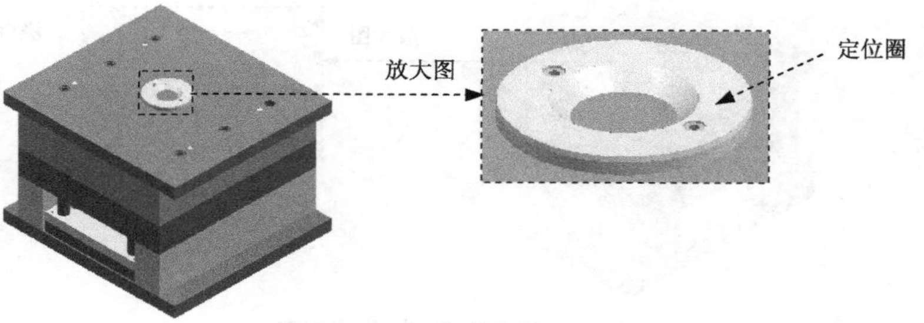

图 17.50 加载定位圈

Stage2. 创建定位圈槽

Step1. 在“注塑模向导”功能选项卡 主要 区域中单击“腔”按钮，系统弹出“开腔”对话框；在 模式 下拉列表中选择 减去材料，在 工具 区域的 工具类型 下拉列表中选择 组件 选项。

Step2. 选取目标体。选取如图 17.51 所示的定模座板为目标体，然后单击中键。

Step3. 选取工具体。选取如图 17.51 所示的定位圈为工具体。

Step4. 单击 确定 按钮，完成定位圈槽的创建。

说明：观察结果时可将定位圈隐藏，结果如图 17.52 所示。

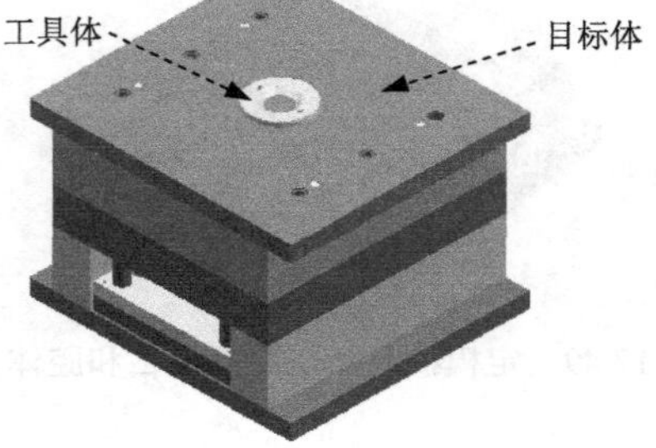

图 17.51　选取特征

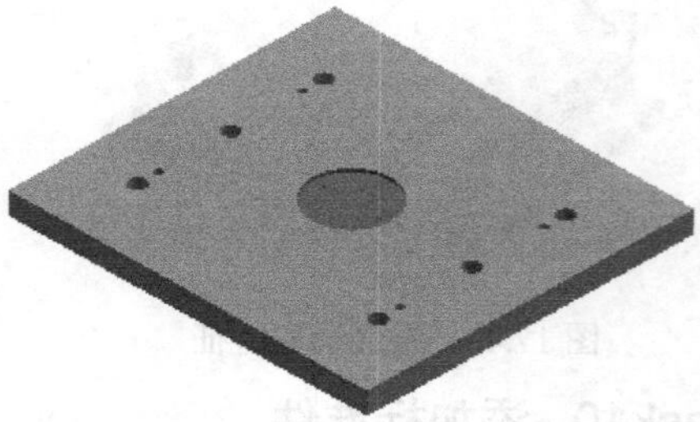

图 17.52　创建定位圈槽后的定模座板

Stage3. 添加浇口套

Step1. 在“注塑模向导”功能选项卡 主要 区域中单击“标准件库”按钮，系统弹出“标准件管理”对话框和“重用库”导航器。

Step2. 选择浇口套类型。在“重用库”导航器 名称 区域中选中 FUTABA_MM 节点下的 Sprue Bushing 选项。在 成员选择 列表中选择 Sprue Bushing 选项，系统弹出“信息”窗口。

Step3. 在 详细信息 区域中的 CATALOG 下拉列表中选择 M-SBI 选项，在 CATALOG_DIA 下拉列表中选择 16 选项，并按 Enter 键确认；在 0 下拉列表中选择 3.5:D 选项，在 R 下拉列表中选择 12:B 选项；选择 CATALOG_LENGTH 选项，在 CATALOG_LENGTH1 文本框中输入数值 95。

Step4. “标准件管理”对话框中的其他参数设置值保持系统默认值，单击 确定 按钮，完成浇口套的添加，如图 17.53 所示。

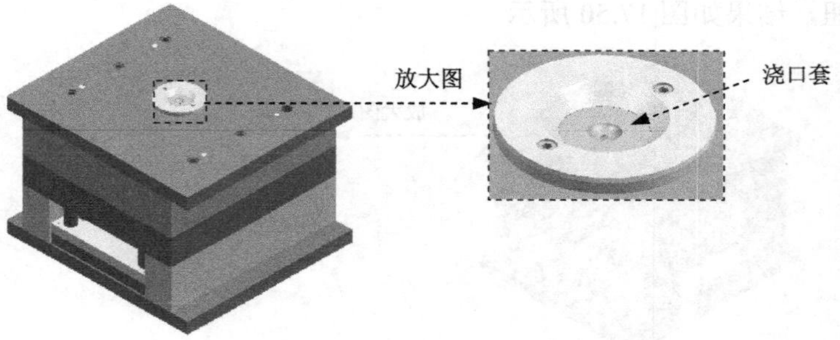

图 17.53　加载浇口套

Stage4. 创建浇口套槽

Step1. 隐藏动模、型芯和产品，隐藏后的结果如图 17.54 所示。

Step2. 在“注塑模向导”功能选项卡 主要 区域中单击“腔”按钮，系统弹出“开腔”对话框；在 模式 下拉列表中选择 减去材料 选项，在 工具 区域的 工具类型 下拉列表中选择 组件 选项，在 引用集 下拉列表中选择 FALSE 选项。

Step3. 选取目标体。选取如图 17.54 所示的定模仁、定模板和定模固定板为目标体，然后单击中键。

Step4. 选取工具体。选取浇口套为工具体。

Step5. 单击 确定 按钮，完成浇口套槽的创建。

说明：观察结果时可将浇口套隐藏，结果如图 17.55 和图 17.56 所示。

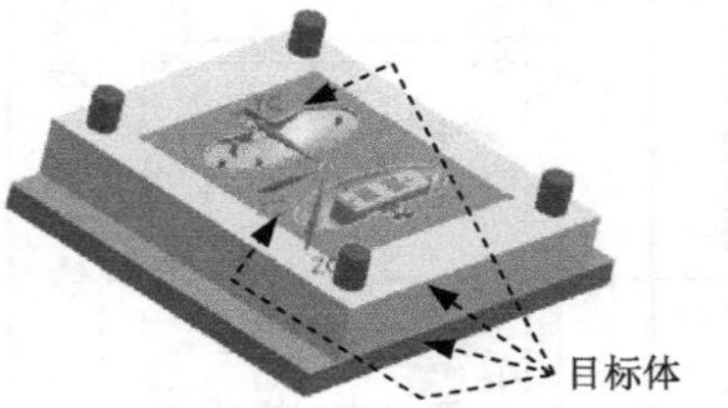

图 17.54 隐藏后的结果

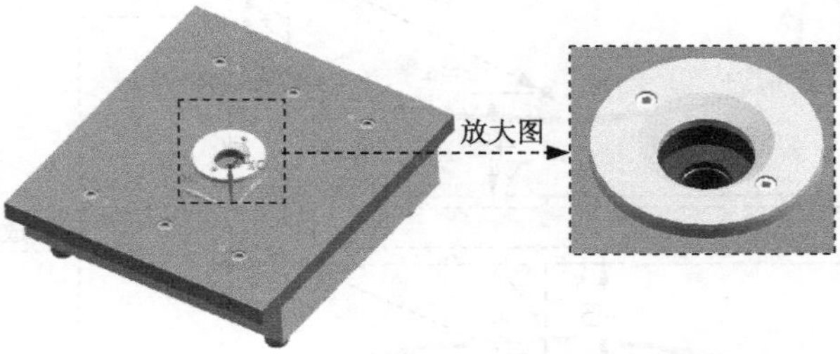

图 17.55 定模固定板和定模板避开孔

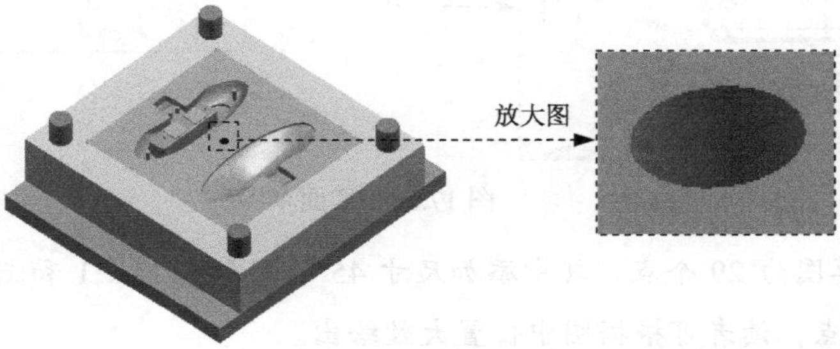

图 17.56 定模仁避开孔（隐藏浇口套）

Task11. 添加顶杆

Stage1. 创建顶杆定位草图

Step1. 隐藏和显示组件，结果如图 17.57 所示。

图 17.57 隐藏和显示组件后的结果

Step2. 创建基准坐标系。选择下拉菜单 插入(S) → 基准/点(D) ▸ → 基准坐标系(C)... 命令，系统弹出“基准坐标系”对话框，单击 < 确定 > 按钮，完成基准坐标系的创建。

Step3. 选择命令。选择下拉菜单 插入(S) → 在任务环境中绘制草图(V)... 命令，此时系统弹出“创建草图”对话框，选取 XY 基准平面为草图平面。

Step4. 绘制草图。绘制如图 17.58 所示的截面草图。

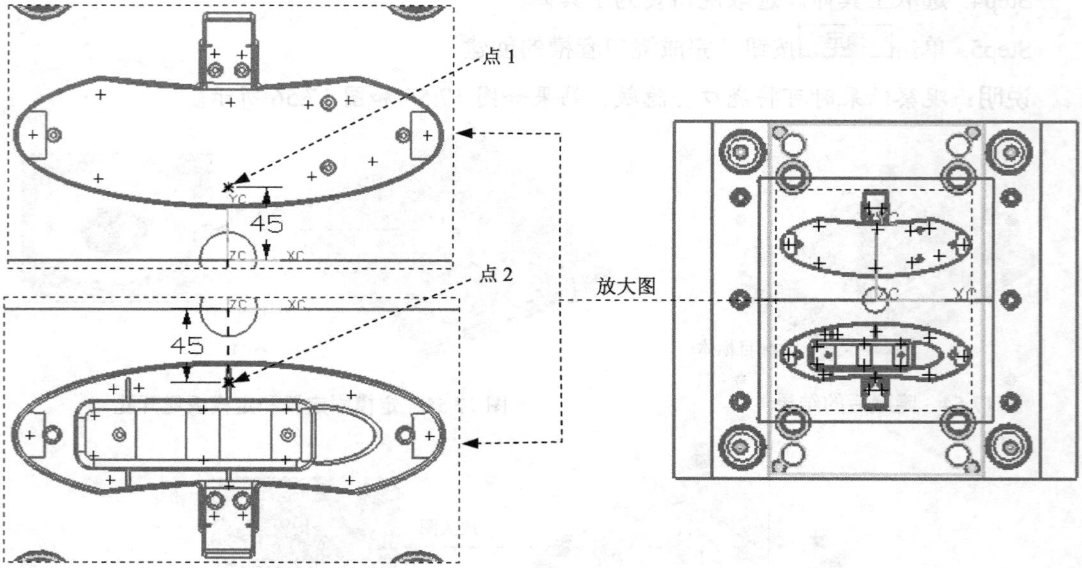

图 17.58 截面草图

说明：截面草图为 29 个点，其中添加尺寸 45 的两个点（点 1 和点 2）必须为完全约束，对其他 27 个点，读者可根据图中位置大致给出。

Step5. 单击 完成草图 按钮，退出草图环境，完成顶杆定位草图的创建。

Stage2. 添加上壳零件上的顶杆

Step1. 设置活动部件。设置活动部件为 lampshade_front 零件。

Step2. 添加顶杆 01。在“注塑模向导”功能选项卡 主要 区域中单击“标准件库”按钮，系统弹出“标准件管理”对话框和“重用库”导航器；在“重用库”导航器 名称 区域中选中 FUTABA_MM 节点下的 Ejector Pin 选项，在 成员选择 列表中选择 Ejector Pin [Straight] 选项，系统弹出“信息”窗口；在 详细信息 区域的 CATALOG 下拉列表中选择 EJ 选项，在 CATALOG_DIA 下拉列表中选择 8.0 选项，在 HEAD_TYPE 下拉列表中选择 4 选项，选择 CATALOG_LENGTH 下拉列表中的 200 选项，单击 确定 按钮，系统弹出“点”对话框；在 类型 下拉列表中选择 现有点 选项，将选择范围调整为“整个装配”，选取 Stage1 创建草图中的点 1，此时系统返回至“点”对话框，单击 取消 按钮；完成顶杆 01 的添加，结果如图 17.59 所示。

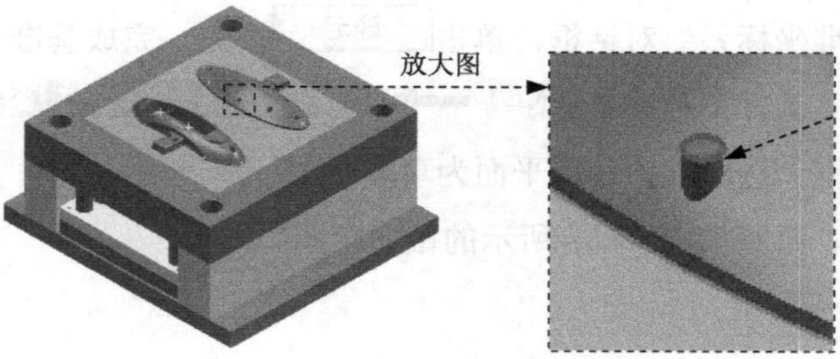

图 17.59 添加顶杆 01

Step3. 添加其他 11 个顶杆。参照 Step2 依次单独添加其他顶杆，结果如图 17.60 所示。

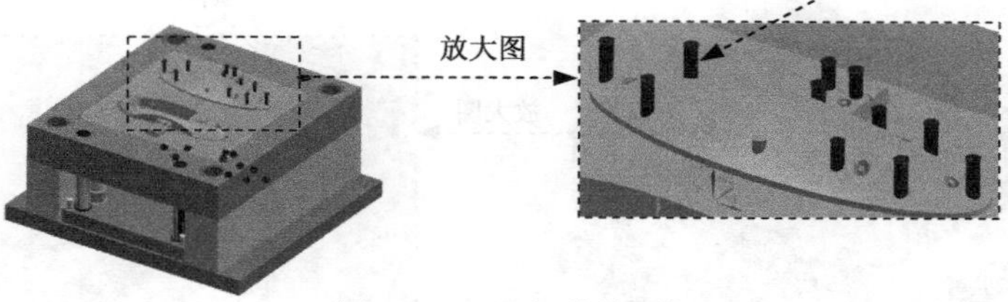

图 17.60 添加其他顶杆

Step4. 修剪顶杆。在“注塑模向导”功能选项卡 主要 区域中单击“顶杆后处理”按钮 ，系统弹出“顶杆后处理”对话框；选取上壳零件上的 12 根顶杆为目标体；单击 确定 按钮，完成顶杆的修剪，结果如图 17.61 所示。

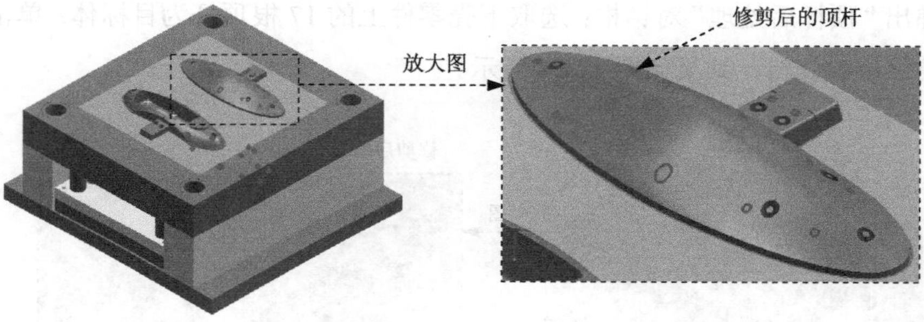

图 17.61 修剪后的顶杆

Stage3. 添加下壳零件上的顶杆

Step1. 设置活动部件。设置活动部件为 lampshade_back 零件。

Step2. 添加顶杆 02。在“注塑模向导”功能选项卡 主要 区域中单击“标准件库”按钮 ，系统弹出“标准件管理”对话框和“重用库”导航器；在“重用库”导航器 名称 区域中选中 FUTABA_MM 节点下的 Ejector Pin 选项，在 成员选择 列表中选择 Ejector Pin [Straight] 选项，系统弹出“信息”窗口；在 详细信息 区域的 CATALOG 下拉列表中选择 EJ 选项；在 CATALOG_DIA 下拉列表中选择 8.0 选项；在 HEAD_TYPE 下拉列表中选择 4 选项；选择 CATALOG_LENGTH 下拉列表中的 200 选项；单击 确定 按钮，系统弹出“点”对话框；在 类型 下拉列表中选择 现有点 选项，选取 Stage1 创建的草图中的点 2，此时系统返回至“点”对话框，单击 取消 按钮；完成顶杆 02 的添加，结果如图 17.62 所示。

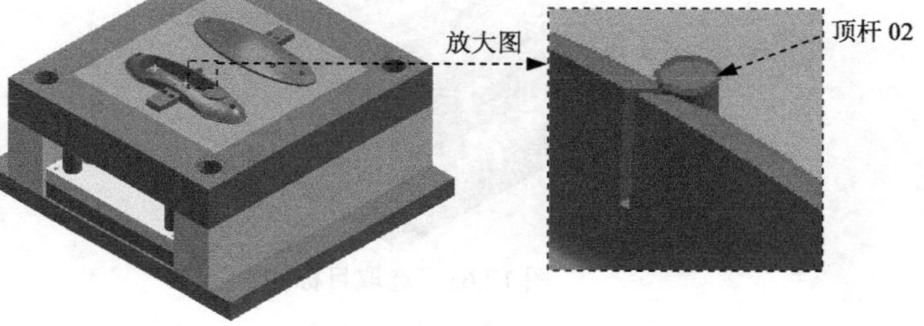

图 17.62 添加顶杆 02

Step3. 添加其他 16 个顶杆。参照 Step2 依次单独添加其他顶杆，结果如图 17.63 所示。

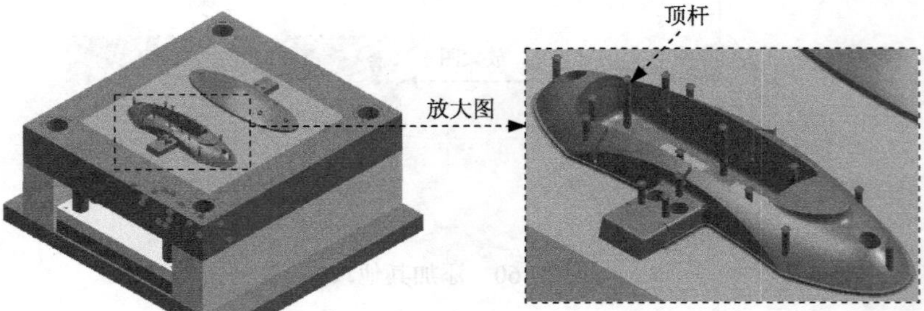

图 17.63　添加其他顶杆

Step4. 修剪顶杆。在“注塑模向导”功能选项卡 主要 区域中单击“顶杆后处理”按钮，系统弹出“顶杆后处理”对话框；选取下壳零件上的 17 根顶杆为目标体；单击 确定 按钮，完成顶杆的修剪，结果如图 17.64 所示。

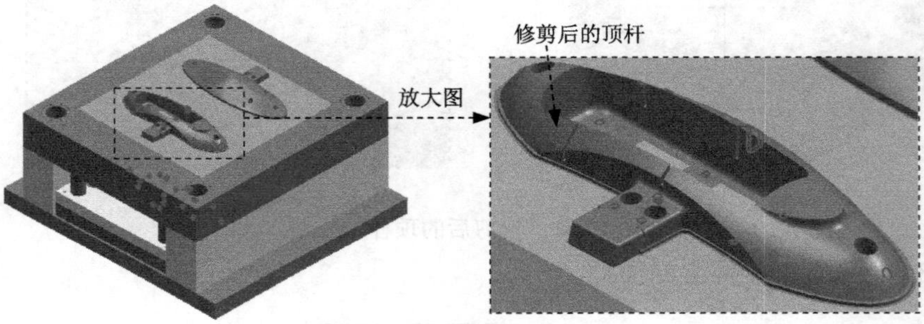

图 17.64　修剪后的顶杆

Stage4. 创建顶杆腔

Step1. 在“注塑模向导”功能选项卡 主要 区域中单击“腔”按钮，系统弹出“开腔”对话框；在 模式 下拉列表中选择 减去材料 选项，在 工具 区域的 工具类型 下拉列表中选择 组件 选项。

Step2. 选取目标体。选取动模板、推杆固定板和型芯为目标体，如图 17.65 所示，然后单击中键。

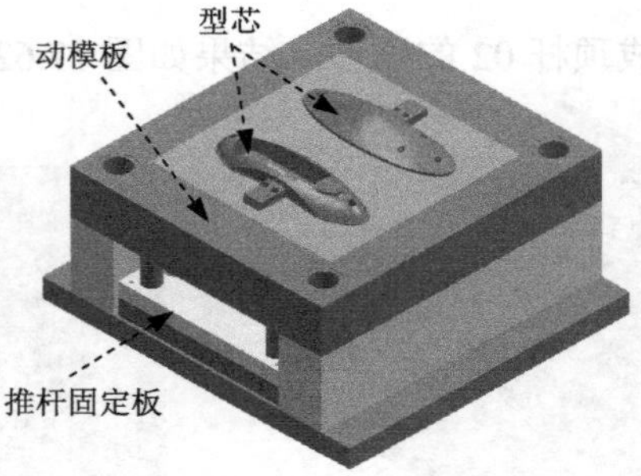

图 17.65　选取目标体

Step3. 选取工具体。选取所有顶杆为工具体。

Step4. 单击 确定 按钮，完成顶杆腔的创建。

Task12. 创建浇注系统

Stage1. 创建分流道

Step1. 在“注塑模向导”功能选项卡 主要 区域中单击“流道”按钮，系统弹出“流道”对话框。

Step2. 定义引导线串。单击“绘制截面”按钮，系统弹出“创建草图”对话框，绘制如图 17.66 所示的截面草图，然后单击 完成草图 按钮，退出草图环境。

Step3. 定义流道通道。在 截面类型 下拉列表中选择 Circular 选项；在 详细信息 区域双击 D 文本框，并输入数值 8，按 Enter 键确认。

Step4. 单击 < 确定 > 按钮，完成分流道的创建，结果如图 17.67 所示。

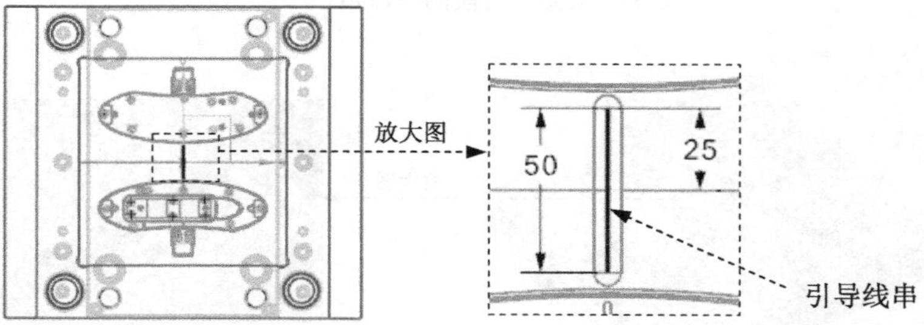

图 17.66 截面草图

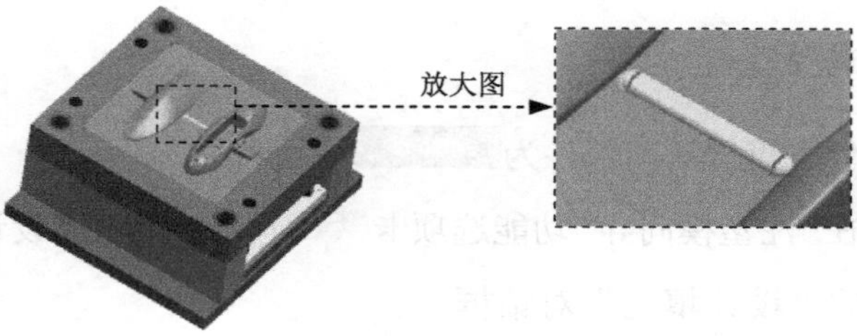

图 17.67 分流道

Stage2. 创建分流道槽

Step1. 显示定模仁和浇口套。

说明：要显示两组定模模仁。

Step2. 在“注塑模向导”功能选项卡 主要 区域中单击“腔”按钮，系统弹出“开腔”对话框；在 模式 下拉列表中选择 减去材料 选项，在 工具 区域的 工具类型 下拉列表中选择实体选项。

Step3. 选取目标体。选取定模仁、动模仁和浇口套为目标体，然后单击中键。

Step4. 选取工具体。选取分流道为工具体。

Step5. 单击< 确定 >按钮，完成分流道槽的创建。

说明：在选取目标体时，可将全部零件全部显示，然后把视图渲染样式调整到静态边框状态，以便选取。观察结果时可将分流道隐藏，结果如图 17.68 和图 17.69 所示。

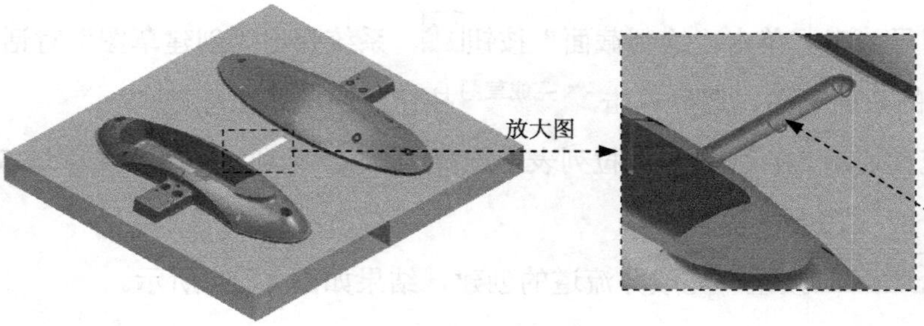

图 17.68　动模侧分流道

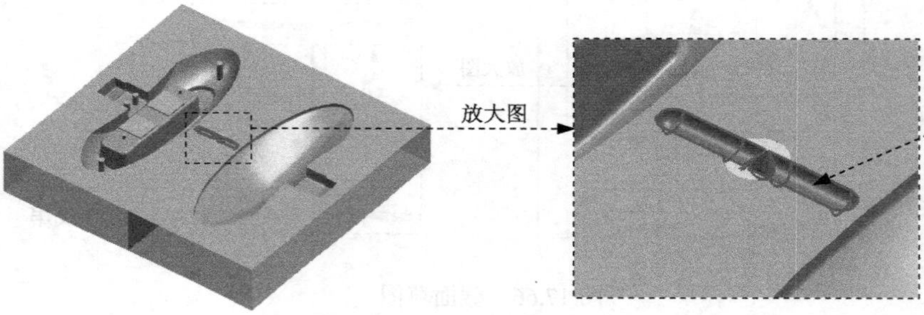

图 17.69　定模板侧分流道（隐藏分流道）

Stage3. 创建潜伏式浇口

Step1. 设置活动部件。设置活动部件为lampshade_front零件。

Step2. 选择命令。在“注塑模向导”功能选项卡 主要 区域中单击“设计填充”按钮，系统弹出图 17.70 所示的“设计填充”对话框。

Step3. 定义浇口类型。在“重用库”导航器 成员选择 区域中选择Gate[Subarine]。

Step4. 定义浇口尺寸和位置。在“设计填充”对话框 详细信息 区域将D1的值修改为 1.5；将A1的值修改为 45，按 Enter 键确认；将L1的值修改为 25，按 Enter 键确认；然后选取如图 17.71 所示的圆弧 1。

Step5. 定义浇口方位。拖动 XC-YC 面上的旋转小球，让其绕着 XC 轴旋转-90 度。单击确定按钮，完成浇口的创建，结果如图 17.72 所示。

图 17.70 “设计填充”对话框

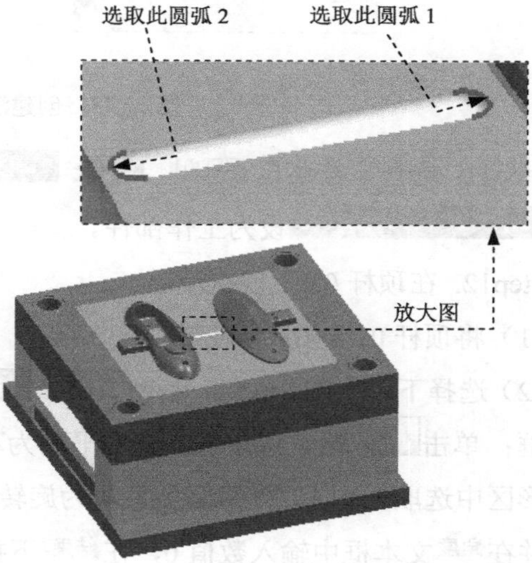

图 17.71 定义浇口位置

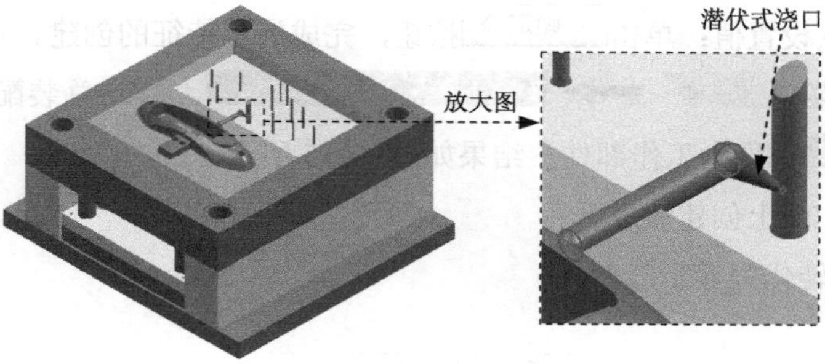

图 17.72 重定位浇口

Step6. 设置活动部件。设置活动部件为 lampshade_back 零件。

Step7. 选择命令。在“注塑模向导”功能选项卡 主要 区域中单击 按钮，系统弹出“设计填充”对话框。

Step8. 定义浇口类型。在“重用库”导航器 成员选择 区域中选择 Gate[Subarine]。

Step9. 定义浇口尺寸和位置。在“设计填充”对话框 详细信息 区域将 D1 的值修改为 1.5；将 A1 的值修改为 45，按 Enter 键确认；将 L1 的值修改为 25，按 Enter 键确认；然后选取如图 17.71 所示的圆弧 2。

Step10. 定义浇口方位。拖动 XC-YC 面上的旋转小球，让其绕着 XC 轴旋转 90°。单击 确定 按钮，完成潜伏式浇口的创建，结果如图 17.73 所示。

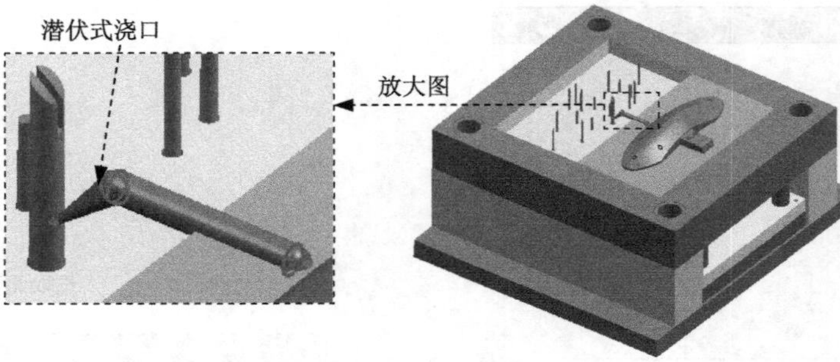

图 17.73　创建潜伏式浇口

Step11. 选择下拉菜单 窗口(O) → lampshade_mold_top_000.prt，回到总装配环境下，并将 lampshade_mold_top_000 设为工作部件。

Step12. 在顶杆 01 上创建流道。

（1）将顶杆 01 转化为显示部件。

（2）选择下拉菜单 插入(S) → 设计特征(E) → 旋转(R)... 命令，系统弹出“旋转”对话框；单击按钮，选取 YZ 基准平面为草图平面；绘制如图 17.74 所示的截面草图；在图形区中选取如图 17.74 所示的直线为旋转轴；在 限制 区域的 开始 下拉列表中选择 值 选项，并在 角度 文本框中输入数值 0，在 结束 下拉列表中选择 值 选项，并在 角度 文本框中输入数值 360；在 布尔 区域的 布尔 下拉列表中选择 减去 选项，选取顶杆 01 为求差对象，其他参数采用系统默认设置值；单击 < 确定 > 按钮，完成旋转特征的创建。

（3）选择下拉菜单 窗口(O) → lampshade_mold_top_000.prt，回到总装配环境下，并将 lampshade_mold_top_000 设为工作部件，结果如图 17.75 所示。

Step13. 在顶杆 02 上创建流道。

（1）将顶杆 02 转化为显示部件。

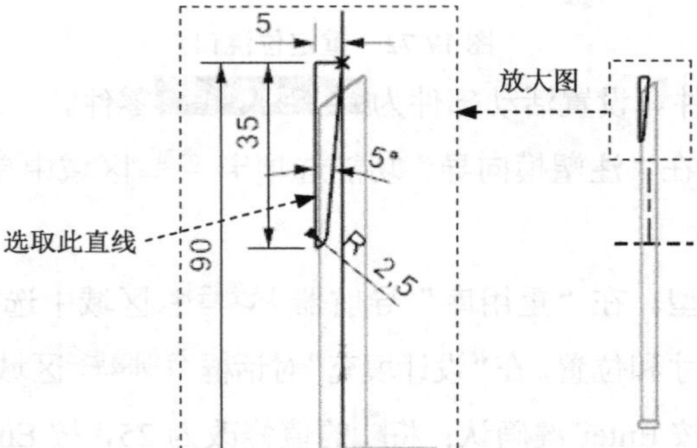

图 17.74　截面草图

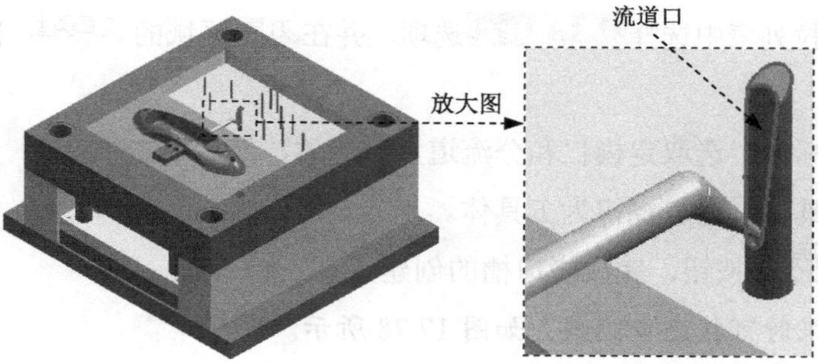

图 17.75　顶杆 01 上的流道口

（2）选择下拉菜单 插入(S) → 设计特征(E) → 旋转(R)... 命令，系统弹出“旋转”对话框；单击按钮，选取 YZ 基准平面为草图平面，绘制如图 17.76 所示的截面草图；在图形区域中选取图 17.77 所示的直线为旋转轴；在 限制 区域的 开始 下拉列表中选择 值 选项，并在 角度 文本框中输入数值 0，在 结束 下拉列表中选择 值 选项，并在 角度 文本框中输入数值 360；在 布尔 区域的 布尔 下拉列表中选择 减去，选取顶杆 02 为求差对象，其他参数采用系统默认设置值；单击 < 确定 > 按钮，完成旋转特征的创建。

（3）选择下拉菜单 窗口(O) → lampshade_mold_top_000.prt，回到总装配环境下，并设 lampshade_mold_top_000 为工作部件，结果如图 17.77 所示。

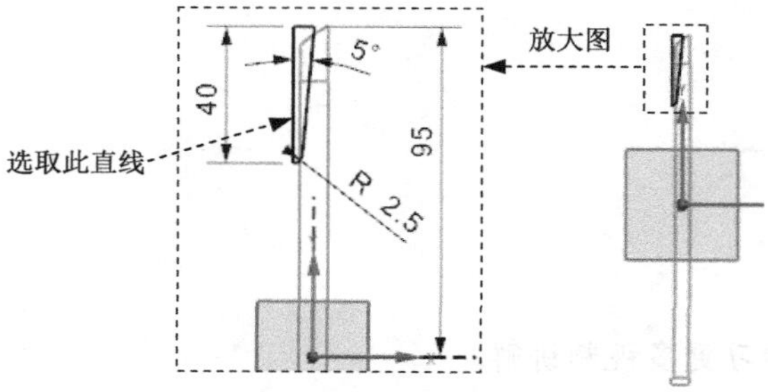

图 17.76　截面草图

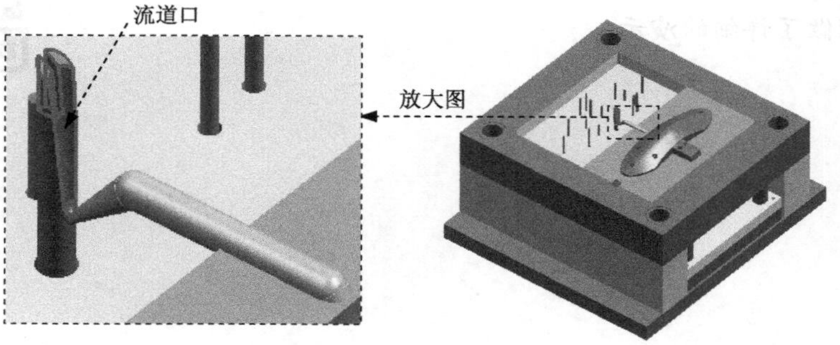

图 17.77　顶杆 02 上的流道口

Stage4. 创建浇口槽

Step1. 在“注塑模向导”功能选项卡 主要 区域中单击“腔”按钮，系统弹出“开腔”

对话框；在 模式 下拉列表中选择 减去材料 选项，并在 刀具 区域的 工具类型 下拉列表中选择 组件 选项。

Step2. 选取目标体。选取定模仁和分流道为目标体，然后单击中键。

Step3. 选取工具体。选取浇口为工具体。

Step4. 单击 确定 按钮，完成浇口槽的创建。

说明： 观察结果时可将浇口隐藏，如图 17.78 所示。

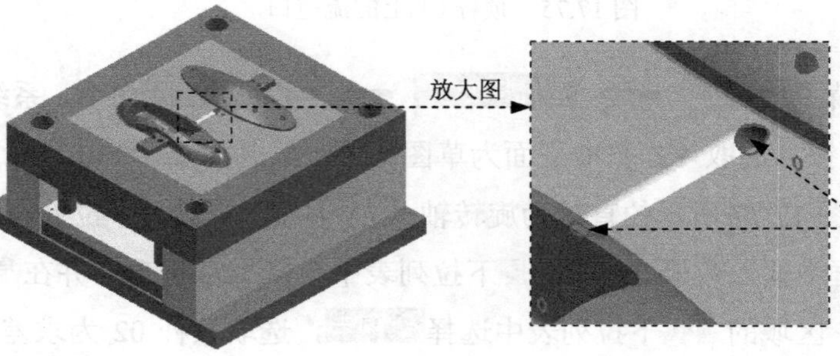

图 17.78 创建浇口槽

Step5. 显示模具所有结构，全部保存。

说明： 对于其他标准零部件的添加和创建，就不再介绍了，读者可以根据前面的例子自行添加。

学习拓展： 扫码学习更多视频讲解。

讲解内容： 结构分析实例精选。讲解了一些典型的结构分析实例，并对操作步骤做了详细的演示。

读者意见反馈卡

尊敬的读者：

感谢您购买机械工业出版社出版的图书！

我们一直致力于 CAD、CAPP、PDM、CAM 和 CAE 等相关技术的跟踪，希望能将更多优秀作者的宝贵经验与技巧介绍给您。当然，我们的工作离不开您的支持。如果您在看完本书之后，有好的意见和建议，或是有一些感兴趣的技术话题，都可以直接与我联系。

策划编辑：丁锋

为了感谢广大读者对兆迪科技图书的信任与支持，兆迪科技面向读者推出“免费送课”活动，即日起，读者凭有效购书证明，可以领取价值 100 元的在线课程代金券 1 张，此券可在兆迪科技网校（http://www.zalldy.com/）免费换购在线课程 1 门。活动详情可以登录兆迪网校或者关注兆迪公众号查看。

兆迪网校　兆迪公众号

书名：《UG NX 12.0 模具设计实例精解》

1. 读者个人资料：

姓名：________性别：___年龄：____职业：________职务：________学历：______

专业：_______单位名称：_________________办公电话：___________手机：______

QQ：_________________________微信：____________E-mail：______________

2. 影响您购买本书的因素（可以选择多项）：

□内容　□作者　□价格

□朋友推荐　□出版社品牌　□书评广告

□工作单位（就读学校）指定　□内容提要、前言或目录　□封面封底

□购买了本书所属丛书中的其他图书　□其他____________

3. 您对本书的总体感觉：

□很好　□一般　□不好

4. 您认为本书的语言文字水平：

□很好　□一般　□不好

5. 您认为本书的版式编排：

□很好　□一般　□不好

6. 您认为 UG 其他哪些方面的内容是您所迫切需要的？

____

7. 其他哪些 CAD/CAM/CAE 方面的图书是您所需要的？

____

8. 您认为我们的图书在叙述方式、内容选择等方面还有哪些需要改进的？

____

____